KB194312

지은이 **코넬리어스 라이언**Cornelius J. Ryan

종군기자, 언론인, 편집자, 그리고 작가로 산 코넬리어스 라이언은 1920년 6월 5일 아일랜드 더블린에서 태어났다. 공부를 마치고 런던으로 건너가 1941년 로이터 통신에 입사했으며, 1943년부터는 『데일리 텔레그래프』에서 종군기자로 일했다. 디데이 전에는 미 공군 폭격기에 14번 동승하는 치열함을 보이면서 공군 작전을 취재했고, 디데이를 취재한 것은 물론 디데이 이후에는 패튼이 이끄는 미 제3군을 따라 프랑스와 독일을 누볐다. 전후 태평양 전쟁을 취재하며 일본 지국을 개설했고, 1946년에는 예루살렘에서 활동하며 중동을 취재했다. 1947년 『타임』 편집기자로 자리를 옮기며 미국으로 건너가서는 미국의 핵 실험을 취재했다. 1949년 『뉴스위크』를 거쳐 1950년 탐사보도라는 영역을 개척한 『콜리어스 위클리』로 옮긴 라이언은 미국의 우주 계획을 대중에 알려 명성을 얻었다.
1956년 디데이에 대해 본격적으로 자료 조사를 시작한 라이언은 1959년 *The Longest Day*를 출간해 세계적으로 성공을 거두었고, 이후 『리더스다이제스트』에 합류해 1965년에는 베를린 전투를 다룬 *The Last Battle*을 출간했다. 1970년 암 판정 뒤 화학요법 치료를 받으면서도 마켓-가든 작전을 다룬 *A Bridge Too Far*를 집필해 1974년에 출간했다. 세 편 모두 제2차 세계대전을 다룬 고전으로 통하며 이후 같은 주제로 출간된 수많은 책에 영향을 끼쳤다. 특히 *The Longest Day*와 *A Bridge Too Far*는 각각 동명 영화로 만들어져 큰 성공을 거두었을 뿐만 아니라 전쟁 영화의 고전으로 자리 잡았다. 한편 라이언은 *A Bridge Too Far* 출간 두 달 뒤인 1974년 11월 23일 사망했다.
라이언은 1950년 캐스린 모건Kathryn Morgan(1925~1993년)과 결혼하고 미국으로 귀화했다. 작가이자 편집자였을 뿐만 아니라 라이언의 충실한 조력자였던 캐스린은 1979년 라이언의 투병기를 담은 *A Private Battle*을 출간했다.

옮긴이 **최필영**

육군사관학교를 졸업하고, 한국외국어대학교에서 공부했다. 한국군 건설공병지원단 통역장교로 이라크와 쿠웨이트에서, UN Mission in Sudan(UNMIS)의 Military Observer와 교관으로 수단에서 근무했다. 현장 경험을 바탕으로 수단 내전의 원인과 실상을 다룬 『수단 내전』(2011년), 19세기 서구 제국주의와 이슬람 원리주의가 충돌한 제1·2차 영국-수단 전쟁을 다룬 『카르툼』(2013년)을 번역해 출간했으며, 남수단 분리와 독립의 최대 쟁점인 아비에이Abyei 문제를 다룬 「아비에이 문제의 원인과 전망」(『아프리카 연구』 제30호, 2011년) 등 아프리카 연구 논문 2편을 발표했다. 현재 육군 소령으로 복무 중이다.

# 디데이

## 1944년 6월 6일, 세상에서 가장 긴 하루

1944년 6월 6일, 세상에서 가장 긴 하루

# 디데이

코넬리어스 라이언 지음 최필영 옮김

일조각

## 〈일러두기〉

1. 이 책의 '주요 인물', '프롤로그', '에필로그', '*The Longest Day*의 유산', 그리고 사진과 지도는 독자의 이해를 돕기 위해 옮긴이가 더한 것이다.
2. 원서에는 없으나 내용 이해를 돕기 위해 더한 옮긴이 주는 원주(*)와 구분하여 '*옮긴이)'로 표시했다.
3. 원서의 단위는 모두 미터와 킬로그램 기준으로 변환했다.
4. 이 책은 전반적으로는 국립국어원 외래어 표기법을 따랐으나, 그러하지 않은 것도 있다(예, 롬멜 등).
5. 독일군 장군 계급 체계: 제2차 세계대전 당시 독일군 장군 계급 체계는 우리 군과 마찬가지로 다섯 단계였으나 계급 명칭은 상이했다. 지은이가 독일군 계급을 영어로 옮길 때 적용한 '단어 대 단어' 방식을 우리말 번역에도 적용했다. 따라서 우리말로 표기한 독일 장군 계급은 아래 표에 맞춰 이해해야 한다.

| 독일어 | | 영어 번역 | 한국어 번역 | 현 계급 체계에 따른 실제 의미 |
|---|---|---|---|---|
| Generalmajor | | major general | 소장 | 준장 |
| Generalleutnant | | lieutenant general | 중장 | 소장 |
| General | der Infanterie | general | 보병 대장 | 중장 |
| | der Panzertruppe | | 기갑 대장 | |
| | der Artillerie | | 포병 대장 | |
| | der Kavallerie | | 기병 대장 | |
| Generaloberst | | colonel general | 상급대장(상장) | 대장 |
| Generalfeldmarschall | | field marshal | 원수 | 원수 |

6. 옮긴이 주를 작성하는 데 아래 책과 누리집을 참조했다.
   『리더스다이제스트』 제17권 제6호. 1994년 6월.
   칼 하인츠 프리저 지음. 진중근 옮김. 『전격전의 전설』. 서울: 일조각. 2007.
   Man, John. *The Penguin Atlas of D-Day and the Normandy Campaign*. New York: Penguin. 1994.
   미국 국립 디데이 기념관The National D-Day Memorial 누리집(http://www.dday.org)
   미국 국립 제2차 세계대전 박물관The National WWII Museum 누리집(www.nationalww2museum.org)
   미국 육군 누리집(www.army.mil/d-day)
   영국 디데이 박물관D-Day Museum & Ovelord Embroidery 누리집(www.ddaymuseum.co.uk)
   영국 제국 전쟁 박물관Imperial War Museum 누리집(www.iwm.org.uk)
   프랑스 공정부대 박물관Musée Airborne 누리집(www.airborne-museum.org)
   프랑스 메르빌 포대 박물관Musée de la Merville Battery 누리집(www.batterie-merville.com)
   프랑스 페가수스다리 박물관Musée de la Pegasus Bridge 누리집(www.musee-memorial-pegasusbridge.fr)
   히스토리닷컴 누리집(www.history.com/topics/world-war-ii/d-day)
   www.americandday.org
   www.findagrave.com
   http://ww2gravestone.com
   http://wwiihistorycenter.org/
   http://www.worldwarphotos.info/photo/
   http://www.wwii-photos-maps.com/

# 책을 옮기며

마치 오랜 여행을 막 끝낸 느낌이다. 디데이 50주년을 맞아 『리더스다이제스트』 1994년 6월호 「이달의 북 다이제스트」에는 '가장 길었던 하루'라는 제목으로 이 책의 요약본이 실렸다. 흥미로우면서 감동적이었다. 요약본 맨 앞에는 작은 글씨로 '디데이 50주년을 기념해 책이 재출간된다'고 적혀 있었다. 재출간된 책을 1995년 7월 싱가포르 창이공항 서점에서 발견한 나는 주저하지 않고 책을 집어 들었다. 그리고 그해 여름을 이 책과 함께했다. 지금과 달리 전쟁을 다룬 책이 드물던 시절, '우리말로 소개해 봐야지'라던 막연한 바람은 이내 바삐 지나가는 군 복무에 묻혀 버렸다.

2012년 말 동해안으로 보직된 나는 매일 바다를 바라보며 적을 생각하는 철저한 방자防者로서 근무하게 되었다. 동해안에는 6·25전쟁 발발 직전인 1950년 6월 25일 새벽 북한 제549부대가 등명해변에 기습 상륙한 것을 시작으로, 1968년 10월 울진·삼척 무장공비 침투 사건, 1996년 9월 18일 강릉 무장 정찰조 잠수함 침투 사건, 그리고 1998년 6월 22일 양양 앞바다 북한 잠수함 나포까지, 반드시 기억하며 교훈을 곱씹어야 할 사건이 즐비하다. 이런 위협에 대비하는 차원에서 무엇인가 참고할 것이 필요하다는 생각이 들자 그간 잊고 지냈던 이 책이 떠올랐다. 전쟁사를 살펴 업무에 참고하겠다는 생각으로 다시 꺼내 들었지만 읽고 난 뒤 소득은 기대 이상이었다. 바다를 사이에 두고 맞선 방자와 공자功子의 입장을 재 보며 전술적인 영감도 얻었지만, 책 뒤로 갈수록 전투 자체보다는 전체주의에 맞서 용기있게 힘을 합쳐 싸운 자유인들의 결의와 노력에 훨씬 더 눈이 많이 갔다.

올해 6월 6일은 현대 세계사의 분수령이라 할 수 있는 노르망디 침공, 즉 오버로드 작전 70주년이었다. 우리에게도 익숙한 '디데이'라는 단어가 태어난 1944년 6월 6일, 연합군은 유럽에서 나치 독일의 제3제국을 패망시키겠다는 원대한 목적으로 하늘과 바다에서 인류 역사에 유례없이 거대한 침공을 시작했다. 마침내 나치 독일은 패망했고 사람들은 디데이라는 역사적인 순간을 매년 기념해 왔다. 디데이에 참여했던 군인 중 이제 살아 있는 사람은 극소수이다. 이들의 나이와 건강을 생각할 때 80주년 기념식은 참전자를 보기 힘든 행사가 되겠지만 디데이는 앞으로도 영원히 기억될 것이다.

군인의 눈으로 볼 때 출간 당시 쏟아진 서평대로 이 책은 노르망디 침공의 배경과 디데이 하루의 전황을 두루 살펴보고 큰 틀에서 이해하는 데 대단히 유용하다. 특히 전쟁을 받아들이고 반응하는 인간의 모습을 내밀하게 읽어 낼 수 있다는 점은 앞으로 더 큰 가치를 가질 것이다. 책에는 대규모라는 단어가 무색할 만큼 거대한 전쟁을 기획하는 과정과 수많은 부하의 목숨을 담보로 힘든 결정을 내리는 지휘관의 고뇌가 녹아 있다. 전장의 불확실성을 용기 있게 넘어서거나 또는 그러지 못하는 인간의 한계도 세밀하게 그려져 있다. 참전자들의 생생하고도 방대한 증언을 짜임새 있게 엮어 이 모든 것을 실감나게 그려 낸 지은이의 능력은 탁월하다. 물론 60여 년 전에 저술되었고 이후 수정판도 없다 보니 단점이 없다고는 할 수 없지만, 출간된 이후 절판 없이 여전히 판매되고 있다는 점 하나만으로도 이 책의 진가는 충분히 증명된다고 본다. 앞을 알 수 없는 불안한 현실에 움츠리지 않고 악을 무너뜨린다는 굳은 의지로 디데이에 몸을 던진 자유인들의 이야기는, 북한이라는 거대 악에 맞서며 이뤄 낸 자유로운 대한민국에 살고 있는 우리에게도 시사하는 바가 크다. 독자들이 책을 덮는 순간 역사상 최대 규모의 침공 작전을 군사적으로 잘 이해하고 전쟁의 불확실성을 극복할 수 있는 영감을 얻을 뿐만 아니라 자유를 향한 인간의 의지를 다시 한 번 생각해 본다면 옮긴이로서 더 바랄 것이 없다.

원래는 디데이 70주년 기념일에 맞추어 출간하고 싶었으나 그러지 못해 아쉽지만 꿈을 이뤄 기쁘다. 전쟁사가 군인의 일은 맞지만 그렇다고 대중이 쉽게 다가서기 어려운 영역으로 남겨 놔서는 안 된다는 것이 옮긴이의 생각이다. 이에 공감해 출판을 결심해 준 일조각에 먼저 깊은 고마움을 표한다. 만일 책에 잘못이 있다면 이는 모두 옮긴이의 책임이다. 끊임없는 영감의 원천인 김병주 교수께 진심으로 감사한다. 부족한 남편을 늘 말없이 성원해 주는 사랑하는 아내 박혜준과 밝게 자라 늘 삶의 기쁨이 되는 큰딸 안지, 그리고 책을 준비하는 동안 엄마 뱃속에서 함께하다 건강하게 태어나 삶에 새로운 기쁨이 된 둘째 딸 지혜에게 특별한 고마움과 사랑을 전한다.

디데이 70주년을 기억하며<br>2014년 10월 22일 삼척에서<br>옮긴이

# 차례

## 밤 THE NIGHT II



## 디데이 THE DAY III

# 자료 목록

## 지도 목록



## 도표 목록



## 사진 목록

# 주요 인물

## 독일군

**서부전선 사령관 룬트슈테트**

Karl Rudolf Gerd Von Rundstedt(1875년 12월 12일~1953년 2월 24일)

프러시아 귀족 가문에서 태어나 1892년 입대한 뒤 1938년 상급대장으로 전역했으나, 제2차 세계대전으로 소집되어 폴란드와 프랑스를 침공했고 1940년 7월 원수로 진급했다. 소련 전역에서 활약했으며 서부전선 사령관을 두 번(1942년 3월~1944년 7월, 1944년 9월~1945년 3월) 지냈다. 전범으로 기소되었으나 건강이 안 좋아 1949년 석방된 후 죽을 때까지 경제적으로 정신적으로 매우 어렵게 살았다. 능력 있고 부지런한 전략가로 국내외에서 인정받았지만 사망 당시 탈나치 분위기 때문에 아무런 공식 예우도 받지 못했으며, 이는 오늘날에도 여전히 유효하다. 사진: Bundesarchiv

**서부전선 참모장 블루멘트리트**

Günther Alois Friedrich Blumentritt(1892년 2월 10일~1967년 10월 12일)

제2차 세계대전 동안 대부분을 룬트슈테트와 함께했다. 모든 면에서 룬트슈테트와 대비되는 면이 많았지만 지휘관과 참모로서 상호 보완적이었다. 히틀러 암살 시도에 연루되었다는 의심을 받았으나 히틀러가 이를 믿지 않아 처벌을 피했다. 디데이 이후 네덜란드 주둔 제25군 사령관을 역임했다. 1948년 1월부터 미 육군 전사 편찬부에서 근무했고, 독일 연방군 창설에 이론적인 영향을 미쳤으며, 영화 「지상 최대의 작전」 제작을 자문했다. *Von Rundstedt*, *Deutsches Soldatentum im europäischen Rahmen*, *Schlacht um Moskau* 등을 저술했으며, *Strategie und Tactik*은 우리나라에서 『전략과 전술』로 출간되었다. 사진: www.liveauctioneers.com

**서부전선 해군사령관 크란케**

Theodor Krancke(1893년 3월 30일~1973년 6월 18일)

1912년 해군에 입대해 제1차 세계대전을 거쳐 제2차 세계대전에 참전했는데, 제2차 세계대전 초기 영국으로 향하는 연합국 및 중립국 선박을 공격해 상당한 전과를 올렸다. 프랑스에 주둔하는 해군 함정은 물론 대서양 방벽을 따라 배치된 해군 소속의 포와 대공포를 모두 관할했다. 사진: Bundesarchiv

**서부전선 작전처장 치머만**

Bodo Zimmermann(1886년 11월 26일~1963년 4월 16일)

제1차 세계대전에 참전했다. 군사서적을 펴내는 출판사를 운영하다 제2차 세계대전 직전에 소령으로 군에 복귀해 1942년 대령, 1944년 12월 소장, 1945년 5월 중장으로 진급했다. 전쟁 포로로 있다가 1947년 석방되었다. 1948년 이후 *Geschichte des Oberbefehlshaber West*와 *Ideas on the Defense of the Rhine and Western Germany as an outpost area of Western Europe* 등을 저술했다. 사진: Bundesarchiv

**B집단군 사령관 롬멜**

Erwin Johannes Rommel(1891년 11월 15일~1944년 10월 14일)

제1차 세계대전 경험을 살려 저술한 『롬멜보병전술Infanterie Greift An』이 히틀러의 눈에 들면서 히틀러와 인연을 맺었다. 전형적인 보병장교였으나 폴란드 침공에서 기갑부대의 활약을 목격한 뒤 입장을 바꿔 제7기갑사단장으로 취임했고, 프랑스 침공 시 기갑전술과 상급 부대의 명령을 따르기보다는 최선두에서 직감대로 전차를 돌격대처럼 운용해 성공을 거두면서 유명인으로 떠올랐다. 1941년 중장으로 진급하며 아프리카군단을 맡아 방어 위주의 임무는 무시한 채 최전선을 누비며 영국군을 몰아대 '사막의 여우'라는 별명을 얻었다. 그해 7월 대장, 1942년 1월 상급대장, 1942년 6월 원수로 진급했다. 1943년 3월 소환되어 잠시 이탈리아 전선을 맡았다가 11월 B집단군 사령관으로 취임했다. 1944년 7월 17일 연합군 전투기 기총소사로 부상을 입고 수술 후 요양하던 중 히틀러 암살 시도에 연루되었다는 혐의를 받자 가족을 온전히 살려 준다는 조건으로 자살을 선택했다. 사진: Bundesarchiv

**B집단군 참모장 슈파이델**

Hans Speidel(1897년 10월 28일~1984년 11월 28일)

1914년 입대해 제1차 세계대전에 참전했다. 1925년 박사학위를 받았다. 제2차 세계대전이 시작되고 제18군 참모장으로 서부 전역에 참전했으며 소련 전역에 있다가 1944년 4월 롬멜이 참모장으로 지명하면서 B집단군으로 전속했다. 히틀러 암살 시도로 체포되었으나 카이텔과 룬트슈테트 등이 파면을 거부하면서 목숨을 구했다. 1956년 독일 연방군에 입대해 북대서양조약기구(나토NATO) 지상군사령관(1957년 4월~1963년 9월)을 지냈다. 전후 튀빙겐 대학교 역사학과 교수로 재직하며 노르망디 침공을 다룬 *Invasion 1944*를 저술했다. 사진: Bundesarchiv

**롬멜의 해군 보좌관 루게**

Friedrich Oskar Ruge(1894년 12월 24일~1985년 7월 3일)

1914년 해군에 입대해 제1차 세계대전을 거쳐 계속 복무했다. 제2차 세계대전이 일어나자 폴란드와 영국해협 전투에 참전했으며, 1943년 11월부터 롬멜의 해군 보좌관을 지내다 1944년 8월부터 종전까지 조함단장을 지냈다. 2년간 포로로 있다 풀려난 뒤 저술과 통역에 힘썼으며, 서독 연방 해군에서 복무(1955~1961년)했다. 이후 튀빙겐 대학교와 미 해군 대학 등에서 강의했다. *Rommel Und Die Invasion*, *The Soviets as Naval Opponents, 1941-1945* 등을 저술했고, 영화 「지상 최대의 작전」 제작에 조언하면서 본인 역할로 직접 출연했다. 사진: Bundesarchiv

**제7군 사령관 돌만**

Friedrich Dollmann(1882년 2월 2일~1944년 6월 28일)

제1차 세계대전에 참전했으며, 제2차 세계대전 발발 직후 서부 전역에서 제7군을 이끌다 상급대장으로 진급해 제7군 사령관으로 임명되었다. 디데이 이후 저항하다 사망했는데, 경계 실패의 책임을 물어 군사재판에 회부될 것을 안 뒤 사망한 것으로 미루어 자살 또는 심장마비로 추정한다. 무덤은 프랑스에 있다. 사진: Bundesarchiv

**제7군 참모장 펨젤**

Max-Josef Pemsel(1897년 1월 15일~1985년 6월 30일)

1916년 입대해 제1차 세계대전에 참전했고 이후에도 군에 남았다. 1941년 유고슬라비아 침공에 참전했고, 1944년 제7군 참모장에 임명되었다. 1944년 8월 핀란드에 배치된 제6산악사단장으로 임명돼 싸우다 1945년 4월 항복해 1948년 4월까지 전쟁포로로 있었다. 1956년 연방군에 입대해 1961년 중장으로 전역했다. 렌에서 열릴 워게임을 위해 모든 지휘관이 자리를 비우는 것을 걱정해 지휘관들에게 6월 6일 새벽 이전에 출발하지 말라는 명령을 내리지만 이는 너무 늦은 조치였다.

사진: Cornelius Ryan Archive

**제15군 사령관 잘무트**

Hans Eberhard Kurt von Salmuth(1888년 11월 11일~1962년 1월 1일)

1907년 입대해 제1차 세계대전을 거쳐 1939년 중장까지 진급했다. 폴란드 침공, 벨기에·프랑스 전역에 참여했고 1940년 8월 대장으로 진급했다. 바르바로사 작전을 거쳐 1943년 1월 상급대장으로 진급했으며 8월 제15군 사령관으로 취임했다. 파리가 해방될 즈음 해임된 뒤 더 이상 지휘관직을 맡지 못했다. 뉘른베르크 전범 재판에서 20년 형을 선고받았으나 1953년 석방되었다. 사진: Bundesarchiv

**제15군 대정보부대장 마이어**

Hellmuth Meyer

서부전선에서 유일한 대정보부대를 이끌었다. 1944년 6월 1일 오후 9시, 그리고 6월 5일 오후 10시 15분, 침공을 예고하는 암호 전문을 부하들이 잡아냈지만 노르망디를 방어하는 주요 부대라 할 수 있는 제7군과 제84군단에는 이 전문이 전파되지 않았다. 사진: Cornelius Ryan Archive

**압베어(정보부대) 부대장 카나리스**

Wilhelm Franz Canaris(1887년 1월 1일~1945년 4월 9일)

마이어 중령에게 디데이와 관련된 상세한 정보를 제공했다. 열일곱 살에 해군에 입대해 제1차 세계대전을 치렀고, 그 후 영어를 포함해 외국어 4개를 유창하게 구사해 정보 업무에 발을 디뎠다. 반공주의자로서 공산주의가 독일 안에 퍼지는 것을 경계하여 나치에 협력(1930~1933년)했고 1935년 1월 압베어의 수장으로 임명되나, 나치의 강압 정치와 대외 침략 노선에 반대해 반히틀러 노선을 걸었다. 히틀러 암살 시도 조사에서 이름이 나와 체포된 뒤 처형당했다. 사진: Bundesarchiv

**제84군단장 마르크스**

Erich Marcks(1891년 6월 6일~1944년 6월 12일)

철학을 공부하다 1910년 포병 소위로 임관했다. 솔선수범해 부하들로부터 신망이 두터웠으며, 불필요한 공격으로 역사 유적을 훼손하지 말라는 지시와 민간인들의 요구를 수용하라는 명령으로 명성이 높았다. 제101보병사단장 당시 소련 전역에서 아들 셋 중 둘을 잃었을 뿐만 아니라 본인도 다리 하나를 잃었다. 예비역으로 전환될 수 있었지만 전방 근무를 자처해 파리에 주둔하는 제337보병사단장으로 복귀했으며, 제87군단장을 거쳐 1943년 8월 1일 제84군단장으로 임명되었다. 1944년 6월 12일 생-로 북쪽의 에베크레봉에서 연합군 기총소사를 받고 전사해 프랑스에 묻혔다. 사진: Ullsteinbild.de

**제91공중착륙보병사단장 팔라이**
Wilhelm Falley(1897년 9월 25일~1944년 6월 6일)

병으로 입대했으나 제1차 세계대전 중 장교로 임관했다. 전후에도 군에 남아 계속 경력을 쌓았고, 1942년 대령, 1943년 소장, 1944년 중장으로 진급했다. 디데이에 최초로 전사한 독일군 장군이다.

사진: wikipedia

**제709보병사단장 슐리벤**
Karl-Wilhelm von Schlieben(1894년 10월 30일~1964년 6월 18일)

1914년 입대해 제1차 세계대전을 치르며 두 번 부상당했으나 계속 복무했다. 프랑스 침공 이후 동부전선을 거쳐 1943년 12월 제709보병사단장으로 취임했다. 디데이 이후 미군이 코탕탱 반도를 봉쇄해 사단이 고립되자 6월 26일 800명이 넘는 부하들과 함께 미 제9보병사단에 투항했다. 전쟁포로로 지내다 1947년 10월 7일 석방되었다.

사진: Bundesarchiv

**제711사단장 라이헤르트**
Josef Reichert(1891년 12월 12일~1970년 3월 15일)

제1차 세계대전을 치르고 이후 계속 복무했다. 제711사단장 재임(1943년 3월~1945년 4월) 중 노르망디 전투를 비롯해 여러 치열한 전투를 치렀다.

사진: Bundesarchiv

**제716사단장 리히터**
Wilhelm Richter(1892년 9월 17일~1971년 2월 4일)

1913년 입대해 제1차 세계대전을 거쳐 계속 복무했다. 1939년 대령, 1943년 소장, 1944년 중장으로 진급했다. 1943년 4월부터 노르망디 전투까지 제716사단장을 맡았으나 이후 노르웨이로 전속된 뒤 종전을 맞았다.

사진: Bundesarchiv

**제21기갑사단장 포이흐팅어**

Edgar Feuchtinger(1894년 11월 9일~1960년 1월 21일)

1914년 포병 소위로 임관해 제1차 세계대전에 참전했고 이후 군에 남았는데, 조직력을 인정받아 베를린 올림픽 조직위원회에서 일하기도 했다. 1943년 8월 제21기갑사단을 창설하고 소장으로 진급해 사단장이 되었으나 주로 파리에 머물렀는데, 디데이에도 정부와 함께 있었다. 1944년 8월 중장으로 진급하지만 1945년 1월 착복 등의 죄목으로 체포되어 사형을 언도받았다. 제20사단에서 포수로 복무하라는 명령과 함께 히틀러의 사면을 받지만 도주해 숨어 지내다 5월 영국군에 항복했다. 1946년 풀려났으나 KGB가 나치 경력을 공개한다며 협박하자 1953년부터 사망할 때까지 서독 연방군 비밀을 소련에 넘겨줬다.

사진: Bundesarchiv

**제22전차연대장 오펠른-브로니코우스키**

Hermann Leopold August von Oppeln-Bronikowski(1899년 1월 2일 ~ 1966년 9월 19일)

1917년 입대해 제1차 세계대전에 참전했다. 제2차 세계대전이 시작되자 기계화수색대대장으로 폴란드에서 싸웠고, 소련 전역의 전차전에서 명성을 쌓아 1942년 대령으로 진급했다. 1943년 11월 제22전차연대장으로 취임했다. 1945년 1월 소장으로 진급해 제20기갑사단장이 되어 동부전선에서 소련군과 싸웠다. 전쟁 포로로 있다가 1947년 석방된 뒤에는 자문위원으로 서독 연방군 창설에 참여했으며, 1936년 베를린 올림픽 승마 국가대표로 마장마술 단체전 금메달을 딴 경험을 살려 1964년 캐나다 승마 국가대표 코치를 맡았다.

사진: Bundesarchiv

**독일 공군의 에이스 프릴러**

Josef Priller(1915년 7월 27일~1961년 5월 20일)

제2차 세계대전 동안 1,307회 출격해서 1944년 10월 12일까지 영국 공군 스핏파이어 68대를 포함해 연합군 공군기 101대를 격추했다. 대담하고 주장이 강한 데다가 성미도 불같았으며, 디데이에는 연합군에 맞서 보다르치크와 함께 포케-불프-190 전투기를 몰고 출격했다. 전후에는 맥주 양조장 집 딸과 결혼한 뒤 양조업을 했다. 영화 「지상 최대의 작전」 제작을 자문하던 중 심장마비로 사망했다.

사진: Bundesarchiv

**T-28 어뢰정장 호프만**

Heinrich Hoffmann(1910년 8월 17일~1998년 1월 29일)

디데이에 겨우 어뢰정 3척을 이끌고 출동해 센 만에서 노르웨이 구축함 스베너를 격침시켰다. 제국 해군으로 시작해 나치 독일 해군을 거쳐 서독 연방 해군이 창설된 뒤에 다시 입대해 해군 대령까지 진급했다. 1961년 미 해군 구축함 3척을 인수해 구성한 구축함 전대장을 맡았다.

사진: wikipedia

**제352사단 포병대대장 플루스카트**

Werner Pluskat

오마하 해변의 해안포 대대장으로서 디데이에 오마하 해변 앞바다에 전개한 대규모 연합군 함대를 목격했고 이후 탄이 모두 떨어질 때까지 포격을 계속했다. 디데이 이후에도 계속해 전투를 치르다 1945년 4월 23일 마그데부르크에서 쿠르트 디트마르Kurt Dittmar 중장과 함께 미 제30보병사단에 항복했다. 2002년 6월 사망했다.

사진: Cornelius Ryan Archive

**독일 육군 총참모장 할더**

Franz Halder(1884년 6월 30일~1972년 4월 2일)

육군 총참모장을 역임(1938~1942년)했으나, 소련 전역을 놓고 히틀러와 의견 대립이 심해지면서 1942년 9월 24일 사임했다. 히틀러 암살 시도에 연루되었다는 의심을 받고 체포되어 옥살이를 했다. 전쟁이 끝난 뒤 전사 연구에 종사했으며, 1950년대에는 서독 연방군 창군 계획에 참여했다.

사진: Bundesarchiv

**독일 국방군 총참모장 카이텔**

Wilhelm Bodewin Johann Keitel(1882년 9월 22일~1946년 10월 16일)

1939년 2월 4일 히틀러가 국방군을 직접 지휘하겠다는 뜻을 천명하면서 국방장관을 지명하지 않고 카이텔을 총참모장으로 임명한 뒤로 카이텔은 전쟁이 끝날 때까지 사실상 국방장관 역할을 수행했다. 1945년 5월 8일 무조건 항복 문서에 서명했으며, 뉘른베르크 전범 재판에서 사형을 언도받고 교수형에 처해졌다.

사진: Bundesarchiv

**독일 국방군 작전참모부장 요들**

Alfred Josef Ferdinand Jodl(1890년 5월 10일~1946년 10월 16일)

1938년 임명된 이후 제2차 세계대전이 끝날 때까지 작전참모부장을 맡았다. 카이텔과 함께 사형을 언도받고 교수형으로 삶을 마감했다. 디데이 전에는 침공을 예고하는 첩보를 받고도 이를 방치한 채 경보를 발령하지 않았고, 디데이에는 기갑사단 투입을 승인해 달라는 룬트슈테트의 요청을 받고도 서부전선의 상황을 과소평가한 데다가 히틀러의 명령에만 집착해 이를 거부했다. 독일군 지휘체계, 의사소통, 그리고 상황인식의 문제점을 상징하는 인물로 비춰진다. 사진: Bundesarchiv

**독일 국방군 작전참모차장 바를리몬트**

Walter Warlimont(1894년 10월 3일~1976년 10월 9일)

1914년 입대해 제1차 세계대전에 참전했고, 1936년 프랑코의 군사고문으로 에스파냐 내란에 참전했다. 1938년 9월부터 1944년 9월까지 요들 휘하에서 국방군 작전 계획과 지시 중 상당량을 작성했다. 히틀러 암살 시도 당시 심한 부상을 입었으나 목숨을 건졌다. 전범 재판에서 종신형을 선고받고 복역하다가 1957년 석방되었다. 매일 히틀러에게 지상 작전 현황을 보고한 경험을 살려 1964년 *Inside Hitler's Headquarters, 1939-45*를 출간했다. 실전 경험이 없어 전장의 어려움은 전혀 모른 채 불가능한 것도 가능하다고 히틀러가 믿게 만들었다는 비판을 받았다.

사진: Bundesarchiv

**히틀러의 해군 부관 푸트카머**

Karl-Jesco Otto Robert von Puttkamer(1900년 3월 24일~1981년 3월 4일)

독일 해군 소장. 소령이던 1940년 5월부터 제2차 세계대전이 끝날 때까지 히틀러 비서실에서 근무하며 해군 부관을 지냈다. 1944년 7월 20일 히틀러 암살 시도 때 폭탄이 터지면서 부상을 입기도 했다. 제3제국이 항복하기 직전인 1945년 4월 23일 히틀러의 명령으로 베를린을 떠나 히틀러의 최후는 보지 못했다. 사진: Bundesarchiv

## 연합군

### 연합원정군 최고사령관 **아이젠하워**

Dwight D. Eisenhower(1890년 10월 14일~1969년 3월 28일, 미국)

엄격하고 정확하기보다는 인간적인 매력이 훨씬 많았던 군인이다. 제1차 세계대전에 참전하지 못해 진급이 빠르지 않았지만, 제2차 세계대전의 국면을 바꾸는 중요한 작전 셋(북아프리카, 시칠리아, 이탈리아)을 성공시켰고 다양한 인물을 아우르는 지휘력을 인정받아 최고사령관으로 임명되었다. 까다롭기로 유명한 몽고메리마저도 "아이젠하워는 사람의 마음을 끄는 힘이 있다. …… 그가 웃기만 해도 어느새 그를 믿게 된다."라는 평을 남겼다. 미 육군참모총장과 제34대 미국 대통령(1953~1961년)을 지냈다.

사진: U.S. National Archives

### 연합원정군 참모장 **스미스**

Walter Bedell Smith(1895년 10월 5일~1961년 8월 9일, 미국)

1911년 주방위군 이등병으로 시작해 1917년 임관했다. 브래들리와 마셜의 눈에 띄면서 두각을 드러냈다. 브래들리의 추천으로 전쟁부War Department(국방부의 전신)에 보직됐고, 진주만이 공격받은 뒤 합동참모본부에서 전쟁 계획과 전략 사안을 다뤘다. 아이젠하워가 마셜에게 간청해 허락을 얻고서야 참모장으로 쓸 수 있을 만큼 마셜의 총애를 받았다. 전후 주소련 대사(1946~1948년), 중앙정보국장(1950~1953년), 국무부 부장관(1953~1954년)을 지냈다.

사진: U.S. National Archives

### 연합원정군 부참모장 **모건**

Sir Frederick Edgeworth Morgan(1894년 2월 5일~1967년 3월 19일, 영국)

1913년 울위치 육군사관학교를 졸업하고 포병 장교로 양차 세계대전에 참전했다. 1943년 3월 최고사령관 없는 최고연합군사령부 참모장을 맡아 오버로드 작전 입안을 주도했다. 아이젠하워가 최고사령관으로 취임하며 스미스가 참모장을 맡자 부참모장으로 오버로드 작전을 도왔다. 1946년 전역 후 독일 재건에 참여했고, 허리케인 작전(영국 원폭 실험 계획) 책임자로 일했다.

사진: IWM

**연합원정군 지상군 사령관 몽고메리**

Bernard L. Montgomery(1887년 11월 17일~1976년 3월 24일, 영국)

엘-알라메인 전투의 승리로 '사막의 생쥐'라는 별명과 함께 큰 인기를 누렸고 원수까지 진급했으며 전후에는 나토군 부사령관(1951~1958년)을 지냈다. 그러나 거만하고 타협할 줄 모르는 데다 함께 일하는 미군을 경멸하기까지 해 제2차 세계대전을 통틀어 연합군 지휘관 중 가장 까다롭고 논란이 많은 인물로 평가받는다.

사진: Crowncopyright

**연합원정군 공군 사령관 리-맬러리**

Trafford Leigh-Mallory(1892년 7월 11일~1944년 11월 14일, 영국)

영국 본토 항공전Battle of Britain에서 빅 윙Big Wing, 즉 대규모 전투기 편대로 공세를 벌일 것을 주장해 공군 고위 장교들과 치열하게 반목했으나 최종적으로는 성공하면서 명성을 얻고 상위 계급으로 올랐다. 육군과 작전 경험을 높이 평가받아 1943년 8월 연합 공군 사령관에 임명되나, 전략 폭격을 두고 논쟁을 벌인 데다가 폭격기 부대 지휘관들이 명령을 거부하면서 지휘권에 상당한 타격을 입었다. 결국 부사령관 테더가 전략 목표 폭격을, 리-맬러리가 지상군을 지원하는 전술 폭격을 맡는 것으로 정리되었다. 남동아시아 공군사령관으로 임명되어 1944년 11월 14일 임지로 가던 중 비행기가 알프스 산맥에 충돌해 사망했다.

사진: IWM

**연합원정군 해군 사령관 램지**

Sir Bertram Home Ramsay(1883년 1월 20일~1945년 1월 2일, 영국)

1898년 해군에 입대해 제1차 세계대전에 참전했다. 다이나모 작전을 성공적으로 시행하여 배스 훈장과 기사 작위를 받았으며, 도버해협을 건너 영국을 침공하려는 독일을 거의 2년에 걸쳐 성공적으로 저지했다. 토치 작전, 허스키 작전에 참여해 아이젠하워 등과 긴밀한 인연을 맺었고, 1943년 10월 연합 해군 사령관으로 임명되어 넵튠 작전을 총지휘했으며, 1944년 4월 해군 대장으로 진급했다. 1945년 1월 2일 몽고메리를 만나러 파리에서 브뤼셀로 가는 도중 비행기가 추락해 사망했다.

사진: IWM

**미 제1군 사령관 브래들리**

Omar Nelson Bradley(1893년 2월 12일~1981년 4월 8일, 미국)

1915년 아이젠하워와 함께 미 육군사관학교를 졸업했으나, 제1차 세계대전에 참전하지 못해 상당 기간을 모교와 보병학교의 교관으로 근무했다. 1943년 제2군단장으로 북아프리카에서 싸웠고 디데이에는 유타 해변 후방에 공정부대 투입을 주장해 관철시켰으며 이후 제12집단군 사령관으로 유럽 수복을 지휘했다. 1948년 2월 육군참모총장, 1949년 8월 초대 합동참모의장으로 임명되었고, 1950년 9월 22일 미 육군 역사상 여덟 번째이자 마지막 오성五星장군으로 진급했으며, 6·25전쟁 때 트루먼 대통령이 맥아더를 해임하는 데 결정적인 조언을 했다. 1953년 전역한 뒤 부로바 시계회사 사장(1958~1973년)으로 근무했다. 미군은 1980년 M2보병전투장갑차를 브래들리로 명명했다. 전쟁사 기록장교 마셜 준장은, 미국인들에게 널리 각인된 별명 '졸병 장군The G.I.'s General'은 종군기자들이 만들어 낸 것이며 병사들은 브래들리를 존경하는 마음이 크지 않았다는 주장을 했다. 사진: Truman Library

**제82공정사단장 리지웨이**

Matthew B. Ridgway(1895년 3월 3일~1993년 7월 26일, 미국)

1917년 미 육군사관학교를 졸업하고 임관했다. 1942년 준장 진급 후 제82공정사단장으로 디데이에 강하했고, 1944년 모든 공정사단을 지휘하는 제17군단장이 되었다. 육군참모차장이던 1950년 12월 22일, 급작스럽게 사망한 워커 대장을 대신해 주한 미8군 사령관으로 취임해 여러 공세를 성공시키면서 1951년 4월 대장으로 진급했다. 맥아더의 뒤를 이어 유엔군 사령관이 되어 한참 남쪽으로 후퇴했던 전선을 북으로 끌어올리며 사실상 오늘날의 휴전선을 확정했다. 유럽 연합군최고사령관을 거쳐 1955년까지 미 육군참모총장을 지냈다. 사진: Cornelius Ryan Archive

**제101공정사단장 테일러**

Maxwell Davenport Taylor(1901년 8월 26일~1987년 4월 19일, 미국)

1922년 미 육군사관학교를 졸업하고 임관했다. 제2차 세계대전 중 이탈리아 전역에서 활약했고, 제101공정사단 사단장으로 디데이에 강하했다. 미 육군사관학교 교장(1945~1949년), 베를린 주둔 연합군 사령관을 거쳐 미8군 사령관(1953~1955년)으로 우리나라에서 근무했다. 리지웨이의 후임으로 육군참모총장(1955~1959년)을 지냈으며, 합동참모의장(1962~1964년) 재임 중 쿠바 미사일 위기를 처리했고, 주베트남 대사(1964~1965년)를 지냈다. 테일러의 디데이 강하는 기본공수 자격을 받는 다섯 번째 강하였다. 사진은 1944년 9월 17일 마켓-가든 작전을 위해 비행기에 오르는 모습이다. 사진: U.S. National Archives

**'강하대장 짐' 개빈**

James Maurice Gavin(1907년 3월 22일~1990년 2월 23일, 미국)

원래 이름은 제임스 낼리 라이언James Nally Ryan이나 개빈 가문에 입양되어 이름이 바뀌었다. 17세 때 가난을 피해 군에 들어갔으나 두각을 나타내면서 1929년 미 육군사관학교를 졸업하고 소위로 임관했다. 1941년 5월 공정부대에 자원한 뒤로 공정부대 발전을 위해 노력했다. 1943년 준장으로 진급했고, 노르망디 강하 이후 소장으로 진급해 제82공정사단장이 되었으며, 1958년 중장으로 전역했다. 프랑스와의 관계 개선을 위해 드골 대통령과의 인연을 고려하여 주프랑스 대사(1961~1962년)가 되었다.

사진: Pennsylvania State Archive

**디데이 최초의 사망 장성 프랫**

Don Forrester Pratt(1892년 7월 12일~1944년 6월 6일, 미국)

제1차 세계대전 때 징집돼 현지 임관했다. 중국에서 근무했고, 보병학교 교관을 거쳐 제2차 세계대전이 일어나자 제43보병사단 참모장으로 참전했다. 1942년에 제101공수사단 부사단장이 되었다. 원래대로라면 예비대를 이끌고 배로 가게 되어 있었으나 강습에 자원했다. 사후 시신은 낙하산에 쌓여 가매장되었다가 1948년 알링턴 국립묘지에 안장되었다.

사진: U.S. Army Photo

**제501낙하산보병연대 군종 신부 샘슨**

Francis L. Sampson(1912년 2월 29일~1996년 1월 28일, 미국)

1941년 사제 서품을 받고 1942년 입대해 군종 신부로 주요 전장을 누볐다. 디데이를 포함해 노르망디 전투 현장을 3주 동안 지키면서 미사를 집전하고 적군과 아군을 가리지 않고 부상병들을 돌봤다. 디데이에 독일군이 구호소를 점령했으나 가톨릭 신자인 독일군 부사관이 살려 주자 구호소로 돌아가 부상병들을 돌봤다. 마켓-가든 작전에 강하했고 벌지 전투에서 부상병들을 돌보다 포로가 되어 이듬해 4월까지 2만 6천 명이 수용된 수용소에서 유일한 신부로서 미사를 집전하며 포로들을 위로했다. 6·25전쟁 중 북한군의 퇴로를 끊는 숙천-순천 공수작전에도 참여했는데, 후퇴하는 와중에도 성탄 미사 등을 집전했다. 베트남 전쟁 중에도 참전 미군을 위문하는 생활을 이어 갔다. 1967년 소장으로 진급해 1971년 전역할 때까지 미 육군 제12대 군종감을 맡았다.

사진: home.hiwaay.net

**제505낙하산보병연대 2대대장 밴더부르트**

Benjamin Hayes Vandervoort(1917년 3월 3일~1990년 11월 22일, 미국)

1937년 병으로 입대해 1938년 소위로 임관한 뒤 계속 진급해 1946년 대령으로 전역했다. 갓 창설된 공정사단으로 전속된 뒤 모든 경력을 공정사단에서 쌓았다. 주한 유엔군사령관과 유엔 대사의 정치고문(1951~1952년)을 지냈으며, 중앙정보국(1960~1966년)에서 일했다. 디데이 당시 강하 도중 발목이 부러졌지만, 이후 40일 동안 목발을 짚은 채 싸우면서 전쟁이 끝날 때까지 전공을 여럿 세웠다. 미 육군 리더십센터는 밴더부르트를 제2차 세계대전 중 가장 뛰어난 전투 지휘관 중 한 명으로 기리고 있다. 영화 「지상 최대의 작전」에서 밴더부르트 역을 맡은 존 웨인은 당시 쉰다섯 살이었던 반면 밴더부르트는 디데이에 스물일곱 살이었다.

사진: www.usmilitaryforum.com

**제505낙하산보병연대 3대대장 크라우스**

Edward C. Krause(1916년 8월 17일~1970년 7월 4일, 미국)

전쟁 직전인 1940년 8월 결혼하고 참전했다. 1943년 10월 1일 나폴리, 그리고 디데이에 생트-메르-에글리즈를 점령한 뒤 성조기를 게양했다. 전차와 포로 무장하고 역습하는 독일군을 맞아 큰 부상을 입었지만 후송을 거부하고 부하들과 함께 독일군을 물리쳤다. 디데이와 디데이 다음 날의 전공을 인정받아 공로십자훈장을 받았다. 6·25전쟁에도 참전했다.

사진: en.ww2awards.com

**영원한 공정부대원 파이퍼**

Robert Martin Piper(1919년 5월 17일~2007년 12월 16일, 미국)

1941년 소위로 임관한 뒤 1942년 희망대로 공정부대원이 되어 1972년 대령으로 전역할 때까지 공정부대원으로 살았다. 시칠리아, 이탈리아, 노르망디, 그리고 마켓-가든 작전까지 강하하며 전쟁의 끝을 봤을 뿐만 아니라, 늘 카메라를 챙겨 다니면서 사진을 찍어 생생한 기록을 남겼다. 6·25전쟁과 베트남 전쟁에도 참전했다. 파이퍼는 디데이에 셰프 뒤 퐁 가까이 착지해 개빈 준장을 비롯한 전우들과 생트-메르-에글리즈까지 걸어왔다. 2008년 2월 8일 알링턴 국립묘지에서 열린 안장식에는 디데이 때 생트-메르-에글리즈 시장이던 알렉상드르 르노의 아들 모리스 르노Maurice Renaud가 참석했다.

사진: flickr.com

**전쟁의 양면성을 대변하는 슐츠**

Arthur B. Schultz(1923년~2005년 10월 16일, 미국)

라이언의 다른 책 *A Bridge Too Far*와 *The Last Battle*을 비롯해 앰브로스Stephen Ambrose의 *Citizen Soldiers, The Victors, D-Day*에도 소개되고 있으며 영화「라이언 일병 구하기」에 자문으로 참여했다. 뉴올리언스 디데이박물관에는 슐츠의 디데이 경험담이 육성으로 남아 있다. 전후 알코올 중독에 빠졌다가 회복했고, 두 번 이혼했으나 1973년 마지막 부인 게일과 결혼해 해로했다. 디데이로 유명세를 탔지만 외상 후 스트레스 장애를 앓았는데, 2011년 11월 딸인 캐럴 슐츠 벤토Carol Schultz Vento는 강인한 군인의 모습 뒤로 전쟁의 공포를 감춘 채 살아간 아버지를 다룬 *The Hidden Legacy of World War II: A Daughter's Journey of Discovery*를 출간했다.

사진: www.daughterofd-day.com

**운 좋은 사나이 메를라노**

Louis Philip Merlano(1923년 10월 20일~2006년 6월 24일, 미국)

필리핀계로 열여덟 살에 입대해 제101공정사단 502낙하산보병연대 A중대에 배치되었다. 디데이 직전 그린햄 커먼 비행장으로 찾아온 아이젠하워와 직접 이야기를 나눈, 몇 안 되는 낙하산병 중 한 명이다. 독일군이 쏜 고사포탄에 맞아 추락하는 비행기에서 뛰어내린 사람은 맨 앞에서 첫 번째와 두 번째 자리에 앉아 있던 루이스 퍼코Louis Perko와 메를라노뿐이었고, 살아남은 사람은 메를라노가 유일하다. 강하 후 혼자가 된 메를라노는 사흘간 숨어 있다 미군과 합류했고, 나중에 잉글랜드로 돌아가서야 중대원들을 만날 수 있었다. 마켓-가든 작전과 벌지 전투에도 참여했다.

사진: ww2gravestone.com

**동부 특수임무부대 지휘관 비안**

Philip Vian(1894년 6월 15일~1968년 5월 27일, 영국)

제1차 세계대전에 참전했다. 제2차 세계대전이 시작되자 노르웨이를 점령한 독일군을 공격하는 작전에 참여했고, 이후 지중해 일대에서 연합군에게 물자를 공급하고 독일군의 해상교통로를 차단하는 활동을 펼치다가, 1943년 시칠리아 상륙작전과 이탈리아 상륙작전에 참전했다. 1944년 1월 넵튠 작전의 동부 특수임무부대를 지휘했다. 유럽에서 전쟁이 끝난 뒤에는 태평양으로 옮겨 수마트라 공격과 오키나와 전투에 참여했다.

사진: www.dday-overlord.com

**제4보병사단 부사단장 루스벨트 3세**

Theodore "Ted" Roosevelt III(1887년 9월 13일~1944년 7월 12일, 미국)

제26대 미국 대통령 시어도어 루스벨트(1858~1919년)의 맏아들이자, 제2차 세계대전 당시 미국 대통령 프랭클린 루스벨트(1882~1945년)의 사촌으로, 제1·2차 세계대전에 참전했다. 루스벨트 가문은 아버지 때부터 미국이 치른 전쟁에 빠지지 않고 자원해 용감하게 싸운 것으로 유명하다. 제1차 세계대전 후에는 해군성 차관, 주 푸에르토리코 지사, 필리핀 총독을 역임했다. 제2차 세계대전이 일어나자 소집되어 제26보병연대장을 맡았으며 이후 준장으로 진급했다. 디데이 당시 쉰일곱 살로 적지 않은 나이인 데다가 관절염까지 앓았으나 제1파로 상륙한 유일한 장군이다. 사진은 심장마비로 사망하기 몇 시간 전에 찍은 것이다. 사진: www.omahabeach.org

**제29보병사단 부사단장 코타**

Norman Daniel Cota, Sr.(1893년 5월 30일~1971년 10월 4일, 미국)

1917년 4월 미 육군사관학교를 졸업하고 소위로 임관했다. 2년 선배인 아이젠하워와는 미식축구를 계기로 알게 돼 평생 친구로 지냈다. 북아프리카 상륙에 참여했고 준장으로 진급하자마자 넵튠 작전과 노르망디 전투 작전 계획 수립에 깊이 관여했다. 디데이를 포함해 유럽 전역에서 활약하고 1944년 말 소장으로 진급한 뒤 1946년 6월 30일 전역했다. 아들 노먼 코타 2세도 중령으로 제2차 세계대전에 함께 참전했다. 오마하 해변에서 계급이 가장 높고 나이가 제일 많았지만 총탄을 두려워하지 않고 대담하게 움직이며 부하들을 격려해 용기를 불어넣은 모습은 미 육군에서 성공적인 전장 지휘 사례로 손꼽힌다. 사진: en.wikipedia.org

**제1공병특수여단장 캐피**

Eugene Mead Caffey(1895년 12월 21일~1961년 5월 30일, 미국)

1918년 미 육군사관학교를 졸업하고 공병으로 임관했는데, 공병 분야에서는 물론 법무 분야에서도 전문성을 쌓았다. 제2차 세계대전이 일어나자 제20전투공병연대장으로 북아프리카 전투에 참여했고, 제1공병특수여단장으로 시칠리아, 이탈리아, 노르망디는 물론 오키나와에서 전투를 치렀다. 전후 법무에 매진해 1954년 소장으로 진급했고, 1956년까지 법무감을 지냈다. 전역한 뒤에는 변호사로 일했다.

사진: http://www.history.army.mil

**제2레인저대대장 러더**

James Earl Rudder(1910년 5월 6일~1970년 3월 23일, 미국)

1941년 6월 예비군 중위로 소집돼 부대 훈련에 두각을 보여 제2레인저대대를 맡았다. 디데이 이후 제109보병연대장으로 벌지 전투를 치렀고 1945년 2월 대령으로 진급했으며 8월 귀국해 소집 해제되었다. 1957년 예비역 소장까지 진급했다. 고향 텍사스 주 브래디Brady 시 시장을 6년(1946~1952년) 역임했고, 모교인 텍사스 A&M 대학교 제16대 총장(1959~1970년)으로서 단과대학이던 학교를 종합대학교로 성장시켰다. 제2레인저대대의 활약과 러더를 조명한 책은 1992년 이후 지금까지 다섯 권 이상이 출간되었다.

사진: www.2ndrangerbattalion.org

**제2레인저대대 D중대장 커츠너**

George Francis Kerchner(1918년 2월 22일~2012년 2월 17일, 미국)

1942년 입대했고 1943년 임관한 뒤 레인저에 자원했다. 갑작스럽게 D중대를 이끌게 된 뒤 푸앵트 뒤 오크 절벽을 기어올라 해안포를 무력화시키고 이틀 반을 버틴 전공으로 공로십자훈장을 받았다. 생-로 전투에서 부상을 입고 미국으로 후송되었다. 우리나라와 베트남에서 근무했으며, 디데이기념관을 비롯한 여러 곳에 육성 증언이 남아 있다.

사진: Boltimore Sun

**제5레인저대대장 슈나이더**

Max Ferguson Schneider(1912년 9월 8일~1959년 3월 25일, 미국)

1939년 주방위군 소위로 임관해 1940년에 소집되어 레인저에 합류했다. 오버로드 작전을 준비한 레인저 영관장교로는 유일하게 실전 경험이 있는 인물이었다. 1944년 3월 제5레인저대대장으로 취임했고, 디데이를 위해 임시 편조된 레인저강습단 C부대(제5레인저대대와 제2레인저대대 중 2대 중대로 구성)를 지휘했다. 1946년 7월 주방위군에서 현역으로 전환했고 인천상륙작전에 참여했으며, 이후 독일, 일본 등을 거쳐 대령으로 우리나라에서 다시 근무하던 중 사망했다.

사진: www.wwiirangers.com

**영국 공군 대령 스태그**

James Martin Stagg(1900년 6월 30일~1975년 6월 23일, 영국)

스코틀랜드 출신으로 1924년 기상청에서 일을 시작했다. 1943년 공군 대령으로 임관해 기상 예보를 놓고 늘 이견을 보이는 영국 해군, 영국 기상청, 미 공군을 총괄하며 오버로드 작전의 기상 예보를 책임졌다. 전후 1960년까지 영국 기상청장을 지냈다.

사진: IWM

**미 구축함 코리 함장 호프만**

George Dewey Hoffman(1911년 4월 6일~1991년 12월 27일, 미국)

1943년 12월 7일 함장으로 취임해 디데이에 코리를 몰고 활약했다. 침몰하는 코리에서 살아남아 대령까지 진급했다.

사진: www.uss-corry-dd463.ocm

**X23 함장 오너**

George Honour(1918년 10월 10일~2002년 5월 6일, 영국)

열여덟 살에 해군 예비군에 입대했다. 제2차 세계대전 초기 북아프리카 해안에서 어뢰정을 타고 임무를 수행했다. 수영을 할 수 있으며 결혼하지 않았다는 조건을 만족시킨 오너는, 1942년 수중 임무에 자원해 심해 잠수 교육을 받고 잠수정 임무에 투입되었다. 어떤 임무를 맡는지 정확히 모른 채 슬랩튼 샌즈에서 예행연습까지 마친 뒤 1944년 5월 말 디데이 임무를 받고 삼 주 동안 비밀을 지키다가 6월 2일 밤 소드 해변을 향해 출발했다.

사진: Royal navy Submarine Museum

**자유프랑스 해군 소령 키퍼**

Philippe Kieffer(1899년 10월 24일~1962년 11월 20일, 프랑스)

고등상업학교를 졸업하고 뉴욕에서 은행장으로 일하다가 1939년 9월 2일 마흔 살에 프랑스 해군에 자원했다. 프랑스인으로는 드물게 영어가 유창해 뒹케르크 철수 이후에 통역으로 일했으나, 자유프랑스 해군 설립에 참여한 뒤 영국군 코만도를 본뜬 특수부대Fusiliers-Marins Commados를 창설하고 디에프 강습에 참여했다. 소드 해변에 상륙하는 과정에서 부하 21명이 전사하고 본인을 포함한 94명이 부상당했다. 후송되었다가 돌아와 아들과 함께 파리 탈환에 참여했다. 아들은 이때 전사했다. 전후에도 계속 연합군과 함께 일했으며 1954년 중령으로 진급했다. 프랑스의 전쟁 영웅으로 추앙된다.

사진: www.ordredelaliberation.fr

**'스텐건' 홀리스**

Stanley Hollis(1912년 9월 21일~1972년 2월 8일, 영국)

결혼해 아들과 딸이 있는 상태에서 제2차 세계대전이 일어나자 그린하워즈연대 제6대대로 입대했다. 됭케르크 철수, 엘-알라메인 전투, 시칠리아 상륙을 거쳐 디데이에 참전했으며 이 과정에서 독일군을 백 명도 넘게 사살했다. 1944년 10월 10일 국왕 조지 6세로부터 영국 최고의 무공훈장인 빅토리아십자무공훈장을 받았는데, 디데이에 수여된 빅토리아십자무공훈장은 이것이 유일하다. 1963년 영화 「지상 최대의 작전」의 영국 개봉 때 언론은 홀리스가 참석해 과거 나치 독일군 장교와 악수하기를 기대했으나, 홀리스는 "독일군의 만행을 너무 많이 봐서 그들을 믿을 수도 좋아할 수도 없다."라며 참석을 거부했다.

사진: www.thehistorypress.co.uk

**제6공정사단장 게일**

Richard Nelson Gale(1896년 7월 25일~1982년 7월 29일, 영국)

1915년 샌드허스트 육군사관학교를 졸업하고 소위로 임관해 제1차 세계대전에 참전했다. 1941년 창설된 제1낙하산여단장으로 취임했고, 1943년 5월 소장으로 진급하며 제6공정사단장이 되었다. 1944년 9월 제1연합공정군, 전쟁 말기에는 제1공정군단장을 각각 역임했다. 전후 중동, 독일 등지에서 근무하고 엘리자베스 2세 여왕 부관으로 복무하다 1957년 전역했으나, 몽고메리의 후임으로 1958년 나토군 부사령관에 임명되어 현역에 복귀했다가 1960년 다시 전역했다. 사진은 디데이 강하 후 랑빌 지휘소에서 찍은 것이다.

사진: IWM

**제6공정사단 2대대 D중대장 하워드**

John Howard(1912년 12월 8일~1999년 5월 5일, 영국)

이등병으로 군 생활을 시작해 부사관으로 6년을 복무하고 1938년 전역해 경찰로 생활하다 제2차 세계대전이 일어나자 소집되었다. 1940년 소위로 임관했고 1942년 소령까지 진급해 옥스퍼드셔 앤드 버킹엄셔 경보병연대 제2대대 D중대를 맡았다. 1944년 11월 자동차 사고로 더 이상 전투에 참여할 수 없게 되어 1946년 군을 떠난 이후부터 1974년까지 공무원으로 봉직했다. 랑빌 다리와 베누빌 다리를 공격하는 임무를 맡아 계획을 세우고 부하들을 훈련시키고 디데이에는 앞장서서 임무를 완수한 하워드 소령은, 오늘도 페가수스 다리를 바라보고 있다.

사진: Ben Maaskant

**디데이 영국군 최초 전사자 브라더리지**

Herbert Denham Brotheridge(1915년 12월 8일~1944년 6월 6일, 영국)

지방 관청에서 일하다가 1942년 7월 옥스퍼드셔 앤드 버킹엄셔 경보병연대에 병으로 입대해 장교 교육을 받고 임관했다. 디데이 영국군 최초 전사자로 알려진 브라더리지의 공격 목표는 원래 데이비드 우드David Wood 중위가 맡을 예정이었으나 하워드 소령의 명령으로 브라더리지가 맡는 것으로 바뀌었다. 브라더리지는 랑빌 교회 묘지에 전우, 프랑스 레지스탕스 대원, 그리고 맞서 싸웠던 독일군들과 함께 안장되었다. 1940년 8월 30일 브라더리지와 결혼한 마거릿 플랜트Margaret Plant는 디데이 2주 뒤 딸 마거릿을 출산했다. 1995년 4월 2일 딸 마거릿은 아버지의 고향 스메디크에 세워진 기림비의 막을 걷었다.

사진: rgjmuseum.co.uk

**제9낙하산대대장 오트웨이**

Terence Brandram Hastings Otway(1914년 6월 15일~2006년 7월 23일, 영국)

1934년 샌드허스트 육군사관학교를 졸업하고 소위로 임관했다. 중국과 인도에서 전쟁을 치렀고, 1943년 8월 제9낙하산대대 부대대장이 되었다가 1944년 중령으로 진급하면서 대대장으로 취임했다. 전후에는 인도 등에서 근무하며 공정부대 공식 역사서를 집필했는데, 이 책은 1990년에야 대중에 공개되었다. 1948년 전역한 뒤 여러 사업을 하다가 1979년 은퇴했다. 디데이에 치열한 전투가 벌어졌던 메르빌 포대는 1983년 6월 5일 박물관이 되었는데, 사진은 1988년 박물관에서 찍은 것이다.

사진: www.batterie-merville.com

**제1특수여단장 제15대 로밧 경**

Simon Christopher Joseph Fraser(1911년 6월 9일~1995년 3월 16일, 영국)

제4대 로밧 남작Baron Lovat이다. 디에프 강습 등에 참여했고, 1944년 창설된 제1특수여단장을 맡으며 준장으로 진급한 뒤 디데이에 참전했다가 6월 12일 브레빌 전투에서 심하게 부상을 입고 영국으로 후송되었다. 부상에서 회복하나 현역으로는 활동할 수 없어 1962년 6월 전역했다. 로밧 가문은 영국군 특수부대의 역사라고 할 수 있다. 제14대 로밧 경은 제2차 보어전쟁 때 로밧 정찰대Lovat Scout를 창설했으며, 제15대 로밧 경은 로밧 정찰대에서 소위로 임관했다. 참고로 제2차 세계대전 중에 만들어져 현재도 명성이 높은 SAS(Special Air Service)는 로밧 경의 사촌 데이비드 스털링David Stirling이 창설했다. 사진은 디에프 강습 당시 모습이다.

사진: IWM

## 프랑스인

### 비에르빌-쉬르-메르의 아들레이

Michel Hardelay(1913년 12월 17일~1997년 4월 29일)

살고 있는 비에르빌-쉬르-메르가 디데이 격전지가 되리라고는 상상도 하지 못했던 아들레이는 디데이 경험을 회고록으로 남겼다. 비에르빌-쉬르-메르 시장을 두 번(1953~1971년, 1979~1983년) 지냈고, 1983년 미국 영부인 낸시 레이건 여사를 맞아 독일군이 점령해 사용했던 자신의 집으로 초대해 저녁을 대접하기도 했다.

사진: vierville.free.fr

### 오마하 해변 레지스탕스 정보 책임자 메르카데르

Guillaume Mercader(1914년 12월 17일~2008년 12월 15일)

레지스탕스 활동 이전에 노르망디 최고의 자전거 선수로 명성이 높았다. 1944년 6월 14일 쿠르쇨-쉬르-메르를 거쳐 프랑스로 돌아오는 드골을 영접하기도 했는데, 대독 항전의 공을 인정받아 프랑스는 물론 영국과 미국의 훈장을 여럿 받았다. 사진은 디데이 관련 지도를 보여 주는 모습이다.

사진: normandie44.canalblog.com

### 노르망디 지역 레지스탕스 군사정보 책임자 질

Léonard Gille(1904년 4월 29일~1971년 1월 23일)

캉에서 변호사로 일하던 중 독일이 침공하자 동원되어 전투에 참여했고, 캉으로 돌아온 뒤 레지스탕스에 투신해 '마리Marie'라는 가명으로 활동했다. 노르망디의 정보 책임자였지만 막상 침공 장소가 노르망디라는 것도, 디데이가 6월 6일이라는 것도 모른 채 파리로 가는 기차 안에서 디데이를 맞았다. 전후 급진적인 사회주의 정당에서 활동했으며 1945년부터 여러 차례 칼바도스 지방 의회에 진출했다.

사진: sgmcaen.free.fr

### 연합군 조종사 탈출책 부와타르

Janine Boitard(1907년 5월 20일~2001년)

옹플뢰르Honfleur에서 초등학교 교사로 일하다 1940년 6월 캉에 정착하고 레지스탕스에 투신해 '마리-오딜Marie-Odile'이라는 가명을 쓰며 격추되어 노르망디에 고립된 연합군 조종사들을 탈출시켰다. 1949년 질과 결혼했으며 1971년에는 여성 최초로 칼바도스 지방 의회에 진출했다.

사진: sgmcaen.free.fr

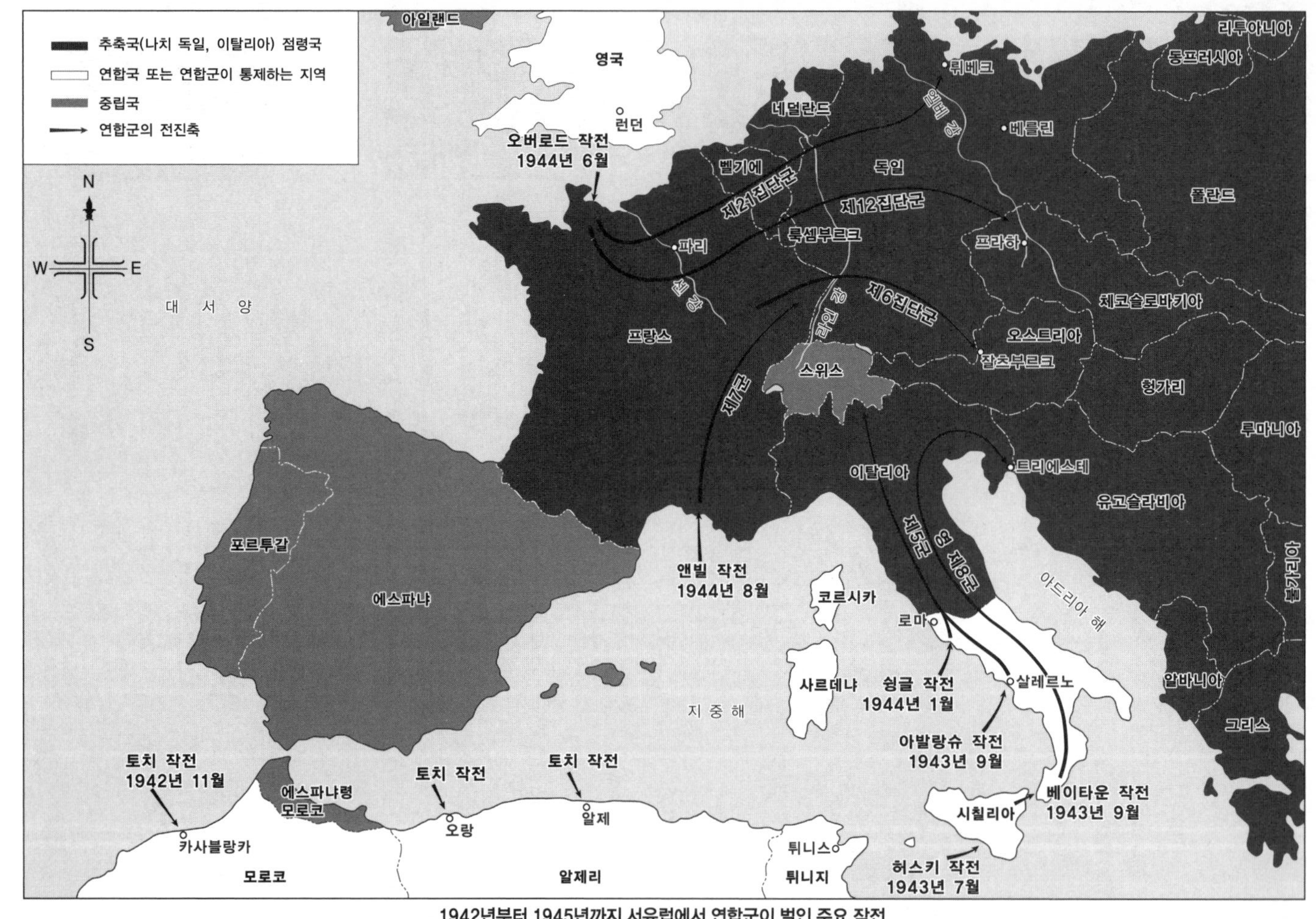


1942년부터 1945년까지 서유럽에서 연합군이 벌인 주요 작전

## 프롤로그: 노르망디 침공이 결정되기까지

1940년 6월 4일을 끝으로 구성원 대다수가 영국군인 연합군 33만 8천여 명이 됭케르크Dunkerque(영어로는 던커크Dunkirk)에서 간신히 몸만 빠져나와 도망치듯 영국으로 돌아왔을 때만 해도, 무기로든 병력으로든 쉽사리 넘볼 수 없는 나치 독일이 점령한 서유럽을 침공할 수 있으리라고 생각한 사람은 아무도 없었다. 철수가 끝나고 몇 시간 지나지 않아 영국 수상 윈스턴 처칠은 'We Shall Fight on the Beaches'라는 제목으로 하원에서 연설했다. 영국을 지키기 위해 싸운다는 단호한 결의는 이해했지만 그다음 생각은 무모하다고들 보았다. 그러나 철수 직후부터 처칠의 생각은 단호했다. "우리는 돌아갈 겁니다."

1941년 6월 나치 독일이 소련*을 침공하면서 영국은 소련과 동맹을 맺게 되는데, 이는 그때까지 아무도 예상치 못했던 일이다. 같은 해 12월에 일본이 진주만을 공격하면서 미국이 참전하자 히틀러가 미국에 선전포고를 하고 이로써 영국은 당대 최대 국가인 미국과 소련을 동맹국으로 두게 된다.

유럽을 침공해야 할 명분은 분명했다. 스탈린은 소련을 압박하는 독일

---

* 옮긴이) 소련蘇聯은 '소비에트 사회주의 공화국 연방Union of Soviet Socialist Republics; USSR'의 준말이다. '대표자회의'라는 뜻의 러시아어인 소비에트는 러시아 혁명 당시 노동자, 군대, 농민 소비에트가 각각 형성된 뒤로 특수한 의미를 가지게 되면서 국가제도로 발전했다. 1917년 2월 혁명으로 무너진 로마노프 왕조를 대신하여 세계 최초의 사회주의 국가가 탄생했으나, 그해 10월 레닌이 급진 과격파인 볼셰비키(다수파)를 이끌고 무력으로 권력을 장악했다. 그 뒤 4년여에 걸쳐 반대파를 진압하고 1922년 12월 공산당 독재를 중심으로 강력한 중앙집권통치를 시행하는 소비에트 연방을 결성했다. 1924년 사망한 레닌의 뒤를 이어 1953년까지 통치한 스탈린은 공업화와 집단 농업 정책으로 소련의 군사력과 경제력을 강력하게 만든 반면, 대숙청으로 독재정권의 기틀을 닦으면서 개인의 존엄은 물론 정치적 자유와 권리를 극도로 제약했다. 제2차 세계대전이 끝나고 전 세계를 공산화한다는 소련의 국가 전략이 대외로 표출되면서 유럽을 대신해 새로운 강자로 떠오른 미국과 대립하고 경쟁하는 냉전 체제가 형성되었다. 15개 연방으로 구성되어 1991년까지 존속하던 소련은 1992년 1월 1일 해체되었다.

군의 전력을 분산시키기 위해서라도 영국과 미국이 하루라도 빨리 서유럽에 새로운 전선을 형성해 주기를 바랐다. 한편 영국 입장에서도 독일이 소련을 무너뜨릴 경우 최대 300만 명에 달하는 독일군이 서유럽 전선으로 전환되어 자신들을 압박하면 유럽 침공은 아예 꿈도 꿀 수 없는 상황이 될 수 있었기에 너무 늦기 전에 유럽을 침공해야 했다. 그러나 시기도 방법도 정할 수 없는 상태에서 유럽 침공이란 그리 만만한 일이 아니었다. 영국은 북아프리카에 먼저 상륙해 독일의 주의를 분산시킬 것을 미국에 제안했고, 이를 받아들인 미국은 유럽에 교두보를 확보할 수 있는 예행연습 성격의 상륙 작전을 제의했다.

1942년 8월 19일, 영국-캐나다 연합군은 프랑스의 항구 도시 디에프Dieppe를 강습했다. 미국의 제안도 있었지만 소련의 요구 또한 강력했다. 상륙작전으로 디에프 항구라는 제한 목표를 점령해 독일군의 방어 태세를 확인하고 연합군의 전투 장비를 검증하며 독일군 포로와 전투 정보를 확보한다는 목표로 실시한 디에프 강습은, 서유럽에 제2전선을 형성해 소련 전역에 집중된 독일군을 분산시킨다는 전략적인 목표가 훨씬 더 컸다. 그러나 이 공격은 재앙이었다. 프랑스인들을 보호한다는 이유로 강습 전에 폭격이나 화력 지원이 전혀 없었다. 상륙에 필요한 특수 장비도 없었고 기습에도 실패했다. 5천100여 명이 상륙했지만 3천658명이 돌아오지 못했다. 1천여 명이 전사했는데 그중 절반은 캐나다군이었다. 반면 독일군 사상자는 300명도 되지 않았다.

몽고메리가 이끄는 영국군과 영연방군이 1942년 10월 제2차 엘-알라메인El-Alamein 전투에서 롬멜의 아프리카군단Afrika Korps을 물리치고, 11월에는 미-영 연합군이 '토치(횃불) 작전Operation Torch'을 펼치며 프랑스령 북아프리카에 상륙하자, 루스벨트 대통령과 처칠 수상은 1943년 1월 카사블랑카에서 만나 향후 전쟁의 방향을 논의했다. 두 정상은 우선 1943년에는 서유럽 침공이 없다는 점을 분명히 했다. 대신 아프리카에서 이탈리아 방면으로 공격을 전개하며 전략 폭격으로 독일의 전투력을 약화시키기로 했다. 처칠은 그래도 독일이 항복하지 않는다면 그다음 해인 1944년에 침공해야 한다는 의지를 굳혔다.

유럽 침공을 목표로 최고연합사령부Supreme Allied Command; SAC가 구성되었다. 사령관은 정해지지 않은 채 프레더릭 모건 영국군 중장이 참모장을 맡아 침공 계획을 수립하기 시작했다. 1943년 5월, 최고연합사령부는 1944년 5월 1일을 침공일로 결정했다. 그러나 독일은 그리 만만한 상대가 아니었다. 무기로도 전투원 각각의 능력으로도 미군과 영국군을 압도했다. 엘-알라메인에서 승리하기는 했지만 이는 계획보다 훨씬 오래 걸린 것인데다가, 그러고도 석 달이 지나서야 영국군은 미군과 연결작전을 할 수 있었다. 1943년 11월 에게 해의 레로스Leros 섬 전투에서는 독일군 4천 명이 섬을 지키는 영국-그리스 연합군 5천 명을 압도해 버렸다.

이러는 동안에도 모건이 이끄는 영-미 연합 참모단은 세 가지 계획을 중심으로 침공에 필요한 준비를 빠르게 진행시키고 있었다. 세 가지 계획이란, 첫째, 파-드-칼레Pas-de-Calais를 양동 공격해 독일군의 주의를 분산시키고 병력을 엉뚱한 곳으로 집중하게 만드는 것, 둘째, 독일이 붕괴할 경우 즉각 침공하는 것, 셋째, 유럽을 침공하는 오버로드 작전Operation Overlord을 준비하는 것이었다. 이때까지만 해도 정해진 것은 5월 1일이라는 침공 날짜뿐이었다. 어디를 공격해 어떻게 상륙할 것인지는 아직 정해지지 않았다.

우선 노르웨이부터 에스파냐까지 이어지는 길이 5,600킬로미터 이상의 해안선 중 '어디를 공격할 것인가?'부터 정해야 했다. 관련 사진을 제공해 달라고 BBC 라디오를 이용해 공개적으로 방송하자 영국인들은 1천만 장이 넘는 휴일 사진과 사진엽서를 보내 왔고, 옥스퍼드 대학교에 구성된 특수부대는 이 사진들을 활용해 매우 정밀한 해안 지형도를 완성했다.

침공지역이 되려면 몇 가지 조건을 모두 만족해야 했다. 첫째, 해변일 것. 둘째, 연합군 전투기가 활동할 수 있을 것. 셋째, 영국에서 가까울 것.

넷째, 항구가 가까이 있을 것. 이런 조건을 모두 만족하는 곳은 단 두 곳, 파-드-칼레 그리고 캉과 가까운 노르망디Normandie뿐이었다. 파-드-칼레는 곧 후보에서 탈락했다. 거리야 가까웠지만, 이미 독일군이 강력한 방어 준비를 해 두었을뿐더러 해안 절벽이 많고 해변이 좁은 데다가 항구까지 작아 대규모 상륙에 부적절했다. 반면 노르망디는 독일군의 방어가 약했고, 연합군 전투기 활동 범위에 있으면서 해변도 넓었으며, 무엇보다도 셰르부르Cherbourg라는 커다란 항구가 있었다. 파-드-칼레에 비해 멀었지만 잉글랜드 남부의 수많은 항구를 이용할 수 있었다. 모건은 야간에 정찰조를 여러 차례 파견해 노르망디 해변의 모래가 중장비 기동에 적절하다는 증거까지 확보했다.

문제는 또 있었다. 침공에 성공해 교두보를 확보하더라도 셰르부르 항을 확보하는 데는 적어도 2주가 걸리리라 예상되었다. 그동안 물자와 장비를 프랑스에 어떻게 집어넣을 것인가가 문제였다. 일단 교두보가 확보되면 하루에 물자 1만 2천 톤과 차량 2천500대가 들어와야 했다. 날씨가 고약하기로 유명한 영국해협에서는 맑은 날이 닷새 이상 가는 때가 거의 없다. 결국 이 문제는 멀베리Mulberry라는 암호명으로 불리는 인공 항구 2개를 만들어 해결하는 것으로 결정되었다. 이런 거대한 준비 못지않게 소염기로 들어가는 바닷물을 막는 데 쓸 콘돔 수십만 개를 준비하는 것 또한 중요한 일이었다.

미국과 영국이 연합 참모단을 구성해 침공 준비를 했지만, 상호 간에 믿음만 있었던 것은 아니었다. 프랑스 남부와 발칸 반도를 대규모로 침공하겠다고 말하는 처칠을 보면서 미국은, 독일과 소련이 싸우게 만들어 놓고서 영국이 유럽을 지배하겠다는 것이 아닐까 하는 의심을 거두지 않았다. 반대로 영국은 미국이 태평양 전역에서 승리하는 데에만 관심이 있어 동유럽 전선을 소련에 맡겨 놓은 채 발을 뺀다고 비난하기도 했다. 이러는 동안에도 유럽 침공은 성공을 확신할 수 있는, 가능성이 점점 높아지는 희망으로 발전해 갔다. 독일의 승리가 줄어든 반면, 총력전 태세로 돌입한 미국에서 군인과 장비, 물자가 영국으로 쏟아져 들어왔다. 침공 준비에 절대적으로 기여한 미국은 처칠의 뜻과 달리 결국 연합군 최고사령관을 미국인으로 임명하기에 이르는데, 그가 바로 드와이트 아이젠하워 대장이다. 1943년 12월, 그간 사령관 없이 모건 중장이 이끈 것이나 마찬가지이던 최고연합사령부는 SHAEF,* 즉 연합원정군최고사령부로 이름을 바꾸었다. 1944년 1월에 취임한 아이젠하워는 750명의 참모장교와 6천 명의 병력을 거느리고 침공 준비를 끝내는 데 모든 노력을 기울였다.

연합원정군최고사령부(이하 연합군사령부)의 고위 사령관들은 모두 경험이 많은 인물들이었다. 우선 부사령관 아서 테더 영국 공군 대장은 영국 공군 중동 사령관을 역임하면서 아이젠하워 밑에서 시칠리아Sicilia와 이탈리아 침공에 참여했다. 됭케르크에서 철수하는 다이나모 작전Operation Dynamo과 토치 작전 계획을 세운 버트램 램지 영국 해군 대장은 연합 해군 사령관을 맡았다. 1940년 여름과 가을 도버해협을 넘어 영국을 공격하는 독일 공군기와 치열한 교전 끝에 영국을 지켜 낸 전공을 가진 리-맬러리 영국 공군 대장은 연합 공군 사령관을, 아이젠하워와 오랫동안 호흡을 맞춰 온 월터 베델 스미스 중장은 이번에도 아이젠하워의 참모장을 맡았다. 아이젠하워가 오기 전부터 침공에 필요한 계획을 세우고 군사력을 준비해 오던 모건은 부참모장을 맡았다. 애초에 영국 장군이 사령관을 맡을 것이라 생각했던 것과 달리 아이젠하워가 새로 구성된 연합군사령부를 이끌게 되자 연합 지상군 사령관은 몽고메리 대장에게 돌아갔다.

제대로 된 사령부가 구성되면서 기존 계획은 큰 폭으로 바뀌거나 보강되

* 옮긴이) Supreme Headquarters Allied Expeditionary Force: 연합국의 유럽 침공과 수복을 위해 조직한 사령부로서 1943년 후반에 창설되어 제2차 세계대전이 끝나고 1945년 7월 14일 해체되었다. SHAEF의 역할은 주유럽 미군 전구US Forces, European Theater를 거쳐 1947년 3월 15일 창설 이후 현재도 활동하는 주유럽 미군 사령부US Forces, European Command로 이어지고 있다.

었다. 우선 상륙 해변을 강습할 부대가 3개 사단에서 5개 사단으로 증강되었다. 셰르부르 항구를 신속하게 확보할 목적으로 원래 계획에는 없었던 유타 해변이 추가되었고, 미군이 맡을 서쪽 해안이 지형적으로 불리하다는 점을 감안해 공정사단을 추가로 투입하는 것으로 계획이 바뀌었다. 가장 큰 논란은 공군*을 어떻게 사용할 것인가에 관한 것이었다. 전략 폭격이라는 개념을 도입했을 뿐만 아니라 폭격기 만능주의를 신봉하던 영국 공군의 아서 해리스Arthur Harris 대장과 미 공군의 칼 스파츠Carl Spaatz 중장은 침공 없이 폭격만으로 독일을 굴복시킬 수 있다고 주장했다. 반면 아이젠하워는 노르망디로 증원될 수 있는 독일군 역습 부대를 사전에 차단하고 독일군의 방어 태세를 약화시키기 위해 공군 전체를 자신의 지휘 아래에 두어야 한다고 주장했다. 이 대결은 루스벨트가 최고사령관직을 사임하겠다는 아이젠하워를 두둔하면서 결국 아이젠하워의 승리로 끝나며 해결되었다.

침공을 위한 강도 높은 훈련이 계속되었다. 상륙 병력이 늘어나면서 상륙주정의 수가 문제가 되었다. 더 필요한 1천 척을 충분히 확보하기 위해 작전 개시일이 5월 1일에서 6월 5일로 한 달 늦춰졌다. 6월 5일은 필수적인 두 가지 조건을 만족시키는 날로, 즉 폭격기를 위해서는 보름달이 뜨고 상륙하는 병력을 위해서는 새벽 어간에 썰물이 되는 날이었다.

독일군도 가만히 있지는 않았다. 물론 독일군은 몰랐지만 침공이 한 달 늦춰졌다는 것은, 1942년부터 만들어 오던 대서양 방벽Atlantic Wall을 더욱 강화할 시간을 벌었음을 뜻했다. B집단군 사령관으로 취임한 롬멜은 대서

---

* 옮긴이) 1926년부터 미 육군 항공대U.S. Army Air Corps라는 이름으로 운용되던 항공부대는, 1941년 6월 20일 여전히 육군 예하이기는 하지만 '미 육군 공군U.S. Army Air Force; USAAF'으로 이름을 바꾸며 사실상 별도의 군종軍種으로 성장하기 시작했다. 제2차 세계대전 중에 공군은 육군 예하에 있었으나 이미 공군Air Force이라는 이름을 쓰고 있었기 때문에 우리말로 공군으로 번역하더라도 별다른 문제가 되지 않는다. 1947년 9월 18일 미 육군 공군은 '미 공군U.S. Air Force; USAF'이라는 이름으로 육군으로부터 독립했다. 참고로 영국 공군은 1918년부터 독립적으로 존재했다.

양 방벽을 난공불락의 방어물로 만드는 데 모든 노력을 기울였다. "적이 전장에 닿기 전에 전멸시켜야 한다. 그러려면 물속에서 끝내야 한다." 롬멜은 모든 자산과 인력을 동원해 해안에 '죽음의 지대'를 건설하려 했지만 그의 계획을 완성하기에는 시간도 인력도 자산도 부족했다.

장애물 때문에 연합군은 야간에 상륙할 수 없었다. 또 밀물 때는 아예 상륙이 불가능했고 썰물 때도 상륙할 수 없었다. 선택할 수 있는 시간은 빛이 있는 동안 밀물이 시작되는 시점으로, 장애물은 상륙하면서 함께 개척하는 수밖에 없었다.

침공이 성공하려면 몇 가지 여건이 조성되어야 했다. 첫째는 공중 우세였다. 다행스럽게도 연합군은 공중 우세를 쉽게 달성할 수 있었다. 1944년 2월, 3천700킬로미터를 날아갈 수 있는 미 공군의 P-51 무스탕이 투입되면서 연합군 폭격기는 원하는 곳이라면 어디라도 폭격할 수 있었다. 지속적인 폭격으로 4월이 되자 독일군의 유류 공급은 20퍼센트나 감소했고, 도로, 다리, 철도 등이 폭격을 받아 독일군은 노르망디로 추가 병력을 증원하는 것이 극도로 어려워졌으며, 탄약 저장소 등 시설 또한 큰 피해를 입었다. 둘째는 기습이었다. 기습이 성공하려면 작전 보안이 지켜져야 했는데, 이는 공중 우세와는 달리 무척 어려운 일이었다. 모건은 작전 개시 48시간 전에까지 비밀이 누설되면 기습은 어려울 것이라고 판단했다. 작전 보안을 유지하기 위해서 허위 정보를 대량으로 푸는 방법이 동원되었다. '런던 통제반London Controlling Section'이라는 기만작전 전담 부대가 조직되어 이중 첩자, 허위 정보, 기만 통신, 모의 장비 같은 다양한 방법으로 독일군을 기만했다. 연합군은 포티튜드 작전Operation Fortitude이라는 암호명으로 대규모 기만 작전을 펼쳐 독일군이 노르웨이나 파-드-칼레를 침공 지역으로 오판하게끔 유도했다. 하위 기만 작전으로는 가상의 영국군 제4군이 에든버러에 있다고 믿게 만드는 스카이Skye 작전, 가상의 미 제1집단군이 잉글랜드 남부에 있다고 믿게 만드는 퀵실버Quicksilver 작전, 연합군이 보르도로 상륙할 것이라고 믿게 만드는 아이언사이드Ironside 작전 등이 있으며, 포티튜드 작전에 포함되지는 않지만 스웨덴과 정치적인 관계를 강화해 노르웨이 침공을 준비하는 듯한 모습을 보이는 그래프햄Graffham 작전, 크레타 섬이나 루마니아에 상륙할 수 있다는 정보를 흘려 독일군을 지중해 일대에 묶어 두는 제펠린Zeppelin 작전, 몽고메리가 지브롤터에 있다는 정보를 흘려 프랑스가 아닌 지중해 쪽에서 침공한다고 오판하게 만드는 코퍼헤드Copperhead 작전 등을 펼쳤다.

이런 노력은 결실을 거두었다. 항공 정찰을 제대로 할 수 없었던 독일군은 연합군이 실제 병력보다 두 배 더 많은 병력을 보유하고 있으며 7월에 파-드-칼레를 공격할 것이라고 믿게 되었다. 마지막으로 중요한 것은 날씨였다. 이는 다른 조건과 달리 노력으로 만들 수 있는 것이 아니었다. 한 달 중 작전이 가능한 날은 사흘에 불과했다. 여기에 바람의 속도는 최대 초속 8미터를 넘어서는 안 되었다. 함포 사격이 가능하려면 시야는 3마일, 즉 5킬로미터쯤 되어야 했고, 공중 폭격을 위해 운량은 최대 60퍼센트를 넘으면 안 되었다. 또 공정사단이 안정적으로 강하하기 위해 상층에 강한 바람이 불면 안 되었다. 이런 모든 조건을 갖출 확률은 50분의 1에 지나지 않았다.

5월 15일, 아이젠하워를 비롯한 연합군사령부 주요 지휘관과 참모는 1939년에 대독 선전포고 연설을 했던 영국 국왕 조지 6세에게 침공 계획을 설명했다. 5월 29일, 주간 일기예보가 나오면서 오버로드 작전이 시작되었다. 군인들은 배에 올랐고, 멀베리를 끄는 배들도 움직이기 시작했다.

앞으로 전개될 이야기는 역사상 다시 나오기 힘들 작전으로 기억되는 디데이를 준비하고 겪은 사람들의 이야기이다.

“나를 믿게, 랑! 침공이 시작된 이후 24시간 안에 모든 것이 결정될 걸세. …… 그리고 독일의 운명은 그 24시간 동안 어떻게 싸우는가에 달려 있다네. …… 독일에게도 연합군에게도 그날은 세상에서 가장 긴 하루가 되겠지.”

1944년 4월 22일,

에르빈 롬멜 원수가 부관인 랑 대위에게 한 말 중에서

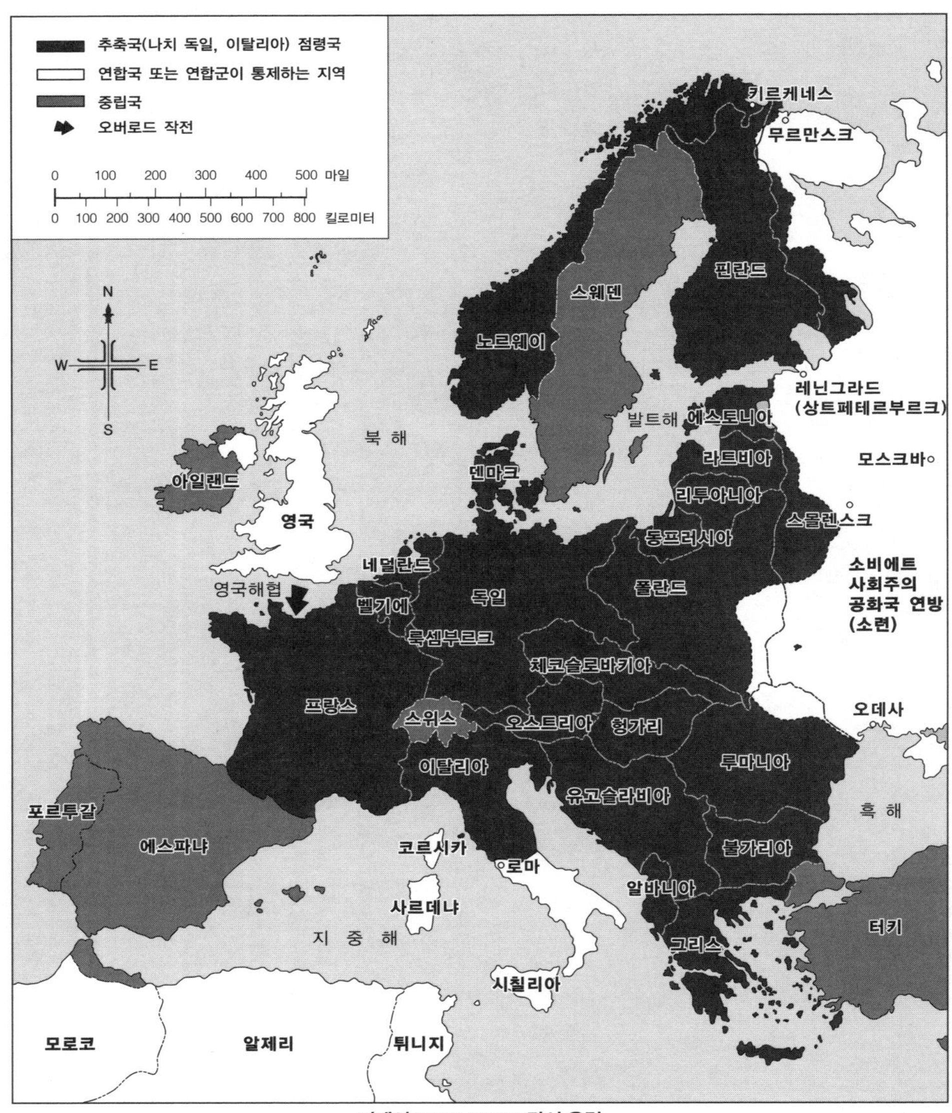
추축국(나치 독일, 이탈리아) 점령국
연합국 또는 연합군이 통제하는 지역
중립국
오버로드 작전
0 100 200 300 400 500 마일
0 100 200 300 400 500 600 700 800 킬로미터
N
W
E
S
키르케네스
무르만스크
핀란드
스웨덴
노르웨이
레닌그라드
(상트페테르부르크)
발트해
에스토니아
북 해
라트비아
모스크바
아일랜드
덴마크
리투아니아
영국
스몰렌스크
동프러시아
네덜란드
소비에트
사회주의
공화국 연방
(소련)
폴란드
영국해협
독일
벨기에
룩셈부르크
체코슬로바키아
프랑스
오데사
스위스
오스트리아
헝가리
이탈리아
루마니아
포르투갈
유고슬라비아
흑 해
에스파냐
코르시카
불가리아
로마
알바니아
사르데냐
지 중 해
터키
그리스
시칠리아
모로코
알제리
튀니지

**디데이**(1944년 6월 6일) **당시 유럽**

## 서문: 디데이, 1944년 6월 6일 화요일

나치 독일이 점령한 유럽을 해방시키는 첫 단계로서 연합군이 프랑스의 노르망디를 침공하는 오버로드 작전은 1944년 6월 6일 0시 15분에 시작되었다. 1944년 6월 6일 0시 15분이라는 날짜와 시간은 앞으로도 영원히 디데이D-Day라는 이름으로 남을 듯싶다.* 그 시간, 미 제101공정사단과 제82공정사단에서 특별히 선발된 장병들은 타고 있던 비행기를 박차고 달빛이 쏟아지는 노르망디 상공으로 몸을 던졌다. 그리고 오 분 뒤, 영국군 제6공정사단에서 선발된 소수 정예 장병들도 80킬로미터쯤 떨어진 곳에서 창공으로 몸을 날렸다. 이들은, 잠시 뒤 강하할 공정사단**과 글라이더를 타고

---

* 옮긴이) 디데이와 에이치아워는 데이Day와 아워Hour의 머리글자 D와 H를 따서 만든 것으로, '공격이나 작전이 시작되는 날과 시간'을 뜻하는 미군 군사용어이다. 디데이의 중요성 때문에 D가 결정Decision, 상륙Disembarkation, 또는 최후의 심판일Doomsday의 머리글자라는 추정도 있었으나, 단순하게 '데이'에서 유래했다. 디데이와 에이치아워는 작전 개시 시점을 숨기는 보안 수단으로 사용되기도 하지만, 계획을 세우는 과정에서 날짜와 시간을 특정하지 못할 때 사용되는 것이 일반적이다. 즉, 오버로드 작전처럼 대규모 작전을 세울 때는 정확히 어느 날 몇 시에 작전을 시작할지를 처음부터 정할 수 없기 때문에 이를 디데이와 에이치아워로 대신한다. 개념상 디데이와 에이치아워는 미정이지만 계획을 세우면서 디데이와 에이치아워로 선정 가능한 날짜와 시간을 염두에 두고서 상황 평가를 거쳐 최종적으로 디데이와 에이치아워를 확정한다. 미군 기록에 따르면, 디데이와 에이치아워는 제1차 세계대전 중인 1918년 9월 7일 미 제1군의 '야전명령 9호'에 처음 쓰였다. 제2차 세계대전 중에는 레이테Leyte 섬 공격일을 뜻하는 A-Day, 오키나와 섬 공격일을 뜻하는 L-Day 등이 혼재했으나, 오버로드 작전 이후로 이런 단어들은 디데이와 에이치아워로 일원화되었다. 미국이 주도한 나토의 영향으로 나토 회원국 군대에서는 디데이와 에이치아워가 일반화되었는데, 대중의 인식에 깊이 뿌리를 내린 것은 바로 이 책과 동명의 영화(우리나라에서는 「지상 최대의 작전」)가 널리 알려지면서부터이다. 역사 용어로 디데이는 오버로드 작전이 벌어진 1944년 6월 6일을 뜻한다.

** 옮긴이) airborne을 일반적으로는 공수로 번역하지만 군사용어에서 공수空輸와 공정空挺은 뜻에 차이가 있다. '항공 수송'의 준말인 공수는 '병력과 물자를 항공기로 수송하거나 공중에서 투하하는 것'을 뜻하는 반면, 공정은 '전투 부대와 장비를 공수한 뒤 지상에 공두보를 확보하고 제한된 작전을 하는 것'까지로 뜻이 보다 넓다. 이 책에서 airborne unit은 일상적으로 쓰는 '공수부대'가 아닌 '공정부대'로 번역했다.

착륙할 보병부대가 착륙 장소를 알아볼 수 있도록 불을 밝혀 강하지대를 표시하는 임무를 띤 선도병*들이었다.

연합군 공정부대는 노르망디 내륙으로 뛰어내렸다. 공정부대와 바다 사이에는 서쪽부터 동쪽으로 각각 유타, 오마하, 골드, 주노, 소드라는 암호명으로 불리는 침공 해변 다섯 곳이 있었다. 공정부대는 해가 뜨기 전까지 노르망디의 컴컴한 수풀과 나무 사이에서 독일군과 싸웠다. 그러는 사이 군인 20만 명을 태운 함정 5천 척이 다섯 침공 해변 앞바다로 각각 나뉘어 집결했다. 이것은 인류 역사상 가장 큰 함대였다. 대대적으로 함포를 쏘고 공중에서 맹렬하게 폭격을 마친 오전 6시 30분, 수천 명의 군인이 침공 제1파로 물살을 가르며 해변으로 향했다.

이제부터 이어지는 것은 전쟁사라기보다는, 전쟁을 몸으로 치른 사람들의 이야기이다. 낯선 전장에 몸을 던진 연합군 군인들의 이야기, 침공하는 연합군에 맞서 싸운 독일군 군인들의 이야기, 그리고 세계를 지배하겠다는 히틀러의 정신 나간 도박을 끝내려 시작된 피 튀고 혼란스런 디데이 한복판에 있었던 프랑스 사람들의 이야기이다.

* 옮긴이) pathfinder라 부르는 선도병先導兵은 적진에 제일 먼저 강하하거나 사전에 침투해 공정부대 본진의 강하지대를 표시하는 임무를 맡은 병력으로, 제2차 세계대전 동안 처음 등장했다.

# I

## THE WAIT

## 기다림

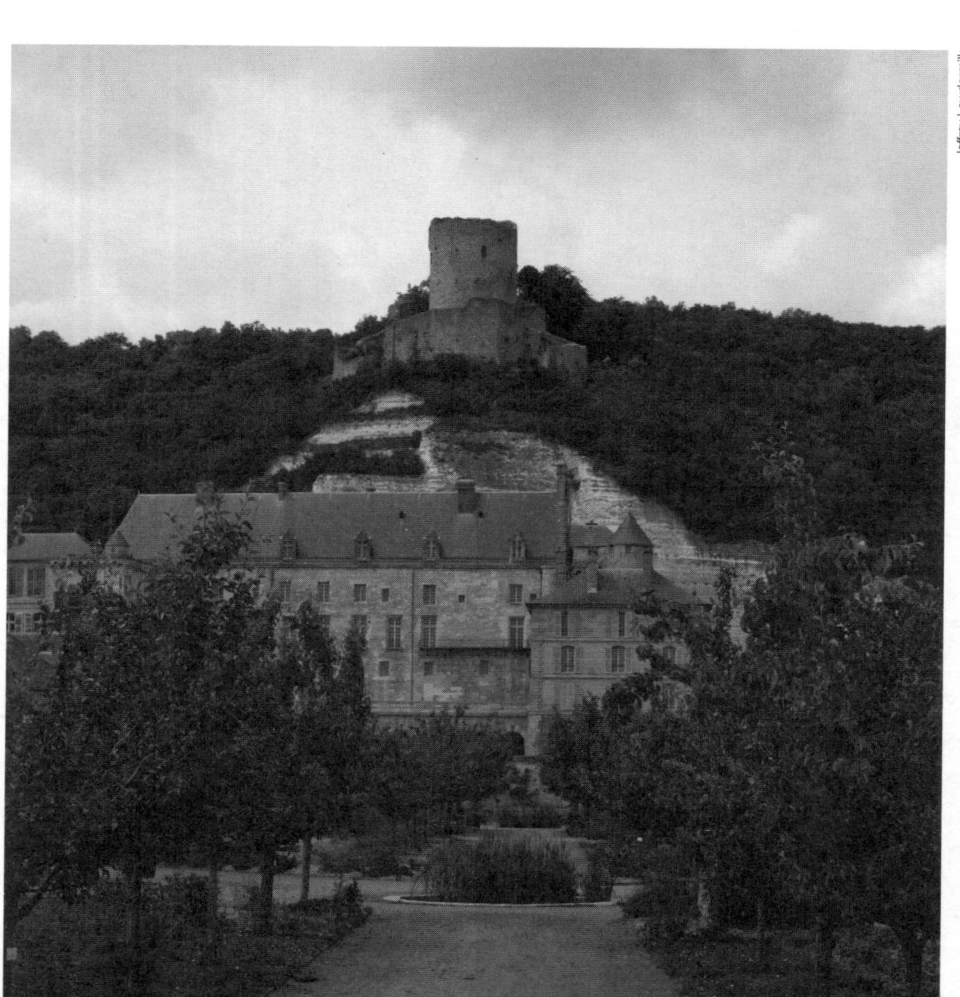

Jeffrey Lowdermilk

**라 로슈-기용 마을 뒤 언덕을 배경으로 불쑥 솟은 라 로슈푸코 공작의 성**(2013년 6월)

## 1944년 6월 4일, 평화롭지만 암울한 일요일 아침

1944년 6월 4일 아침, 안개 낀 라 로슈-기용La Roche-Guyon은 고요했다. 완만하게 굽이져 흐르는 센Seine 강을 끼고 파리에서 북서쪽으로 60킬로미터쯤 떨어진 라 로슈-기용은 거의 12세기 동안 외부의 침략이 없던 곳이다. 오랫동안 이곳은 파리에서 노르망디 쪽으로 여행하는 사람들이 들러 지나가는 곳에 지나지 않았다. 이렇듯 평범해 보이지만 라 로슈-기용은 보통 노르망디 마을과는 다른 점이 하나 있었는데, 그것은 바로 라 로슈푸코La Rochefoucauld 공작이 저택으로 쓰는 성이었다. 1천 년도 넘게 계속되던 라 로슈-기용의 평화가 깨진 것은 마을 뒤 언덕을 배경으로 불쑥 솟은 바로 이 성 때문이었다.

회색빛 아침 안개 사이로 거대한 모습을 드러낸 라 로슈푸코 공작의 성은 너무나 조용했다. 성을 이루는 거대한 돌마다 이슬이 맺혀 반짝였다. 이런 모습은 평화로운 느낌을 주기보다는 누구도 이 정적을 깨서는 안 된다고 압박하는 것 같았다. 성 안에는 조약돌이 깔린 넓은 안마당이 2개 있었다. 오전 6시가 다 되었지만 마당은 텅 비어 있었고 성 안에도 움직이는 사람이 없어 성은 마치 버려진 곳 같았다. 성문 밖으로 넓고 곧게 뻗은 길에도 아무것도 없기는 마찬가지였다. 붉은 지붕이 인상적인 마을 집집마다 창문이 굳게 닫혀 있었다. 라 로슈-기용은 고요하다 못해 사람이 살지 않는 곳처럼 보였다. 그러나 고요함 뒤에 숨은 실상은 달랐다. 마을 사람들은 굳게 닫힌 덧창 뒤에서 종이 울리기만 기다리고 있었다.

라 로슈푸코 공작의 성 옆에는 15세기에 지어진 성 삼손St. Samson 성당이 있었다. 오전 6시 정각, 성당에서 삼종기도를 알리는 종이 울렸다. 평화로운 때라면 삼종기도 종소리에 맞춰 성호를 긋고 잠시 멈춰 기도하는 것으로 충분했겠지만, 지금 울리는 종소리는 단순히 기도 시간을 알리는 것 이

상의 의미가 있었다. 이날 아침 삼종기도 종소리는 야간 통행금지가 끝났다는 것과 동시에 나치 독일에 점령당한 지 1천451번째 날이 시작된다는 것을 뜻했다.

독일군은 라 로슈-기용 곳곳에 초병哨兵을 배치했다. 성 안팎, 마을 밖으로 나가는 도로마다 설치된 검문소, 산기슭에 드러난 석회암층을 파 만든 토치카, 그리고 성 위로 가장 높은 언덕에 서 있는 오래된 탑의 잔해에는 소매가 없는 위장 외투를 걸친 초병이 어김없이 있었다. 탑 위에 있는 기관총 사수는 마을에서 움직이는 것은 모두 다 볼 수 있었다. 이렇듯 라 로슈-기용은 나치 독일이 점령한 프랑스 도시와 마을 중에서 점령 강도가 가장 높았다.

겉으로야 목가적인 분위기가 물씬 풍겼지만 라 로슈-기용은 감옥이나 마찬가지였다. 마을 주민은 543명인데 마을 안팎에 주둔한 독일군 수는 세 배가 넘었다. 이 많은 독일군 중 한 명은 나치 독일 육군 원수 에르빈 롬멜이었다. 그는 독일군 서부전선에서 가장 강력한 B집단군의 사령관이었다. 그리고 B집단군 사령부가 있는 곳이 바로 라 로슈-기용이었다.

제2차 세계대전이 시작되고 다섯 해가 지났다. 그간 롬멜이 쌓은 전력戰歷은 적인 영국군도 감탄할 만큼 화려했다. 그러나 롬멜은 지금, 단단히 마음을 먹기는 했지만 군 경력에서 가장 가망이 없어 보이는 결전을 준비하고 있었다. 50만 명 이상의 장병을 지휘하는 롬멜은, 네덜란드에서 시작해 대서양의 파도가 몰아치는 프랑스의 브르타뉴Bretagne 반도까지 약 1천300킬로미터에 달하는 어마어마하게 긴 해안선을 따라 만들어 놓은 방어진지를 지키고 있었다. 롬멜의 주력이라 할 수 있는 독일군 제15군은 영국과 프랑스 사이에서 가장 좁은 곳의 프랑스 쪽 땅인 파-드-칼레에 집결해 있었다.

연합군은 밤마다 파-드-칼레를 폭격했다. 전투 경험은 많았지만 폭격이라면 신물이 난 제15군 사이에서는, 안정을 찾아 쉬려면 제7군이 주둔한 노르망디로 가야 한다는 뼈 있는 농담이 돌았다. 실제로 연합군은 노르망디를 거의 폭격하지 않았다.

롬멜의 부대는 절대 뚫리지 않을 것 같은 해안 장애물과 지뢰 지대 뒤에 만든 콘크리트 요새에 들어앉아 몇 달을 기다렸지만, 짙푸른 빛이 감도는 영국해협에는 조각배 하나 없었다. 마음을 단단히 먹고 기다렸건만 아무 일도 일어나지 않았다. 1944년 6월 4일, 평화롭지만 암울한 일요일 아침. 라 로슈-기용의 B집단군 사령부에서는 연합군의 침공을 예견할 만한 징후를 전혀 찾아볼 수 없었다.

## 롬멜, 고민 끝에 휴가를 내다

롬멜은 1층 집무실에 혼자 있었다. 그는 커다란 르네상스식 책상 앞에 앉아 등 하나만 켜고 일하고 있었다. 집무실로 쓰는 방은 넓고 천장이 높았다. 한쪽 벽에는 빛이 바랜 고블랭 태피스트리*가 걸려 있었고, 다른 쪽 벽에는 묵직한 금빛 액자에 든 초상화가 도도한 표정으로 아래를 내려다보고 있었다. 초상화 속의 인물은 현 공작의 선조인 프랑수아 드 라 로슈푸코 공작인데, 그는 17세기 작가로 잠언서를 저술한 것으로 유명하다.** 나무쪽을 모아 붙여 멋들어지게 장식한 마룻바닥은 매우 반짝였지만 의자 몇 개만이 아무렇게나 놓여 있었다. 창문에는 주름을 넣은 두툼한 커튼이 달려 있었지만 몇 개 되지 않았다.

방 안에는 롬멜을 빼고는 아무것도 없었다. 웬만하면 있을 법도 한 가족 사진도 없었다. 아내 루시-마리아의 사진도, 당시 열다섯 살이던 외아들

---

* 옮긴이) Goblein tapestry: 섬세하고 화려한 자수 그림이 들어간 장식용 벽걸이 융단(태피스트리). 고블랭 가문이 15세기 파리에 연 공방에서 생산하는 벽걸이 융단을 말하며, 루이 14세를 시작으로 프랑스 왕실에 납품한 것으로 유명하다. 고블랭 공방은 현재 프랑스 문화부가 운영하고 있다.

** 옮긴이) François de La Rochefoucauld(1613년 9월 15일~1680년 3월 17일): 17세기 귀족의 전형이라 평가받는 인물로서, 잠언서 등은 프랑스는 물론 유럽 각국에서 여전히 인용되고 있다.

만프레트의 사진도 없었다.* 제2차 세계대전 초기 북아프리카 사막에서 영국군을 공포로 몰아넣으며 승리했다는 것을 상기시킬 만한 기념물도 전혀 없었다. 심지어 1942년에 히틀러가 요란스럽게 친수한 번쩍이는 원수 지휘봉조차도 없었다. 원수 지휘봉은 길이 45센티미터, 무게 1.4킬로그램 정도의 봉에 빨간 우단을 둘렀는데, 그 위에는 황금 독수리와 만자卍字를 닮은 나치의 스바스티카Swastika가 여럿 박혀 있었다. 롬멜은 히틀러가 수여한 날을 빼고는 원수 지휘봉을 든 적이 없었다. 방 안에는 심지어 병력 배치를 보여 주는 상황도도 없었다. 이런 모습만 봐서는 이 방의 주인이 '사막의 여우'라는 전설적인 별명으로 불리는 롬멜이라고 짐작하기 어려웠다. 마음만 먹으면 대체 이 방을 누가 썼는지도 모르게 방을 떠날 수 있을 정도였다.

당시 롬멜은 쉰한 살이었다. 그는 나이보다 더 늙어 보였지만 피곤이라고는 몰랐다. B집단군에 근무하는 장병 중 롬멜이 하루 5시간 이상 자는 것을 본 사람은 없었다. 이날도 평소처럼 오전 4시도 안 돼서 일어난 롬멜이지만 평소와 다른 점이 있었다. 그는 오전 6시가 되기를 초조하게 기다렸다. 늘 하던 대로 롬멜은 오전 6시에 참모들과 아침을 먹겠지만, 그다음 일정은 달랐다. 그는 독일로 떠날 예정이었다.

지난 몇 달 동안 롬멜은 휴가 없이 지냈다. 모처럼 휴가를 낸 롬멜은 독일 울름Ulm의 헤를링엔Herrlingen에 있는 집으로 갈 예정이었다. 비행기를 타면 시간을 아낄 수 있지만 차로 갈 생각이었다. 고위 장성은 엔진이 3개 있는 비행기를 타고 반드시 호위 전투기를 대동해야 한다는 히틀러의 지시가 나온 뒤로 고위 장성들은 사실상 비행기를 탈 수 없었다. 지시야 어찌되

* 옮긴이) 롬멜의 아내 루시-마리아의 결혼 전 이름은 루시-마리아 몰린Lucia Maria Mollin으로, 1894년 단치히(오늘날 폴란드의 그단스크)에서 태어나 1919년 롬멜과 결혼했고 1971년 슈투트가르트에서 사망했다. 외아들 만프레트Manfred(1928년 12월 24일~2013년 11월 7일)는 롬멜 사후 프랑스군에 투항해 아버지의 최후를 증언했으며, 고향 슈투트가르트에서 21년(1974~1996년) 동안 시장을 지내며 유력 정치인으로 이름을 떨쳤다. 아버지의 맞수이던 몽고메리의 외아들 데이비드 몽고메리David Montgomery와 패튼의 아들 조지 패튼 2세George Patton Jr. 소장과 교류했다.

었든 롬멜은 비행기 타는 것을 싫어했다. 노르망디에서 헤를링엔까지 가려면 지붕이 없는 검정색 호르히Horch를 타고 18시간을 가야 했다.

롬멜은 이번 휴가를 무척 고대했다. 연합군이 공격하면 격퇴해야 한다는 엄청난 책임을 진 롬멜이 휴가를 내기란 쉬운 일이 아니었다. 히틀러가 이끄는 제3제국의 정세는 날이 갈수록 어려워지고 있었다. 연합군 폭격기는 밤낮없이 독일을 두들겨 댔고, 연합군 부대는 로마 코앞까지 와 있었다. 동부전선에서 소련은 엄청난 규모로 폴란드에 들이닥쳤다. 독일군은 사방에서 후퇴하거나 전투에 지고 있었다. 아직 독일이 전쟁에 진 것은 아니었지만, 만일 연합군이 프랑스를 침공하기라도 하면 이는 전세를 가를 분수령이 되리라는 것은 누구나 알고 있었다. 독일의 미래가 위태롭다는 것을 롬멜만큼 잘 아는 사람도 없었다.

이처럼 속사정이 복잡했지만 어쨌든 롬멜은 휴가를 내 집에 다녀오게 되었다. 다른 때가 아닌 반드시 6월 첫째 주를 집에서 보내겠다는 의지도 강했지만, 이때 휴가를 낼 수 있으리라 생각한 데는 여러 이유가 있었다. 우선 스스로는 인정하지 않았겠지만, 롬멜은 휴식이 절실했다. 며칠 전, 서부전선 사령관 카를 루돌프 게르트 폰 룬트슈테트 원수는 휴가를 허락해 달라는 롬멜의 전화를 받고 이를 즉석에서 승인했다. 휴가 당일, 롬멜은 파리 외곽의 생-제르맹-앙-레St.-Germain-en-Laye에 있는 서부전선 사령부OB West(Oberbefehlshaber West)*를 인사차 방문하며 휴가를 공식 승인받았다. 룬트슈테트와 서부전선 사령부 참모장 귄터 블루멘트리트 소장은 수척해진 롬멜을 보고 깜짝 놀랐다. 블루멘트리트는 그 뒤로도 롬멜을 늘 이렇게 기억하곤 했다. "롬멜은 피곤한 데다 긴장한 모습이었다. …… 그는 집에서 가족과 함께 며칠 쉬는 것이 필요해 보였다."

롬멜은 긴장해서 늘 신경이 날카로웠다. 1943년이 끝날 무렵 프랑스에

---

* 옮긴이) 독일어 Oberbefehlshaber는 집단군 이상의 장성 지휘관, 즉 '사령관'이라는 뜻이다. OB West는 '서부전선 사령관', 즉 룬트슈테트 또는 서부전선 사령부를 뜻한다.

발을 디딘 뒤로 롬멜의 머릿속에는 '언제 그리고 어디에서 연합군의 공격을 막을 것인가?'라는 문제가 떠나지 않았다. 이것은 감당하기 어려운 문제였다. 연합군의 침공을 막아야 한다는 책임을 진 여느 독일군처럼 롬멜 또한 계속되는 불안감으로 악몽에 시달렸다. 롬멜은 연합군의 의도를 미리 파악해 의표를 찔러야 한다는 부담감을 떨칠 수 없었다. 서부전선 예하의 다른 장교들처럼 롬멜도 연합군이 어떻게 공격할지, 어디로 공격해 상륙할지, 무엇보다도 언제 공격할지가 궁금했지만 제아무리 천하의 롬멜이라도 이를 알기란 불가능했다.

롬멜이 가슴을 짓누르는 긴장감에 시달린다는 것을 아는 사람은 오직 한 명뿐이었다. 롬멜은 아내에게 모든 것을 털어놓았다. 넉 달도 안 되는 동안 롬멜은 아내에게 마흔 통이 넘는 편지를 보냈다. 이렇게 보낸 편지마다 롬멜은 연합군의 공격 양상을 새롭게 예상해 적어 놓았다. 편지를 일부 인용하면 이렇다.

3월 30일
"영-미 연합군이 공격을 개시하지 않은 채 3월이 끝나 가오. …… 아무래도 그들이 명분에서 자신감을 잃어버린 것 같다는 생각이 들기 시작하오."

4월 6일
"날마다 긴장이 높아지오. …… 결정적인 사건까지 불과 몇 주밖에 남지 않은 것 같소."

4월 26일
"영국의 사기는 바닥에 있소. …… 평화를 요구하며 '처칠 그리고 유대인과 함께 항복하자!'라는 구호가 점점 더 커져 가고 있소. …… 위험하게 공세를 펴기에는 좋지 않은 조짐이오."

4월 27일
편지는 침공 가능성을 낮게 평가하고 있다. "가까운 장래에 영국과 미국이 침공하는 것에 관해 서로 의견을 조율할 것 같지는 않아 보이오."

5월 6일
"영국과 미국이 침공할 징후는 여전히 없소! …… 매일, 그리고 매주 우리는 더욱 강해지고 있소. …… 나는 승리를 확신하며 전투가 벌어지기만을 기다리고 있소. …… 아마 5월 15일 또는 5월 말에 침공이 있을 것 같소."

5월 15일
편지는 예전과 어조가 조금 달라졌다. "언제 침공할지 모르기 때문에 예하 부대를 순시하는 데 많은 시간을 쓸 수 없소. 이곳 서부전선에서 큰일이 벌어지기까지는 겨우 몇 주 더 남았을 뿐이라는 생각이 드오."

5월 19일
편지는 6월 휴가를 언급하지만 휴가를 내기는 어렵다고 적고 있다. "예전보다 훨씬 더 빨리 내 계획을 진행시켰으면 하오. …… 6월에 며칠 동안 시간을 내서 이곳을 떠날 수 있을지 모르겠소. 지금 당장은 가능성이 없소."

그러나 걱정과 달리 롬멜은 결국 휴가를 낼 수 있었다. 그는 나름대로 연합군의 의도를 파악했다고 생각하며 휴가를 내겠다고 마음먹었다. 집무실 책상 위에는 B집단군의 주간 정보보고서가 올라와 있었다. 꼼꼼하게 작성된 이 보고서는 다음 날 정오까지 서부전선 사령부, 즉 룬트슈테트의 사령부로 발송될 예정이었다. 정보보고서는 그곳에서 보강을 거친 뒤 전구 정보보고의 한 부분으로 히틀러의 사령부, 즉 독일 국방군 총사령부 OKW(Oberkommando der Wehrmacht)로 전송될 예정이었다.

롬멜의 보고서에는 "연합군이 고도의 전투준비 태세를 유지하고 있으며, 프랑스 안에 있는 항독 운동단체에 가는 전문이 증가했다."라는 내용이 언급되고 있으나 "과거의 경험에 비추어 볼 때 이것이 침공이 임박했다는 것을 나타내지는 않는다."라고 쓰여 있다.

이번에는 그의 판단이 맞지 않았다.

## 롬멜의 확신

롬멜의 집무실을 나와 복도를 따라 끝까지 가면 참모장실이 있었다. 당시 서른여섯 살이던 헬무트 랑Hellmuth Lang 대위는 롬멜의 전속부관이었다. 그는 아침마다 참모장실에서 아침 상황보고서를 챙겼다. 롬멜은 일찍 보고서를 읽고 참모들과 함께 아침을 먹으면서 보고서 내용을 논의하는 것을 즐겼다. 이날 아침 보고서에는 늘 그렇듯 연합군이 밤새 파-드-칼레를 폭격했다는 것을 빼고는 침공을 암시하는 다른 징후는 없었다. 연합군이 쉬지 않고 파-드-칼레를 폭격한다는 것은 이곳을 공격 지점으로 선택했음을 의미했다. 독일군은 다른 징후는 볼 것도 없다고 생각했다. 연합군이 침공한다면 파-드-칼레가 목표가 될 것이 분명했다. 이는 당시 프랑스에 주둔하는 독일군 장교 대부분의 생각이기도 했다.

랑은 손목시계를 보았다. 오전 6시가 조금 지났다. 롬멜은 오전 7시 정각에 경호 없이 차량 2대만으로 출발해 헤를링엔까지의 여정을 즐길 생각이었다. 1대는 롬멜의 전용차량이었고, 다른 하나는 롬멜을 수행하는 B집단군 작전참모인 한스 게오르게 폰 템펠호프Hans George Von Tempelhof 대령의 것이었다. 이날도 B집단군 책임지역에 있는 예하 지휘관들은 롬멜의 일정에 대해서는 아무것도 아는 것이 없었다. 롬멜은 소박한 사람이었다. 영접한답시고 도시 입구마다 오토바이 경호대를 대기시키고 해당 지역 지휘관이 직접 나와 군화 뒤축을 맞부딪쳐 가면서 경례하며 의전을 주관한다고 법석을 떨어 일정이 지연되는 것을 아주 싫어했다. 중간에 걸릴 것도 없는 데다 운이 조금 따르면 울름에는 다음 날 오전 3시쯤 도착할 것 같았다.

이런 장거리 이동에는 늘 따라다니는 문제가 있었다. 바로 식사였다. 롬멜은 담배를 피우지 않았을 뿐만 아니라 술도 거의 마시지 않았다. 먹는 데도 거의 신경을 쓰지 않아 식사를 거를 때가 많았다. 장거리 이동에 나서

기 전이면 롬멜은 늘 랑과 일정을 미리 논의했다. 롬멜은 랑이 제안한 점심 메뉴를 읽고는 종종 검은 글씨로 커다랗게 '간단한 야전 점심'이라고 써서 돌려주곤 했다. 때로는 "물론이지. 부담스럽지 않을 고기 한두 점이면 괜찮겠네!"라고 말해 랑을 혼란스럽게 만들기도 했다. 성격이 세심한 랑은 도무지 무엇을 준비해야 할지 알 수 없었다. 이날 아침, 랑은 프랑스식 맑은 수프를 보온병에 담고 여러 종류의 샌드위치를 준비했다. 랑은 늘 그렇듯 이번에도 롬멜이 점심을 까맣게 잊어버릴 거라고 생각했다.

랑은 사무실을 나와 참나무 널을 이어 붙인 복도를 걸어갔다. 복도 양쪽에 위치한 사무실마다 대화하는 소리와 타자기 소리가 흘러나왔다. B 집단군 사령부는 눈이 돌 정도로 바쁜 곳이었다. 랑은 성의 주인인 로슈푸코 공작과 공작 부인이 이런 소음 속에서 잠이나 제대로 잘 수 있을까 궁금했다.

랑은 복도 끝에 있는 커다란 방 앞에 멈춰 섰다. 그는 조심스레 문을 두드린 뒤 손잡이를 돌려 문을 열고 방 안으로 들어갔다. 랑이 들어왔지만 롬멜은 고개를 들지 않았다. 롬멜은 앞에 있는 서류를 보는 데 열중해 랑이 들어왔는지도 모르는 것 같았다. 랑은 롬멜을 방해하지 않으려고 선 채로 기다렸다.

롬멜이 책상에서 눈을 떼고 랑을 올려다보며 말했다. "좋은 아침일세, 랑 대위!"

랑이 상황보고서를 건네며 대답했다. "안녕하십니까, 사령관님! 보고서입니다."

보고서를 건넨 랑은 롬멜을 식당까지 수행하려 밖에서 기다렸다. 오늘 아침 롬멜은 극도로 바빠 보였다. 롬멜이 얼마나 충동적이고 변덕스러운지 잘 아는 랑은 정말 휴가를 떠날 수 있을까 의심이 들었다.

랑의 걱정과는 달리 롬멜은 이번 휴가를 취소할 생각이 전혀 없었다. 확실하게 약속이 잡힌 것은 아니었지만 롬멜은 이번 휴가 동안 히틀러를 만나기 원했다. 원수라는 계급은 언제라도 총통을 방문할 수 있었다. 게다가 롬멜은 오랜 친구이자 히틀러의 부관을 오랫동안 맡고 있는 루돌프 슈문트* 소장에게 총통 일정에 면담 시간을 넣어 달라는 전화도 미리 해 두었다. 슈문트는 6월 6일에서 9일 사이에 면담할 수 있을 것이라고 생각했다. 롬멜의 참모들 말고는 롬멜이 총통을 만나려 한다는 것을 아무도 몰랐는데, 이것이 롬멜의 전형적인 업무 방식이었다. 룬트슈테트의 사령부 상황일지에는 롬멜이 집에서 며칠 휴가를 보내는 것으로만 간단히 기록되어 있다.

롬멜은 이번에는 휴가를 떠날 수 있으리라 확신했다. 연합군이 침공하기에 최적의 날씨를 보이던 5월은 지나갔다. 롬멜은 앞으로 몇 주 동안은 침공이 없을 것이라고 결론을 내렸다. 연합군이 5월에 침공하리라 확신했던 롬멜은 그 전에 해안 장애물을 완성하는 계획을 세웠다. 롬멜이 제7군과 제15군에 내린 명령에는 "썰물을 이용해 상륙하는 적에게 최대한 피해를 주도록 모든 노력을 기울여 장애물을 설치하며…… 공사를 독려한다. …… 6월 20일까지 사령부로 완성 보고서를 제출하라."라고 되어 있다.

히틀러와 국방군 총사령부가 그랬듯이 롬멜 또한 연합군이 소련군의 하계 공세와 동시에 혹은 하계 공세 직후에 프랑스를 침공할 것이라고 예상했다. 소련군이 공세를 시작하기 위해서는 폴란드가 해빙이 되어야 하는데, 폴란드는 서유럽에 비해 봄이 늦게 왔다. 따라서 독일군은 6월 하순이 되어야 소련군의 공세가 시작되리라고 생각했다.

그러던 차에 며칠 동안 안 좋던 서부전선 날씨가 더 나빠질 것이라는 예보가 나왔다. 파리에 있는 독일 공군 수석 기상장교 발터 슈퇴베Walter Stöbe 대령이 준비한 오전 5시 기상보고에 따르면, 서부전선에서는 구름이 더 많아지고 바람이 세지면서 비까지 내릴 예정이었다. 심지어 영국해협에는 시

* 옮긴이) Rudolf Schmundt(1896년 8월 13일~1944년 10월 1일): 대령으로 진급한 1938년 10월부터 1944년 7월 20일 히틀러 암살 시도 때까지 히틀러의 부관을 지냈다. 히틀러 암살 시도 때 크게 부상을 입어 치료를 받다가 사망했다.

속 30킬로미터에서 50킬로미터의 바람이 불고 있었다. 롬멜은 앞으로 며칠 안에는 연합군이 공격을 감행할 가능성이 거의 없다고 보았다.

심지어 지난밤 사이 라 로슈-기용의 날씨도 바뀌었다. 롬멜의 책상 맞은편에 있는 높다란 창문 2개는 바람 때문에 정원 쪽으로 열려 있었다. 밤까지만 해도 장미 정원이라는 이름이 어울리던 그곳은 아침이 되었을 때에는 더 이상 그 이름이 맞지 않았다. 정원에는 바람에 떨어진 장미 꽃잎과 부러진 가지가 널브러져 있었다. 새벽이 오기 직전에 영국해협에서 일어난 여름 폭풍은 이미 프랑스 일부 해안을 쓸고 지나갔다. 그 시간에도 폭풍은 여전히 프랑스 해안을 통과하고 있었다.

롬멜은 집무실 문을 열고 밖으로 나갔다. "좋은 아침일세, 랑!" 마치 그때 랑을 처음 본 것처럼 롬멜이 다시 인사를 던졌다. "식사 준비는 됐지?" 롬멜과 랑은 식당으로 향했다.

세차게 부는 바람을 뚫고서 멀리 라 로슈-기용 마을의 성 삼손 교회에서 삼종기도를 알리는 종소리가 들렸다. 오전 6시였다.

## 보헤미아 출신 상병의 고집

롬멜과 랑은 상관과 부하였지만 격의 없고 편한 사이였다. 둘은 벌써 여러 달을 항상 함께 있었다. 랑이 롬멜의 부관이 된 1944년 2월 이후로 롬멜은 순시를 빼먹은 날이 거의 없었다. 이런 순시에는 늘 장거리 이동이 필요했다. 보통 롬멜은 랑을 대동하고 오전 4시 30분에 길을 나서 최고 속도로 예하 부대를 향해 달렸다. 목적지도 광범위했다. 하루는 네덜란드, 다음 날은 벨기에, 그다음 날은 노르망디나 브르타뉴 같은 식이었다. 의지가 결연한 롬멜은 한순간도 허투루 보내지 않았다. 롬멜이 랑에게 말했다. "지금 나에게 진정한 적은 하나뿐이라네. 그것은 바로 시간이지!" 시간과 씨름하는 롬멜은 부하들도 시간을 헛되이 쓰게 두지 않았다. 이런 업무 방식은 롬멜이 1943년 11월에 프랑스로 부임한 이후 계속되었다.

그해 가을, 서부 유럽 전체 방어를 책임진 룬트슈테트 원수는 히틀러에게 병력과 장비를 증원해 달라고 요청했다. 그러나 증원 병력 대신에 룬트슈테트가 받은 것은 빈틈없고 과감하며 야심 차기까지 한 롬멜 원수였다. 당시 예순여덟 살로 서부전선 총사령관이던 룬트슈테트는 명실상부 귀족의 풍모가 강한 인물이었다. 히틀러는 대서양 해안을 따라 들어선 요새들을 대서양 방벽이라고 힘주어 선전했다. 이런 요새를 점검한 뒤 그 결과를 지휘 계통을 거치지 않고 별도의 계선으로 국방군 총사령부에 직접 보고할 수 있는 권한, 즉 구미베펠을 받은 롬멜이 부임한다는 것은 룬트슈테트에게 치욕적인 일이었다. 이런 상황에 당황한 데다 실망까지 한 룬트슈테트는 자기보다 훨씬 어린 롬멜이 도착하자 안절부절못했다. 룬트슈테트는 롬멜을 '소년 원수'라고 부르기까지 했다. 룬트슈테트는 여기서 한 걸음 더 나아가 국방군 총사령부 총참모장 빌헬름 카이텔 원수에게 롬멜이 자신의 후임자로 고려되고 있는지를 물었다. 돌아온 답은, 롬멜의 능력이 서부전선 사령관에 맞지 않으니 섣부른 결론을 내리지 말라는 것이었다.*

부임하자마자 마치 몰아치는 폭풍처럼 돌아다니며 대서양 방벽을 직접 눈으로 본 롬멜은 경악했다. 프랑스의 르 아브르Le Havre부터 네덜란드까지 주요 항구와 하구, 그리고 해협이 내려다보이는 긴 해안에는 철근 콘크리트를 써서 크게 요새를 만든 곳이 손에 꼽을 만큼 적었다. 나머지 지역의 방어 준비는 각양각색이었다. 심지어 공사를 시작하지 않은 곳도 여러 군데였다. 방벽이 완성된 곳이면 고슴도치가 가시를 세운 것처럼 어김없이 포가 바다를 겨누고 있었다. 대서양 방벽은 지금 상태로도 엄청나게 큰 장애

---

* 옮긴이) 롬멜에 대한 평가는 매우 상반된다. 자기 관리가 철저하고 전투 지휘 능력이 빼어나며 최전방에서 부하들과 동고동락하는 소신 있는 군인이라는 평가가 있는 반면, 명예욕과 과시욕이 강하고 독단적인 데다가 균형 잡힌 전략적인 시각이 부족했다는 평가도 있다.

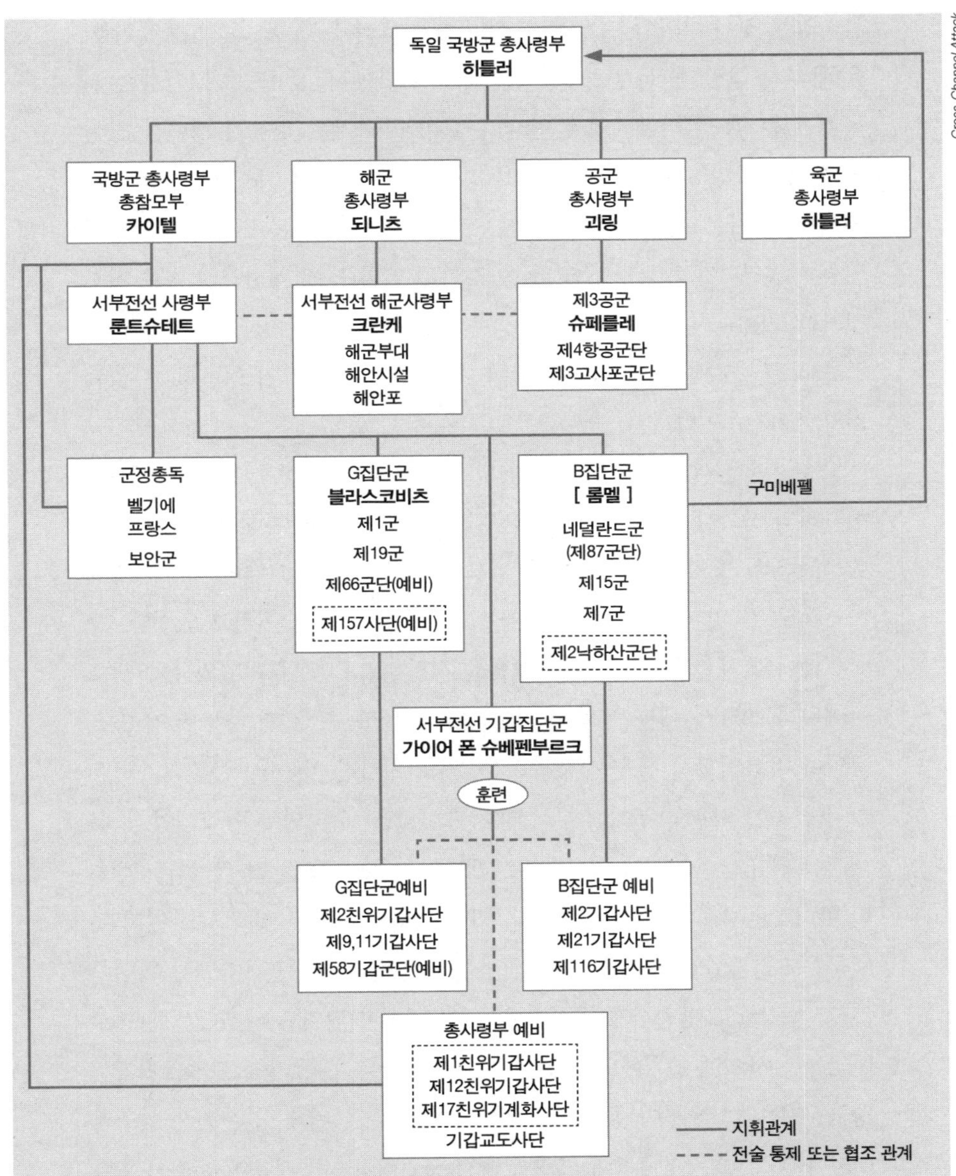


**독일군 서부전선 지휘 체계도** 정상적인 지휘 체계 외에도 롬멜이 룬트슈테트를 거치지 않고 히틀러에게 직보할 수 있는 구미베펠이 눈에 띈다. 구미베펠Gummibefehl은 독일어로 고무를 뜻하는 'Gummi'와 명령 또는 지휘권을 뜻하는 'Befehl'의 합성어이다.

물이라는 것은 부인할 수 없는 사실이었다. 그러나 이 정도로는 롬멜의 마음에 차지 않았다. 롬멜에게는 지난해 리비아에서 이집트로 넘어가는 길목에 있는 엘-알라메인에서 영국의 몽고메리에게 결정적인 패배를 당한 아픈 기억이 있었다. 생생한 교훈을 가슴에 담은 롬멜이 보기에 지금 수준의 방벽으로는 어떻게든 반드시 침공할 것으로 예상되는 연합군의 맹공을 멈출 무엇인가가 충분치 않았다. 예리한 롬멜의 눈에 대서양 방벽은 바보짓처럼 보였다. 롬멜은 대서양 방벽을 두고 "히틀러가 지배하는 암울하고 바보 같은 나라의 허상"이라며 깎아 내렸는데, 이는 그가 형용할 수 있는 최고의 표현이었다.

사실 2년 전까지만 해도 대서양 방벽은 세상에 없었다. 1942년 말까지 히틀러와 으스대는 나치 당원들은 완승을 확신했다. 자신감이 넘치는데 힘들여 해안 방벽 같은 것을 세울 필요가 전혀 없었다. 그때만 해도 유럽에서는 하루가 멀다 하고 스바스티카가 휘날리는 땅이 넓어지고 있었다. 오스트리아와 체코슬로바키아는 전쟁을 시작하기도 전에 독일의 손아귀로 들어왔다. 1939년에는 큰 힘 들이지 않고 폴란드를 소련과 나누어 가졌다. 독일이 마음먹고 전쟁을 시작하고 한 해도 지나지 않아 서유럽 국가들은 마치 밑동이 썩은 나무처럼 무너졌다. 덴마크는 하루 만에 함락되었다. 자생적인 친나치 움직임이 일어난 노르웨이는 이보다 조금 더 걸리기는 했지만 무너지는 데 6주를 넘지 않았다. 별다른 준비를 하는 것 같지도 않던 독일군은 5월과 6월에 걸쳐 27일 동안 순식간에 네덜란드, 벨기에, 룩셈부르크, 프랑스로 맹렬하게 돌진해서는, 전 세계가 믿지 못하겠다는 눈으로 바라보는 사이에 벨기에와 인접한 프랑스의 작은 항구 마을 됭케르크에서 영국군을 바다로 몰아냈다. 프랑스가 무너진 뒤 유럽에 남은 것은 영국뿐이었다. 이런 호시절에 히틀러에게 대체 장벽처럼 거추장스러운 것이 필요나 했을까?

그러나 모두의 예상과 달리 히틀러는 영국을 침공하지 않았다. 독일군 장군들은 영국을 침공하려 했지만, 영국이 먼저 강화를 제안할 것이라는 생각에 사로잡힌 히틀러는 영국이 강화를 제안하기를 기다렸다. 그러나 시간이 흐르면서 상황이 급속하게 바뀌었다. 미국의 도움을 받은 영국은, 비록 느리기는 하지만 됭케르크에서 받은 충격에서 확실하게 회복해 나가고 있었다. 반면 독일의 상황은 영국과 반대로 가고 있었다. 독일은 1941년 6월에 바르바로사 작전Operation Barbarossa이라는 이름 아래 소련을 침공했다. 침공 이래 소련 전역戰役*에 깊숙이 관여하던 히틀러는 프랑스 해안이 더 이상 공세의 디딤돌이 아니라는 것을 깨닫게 되었다. 오히려 대서양 해안은 히틀러의 방어선에서 약한 곳이 되어 있었다. 1941년 가을, 히틀러는 유럽을 '난공불락 요새'로 만들겠다는 주제로 장군들과 논의를 시작했다. 그해 12월 미국이 참전하자, 히틀러는 세계를 향해 "거대하고 강력하게 요새화된 진지들이 노르웨이 최북단의 키르케네스Kirkenes에서부터 프랑스와 에스파냐 국경에 걸쳐 있는 피레네Pyrenees 산맥에까지 들어섰다. …… 어떤 적도 이 방어선을 뚫을 수 없도록 만들 것이며 나의 결심은 확고하다."라며 호언장담했다.

히틀러의 장담과 달리 이는 무모하면서도 실현될 수 없는 말장난에 불과했다. 북으로는 북극해부터 남으로는 비스케이Biscay 만까지 이어지는 해안선은 구불구불했다. 이 해안선이 곧게 뻗은 일직선이라고 가정해도 길이가 거의 4천800킬로미터나 된다.

* 옮긴이) 국어사전은 campaign을 번역한 전역戰役을 단순히 '전쟁'과 같은 말로 정의하나, 영영사전은 '특정한 시간과 공간을 전제로 전략적 목표를 달성하려 펼치는 일련의 군사작전'으로 정의한다. 따라서 전쟁war 안에는 여러 개의 전역戰役(예, 소련 전역, 태평양 전역, 유럽 전역)이 있을 수 있다. 참고로 미국의 군사교리를 받아들인 우리의 군사용어사전은 영영사전의 뜻을 수용한다. campaign의 어원을 찾아보면 흥미롭게도 戰役의 동음이의어인 戰域이 떠오른다. '넓고 평평한 벌판[域]'을 뜻하는 프랑스어 캉파뉴campagne에서 유래한 campaign의 본뜻은 어원과 같았으나, 17세기 초반 '평평하고 넓은 벌판[域]에서 펼치는 군사작전[役]'으로 뜻이 확대되었다. 의도한 것은 아니나 우리말 전역 역시 영어 campaign의 의미 확장 및 발전과 동일한 과정을 밟았다고 할 수 있다. 현재 campaign은 域보다는 役으로 더 많이 사용되며, 특히 선거 용어로 발전했다.

도버해협에서 가장 폭이 좁다는 프랑스 쪽 땅 파-드-칼레에도 독일군 진지는 없었다. 그러나 히틀러는 스스로 밝힌 요새 구축 계획에 사로잡혀 있었다. 당시 독일 육군 총참모장Chief of the German General Staff*이던 프란츠 할더 상급대장은 히틀러가 이 터무니없는 구상의 밑그림을 처음으로 그린 순간을 생생하게 기억한다. 영국을 침공하겠다는 계획을 가지고 있었으나 히틀러의 반대로 뜻을 이루지 못한 할더는 히틀러를 결코 용서하지 않았다. 당시 할더는 히틀러가 내놓는 계획에 전반적으로 냉담했다. 할더는 히틀러와 다른 의견을 과감하게 내놓았다. "요새화된 진지를 짓더라도 함포 사거리 밖에 만들어야 합니다. 그렇지 않으면 (연합군 포격에) 방어 부대가 꼼짝도 못하게 될 수 있습니다." 할더의 반대에 히틀러는 발끈했다. 그는 방을 가로질러 커다란 지도가 놓여 있는 탁자로 가서는 오 분 내내 잊으려 해도 잊을 수 없는 열변을 쏟아 냈다. 히틀러는 주먹을 말아 쥔 채 지도를 내려치며 목청을 높였다. "포탄과 폭탄이 방벽 앞, 뒤, 위로 해서 여기, 여기, 여기, 여기, 그리고 여기에 떨어지겠지. 그렇지만 방벽 안에 있는 병력은 안전할 걸세! 포격이 끝나면 안전하게 나와서 싸울 걸세!"

할더는 아무 말도 하지 않았지만 국방군 총사령부에 있는 다른 장군들과 같은 느낌을 받았다. 제3제국은 지금까지 스스로도 놀랄 만큼 눈부신 승리를 거두었지만, 히틀러는 연합군의 침공을 받아 제2전선이 형성될까 봐 두려워하고 있었다.

요새화된 진지를 만드는 일은 별로 진척이 없었다. 1942년 독일에 맞

---

* 옮긴이) 우리 군이 '일반참모'로 번역하는 General Staff의 General은 '일반적'이라는 뜻의 형용사가 아니라 '장군'을 뜻하는 명사로서 '일반참모'라는 번역은 잘못된 것이다. 독일군, 더 엄밀히는 프로이센 육군이 창안한 Generalstab라는 개념은 '장군이 작전 계획을 세우고 실행하는 것을 보좌하는 참모', 즉 '장군의 참모'이다. 이는 영어에서도 정확히 드러나는데, 영관 장교가 지휘하는 연대와 대대 참모는 Staff의 머리글자를 따 S로 표기하는 반면, 사단 이상 부대는 General Staff의 머리글자인 G로 표기한다. 참고로 2개 군 이상을 지휘하는 합동부대 참모는 J(Joint)로, 두 나라 이상이 구성하는 연합부대 참모는 C(Combined)로 표기한다.

선 전쟁의 파고가 높아지면서, 영국군 코만도부대는 난공불락이던 독일의 유럽 방어선을 뚫고 들어오기 시작했다. 비록 제2차 세계대전 전쟁사에서 가장 참혹한 특수부대 기습으로 기억되기는 하지만, 5천 명이 넘는 캐나다군이 프랑스 디에프에 감행한 영웅적인 강습작전은 연합군 침공의 개막극이나 마찬가지였다. 연합군은 독일군이 프랑스의 항구를 얼마나 강력하게 요새화했는지 알게 되었을 뿐, 전술적으로나 전략적으로나 아무 성과도 거두지 못했다. 캐나다군은 전사자 900명을 포함해 모두 3천 369명의 사상자를 냈다. 사상자 수에서 보듯 디에프 강습은 연합군에게는 재앙이었다. 그러나 히틀러는 큰 충격을 받았다. 걱정하던 것이 현실이 될 수도 있었다. 히틀러가 장군들에게 큰소리쳤던 대서양 방벽은 이제 최고 속도로 완성되어야만 했다. 실제로 히틀러의 의지가 담긴 대서양 방벽은 신들린 듯 건설되었다.

강제 노역에 동원된 인부 수천 명이 밤낮을 가리지 않고 진지를 요새화시켰다. 수백만 톤의 콘크리트를 들이붓듯 쓰다 보니 히틀러 치하의 유럽에서는 시멘트를 구하는 것이 불가능해졌다. 상상을 초월할 정도로 철근이 많이 필요했지만 이미 공급이 달리던 터라 기술자들은 철근 없이 작업을 해야 했다. 따라서 이렇게 만들어진 벙커

**대서양 방벽을 선전하는 독일 포스터**(1943년) "대서양 방벽: 1943년은 1918년이 아니다."라고 쓰여 있다. 1942년부터 본격화된 대서양 방벽 공사는 어마어마한 자원을 빨아들였다. 프랑스 한 곳에서만도 1천7백만 세제곱미터의 시멘트와 120만 톤의 강철이 사용되었으며 37억 마르크라는 천문학적인 비용이 들었지만, 이렇게 만든 방벽이 완벽한 것은 아니었다. 방어 제일주의를 신봉하며 마지노선을 만든 프랑스를 유린했던 독일이 똑같은 전략적인 오류를 재현하는 역설적인 상황이 벌어진 것이다.

나 토치카 중에서 360도 회전하는 포탑을 가진 것은 극소수였고, 결국 고정식 포탑에 장착한 포의 사격 범위는 제한적일 수밖에 없었다. 독일은 대서양 방벽에 필요한 방대한 물자와 장비를 대느라 마지노선Maginot Line과 지크프리트선Siegfried Line 일부분을 해체했다. 아직 완성까지는 멀었지만, 1943년 말경에는 50만 명 이상이 건설에 동원되면서 대서양 방벽은 점차 위협적인 모습을 갖추어 갔다.

그 무렵, 연합군의 침공을 기정사실로 받아들인 히틀러에게는 무척이나 골치 아픈 문제가 있었다. 품질이야 어떻든 방어진지는 점점 늘어 가는데 여기에 배치할 사단을 찾는 것이 쉽지 않았다. 가차 없이 몰아치는 소련군의 공격에 맞서 독일군은 소련 전역에서 3천200킬로미터나 되는 전선을 유지해야 했다. 소련군은 마치 독일군을 집어삼켜 갈아 버리는 분쇄기 같았다. 한편 연합군이 시칠리아에 발을 내딛자 무솔리니가 지휘하던 이탈리아가 완전히 무너지면서 이탈리아에 주둔하던 독일군 수천 명이 꼼짝 못하고 묶여 버렸다. 상황이 이랬기 때문에 1944년이 되자 히틀러는 서로 낯선 보충병들을 묶어 서부전선에 배치해 진지를 강화할 수밖에 없었다. 보충병이란, 나이가 많거나 어린 병사들로서 소련 전역에서 패배한 독일군 사단의 잔여 병력과 독일군이 점령한 곳에서 '자원병'이라는 이름으로 반강제로 동원된 사람들이었다. 이런 사단에는 폴란드인, 헝가리인, 체코슬로바키아인, 루마니아인, 유고슬라비아인이 포함되어 있었다. 소련인으로 이루어진 사단도 2개나 있었는데, 이들은 포로수용소에 남기보다는 나치 독일을 위해 싸우겠다는 사람들이었다. 이런 병력으로 만들어진 사단은 전투력이 의심스럽기는 했지만 급한 대로 전선의 빈 곳은 메울 수 있었다. 그리고 히틀러에게는 여전히 믿을 만한 구석이 있었다. 히틀러는 실전에서 단련된 병력과 전차를 핵심 전력으로 가지고 있었다. 디데이 당일 서부전선에 배치된 히틀러의 전력은 총 60개 사단이었는데, 이 규모는 연합군이 결코 얕잡아 볼 수 있는 것이 아니었다.

이 60개 사단의 전투력이 모두 100퍼센트는 아니었지만 히틀러는 대서양 방벽에 의존했다. 그리고 이것이 차이를 만들었다. 롬멜처럼 다른 전선에서 싸웠다가 패배한 경험이 있는 장군들은 이 거대한 방어진지를 보고 충격을 받았다. 1940년 롬멜은 번개처럼 빠르게 프랑스를 점령하고* 1941년에 프랑스를 떠났다. B집단군 사령관으로 부임하기 전, 다른 독일군 장군처럼 히틀러의 선전을 믿은 롬멜은 대서양 방벽이 거의 완성되었다고 생각했었다.

소위 '방벽'이라 불리는 해안 방어진지의 현실을 눈으로 직접 본 롬멜이 통렬하게 비판했지만 서부전선 사령관 룬트슈테트 원수는 별로 놀라지 않았다. 롬멜과 늘 의견을 달리하던 룬트슈테트였지만 이번만큼은 롬멜과 생각이 같았다. 머리도 좋은 데다 경험도 많은 룬트슈테트는 단 한 번도 고정 방어를 지지하지 않았다. 그는 상급대장이던 1940년에 A집단군을 이끌고 마지노선을 우회해 프랑스를 무너뜨린 기동전을 성공시킨 인물이다. 이런 그가 보기에 히틀러가 말하는 대서양 방벽이란 연합군을 향한 것이기보다는 독일 국민을 향한 거대한 사기극에 불과했다. "적은 우리보다 방벽에 대해 더 잘 알고 있다." 룬트슈테트가 보기에 소위 대서양 방벽이 일시적으로 연합군의 공격을 방해할 수는 있겠지만 멈출 수는 없었다. 공자인 연합군

---

* 옮긴이) 1940년 프랑스를 점령한 독일군의 진격 속도를 본 서구 언론이 번개를 뜻하는 독일어 Blitz와 전쟁을 뜻하는 Krieg의 합성어인 블리츠크리크Blitzkrieg(전격전電擊戰 또는 번개전)라는 단어를 표제로 뽑아 쓴 뒤로 '전격전'은 나치 독일의 전법을 부르는 획기적이며 새로운 전술 개념으로 널리 알려졌지만, 이는 사실과 다르다. 우선 독일군은 전격전이라 불린 전쟁 수행 방법을 구체적으로 교리화한 적이 없었다. 더욱이 독일군의 전차와 차량, 물자는 우리 관념 속에 뿌리내린 전격전을 수행하기에 적합하지도 않았다. 이는 마치 총을 먼저 쏜 뒤 탄착군 주변으로 표적을 그려 넣고서 명중률을 판단하는, 주객이 전도된 현상이었다. 이 단어가 널리 퍼져 나간 데는 서독의 재무장이 큰 영향을 끼쳤다. 6·25전쟁으로 소련의 위협을 인식한 미국이 대비책으로 서독의 재무장을 결정하고 1956년 서독이 연방군을 창군하면서 나치 독일군 출신 장교 중 상당수가 연방군 고급 장교로 임관해 복무했는데, 이들은 마치 존재했던 개념인 것처럼 전격전이라는 단어를 적극적으로 부정하지 않았다. 또한 미군을 포함한 여러 군대가 전격전이라는 단어를 비판 없이 수용하면서 전격전의 환상이 퍼져 나가는 데 일조했다.

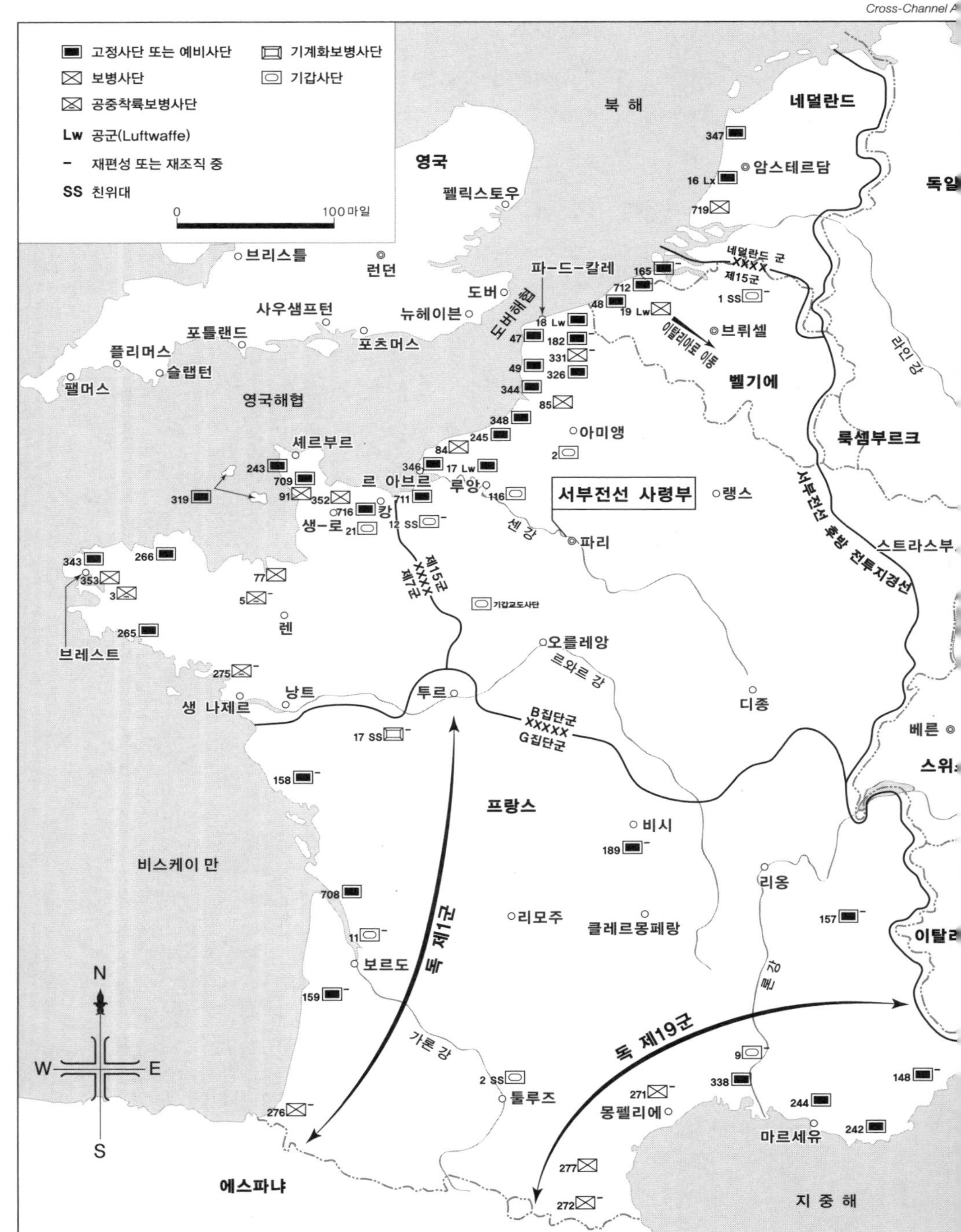
고정사단 또는 예비사단
기계화보병사단
보병사단
기갑사단
공중착륙보병사단
Lw 공군(Luftwaffe)
- 재편성 또는 재조직 중
SS 친위대
0
100마일
북 해
네덜란드
영국
암스테르담
독일
펠릭스토우
브리스틀
런던
파-드-칼레
네덜란드 군
XXXX
제15군
도버
도버해협
사우샘프턴
뉴헤이븐
포틀랜드
포츠머스
플리머스
슬랩턴
팰머스
영국해협
이탈리아로 이동
브뤼셀
벨기에
라인 강
아미앵
룩셈부르크
셰르부르
르 아브르
루앙
서부전선 사령부
랭스
캉
생-로
센 강
파리
서부전선 후방 전투지경선
스트라스부
제15군
XXXX
제7군
기갑교도사단
렌
브레스트
오를레앙
르와르 강
낭트
투르
생 나제르
디종
B집단군
XXXXX
G집단군
베른
스위
프랑스
비시
비스케이 만
리옹
리모주
클레르몽페랑
이탈리
보르도
론 강
독 제1군
독 제19군
가론 강
툴루즈
몽펠리에
마르세유
에스파냐
지 중 해
N
W
E
S

디데이 당시 독일군 배치

**프랑스 점령 독일군의 규모**

(1944년 3월 1일 기준)

| | |
|---|---|
| 육군* | 806,927명 |
| 나치 친위대 및 경찰 | 85,230명 |
| 자원병(독일 점령지에서 징집된 외국인) | 61,439명 |
| 동맹국 | 13,631명 |
| 공군** | 337,140명 |
| 해군 | 96,084명 |
| 계*** | 1,400,451명 |

*The Peuguin Atlas of D-Day and the Normandy Campaign*

* B집단군에는 제2기갑사단, 제21기갑사단, 제116기갑사단이 할당되었지만, 실제로 이들 부대는 국방군 총사령부가 직접 지휘했다. 서부전선 기갑집단은 제1친위기갑사단, 제12친위기갑사단, 제17친위기계화사단, 기갑교도사단 등 4개 기갑사단만 보유하는 것으로 결정되었고, G집단군에는 제2친위기갑사단, 제9기갑사단, 제11기갑사단이 할당되었다. 고정사단은 서부 해안 방어를 목적으로 만들어진 부대로서 다른 곳으로 전환되지 않는 것이 원칙이기 때문에 일반 보병사단에 비해 기동수단이 거의 없었고 포병은 고정 해안포 형태로 운영되었다.

** 프랑스에 주둔한 독일 공군의 수는 30만 명이 넘었는데, 이는 10만 명 이상의 고사포병, 3만 명 이상의 낙하산병이 포함된 것이다. 디데이에 프랑스에 주둔한 독일 공군에게 가용한 항공기는 890대 정도였다.

*** 정규 독일군 외 14만 5천 명쯤 되는 기타 무장 세력이 있었다.

이 시간과 장소를 선택할 수 있는 유리한 위치에 있는 이상 상륙 자체를 막을 방책은 없으며, 상륙 연합군을 격멸하려면 기동방어를 해야 한다는 것이 룬트슈테트의 생각이었다. 해안에서 떨어진 내륙에 모아 둔 대규모 부대로 역습해 상륙한 연합군을 물리치겠다는 것이 룬트슈테트의 기본 방침이었다. 상륙한 연합군이 보급선을 충분히 확보하지 못하고 고립된 교두보에 집결하기 위해 우왕좌왕하느라 전투력을 충분히 발휘하지 못할 때 타격해야 했다.

방벽을 비판하는 데서는 생각이 같았지만 롬멜의 대안은 룬트슈테트의 방책과 전혀 달랐다. 롬멜이 보기에 연합군의 공격을 분쇄할 유일한 방법은 전면에서 막는 것이었다. 그는 연합군이 공격을 시작하면 독일군은 후방에서 증원 전력을 데려올 시간이 없다고 보았다. 연합군이 쉬지 않고 공중에서 폭격하거나 대규모로 함포 사격을 하면 후방에 있는 증원 전력은

**파리의 조르주 5세**George V **호텔에서 토의 중인 서부전선 사령부 소속 장성들**(1943년 12월 19일) 왼쪽부터 롬멜, 룬트슈테트, 가우제. 맨 오른쪽에 서부전선 작전처장 보도 치머만이 보인다.

격멸될 것이 뻔했다. 롬멜이 보기에 보병사단이든 기갑사단*이든 가용한 모든 전투력은 해안 혹은 해안 바로 뒤에서 전투준비 상태로 대기해야 했다. 랑 대위는 이런 취지로 롬멜이 요약해 준 전략을 또렷이 기억했다. 롬멜과 랑은 황량한 해변에 서 있었다. 키는 작지만 다부진 롬멜은 오래된 머플러를 목에 두르고 두꺼운 외투를 입은 채 지휘봉을 휘두르며 여기저기를 힘차게 걸어 다녔다. 그가 든 지휘봉이란 60센티미터쯤 되는 검정색 막대였는데 끝에는 빨강, 검정, 하양 술이 달려 있었다. 지휘봉으로 모래사장을 가리키며 롬멜이 말했다. "전쟁의 승패는 해변에서 갈릴 걸세. 바닷물 속에서 허우적거리면서 뭍에 오르려 할 때가 적을 저지할 유일한 기회지. 예비대는 결코 공격 지점까지 못 오겠지만, 예비대가 온다고 기대하는 것

* 옮긴이) 우리 군은 전차를 주 무기로 하는 부대의 명칭을 연대를 기준으로 나눈다. 연대 이하는 전차를 붙여 전차대대, 전차연대로 부르는 반면 여단 이상은 기갑여단, 기갑사단으로 부른다. 독일군 기갑사단은 전차를 뜻하는 독일어 판처Panzer를 그대로 받아들여 판처사단Panzer Division이라고 부르기도 한다.

도 바보 같은 짓이야. 주 방어선은 여기라네. …… 우리가 가진 모든 수단은 해변에 있어야 해. 나를 믿게, 랑! 침공이 시작된 이후 24시간 안에 모든 것이 결정될 걸세. …… 독일에게도 연합군에게도 그날은 세상에서 가장 긴 하루가 되겠지."

히틀러가 롬멜의 계획을 전반적으로 승인하자 룬트슈테트는 허울뿐인 존재가 되어 버렸다. 롬멜은 룬트슈테트가 명령을 내리더라도 자기 생각과 맞는 명령만 따랐다. 롬멜은 주장을 밀고 나갈 때면 간단하지만 매우 강력한 근거를 들이댔다. "총통께서는 내게 분명히 명령하셨네." 그러나 롬멜은 어떤 경우라도 위엄을 갖춘 룬트슈테트에게는 직접 이렇게 말하지 않았다. 이런 이야기를 대신 듣는 것은 서부전선 사령부 참모장 블루멘트리트 소장이었다.

히틀러의 지원을 업은 데다 룬트슈테트가 마지못해 묵인하면서 결의에 찬 롬멜은 기존의 침공 대비 계획을 철저하게 재검토했다. "보헤미아 출신 상병은 늘 스스로를 힘들게 만들 결정을 내리지." 룬트슈테트는 언제나 히틀러를 '보헤미아 출신 상병'이라고 부르며 깎아내렸다.

롬멜이 저돌적으로 일을 추진하면서 불과 몇 달 만에 전체적인 국면이 달라졌다. 롬멜은 연합군이 상륙할 수 있다고 판단한 모든 해변에는 노르망디에서 징집한 근로대대와 독일군을 함께 투입해 투박해 보이는 대상륙對上陸 장애물을 다중으로 배비했다. 뾰족뾰족한 강철 삼각형, 문에 톱니가 달린 것처럼 보이는 철 구조물, 쇠를 박은 나무 말뚝, 그리고 마치 거대한 용의 이빨처럼 보이는 콘크리트 덩어리 같은 것들이 장애물로 쓰였다. 이들 장애물은 만조 수위 바로 아래 되는 지점과 간조 수위 바로 아래 되는 지점에 각각 설치되었다.* 장애물에는 치명적인 지뢰가 부착되었다. 지뢰

* 옮긴이) 노르망디 해안은 우리 서해안처럼 조수 간만의 차가 심하다. 만조 때 해변 폭이 약 10미터인 반면, 간조 때 해변 폭은 곳에 따라 다르기는 해도 200~400미터쯤 된다. 따라서 만조 때 상륙하면 이동 거리가 짧은 반면 수중 장애물을 걱정해야 했고, 간조 때 상륙하면 수중 장애물

가 충분하지 않은 곳에는 포탄이 사용되었다. 수면 위로 드러난 뾰족한 탄두는 무엇을 노리는 듯 불길해 보였다. 무엇인가 닿기라도 하면 즉각 폭발할 기세였다.

대부분 롬멜이 직접 고안한 장애물들은 생김새는 야릇했지만 간단하면서도 치명적이었다. 장애물의 목적은 병력을 실은 상륙주정을 파괴하거나 해안포가 조준하는 데 충분한 시간을 확보할 수 있도록 상륙주정을 저지하는 것이었다. 롬멜은 연합군이 뭍에 발을 디디기도 전에 장애물 때문에 크게 피해를 입을 것으로 생각했다. 이전에는 없던, 50만 개도 넘는 치명적인 수중 장애물이 해안선을 따라 연합군을 맞을 준비를 하고 있었다.

그러나 완벽주의자인 롬멜은 이 정도로 만족하지 않았다. 그는 모래사장, 절벽, 도랑, 그리고 해변으로 이어지는 작은 길마다 지뢰를 매설하라고 명령했다. 케이크처럼 생겨 전차의 무한궤도를 날려 버릴 수 있는 커다란 것부터 밟으면 공중으로 솟아올라 허리춤 높이에서 폭발하는 작은 에스 지뢰S-mine까지* 모든 종류의 지뢰가 사용되었다. 5백만 개도 넘는 지뢰가 해변을 뒤덮었다. 롬멜은 연합군이 공격하기 전에 6백만 개를 더 묻을 생각이었다. 롬멜이 원한 최종 상태는 침공이 예상되는 해변에 지뢰 6천만 개를 매설하는 것이었다.**

---

을 피할 수 있는 반면 노출된 상태로 먼 거리를 극복해야 했다. 독일군은 기본적으로 연합군이 노출 시간을 줄이기 위해 만조 때 상륙할 것이라고 예상했다.

* 옮긴이) 밟으면 1미터쯤 솟아올라 폭발해 파편을 사방으로 날려 인명을 살상하는 지뢰로, 미군은 '튀어 오르는 베티Bouncing Betty'라는 별명으로 불렀다. S는 독일어로 파편schrapnell, 솟아오름spring, 분할splitter의 머리글자이다. 1935년부터 1945년까지 193만 발이 생산되었다. 효용에 깊은 인상을 받은 미군은 종전 후 에스 지뢰를 제식 무기로 채택하고 M16이라는 명칭을 부여했다. M16 대인지뢰는 현재 우리 군도 사용하고 있다.

** 롬멜은 방어무기로서 지뢰를 무척 선호했다. 롬멜은 참모장 알프레트 가우제Alfred Gause 소장을 대동하고 순시에 나선 적이 있었다. 가우제는 한스 슈파이델 소장의 전임자였다. 들꽃이 만발한 벌판을 가리키며 "경치가 훌륭하지 않습니까?"라고 가우제가 말하자 롬멜은 고개를 끄덕이며 "가우제, 받아 적게! 이 지역에 지뢰 1천 발을 매설할 수 있다고."라고 대답했다. 한번은 파리로 가는 길에 가우제가 도자기로 유명한 세브르Sèvres의 공방을 들러보지 않겠냐고 제안했다. 거절할 것이라 생각했던 롬멜이 순순히 응하자 가우제는 내심 놀랐다. 그러나 롬멜은 눈에 보이는 도

롬멜의 부대는 철조망을 여러 겹 두른 토치카, 콘크리트 벙커, 교통호에서 지뢰와 장애물이 엄청나게 설치된 해안선을 내려다보면서 연합군을 기다렸다. 롬멜이 지휘하는 포병은 모래사장과 바다가 내려다보이는 진지에 배치된 채 해변을 불바다로 만들 수 있도록 몇 번이고 조준까지 마쳤다. 심지어 포 몇 문은 해안에 있는 집 아래 감춘 콘크리트 포상砲床에 자리를 잡고 있었다. 이런 포들은 바다가 아니라 연합군 돌격 병력이 모습을 나타낼 해변을 직접 겨누었다.

롬멜은 새로운 기술은 모조리 방어에 활용했다. 부족한 포를 대신해 다연장多聯將 포대나 박격포를 배치했다. 심지어 롬멜은 골리앗Goliath이라는 이름의 소형 원격조종 전차를 운용하기도 했다. 폭약 100킬로그램을 실을 수 있으며 적어도 600미터 떨어진 곳에서도 운용할 수 있는 골리앗은, 해안에 배치해 놓았다가 진지에서 조종해 연합군 병력이 밀집한 곳이나 상륙주정 사이에서 터뜨릴 수 있었다.

롬멜이 보유한 장비 중에는 중세에나 쓰였을 법하기는 하지만 공격하는 적에게 끓는 납을 붓는 도가니도 여럿 있었고, 현대적인 장비라 할 수 있는 자동 화염방사기도 있었다. 해안선 후방 몇몇 곳에는 등유 탱크를 감추어 놓고 해변으로 이어지는 풀이 무성한 길을 따라 파이프를 거미줄처럼 연결해 놓기도 했다. 단추만 누르면 육지로 다가오는 병력은 곧바로 불길에 휩싸이게 되어 있었다.

롬멜은 낙하산부대나 글라이더를 타고 들어올 보병부대에 대한 방비도 늦추지 않았다. 대서양 방벽 뒤편에 있는 저지대는 일부러 물에 잠기게 만들었다. 또 안에서 10여 킬로미터 들어간 내륙의 개활지마다 커다란 말뚝을 박고 부비트랩*을 설치했다. 말뚝과 말뚝을 잇는 줄을 건드리면 그 즉

---

자기 예술품에는 관심이 없었다. 그는 진열실을 빠르게 걸어가더니 가우제 쪽으로 몸을 돌려 말했다. "지뢰를 바다에 매설하는 데 쓸 방수 용기를 만들 수 있는지 알아보게!"

* 옮긴이) booby trap: 원래 '반쯤 열린 문 위에 물건을 얹었다가 문을 열고 들어오는 사람 머리 위

Bundesarchiv

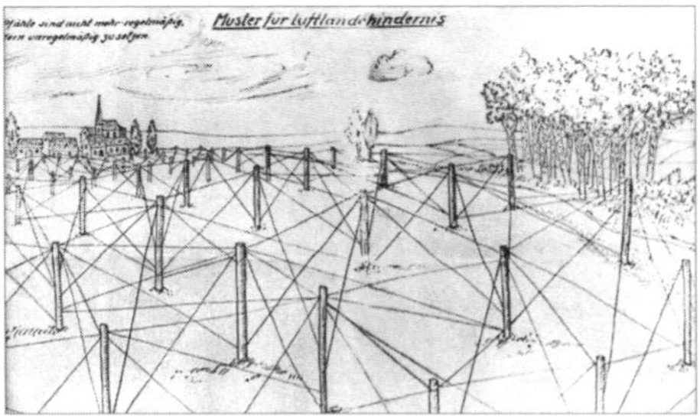

**연합군 공정부대에 대비해 롬멜이 고안한 장애물 개념도**
말뚝들을 이은 줄을 건드리면 설치해 둔 지뢰나 포탄이 터져 글라이더나 낙하산병에게 피해를 주는 방식이다.

Bundesarchiv

**롬멜의 개념도에 따라 파-드-칼레에 설치한 대공정 장애물**(1944년 4월 18일)

Bundesarchiv

**파-드-칼레 해변에 설치한 대전차 장애물**(1944년 4월 18일) 사진에 보이는 것은 '체코 고슴도치'라는 별명으로 불린 대전차 장애물로, 이름 그대로 체코슬로바키아에서 유래했다.

Bundesarchiv

**파-드-칼레에 설치하려고 준비한 장애물**(1944년 4월) 콘크리트 덩어리가 마치 용의 이빨처럼 보인다고 해서 군사용어로 용치龍齒라고 부른다.

Bundesarchiv

대주정對舟艇 **장애물을 살펴보는 롬멜**(1944년 4월 1일)

Cornelius Ryan Archives

**말뚝 위에 설치된 텔러 지뢰** 독일군 대전차 지뢰로, 텔러Teller는 독일어로 접시를 뜻한다. 29, 35, 42, 43 등 4개 유형이 360만 개 이상 생산된 텔러 지뢰는 해체를 어렵게 하기 위해 지뢰 옆과 아래에 신관을 추가로 장착할 수 있었다. 미군은 텔러 지뢰를 응용해 M15 대전차지뢰를 개발했다.

시 지뢰나 포탄이 폭발하게 되어 있었다.

롬멜은 연합군을 위한 살벌한 환영 준비를 마쳤다. 침공하는 부대에 맞서 이토록 강력하고 치명적인 방어 준비를 한 예는 현대 전쟁사 어디에도 없다. 그래도 롬멜은 만족스럽지 않았다. 그는 더 많은 토치카가 필요했고, 해변에는 장애물과 지뢰를 더 많이 설치하고 싶었으며, 병력과 포도 더 많이 원했다. 그가 가장 원한 것은 해안선에서 상당히 멀리 떨어져 있으면서 예비대로 대기 중인 대규모 기갑사단들이었다. 그는 북아프리카 사막에서 전차를 이용해 중요한 여러 전투에서 승리한 경험이 있었다. 그러나 이 결정적인 순간에, 롬멜은 물론이고 룬트슈테트조차 히틀러가 승인하지 않으면 이들 기갑사단을 움직일 수 없었다. 히틀러는 이들 기갑사단을 자신이 직접 통제해야 한다고 주장했다.* 해변에서 내륙으로 공격해 들어오는 연합군에 맞서 몇 시간 안에 역습하려면 해안에 적어도 기갑사단 5개가 필요했다. 이를 얻어 낼 수 있는 방법은 딱 하나뿐이었다. 롬멜은 히틀러를 만날 생각이었다. 롬멜은 랑에게 이렇게 말하곤 했다. "가장 마지막에 히틀러를 보는 사람이 승리자라네." 잔뜩 흐린 이날 아침, 라 로슈-기용을 떠나 독일까지의 긴 여행을 준비하면서 롬멜은 어느 때보다도 긴요한 기갑사단을 꼭 확보하겠다고 마음먹었다.

---

에 떨어지게 하는 장난'이라는 뜻인 부비트랩(얼간이 덫)은 군사적으로는 '은폐된 폭발물'을 뜻한다. 화약무기의 발전과 함께 등장한 이 단어는 2003년 미군의 이라크 침공 이후 '급조폭발물'이라는 뜻의 IED(Improvised Explosive Device)로 대체되는 추세이다. 그러나 IED는 피해자가 주의를 기울이더라도 설치자가 조종해 폭발시킬 수 있다는 점에서 부비트랩과는 분명 차이가 있다.

* 옮긴이) '아우프트라그스탁틱Auftragstaktik'은 임무를 뜻하는 Auftrag와 전술을 뜻하는 Taktik의 합성어로, '임무를 통한 지휘Führen mit Auftrag'라는 뜻의 독일군 지휘 개념이다. 직역하면 '임무전술'이 되는 아우프트라그스탁틱을 우리군에서는 '임무형 지휘'로, 미군에서는 '임무형 명령Mission type orders'으로 번역했다. 아우프트라그스탁틱 지휘관이 최종 상태와 제한 사항만 제시하면 예하 지휘관을 포함한 각개 병사는 지시받은 임무를 달성하는 방법과 수단을 전장 상황에 맞춰 자율적으로 판단해 시행하는 것을 뜻한다. 그러나 제2차 세계대전 후반으로 가면서 히틀러는 대대 작전까지 직접 지시했으며, 이러한 강력한 통제형 지휘는 독일군의 패전 요인의 하나로 꼽힌다.

## 독일군, 연합군 침공 예보를 감청하다

라 로슈-기용에서 200킬로미터쯤 떨어진 벨기에 국경 근처 제15군 사령부. 이곳에는 6월 4일 아침이 밝는 것을 보며 기뻐한 인물이 있었다. 헬무트 마이어 중령은 반쯤 눈이 풀린 수척한 모습으로 사무실에 앉아 있었다. 마이어는 6월 1일 이후로 밤에 제대로 잘 수 없었다. 이제 막 지나간 밤은 그중에서도 최악이었다. 아마도 그는 평생 이 밤을 잊지 못할 것이다.

마이어 중령은 맡은 일 때문에 늘 초조하고 신경이 곤두서 있었다. 그는 제15군 소속의 정보장교이면서 연합군의 침공에 대비하는 유일한 대정보對情報* 부대를 지휘했다. 그가 이끄는 부대의 핵심은 30명의 감청병監聽兵이었다. 이들의 임무는 단순했다. 당시로서는 가장 정교한 무전기들이 잔뜩 들어찬 벙커에서 하루 종일 연합군 통신을 엿듣는 것이었다. 감청병들은 외국어 3개쯤은 유창하게 구사하는 인재였다. 이따금씩 연합군에서 타전하는 모스 부호가 딸깍이는 소리를 빼면 벙커 안에는 말 한 마디 오가지 않았다.

마이어의 부하들이 솜씨도 빼어난 데다 무전기 성능이 어찌나 좋은지, 감청반은 160킬로미터도 넘게 떨어진 잉글랜드에 있는 연합군 헌병 차량들이 주고받는 무선교신도 잡아냈다. 이것은 마이어에게는 정보의 노다지나 마찬가지였다. 미군 헌병과 영국군 헌병은 무선통신으로 부대 호송을 지시하면서 잡담을 나누었다. 감청반은 이것을 듣고 잉글랜드에 주둔한 각양각색의 사단 목록을 작성했다. 그러나 최근 얼마 동안 감청반은 이런 무선을 더 이상 잡아내지 못하고 있었다. 이는 무선침묵을 유지하라는 엄격한 지시가 있었다는 것을 뜻했다. 이것은 매우 의미심장한 변화였다. 그러나 이미 침공이 임박했다고 판단한 마이어에게 이는 침공 징후 하나가

* 옮긴이) counterintelligence: 아군을 상대로 펼치는 적의 정보 수집, 사보타주, 전복, 암살 등을 사전에 탐지해 무력화 또는 거부하는 활동으로서 방첩防諜이라고도 한다.

더 늘어난 것에 불과했다.

마이어는 가용한 모든 정보보고서를 바탕으로 연합군의 작전계획을 그리려 애썼다. 그는 이 업무에 능숙했다. 몇 묶음씩 되는 감청보고서를 하루에도 몇 번이고 샅샅이 훑으면서 의심스러워 보이는 것, 여느 때와는 다른 것, 심지어는 믿기 어려워 보이는 것을 찾아보았다.

그러던 중 야간 근무조가 믿기 어려운 첩보를 수집했다. 어둠이 깔리자마자 고속 전문 한 편이 감청되었다. **"속보. 아이젠하워 사령부는 연합군이 프랑스에 상륙했다고 발표했다."**

마이어는 깜짝 놀라 말을 할 수 없었다. 순간적으로 그는 사령부 참모진에게 경보를 발령하려 했지만, 잠시 숨을 돌리면서 이 전문이 잘못된 것이 틀림없다고 판단하고는 마음을 가라앉혔다.

마이어가 이렇게 생각한 데는 두 가지 이유가 있었다. 첫째, 대서양 해안에서는 침공 활동이 전혀 관측되지 않았다. 만일 연합군이 공격을 시작했다면 그는 누구보다 빨리 알았을 사람이었다. 둘째, 1월에 당시 독일군 정보부 압베어*의 수장이던 빌헬름 프란츠 카나리스 해군 대장은 연합군이 프랑스 내 지하저항운동에게 침공이 임박했다는 것을 미리 알려 주기 위해 쓸 신호를 마이어에게 상세하게 귀띔해 주었다. 침공이 임박했다고 알리는 신호는 2부분으로 되어 있었다.

카나리스는 연합군이 공격하기 여러 달 전부터 프랑스 내 지하저항운동에 수백 건의 전문을 띄울 것이라고 경고했다. 아울러 이렇게 날아올 전문은 수백 건이지만, 정작 디데이가 임박했음을 알리는 것은 몇 건에 지나지 않고 나머지는 독일군을 혼란스럽게 또는 잘못 판단하게 만들려고 정교하

---

* 옮긴이) Abwehr: 1921년부터 1944년까지 존재한 독일 정보기관. 독일어로 '방어'를 뜻하는 압베어는 제1차 세계대전에 패한 독일이 방어 목적으로만 정보활동을 해야 한다는 연합국의 요구에 따라 지은 이름이다. 명칭으로 보면 방첩기관처럼 보이지만 압베어는 정보 수집 기관이었다. 1944년에 카나리스가 히틀러 암살 시도와 관련해 체포되면서 압베어의 기능은 나치 친위대 Schutzstaffel로 흡수되었다.

게 꾸민 가짜라는 것이 카나리스가 알려 준 정보였다. 마이어는 가장 중요한 것을 놓치지 않으려고 모든 전문을 감청했다.

처음에 마이어는 카나리스가 전해 준 정보에 회의적이었다. 오직 전문 하나에만 의존한다는 것이 미친 짓 같았다. 게다가 경험에 비춰 볼 때 베를린에서 제공하는 정보는 언제나 90퍼센트가 부정확했다. 이런 견해를 뒷받침해 줄, 잘못된 보고서도 잔뜩 있었다. 중립국인 스웨덴의 수도 스톡홀름부터 역시 중립국인 터키의 수도 앙카라까지 곳곳에 퍼져 있는 독일 첩보원들이 소위 정확한 침공 시간과 장소를 알아냈다며 보고서를 올렸지만 서로 일치하는 것은 하나도 없었다. 마이어가 보기에 연합군은 독일을 철저하게 기만하고 있었다.

그런 마이어였지만 이번에는 베를린에서 제공한 첩보가 옳다고 생각했다. 6월 1일 밤, 몇 달에 걸쳐 노력하던 마이어의 부하들은 카나리스가 말한 신호의 전반부를 감청했다. 신호는 카나리스가 말한 그대로였다. 신호는 감청병들이 지난 몇 달 동안 수집한 암호화된 문장 수백여 개와 별로 다르지 않았다. 보통 BBC 뉴스가 끝나면 지하저항운동에 전달할, 암호화된 지시가 프랑스어, 네덜란드어, 덴마크어, 노르웨이어로 매일 방송되었다. 암호화된 지시라는 것은 짧을뿐더러 언뜻 보기에는 아무 뜻도 없었다. "트로이 전쟁이 계속되지 못할 것이다.", "내일이면 당밀이 순식간에 코냑으로 바뀔 것이다.", "존은 콧수염을 길게 기른다.", "사빈은 막 볼거리와 황달을 앓았다." 이런 짧은 문장을 풀어내지 못한다는 것은 분통 터지는 일이었다. 그러나 6월 1일 오후 9시 BBC 뉴스가 끝나고 이어지는 전문은 아무리 잘못 이해하려 해도 그럴 수 없을 만큼 분명했다.

"사연 몇 개 들어 보시지요." 프랑스어 방송이 나오는 순간 발터 라이힐링Walter Reichling 하사는 녹음기를 켰다. 잠시 뒤 "Les sanglots longs des violons de l'automne가을날, 바이올린의 긴 흐느낌"으로 시작되는 시가 흘러나왔다.

라이힐링이 갑자기 양손으로 헤드폰을 벗어던지더니 밖으로 뛰어나갔다. 흥분해서 한걸음에 마이어의 사무실로 뛰어 들어간 라이힐링이 말했다. "신호의 앞부분이 잡혔습니다. 여기 있습니다."

라이힐링과 감청실로 함께 온 마이어는 녹음된 내용을 들어 보았다. 카나리스가 준비하고 있으라고 말한 신호가 드디어 잡힌 것이다. 신호는 19세기 프랑스 시인 폴-마리 베를렌*이 지은 「가을의 노래Chanson d'Automne」의 첫 행이었다. 카나리스가 준 첩보에 따르면 1일 또는 15일에 방송을 탈 이 신호는, 미-영 연합군의 침공을 알리는 신호 중 앞부분이었다. 첫 행이 방송되면 2주 안에 침공이 시작된다는 뜻이었다.

신호의 뒷부분은 「가을의 노래」 중 두 번째 행 "Blessent mon coeur d'une langueur monotone단조로운 울적함에 마음 아파라"였는데, 카나리스는 이 행이 방송되면 다음 날 0시부터 48시간 안에 침공이 시작된다는 뜻이라고 말했다.

라이힐링이 녹음한 「가을의 노래」 첫 행을 들은 마이어는 제15군 참모장 루돌프 호프만** 소장에게 이를 즉각 보고했다. "신호 첫 부분이 방송되었습니다. 바야흐로 무슨 일인가 일어날 겁니다."

"확실한가?" 호프만이 물었다.

"감청한 것을 녹음했습니다." 마이어가 대답했다.

호프만은 제15군에 경보를 발령했다.

그러는 동안 마이어는 수집한 내용을 국방군 총사령부로 송신하고 이어

---

* 옮긴이) Paul-Marie Verlaine(1844년 3월 30일~1896년 1월 8일): 프랑스의 서정 시인으로 주관적 정서를 시에 도입한 상징주의의 선구자이다. 한참 어린 아르튀르 랭보Arthur Rimbaud와 동거(1871~1873년)하다 말다툼 끝에 권총을 쏴 상처를 입히고 2년간 복역한 것으로 유명하지만, 베를렌은 단어의 소리만으로 미묘하면서도 매력적인 음악을 만들어 낼 수 있다는 것을 보여 준 예술성으로 높이 평가받는다.

** 옮긴이) Rudolf Hofmann(1895년 9월 4일~1970년 4월 13일): 1914년 입대해 제1차 세계대전을 치르고 계속 복무했다. 제15군 참모장을 역임(1942년 5월 1일~1944년 11월 6일)했다. 전후 3년간 복역하고 1948년에 석방되었다.

서 서부전선 사령부와 B집단군 사령부에도 각각 전화를 걸어 알렸다.

마이어 중령이 보낸 전문은 독일 국방군 총사령부 작전참모부장 알프레트 요들 상급대장에게 전달되었다. 요들은 받은 전문을 책상에 둔 채 경보를 발령하지 않았다. 그는 룬트슈테트가 경보를 발령했을 거라고 생각했다. 그러나 룬트슈테트 또한 롬멜의 B집단군 사령부가 경보를 발령했을 것이라고만 생각했다.*

해안을 따라 전투준비 태세를 유지한 부대는 제15군이 유일했다. 노르망디 해안을 지키는 제7군은 이 전문에 대해 전혀 듣지도 못했고 경보를 받지도 못했다.

6월 2일과 3일 이틀 밤 동안 전문의 앞부분이 다시 방송되었다. 마이어는 걱정스러웠다. 첩보에 따르면 전문은 한 번만 방송되는 것이 맞았다. 그는 프랑스 안의 지하저항운동이 모두 전문을 받도록 연합군이 여러 차례 반복해 방송하는 것이라 생각하는 수밖에 없었다.

6월 3일 밤에 전문이 재방송되고 1시간 뒤, 연합군이 프랑스 여러 곳에 상륙했다는 AP 속보가 잡혔다. 카나리스가 옳다면 AP의 보도는 틀린 것이 분명했다. 며칠 전에 같은 속보 때문에 깜짝 놀랐던 마이어는 카나리스의 예측이 맞다고 굳게 믿고 있었다. 마이어는 피곤했지만 자신감은 넘쳤다. 새벽이 다가오고 전 전선에 평화로운 하루가 또다시 시작되면서 그는 자신의 판단이 옳다고 다시 한 번 느꼈다.

첫 번째 전문이 방송된 이상 침공을 예고하는 신호의 뒷부분을 기다리는 것 말고는 마이어가 달리 할 수 있는 일은 없었다. 그 신호는 언제라도 올 수 있었다. 마이어는 어깨를 짓누르는 책임과 부담을 통감했다. 감청반이 얼마나 빨리 이 신호를 감청하고 경보를 발령하는가에 따라 침공하는 연합군의 성패가 좌우될 것이고, 독일군 수만 명이 삶과 죽음의 경계를 넘

---

* 롬멜은 분명 이 전문을 알았던 것으로 보인다. 그러나 연합군의 의도에 대한 본인 판단을 근거로 이 전문을 심각하게 받아들이지 않았던 것 같다.

나들 것이며, 더 나아가 독일의 존립이 결정될 것이다. 마이어의 감청부대는 이전과 비할 수 없을 만큼 단단히 각오를 다졌다. 마이어는 고위 장성들이 자신만큼 이 전문의 중요성을 깨닫기만을 바랄 뿐이었다.

마이어가 이처럼 단단히 준비하는 동안, 200킬로미터 떨어진 곳에 있던 B집단군 사령관 롬멜은 독일로 떠날 준비를 하고 있었다.

## 롬멜은 떠나고 아이젠하워는 중대 결정을 내리다

롬멜은 얇게 저민 빵 한 조각에 버터를 바르고 그 위에 조심스럽게 꿀을 발랐다. 아침 식사가 차려진 식탁에는 참모장 한스 슈파이델 소장을 비롯해 여러 참모가 둘러앉아 있었다. 모여 앉은 식탁에서 계급에 구애받지 않고 격의 없이 대화가 오고 가는 모습은 마치 아버지를 중심으로 온 가족이 함께 이야기를 나누는 것 같았다. 실제로 이들은 가족이나 마찬가지였다. 롬멜은 모든 참모장교를 직접 엄선했고 이렇게 뽑힌 이들은 롬멜에게 헌신했다. 이날 아침, 모든 참모장교는 히틀러에게 제기하기 바라는 다양한 문제를 롬멜에게 말했다. 롬멜은 거의 말없이 듣기만 했다. 떠날 생각에 몸이 단 롬멜이 시계를 보더니 갑작스럽게 말을 꺼냈다. "가야겠네!"

현관 밖에는 롬멜의 운전병 다니엘Daniel이 호르히의 문을 연 채 서서 기다리고 있었다. 롬멜은 템펠호프 대령에게 호르히에 함께 타자고 권했다. 템펠호프는 자기 운전병에게 호르히를 뒤따라오라고 말했다. 템펠호프는 부관인 랑을 제외하고 이번 여행에 함께하는 유일한 참모장교였다. 롬멜은 가족이나 마찬가지인 참모장교들과 모두 악수한 뒤 슈파이델에게 짧게 이야기하고는 늘 그렇듯 다니엘 옆자리에 앉았다. 랑과 템펠호프는 뒷좌석에 앉았다. "다니엘, 출발하지." 롬멜이 말했다.

롬멜을 태운 호르히는 천천히 안마당을 한 바퀴 돌더니 진입로를 따라

네모지게 다듬어 놓은 참피나무 열여섯 그루를 지나 정문으로 빠져나갔다. 호르히는 라 로슈-기용 마을에서 왼쪽으로 방향을 틀어 파리까지 이어지는 도로에 올랐다.

6월 4일 일요일 오전 7시. 특히 음울했던 이날 아침, 롬멜은 기분 좋게 라 로슈-기용을 떠났다. 여행하기에는 이때만큼 좋은 때가 또 없었다. 롬멜 옆의 종이상자에는 얇고 부드러우며 살짝 보풀이 이는 스웨이드 가죽으로 만든 길이 225밀리미터의 회색 수제 구두가 들어 있었다. 이것은 루시-마리아에게 주려고 준비한 선물이었다. 롬멜이 6월 6일 화요일에 아내와 함께 있으려 한 데는 매우 인간적이면서 특별한 이유가 있었다. 6월 6일은 루시-마리아의 생일이었다.*

롬멜이 떠나던 그 시간 잉글랜드는 오전 8시였다. 독일 중부 시간과 영국이중일광절약시간** 사이에는 시차가 1시간 발생했다. 포츠머스Portsmouth 근처 숲, 거의 밤을 꼬박 새운 연합군 최고사령관 드와이트 아이젠하워 대장은 숙소로 쓰는 트레일러에서 깊은 잠에 빠져 있었다. 가까이 있는 연합

---

* 제2차 세계대전 이후로 롬멜의 상급 지휘관들과 장군들은 1944년 6월 4일과 5일, 그리고 디데이 당일에 롬멜이 현장을 비울 수밖에 없었던 상황을 변명하는 데 한결같이 입을 맞추었다. 이들이 저술한 책이나 인터뷰에서는 롬멜이 6월 5일에 독일로 떠났다거나 심지어 히틀러가 롬멜에게 독일로 오라고 명령했다고 하는데, 이는 모두 사실이 아니다. 롬멜이 조용히 히틀러를 예방하려 했다는 것을 알았던 유일한 인물은 히틀러의 부관 루돌프 슈문트 소장이다. 당시 국방군 총사령부의 작전참모차장 발터 바를리몬트 대장은, 본인은 물론 요들과 카이텔 등 그 누구도 롬멜이 독일에 있었다는 것을 몰랐다고 나에게 증언했다. 심지어 바를리몬트는 디데이 당일 롬멜이 B집단군 사령부에서 전투를 지휘하고 있다고 생각했다. 평소 꼼꼼하게 기록되었던 B집단군 상황일지에 적힌 대로 롬멜이 노르망디를 떠난 때가 6월 4일이라는 점은 반박의 여지가 없다. 상황일지에는 롬멜이 떠난 정확한 시간까지 나와 있다.

** 옮긴이) 흔히 서머타임으로 알려진 일광절약시간Daylight Saving Time; DST은, 제1차 세계대전 중 독일이 석유를 절약하기 위해 1916년 4월 30일 도입했고 영국을 포함한 여러 나라가 따라서 채택하면서 널리 알려졌다. 전후 사라졌으나 제2차 세계대전이 일어나면서 에너지를 절약하기 위해 미국을 포함한 여러 나라에서 적용했다. 제2차 세계대전 동안 영국은 이중일광절약시간British Double Summer Time; BDST을 도입했는데, 이는 그리니치 표준시보다 여름에는 2시간, 겨울에는 1시간을 빠르게 적용하는 것으로서 디데이 당시 영국 시간은 독일 시간보다 1시간이 더 빨랐다.

군사령부는 암호화된 전문을 전화, 전령, 무전기를 통해 몇 시간 동안 사방으로 전파했다. 롬멜이 잠자리에서 일어날 무렵, 아이젠하워는 정말 중대한 결정을 내렸다. 기상이 무척 안 좋았기 때문에 그는 연합군 침공 개시 시간을 24시간 연기했다. 기상만 맞으면 디데이는 6월 6일 화요일이 될 것이었다.

## 연합군 선단, 프랑스를 바로 앞에 두고 방향을 돌리다

미 해군 구축함 코리Corry의 함장 조지 호프만 해군 소령은, 코리의 뒤로 길게 늘어서서 천천히 영국해협을 가르는 함정들을 쌍안경으로 바라보았다. 호프만은 당시 서른세 살이었다. 이 많은 함정이 독일군으로부터 아무런 공격을 받지 않고 이만큼 멀리 나온 것 자체가 믿기 어려울 만큼 놀라운 일이었다. 더욱이 항로와 예정된 시간도 정확히 유지하고 있었다. 시속 7킬로미터도 안 되는 느린 속도로 항해하는 데다 우회 항로를 따르다 보니 선단은 마치 애벌레가 기어가는 것처럼 느릿느릿 움직였지만, 어젯밤 플리머스Plymouth에서 출항한 이후 128킬로미터 이상을 항해했다. 지금까지는 아무 일도 없었지만, 호프만은 언제라도 문제가 일어날 수 있다고 마음을 단단히 먹고 대비했다. 독일 잠수함이나 공군이 각각 또는 동시에 선단을 공격할지 모를 일이었다. 시간이 갈수록 독일군 해역으로 점점 더 깊이 들어가고 있기 때문에 적어도 기뢰 지대에 곧 닿을 것이라고 생각했다. 이제 64킬로미터만 더 가면 프랑스 땅이었다.

코리에서 대위로 시작한 호프만은 3년도 안 되는 동안 함장까지 고속으로 순항하듯 진급했다. 쌍안경으로 호송 선단을 바라보면서 그는 참으로 장엄한 이 호송 선단을 맨 앞에서 이끈다는 것이 더할 나위 없이 자랑스러웠지만 독일군이 지금 공격한다면 무방비로 당할 수밖에 없겠다는 생각이

들었다.

소해정 6척은 시옷 자를 세로로 나눈 것처럼 비스듬하게 대형을 이뤄 선단 맨 앞에서 항해했다. 부유 기뢰를 터뜨리거나 기뢰를 잡아 주는 정박줄을 끊어 버리는 임무를 받은 소해정은, 오른쪽으로 얼마만큼 거리를 두고 마치 톱니처럼 깔쭉깔쭉한 강철선을 비질하듯 길게 끌었다. 소해정 뒤로는 날렵하고 매끈하게 생긴 구축함들이 선단을 호위했다. 구축함 뒤로는 끝이 보이지 않을 만큼 멀리까지 선단이 이어졌다. 수천 명의 병력과 전차, 포, 차량, 탄약을 수송하는 둔중하고 거대한 상륙함이 엄청나게 긴 행렬을 만들었다. 병력과 장비를 잔뜩 실은 상륙함마다 튼튼한 줄에 대형 풍선을 매달아 띄워 독일 공군의 공격에 대비한 대공장애물로 운용했다. 서로 비슷한 높이로 하늘에 뜬 풍선들은 상쾌하게 불어오는 바람을 맞고 이리저리 흔들렸다. 호송 선단은 마치 술에 취한 것처럼 한쪽으로 기울어 보였다.

이것은 다시 못 볼 장관이었다. 선단에 참여한 함정의 수와 함정 사이의 간격을 고려할 때 호프만은 이 엄청난 행렬의 끝은 아직 잉글랜드의 플리머스 항을 떠나지도 못했을 것이라고 생각했다.

더 대단한 것은 호송 선단이 이것 하나만이 아니라는 점이었다. 십여 개의 호송 선단이 항해를 시작했거나 그날 안으로 잉글랜드를 떠나려 준비 중이었다. 밤새 모든 호송 선단이 센Seine 만으로 집결하면, 다음 날 아침에는 함정 5천 척으로 구성된 어마어마한 함대가 노르망디 여러 해변 앞에 공격을 준비하며 떠 있는 모양이 나오게 되어 있었다.

호프만은 이런 장관을 보기만을 학수고대했다. 그가 이끄는 호송 선단은 갈 길이 가장 멀었기 때문에 잉글랜드에서 일찍 출발했다. 선단에는 미 제4보병사단이 타고 있었다. 유타라는 친숙한 단어가 암호명으로 붙기는 했지만, 여느 평범한 미국인들처럼 호프만 또한 셰르부르라는 프랑스 지명은 난생 처음 들어 보았다. 유타는 남북으로 발달한 셰르부르 반도 동쪽으

www.uss-corry-dd463.com

**미 해군 구축함 코리** 선체에는 함번 463이 선명하게 보인다.

로 바람에 날린 모래가 만든 해변이 길게 늘어진 곳이었다. 미군이 상륙할 또 다른 지점은 해안 마을 비에르빌-쉬르-메르Vierville-sur-Mer에서 콜빌-쉬르-메르Colleville-sur-Mer에 이르는 지역에 걸쳐 초승달 모양으로 발달한 해변이었다. 유타에서 남동쪽으로 20킬로미터 떨어진 이곳에는 오마하라는 암호명이 붙었다. 오마하에는 미 제1보병사단과 제29보병사단이 상륙할 예정이었다.

구축함 코리의 함장으로 아침에는 다른 선단을 가까이에서 볼 것이라 기대하기는 했지만 호프만은 혼자서 영국해협을 독차지한 것 같았다. 유타 해변이나 오마하 해변에 상륙할 병력을 태운 다른 선단들이 노르망디로 향하고는 있었지만 그를 방해할 것은 없었다. 그런데 호프만이 모르는 것이 하나 있었다. 불확실한 기상을 걱정한 아이젠하워는 천천히 항해하는 선단들을 그날 밤 예정되어 있던 것보다 훨씬 더 적게 출항시켰다.

갑자기 함교의 전화가 울렸다. 갑판 사관이 전화를 받으려 손을 뻗었으나 그보다 가까이 있던 호프만이 더 빨랐다. "함장이다." 한동안 말없이 듣다가 호프만이 짧게 물었다. "확실한가? 다시 한 번 말해 보게." 호프만은 아까보다 한참을 더 듣더니 수화기를 내려놓았다. 두 번이나 명령을 들었지만 믿을 수 없었다. "모든 선단은 잉글랜드로 회항하라!" 그러나 아무 설명도 없었다. '무슨 일이 있는 건가? 침공이 연기되었나?'

쌍안경으로 주변을 살핀 후 호프만은 앞에 가는 소해정들이 침로를 바꾸지 않은 것을 알았다. 뒤따르는 구축함들도 항로를 유지하기는 마찬가지였다. '다른 배들도 전문을 받았을까?' 호프만은 행동으로 옮기기 전에 회항 지시 전문을 두 눈으로 직접 보기로 마음먹었다. 확실하게 확인하고 행동해야겠다고 생각했다. 그는 사다리를 타고 함교 아래 갑판에 있는 무전실로 신속히 내려갔다.

무전병 베니 글리슨Bennie Glisson 상병이 처리한 전문은 정확했다. 호프만에게 교신일지를 보여 주며 글리슨이 말했다. "확실한지 두 번 확인했습니다." 호프만은 서둘러 함교로 돌아왔다.

이제 이 거대한 호송 선단의 방향을 신속하고 완전하게 바꾸는 것이 코리를 비롯한 다른 모든 구축함의 당면 과제가 되었다. 선단 맨 앞에 있던 호프만은 수 킬로미터 앞서 항해 중인 소해정들이 걱정되기 시작했다. 무선침묵을 지키라는 엄명 때문에 소해정과는 교신을 할 수 없었다. 호프만이 명령했다. "모든 엔진을 최고 속도로 가동해 소해정에 근접하여 발광신호를 보내라!"

코리가 속도를 높여 앞으로 나아가는 동안 호프만은 뒤를 따르던 구축함들이 호송 선단의 측면으로 방향을 급하게 꺾는 것을 보았다. 발광신호가 점멸하는 동안 구축함들은 선단 전체의 방향을 돌리는 엄청난 일을 시작했다. 선단이 프랑스에 너무 가까이 왔다는 것을 아는 호프만은 걱정이 되었다. 방향을 돌리는 곳부터 프랑스까지는 60킬로미터에 불과했다. 독일군이 선단을 감지했는지도 모를 일이었다. 독일군에게 들키지 않고 방향을 바꿔 프랑스 해안에서 멀어지는 것은 기적 같은 일이었다.

함교 아래 무전실에 있는 베니 글리슨은 암호화되어 날아오는 회항 명령을 15분마다 계속 받았다. 이것은 글리슨이 이제껏 받아 본 전문 중 가장 안 좋은 소식이었다. 독일군이 침공 계획을 알아챘을 수도 있다는 뿌리 깊은 걱정은 사실 같았다. '독일군이 눈치채서 디데이가 취소된 걸까?' 침공을 준비하느라 잉글랜드 콘월Cornwall 주의 랜즈엔드Land's End부터 포츠머스까지 항구란 항구마다 가득 들어찬 함정과 선박, 병력, 보급품을 독일군 정찰기가 전혀 발견하지 못하고 지나치리라고 생각하는 사람은 없었다. 글리슨도 그렇게 생각했다. 설령 발각되어서가 아니라 다른 이유로 침공이 연기되었다고 해도 이 거대한 침공 함대가 독일군에게 발각될 가능성은 여전히 남아 있었다.

**'액시스 샐리' 밀드레드 질라스**Mildred Elizabeth Gillars(1900년 11월 29일~1988년 6월 25일) 미국에서 대학을 중퇴하고 1929년 프랑스로 가 모델로 일했다. 그 후 드레스덴에서 음악을 공부하다 영어교사를 거쳐 1940년 제국라디오방송국 아나운서가 되었는데, 독일로 귀화한 약혼자 폴 칼슨Paul Karlson을 따라 독일에 남아 방송을 계속했다. 1942년 12월 24일, 역시 독일로 귀화해 선전 방송을 하던 막스 오토 코이슈비츠Max Otto Koischwitz가 연합군의 사기를 떨어뜨리기 위해 기획한 「홈 스위트 홈Home Sweet Home」에 출연하여 1945년까지 참여했다. 질라스는 1946년 3월 15일 반역죄로 체포되어 본국으로 송환돼 재판을 받고 1950년부터 1961년까지 복역했다.

당시 스물세 살이던 글리슨은 독일이 심리전과 선전전에 이용하는 방송 라디오 파리Radio Paris에 주파수를 맞추었다. 그는 액시스 샐리Axis Sally라는 별명으로 불리는 밀드레드 질라스의 매혹적인 목소리가 듣고 싶었다. 질라스는 방송에서 연합군을 비웃었는데, 그 내용이 어찌나 부정확한지 듣다 보면 웃음이 터졌다. 그렇다고 질라스의 방송을 아예 무시할 수 없는 이유가 하나 있었다. 연합군 병사들은 그녀를 '발정

난 베를린 암캐Berlin Bitch'라는 저속한 별명으로 불렸지만, 질라스는 최신 유행곡을 끝도 없이 가지고 있었다.

질라스의 목소리를 들으려 했지만 암호화된 기상보고서가 들어오는 바람에 글리슨은 전문을 처리해야 했다. 그러나 질라스는 글리슨이 전문 처리를 끝낸 뒤에야 첫 음반을 틀었다. 글리슨은 첫 소절을 듣자마자 이것이 루이 암스트롱의 히트곡인 「나는 정말 대담하게 당신에게 도전하리I Double Dare You」라는 것을 알았지만 막상 가사는 원곡과 달랐다. 음악을 들으면서 새로운 가사를 음미하던 글리슨은 가장 두려워하던 것이 사실이었음을 깨달았다. 그날 오전 8시가 되기 전, 글리슨을 포함해 6월 5일에 노르망디를 침공하려고 마음을 단단히 먹었던 연합군 수천 명은, 또다시 고통스럽게 24시간을 기다려야 했다. 이런 이들의 귀에 들린 개사곡 「나는 갑절의 각오로 도전하리」의 가사는 소름이 끼칠 만큼 상황에 꼭 맞는 것이었다.

나는 정말 대담하게 이곳에 왔어요.
나는 모든 위험을 무릅쓰고 용감하게 너무 가까이까지 왔어요.
모자를 벗어 인사하고 허풍 좀 그만 떠세요.
허풍을 멈추고 태연하게 행동하세요.
계속 그렇게 대담할 수 없나요?

나는 정말 대담하게 기습하려 해요.
나는 정말 대담하게 침공하려 해요.
만일 당신이 크게 떠드는 선전 중 절반이라도 사실이라면.
나는 정말 대담하게 이곳에 왔어요.
나는 정말 대담하게 당신에게 도전해요.

## 디데이가 연기된 것을 모르고 대기 중인 X23

포츠머스 외곽에 있는 사우스윅 하우스Southwick House를 본부로 쓰는 연합군 해군 사령부에서는 노르망디로 향하던 호송 선단들이 돌아오기만을 초조하게 기다리고 있었다.

흰색과 금색이 섞인 벽지를 바른 넓고 높은 방 안의 분위기는 아주 진지했다. 엄청나게 큰 영국해협 지도가 한쪽 벽을 완전히 덮고 있었다. 좌우로 움직이는 발판에 올라선 영국 해군 여군단* 소속의 여군 두 명은 잉글랜드로 돌아오는 각 호송 선단의 위치가 새롭게 식별될 때마다 색색의 단대호를 지도 위에 움직여 표시했다. 각 군에서 파견된 장교들은 두세 명씩 모여 침묵을 지킨 채 시시각각 들어오는 호송 선단의 새로운 위치를 지켜보았다. 겉으로야 평온해 보였지만 이들이 느끼는 긴장감은 숨길 수 없었다. 호송 선단은 독일군 코앞에서 방향을 180도로 틀어야 했을 뿐만 아니라 기뢰가 없는 안전한 항로를 따라 잉글랜드로 돌아와야 했다. 엎친 데 덮친 격으로 해상 폭풍이라는 또 다른 적이 호송 선단을 기다리고 있었다. 병력과 물자를 실어 무거워진 데다 속도도 느린 상륙주정에게 폭풍은 재앙이나 마찬가지였다. 영국해협에서 이미 바람은 시속 48킬로미터로 불었고 파도 또한 1.5미터 이상으로 높게 일었다. 시간이 갈수록 날씨는 더 나빠지고 있었다.

시간이 얼마쯤 지난 뒤, 돌아오는 호송 선단을 표정標定한 단대호들이 제법 질서 정연해 보이기 시작했다. 단대호는 아일랜드와 잉글랜드 사이에

---

* 옮긴이) Women's Royal Naval Service(Wren): 제1차 세계대전이 한창이던 1917년 부족한 인력을 채우기 위해 여성을 해군에 동원하려고 창설했다. 1919년 종전과 함께 해체되었으나 제2차 세계대전과 함께 재창설되었다. 이후 별도 조직으로 유지하다 여군을 별도 조직으로 운용하지 않는 세계적인 추세에 따라 1993년 해군에 흡수되었다. 해군 여군단은 승함 임무가 아닌 육상 근무를 맡아 조리, 사무, 전신, 레이더 운용, 정비 등을 담당했다. 영어 머리글자를 모으면 WRNS이나, 굴뚝새 또는 아가씨를 뜻하는 wren과 발음이 같아 Wren을 공식 약어로 사용했다.

IWM

**사우스윅 하우스의 전경** 포츠머스 항 북쪽에 있는 사우스윅 하우스는 1943년부터 1944년까지 연합군사령부로 사용되었다. 당시 작전 상황실로 쓰인 방 벽에는 디데이 당시 상황도와 단대호가 지금도 보존되어 있다.

www.portsdown-tunnels.org.uk

**사우스윅 하우스 지하에 있는 해군무전실의 모습** 굴뚝새라는 별명으로 불린 해군 여군단의 여군이 RCA AR88 무전기를 운용하고 있다. 여기 보이는 모든 무전기는 미국과 맺은 군수물자대여협정에 따라 얻어 쓴 것이다.

있는 아일랜드 해까지 이어졌고, 와이트Wight 섬 근처와 잉글랜드 남서부 해안을 따라 있는 여러 항구와 정박지마다 단대호들이 무리 지어 있는 모습이 지도에 표시되었다. 항구로 돌아오는 데 꼬박 하루가 걸릴 곳에 있는 선단도 보였다.

모든 선단의 위치와 연합군 해군 소속의 거의 모든 배가 지도에서 한눈에 들어왔지만 보이지 않는 배가 2척 있었다. 바로 영국 해군의 잠수정이었다. 이들 잠수정 2척은 지도 위에서 완전히 사라져 버린 것 같았다.

당시 스물네 살이던 영국 해군 대위 나오미 콜스 오너Naomi Coles Honour는 사우스윅 하우스에서 근무했다. 그의 남편 조지 오너 대위는 임무를 받고 출항했다. 회항 명령이 내려진 것을 안 나오미는 남편이 어서 모항으로 돌아오기만을 초조하게 기다렸다. 나오미의 친구들이 작전처에 근무했지만, 조지 오너 대위가 타고 나간 17미터짜리 X23이 어디에 있는지를 아는 것 같지는 않았다. 나오미는 약간 불안했지만 그렇다고 지나치게 걱정은 하지 않았다.

프랑스 해안에서 2킬로미터쯤 떨어진 바다에서 잠망경이 수면 위로 불쑥 솟았다. 수면 9미터 아래에 있는 X23의 비좁은 조종실에는 당시 스물여섯 살이던 조지 오너 대위가 모자챙을 뒤로 돌려 쓴 채 잔뜩 웅크리고 있었다. "자, 여러분! 한번 밖을 보자고!"

오너는 접안부 고무에 한쪽 눈을 바싹 대고는 잠망경을 천천히 360도로 돌렸다. 물 위에 희미하게 일렁이는 빛이 사라지면서 렌즈를 통해 보이는 모습이 또렷해지자 오른Orne 강 하구에 자리 잡은 조용한 휴양도시 위스트르앙Ouistreham이 모습을 드러냈다. 위스트르앙이 아주 가까이 있는 데다 망원 렌즈를 거치며 상이 확대된 터라 오너는 굴뚝에서 연기가 피어오르는 모습은 물론 캉Caen 근처에 있는 카르피케Carpiquet 공항에서 비행기 1대가 막 이륙한 모습까지 볼 수 있었다. 물론 독일군도 눈에 들어왔다. 오너는 무엇에 홀린 사람처럼 양쪽으로 뻗은 해변에 설치된 장애물들 사이에서 침착하게 일하는 독일군들을 뚫어져라 지켜보았다.

당시 영국 해군 예비군 소속이던 오너에게 이것은 엄청난 순간이었다. 잠망경 뒤에 선 오너는 항해 전문가인 라이오넬 라인Lionel G. Lyne 대위를 별명으로 부르며 말했다. "빼빼! 한번 보라고, 표적을 거의 맞추겠어."

X23의 활동을 볼 때 침공은 이미 시작된 것이나 마찬가지였다. 연합군 중 최초로 상륙할 함정과 병력은 노르망디 해변 다섯 곳을 목표로 바다 위 어디에선가 대기 중이었다. X23 바로 앞에는 영국-캐나다 연합군이 상륙할 해변이 있었다. 오너와 승조원들은 6월 4일이 얼마나 중요한 날인지 잘 알았다. 4년 전인 1940년 6월 4일, 한 무리의 영국군이 위스트르앙에서 350킬로미터 떨어진 한 항구를 떠나고 있었다. 이들은 치솟는 불길을 피해 쫓기듯 유럽 땅을 떠났다. 이 항구의 이름은 됭케르크, 떠나는 영국군은 33만 8천 명 중 마지막 병력이었다. 지금 X23에는 특별히 선발된 영국 청년 다섯 명이 타고 있었다. X23에 승선해 바다 건너 프랑스로 돌아가는 영국군을 선봉에서 이끄는 이들 다섯 영국 청년들에게 오늘은 긴장되면서도 자랑스러운 순간이었다. 4년 전의 쓰라린 기억을 곱씹던 영국군 수천 명은 X23을 따라 프랑스로 돌아가고 있었다.

그렇지 않아도 작은데 다섯 명이나 탄 X23 안은 바늘 꽂을 틈도 없을 만큼 좁았다.* 오너를 포함한 다섯 명은 잠수복을 입은 채 웅크리고 있었다. 이들은 의심 많기로는 둘째가라면 서러울 만큼 철저하게 검문하는 독일군

* 옮긴이) 잠수함과 잠수정은 원리는 동일하나 배수량을 기준으로 큰 것은 함艦, 작은 것은 정艇으로 나눈다. 영국 해군은 독일 전함 티르피츠Tirpitz, 샤른호르스트Scharnhorst, 루트초우Lutzow를 상대하기 위해 1943년에 잠수정 X를 개발했다. 런던 시내버스에 쓰는 가드너 디젤 엔진을 사용한 잠수정 X는 다섯 명을 태우고 물속에서 시속 6노트(약 11킬로미터)로 1,900킬로미터 이상 항해하고 90미터까지 잠수할 수 있었다. X는 침대가 하나뿐이어서 승조원들은 돌아가면서 잠을 자야 했고 감전될 수 있어 늘 조심해야 했으며 음식은 한 번에 한 사람 몫밖에 데울 수 없을 만큼 여건이 열악했다.

초병을 통과할 수 있을 정도로 정교하게 위조된 신분증과 증명서를 소지했다. 위조된 프랑스 신분증에는 사진이 붙어 있었고 진짜처럼 보이는 고무 관인도 찍혀 있었다. 노동 허가서와 배급표는 말할 필요도 없었다. 혹시라도 일이 잘못되면 이들 다섯 명은 X23을 가라앉히고 뭍으로 헤엄쳐 가 위조 신분으로 활동하며 프랑스 지하저항운동과 접선하도록 되어 있었다.

X23이 있는 곳에서 해안을 따라 30킬로미터쯤 떨어진 르 아멜Le Hamel 앞바다에는 X23의 자매 잠수정 X20이 있었다. 이 둘은 에이치아워H hour 20분 전에 수면으로 떠올라 영국-캐나다 연합군의 돌격 지역의 양 끝을 명확하게 알려 주는 항해 부표의 역할을 맡았다.* 노르망디 해안에서 영국군과 캐나다군이 상륙할 세 곳에는 각각 소드, 주노, 골드라는 암호명이 붙었다.

잠수정 2척이 시행할 계획은 복잡하면서도 정교했다. 수면으로 부상한 잠수정이 공기 중으로는 전파를 물속으로는 음파를 지속해 방사하는 자동 송신기를 켜면, 영국군과 캐나다군을 태우고 상륙 해변으로 항해하는 함대는 두 신호 모두 또는 둘 중 하나를 수신해서 방향을 유지할 수 있었다.

잠수정이 목표에 안착하면 녹색 등을 켜고 그렇지 않으면 빨간색 등을 켜게끔 되어 있었다. 잠수정에 실린 높이 5.5미터짜리 잠망경에 달린 이 신호등은 크기는 작았지만 8킬로미터 넘게 떨어진 곳에서도 볼 수 있을 만큼 밝았다.

상륙부대가 방향을 유지하는 데 더 도움이 되도록 추가적인 방안도 준비했다. 승조원 중 한 명이 잠수정과 끈으로 연결된 고무보트를 타고 해변으로 다가간 뒤, 보트에 장착된 탐조등을 작동시킬 예정이었다. 연합군 함

* 옮긴이) 디데이 상륙 구역을 알려 주는 임무를 수행한 잠수정은 허드스페스Hudspeth 대위가 지휘한 X20과 오너 대위가 지휘한 X23이다. 침공부대 S와 침공부대 J가 쓸 해상 접근로는 서로 멀리 떨어지지 않은 데다가 침공부대 J가 상륙하는 주노 해변은 쉽게 눈에 띄지 않아 잠수정을 이용한 안내 방법을 사용했다.

정들은 잠수정과 고무보트에서 각각 비추는 불빛을 따라 침로를 유지하면서, 상륙 해변인 소드 해변, 주노 해변, 골드 해변의 위치를 정확하게 파악할 수 있었다.

작전을 준비하면서 이들은 일어날 수 있는 모든 위험을 고려했다. 잠수정이 작다 보니 둔중한 아군 상륙함정에 깔릴 수도 있었다. 이를 막기 위해 X23은 커다랗고 선명한 노란색 깃발을 올릴 예정이었다. 커다랗고 선명한 노란색 깃발이 독일군에게 좋은 표적이 될 수도 있다는 불안감을 떨칠 수는 없었지만, 오너는 희고 커다란 영국 해군의 군함기까지 올릴 생각이었다. 오너와 동료들은 독일군의 포격을 받을 수도 있다는 점에 대해서는 마음의 준비가 되어 있었지만, 그렇다고 포격을 받아 침몰할 위험을 감수하겠다는 것은 아니었다.

좁디좁은 X23 선내에는 작전에 필요한 것 이상으로 장비가 실렸다. 승조원도 셋이면 충분하지만 이번에는 전문 항해사 두 명이 추가로 탑승했다. X23에는 원래 공간이라고는 가로 1.5미터, 세로 2.4미터, 높이 1.7미터짜리 방 하나뿐인데 장비와 사람이 추가로 들어차다 보니 서거나 앉을 자리도 없었다. 잠수정 안은 더운 데다 환기도 안 되어 답답했다. 완전히 어둠이 깔려 수면으로 부상하기 전까지 잠수정 안의 공기는 더 나빠질 수밖에 없었다.

오너는, 해안 가까이 수심이 낮은 곳에서는 비록 잠수해 있더라도 낮에는 저공비행 하는 정찰기나 순찰선에게 발각될 가능성이 상존한다는 것을 잘 알았다. 잠망경을 운용할 만큼 수심이 얕은 상태에서 오래 머물면 머물수록 이런 위험은 커지는 것이었다.

라인은 잠망경을 보면서 방위각을 여럿 적었다. 그는 위스트르앙 등대와 성당, 몇 킬로미터 떨어진 랑그륀-쉬르-메르Langrune-sur-Mer와 생-오뱅-쉬르-메르St.-Aubin-sur-Mer 마을의 첨탑 2개와 같은 지형지물 여러 개를 신속하게 식별했다. 오너가 짐작한 대로 X23은 원래 지도에 표시해 놓은 곳에서 1.2킬로미터도 떨어지지 않은 곳에 있었다. 독일군이 포를 쏜다면 정통으로 맞을 수밖에 없는 곳이었다.

오너는 이 정도까지 온 것을 다행으로 여겼다. 참으로 길고도 끔찍한 항해였다. 포츠머스에서 출항해 이틀 조금 넘는 동안 145킬로미터를 왔는데, 그중 대부분은 기뢰가 부설된 해역을 통과하는 것이었다. X23은 자리를 잡고 바닷속으로 잠수했다. 갬빗 작전Operation Gambit은 순조롭게 출발했다. 아무에게도 말하지 않았지만 오너는 작전명이 다른 것이었으면 했다. 미신을 믿지는 않았지만 갬빗의 뜻을 찾아보던 오너는 충격을 받았다. 갬빗은 '장기를 시작하며 졸을 던져 버리다'라는 뜻이었다.

오너는 잠망경을 통해 해변에서 작업하는 독일군을 마지막으로 살펴보았다. 내일 이맘때면 상상할 수 있는 지옥의 모든 모습이 해변에 펼쳐지리라는 생각이 들었다. "잠망경 내려!" 오너가 명령했다. 잠수 상태인 데다 모항과 통신도 끊어졌기 때문에 오너와 동료들은 침공이 연기된 것을 알지 못했다.

## 계속 새어 나가는 비밀

오전 11시까지 영국해협에는 강풍이 불었다. 민간인의 접근이 차단된 해안에서 침공부대는 초조하게 속을 태우면서 강풍이 그치기만을 기다렸다. 침공을 앞둔 군인들이 아는 세계란 기다리면서 머무는 활주로와 타고 갈 배뿐이었다. 활주로와 항구는 잉글랜드에 있었지만 작전보안 때문에 군인들은 외부와 엄격하게 격리되었다. 따라서 말이 잉글랜드지 연합군 침공 병력은 사실상 영국 본토에서 물리적으로 완전히 떨어져 있는 것이나 마찬가지였다. 이들은 그동안 생활해서 익숙해진 잉글랜드와 난생 처음 가게 될 낯선 노르망디 사이에 기묘하게 끼어 있었다.

침공부대와 잉글랜드를 나누는 장막 반대편에서는 늘 그랬던 것처럼 평범한 일상이 흘러갔다. 영국인들은 수십만 명의 군인이 제2차 세계대전을 끝낼 작전을 시작하라는 명령이 떨어지기만을 기다리고 있다는 것은 까맣게 모른 채 익숙한 일상을 이어 갔다.

잉글랜드 남동부의 서리Surrey 주 레더헤드Leatherhead에는 몸집이 작고 가냘픈 물리 교사가 살았다. 그의 이름은 레너드 시드니 도Leonard Sidney Dawe. 도는 애완견을 산책시키고 있었다. 당시 쉰네 살이던 도는 말이 없고 겸손한 데다 얼마 되지 않는 친구들 사이에서 별로 유명하지도 않았다. 겉으로 보이는 모습은 이렇게 내성적이었지만, 도는 유명 영화배우를 넘어서는 인기를 누렸다. 도와 도의 친구인 멜빌 존스Melville Jones는(그도 교사이다) 매일 아침 「데일리 텔레그래프Daily Telegraph」에 실리는 십자말풀이를 만들었다. 이 십자말풀이는 수백만 영국인들이 매일같이 기다려 씨름하는, 인기 있는 문제였다.

도는 20년도 넘게 「데일리 텔레그래프」의 십자말풀이 수석 편집자를 맡아 왔다. 그 무렵 도가 만드는 십자말풀이는 어렵고 복잡해서 셀 수 없이 많은 영국인을 짜증나게 하면서도 만족시켰다. 「타임스Times」의 십자말풀이가 훨씬 어렵다는 주장도 있었지만, 도의 지지자들은 「데일리 텔레그래프」에 실리는 십자말풀이에는 같은 도움말이 반복된 적이 단 한 번도 없다는 점을 강조했다. 말없이 내성적인 도였지만 그 또한 이 점이 매우 자랑스러웠다.

그런 도가 1944년 5월 2일 이후 런던 경찰국에서 방첩 임무를 수행하는 MI5의 가장 은밀한 내사 대상이 되었다. 아마 그가 이 사실을 알았다면 깜짝 놀랐을 것이다. 도가 만든 십자말풀이를 본 연합군사령부는 하루가 멀다 하고 겁을 먹었다.

6월 4일 MI5는 도와 이야기를 한번 나눠 보기로 했다. 개를 산책시키고 집으로 돌아온 도는 남자 둘이 자기를 기다리는 것을 보았다. 다른 사람들처럼 도 역시 MI5가 무슨 일을 하는 조직인지 들어 본 적은 있었지만 자기에게 무엇을 원하는지는 도무지 감을 잡을 수 없었다.

"도 씨, 지난 한 달 동안 연합군 작전과 관련된 매우 비밀스러운 단어 여러 개가 계속해서 「데일리 텔레그래프」 십자말풀이에 나왔습니다. 이들 단어를 어떻게 골랐는지 아니면 어디서 이 단어들을 알게 되었는지 말씀해 주시겠습니까?" 요원 한 명이 물었다.

깜짝 놀란 도가 대답하기도 전에 질문을 던진 요원이 주머니에서 목록을 하나 꺼내더니 말을 이어 갔다. "특히 어떻게 당신이 이 단어들을 골랐는지 알고 싶습니다." 그는 목록을 가리켰다. 5월 27일 자 「데일리 텔레그래프」의 십자말풀이 가로 11번 도움말은 "그러나 이것처럼 생긴 커다란 가발은 때때로 이것 중 일부를 훔친다."였다. 낯선 조합으로 나온 도움말이 알쏭달쏭했지만 열성적인 추종자들은 이게 무엇을 뜻하는지 이해했다. 바로 이틀 전인 6월 2일에 실린 답은 '대군주大君主'라는 뜻의 '오버로드Overlord' 였다. 오버로드는 노르망디 상륙작전 전체를 뜻하는 암호명이었다.

도는 두 요원이 말하는 작전이 대체 무엇인지 전혀 몰랐기 때문에 놀라지도 않았지만 그렇다고 묻는 말에 화를 내지도 않았다. 그는 어째서 이 단어를 골랐는지 설명할 수 없었지만, 오버로드가 역사책에 흔히 나오는 단어라는 점은 알려 줬다. "그런데 말이오, 대체 무엇이 암호명으로 사용되는지 아닌지 내가 어떻게 알 수 있겠소?"

두 요원은 매우 공손했다. 둘은 도의 말에 동의했다. "하지만 이 암호명들이 한 달 사이에 모두 문제로 나온다는 것도 이상하지 않습니까?"

약간 지친 도를 상대로 두 요원은 목록에 나오는 단어 하나하나마다 질문을 던졌다. 5월 2일 가로 17번의 도움말은 '미국의 주 중 하나'로 시작하는데, 답은 '유타'였다. 5월 22일 세로 3번의 도움말은 '미주리 주의 시뻘건 원주민'이었는데 답은 '오마하'였다.

5월 30일 가로 11번의 도움말은 "이 덤불은 묘목 혁명의 중심이다."인데, 답은 '멀베리'였다. 멀베리는 침공 해변에 설치할 인공 항구 2개를 부르는 암호명이었다. 6월 2일 세로 15번의 도움말은 "브리타니아와 이 자는 같은 것을 들고 있다."인데, '이 자'란 그리스 신화의 포세이돈, 즉 '넵튠Neptune'으로 이는 침공을 위해 공정부대와 상륙부대가 잉글랜드에서부터 노르망디까지 기동하는 작전의 암호명이었다.

이 단어들을 왜 골랐는지 그리고 어떻게 골랐는지 도는 아무런 설명도 할 수 없었다. 그가 아는 것이라고는 목록에 있는 단어들은 6개월 전에 완성될 수도 있었다는 것이었다. 다른 설명은 없었을까? 도는 우연의 일치라는 답만 제시할 뿐이었다.*

• • •

머리털이 삐쭉 설 만한 일은 또 있었다. 석 달 전, 시카고Chicago 중앙우체국에서는 부피는 꽤 크지만 대충 싼 봉투가 분류 과정에서 찢어졌다. 찢어진 봉투에서는 의심스러워 보이는 서류들이 쏟아졌다. 그 과정에서 적어도 열 명이 봉투의 내용물을 보았는데, 그것은 바로 오버로드라 불리는 작전에 관한 것이었다.

신속하게 현장으로 달려온 정보 요원들은 분류 작업을 한 사람들에게 몇 가지 질문을 하고는 그날 봤을지도 모를 모든 것을 잊어버리라고 말했

* 옮긴이) 수십 년 동안 우연의 일치로만 생각되던 이 일은 1984년 로널드 프렌치Ronald French가 당시 일을 밝히면서 궁금증이 해소되었다. 1944년 열네 살로 도의 학생이던 프렌치는 당시 도가 십자말풀이에 쓸 단어를 학생들에게 자주 물었다고 한다. 학교가 미군과 캐나다군 주둔지에 가깝다 보니 학생들은 군인들과 접촉이 잦았고 군인들은 학생들을 경계하지 않고 거리낌 없이 이야기를 했다. 학생들은 군인들과의 대화에 나온 단어들을 도에게 제시했는데, 심지어 프렌치는 군인들이 말한 단어들을 적어 놓은 공책까지 가지고 있었다고 한다.

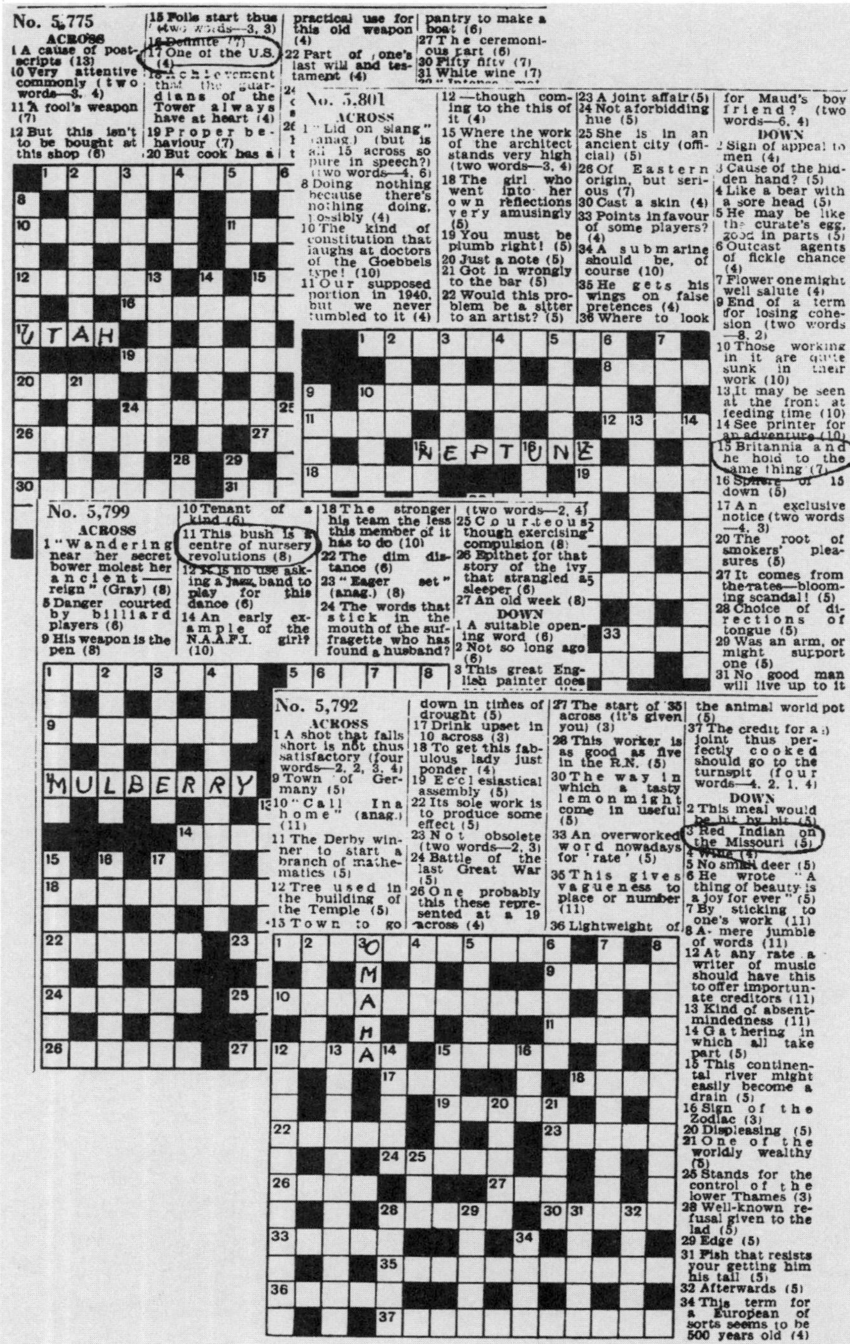

No. 5,775

ACROSS

1 A cause of postscripts (13)
10 Very attentive commonly (two words—3, 4)
11 A fool's weapon (7)
12 But this isn't to be bought at this shop (6)
15 Foils start thus (two words—3, 3)
16 Definite (7)
17 One of the U.S. (4)
18 Achievement that the guardians of the Tower always have at heart (4)
19 Proper behaviour (7)
20 But cook has a practical use for this old weapon (4)
22 Part of one's last will and testament (4)
[illegible] pantry to make a boat (6)
27 The ceremonious part (6)
30 Fifty fifty (7)
31 White wine (7)



No. 5,801

ACROSS

1 "Lid on slang" (anag.) (but is all 15 across so pure in speech?) (two words—4, 6)
8 Doing nothing because there's nothing doing, possibly (4)
10 The kind of constitution that laughs at doctors of the Goebbels type! (10)
11 Our supposed portion in 1940, but we never tumbled to it (4)
12 —though coming to the this of it (4)
15 Where the work of the architect stands very high (two words—3, 4)
18 The girl who went into her own reflections very amusingly (5)
19 You must be plumb right! (5)
20 Just a note (5)
21 Got in wrongly to the bar (5)
22 Would this problem be a sitter to an artist? (5)
23 A joint affair (5)
24 Not a forbidding hue (5)
25 She is in an ancient city (official) (5)
26 Of Eastern origin, but serious (7)
30 Cast a skin (4)
33 Points in favour of some players? (4)
34 A submarine should be, of course (10)
35 He gets his wings on false pretences (4)
36 Where to look for Maud's boy friend? (two words—6, 4)

DOWN

2 Sign of appeal to men (4)
3 Cause of the hidden hand? (5)
4 Like a bear with a sore head (5)
5 He may be like the curate's egg, good in parts (5)
6 Outcast agents of fickle chance (4)
7 Flower one might well salute (4)
9 End of a term for losing cohesion (two words—8, 2)
10 Those working in it are quite sunk in their work (10)
13 It may be seen at the front at feeding time (10)
14 See printer for an adventure (10)
15 Britannia and he hold to the same thing (7)
16 Sphere of 15 down (5)
17 An exclusive notice (two words—4, 3)
20 The root of smokers' pleasures (5)
27 It comes from the rates—blooming scandal! (5)
28 Choice of directions of tongue (5)
29 Was an arm, or might support one (5)
31 No good man will live up to it



No. 5,799

ACROSS

1 "Wandering near her secret bower molest her ancient [illegible] reign" (Gray) (8)
5 Danger courted by billiard players (6)
9 His weapon is the pen (8)
10 Tenant of a kind (6)
11 This bush is a centre of nursery revolutions (8)
12 It is no use asking a jazz band to play for this dance (6)
14 An early example of the N.A.A.F.I. girl? (10)
18 The stronger his team the less this member of it has to do (10)
22 The dim distance (6)
23 "Eager set" (anag.) (8)
24 The words that stick in the mouth of the suffragette who has found a husband? (two words—2, 4)
25 Courteous though exercising compulsion (8)
26 Epithet for that story of the ivy that strangled a sleeper (6)
27 An old week (8)

DOWN

1 A suitable opening word (6)
2 Not so long ago (6)
3 This great English painter does



No. 5,792

ACROSS

1 A shot that falls short is not thus satisfactory (four words—2, 2, 3, 4)
9 Town of Germany (5)
10 "Call Ina home" (anag.) (11)
11 The Derby winner to start a branch of mathematics (5)
12 Tree used in the building of the Temple (5)
13 Town to go down in times of drought (5)
17 Drink upset in 10 across (3)
18 To get this fabulous lady just ponder (4)
19 Ecclesiastical assembly (5)
22 Its sole work is to produce some effect (5)
23 Not obsolete (two words—2, 3)
24 Battle of the last Great War (5)
26 One probably this these represented at a 19 across (4)
27 The start of 35 across (it's given you) (3)
28 This worker is as good as five in the R.N. (5)
30 The way in which a tasty lemon might come in useful (5)
33 An overworked word nowadays for 'rate' (5)
35 This gives vagueness to place or number (11)
36 Lightweight of the animal world pot (5)
37 The credit for a joint thus perfectly cooked should go to the turnspit (four words—4, 2, 1, 4)

DOWN

2 This meal would be hit by hit (5)
3 Red Indian on the Missouri (5)
4 Wide (4)
5 No small deer (5)
6 He wrote "A thing of beauty is a joy for ever" (5)
7 By sticking to one's work (11)
8 A mere jumble of words (11)
12 At any rate a writer of music should have this to offer importunate creditors (11)
13 Kind of absent-mindedness (11)
14 Gathering in which all take part (5)
15 This continental river might easily become a drain (5)
16 Sign of the Zodiac (3)
20 Displeasing (5)
21 One of the worldly wealthy (5)
25 Stands for the control of the lower Thames (3)
28 Well-known refusal given to the lad (5)
29 Edge (5)
31 Fish that resists your getting him his tail (5)
32 Afterwards (5)
34 This term for a European of sorts seems to be 500 years old (4)

Cornelius Ryan Archive

## PRIZE COMPETITION No. 5,797

Three prizes of books to a value of thirty shillings, to be selected by the winners from advertisements in THE DAILY TELEGRAPH on Fridays, will be awarded to the senders of the first three correct solutions opened. Solutions must reach THE DAILY TELEGRAPH, 135, Fleet Street, E.C.4, not later than first post on Thursday. Envelopes must bear 2½d. stamp, and be marked Prize Competition in top left-hand corner. Winners' names appear on Friday.

NAME ........................................

ADDRESS ........................................

**ACROSS**

1 No half-baked praise (two words—4, 4)
5 The county of firm personnel (6)
9 Incog. (two words—3, 5)
10 Not apparently very high-class land (6)
11 —but some big-wig like this has stolen some of it at times (8)
13 They may send one's temperature up, oddly enough (6)
14 It serves its turn in the opening episode (3)
16 Scattered in-road to order (6)
19 He has his duty to master (7)
20 "Die a V.C." (anag.) (improving words to a soldier?) (6)
21 It needs Erse to slander (3)
26 Need to come to signify (6)
27 When to change to the 31 across? (8)
28 To show grief about a lady is not fruitless (6)
29 What separates the novice from the adept (8)
30 No enemy allowed a bed (6)
31 Remote terminus don't mix around here (two words—5, 3)

**DOWN**

1 Cut out the chaff and do not delay victory (6)
2 The one that was left at the post? (6)
3 Hang up more than a corner (6)
4 They are probably prepared for floods in this English town (6)
6 Not prolonged enough to make the torso hot (two words—3, 5)
7 Not a strange spirit, apparently (8)
8 Entertainment that tells one what to do at it (8)
12 This Eastern is often in a whirl (7)
15 Is familiar with the cells from birth (3)
16 Reversed in 26 across (3)
17 Sounds a useful thing to wear, but no help (8)
18 There's no list for the ships on this (two words—4, 4)
19 Of secret composition and not taxed (two words—4, 4)
22 What a girl may expect if a sailor gives her the bird? (6)
23 Cool place to work in? (6)
24 Figure of speech is turned on quite a way (6)
25 Asked for convalescent patient's meal (6)

OVERLORD

*#5797 ANSWER–JUNE 2, 1944*

**Prize Competition No. 5,797**

The first three prize-winners of Prize Crossword No. 5,797, published on Saturday last, were: A. Brown, Halsbury-road, Liverpool; Mrs. Hollingsworth, Finsbury Park-road, N 4; Mrs A M Parker, Woodberry-way, E.4.

The prize solution was: ACROSS: 1, Well done; 5, Bucks; 9, Not known; 10, Common; 11, Overlord; 13, Chilis; 14, Key; 16, Ordain; 19, Servant; 20, Advice; 21, Asp; 26, Denote; 27, Half-time; 28, Cherry; 29, Training; 30, Pallet; 31, Other end. DOWN: 1, Winnow; 2, Letter; 3, Dangle; 4, Newark; 6, Too short; 7, Familiar; 8, Sing-song; 12, Dervish; 15, Bee; 16, One; 17, Handicap; 18, Even keel; 19, Scot free; 22, Parrot; 23, Office; 24, Simile; 25, Begged.

Another prize puzzle to-morrow.

*#5775–MAY 2, 1944*

Y'DAY'S SOLUTION.—ACROSS: 1, Afterthoughts; 10, All ears; 11, Bladder; 12, Bucket; 15, Set off; 16, Decided; 17, Utah; 18, Feat; 19, Decorum; 20, Mace; 22, Amen; 24, Galahad; 26, Sampan; 27, Ritual; 30, Equally; 31, Chablis; 32, Reinstatement. DOWN: 2, Felucca; 3, Elated; 4, Test; 5, Orby; 6, Graded; 7, Tadpole; 8, Harbour-master; 9, Profit and loss; 13, Teheran; 14, Bivouac; 15, Secular; 21, Compute; 23, Maudlin; 24, Gallon; 25, Disarm; 28, Sylt; 29, Scut.

*#5801–JUNE 2, 1944*

Y'DAY'S SOLUTION.—ACROSS: 1, Long Island; 8, Idle; 10, Democratic; 11, Ruin; 12, Edge; 15, New York; 18, Alice; 19, Erect; 20, Breve; 21, Ingot; 22, Poser; 23, Union; 24, Green; 25, Usher; 26, Earnest; 30, Pelt; 33, Pros; 34, Water-tight; 35, Kiwi; 36, Garden gate. DOWN: 2, Omen; 3, Glove; 4, Surly; 5, Actor; 6, Dice; 7, Flag; 9, Breaking up; 10, Diving-bell; 13, Dress-shirt; 14, Enterprise; 15, Neptune; 16, Ocean; 17, Keep out; 20, Briar; 27, Aster; 28, Norse; 29, Sling; 31, Evil; 32, Twig; 33, Phut.

*#5799–MAY 30, 1944*

Y'DAY'S SOLUTION.—ACROSS: 1, Solitary; 5, Hazard; 9, Saturnist; 10, Lessee; 11, Mulberry; 12, Morris; 14, Vivandiere; 18, Goalkeeper; 22, Offing; 23, Steerage; 24, To obey; 25, Obliging; 26, Creepy; 27, Sennight. DOWN: 1, Sesame; 2, Lately; 3, Turner; 4, Restrained; 6, Adenoids; 7, Assorted; 8, Deemster; 13, Lamentable; 15, Agnostic; 16, Calf love; 17, Skin deep; 19, Benzene; 20, Paling; 21, Weight.

*#5792–MAY 22, 1944*

Y'DAY'S SOLUTION.—ACROSS: 1, Up to the mark; 9, Essen; 10, Melancholia; 11, Trio; 12, Cedar; 15, Wells; 17, Ale; 18, Muse; 19, Synod; 22, Pedal; 23, In use; 24, Ypres; 26, Sees; 27, The; 28, Navvy; 30, Eagle; 33, Tempo; 35, Thereabouts; 36, Ounce; 37, Done to a turn. DOWN: 2, Piece; 3, Omaha; 4, Hock; 5, Moose; 6, Keats; 7, Assiduously; 8, Incoherence; 12, Composition; 13, Daydreaming; 14, Rally; 15, Weser; 16, Leo; 20, Nasty; 21, Dives; 25, P.L.A.; 28, Noted; 29, Verge; 31, Trout; 32, Later; 34, Dago.

◀ ▲

**「데일리 텔레그래프」 십자말풀이에 올라온 오버로드 작전의 핵심 암호들** 디데이를 불과 나흘 앞둔 시점까지 유타(제5775호, 5월 2일), 오마하(제5792호, 5월 22일), 오버로드(제5797호, 5월 27일 출제, 답은 6월 2일 자에 실림), 멀베리(제5799호, 5월 30일), 넵튠(제5801호, 6월 2일) 같은 핵심 암호가 연달아 실리면서 연합군사령부는 극도로 긴장했다. (넵튠의 경우 세로 문제이나 찾은 자료에는 가로로 되어 있다.)

다. 그런 뒤 정보 요원들은 천진난만하기 짝이 없는 여자 수취인, 그것도 소녀를 심문했다. 소녀는 이 서류들이 왜 자기를 수취인으로 해서 배달 중이었는지를 설명할 수 없었지만 봉투에 쓰인 필체는 알아보았다. 필체를 가지고 추적해 찾은 발송인은 런던에 있는 미군 사령부에 근무하는 병장이었는데, 그 또한 천진난만했다. 원래 그 병장이 적으려던 주소는 여동생의 주소가 아니었다. 그는 실수로 서류를 시카고에 사는 여동생에게 보냈던 것이다.

사소한 사건이었지만, 압베어라는 이름으로 알려진 독일군 정보부는 암호명 '오버로드'가 무엇을 뜻하는지 이미 알고 있었다. 독일군이 오버로드의 의미를 파악했다는 것을 연합군사령부가 알았더라면 이 사건은 결코 애교로 치부될 수 없었을 것이다. 키케로Cicero라는 암호명으로 더 많이 알려진 알바니아 출신의 바즈나*는 압베어의 첩보원이었다. 그는 1944년 1월에 이미 암호명 오버로드를 입수해 베를린에 보고했다. 바즈나는 처음에는 상륙작전의 암호명이 '오버락Overlock'인 줄 알았는데, 나중에 오버로드로 고쳐 보고했다. 압베어는 터키 주재 영국 대사관에서 심부름꾼으로 일하는 바즈나의 보고를 믿었다.

그러나 바즈나는 오버로드에서 가장 비밀스러운 내용이라 할 수 있는 때와 장소는 알아낼 수 없었다. 어찌나 세심하게 보안을 유지했는지 1944년 4월 말까지 연합군 장교 중 오버로드가 무엇인지 아는 사람은 수백 명도 되지 않았다. 영국 전역에서 독일 첩자들이 활동하고 있다고 방첩부대가 계속 경고했지만, 바로 4월에 미군 장군과 영국군 중령이 각각 부주의하게 보안을 깨뜨렸다. 런던에 있는 클라리지Claridge's 호텔에서 열린 칵테일파티

* 옮긴이) Elyesa Bazna(1904~1970년): 1942년부터 주터키 영국 대사의 심부름꾼으로 일했는데, 1943년부터 종전까지 독일을 위해 간첩으로 일했지만 압베어에서 받은 30만 파운드가 위조지폐로 밝혀지면서 별다른 부는 쌓지 못했다. 1951년 제작된 자신을 소재로 한 영화 「Five Fingers」에서 바즈나는 율리시스 디엘로Ulysses Diello라는 이름으로 나온다.

에서 미군 장군은 동료들에게 6월 15일 전에 유럽 침공 계획이 시행될 것이라고 말했다. 영국군 중령은 대대장이었는데 이보다 훨씬 더 부주의했다. 그는 민간인 친구들에게 부하들이 특정한 목표를 탈취하기 위해 훈련을 받고 있으며 목표가 노르망디에 있다는 것을 암시하는 말을 했다. 두 명 모두 즉각 보직에서 해임되고 강등되었다.*

이런 상황에서 손에 땀을 쥐는 6월 4일 일요일, 연합군사령부는 비밀이 또 한 번 샜다는 소식, 그것도 이전 것들보다 훨씬 더 안 좋은 소식에 어안이 벙벙해졌다. 지난밤, AP 통신의 타자수는 타자 실력을 키우려고 안 쓰는 전신타자기로 타자 연습을 하고 있었다. 타자수는 자신이 상상으로 생각한 특종 기사를 연습 삼아 천공 테이프에 찍었다. 어떻게 된 일인지 이 천공 테이프는 소련이 일상적으로 야간에 발표하는 성명보다 먼저 나갔다. 30초 만에 수정되기는 했지만 연습으로 써 본 기사는 이미 송출된 뒤였다. 어처구니없게 만들어져 밖으로 나간 '상상 특종'에 적힌 내용은 이랬다. **"속보. 아이젠하워의 사령부는 연합군이 프랑스 도처에 상륙했다고 발표했다."**

실수로 발송된 이 기사가 중대한 결과를 초래할지도 모른다는 걱정이 들었지만 딱히 무슨 조치를 취하기에는 너무 늦었다. 거대한 기계와도 같은 유럽 침공 작전은 보다 속도를 내야 했다. 그러나 시간은 속절없이 흘렀고 그러는 동안 날씨는 더 나빠졌다. 아이젠하워가 과연 6월 6일을 디데이로 확정할 것인가? 아니면 20년 만에 영국해협에 닥친 험한 날씨 때문에 다시 한 번 침공을 연기할 것인가? 인류 역사상 최대 규모로 집결한 공정부대와 상륙부대는 연합군 최고사령관 아이젠하워 대장의 결심을 기다리고 있었다.

* 미군 장군은 아이젠하워와 육군사관학교 동기생인 헨리 밀러Henry Miller 공군 소장이었다. 제101공정사단의 중위 한 명이 밀러의 실언을 듣고 지휘계통으로 보고하자 연합군사령부는 밀러를 중령으로 강등시켜 본국으로 송환했고 밀러는 곧바로 전역했다. 연합군사령부가 영국군 중령의 무분별한 행동을 보고받았는지에 대한 공식 기록은 남아 있지 않다. 아마도 그의 상급 지휘관이 조용히 처리했던 것으로 보인다. 이 영국군 중령은 나중에 국회의원까지 지낸다.

## '지상 최대의 작전', 디데이가 결정되다

연합군 해군 사령부가 있는 사우스윅 하우스에서 3킬로미터쯤 떨어진 숲에 비가 몰아쳤다. 아이젠하워는 실내에 듬성듬성 가구가 놓인 3.5톤짜리 숙소용 트레일러에 있었다. '침공을 개시할 것인가 아니면 연기할 것인가?' 아이젠하워는 정말로 중대한 결정을 앞두고 골똘하게 고민하면서도 긴장을 풀려고 노력했다. 넓고 커다란 사우스윅 하우스에서 훨씬 편안한 숙소를 쓸 수도 있었지만, 아이젠하워는 병력이 승선하는 항구와 최대한 가까이 있겠다며 트레일러 숙소를 택했다. 며칠 전, 아이젠하워는 규모는 작지만 모든 기능을 갖춘 지휘소를 하나 세우라고 명령했다. 최측근 참모들을 위해 천막이 몇 채 섰고 트레일러도 몇 대 가져다 놓았는데, 그중 하나는 아이젠하워가 숙소로 쓸 것이었다. 아이젠하워는 이미 오래전부터 자신이 쓸 트레일러에 '서커스 마차'라는 별명까지 붙여 놓았다.

기다랗고 낮은 포장마차처럼 생겨서 약간은 승합차를 닮은 듯한 아이젠하워의 트레일러는 침실, 거실, 서재 등 세 구간으로 나뉘어 있었다. 이 세 공간 말고도, 트레일러 길이에 꼭 맞춘 아주 작은 조리실, 소형 전화교환대, 화학적으로 처리되는 화장실과 함께 한쪽 끝에는 유리로 벽을 만든 전망대도 있었다. 그렇지만 아이젠하워는 이런 설비를 모두 쓸 만큼 트레일러에 오래 머무르지 않았다. 거실과 서재는 거의 쓰지도 못했다. 참모회의가 소집되면 대개는 트레일러 옆에 있는 천막에서 회의를 주관했다. 사람이 사는 흔적은 침실에서만 볼 수 있었다. 침실 모습으로 봐서 이 트레일러에는 아이젠하워가 사는 것이 틀림없었다. 침대 가까이에 있는 탁자에는 문고판 서부소설 한 뭉치가 쌓여 있었고, 아내 마미Mamie와 미 육군사관학교 제복을 입은 스물한 살짜리 아들 존 셸던 아이젠하워John Sheldon Eisenhower의 사진이 놓여 있었다.

아이젠하워는 이 트레일러에서 거의 300만 명에 달하는 연합군을 지휘했다. 이 거대한 병력 중 170만 명은 미군이었다. 영국군과 캐나다군을 합치면 100만 명에 달했고, 여기에 추가로 프랑스군, 폴란드군, 체코슬로바키아군, 벨기에군, 노르웨이군, 네덜란드군이 있었다. 그 어떤 미국인도 이처럼 많은 나라에서 온 이토록 많은 병력을 지휘하거나 이렇게 엄청난 책임을 맡아본 적이 없었다.

연합군 최고사령관으로서 아이젠하워가 맡은 책무와 권력은 실로 중대하고 엄청난 것이었다. 텍사스 출신으로 큰 키에 사람 좋아 보이는 싱글거리는 웃음이 매력적인 아이젠하워는 누구라도 기분 좋게 만드는 독특한 매력이 있었다. 이런 그가 연합군 최고사령관이라는 것은 쉽게 믿기는 어렵지만 사실이었다. 예를 들어 독특한 모자를 쓰거나 어깨 높이에 온갖 훈장을 층층이 붙인 화려한 제복을 입어 한눈에 알아볼 수 있게 하던 다른 유명한 장군들과 달리 아이젠하워는 이 모든 것을 자제했다. 아이젠하워는 대장이라는 것을 나타내는 별 4개, 가슴 주머니 위에 달린 훈장 표식 1개, 어깨에 붙인 연합원정군최고사령부를 상징하는 불타는 칼이 있는 표지 말고는 자신을 알아볼 만한 어떤 장식도 패용하지 않았다. 심지어 숙소로 쓰는 트레일러에도 그가 최고사령관이라는 것을 보여 줄 만한 것이 거의 없었다. 장성기, 지도, 대통령 국정 기조를 넣은 액자 또는 고위 정치인의 서명이 들어간 사진 같은 것은 아예 있지도 않았다. 그러나 침대 옆에는 색깔이 다른, 대단히 중요한 전화기 3대가 있었다. 빨간색과 녹색은 각각 워싱턴의 백악관과 런던 다우닝 가 10번지에 있는 윈스턴 처칠 수상의 관저로 연결되는 직통 전화였다. 검은색은 유능한 참모장 월터 베델 스미스 중장을 비롯해 최고사령부 그리고 연합군의 고위 지휘관들과 연결되는 전화였다.

검은색 전화가 울렸다. 그렇지 않아도 이미 온갖 걱정거리로 고민하던 아이젠하워는 어처구니없는 실수 때문에 상륙 뉴스가 속보로 잘못 타전되었다는 소식을 들었다. 아이젠하워는 이 보고를 받으면서 아무 말도 하지 않았다. 해군 부관으로 곁에 있던 해리 부처Harry C. Butcher 대령은 당시를 이렇게 기억한다. "아이젠하워 대장은 알았다는 뜻으로 '음!' 한 마디만 했습니다." 대체 그 상황에서 무슨 말을 하고 무슨 조치를 할 수 있었을까?

넉 달 전 아이젠하워를 연합군 최고사령관으로 임명하는 인사명령이 내려왔을 때, 미국 합동참모본부는 문장 하나로 아이젠하워의 임무를 발표했다. "아이젠하워는 유럽 대륙으로 들어가 다른 연합국과 함께 작전을 수행해 독일의 심장부를 점령하고 독일군을 격멸한다."

이 한 문장은 연합군이 유럽을 침공하는 목적을 담고 있었다. 그러나 연합군 전체로 볼 때 유럽 침공은 단순한 작전 이상의 것이었다. 아이젠하워는 유럽 침공을 '위대한 성전Great Crusade'이라고 불렀다. 이 성전은, 온 세계를 역사상 가장 피비린내 나는 전쟁으로 몰아넣고 유럽 대륙을 산산조각 내었으며 300만 명에 가까운 사람을 비참한 굴종의 상태로 빠뜨린 소름 끼치는 학정을 단호하게 끝내기 위한 것이었다. 그러나 그때만 해도 사람들은 온 유럽을 쓸어 버린 나치의 만행이 어느 정도인지 상상조차 하지 못했다. 친위대를 이끌며 유대인 학살을 총지휘한 하인리히 힘러Heinrich Himmler가 고안한 가스실과 화장장에서 수백만 명이 사라졌다. 또 다른 수백만 명은 고국에서 쫓겨나 집단으로 강제 노동에 동원되었으며, 그중 상상할 수 없이 많은 수는 고향으로 살아서 돌아가지 못했다. 고문으로 죽거나 인질로 잡혔다가 처형되거나 굶주림이라는 간단하면서도 악의적인 방법으로 몰살된 사람도 수백만 명에 달했다. 아이젠하워가 말하는 위대한 성전의 목적은 단지 전쟁을 이기는 것뿐만 아니라 나치즘Nazism을 무너뜨리고 인류 역사상 가장 대규모로 진행되고 있는 야만의 시대를 끝내는 데 있었다.

그러려면 무엇보다도 침공이 성공해야 했다. 만일 침공의 첫 단계인 상륙작전이 실패하면 독일의 패망은 몇 년이 더 걸릴지도 모르는 일이었다.

전면적인 침공의 성패가 달린 작전계획을 철두철미하게 세우는 데 1년이 넘게 걸렸다. 아이젠하워가 연합군 최고사령관으로 임명되기 훨씬 전부터 영국군 프레더릭 모건 중장이 지휘하는 소수의 미군과 영국군 장교들은 침공에 필요한 준비를 진행해 오고 있었다. 이들은 거의 모든 분야에 걸쳐 문제에 맞닥뜨렸으나, 참고할 만한 지침도 군사적인 선례도 거의 없었다. 시간이 갈수록 늘어 가는 것은 산더미처럼 쌓이는 물음표뿐이었다. '언제 어디서 공격을 시작할 것인가?', '얼마나 많은 사단이 필요한가?', '사단 X개가 필요하다고 가정할 때, Y일까지 훈련을 마치고 투입될 수 있는가?', '사단 X개를 실어 나르는 데 수송수단은 얼마나 필요한가?', '해상 포격과 해상 지원선, 호위용 함정은 어떻게 할 것인가?', '상륙정은 어디에서 와서 어디로 가야 하는가?', '전투가 벌어지고 있는 태평양 전구나 지중해 전구에서 당장 병력과 장비가 전환될 수는 있는가?', '공중 공격에 필요한 항공기를 수용하는 데 필요한 활주로의 규모와 수량은 얼마인가?', '보급품, 장비, 포와 탄약, 수송수단과 식량을 비축하는 데는 얼마나 걸릴 것인가?', '상륙작전뿐만 아니라 상륙작전이 성공한 뒤에는 얼마나 많은 장비와 식량이 필요한가?' 물음표는 끝이 없었다.

이는 연합군이 답해야 하는 산더미처럼 많은 물음 중 일부에 불과했다. 이것 말고도 더 많은 물음이 기다리고 있었다. 결국 아이젠하워가 최고사령관으로 취임하고 나서야 이런 물음들을 통합해 최종적으로 오버로드 작전으로 명명했고, 오버로드 작전은 지금껏 시행했던 단일 군사작전 중 그 어떤 작전보다도 병력, 함정, 항공기, 장비, 그리고 물자에 이르기까지 모든 것을 더 많이 필요로 하는 '지상 최대의 작전'이 되었다.

작전의 규모는 어마어마하게 커졌다. 최종 작전계획이 완성되기도 전에 유례없이 많은 군인과 물자가 잉글랜드로 쏟아져 들어오기 시작했다.* 이렇게 밀려들어 온 미군은 도시며 마을이며 할 것 없이 사람이 살 수 있는 곳은 어디든 모두 빼곡하게 채웠다. 이런 어마어마한 미군의 물결 앞에서

* 옮긴이) 노르망디 침공에 필요한 전력戰力을 잉글랜드에 증강하는 계획은 '볼레로Bolero'라는 암호로 불렸다.

원래 그곳에 살던 영국인은 초라한 소수로 전락하기도 했다. 온 사방에 미군이 없는 곳이 없었다. 영화관, 호텔, 식당, 댄스홀, 술집은 미국 각 주에서 온 군인들로 빼곡히 들어찼다.

예전에 없던 비행장도 우후죽순처럼 생겨났다. 사상 최대의 공중 공격을 준비하느라 이미 있던 비행장 20개쯤에 더해 163개가 새롭게 만들어졌다. 비행장이 얼마나 많이 만들어졌는지 미 제8공군과 제9공군에서는 영국 땅을 건드리지 않고도 잉글랜드를 이리저리 이동할 수 있다는 우스갯소리가 유행했다. 가득 차기는 항구도 마찬가지였다. 고속정부터 전함에 이르기까지 거의 900척에 달하는 해군 지원 함대가 잉글랜드의 항구로 집결했다. 해상 호송 부대 또한 얼마나 많이 도착했는지 봄이 되자 거의 2백만 톤이나 되는 장비와 보급품을 항구에 부려 놓았다. 또 물자를 실어 나르느라 280킬로미터에 달하는 철길을 새로 깔아야 했다.

1944년 5월이 되자 잉글랜드 남부는 마치 거대한 병기고 같아졌다. 독일군의 눈을 피해 숲마다 탄약이 산더미처럼 쌓였다. 5만 대도 넘는 전차, 반궤도차량, 장갑차량, 트럭, 지프라는 별명으로 불린 소형전술차량, 그리고 구급차가 앞뒤로 움직일 틈도 없을 만큼 빼곡하게 황무지를 채웠다. 곡사포와 고사포, 불도저부터 굴삭기까지 아우르는 대형 공병 장비, 그리고 흔히 퀀셋Quonset이라 불리는 반원형 조립식 막사와 활주로에서 만들어진 대규모 물자가 끝도 보이지 않게 벌판을 채우며 늘어섰다. 이것이 다가 아니었다. 멀미약부터 12만 4천 개나 되는 병상과 같은 의무물자, 식량, 의류가 창고마다 가득했다. 가장 압권은 계곡과 같이 조금이라도 틈이 있는 곳마다 가득 들어찬 열차였다. 연합군은 거의 1천 대에 이르는 신형 기관차, 줄잡아도 2만 대에 달하는 화물열차와 유류 수송열차를 준비했다. 이 열차들은 공격 이후 노르망디에 교두보가 확보되면 폭격을 받아 제 기능을 하지 못할 프랑스 열차를 대신해 프랑스 땅을 누빌 예정이었다.

눈에 익숙한 장비와 물자가 많았지만 예전에 못 보던 새로운 전투 장비도 눈에 띄었다. 수상 기동이 가능한 전차, 마치 사다리를 놓듯 전술교량을 펼쳐 도로대화구나 대전차방벽을 극복하는 교량전차, 강철로 만든 거대한 도리깨로 땅을 두드려 지뢰를 폭발시키는 도리깨 전차도 있었다. 평평한 벽돌처럼 생긴 평저선에는 가장 최신 무기라 할 수 있는 로켓을 발사하는 발사관 뭉치가 가득 실려 있었다. 그중에서도 가장 낯선 것은 노르망디 해안까지 배로 끌어가 설치할 인공 항구 2개였다. 인공 항구에는 멀베리라는 암호명이 붙었다. 멀베리는 당시 최신 공학이 만든 기적이자 오버로드 작전을 통틀어 극비 중 극비에 속했다. 연합군은 오버로드 작전을 시작하고 항구를 안정적으로 확보할 때까지 몇 주가 걸릴 것으로 예상했다. 그동안에 교두보에 설치할 멀베리는 병력과 물자가 안정적으로 상륙하게 돕는 역할을 할 예정이었다. 인공 항구 외부에는 150개가 넘는 거대한 잠함*을 바다에 가라앉혀 다닥다닥 붙인 뒤 외 방파제를 만드는데, 잠함마다 운용 요원을 위한 생활공간을 만들고 고사포를 설치한다. 잠함은 5층짜리 건물만큼 높았다. 설치를 위해 끌고 가려면 옆으로 뉘여야 했다. 인공 항구 안은 리버티Liberty** 정도의 커다란 화물선도 평저선에 화물을 부릴 수 있을 만큼 넓었다. 리버티보다 작은 배, 즉 연안선이나 상륙주정이 강철로 만든 엄청나게 커다란 부두 끄트머리에 화물을 부리면 대기하던 트럭이 이것을 싣고 부교를 타고 해안까지 실어 나른다. 이 커다란 '뽕나무' 두 그루 뒤로는 콘크리트를 채운 배 60척을 가라앉혀 내 방파제를 만들 계획이었다. 노르망디 해변 앞에 설치될 이 두 인공 항구는 도버Dover 항만큼 거대했다.

병력과 물자를 항구와 선적 장소로 옮기는 5월 내내 밀집과 혼잡은 피할 수 없는 주요한 문제였다. 병참, 헌병, 그리고 영국 철도 당국이 노력한 덕

---

* 옮긴이) 潛函: 토목공학에서는 영어를 그대로 써 케이슨caisson이라고도 부른다.

** 옮긴이) 1만 4천500톤짜리 화물선으로 1941년부터 1945년까지 2천710대가 생산되면서 미국 산업 생산력의 상징으로 통했다. 1941년 9월 첫 진수식에서 루스벨트 대통령이 패트릭 헨리의 "자유가 아니면 죽음을 달라!"를 인용하며 이 새로운 배가 유럽에 자유liberty를 줄 것이라고 말한 것을 계기로 리버티라는 이름이 붙었다.

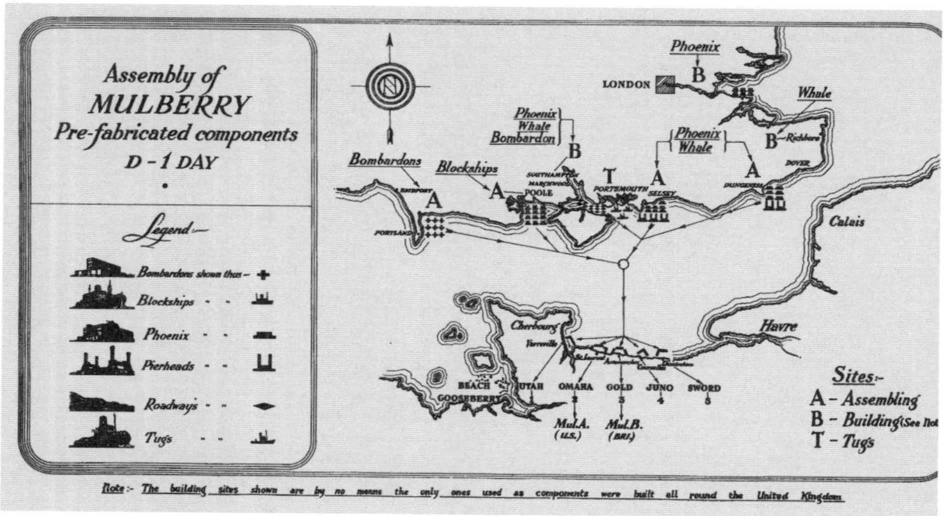

www.ukho.gov.uk

**영국 육군성이 출간한 『멀베리 이야기The Story of the Mulberries』에 실린 지도**(1947년 4월) 멀베리의 부품이 어디에서 생산돼 어떻게 이동하고 어디에 설치되는지를 보여 준다. 멀베리 A와 멀베리 B는 각각 America와 Britain의 머리글자를 딴 것이다. 멀베리 A는 생-로랑-쉬르-메르에, 멀베리 B는 아로망슈에 각각 설치되었다. 연합군은 디데이부터 약 2주 동안 멀베리 A로 보급품과 장비를 대량으로 하역해 해두보를 유지하고 공격의 기세를 높일 수 있었다. 6월 19일 40년 만에 몰아친 최악의 폭풍으로 멀베리 A가 완파되지만 연합군은 이를 복원하지 않고 재활용 가능한 자재를 건설 중인 멀베리 B로 전환했다. 이후 멀베리 B는 '윈스턴 항Port Winston'으로 불리며 열 달 동안 병력 250만 명, 차량 50만 대, 물자 4백만 톤을 하역해 연합군 작전에 기여했다.

www.hksw.org

**멀베리 B 전경**(1944년 9월) 맨 밑에 늘어선 것이 잠함으로 만든 방파제이고 그 바로 위에 리버티 화물선 4척이 정박 중이다. 맨 위로는 전차상륙함을 댈 수 있는 잔교가 보인다. 노후 함정(암호명 구스베리Gooseberries) 74척을 길게 늘어뜨려 가라앉히고 부유 방파제(암호명 봄바던Bombardons)를 길게 연결해 파도를 막았다.

IWM

**만조 때 대공포탑에서 바라본 멀베리 B의 외 방파제** 파도로부터 멀베리를 보호하기 위해 잠함을 이어 붙여 만든 외 방파제는 길이가 3킬로미터가 넘었다. 잠함은 세 종류가 있었는데, 가장 큰 것은 길이가 60미터 높이가 18미터나 되었다. 워낙 크다 보니 옆으로 뉘여 노르망디까지 끌고 간 뒤 배수밸브를 막고 물을 빼내 세워야 해서 다시 살아난다는 뜻으로 피닉스Phoenix라는 암호명이 붙었다. 잠함마다 40밀리미터 고사포로 무장한 포탑이 보인다.

U.S. National Archives

**멀베리의 화물 운반 방법** 미 해안경비대가 운용하는 전차상륙함 21호가 코뿔소Rhino라는 별명으로 불리는 동력평저선에 영국군 전차와 트럭을 부리고 있다. 코뿔소는 멀베리 외 방파제 바깥에서 실은 화물을 해변까지 실어 나르기 위해 마련한 수단이다.

Britannica.com

**멀베리 B의 부교 위를 달리는 구급차** 일정한 간격으로 물 위에 떠 있는 너벅선들이 24미터짜리 교절들을 떠받치고 있다. 이렇게 800미터쯤 이어진 교절들은 상륙함정이 닿는 잔교에 연결되었는데, 이들 잔교는 해수면을 따라 위아래로 움직였다. 너벅선은 딱정벌레Beetle, 교절을 이어 만든 부교는 고래Whale, 잔교는 감자의 속어인 스퍼드Spud라는 암호명으로 불렸다.

에 모든 것이 시간에 맞게 잘 굴러갔다.

병력과 물자를 가득 실은 기차들은 해안에 집결하러 대기하며 모든 철로를 가득 메웠다. 도로를 막아 버리다시피 한 수송 행렬이 만들어 내는 먼지 때문에 이름도 제대로 알 수 없을 만큼 작은 마을까지 먼지로 뒤덮였다. 그해 5월 잉글랜드 남부에서는 고요한 밤을 기대할 수 없었다. 아침부터 밤까지 트럭은 '윙윙'댔고 전차는 '크르릉'댔다. 이런 소음 사이로 군인들은 미국인인지 단박에 알아챌 수 있는 억양으로 한결같은 물음을 던졌다. "이 빌어먹을 곳이 해안에서 얼마나 멀리 떨어진 거지?"

군인들이 승선 지역으로 쏟아져 들어오자 해안 지역마다 퀀셋 막사와 천막으로 이뤄진 임시 도시가 우후죽순처럼 솟아났다. 군인들은 3층 혹은 4층까지 있는 침대에서 잤다. 샤워장과 화장실은 보통 한참 떨어진 곳에 있었는데, 한 번 이용하려 해도 길게 줄을 서야 했다. 심지어 배식받는 줄이 400미터나 되는 때도 있었다. 미군 취사장에서 일하는 조리사만 해도 5만 4천 명이었고, 그중 4천500명은 갓 교육을 마친, 조리사 같지 않은 신참 조리사였다. 5월 마지막 주가 되자 병력과 보급품이 상륙주정과 수송선에 오르기 시작했다. 마침내 때가 된 것이다.

숫자로 표현되는 연합군 병력과 물자의 규모는 상상을 뛰어넘었다. 자유세계의 젊은이와 물자로 대표되는 이 엄청난 전력은 오직 한 사람, 바로 아이젠하워의 결정만을 기다리고 있었다.

6월 4일, 아이젠하워는 트레일러 숙소에 혼자 있었다. 아이젠하워와 예하 지휘관들은 인명 희생은 최소화하면서 침공이 성공할 수 있도록 모든 가능한 방안을 이미 강구해 놓았다. 몇 달에 걸쳐 정치적으로 그리고 군사적으로 계획을 세웠지만 지금 당장 오버로드 작전의 성패를 가르는 것은 아주 기초적이지만 마음대로 되지 않는 것, 바로 날씨였다. 침착하게 기다리면서 날씨가 좋아지기만을 바라는 것 외에 아이젠하워가 할 수 있는 일은 아무것도 없었다. 날씨가 좋아지든 아니면 나빠지든 아이젠하워는 6월

4일이 끝나기 전에 중대한 결정을 내려야 했다. 그가 선택할 수 있는 것은 계획대로 작전을 시행하든지 아니면 한 번 더 연기하는 것뿐이었다. 어떤 결정이든 오버로드 작전의 성패는 아이젠하워의 결정에 달려 있었다. 더욱 힘든 것은 누구도 그를 대신할 수 없다는 것이었다. 결정에 대한 책임은 온전히 아이젠하워만 질 수 있었다.

아이젠하워는 이러지도 저러지도 못했다. 5월 17일에 아이젠하워는 디데이로 6월 5일, 6일, 7일 중 하루를 선택하기로 결심했다.* 기상 분석에 따르면 이 사흘은 노르망디를 침공하는 데 핵심적인 기상 조건 중 두 가지가 들어맞는 날이었다. 침공하려면 공정부대를 위해서는 달이 늦게 뜨고 상륙부대를 위해서는 여명 바로 직후에는 썰물이 되어야 했다.

노르망디 침공을 개시할 공정부대와 글라이더로 수송될 보병은 미 제101공정사단과 제82공정사단, 그리고 영국군 제6공정사단을 합쳐 약 1만 8천 명이었다. 작전에는 달빛이 필요했지만 공정부대가 강하지대에 도달해 기습하려면 달빛이 없어야 했다. 따라서 작전이 성공하려면 달이 늦게 뜨는 시기를 택하는 것이 중요했다.

반면 성공적인 상륙이 이루어지려면 노르망디 해안에 설치된 장애물이 드러나는 썰물 때라야 했다. 유럽을 침공하는 오버로드 작전의 성패는 바로 썰물 시기에 달려 있었다. 후속 부대의 상륙 시기까지 생각하면 고려해야 할 기상 요소가 훨씬 복잡했다. 같은 날 후속 부대는 썰물이면서 땅거미가 지기 전에 상륙해야 했다.

아이젠하워는 달빛과 썰물이라는 결정적인 두 요인 때문에 잠을 이룰 수 없었다. 썰물 시기만 고려해도 한 달에 가능한 날은 고작 엿새뿐이었다.

---

* 옮긴이) 영국 수학자 아서 두드슨Arthur Thomas Doodson은 2년여에 걸쳐 기존 조수 예측장치를 개선해 디데이 후보일로 6월 5일부터 7일까지 사흘을 제시하고 에이치아워를 계산해 냈다. 영국해협의 간조 기준 시간은 오전 6시 25분이었으나 동쪽으로 갈수록 늦어져 미군 에이치아워는 오전 6시 30분인 데 반해 영국군과 캐나다군의 에이치아워는 각각 오전 7시 25분과 오전 7시 45분이었다.

Library and Archives Canada

**디데이를 위해 사우샘프턴에 준비한 강습주정들** 오버로드 작전은 말 그대로 역사상 가장 큰 침공이었다.

U.S. National Archives

**노르망디로 향할 전차상륙함에 병력과 장비를 싣는 미군**(1944년 6월 1일, 브릭스엄) 5월 마지막 주에 잉글랜드의 항구란 항구는 모두 디데이에 참여하는 병력과 장비를 배에 태우고 싣느라 북새통이었다. 흘수가 낮은 전차상륙함에 차량을 쉽게 실을 수 있도록 특별히 설치한 진입 시설이 눈에 띈다.

U.S. National Archives

**침공 준비를 위해 야전 취사차량을 전차상륙함에 싣는 미군**(1944년 6월 1일, 브릭스엄)

Cornelius Ryan Archives

**미사를 집전하는 워터스 신부** 미 육군 군종신부 에드워드 워터스Edward J. Waters 소령이 디데이 전 미 제1보병사단 장병과 해군을 위해 웨이머스 항 부두에서 미사를 집전하고 있다.

U.S. National Archives

**영국해협을 건널 준비를 마치고 전차상륙함에 빼곡하게 승선한 미군들** 생과 사를 가를 전투를 앞두고 있지만 무표정하거나 어둡기보다는 환하게 웃는 얼굴이 더 많다.

U.S. National Archives

**디데이를 앞두고 익살맞게 머리를 깎은 미 해군** 배 안에 갇히다시피 한 채 디데이를 기다리는 것이 지겨웠을 수병 넷이 한 글자씩 맡아 머리를 밀고 모여 '지옥hell'이라는 단어를 만들어 보여 주고 있다. 나름대로 방식으로 불안을 해소하는 장병들의 모습이 이채롭다.

그나마 엿새 중에 사흘은 달이 뜨지 않는 날이었다.

아이젠하워를 힘들게 만든 것은 이것만이 아니었다. 첫째, 해군과 공군이 표적을 식별하고 동시에 배 5천 척이 거의 붙다시피 한 상태에서 센 강 하구까지 서로 부딪치지 않고 기동하려면 해안이 보일 정도로 시야가 확보되고 아울러 햇빛이 있는 낮이어야 했다. 둘째, 바다도 잔잔해야 했다. 상륙 함대에 대규모로 피해가 발생할 수 있다는 가능성은 별개로 치더라도 바다가 사나우면 상륙함정에 탄 장병들이 뱃멀미를 할 수 있었다. 뱃멀미를 하면 상륙하기도 전에 이미 전투력이 소진될 수밖에 없다. 셋째, 연막이 표적을 가리지 않으려면 바다에서 육지 쪽으로 잔잔한 바람이 불어야 했다. 마지막으로 디데이에 상륙이 성공하더라도 신속하게 병력과 물자를 증원해 전과를 확대하려면 잔잔한 날씨가 사흘은 더 필요했다.

조건이 이처럼 까다롭다 보니 연합군사령부의 어느 누구도 디데이의 기상 조건이 완벽하리라 기대하지 않았다. 아이젠하워는 누구보다도 이런 기대를 일찍 접었다. 아이젠하워는 기상 참모와 무수히 많은 상황을 모의해 보면서 공격에 알맞은 최소한의 조건을 제공할 수 있는 모든 요소를 파악하고 그 가치를 평가하는 방법을 스스로 터득해 나갔다. 그러나 기상 참모에 따르면 6월 중 노르망디에서 작전에 필요한 최소 조건을 만족시키는 날은 10퍼센트, 즉 사흘뿐이었다. 폭풍이 몰아치는 일요일, 홀로 숙소에서 모든 가능성을 고려해 보던 아이젠하워는 충분히 승산이 있다는 결론을 내렸다.

가능한 사흘 가운데 아이젠하워는 6월 5일을 침공일로 선택했다. 만일 연기하더라도 다음 날인 6일에 한 번 더 공격을 시도할 수 있기 때문이었다. 6일을 공격일로 선정해 상륙을 명령했다가 취소하면 돌아오는 호송부대의 재급유 때문에 7일에는 공격을 할 수 없었다. 이 경우 가능한 대안은 2개였다. 상륙에 필요한 썰물이 되는 6월 19일까지 디데이를 연기할 수 있었는데, 그럴 경우 상륙부대야 유리하지만 공정부대는 달빛이 없는 캄캄

한 밤에 공격할 수밖에 없었다. 7월로 침공을 연기할 수도 있었는데, 훗날 아이젠하워가 회상했듯이 그렇게 오래 기다린다는 것은 차마 눈 뜨고 볼 수 없는 일이었다.

침공을 연기한다는 생각 자체가 이리도 끔찍한 것이다 보니, 아이젠하워의 예하 지휘관 중에서는 신중하다는 평가를 받는 이들조차도 위험을 무릅쓰더라도 6월 8일이나 9일에 공격할 준비를 하고 있었다. 거의 20만이나 되는 군인들이 이미 작전계획을 알고 있었다. 몇 주 동안 이토록 많은 사람이 외부와 격리된 채 배 혹은 선적 장소나 비행장에 대기하면서 침공 계획이 새어 나가지 않을 거라고 보는 지휘관은 없었다. 설령 기다리는 동안 비밀이 유지되더라도 대규모로 밀집한 함정을 독일 공군 정찰기가 그냥 지나칠 리 없었고, 사방에 깔리다시피 한 독일 첩자들 또한 낌새를 챌 것이 뻔했다. 침공을 연기하는 것은 연합군 모두에게 혹독한 것이었다. 걱정하고 의견을 낼 사람은 많았다. 그러나 결정을 내릴 사람은 단 한 명, 바로 아이젠하워뿐이었다.

저녁이 다가오면서 오후의 햇빛이 사그라졌다. 그동안 아이젠하워는 가끔씩 트레일러 문으로 다가가 구름 덮인 하늘을 배경으로 바람에 흔들리는 나무 꼭대기를 응시했다. 그렇지 않으면 트레일러 밖을 서성이면서 줄담배를 태우거나, 그 큰 키에 어깨를 움츠린 채 양손을 주머니에 깊숙이 찔러 넣고는 오솔길에 있는 재를 발로 찼다.

혼자서 호젓하게 거니는 동안 아이젠하워는 주변에서 아무도 못 본 듯했다. 그러나 그날 오후 아이젠하워는 트레일러까지 들어와 취재하는 것이 허락된 합동 대표 기자 넷 중 하나인 NBC의 메릴 뮐러*를 알아보았다. 뮐

* 옮긴이) Merrill "Red" Mueller(1916년 1월 27일~1980년 11월 30일): 폴란드 침공을 포함해 여러 특종을 낸 언론인이다. 1935년 버펄로 타임스Buffalo Times에서 시작해서 인디펜던트 뉴스 서비스Independent News Service; INS에서 일하면서 에스파냐 내란을 취재했고 1942년 NBC로 옮겨 유럽 전역을 계속 취재했다. 오버로드 작전 중에는 연합군사령부에서 기사를 송고했다. 연합군 최고사령관 아이젠하워에게 소련군이 협조하지 않는 실태를 보도하려 했으나 논란이 불거질 것을 걱정

러의 별명은 레드Red였다. "조금 걸읍시다, 레드!" 아이젠하워는 갑자기 말을 던지더니 기다리지도 않고는 주머니에 손을 꽂은 채 특유의 활달한 걸음으로 성큼성큼 발을 떼었다. 뮐러는 서둘러 따라나섰고 아이젠하워가 숲으로 사라질 즈음에야 간신히 따라잡았다.

둘 사이에는 어색한 침묵이 흘렀다. 아이젠하워는 단 한 마디도 꺼내지 않았다. 뮐러는 그 산책을 이렇게 기억한다. "아이크는 당면한 문제에 사로잡힌 나머지 내가 함께 걷고 있다는 것도 잊은 듯했습니다." 묻고 싶은 것이 많았지만 차마 아이젠하워를 방해할 수 없었기에 뮐러는 질문을 던지지 않았다.

산책을 마치고 트레일러로 돌아오자 아이젠하워는 뮐러에게 작별 인사를 건넸다. 뮐러는 작은 알루미늄 계단을 올라 트레일러로 들어가는 아이젠하워를 바라보았다. 뮐러는 그 순간을 생생하게 기억한다. "걱정 때문에 아이젠하워는 구부정해 보였습니다. 양 어깨에 달린 별 4개가 사정없이 그를 짓누르는 것 같았지요."

그날 밤 9시 30분 직전에 연합군 주요 지휘관과 참모장들이 사우스윅 하우스의 서재에 모였다. 넓고 편안해 보이는 서재에는 초록색 천이 덮인 탁자 하나와 편히 앉을 수 있는 의자 몇 개, 그리고 소파 2개가 있었다. 세 벽면에는 참나무로 만든 짙은 색 책장이 있었지만 책장에 책은 거의 없었다. 방 안에도 장식이랄 것이 없었다. 바깥에서는 요란하게 내리는 비와 거세게 몰아치는 바람이 창을 때렸지만 빛이 새 나가지 않도록 달아 놓은 두꺼운 이중 커튼 덕에 바깥의 소리는 거의 들리지 않았다.

참모들은 여기저기 삼삼오오 모여 조용하게 이야기를 나누었다. 벽난로 옆에서는 아이젠하워의 참모장 월터 베델 스미스 중장이 테더Tedder 영국

---

한 영국과 미국의 압력으로 추방당해 미국으로 전근되었다. 미국에 돌아와서는 히로시마 원폭 투하와 일본의 항복 등을 보도했고 전후에는 4년 동안 NBC 런던 지부장을 지냈다. 1968년부터 1979년 은퇴할 때까지 ABC에서 일했다.

**연합군 수뇌부**(1944년 2월 1일) 왼쪽부터 미 제1군 사령관 브래들리 미 육군 중장, 연합군 해군 사령관 램지 영국 해군 대장, 연합군 부사령관 테더 영국 공군 대장, 연합군 최고사령관 아이젠하워 미 육군 대장, 연합군 지상군 사령관 몽고메리 영국 육군 대장, 연합군 공군 사령관 리-맬러리 영국 공군 대장, 연합군 참모장 스미스 미 육군 중장.

공군 대장과 담소를 나누었다. 곰방대를 물고 있는 테더 대장은 연합군 부사령관이었다. 불같은 성격으로 유명한 버트램 램지 영국 해군 대장은 연합군 해군 사령관이었다. 그 곁에는 연합군 공군 사령관 리-맬러리 영국 공군 대장이 의자에 앉아 있었다. 스미스 중장이 기억하기로 그날 군복을 입지 않은 사람이 한 명 있었는데, 그는 바로 성마르기로 유명한 몽고메리 원수였다. 몽고메리는 즐겨 입는 헐렁한 코듀로이 바지에 목까지 올라오는 스웨터를 입었다. 그는 디데이 공격의 책임자였다. 이들은 아이젠하워의 명령을 행동으로 옮길 당사자들이었다. 오후 9시 30분에 시작될 중대 회의를 앞두고 방 안에 있는 12명의 고위 장군들은 연합군 최고사령관 아이젠하워 대장이 도착하기를 기다렸다. 회의 중에는 최신 기상 예보를 설명하는 시간도 있었다.

오후 9시 30분 정각, 문이 열리고 짙은 녹색 군복을 말쑥하게 차려입은 아이젠하워가 들어왔다. 인사를 나누는 아이젠하워의 얼굴에는 특유의 웃음이 살짝 스쳐 갔다. 그러나 회의가 시작되기 무섭게 그의 얼굴은 수심에 잠겼다. 참석자 모두가 이번에 내릴 결정이 얼마나 중대한지 잘 알기에 다른 설명은 필요 없었다. 곧바로 오버로드 작전의 기상 예보를 책임진 영국 공군 스태그 대령과 기상전문가 두 명이 방으로 들어왔다.

스태그가 브리핑을 시작하자 정적이 감돌았다. 스태그는 지난 24시간 동안의 기상도를 보여 주며 개략적으로 설명하다가 아주 조용히 말했다. "예상치 않은 상황이 빠르게 전개되고 있습니다." 실낱같은 희망을 제시하는 스태그에게 방 안에 있는 모든 눈이 쏠렸다.

스태그는 새로운 전선前線이 탐지되었는데, 이 전선이 몇 시간 안에 영국해협으로 이동하면 상륙 지역의 하늘이 점차 갤 것이라고 했다. 스태그는 이렇게 호전된 날씨가 다음 날은 물론 6월 6일 아침까지 지속되다가 다시 나빠질 것으로 예상했다. 맑은 날씨가 계속되는 동안 바람 또한 현격하게 잘 뿐 아니라 6월 5일 밤과 6월 6일 아침 내내 적어도 폭격기가 활동할 수 있을 만큼 하늘도 충분히 맑을 것이라는 것이 스태그의 설명이었다. 그러다가 6일 정오쯤 구름이 두꺼워지면서 하늘이 다시 흐려진다고 했다. 요약하자면, 최소 요구 조건에는 한참 못 미치지만 가까스로 작전을 할 만큼 깨끗한 날씨가 24시간보다 조금 더 지속된다는 것이었다.

설명이 끝나자 스태그는 물론 함께 온 기상전문가 두 명에게도 질문이 쏟아졌다. '예보가 정확하다고 자신하는가?', '혹시 예보가 틀린 것은 아닌가?', '모든 가용한 자료를 이용해서 보고서를 검토했는가?', '6월 6일 이후 곧바로 날씨가 계속 좋아질 가능성은 없는가?'

질문 중 몇 개는 대답할 수 없었다. 이번 예보는 확인에 확인을 거듭한 것이었기에 스태그 일행은 자신이 있었지만, 날씨라는 것이 변덕을 부릴 수도 있는 것이기에 틀릴 가능성을 전혀 배제할 수는 없었다. 스태그는 최선을 다해 대답하고 방을 나왔다.

이후 15분 동안 아이젠하워를 비롯한 회의 참석자들은 숙고에 숙고를 거듭했다. 램지 대장은 빨리 결정을 내려야 한다며 성화였다. 오버로드 작전이 화요일인 6월 6일에 시행되려면 커크A. G. Kirk 해군 소장의 지휘 아래 오마하 해변과 유타 해변을 담당할 미 해군 특수부대는 30분 안에 출발 명령을 받아야 했다. 램지는 재급유도 걱정이 됐다. 만일 이 부대가 늦게 출발하는 데다 회항 명령까지 받을 경우 수요일인 6월 7일에 다시 공격할 수 있도록 준비하기란 불가능했다.

아이젠하워는 참석한 장군들에게 의견을 물었다. 스미스 중장은 6월 6일에 공격해야 한다고 생각했다. 이는 위험이 따르는 도박이지만 감내해야 한다는 것이 스미스의 생각이었다. 테더 대장과 리-맬러리 대장은 예보에 나온 구름층이 훨씬 더 두꺼워 공군이 효과적으로 작전하지 못할까 봐 걱정했다. 이럴 경우 침공은 적절한 공중 지원 없이 이루어진다는 것을 뜻했다. 회의 참석자들은 공중 지원이 없는 침공은 위험하다고 생각했다. 몽고메리 대장은 전날 밤 6월 5일로 되어 있던 디데이를 연기할 때 내린 판단을 고수했다. 그가 말했다. "공격해야 한다고 봅니다."

이제 아이젠하워 차례였다. 결정을 내려야 할 순간이 온 것이다. 그가 모든 가능성을 신중히 검토하는 내내 방 안에는 침묵이 흘렀다. 앞에는 스미스 중장이 앉아 있었다. 스미스는 아이젠하워가 깍지를 낀 채 말없이 탁자를 내려다보는 모습을 지켜보면서 누구도 대신하거나 도와줄 수 없는 최고사령관의 고독을 읽었다. 아무도 입을 열지 않았고 시계가 똑딱거리는 소리만 들렸다. 시간이 계속 흘러갔다. 누구는 2분이, 다른 이는 5분이 지났다고 말했다. 아이젠하워가 고개를 들었다. 그는 긴장이 잔뜩 묻어나는 얼굴로 드디어 천천히 입을 열었다. "명령을 내려야 한다는 데 전적으로 동감합니다. …… 썩 내키지는 않지만 명령은 내려야 합니다. …… 다른 방법은 없습니다."

아이젠하워가 일어섰다. 피곤해 보였지만 조금 전보다는 긴장이 풀어진 것 같았다. 6시간 뒤 날씨를 다시 확인하러 열린 짧은 회의에서 아이젠하워는 결정을 재확인했다. 디데이는 6월 6일 화요일로 확정되었다.

아이젠하워를 비롯해 회의에 참석한 장군들은 역사상 유례가 없는 이 거대한 공격을 실행하기 위해 서둘러 방을 나섰다. 사우스윅 하우스 서재는 다시 고요해졌다. 회의가 열린 탁자 위로 파란 연기가 흐릿하게 떠 있었고, 벽난로에서 타는 불은 윤이 나는 바닥에 반사되며 반짝였다. 벽난로 선반 위의 시계는 오후 9시 45분을 가리켰다.

## 오늘도 우리는 대기 중

제82공정사단의 아서 슐츠 이병이 도박판에서 나오기로 마음을 먹은 것은 오후 10시 어간이었다. 슐츠의 별명은 네덜란드계라는 뜻의 더치Dutch였다. 슐츠는 다시는 이렇게 많은 돈을 따지 못할 것 같았다. 공격이 최소한 24시간 연기되었다는 방송이 나온 뒤부터 시작된 도박은 그때까지 이어졌다. 처음에 천막 뒤에서 시작된 도박은 이내 비행기 날개 밑으로 자리를 옮기더니 숙박시설로 쓰는 거대한 격납고 안에서 판이 커져서 그때까지 계속되었다. 격납고 안에서도 판은 이리저리 자리를 옮겨 다녔다. 정렬된 2층 침대 사이로 난 복도를 따라 여기저기로 계속 움직이면서 여럿이 돈을 땄는데, 슐츠도 그중 하나였다.

얼마나 돈을 많이 땄는지는 슐츠도 몰랐다. 어림하건대 주먹에 쥔 구겨진 달러 뭉치와 파운드, 그리고 침공 이후에 통용시키려고 갓 찍어 낸 청록

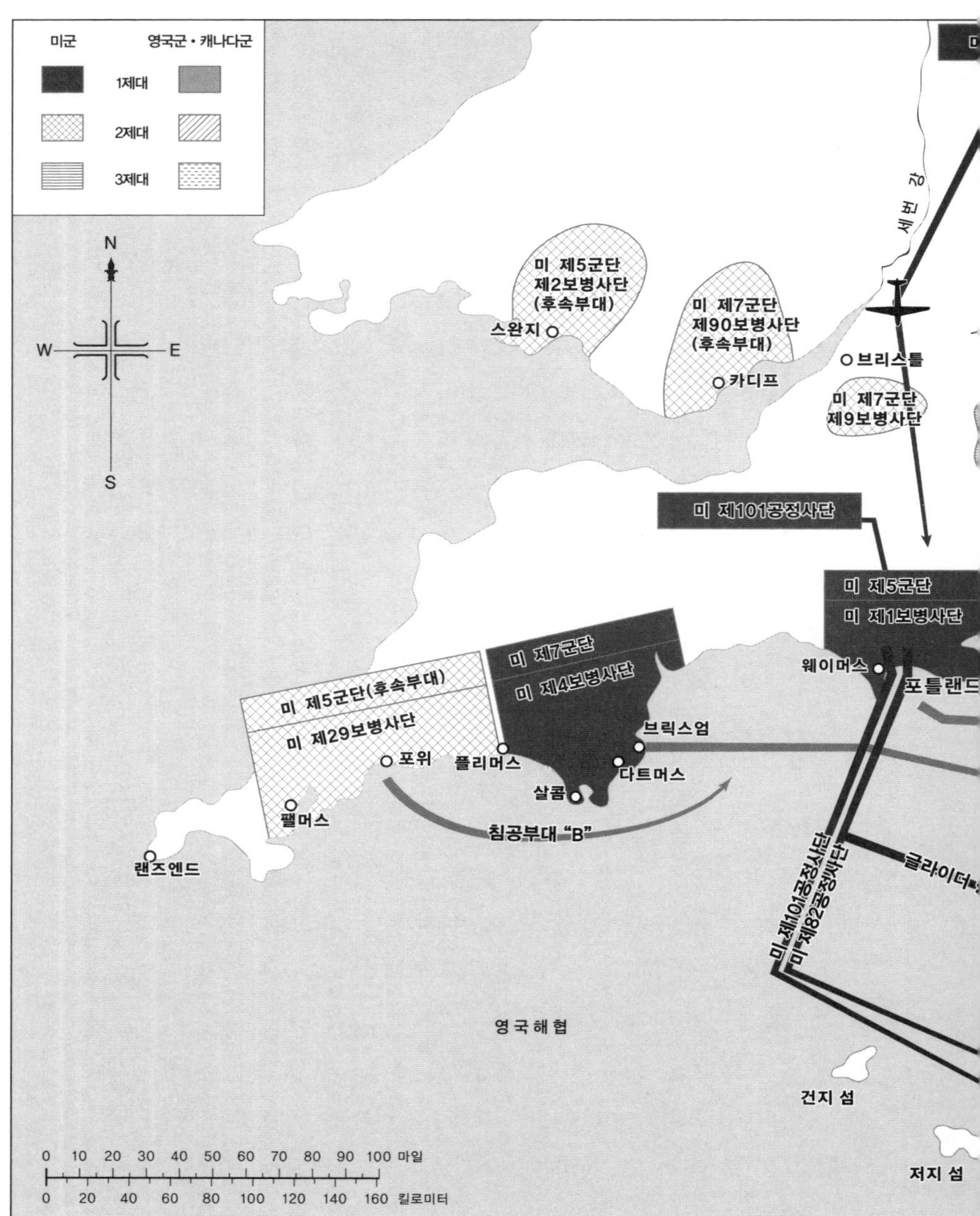


**디데이 연합군 전투서열과 기동계획**(암호명: 넵튠 작전)

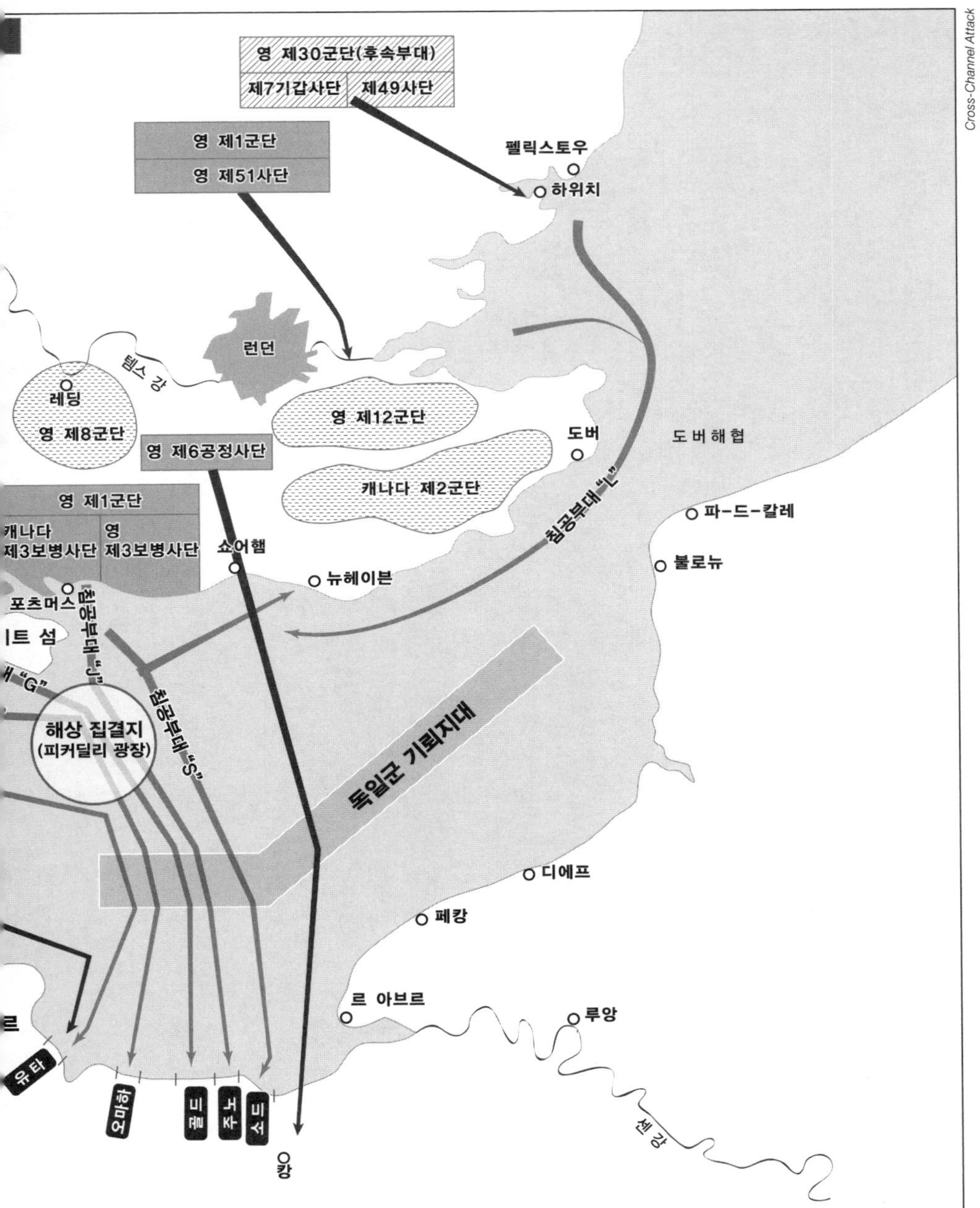



**넵튠 작전에 참여한 연합군 해군의 규모**

| 넵튠 작전에 참여한 연합군 함정의 수 | | 넵튠 작전에 참여한 연합군 해군의 수 | |
|---|---|---|---|
| 전투함 | 1,213척 | 미군 | 52,889명 |
| 상륙함과 상륙주정 | 4,126척 | 영국군 | 112,824명 |
| 보조선 | 736척 | 기타 연합군 | 4,988명 |
| 상선 | 864척 | 연합군 상선단 | 25,000명 |
| 계 | 6,939척 | 계 | 195,701명 |

*The Penguin Atlas of D-Day and the Normandy Campaign*

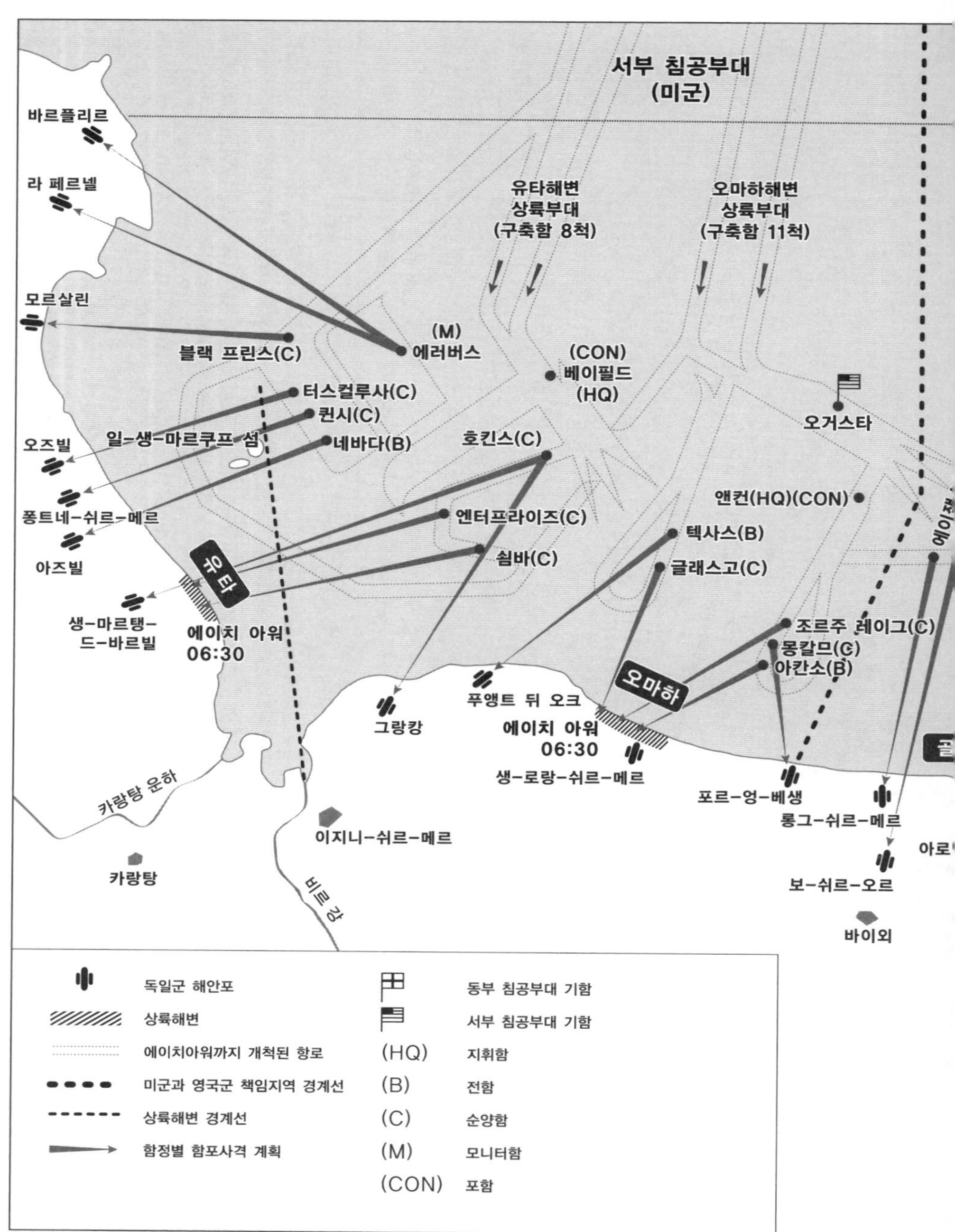

서부 침공부대
(미군)
바르플리르
라 페르넬
모르살린
유타해변
상륙부대
(구축함 8척)
오마하해변
상륙부대
(구축함 11척)
(M)
에러버스
블랙 프린스(C)
(CON)
베이필드
(HQ)
터스컬루사(C)
퀸시(C)
일-생-마르쿠프 섬
네바다(B)
호킨스(C)
오거스타
오즈빌
퐁트네-쉬르-메르
엔터프라이즈(C)
앤컨(HQ)(CON)
텍사스(B)
아즈빌
쉼바(C)
글래스고(C)
유타
생-마르탱-
드-바르빌
에이치 아워
06:30
조르주 레이그(C)
몽칼므(C)
아칸소(B)
오마하
푸앵트 뒤 오크
그랑캉
에이치 아워
06:30
생-로랑-쉬르-메르
포르-엉-베생
롱그-쉬르-메르
카랑탕 운하
이지니-쉬르-메르
아로
카랑탕
비르 강
보-쉬르-오르
바이외
독일군 해안포
동부 침공부대 기함
상륙해변
서부 침공부대 기함
에이치아워까지 개척된 항로
(HQ) 지휘함
미군과 영국군 책임지역 경계선
(B) 전함
상륙해변 경계선
(C) 순양함
함정별 함포사격 계획
(M) 모니터함
(CON) 포함

디데이 연합군 함포사격(05:30~08:00)

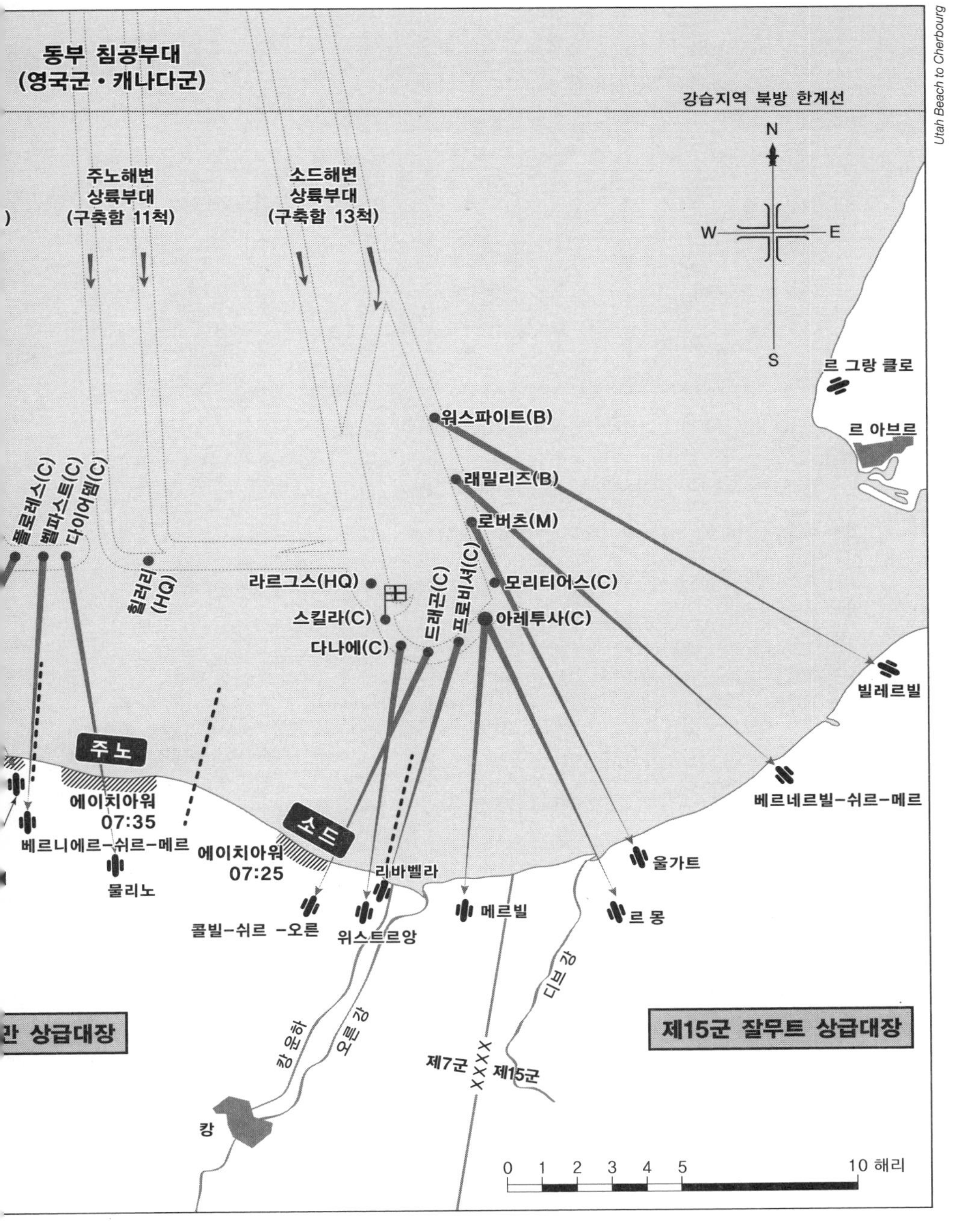


Utah Beach to Cherbourg

**포격에 참여한 연합군 해군의 규모**

| 종류 | 영국 해군 · 캐나다 해군 | 미 해군 | 기타 연합국 해군 |
|---|---|---|---|
| 전함 | 4 | 3 | - |
| 모니터함 | 2 | - | - |
| 순양함 | 21 | 3 | 3 |
| 구축함 | 116 | 40 | 8 |
| 계 | 143 | 46 | 11 |

*The Penguin Atlas of D-Day and the Normandy Campaign*

**디데이에 넵튠 작전으로 노르망디에 강하하거나 상륙한 연합군의 수**

| | | |
|---|---|---|
| 미군 | 유타 해변 | 23,250명 |
| | 오마하 해변 | 34,250명 |
| | 공정부대 | 15,500명 |
| | 계 | 73,000명 |
| 영국군 및 캐나다군 | 골드 해변 | 24,970명 |
| | 주노 해변(캐나다군) | 21,400명 |
| | 소드 해변 | 28,845명 |
| | 공정부대 | 7,900명 |
| | 계 | 83,115명 |
| 계 | | 156,115명 |

*The Penguin Atlas of D-Day and the Normandy Campaign*

**〈침공 해변〉**

**유타**Utah: 가장 서쪽에 있으며 북쪽의 생-마르탱-드-바르빌St.-Martin-de-Varreville부터 남쪽의 푸프빌Poupeville까지 길이 8킬로미터의 상륙 해변으로, 테어Tare, 엉클Uncle, 빅터Victor 등 세 구역으로 나뉜다. 유타 해변은 원래 침공 계획에 없었으나 아이젠하워가 최고사령관으로 취임한 뒤 추가되었다. 독일군은 저지대를 침수시켜 장애물로 활용할 수 있다고 생각해 오마하 해변에 비해 방어 준비를 상대적으로 적게 했다. 미 제4보병사단은 원래 상륙하려 했던 엉클보다 1.5킬로미터 남쪽에 있는 빅터에 상륙했는데 이곳은 엉클보다 독일군의 방어 준비가 훨씬 약한 곳으로서 결과적으로 미군은 별다른 피해 없이 상륙과 내륙으로의 진출에 모두 성공했다.

**오마하**Omaha: 「라이언 일병 구하기」의 첫 장면에 나와 유명한 오마하 해변은 길이가 약 10킬로미터로 5개 상륙 해변 중 가장 길다. 서쪽의 비에르빌-쉬르-메르Vierville-sur-Mer부터 동쪽의 포르-엉-베생Port-en-Bessin 사이의 해변으로, 에이블Able, 베이커Baker, 찰리Charlie, 도그Dog, 이지Easy, 폭스Fox, 그린Green 등 7개 구역이 있으나 에이블과 베이커, 그리고 그린은 거의 언급되지 않는다. 도그 구역은 다시 도그 그린, 도그 화이트, 도그 레드로, 이지 구역은 이지 그린, 이지 레드로, 폭스 구역은 폭스 그린과 폭스 레드로 세분화된다. 미 제1보병사단과 제29보병사단, 그리고 레인저부대가 상륙했는데 제1파 중 2천400명이 사상하며 디데이 최악의 사상자가 나왔다. 오마하 해변 중앙의 생-로랑-쉬르-메르Saint-Laurent-Sur-Mer에는 멀베리 A가 설치되었다.

**골드**Gold: 서쪽의 포르-엉-베생과 동쪽의 라 리비에르La Rivière 사이의 길이 8킬로미터 해변으로 하우How, 아이템Item, 지그Jig, 킹King 등 네 구역으로 나뉜다. 영국군 제50사단이 상륙했으며 상륙 이후 아로망슈Arromanches에는 멀베리 B가 설치되었다.

**주노**Juno: 서쪽의 라 리비에르부터 동쪽의 생-오뱅-쉬르-메르Saint-Aubin-sur-Mer까지 길이 10킬로미터의 해변으로 러브Love, 마이크Mike, 난Nan 등 세 구역으로 나뉜다. 캐나다 제3보병사단과 영국군 코만도대대가 상륙했다.

**소드**Sword: 가장 동쪽에 있는 길이 8킬로미터의 상륙 해변으로 생-오뱅-쉬르-메르에서 오른Orne 강 하구에 있는 위스트르앙Ouistreham까지 펼쳐져 있으며, 오보에Oboe, 피터Peter, 퀸Queen, 로저Roger 등 네 구역으로 나뉜다. 영국군 제3보병사단을 주축으로 프랑스와 영국군 코만도부대가 상륙했다.

색의 프랑을 합치면 2천500달러는 넘는 것 같았다. 스물한 살 먹도록 한꺼번에 이처럼 많은 돈을 보기는 처음이었다.

슐츠는 노르망디 상공에서 뛰어내릴 것에 대비해 육체적으로나 정신적으로 할 수 있는 모든 준비를 다했다. 그날 아침, 모든 교파敎派가 비행장에 모여 예배를 드렸다. 가톨릭 신자인 슐츠는 미사에 참석해 고해성사와 영성체를 했다. 슐츠는 딴 돈을 가지고 무엇을 할지 머릿속으로 생각했다. 우선 영국으로 돌아올 경우 쓸 수 있도록 1천 달러를 인사장교에게 맡길 참이었다. 또 다른 1천 달러는 샌프란시스코San Francisco에 있는 어머니에게 보내 맡아 달라고 할 생각이었다. 맡아 달라는 표현을 쓰기는 했지만 그중 500달러쯤은 어머니가 알아서 당신을 위해 썼으면 했다. 나머지 500달러는 따로 생각해 놓은 것이 있었다. 슐츠는 자신이 속한 제505낙하산보병연대가 파리에 도착하면 한턱 크게 낼 생각이었다.

어린 공수부대원 슐츠는 모든 것을 다 챙겼다는 생각에 자신이 대견했다. 그런데 무언가 계속 마음에 걸렸다. 아침에 일어난 사건이 왜 자꾸만 머릿속을 맴돌며 마음을 불편하게 하는지 알 수 없었다.

그날 아침, 슐츠는 어머니가 보낸 편지를 받았다. 편지봉투를 뜯는데 묵주가 흘러내리더니 발 위에 떨어졌다. 잽싸게 묵주를 낚아챈 슐츠는 막사에 남겨 두고 갈 잡낭에 묵주를 쑤셔 넣었다. 날래게 처리한 일이라 주변에서 익살을 떨던 동료들 중 아무도 눈치채지 못했다.

갑자기 묵주 생각이 나면서 슐츠는 이전에 없던 의문이 자꾸만 들었다. '이럴 때 노름이나 하다니 대체 뭐하는 짓이지?' 구겨지거나 접힌 채 손가락 사이로 삐져나온 지폐들은 1년 벌이보다 더 많은 돈이었다. 바로 그때 슐츠는 이 돈을 모두 챙기면 죽음을 피할 수 없을 것이라는 느낌이 들었다. 그 순간, 불길한 일은 아예 싹부터 잘라야 한다는 생각이 들었다. "옆으로 비켜 봐!" 슐츠가 말했다. "그 판에 나도 끼워 줘!" 슐츠는 손목시계를 보면서 2천500달러를 모두 잃어 주려면 시간이 얼마나 걸릴지 생각했다.

그날 밤, 평소와 다르게 행동한 사람은 슐츠뿐이 아니었다. 신병부터 장군까지 운명에 맞서려는 사람은 아무도 없었다. 런던 서쪽의 뉴베리Newbury 가까이에 있는 제101공정사단 본부에서 사단장 맥스웰 테일러 소장은 주요 장교들과 오랫동안 격의 없는 시간을 갖고 있었다. 방 안에는 여섯 명이 있었는데 그중 한 명은 부사단장 돈 프랫 준장이었다. 프랫은 침대에 앉아 있었다. 이야기를 나누는 동안 장교 한 명이 들어오더니 모자를 벗어서는 침대 위로 던져 놓았다. 프랫이 벌떡 일어나면서 쓸 듯이 모자를 치자 모자가 바닥에 떨어졌다. 그러자 프랫이 말했다. "이런! 이것은 불운을 뜻하는데!" 모두가 웃었지만 프랫은 그 침대에 다시 앉지 않았다. 프랫은 글라이더를 타고 부하들과 노르망디로 침투하기로 되어 있었다.

다시 어둠이 내리면서 잉글랜드 여기저기 흩어져 있던 침공부대는 계속해서 기다려야 했다. 여러 달 동안 훈련을 받아 실력이 향상된 침공부대는 언제라도 공격할 준비가 되어 있었다. 준비는 다 됐는데 공격이 연기되자 초조해졌다. 포상휴가를 다녀온 이후로 벌써 18시간째 이러고 있었다. 시간이 흐를수록 인내심과 마음가짐은 점점 약해졌다. 이미 결정된 디데이까지 26시간도 남지 않았지만 이들은 이런 사실을 알 수 없었다. 사실 이 소식이 새어 나가기에는 너무 일렀다. 폭풍이 몰아치는 일요일 밤, 병사들은 외로움과 걱정, 그리고 남이 알 수 없는 공포와 싸우며 아무 일이라도 일어나기를 기다렸다.

침공의 순간만을 기다리던 연합군 장병들은 이런 상황에서라면 누구나 당연히 그러리라 예상되는 행동으로 초조함을 극복했다. 기혼자들은 고향에 두고 온 가족과 아내 그리고 아이들을 생각했고, 미혼자들은 애인을 떠올렸다. 앞으로 벌어질 전투를 주제로 이야기를 나누기도 했다. '상륙할 해변은 대체 어떤 모습일까?', '상륙작전이 생각만큼 어려울까?' 질문은 끝이 없었지만 누구도 디데이가 어떠리라 그릴 수는 없었다. 그렇지만 자신만의 방법으로 마음을 다잡았다.

어둠 속에서 파도가 일렁이는 아일랜드 해에 떠 있는 미 해군 구축함 헌든Herndon에 승선한 바토우 파 2세Bartow Farr Jr. 해군 중위는 카드놀이에 몰두하려고 애썼지만 쉽지 않았다. 정신이 말짱한 채 카드 패를 일깨워 주는 사람이 주위에 어찌나 많은지 평소와는 분위기가 전혀 달랐다. 사관실 벽마다 노르망디 해변을 굽어보는 독일군 포진을 표시한 커다란 항공사진들이 붙어 있었다. 이들 포진은 디데이에 헌든이 타격할 표적이었다. 파의 머릿속에는 헌든 또한 독일군 해안포의 표적이 될 것이라는 생각이 떠나지 않았다.

파는 디데이에 살아남을 수 있다는 확신이 있었다. 누가 살아남고 누가 살아남지 못할 것인지를 놓고 수많은 농담이 오고 갔다. 벨파스트Belfast 항에 함께 머물렀던 자매 구축함 코리의 승조원 중 90퍼센트는 헌든이 귀환하지 못할 것이라고 말했다. 그러자 헌든의 승조원들은 코리의 사기가 낮기 때문에 침공이 시작되더라도 코리는 참여하지 못하고 항구에 남을 것이라며 맞불을 놓았다.

파는 헌든은 물론 자신도 아무 일 없이 무사히 돌아올 것이라고 확신했다. 아직 태어나지 않은 아들에게 긴 편지를 쓰고 나니 기분이 좋았다. 뉴욕에 있는 아내 앤Anne이 딸을 낳을 수도 있다는 생각은 조금도 들지 않았다. 실제로 그해 11월 앤은 아들을 낳았다.

뉴 헤이븐New Haven 근처에 있는 집결지에는 영국군 제3사단이 있었다. 영국군 제3사단의 레지널드 데일Reginald Dale 상병은 야전침대에 걸터앉은 채 아내 힐다Hilda를 걱정하고 있었다. 1940년에 결혼했지만 여태껏 아이가 없던 데일 부부는 간절히 아기를 원했다. 며칠 전 마지막 휴가를 나갔을 때 힐다는 데일에게 임신했다고 말했다. 이 말을 들은 데일은 기뻐하기는커녕 불같이 화를 냈다. 데일은 코앞까지 다가온 유럽 침공이 시작되면 전장 한복판에 있을 것이 뻔하다는 것을 잘 알았다. "지금이 굉장히 중요한 때라는 것을 알아야 해!" 데일은 톡 쏘듯이 말했다. 이 말을 듣고 상처받은 힐다의 모습이 다시금 떠올랐다. 데일은 말을 성급하게 내뱉은 것을 두고두고 자책했다.

이미 엎지른 물이었지만 이제는 전화조차 할 수 없었다. 영국 각지에 산재한 집결지에 있는 다른 수천 명의 연합군 병사들처럼 데일 또한 침대에 누워 억지로라도 자려고 애썼다.

많지는 않았지만 무감각하고 태평하게 깊이 잠든 사람도 있었다. 영국군 제50사단 승선 지역에 있는 스탠리 홀리스 중대 주임상사도 그중 하나였다. 이미 오래전에 홀리스는 마음만 먹으면 어디서든 언제든지 잘 수 있는 재주를 터득했다. 공격이 임박했지만 홀리스는 무슨 일이 일어날지 예측할 수 있었기에 별로 걱정하지 않았다. 그는 됭케르크에서 성공적으로 철수했고, 북아프리카에서 싸웠으며, 시칠리아에 상륙도 해 봤다. 그날 밤 영국에 있던 수백만 명의 연합군 중 홀리스는 분명 특별한 인물이었다. 홀리스는 프랑스로 돌아가 독일군을 몇 명이라도 더 작살내겠다는 생각에 유럽 침공을 눈이 빠져라 기다렸다.

홀리스가 이런 생각을 갖게 된 것은 개인적인 경험 때문이었다. 됭케르크에서 철수할 때 전령이던 홀리스는 프랑스 릴Lille에서 후퇴하던 도중 평생 잊지 못할 장면을 목격했다. 소속 부대에서 떨어진 홀리스는 방향을 잘못 잡으면서 독일군이 막 지나간 것이 분명해 보이는 마을로 들어섰다. 막다른 골목에는 여전히 온기가 남아 있는 프랑스인의 시체, 그것도 여자와 아이를 포함하여 수백 구가 쌓여 있었다. 독일군은 이들을 골목에 몰아넣고 기관총을 난사한 것이었다. 쌓여 있는 시체 뒤 벽에는 총알이 여기저기 박혀 있었고 바닥에는 탄피 수백 발이 어지럽게 널려 있었다. 그 이후로 그는 뛰어난 적 사냥꾼이 되어 스텐건Sten gun*으로 불렸다. 이름 Stanley를

* 옮긴이) 수량이 충분치 않은 미국산 톰슨Thompson 기관단총의 대용으로 1940년 영국이 개발한 기관단총이다. 스텐이라는 이름은 설계자인 레지널드 셰퍼드Reginald Shepherd와 해롤드 터핀Harold Turpin의 머리글자인 S와 T, 그리고 엔필드Enfield 병기창의 머리글자 EN을 조합해 만들었다. 스텐

줄여 부르는 Stan이 영국군의 스텐 기관단총과 발음이 비슷해 붙은 별명이었다. 홀리스는 말 그대로 독일군을 사냥하는 데 선수였다. 침공을 앞둔 이때까지 그가 사살한 독일군은 90명이 넘었다. 그는 독일군을 사살할 때마다 총에다 표시를 했다. 나중 이야기이기는 하지만 디데이가 끝난 뒤 그의 스텐 기관단총에 표시된 독일군의 수는 100명을 넘었고, 시칠리아에 이어 두 번째 승리까지 표시되었다.

프랑스에 발을 디디지 못해 안달이 난 사람들은 또 있었다. 필립 키퍼 자유프랑스 해군 소령과 그가 지휘하는 프랑스 특수부대원 171명에게 대기는 마치 끝나지 않을 것처럼 길게만 느껴졌다. 잉글랜드에 와서 사귄 친구 몇몇을 빼고는 이들은 작별인사를 건넬 사람도 없었다. 키퍼를 비롯해 이들의 가족들은 여전히 프랑스에 있었다.

햄블Hamble 강 하구 가까이에 있는 진지에서 키퍼와 부하들은 무기를 점검하거나 발포 고무로 만든 소드 해변 모형으로 지형을 연구하거나 위스트르앙에서 맡아야 하는 표적을 점검하면서 시간을 보냈다. 부대원인 기 드 몽로르* 백작은 부사관이 되었다는 것에 엄청난 자부심을 느꼈다. 드 몽로르는 그날 밤 계획이 바뀐 것을 알고는 기뻤다. 그가 속한 분대는 선두에서 휴양시설의 카지노를 공격하는 임무를 맡았는데, 독일군이 강력하게 방어하는 이 카지노는 지휘소로 추정되는 곳이었다. 드 몽로르가 키퍼에게 말했다. "아주 즐거울 겁니다. 제가 거기서 돈을 좀 잃었거든요."

키퍼 소령의 부대에서 240킬로미터 떨어진 플리머스 근처에는 미 제4보병

---

기관단총은 1960년대까지 다양한 개량형을 포함해 전 세계적으로 400만 정 이상이 만들어졌다.

* 옮긴이) Guy de Montlaur(1918년 9월 9일~1977년 8월 10일): 프랑스 남부 몽펠리에Montpellier에 있는 몽로르 성에서 유래한 가문 출신으로 소르본 대학에서 철학을, 아카데미 쥘리앵Académie Julian에서 미술을 공부했다. 1938년 10월 입대해 독일군에 맞서 싸웠으며 독일이 프랑스를 점령하자 영국으로 건너가 자유프랑스에 합류했다. 로밧 경 제1특수여단 제4코만도대대 소속으로 디데이에 참가했고, 이후 소위로 임관했으며, 1944년 11월 네덜란드 왈헤렌Walcheren 섬에 상륙했다. 전후 화가로서 본격적인 작품 활동을 하기 시작했다.

사단이 있었다. 당직을 마치고 숙소로 돌아온 해리 브라운Harry Brown 병장은 편지 한 통이 자신에게 와 있는 것을 보았다. 봉투 안에는 '아들러 키 크는 신발Adler Elevator Shoes' 회사의 광고지가 들어 있었다. 전쟁 영화에서야 많이 봤지만 막상 자신에게 이런 일이 일어나리라고 생각해 본 적도 없었다. 광고를 본 브라운은 열이 치솟았다. 그의 분대원은 모두 키가 작았다. 분대원 중에서 가장 키가 크다는 브라운도 167센티미터밖에 되지 않았다. 이런 까닭에 브라운의 분대는 '브라운과 난쟁이들'이라는 별명으로 불렸다.

'누가 내 이름을 아들러 사에 넘겨줬지?'라며 씩씩대고 있는데 분대원인 존 귀아도스키John Gwiadosky 상병이 나타났다. 귀아도스키는 브라운에게 빌린 돈을 갚으려 했다. 귀아도스키가 결연한 표정으로 돈을 건넸지만 브라운은 차마 받을 수 없었다. "오해는 마십시오." 귀아도스키가 말했다. "돈 돌려받겠다고 지옥까지 따라오는 것은 원치 않거든요."

플리머스 만 건너편 웨이머스Weymouth 근처에 닻을 내린 수송선 뉴 암스테르담New Amsterdam에서는 제2레인저대대의 조지 커츠너 중위가 매일 반복되는 잡일에 파묻혀 있었다. 그는 소대원들의 편지를 검열하는 중이었다. 평소에도 편지가 많았지만 그날 밤은 특히 더했다. 소대원 모두가 집에 보내는 장문의 편지를 쓴 것 같았다. 제2레인저대대와 제5레인저대대는 디데이 참여 부대 중 가장 힘든 임무를 맡았다. 이들의 임무란 푸앵트 뒤 오크Pointe du Hoc에 있는, 거의 수직으로 깎아지른 30미터짜리 절벽을 기어오른 뒤 독일군의 해안포 6문을 파괴하는 것이었다. 이들 해안포는 어찌나 강력한지 오마하 해변이나 유타 해변의 수송지역까지 겨냥할 수 있었다. 이 모든 것을 30분 안에 끝내야 했기에 이들의 임무는 더욱더 어려웠다.

전투에서 사상자가 발생하는 것이야 피할 수 없는 일이지만, 레인저대대가 목표물에 이르기 전에 폭격과 함포 사격으로 해안포를 무력화시키지 못하면 사상자가 평소보다 훨씬 더 많이, 심지어 60퍼센트까지 발생할 것이 뻔해 보였다. 경우야 어찌 되었든 이 임무가 식은 죽 먹기라고 생각하는 사람은 단 한 명, 래리 존슨Larry Johnson 하사를 빼고는 아무도 없었다. 존슨은 커츠너가 지휘하는 분대장 중 하나였다.

커츠너는 존슨이 쓴 편지를 읽으면서 어이가 없어 말이 안 나왔다. 편지는 디데이가 지난 뒤에야 발송되도록 되어 있었다. 현재로는 디데이가 언제인지 아무도 몰랐다. 그러나 존슨의 편지는 디데이가 지나도 통상적인 방법으로는 부칠 수 없는 것이었다. 커츠너는 존슨을 불렀다. 존슨이 나타나자 커츠너는 편지를 돌려주면서 무미건조하게 말했다. "존슨 하사! 이 편지는 직접 부치는 게 낫겠네. 프랑스에 도착하거든 말이야." 존슨은 6월 초에 데이트를 하자는 편지를 썼다. 데이트를 신청한 여자는 파리에 살고 있었다.

편지를 돌려받은 존슨이 방을 나가는 것을 본 커츠너는 존슨처럼 낙관적인 사람들이 있는 한 불가능이란 없겠다는 생각이 들면서 깊은 감명을 받았다.

침공에 참여하는 장병들 거의 대부분은 대기하면서 적어도 편지 한 통씩은 썼다. 장병들은 정말 오래 계속된 대기 기간 동안 감금이나 다름없는 생활을 해야 했다. 이들은 편지를 쓰면서 마음을 다스렸다. 그리고 편지를 쓴 장병 중 많은 수가 보통 사람이라면 하지 않을 방법으로 생각을 적었다.

오마하 해변에 상륙하는 제1보병사단의 존 둘리건John F. Dulligan 대위는 아내에게 편지를 썼다. "나는 부하들을 사랑해. 부하들은 배 안 사방에 흩어져서 잠을 자. 갑판, 실내, 심지어 자동차 아래에서도 잠을 자. 담배도 피우고, 카드놀이에 씨름에 야단법석을 떨면서 놀지. 삼삼오오 모여서 이야기를 하기도 해. 이야기 대부분은 여자, 고향, 그리고 살아온 경험인데, 여기서 경험은 여자가 끼는 경험과 여자가 없는 경험을 모두 이야기하는 거야. 부하들은 훌륭한 군인이야. 세상에서 으뜸이지. …… 북아프리카를 침공하기 전에는 불안하고 겁도 조금 났어. 시칠리아를 침공할 때는 어찌나 바쁜지 일하다 보니 두려움이 사라져 버리더라고. …… 이번에는 프랑스 어느 해변에 상륙할 텐데 어떻게 될지는 오직 하느님만 아시겠지. 내가 당신을 진심으로 사랑하는 것을 알아주었으면 해. …… 하느님께 기도하지. 당신, 앤, 그리고 팻을 위해 하느님께서 나를 살려 두시리라 믿는다고 말야."

비행장 또는 승선 지역에 있는 함정이나 거대한 수송선에 탄 사람은 운이 좋은 부류였다. 비좁아 바글대기는 했지만 따뜻하고 옷도 보송보송해서 쾌적했다. 규모와 상관없이 항구라는 이름이 붙은 곳이면 근처에는 어김없이 상륙주정이 정박하고 있었다. 상륙주정에 탄 사람은 완전히 딴 세상에서 살았다. 상륙주정에 일주일도 넘게 머물고 있는 사람도 있었다. 상륙주정에는 미어터지게 사람이 많은 데다가 악취가 진동했다. 이런 곳에 머무는 장병들의 삶은 믿을 수 없을 만큼 비참했다. 이들에게는 영국을 떠나기도 전에 이미 전투가 시작된 것이나 마찬가지였다. 흔들리는 배 안에서는 욕지기와 뱃멀미가 그칠 줄 몰랐다. 그 당시 상륙주정에서 지낸 병사들 대부분이 전쟁이 끝난 뒤에도 배에서는 오직 디젤 냄새, 배설물로 가득한 화장실 냄새, 그리고 토사물 냄새가 코를 찔렀다고 기억할 정도였다.

그렇다고 모든 배의 사정이 같은 것은 아니었다. 전차상륙주정 777호에 통신병으로 승선한 조지 해켓 2세George Hackett Jr. 상병은 파도가 높게 이는 것을 보고서 깜짝 놀랐다. 이미 배 한쪽은 물에 잠겨 있었는데 파도가 그 위로 몰아쳐서는 반대편으로 밀어닥쳤다. 미 제4보병사단의 클래런스 후퍼Clarence Hupfer 중령은 영국 해군의 전차상륙주정 6호가 사람을 너무 많이 태워 침몰할까 봐 걱정이 되었다. 뱃전으로 몰아친 파도가 때로는 배 안까지 밀려들면서 조리실이 물에 잠겼고 타고 있는 사람들은 찬 음식을 먹을 수밖에 없었다.

제5공병특수여단5th Engineer Special Brigade 소속으로 전차상륙주정 97호에 탄 키스 브라이언Keith Bryan 병장은 배에 사람이 어찌나 많이 탔는지 움직일 때마다 서로 밟고 다녀야만 했다고 기억한다. 어쩌다 운 좋게 침대를 차지해도 배가 심하게 흔들려 침대에 누워 있기도 힘들었다. 캐나다 제3사단의 모리스 마지Morris Magee 병장이 보기에 배에 탄 사람이 어찌나 많은지 샹플랭 호수* 한가운데 띄운 거룻배에 있는 것보다 훨씬 안 좋은 상황이었다. 마지는 얼마나 많이 토악질을 하며 속을 비웠던지 더 넘길 것도 없었다.

그러나 대기하면서 고통을 가장 많이 받은 사람들은 이미 출항했다 회항하는 배에 탄 장병들이었다. 이들은 영국해협에서 하루 종일 폭풍에 시달렸다. 물을 잔뜩 먹고 피곤에 전 채 원래 머물던 항구로 돌아온 이들은 호송 선단이 무질서하게 닻을 내리는 동안 난간을 따라 침울하게 정렬했다. 오후 11시가 되자 모든 배가 다 돌아왔다.

미 구축함 코리는 플리머스 항 밖에 정박했다. 함장 호프만 소령은 함교에 선 채 배마다 길게 따라붙은 어두운 그림자를 묵묵히 바라보았다. 각양각색의 상륙주정들은 등화관제 때문에 불이 꺼져 있었다. 공기는 찼고 바람은 여전히 세게 불었다. 흘수가 얕은 배들을 물살이 때려 철썩대는 소리가 들렸다.

호프만은 피곤했다. 호프만 일행은 플리머스로 돌아오고 얼마 지나지 않아 침공이 연기된 이유를 처음으로 알 수 있었다. 언제라도 다시 출항할 수 있도록 준비하고 있으라는 명령이 떨어졌다.

다시 출동할 것이라는 소식은 갑판 아래에 있는 수병들 사이로 빠르게 퍼졌다. 통신병 베니 글리슨은 당직 근무를 준비하다가 소식을 듣고는 식당으로 향했다. 식당에는 수병 십여 명이 모여 저녁을 들고 있었다. 온갖 음식이 딸려 나오는 칠면조 요리가 저녁으로 나왔지만 수병들은 모두 풀이 죽어 보였다. "이봐! 최후의 만찬을 즐긴다는 생각으로 먹으라고!" 글리슨이 말했다. 사실 글리슨이 한 말은 거의 맞았다. 글리슨과 함께 저녁을 먹던 수병

* 옮긴이) Lake Champlain: 1609년 프랑스 탐험가 사뮈엘 드 샹플랭Samuel de Champlain이 발견한 호수로, 오늘날 미국 뉴욕 주와 버몬트 주, 그리고 캐나다 퀘벡 주를 끼고 있다. 섬이 80개나 있는 데다 19세기에 허드슨 강과 호수를 잇는 운하가 건설되면서 뉴욕 시부터 몬트리올 시까지 이어져 항해가 많은 호수이다.

중 적어도 반 이상은 에이치아워 얼마 뒤 코리와 함께 침몰했다.

구축함 코리 근처에는 보병상륙주정 408호가 있었다. 이 배도 사기가 말이 아니었다. 해안경비대원들은 이번 출발이 예행연습을 한 번 더한 것이라고 굳게 믿었다. 제29보병사단의 윌리엄 조지프 필립스William Joseph Phillips 이병은 전우들의 기분을 풀어 주려 노력했다. "전투를 한 번도 경험하지 못할 거야." 필립스가 엄숙하게 말했다. "잉글랜드에 너무 오래 머물러서 아마 전쟁이 끝나기 전까지는 우리가 할 일이 없겠지! 도버의 화이트 클리프White Cliff*에 파랑새가 싸 논 똥을 우리에게 치우라고 할 것 같은데!"

자정이 되자 해안경비대의 소형 쾌속정과 해군 구축함들이 호송 선단을 다시 구성하는 어마어마한 일을 시작했다. 이번이야말로 돌아오는 일 없는 침공을 시작하는 순간이었다.

6월 5일 오전 1시, 프랑스 해안 앞바다에 잠수정 X23호가 천천히 떠올랐다. X23이 수면 위로 나오자 오너 대위는 재빨리 잠수정 해치를 열었다. 오너와 승조원들은 조그만 전망탑으로 올라가 안테나를 세웠다. 잠수정에 있던 제임스 호지스James Hodges 대위는 눈금을 돌려 주파수를 1850킬로사이클로 맞추고는 두 손으로 이어폰을 들어 귀에 댔다. 오래 기다리지 않아 희미하기는 하지만 호출명이 들렸다. "패드풋PADFOOT…… 패드풋…… 패드풋." 이어 나오는 한 단어로 된 전문을 듣던 호지스는 믿을 수 없다는 표정으로 위를 올려다보았다. 귀에 댄 이어폰을 보다 밀착시키면서 다시 들어보았지만 앞서 들은 것이 잘못 들은 것이 아니었다. 호지스가 접수한 내용을 전하자 말을 꺼내는 사람이 아무도 없었다. 하루 종일 다시 잠수해서 기다리라는 전문을 들은 승조원들은 침울한 표정으로 서로를 쳐다보았다.

* 옮긴이) 노르망디와 도버 일대는 깎아 낸 듯한 석회질 해안 절벽으로 유명한데, 영국과 프랑스 지명에는 이런 특징이 반영되어 있다. 팔레즈falaise(프랑스어로 절벽)는 노르망디 일대 해안 절벽을 뜻한다.

## 레지스탕스, 소리 없이 치열한 전쟁을 벌이다

동이 틀 무렵, 노르망디의 해변 다섯 곳은 옅은 안개로 덮여 있었다. 전날 뿌리다 말다를 반복하던 비는 어느새 끊임없이 내리는 가랑비로 바뀌어 모든 것을 적시고 있었다. 노르망디의 벌판에서는 예로부터 셀 수 없이 많은 전투가 있었다. 그러나 앞으로 벌어질 전투는 이제껏 있었던 것과는 규모와 차원을 달리하는 엄청난 것이었다.

나치 독일이 프랑스를 점령한 이래로 지난 4년 동안 노르망디 사람들은 독일 군인들과 함께 살아왔다. 원해서 만들어진 결합은 아니었지만 일상이 되어 버린 어색한 동거는 노르망디 사람들의 운명을 바꾸어 놓았다. 달라진 운명의 방향은 사람마다 달랐다. 당시 노르망디의 주요 도시는 서쪽의 항구도시 셰르부르, 동쪽의 항구도시 르 아브르, 그리고 지리적으로나 크기로 이 둘 가운데 있으면서 해안에서 내륙으로 16킬로미터쯤 들어간 캉이었다. 점령당한 땅의 주민으로 산다는 것은 가혹할뿐더러 끝이 보이지 않는 엄연한 현실이기도 했다. 캉에는 게슈타포*와 독일군 친위대의 사령부가 있었다. 게슈타포는 밤이면 사냥하듯 볼모를 잡으러 다녔다. 저항운동에 대한 독일군의 보복도 그치지 않았다. 프랑스 사람들은 연합군의 폭격이 반가우면서도 두려웠다. 전쟁이 진행 중이라는 사실은 도처에서 느껴졌다.

이 세 도시 밖으로, 특히 캉과 셰르부르 사이에 있는 시골에는 거대한 흙더미들 위로 덤불과 묘목이 무성하게 자라 만들어진 산울타리가 있었다. 원래 노르망디에는 이런 거대한 흙더미들이 오래전부터 존재했다. 로마 시대 이래로 노르망디로 침공하는 이들에게, 또 노르망디를 방어하는 이들에게 이 거대한 흙더미들은 자연적인 방벽이었다. 노르망디 시골에

* 옮긴이) Gestapo: 비밀국가경찰. 비밀이라는 뜻의 게하이메Geheime의 Ge와 국가경찰을 뜻하는 슈타츠폴리차이Staatspolizei에서 Sta와 Po를 합성한 단어이다.

는 밀짚이나 붉은 기와를 얹어 지붕을 만든 통나무 건물이 여기저기 있었다. 네 귀퉁이를 모나게 짓는 노르망디식 건축 양식을 따른 성당이 마을마다 어김없이 있었는데, 잿빛 돌로 지은 수백 년의 역사를 자랑하는 집들이 성당 주위를 둘러싼 마을은 마치 모형 요새 같았다. 이런 자그마한 마을들은 그때도 그리고 지금도 노르망디 전역에 흩어져 있다. 비에르빌-쉬르-메르, 콜빌-쉬르-메르, 라 마들렌La Madeleine, 생트-메르-에글리즈Ste.-Mère-Église, 셰프-뒤-퐁Chef-du-Pont, 생트 마리-뒤-몽Ste. Marie-du-Mont, 아로망슈Arromanches, 뤽Luc. 이렇게 작디작은 마을의 이름을 당시 세계가 알기나 했을까? 사람이 드문드문 보이는 이런 작은 마을에서 나치의 점령이란 파리처럼 큰 도시의 그것과는 달랐다. 물론 이들 작은 마을에도 전쟁이 몰고 온 여파야 있었지만, 기본적인 모습은 목가적이었고 노르망디 농부들은 최선을 다해 상황에 적응했다. 이들 마을에서는 남녀 수천 명이 강제 노동에 징집되어 이주해야 했다. 마을에 남은 사람들도 대서양 방벽을 따라 들어서는 독일군 요새를 건설하는 근로대대로 동원되었다. 그러나 지독하리만큼 독립심이 강한 노르망디 농부들은 꼭 필요한 것 이상은 절대로 하지 않았다. 이들은 노르망디 사람답게 하루하루를 끈질기게 버티면서 독일에 대한 증오를 차곡차곡 쌓아 나갔다. 그리고 냉정하게 지켜보면서 해방의 날을 기다렸다.

미셸 아들레이는 당시 서른한 살로 변호사였다. 아들레이는 나른해 보이는 비에르빌-쉬르-메르를 굽어볼 수 있는 언덕 위에 자리한 어머니 집 거실 창문 뒤에 서서 쌍안경을 눈에 대고 독일군 병사 한 명을 유심히 살폈다. 그 독일군은 커다란 말을 타고 바다 쪽으로 내달렸다. 안장 양쪽에는 주석 통 몇 개가 매달려 있었다. 달랑대며 매달린 주석 통과 마치 양동이를 거꾸로 뒤집어 놓은 듯한 방탄모는 덩치가 커다랗다 못해 거대해 보이는 말과 안 어울려도 너무나 안 어울렸다.

막상 이 독일군은 아들레이가 자신을 지켜보는지도 몰랐다. 그는 마을을 가로질러 가늘고 높게 솟은 성당 첨탑을 지나 마을의 주도로를 해변에서 보이지 않도록 가려 주는 콘크리트 담장까지 내달렸다. 그러더니 말에서 내려 주석 통을 1개만 남겨 두고는 모두 안장에서 끄집어 내렸다. 주변 절벽에 있는지 없는지도 알 수 없게 몸을 숨기고 있던 독일군 서너 명이 갑자기 그의 주변으로 나타났다. 이들은 주석 통을 하나씩 집어 들더니 다시 사라졌다. 다시 혼자 남은 그 독일군은 마지막 남은 주석 통 하나를 집어 들고는 담을 기어올랐다. 해변 끝으로는 산책로가 나 있었고 산책로 주변은 나무로 둘러싸여 있었다. 산책로는 커다란 적갈색 여름 별장까지 이어졌다. 그는 여름 별장의 마당을 가로질렀다. 별장 1층에는 지하에서 올라온 손만 몇 개 보였다. 그는 무릎을 꿇더니 가지고 온 주석 통을 그 손에 건네주었다.

이것은 매일 아침 벌어지는 광경이었다. 배달 임무를 맡은 그 독일군 병사는 독일 사람답게 결코 늦는 법이 없었다. 그는 매일 아침 같은 시간에 비에르빌-쉬르-메르 외곽의 검문소에 근무하는 독일 군인들에게 모닝커피를 배달했다. 해안이 내려다보이는 절벽에 만들어진 토치카와 해안 끝에 있는 위장 벙커에 있는 독일군 포수들의 아침은 이렇게 배달된 모닝커피와 함께 시작되었다. 모래밭이 육지 쪽으로 부드럽게 굽어 들어가 평화로워 보이는 이 해변은 다음 날인 6월 6일 전 세계에 오마하 해변으로 알려진다.

아들레이는 지금이 정확히 오전 6시 15분이라는 것을 알았다.

독일군의 아침 '의식'을 이전에도 계속 봐 온 아들레이이지만 볼 때마다 우습다는 생각이 드는 것은 어쩔 수 없었다. 모닝커피를 배달하는 독일 병사의 옷차림도 우스웠지만, 당시로서는 세계적인 최첨단 기술을 자랑하던 천하의 독일군도 고작 커피 배달에는 별 뾰족한 수가 없었기 때문이었다. 그러나 이것은 점령당한 사람이 짓는 쓴웃음이었다. 아들레이도 독일군을 싫어하는 노르망디 사람 중 한 명이었다. 그리고 이러한 증오는 이 순간 특히 더 강해졌다.

지난 몇 달 동안 아들레이는 독일군이 방어 진지를 강화하는 것을 관찰해 왔다. 독일군은 징집된 근로대대를 동원해 해변 뒤에 솟은 벼랑과 해변이 끝나는 양 끝에 우뚝 솟은 낭떠러지에 몸을 숨길 수 있고 심지어 커다란 장비까지 들어갈 수 있는 굴을 팠다. 독일군은 해변도 가만히 두지 않았다. 모래밭에는 마치 바둑판처럼 오밀조밀하게 장애물을 배치하는 것으로도 모자라 모습이 추악한 데다 치명적이기까지 한 지뢰 수천 발을 묻었다. 이것이 끝이 아니었다. 벼랑 아래 바다 쪽에는 노르망디 사람들이 여름 별장으로 쓰는 형형색색의 오두막들이 있었다. 독일군은 이 오두막들을 소름 끼칠 만큼 정밀하게 분해하여 시야와 포목선*을 확보했을 뿐만 아니라 벙커 내부에 댈 목재도 확보했다. 그 뒤 해변에는 건물이 90채 가운데 달랑 일곱 채만 남았다. 일곱 채 중 가장 큰 것이 돌로 지어 한 해 내내 쓰는 아들레이의 별장이었다. 며칠 전 비에르빌-쉬르-메르를 담당한 독일군이 아들레이에게 이 별장을 철거할 것이라고 말했다. 독일군은 벽돌과 석재가 필요했다.

아들레이는 누군가 이 결정을 철회하려고 하지는 않았을까 궁금했다. 독일군은 가끔씩 예상할 수 없는 행동을 했다. 아들레이는 앞으로 24시간 안, 그러니까 내일 이 건물이 무너질 것이라고 들었다. 그 내일은 바로 6월 6일 화요일이었다.

오전 6시 30분, 아들레이는 라디오를 켜고 주파수를 맞춰 BBC 뉴스를 들었다. 독일군은 BBC 뉴스를 듣지 말라고 명령했지만 다른 수만 명의 프랑스 사람들처럼 아들레이도 이 명령을 무시했다. BBC 뉴스를 듣는 것은 정보를 얻기 위한 것이자 동시에 또 다른 저항의 방법이었다. 아들레이는 속삭이는 정도로 소리를 낮추고 라디오를 들었다. 여느 때처럼 뉴스 끝에는 '브리튼Britton 대령'이라는 별명으로 불리는 더글러스 리치Douglas Ritchie가

* 옮긴이) 砲目線: 포에서 표적까지 잇는 가상의 직선.

중요한 소식을 낭독했다. 브리튼 대령은 언제나 자신을 연합군사령부의 목소리라고 소개했다.

"오늘은 6월 5일 월요일입니다. 연합원정군 최고사령관 아이젠하워 대장은 다음 내용을 방송하라고 지시했습니다. 연합원정군 최고사령관과 독일군이 점령한 땅에 사는 여러분 사이에는 직접 소통할 수 있는 여러 경로가 존재합니다. …… 때가 되면 매우 중대한 지시를 내리겠지만 미리 예고된 시간에 여러분에게 지시하기란 쉽지 않습니다. 따라서 여러분께서는 개인적으로든 아니면 친구들과 조를 짜서든 항상 방송에 귀 기울이는 습관을 가져야 합니다. 이는 그렇게 어려운 일이 아닙니다." 아들레이는 이 중대한 지시라는 것이 연합군의 침공과 관계된 것이라고 짐작했다. 침공이 임박했다는 것은 누구나 알고 있었다. 아들레이는 연합군이 영국과 프랑스 사이에서 최단거리이면서 항구가 있는 됭케르크나 파-드-칼레를 공격할 것이라고 보았다. 자신이 살고 있는 비에르빌-쉬르-메르는 아예 상륙 후보에 넣을 생각도 없었다.

비에르빌-쉬르-메르에 사는 뒤부와Dubois 가족과 다보Davot 가족은 전날 저녁을 먹으면서 새벽까지 이어지는 잔치를 한 탓에 늦잠을 자느라 이 방송을 듣지 못했다. 6월 4일 일요일은 아이들이 첫 영성체를 하는 사백주일*이었다. 이날 노르망디 모든 가정에서는 가족과 친척이 모여 잔치를 벌인다.

뒤부와와 다보네 아이들은 가장 좋은 옷을 차려입고 비에르빌-쉬르-메르의 작은 성당에서 첫 영성체를 했다. 부모와 친척들은 아이들을 자랑스러운 표정으로 바라보았다. 아이들이 첫 영성체를 하는 것을 보러 일부러 멀리 파리에서 온 친척도 있었다. 이들은 이 특별한 날에 참석하기 위해 몇 달 전부터 독일 당국에 신청서를 제출하고 특별 여행 허가증을 받았다. 파리부터 비에르빌-쉬르-메르까지 오는 여정은 위험하기도 했지만 인내심

* 옮긴이) 卸白主日: 부활 주일 다음 첫 일요일로 가톨릭 교회법에 따른 축제일.

없이는 불가능했다. 기관차는 언제나 연합군 폭격기가 노리는 표적인 데다가 사람들로 넘쳐 나는 기차는 시간표 따위는 잊은 지 오래였다.

그러나 이런 어려운 여정을 넘어 첫 영성체에 참석할 만한 가치는 충분했다. 노르망디에 다녀가는 것은 언제나 그랬다. 당시 파리에서는 가뭄에 콩 나듯 음식을 봤지만 노르망디는 여전히 먹을 것이 풍족했다. 버터, 치즈, 달걀과 고기, 그리고 심지어 칼바도스*까지, 노르망디에는 없는 것이 없었다. 게다가 뭘 해도 어렵기만 한 이때, 노르망디는 지내기에도 좋은 곳이었다. 조용하고 평화로운 데다가 영국으로부터도 한참 멀리 떨어져 있기 때문에 연합군이 여기를 침공할 성싶지도 않았다.

뒤부와 가족과 다보 가족의 만남은 그 자체가 커다란 성공이었다. 그리고 만난 것으로 끝이 아니었다. 첫 영성체를 마친 다음 날 저녁, 두 가족은 그동안 주인이 애써 아껴 두었던 가장 좋은 포도주와 코냑을 곁들인 맛있고 풍성한 음식과 마주했다. 친척들은 풍성한 저녁 식사를 끝으로 잔치를 끝내고 화요일 새벽에 파리행 기차를 타고 떠나기로 되어 있었다.

뒤부와 가족과 다보 가족의 친척들은 원래 사흘 일정으로 노르망디에 들르려 했다. 그러나 디데이는 무심하게도 이들의 휴가 계획을 송두리째 바꾸어 버렸다. 짧으리라 생각했던 휴가는 디데이 때문에 훨씬 더 길어졌다. 디데이 이후 오도 가도 못 하게 된 이들은 비에르빌-쉬르-메르에 넉 달을 더 머물렀다.

해변에서 한참 내륙으로 들어간 콜빌-쉬르-메르 나들목 가까이에는 페르낭 브뢱스Fernand Broeckx가 살았다. 그는 오전 6시 30분이면 어김없이 외양간으로 가 자리를 잡고 앉아서 소 젖통 아래로 머리를 처박고는 고개를 옆으로 비켜 돌린 채 양동이를 받치고 젖을 짰다. 바다에서 좁은 흙길을 따라 800미터쯤 올라가면 야트막한 언덕 위에 브뢱스의 농장이 있었다.

---

* 옮긴이) Calvados: 사과 과실주인 시드르Cidre를 증류한 술(브랜디)로서 포도주를 증류한 코냑이나 아르마냑과 제조 원리는 같다.

노르망디에 진주한 독일군이 이 흙길을 막아 버리기 이미 오래전부터 브뢱스는 이 길로 다니지 않았다.

브뢱스는 노르망디에서 지난 5년 동안 농사를 지었다. 제1차 세계대전 당시 브뢱스는 벨기에 사람이었다. 그는 살던 집이 전쟁 통에 파괴되는 것을 지켜볼 수밖에 없던 순간을 잊을 수 없었다. 도시에 살던 브뢱스는 1939년에 제2차 세계대전이 일어나자 하던 일을 집어치우고는 아내와 딸을 데리고 노르망디로 이사했다. 이곳이면 가족이 안전할 것 같았다.

브뢱스의 딸 안 마리Anne Marie는 콜빌-쉬르-메르에서 16킬로미터쯤 떨어진, 대성당이 있는 바이외Bayeux*에 살며 유치원에서 아이들을 돌봤다. 안 마리는 농장으로 돌아가 휴가를 보낼 생각에 여름 방학이 시작되는 날을 목이 빠지게 기다렸다. 내일 방학이 시작되면 자전거를 타고 집에 갈 생각이었다.

아버지 농장으로 간다는 것은 계획한 일이었다. 그러나 농장으로 가는 그날, 지금껏 한 번도 만나 본 적 없는 로드아일랜드 출신의 키 크고 마른 미국 젊은이가 해변에 상륙해 아버지의 농장으로 올라오리라는 것을 상상이나 했을까? 그리고 시간이 한참 흐른 뒤의 일이기는 하지만, 안 마리가 그 미국 젊은이와 결혼할 것이라는 것을 누군들 알았을까?

노르망디 해안 일대에 사는 사람들은 언제나 그렇듯 소소한 일과로 분

* 옮긴이) '바이외 태피스트리La Tapisserie de Bayeux'로 유명할 뿐만 아니라, 해방 이후 이곳에서 드골이 한 두 번의 연설이 프랑스 현대사에 중요한 영향을 미치면서 더 많이 알려졌다. 바이외 태피스트리는 길이 70미터 마직물 위에 아홉 색 실로 정복왕 윌리엄William the Conqueror의 1066년 영국 왕위 탈환기를 담은 자수이다. 인물 626명, 동물 700여 마리, 도구 37개, 나무 49그루 등을 중심으로 전투 장면, 선박, 성의 모습 등이 매우 세밀하고 정교하게 묘사되어 있어 2007년 유네스코 세계기록유산으로 등재되었다. 한편 디데이 직후인 6월 14일, 드골은 연합군이 해방시킨 최초의 프랑스 도시라는 상징성이 강한 바이외에서 자유프랑스의 정통성과 독자성을 천명하는 연설로 미국의 영향력을 차단하며 독자적인 정부를 수립할 수 있는 정치적 발판을 마련했다. 1948년 6월 16일 두 번째 연설에서 드골은 정부 구조를 포함한 새로운 헌법에 대한 생각을 천명했다. 1946년부터 1958년까지 야인으로 살던 드골은 1958년 알제리 사태로 국민적 열망을 얻어 정치에 복귀했으며 제2차 바이외 연설 내용의 대부분이 제5공화국 헌법에 반영된다.

주했다. 농부는 들에서 일하고 사과밭을 가꿨으며 얼룩덜룩한 털빛을 자랑하는 소를 돌봤다. 마을의 작은 가게들도 문을 열고 손님을 맞았다. 노르망디 사람 모두에게 6월 5일은 독일군이 점령한 이후로 계속되고 있는 일상이 하루 더 지속된 데 불과했다.

1944년 6월 6일 노르망디 상륙작전 이후 유타 해변으로 이름을 떨치는 넓은 모래밭과 완만한 언덕들 뒤에는 라 마들렌이라는 작은 마을이 있었다. 이곳에는 폴 가장젤Paul Gazengel 가족이 살았다. 장사라고 해 봐야 되지도 않았지만 가장젤은 평소처럼 이날도 가게와 카페를 열었다.

가장젤에게도 그럭저럭 꽤나 괜찮은 삶을 누리던 때가 있었다. 아주 풍족하지는 않았지만 아내 마르트Marthe, 그리고 열두 살짜리 딸인 자닌Jeanine에게 부족지 않은 삶이었다. 그러나 지금은 노르망디 해안 전체가 막혀 있었다. 해안 바로 뒤에 살던 사람들, 다시 말해 대략 비르Vire 강 하구부터 셰르부르 반도까지 이어지는 구간에 살던 사람들은 자기 집에서 소개되었다. 농장을 가진 일곱 가구만 이 지역에 남는 것이 허락되었다. 가장젤 가족의 생계는 라 마들렌에 남은 달랑 일곱 가구와 마을 주변에 주둔하는 얼마 안 되는 독일군에게 달려 있었다. 사실 가장젤이 카페를 여는 이유 중 하나는 이들 독일군을 대접하라는 지시 때문이기도 했다.

할 수만 있었다면 가장젤은 떠나도 한참 전에 떠났을 사람이었다. 속마음이야 이랬지만 정말로 떠날 수는 없었다. 카페에 앉아 첫 손님이 오기를 기다리는 그 순간에도 가장젤은 24시간도 지나기 전에 라 마들렌을 정말 떠나게 되리라고는 상상도 하지 못했다. 디데이가 시작되고 가장젤과 마을 사람 모두는 연합군에게 포위당한 채 심문을 받으러 영국으로 떠나게 된다.

가장젤의 친구이자 제빵사인 피에르 칼드롱Pierre Caldron은 이날 아침 평소보다 마음이 훨씬 편치 않았다. 해안에서 16킬로미터 떨어진 카랑탕Carentan에는 여의사 잔Jeanne의 의원이 있었다. 칼드롱은 편도선을 떼어 내는 수술을 막 마치고 침대에 누운 다섯 살 된 아들 곁에 앉아 있었다. 정오에 잔이 칼드롱의 아들을 진찰했다. “걱정할 것 없어요.” 잔이 칼드롱에게 말했다. “아이는 괜찮습니다. 내일이면 집으로 데려갈 수 있습니다.” 그러나 칼드롱의 생각은 달랐다. “아닙니다! 아들을 오늘 퇴원시키면 애 엄마가 더 행복해할 것 같습니다.” 30분 뒤, 칼드롱은 아들을 안고 집이 있는 생트-마리-뒤-몽으로 향했다. 생트-마리-뒤-몽은 유타 해변 뒤에 있었다. 가장젤처럼 칼드롱도 디데이에 제4보병사단이 이 마을에서 미 제101 공정사단과 연결 작전을 하리라고는 꿈도 못 꾸었다.

디데이를 앞두고 조용한 데다 아무 일이 없기는 독일군도 마찬가지였다. 아무 일도 없었을 뿐더러 무슨 일이 일어날 성싶지도 않았다. 우선 날씨가 아주 고약했다. 날씨가 어찌나 나빴는지, 파리 뤽상부르Luxembourg 궁에 있는 독일 공군 사령부에 근무하는 수석 기상장교 발터 슈퇴베 대령은 일일 상황회의에 참석한 참모들에게 편히 쉬어도 좋다고 말했다. 그는 이런 날 연합군 항공기가 작전할 리 없다고 판단했다. 독일군 고사포병에는 전투대기 해제 명령이 내려갔다.

회의를 마친 슈퇴베는 파리에서 20킬로미터쯤 떨어진 변두리에 있는 생-제르맹-앙-레의 빅토르 위고 대로Boulevard Victor Hugo 20번지로 전화를 걸었다. 그가 전화를 건 곳은 룬트슈테트의 사령부, 즉 서부전선 사령부였다. 여자고등학교 아래로 뻗은 경사면에 박힌 것처럼 자리 잡은 3층짜리 건물은 가로가 90미터, 높이가 18미터로 거대한 요새나 마찬가지였다. 슈퇴베는 연락장교 헤르만 뮐러Hermann Mueller 소령에게 기상 전망을 말했다. 역시 기상 전문가인 뮐러는 주의 깊게 받아 적은 뒤 이를 참모장 블루멘트리트 소장에게 전달했다. 서부전선 사령부에서 기상보고서는 매우 중요하게 취급되었는데, 이날 따라 블루멘트리트는 다른 어떤 기상보고서보다도 이 보고서를 특별히 더 기다렸다. 그는 룬트슈테트의 순시 일정을 짜던 중이었다. 그 와중에 기상보고서를 받아 본 블루멘트리트는 계획대로 순시

해도 되겠다는 확신이 들었다. 룬트슈테트는 중위로 복무하는 아들을 데리고 화요일에 노르망디의 해안 방어 태세를 점검할 예정이었다.

생-제르맹-앙-레 주민 중 요새 같은 서부전선 사령부가 이곳에 있는 걸 아는 사람은 많지 않았다. 룬트슈테트는 서부전선에서 가장 막강한 권력을 가진 인물이었다. 그런 그가 이곳 알렉상드르 뒤마 길Rue Alexandre Dumas 28번지에 있는 여자고등학교 뒤편에, 있는지 없는지 티도 나지 않는 수수한 별장에 사는 것을 아는 사람은 거의 없었다. 높은 담벼락이 별장을 둘러쌌고 철제 대문은 언제나 굳게 닫혀 있었다. 별장의 출입구까지는 여자고등학교의 담을 뚫고 특수하게 만든 회랑이 이어졌다. 담벼락 중간에 생뚱맞게 나온 회랑의 문은 알렉상드르 뒤마 길로 연결되었다.

당시 나이가 많은 룬트슈테트는 오전 10시 30분 전에 일어나는 일이 거의 없었는데, 그날도 평소처럼 늦잠을 잤다. 그가 별장 1층 서재의 책상에 앉았을 때는 거의 정오였다. 이 자리에서 룬트슈테트는 연합군의 의도를 분석한 정보판단서를 읽고 블루멘트리트와 의논한 뒤 이를 승인했다. 이 정보판단서는 그날 오후 히틀러의 사령부, 즉 국방군 총사령부로 보낼 것이었다. 이 문서는 연합군의 의도를 잘못 판단한 전형적인 예인데 내용은 이렇다.

> "적은 체계적인 공중 공격의 횟수를 뚜렷하게 늘렸다. 이는 전투준비 태세가 높아졌다는 징후이다. 적이 침공할 개연성이 큰 곳으로는 네덜란드의 쉘트Scheldt부터 노르망디까지로 판단된다. …… 브르타뉴의 북쪽 전선이 침공 장소에 포함될 수도 있다는 가능성은 배제할 수 없다. …… 그러나 책임 지역 어디로 적이 침공할지는 아직 명확하지 않다. 됭케르크에서 디에프 사이의 해안 방어 진지에 공중 공격이 집중되는 것으로 볼 때 적은 이곳을 집중해 공격할 것이다. …… 그러나 침공이 임박했는지는 식별되지 않는다."

정보판단서라는 것이 이리도 흐리멍덩하고 괴상할 수 있을까? 서부전선 사령부가 맡은 해안선 1,300킬로미터 어디라도 연합군이 침공할 수 있다는, 차라리 없느니만 못한 정보판단서에 서명한 룬트슈테트는 아들을 데리고 근처 부지발Bougival에 있는 단골 식당 코크 아르디Coq Hardi로 갔다. 오후 1시가 조금 지났을 때였는데, 디데이까지는 12시간이 남아 있었다.

날씨가 계속 안 좋을 것이라는 기상예보를 들은 독일군 지휘부는 마치 신경안정제를 먹은 사람처럼 긴장이 풀어졌다. 제대 규모와 상관없이 독일군 지휘관과 참모들은 당장은 연합군이 공격하지 않을 것이라고 확신했다. 이런 확신은 북아프리카, 이탈리아, 시칠리아에 연합군이 상륙했던 사례와 당시 날씨의 상관관계를 세심하게 분석해 내린 결론이었다. 물론 각각의 조건은 달랐다. 그러나 슈퇴베나 카를 존탁Karl Sonntag 박사 같은 기상 전문가들은, 날씨가 좋다는 확신이 없는 한, 특히 항공 작전이 가능할 만큼 날씨가 좋다는 확신이 없으면 연합군이 상륙작전을 감행하지 않았다는 공통점을 발견했다. 규칙 잘 지키기로 둘째가라면 서러울 독일인의 정서상 이 '규칙'에 예외란 있을 수 없었다. 날씨가 나쁘다는 것은 확실했다. 따라서 독일식 추론으로 연합군은 공격하지 않는 것이 당연했다. 그러나 실제 날씨는 예보한 것처럼 나쁘지도 그리고 나빠지지도 않았다.*

라 로슈-기용에 있는 B집단군 사령부. 신경안정제의 효과는 여기까지 미쳤다. 일기예보를 들은 슈파이델 소장은 조촐한 저녁 잔치를 벌이기에 알맞은 때라고 생각했다. 그는 손님을 몇 불렀다. 처남인 호르스트Horst, 철학자이자 작가인 에른스트 윙어Ernst Jünger, 오랜 친구인 빌헬름 폰 슈람Wilhelm von Schramm 소령, 그리고 공식 종군기자 한 명이 초대받은 손님이었

* 옮긴이) 연합군과 독일군의 정보력 차이는 디데이의 승패를 가른 주요 요인이었다. 아일랜드 서쪽에 기상 관측소를 운용한 연합군이 서에서 동으로 이동하는 기단 정보를 근거로 정확한 예보를 할 수 있었던 반면, 연합군이 6월 초에 상륙하리라고 예상까지 했지만 대서양에서 활동하는 해군 함정이 거의 없는 데다가 그린란드에 있던 관측소마저 폐쇄되어 자료가 충분치 않던 독일군은 불안정한 날씨가 계속된다는 예보를 바탕으로 상륙이 불가능하다고 결론 내리고 경계 태세를 낮췄다.

다. 박사학위를 받을 정도로 지적인 데다 영어와 프랑스어를 자유롭게 구사하는 슈파이델은 이 저녁 잔치를 오랫동안 고대했다. 그는 저녁을 먹으면서 자기가 좋아하는 프랑스 문학 이야기를 나누고 싶어 했다. 프랑스 문학 말고도 이야기를 나눌 것이 또 하나 있었다. 윙어가 초안을 써 롬멜과 슈파이델에게 비밀리에 건넨 20쪽 분량의 원고였다. 윙어의 원고는 히틀러가 독일 법정에서 재판을 받든 아니면 암살을 당하든 제거된 뒤 어떻게 평화를 이룰 것인가를 다룬 것으로, 롬멜과 슈파이델 모두 여기에 열렬히 동의했다. "이것저것 제대로 이야기해 볼 수 있는 밤이 될 거야." 슈파이델이 슈람에게 말했다.

생-로St.-Lô에는 제84군단 사령부가 있었다. 제84군단 사령부의 정보장교 프리드리히 하인Friedrich Hayn* 소령도 종류는 조금 다르지만 나름대로 잔치를 준비하고 있었다. 하인은 부르고뉴산 샤르도네 포도로 만드는 백포도주인 샤블리Chablis를 최상급으로 몇 병 준비하라고 지시했다. 하인과 참모들은 자정에 군단장 에리히 마르크스 대장에게 깜짝 생일잔치를 열어 줄 생각이었다. 생일이 6월 6일인 마르크스는 쉰세 살을 눈앞에 두고 있었다.

마르크스는 6일 아침이 밝자마자 브르타뉴의 렌Rennes으로 떠나야 했고 부하들은 이런 그를 위해 날이 바뀌자마자 깜짝 생일잔치를 열어 주려 한 것이다. 마르크스를 포함해 노르망디에 주둔하는 주요 장성들이 참여하는 대규모 워게임**이 화요일 아침 일찍 열릴 예정이었다. 마르크스는 워게

* 옮긴이) 1954년 하인은 노르망디 전투 경험을 담은 책 *Die Invasion von Cotentin bis Falaise*을 펴냈다.

** 옮긴이) 원문은 map exercise, 즉 도상연습圖上練習으로 되어 있다. 서로 대적하는 둘 이상의 부대를 지도에 말로 표현해 작전계획을 모의해 봄으로써 계획의 유효성을 검증해 보는 워게임war game은 1810년경 프로이센 장군참모단이 처음 시작한 것으로 알려져 있다. 독일어로 전쟁을 뜻하는 Krieg와 놀이를 뜻하는 Spiel의 합성어인 크릭스슈필Kriegsspiel은 1811년 문자 그대로 war game으로 번역되어 영국에 소개되었고, 1870년경 영국 육군이 장교 교육에 도입하면서 워게임이라는 단어가 영어권에서 본격적으로 사용되기 시작했다. 우리 군도 과거에는 도상연습이란 말을 썼으나 지난 십여 년 사이에 워게임이 공식 군사용어로 자리를 잡았다.

임에서 적, 그러니까 연합군을 맡게 될 생각을 하니 조금 웃음이 나왔다. 워게임을 기획한 사람은 낙하산부대 출신인 오이겐 마인들Eugen Meindl 대장이었다. 그가 구상한 워게임은 연합군 공정부대의 공습으로 침공이 시작되고 이어 연합군이 상륙하는 것이 특징이었다. 놀랍게도 이 가상 침공의 전장은 노르망디였다. 참여한 모든 장교가 이 워게임을 흥미롭게 보았지만, 이것이 바로 그날 현실로 다가오리라 생각한 사람은 아무도 없었다.

워게임이 모두를 즐겁게 한 것은 아니었다. 제7군 참모장 막스 펨젤 소장은 이 워게임 때문에 마음이 불편했다. 르 망Le Mans*에 있는 제7군 사령부에 머무는 오후 내내 펨젤은 이 문제를 골똘히 생각했다. 노르망디와 셰르부르 반도에 주둔하는 주요 부대 지휘관들이 같은 시간에 부대를 비운다는 것은 나빠도 한참 나쁜 생각이었다. 지휘관이 밤까지도 부대를 비운다면 만약에 걱정하는 상황이 벌어질 경우 극도로 위험할 수 있었다. 대부분의 부대는 렌에서 멀었다. 펨젤은 지휘관 중 일부가 새벽이 되기 전에 부대를 떠날까 봐 걱정되었다. 펨젤은 언제나 새벽이 두려웠다. 만일 연합군이 노르망디로 침공한다면 그 시간은 바로 새벽이 될 게 분명했다. 펨젤은 워게임에 참여하는 모든 장군에게 경보를 보내야겠다고 마음먹었다. 텔레타이프로 보낸 명령은 이랬다. "워게임에 참석하는 모든 장군은 6월 6일 새벽 이전에 렌으로 출발하지 말 것!" 그러나 이 조치는 너무 늦었다. 명령이 도착하기 전 이미 몇몇 장군은 출발했다.

롬멜 같은 최고위 장성을 비롯해 많은 장군이 하나씩 둘씩 연합군 침공일 전날 밤에 전선을 떴다. 이렇게 자리를 비운 사람들마다 나름대로 사연이 있었지만, 독일군 전체로 보면 이것은 얄궂은 운명의 장난이나 마찬가지였다. 롬멜과 B집단군 작전참모 템펠호프 대령은 독일에 있었다. 서부전선 해군사령부Marinegruppenkommando West를 지휘하는 테오도르 크란케 해

* 옮긴이) 이 도시는 24시간 동안 쉬지 않고 달리는 자동차 경주로 유명하다.

군 대장은 바다가 사나워 고속정이 항구를 떠날 수 없다고 룬트슈테트에게 보고하고는 대서양의 연안 도시 보르도Bordeaux로 떠났다. 셰르부르 반도의 한 면을 맡아 방어하는 제243사단장 하인츠 헬미히Heinz Hellmich 중장은 렌으로 떠났고, 제709사단장 카를 폰 슐리벤 중장도 마찬가지였다. 거칠기로 소문난 제91공정착륙보병사단91st Air Landing Division*은 노르망디로 막 이동해 왔는데, 사단장 빌헬름 팔라이 중장 또한 떠날 준비를 했다. 룬트슈테트의 정보참모 빌헬름 마이어-데트링Wilhelm Meyer-Detring 대령은 휴가 중이었고, 어떤 사단의 참모장은 프랑스 정부情婦와 함께 사냥하느라 바빠 아예 연락이 닿지 않았다.**

이 시점에, 독일 국방군 총사령부는 프랑스에 주둔하는 독일 공군의 잔여 전투 비행대대들과 유럽 전역의 해안 교두보 방어를 맡은 장교들을 노르망디에서 한참 멀리 떨어진 곳으로 옮기기로 결정했다. 조종사들은 깜짝 놀랐다.

지난 몇 달 동안 히틀러의 제3제국은 24시간 내내 연합군의 폭격에 시달렸다. 폭격의 강도는 점점 세지고 있었다. 비행대대를 프랑스에서 철수하는 주된 논리는 제3제국을 방어해야 한다는 것이었다. 국방군 총사령부가 보기에 비행대대처럼 중요한 자산이 프랑스의 비행장에 남겨진 채 아무

---

* 옮긴이) 원어는 Luftland-Infantrie-Division이다.

** 디데이 이후, 주요 지휘관과 참모들이 공교롭게도 비슷한 시기에 전선을 비웠다는 것을 알고 매우 큰 충격을 받은 히틀러는 이것이 영국 정보부의 음모인지 조사해 보라고 지시한다. 그러나 히틀러도 이들보다 연합군에 맞서 방어준비를 더 잘했다고 말할 수는 없다. 히틀러는 독일 남부 바바리아Bavaria의 베르히테스가덴Berchtesgaden에 머물렀다. 해군 부관 푸트카머 소장은, 디데이 당일 히틀러가 늦잠을 자고 정오에 일상적인 상황회의를 주관한 뒤 오후 4시에 점심을 먹었다고 기억한다. 점심은 히틀러의 애인인 에바 브라운뿐만 아니라 나치 고위 직위자들이 부인을 대동해 함께했다. 채식주의자인 히틀러는 참석한 부인들에게 고기 없는 식사를 대접해서 미안하다고 하면서도 늘 하는 식전 논평을 했다. "코끼리는 가장 힘이 센 동물입니다. 하지만 코끼리는 고기를 먹지 못합니다." 점심을 먹고 정원으로 자리를 옮긴 히틀러는 라임꽃 차를 마셨다. 그는 오후 6시와 7시 사이에 낮잠을 잤고, 오후 11시에는 상황회의를 주관했으며 자정 직전에는 부인들을 다시 불러 모았다. 푸트카머가 기억하기로 그 뒤로 히틀러 일행은 바그너의 작품 「레하르와 슈트라우스」를 4시간 동안 감상했다.

런 보호도 받지 못하고 연합군의 공중 공격을 받아 파괴되는 것은 합리적이지 않았다. 히틀러는 만일 연합군이 침공하면 그 즉시 공군기 수천 대가 연합군이 상륙하는 해변을 폭격할 것이라고 약속했다. 하지만 이 약속은 공염불에 지나지 않았다. 6월 4일 프랑스 전역全域에서 주간 비행이 가능한 독일 공군 전투기는 183대뿐이었고, 그중 사용 가능한 것은 160대뿐이었다.* 그 160대 중 124대를 보유한 제26전투비행단은 바로 그날 오후 해안 가까이에 있는 기지에서 후방으로 재배치되었다.

제15군 책임지역인 릴에 있는 제26전투비행단 본부의 요제프 프릴러 중령은 연합군 비행기를 무려 96대나 격추한, 독일 공군이 자랑하는 최우수 조종사였다. 격추한 적기를 별로 표시하는 전통에 따라 애기愛機에 별을 100여 개나 그린 프릴러는, 별이라는 뜻의 피프의 복수형인 핍스Pips라는 별명으로 불렸다. 활주로에 선 프릴러가 담배를 피우는 동안 예하 비행대대 3개 중 하나가 머리 위를 지나 프랑스 북동쪽에 있는 메스Metz로 날아갔다. 파리와 독일 국경 중간쯤에 있는 랭스Rheims로 향하게 되어 있는 비행대대는 막 이륙하려는 참이었다. 다른 하나는 프랑스 남부를 향해 이미 출발한 뒤였다.

프릴러는 저항하는 것 말고는 할 수 있는 게 없었다. 대담하고 주장이 강한 데다가 성미도 불같아서 장군에게도 거침없이 말하기로 유명했던 프릴러는 비행단장에게 전화를 걸어 수화기에 대고 소리치듯 말했다. "이런 미친! 지금 생각하는 게 침공이라면 비행대대를 뒤로 뺄 것이 아니라 앞으로 옮겨야 합니다. 만일 이동할 때 적이 공격하면 어떻게 할 겁니까? 제가 가진 군수품은 내일이나 되어야 새로운 기지에 도착합니다. 아니 모레 도

* 책을 쓰기 위해 자료를 조사하던 중 프랑스에 있던 전투기 숫자를 적은 기록이 적어도 5개가(숫자가 서로 다르다) 되는 것을 알게 되었다. 내가 보기에는 이 5개의 기록 중 183대가 정확한 것 같다. 이는 요제프 프릴러 중령의 최근 저술 자료를 인용한 것인데, 이 책은 독일 공군의 활동을 기록한 책 중에서 가장 권위 있는 것으로 꼽힌다.

착할지도 모르겠습니다. 장군님은 미쳤습니다!"

"이보게, 프릴러 중령! 침공은 없을 걸세. 날씨가 아주 안 좋아." 비행단장이 말했다.

수화기를 던지듯 세게 내려놓은 프릴러는 활주로로 걸어 나갔다. 이제 남은 비행기라고는 달랑 2대였다. 1대는 자신의 애기이고 다른 1대는 하인츠 보다르치크Heinz Wodarczyk 병장의 것이었다. "이제 뭘 하지?" 프릴러가 보다르치크에게 말했다. "만일 적이 침공하면 높은 양반들은 우리가 저지하기만을 바랄 게 분명하지만, 알게 뭔가! 자, 이제부터는 술이나 마시고 취하자고."

프랑스 전역에서 국적과 상관없이 연합군을 주시하며 침공을 기다린 사람이 수백만 명도 넘었지만, 막상 침공이 코앞까지 다가왔다는 것을 아는 사람은 극소수, 보다 정확히는 열 명도 되지 않았다. 이들은 프랑스 지하저항운동의 지도자들이었다. 곧 침공이 시작될 것을 알았지만 이들은 아무 일 없다는 듯 평범하게 행동했다. 아무 일 없는 것처럼 침착하게 있는 것도 임무였다.

프랑스 지하저항운동 지도자 대부분은 파리에 있었다. 이들은 파리에서 방대하고도 복잡한 저항운동을 지휘했다. 프랑스어로 '저항'을 뜻하는 단어인 레지스탕스resistance로 더 많이 알려진 프랑스 지하저항운동은 완전한 지휘체계를 갖춘 군대나 다름없었다. 레지스탕스는 손대지 않는 일이 없었다. 추락한 연합군 조종사를 구출하는 조직, 사보타주*를 주도하는 조직,

* 옮긴이) 프랑스어 sabotage를 우리말로 옮길 때 '쟁의 시 고의로 업무를 게을리 하는 태업怠業'으로 번역하는 경우가 많지만 원어의 뜻은 이보다 훨씬 강하다. 프랑스어로 태업은 그레브 페를레grève perlée이다. 사보타주란 장비 또는 시설을 파괴하여 정상적인 기능을 방해하는 것으로, 이 과정에서 일어날 수 있는 인명 피해는 당연한 것으로 받아들이는 경향이 있다. 원래 사보타주란 파업 과정에서 노동자의 저항 수단으로 발전했지만, 시간이 흐르면서 노동운동이 혁명성을 띠면서 군사적인 성격이 강해졌다. 따라서 sabotage는 태업보다는 원발음을 살린 사보타주로 표기하는

독일군의 상태를 염탐하는 첩보 조직, 심지어는 독일군 고위 장군이나 관리를 암살하는 조직까지 레지스탕스는 모든 기능을 망라했다. 지방 행정의 수장, 군 지휘관, 남녀를 가리지 않고 수많은 사람이 레지스탕스에 투신했다. 서류상으로 레지스탕스 예하 조직의 구성은 서로서로 겹치는 경우가 많았고 이 때문에 필요 이상으로 복잡했다. 하지만 이는 일부러 조성한 혼란이었다. 레지스탕스의 진정한 힘은 바로 여기에 있었다. 지휘 계선이 중복된 덕에 조직을 보호하기 쉬웠고, 활동망이 여러 겹이었기 때문에 작전마다 성공을 보장할 수 있었다. 레지스탕스 전체의 구성이 어찌나 비밀에 싸여 있는지 레지스탕스를 이끄는 지도자들은 암호명만 알 뿐 누가 누구인지 거의 알지 못했고, 다른 조직이 무슨 일을 하는지 알 수도 없었다. 은밀하게 활동하는 저항운동이 살아남기 위해서는 이래야 했다. 이토록 조심하고 또 조심했지만 독일군의 색출과 보복은 시간이 갈수록 숨이 막힐 만큼 세졌다. 1944년 5월 기준으로 현장에서 활동하는 레지스탕스 대원의 평균 예상 수명은 6개월이 채 안 되었다.

남녀노소를 가리지 않고 사람들이 뛰어들면서 레지스탕스는 엄청난 규모로 성장했고 지난 4년 동안 나치 독일을 상대로 소리 없지만 치열한 전쟁을 치러 왔다. 이 전쟁이란 눈에 띄는 화려함은 없었지만 늘 위험을 동반했다. 수천 명이 잡혀 처형당했고, 또 다른 수천 명은 강제 수용소에서 죽었다. 그러나 1944년 5월, 레지스탕스 대원 대부분은 몰랐지만 이들이 그토록 힘들게 싸우며 기다린 바로 그날이 눈앞에 있었다.

지난 며칠 동안 레지스탕스 최고 지휘부는 BBC 라디오에서 송출하는 암호 전문 수백 건을 수신했다. 이 중 몇 건은 연합군이 언제라도 유럽을 침공할 수 있음을 미리 경고하는 것이었다. 이 전문 중 하나는 「가을의 노래」의 첫 행이었는데 마이어 중령이 이끄는 독일군 제15군 감청반 역시 6월 1

게 적절하다. 참고로 테러는 사보타주와 달리 불특정 다수의 인명 손상을 1차 목표로 한다.

일에 똑같은 전문을 잡아내 해독했다. 카나리스 대장이 옳았던 것이다.

같은 전문을 받고서 마이어 중령보다 훨씬 더 흥분한 레지스탕스 지도자들은 「가을의 노래」 둘째 행이 날아오기를, 그리고 이전에 받은 정보를 확증해 줄 다른 전문이 오기를 기다렸다. 그러나 연합군의 침공이 시작되기 몇 시간 전까지는 이들 전문 중 어떤 것도 발송될 수 없었다. 설령 침공이 몇 시간 안에 시작된다고 알려 주는 전문을 받더라도 이것으로는 연합군이 정확히 어디에 상륙할지 알 수 없었다. 미리 계획한 사보타주를 시행하라는 명령이 연합군사령부에서 내려오면 비로소 이를 바탕으로 상륙 지점을 짐작해 볼 뿐이었다. 사보타주 계획을 시행하라는 전문은 2개였다. 첫째는 "수에즈는 덥다It is hot in Suez."인데 이는 철로와 열차를 파괴하는 '녹색 계획'을 시행하라는 것이고, 둘째는 "주사위는 탁자 위에 있다The dice are on the table."로서 이는 전화선을 절단하는 '적색 계획'을 시행하라는 것이었다. 모든 레지스탕스 지도자에게는 귀 기울여 이 두 문구를 들으라는 지시가 내려진 상태였다.

디데이 하루 전인 6월 5일 월요일 오후 6시 30분, 드디어 BBC 라디오에서 첫 번째 문구가 흘러나왔다. "수에즈는 덥다. …… 수에즈는 덥다." 아나운서의 목소리는 엄숙했다.

바이외에서 자전거 가게를 운영하는 기욤 메르카데르는 가게 지하실에 숨겨 놓은 라디오 앞에 웅크린 채 첫 번째 전문을 들었다. 비에르빌-쉬르-메르와 포르-엉-베생Port-en-Bessin, 그러니까 오마하 해변 지역쯤 되는 해안 구간의 정보 책임자이던 메르카데르는 첫 번째 전문을 듣는 순간 깜짝 놀랐다. 연합군이 언제 어디로 침공할지는 몰랐지만 지난 수년 동안 그토록 기다려 온 시간이 드디어 다가오고 있다고 생각하니 평생 잊을 수 없을 것 같은 강렬함이 몸을 휘감았다.

잠시 쉰 아나운서가 두 번째 문구를 읽었다. 메르카데르가 기다리던 문구였다. "주사위는 탁자 위에 있다." 이 문구가 나오자마자 다른 전문들이 길게 이어졌다. "나폴레옹의 모자는 권투장에 있다. …… 존은 메리를 사랑한다. …… 화살자리는 움직이지 않는다." 메르카데르는 라디오를 껐다. 자신과 관계된 문구 2개가 확실히 들렸다. 다른 문구는 프랑스 다른 곳에 있는 특정 레지스탕스 조직에 해당되는 것이었다.

서둘러 1층으로 달려 올라간 메르카데르는 아내에게 말했다. "지금 나가 봐야 해! 밤늦게나 돌아올 거야." 메르카데르는 지역 레지스탕스 지도자들에게 이 소식을 알리려고 가게에서 꺼낸 경주용 자전거에 올라타 페달을 밟았다. 그는 노르망디 자전거 경주대회 우승자였을 뿐만 아니라 프랑스 전역을 도는 자전거 경주대회인 투르 드 프랑스Tour de France에 노르망디를 대표해 여러 차례 출전한 선수이기도 했다. 독일군은 이런 그에게 자전거 경주 연습을 할 수 있도록 특별 통행증을 발급해 주었다. 따라서 메르카데르는 독일군이 자기를 멈춰 세우지 않으리라는 것을 잘 알았다.

프랑스 곳곳에 있는 레지스탕스 대원들에게는 바로 윗선의 지도자들이 이 소식을 조용히 알려 주었다. 모든 레지스탕스 조직과 대원은 이때를 위해 미리 계획을 세워 놓았다. 그리고 이들은 이날이 오면 무엇을 해야 하는지도 정확하게 알았다. 캉 역장 알베르 오제Albert Augé와 부하들은 역 마당에 있는 펌프와 기관차의 증기 주입기를 부수는 임무를 맡았다. 이지니-쉬르-메르Isigny-sur-mer 근처의 리외 퐁텐Lieu Fontaine에서 찻집을 운영하는 앙드레 파린André Farine은 통신망을 절단하도록 되어 있었다. 파린이 속한 조직의 조직원은 40명이었는데, 이들은 셰르부르를 통해 들어오는 대규모 전화선을 끊어 버릴 예정이었다. 셰르부르에서 식료품 잡화점을 열고 있는 이브 그레슬랭Yves Gresselin은 셰르부르에서 생-로를 거쳐 파리까지 이어지는 철도를 다이너마이트로 끊어 버리는 임무를 맡았다. 이 임무는 가장 힘든 축에 속했다. 위에 늘어놓은 것은 대표적인 것 몇 개에 지나지 않았다. 레지스탕스는 자신을 드러내지 않고 임무를 수행하는, 훨씬 방대한 조직이었다. 시간이 촉박했지만 어둠이 내리기 전까지는 계획을 행동으로 옮길 수 없었다. 레지스탕스는 서쪽의 브르타뉴에서 시작해 동쪽으로는 프랑스-벨기에 국경까지 이어지는 해안을 따라 대원들에게 각각 구역을 할당했다. 이렇게 담당 구역을 받은 대원들은 자기가 맡은 곳으로 연합군이 침공하리라 기대하며 임무를 준비했다.

전문을 받은 레지스탕스 대원 중 일부는 전혀 예상하지 못했던 문제에 맞닥뜨렸다. 비르 강 하구와 가까우며 대서양을 마주해 휴양지로 이름이 높은 그랑캉Grandcamp은 오마하 해변과 유타 해변 사이에 있었다. 그랑캉의 레지스탕스 지도자 장 마리옹Jean Marion은 런던에 건네야 할 중요한 정보가 하나 있었다. 그는 이것을 어떻게 런던에 보낼 수 있을지 고민했다. 오후 일찍이 마리옹의 부하들이 마을에서 1.6킬로미터 떨어진 곳에 새로운 고사포 부대가 도착했다는 소식을 알려 왔다. 이 소식이 정확한지 직접 확인해 볼 생각에 마리옹은 여느 때처럼 자전거를 타고 나섰다. 독일군이 제지야 하겠지만 그는 검문을 통과하리라는 확신이 있었다. 마리옹은 이런 경우에 대비해 정말 다양한 위조 신분증을 지니고 있었다. 이번에는 대서양 방벽 건설에 동원된 근로자 신분증으로 검문을 통과할 생각이었다.

마리옹은 고사포 부대의 규모와 고사포의 능력을 보고는 큰 충격을 받았다. 이 부대는 중重고사포와 경輕고사포를 포함해 다양한 구경의 고사포로 무장했고, 이동수단도 기계화되어 있었다. 포대는 5개였고, 고사포는 모두 25문이었다. 독일군 고사포병은 비르 강 하구부터 그랑캉 외곽까지를 맡아 방공망을 구축할 수 있는 진지로 고사포를 이동시키고 있었다. 마리옹의 눈에 마치 시간과 싸움이라도 하는 것처럼 고사포를 포상에 전개하느라 안간힘을 쓰는 독일군의 모습이 들어왔다. 미친 듯이 일하는 독일군을 보면서 마리옹은 걱정스러운 마음이 들었다. 독일군이 이렇게 대비한다는 것은 연합군이 이곳을 공격하리라는 것, 그리고 과정이야 어찌 되었든 독일군이 이 정보를 미리 입수했다는 것을 뜻했다.

정확하게 안 것은 아니었지만 마리옹의 짐작은 크게 틀리지 않았다. 비르 강 하구부터 그랑캉까지 이어지는 포상마다 독일군이 배치한 고사포들은 바로 몇 시간 뒤 제82공정사단과 제101공정사단을 태운 항공기와 글라이더가 이용할 항로 바로 아래에 있었다. 그러나 연합군 공정부대가 이 항로로 침공하리라는 것을 모르기는 독일군도 마찬가지였다. 나치 독일 국방군 총사령부가 알고 있는 침공 임박 정보는 제1고사포병연대를 지휘하는 베르너 폰 키스토우스키Werner von Kistowski 대령에게까지 전달되지 않았다. 키스토우스키는 2천5백 명이나 되는 부대원을 왜 이곳까지 이리도 급히 데려와야 했는지가 여전히 궁금했지만 이런 예기치 못한 이동에는 익숙했다. 부대를 이끌고 코카서스까지 가 본 적도 있는 키스토우스키에게 이 정도 이동은 놀랄 일도 아니었다.

고사포를 다루는 독일군 옆을 자전거를 타고 조용히 지나가는 마리옹에게 갑자기 큰 고민이 생겼다. 이곳에 독일군 고사포가 대규모로 배치된 것은 매우 중요한 정보였다. '이런 결정적인 정보를 질에게 어떻게 전달하지?' 레오나르 질은 노르망디 지방의 레지스탕스 조직에서 군사정보를 관할하는 책임자였다. 질은 그랑캉에서 80킬로미터나 떨어진 캉에 있었다. 직접 가면 좋겠지만 할 일이 많은 마리옹은 그랑캉을 떠날 수 없었다. 그는 배달원을 이용해 바이외에 있는 메르카데르에게 이 정보를 전달해 볼 생각이었다. 마리옹에게는 몇 시간 걸리기는 하겠지만 메르카데르가 이 정보를 어떻게든 캉까지 전달할 것이라는 확신이 있었다.

고사포 포진 위치만큼 중요한 것은 아니었지만, 마리옹은 연합군사령부에 전달했으면 하는 정보가 하나 더 있었다. 푸앵트 뒤 오크에는 9층 건물만큼 높은 절벽이 있었다. 지난 며칠 동안 이 절벽 꼭대기에 대규모 포상이 있다는 보고가 들어왔는데 이 또한 정확한 것이었다. 포상에는 아직 포가 방렬되지 않았다는 추가적인 정보도 있었다. 당시 독일군의 포는 3킬로미터쯤 떨어진 곳에서 푸앵트 뒤 오크로 오는 중이었다. 마리옹은 이 정보를 전하려고 백방으로 노력했지만, 연합군은 끝내 이 정보를 받지 못한다.

디데이 당일, 방렬은커녕 대포가 있지도 않은 포상을 무력화하는 작전을 위해 미 레인저 225명이 목숨을 걸고 공격했다. 그리고 그 과정에서 무려 135명이 전사한다.

레지스탕스 대원 중에는 연합군의 침공이 임박했다는 것을 전혀 모르는 사람도 있었다. 세상일에는 늘 예외가 있기 마련이기 때문에 침공이 임박한 것을 모르는 사람이 있다는 것은 전혀 이상한 일이 아니다. 그러나 그것이 누구였는지를 생각하면 고개를 갸웃거리게 된다. 침공 사실을 전혀 모르던 사람 중 하나는 바로 레오나르 질이었다. 그는 6월 6일 파리에서 열리는 레지스탕스 주요 지도자 회의에 참석할 예정이었다. 녹색 계획을 실행하는 레지스탕스 대원들이 사보타주를 시행하면 언제라도 열차가 탈선될 수 있다는 것을 알았지만, 질은 파리로 가는 열차에 몸을 맡긴 채 평온하게 앉아 있었다. 질은 화요일에는 침공이 없을 것이라고 확신했다. 설령 침공이 시작되더라도 자기가 맡은 노르망디는 아니라고 보았다. 만일 노르망디를 침공할 예정이었으면 회의를 취소했을 것이 분명했다.

머리로는 이렇게 판단했지만 마음은 그렇지 않았다. 6월 6일이라는 날짜가 자꾸 신경 쓰이는 것은 어쩔 수 없었다. 질이 관리하는 레지스탕스 지휘관 중에는 공산당 계열 사람이 있었는데, 그는 질에게 '연합군이 6일 새벽에 침공할 것'이라고 매우 힘줘 말했다. 과거에도 그가 전한 정보가 어김없이 들어맞았다는 것을 아는 질은 심란했다. 오랫동안 품어 온 질문이 다시 솟아올랐다. '그는 이 정보를 모스크바로부터 직접 받았을까?' 질은 이런 의문이 터무니없다고 마음을 고쳐먹었다. 소련이 비밀을 깨 가면서 의도적으로 연합군을 위험에 빠뜨린다는 것은 상상도 할 수 없었다.

질에게는 자닌 부와타르라는 약혼녀가 있었다. 캉의 라플라스Laplace 로 15번지에 사는 자닌은 시간이 정말 느리게 간다고 생각했다. 레지스탕스 활동을 한 지난 3년 동안 자닌은 집에 60명도 넘는 연합군 조종사들을 숨겨 주었다. 집이라고 해 봐야 아파트 1층인 데다가 크기도 작았다. 추락한 연합군 조종사를 숨겨 주는 일은 위험하기 짝이 없는 반면 대가라고는 기대할 수도 없었다. 실수는 곧 죽음을 뜻하기 때문에 늘 신경을 곤두세워야만 했다. 지난 보름 동안 자닌의 집에는 영국 공군 조종사 세 명이 숨어 있었다. 다음 주 화요일이면 이 셋 중 둘을 탈출시킬 예정이었기 때문에 그날이 지나면 조금 마음을 놓을 수 있을 것 같았다. 지금껏 그런 것처럼 자닌은 앞으로도 운이 좋기만을 바랄 뿐이었다.

자닌처럼 행운이 계속되는 사람도 있었지만, 그렇지 못한 사람도 있었다. 아멜리 르슈발리에Amélie Lechevalier에게 6월 6일은 아무것도 아닐 수 있었지만 모든 것을 뜻할 수도 있었다. 아멜리와 남편인 루이Louis는 6월 2일 게슈타포에게 체포되었다. 농장을 하는 이들 부부는 100명도 넘는 연합군 조종사들을 탈출시켰는데, 농장에서 일하는 소년이 독일군에게 이를 밀고하면서 체포되었다. 아멜리는 캉 감옥에 갇힌 채 딱딱한 침대에 걸터앉아 남편과 자기가 언제 처형될지 조바심을 내고 있었다.

## 연합군, 마지막 만찬을 들다

오후 9시가 조금 못 된 시간, 프랑스 해안 앞바다에 작은 배 십여 척이 나타나더니 수평선을 따라 조용히 움직였다. 육지와 거리가 어찌나 가까운지 승조원들은 노르망디 지방의 집을 똑똑히 볼 수 있었다. 이 배들은 영국 해군의 소해정이었다. 들키지 않고 계속 움직인 소해정들은 이제껏 존재했던 어떤 함대보다 크고 강력한 함대의 최전방에서 임무를 마치고 돌아가는 길이었다.

소해정이 돌아가는 이 순간, 거대한 무리를 이룬 수많은 함정이 물결이 이는 영국해협의 어두운 바다를 헤치며 히틀러가 점령한 유럽으로 다가오고 있었다. 그동안 쌓아 두었던 자유세계의 힘과 분노가 막 터져 나오려 하고 있었다. 함대의 규모는 실로 어마어마했다. 모든 종류의 배 5천 척이 10개의 통로를 이용해 끝도 없이 노르망디로 밀려들었다. 꼬리에 꼬리를 문 함대의 길이는 30킬로미터도 넘었다. 새로 나온 고속 공격 수송선, 녹이 슨 채 느릿느릿 운행하는 화물선, 작은 쾌속선, 영국해협을 횡단하던 증기선, 병원선, 세월의 풍상이 느껴지는 급유선, 연안 무역선, 그리고 큰 소리를 내면서 때로 움직이는 예인선까지, 배라 부를 수 있는 모든 것이 나왔다. 바닥이 평평하고 흘수가 얕은 상륙주정은 끝이 보이지 않을 정도로 열을 지어 움직였다. 아주 느릿느릿 움직이는 상륙함정 중에는 길이가 무려 100미터가 넘는 것이 여럿이었다. 이러한 상륙함과 중重상륙주정 중 많은 수가 실제 해변에 상륙할 작은 상륙주정을 싣고 있었는데, 이들의 수는 1천5백 대도 넘었다. 이 호송 선단의 선두에서는 소해정, 해안경비대의 경비선, 부표 부설선, 그리고 군함에 싣는 소형 증기선 등이 행렬을 만들었다. 배 위에는 독일 공군의 공격을 막기 위해 대형 풍선을 띄웠고, 구름 아래로는 전투기 편대들이 하늘을 누비고 있었다. 소형 함정을 제외하고도 병력, 포, 전차, 트럭, 보급품을 실은 배들이 만드는 이 엄청난 행렬을 무려 702척의 군함이 대형을 갖추고 둘러싸고 있었다.*

커크 해군 소장의 기함인 미 해군의 중重순양함 오거스타Augusta는 미군 특수임무부대를 이끌었다. 오마하 해변과 유타 해변을 목표로 움직이는 호송 선단 21개가 오거스타의 뒤를 따랐다. 여왕의 위엄이 느껴지는 오거스타는, 일본 해군이 진주만을 기습하기 꼭 넉 달 전 프랭클린 루스벨트

* 연합군이 유럽을 침공하는 데 사용한 함정이 정확하게 몇 척이었는지에 대해서는 상당한 논란이 있다. 디데이를 가장 정확하게 다룬 책은 고든 해리슨Gordon Harrison이 쓴 *Cross-Channel Attack*과 새뮤얼 엘리엇 모리슨Samuel Eliot Morison 제독이 쓴 *The Invasion of France and Germany: 1944-1945*인데, 전자는 미 육군의 공식 군사사軍事史이고 후자는 공식 해군사海軍史이다. 이 두 책에는 배에 실려 운반된 상륙주정을 포함해 함정이 5,000척 정도 사용되었다고 기록되어 있다. 영국 해군 사령관인 케네스 에드워즈Kenneth Edwards가 저술한 *Operation Neptune*에는 이보다 적은 약 4,500척으로 기록되어 있다.

대통령을 태우고 뉴펀들랜드Newfoundland 만으로 가 윈스턴 처칠 영국 수상과의 역사적인 첫 만남을 성사시킨 함정이다. 오거스타 주위에는 전투 깃발을 장엄하게 휘날리며 증기를 내뿜는 전함이 여럿 있었다. 영국 해군의 전함으로는 넬슨Nelson과 래밀리즈Ramillies, 워스파이트Warspite가 있었고, 미 해군 전함으로는 텍사스Texas, 아칸소Arkansas, 그리고 미국인들이 자랑스럽게 생각하는 네바다Nevada가 있었다. 네바다는 진주만 공습 때 일본 해군기의 집중 공격을 받아 사실상 침몰되다시피 해 전투서열에서 제외되었지만 1942년 10월 수리는 물론 현대화를 마치고 다시 싸움터로 돌아와 활약한, 그야말로 미국의 자존심 같은 배이다.

소드, 골드, 그리고 주노 해변으로 향하는 38척으로 이루어진 영국-캐나다 연합 호송 함대를 이끄는 배는 영국 해군 필립 비안 소장의 기함 스킬라Scylla*였는데, 비안 소장은 독일이 자랑하는 전함 비스마르크Bismarck를 쫓아가 침몰시킨 인물이다. 스킬라 가까이에는 영국에서 가장 유명한 경輕순양함인 에이잭스Ajax가 있었다. 에이잭스는 1939년 12월에 리버 플레이트 전투**에 이어 몬테비데오 항구에서 당시 독일 해군의 자존심이나 마찬가지이던 장갑전함 그라프 슈페 제독Admiral Graf Spee을 궤멸시킨 전적을 자랑했다. 이것 말고도 미 해군의 터스컬루사Tuscaloosa와 퀸시Quincy, 그리고 영국 해군의 엔터프라이즈Enterprise와 블랙 프린스Black Prince, 자유프랑스의

---

* 옮긴이) 영어 발음은 '실러'이나 우리말로는 그리스 신화를 따라 '스킬라'로 읽는다.

** 옮긴이) Battle of River Plate: 제2차 세계대전 최초의 해전이자 남아메리카에서 벌어진 유일한 해전이다. 상선을 무차별 공격하는 그라프 슈페 제독 호를 제거하기 위해 영국은 순양함 3척(중重순양함 엑스터Exter, 경순양함 에이잭스와 아킬레스Achilles)을 파견했다. 영국 함대는 아르헨티나와 우루과이 양국을 낀 리오 데 라 플라타Rio de la Plata('은강銀江'이라는 뜻의 에스파냐어로, 영어로는 리버 플레이트River Plate) 하구 외곽에서 1939년 12월 13일 그라프 슈페 제독을 발견하고 교전에 돌입했다. 엑스터는 대파되었지만 그라프 슈페 제독 또한 치명적인 피해를 입고 우루과이 몬테비데오 항으로 입항했다. 중립국이었지만 친영 입장을 유지하던 우루과이는 헤이그 조약에 따라 그라프 슈페 제독의 함장인 한스 랑스도르프Hans Langsdorff 대령에게 긴급 수리를 마치고 72시간 안에 떠나라고 통보했다. 영국이 함정을 추가로 급파하자 열세라고 판단한 랑스도르프는 부하들을 살리기 위해 12월 17일 몬테비데오 항을 나와 배를 자침自沈하고 12월 20일 부에노스아이레스에서 자살했다.

IWM

**피커딜리 광장**(해상 집결지) 노르망디로 향하기 전 와이트 섬 인근에 함정들이 모여들고 있다.

U.S. National Archives

**영국해협을 건너 노르망디로 향하는 보병상륙함** 저공비행으로 공격할지 모르는 독일 공군기에 대비해 배마다 대형 풍선을 매달아 띄우고 항해하고 있다.

U.S. National Archives

**기함 오거스타의 함교에서 상륙 모습을 바라보는 미군 장성들** 해군 상륙부대장 커크 해군 소장(가장 왼쪽), 미 제1군 사령관 브래들리 육군 중장(안경 쓴 이), 커크의 참모장 아서 스트러블Arthur Struble 해군 소장(쌍안경으로 바라보는 이), 휴 킨Hugh Keen 소장(가장 오른쪽).

조르주 레이그Georges Leygues 같은 유명한 순양함을 포함해 모두 22척이 더 있었다.

호송 선단에는 돛대가 하나인 범선, 땅딸막한 호위함, 네덜란드의 쉼바Soemba처럼 날씬한 포함, 대잠 초계정, 고속 어뢰정 등 정말 다양한 배들이 속해 있었다. 호송 선단마다 맵시 나는 구축함이 반드시 끼어 있었다. 구축함은 미국과 영국이 제공한 것이 대부분이었지만, 카펠Qu'Appelle, 서스캐처원Saskatchewan, 리스티구슈Ristigouche처럼 캐나다가 보낸 것도 있었고, 스베너Svenner와 같은 노르웨이 구축함도 있었으며, 심지어 포이론Poiron처럼 폴란드가 보낸 구축함도 있었다.

역사상 유례없이 거대한 이 함대는 느리다 못해 지루할 정도로 천천히 영국해협을 건넜다. 분 단위로 시간을 쪼개 쓰는 행렬이 이어졌는데, 이는 넵튠 작전 이전에는 단 한 번도 시도해 본 적이 없는 이동 방법이었다. 잉글랜드의 항구와 포구에 정박해 있다 쏟아지다시피 나온 배들은 두 줄로 호송 선단을 이루어 해안을 따라 이동하다가 와이트 섬 남쪽에 있는 해상 집결지로 모였다. 이 해상 집결지는 '피커딜리 광장Piccadilly Circus'이라는 별명으로 불렸다. 이곳에 모인 배들은 승선한 부대가 상륙할 해변을 기준으로 집결한 뒤 미리 정해진 자리에 정렬했다. 호송 선단 대형에서 어디에 있을지는 사전에 면밀하게 검토해 미리 정해 놓았다. 해상 집결지를 벗어난 호송 선단은 침공 해변으로 이어지는 항로를 따라 노르망디로 항해를 시작했다. 항로에는 이미 부표가 모두 설치되어 있었다. 호송 선단이 노르망디에 접근하면 고속 항로와 저속 항로로 다시 나뉘면서 최종적으로 항로는 모두 10개가 되었다. 소해정을 필두로 전함과 순양함이 뒤를 따르는 함대의 선두에는 마치 털이 곤두선 것처럼 레이더와 안테나가 빽빽하게 솟은 지휘 함정 5척이 있었다. 이들 함정은 유럽 침공을 총지휘하는 두뇌 역할을 했다.

눈 닿는 곳이면 어김없이 배가 있었다. 당시 배에 타고 있던 군인들은 이 역사적인 함대를 인생에서 목격한 가장 인상적이고 잊을 수 없는 장면으로 생생하게 기억한다.

승선한 군인들은 배가 이리저리 흔들려 불편했고 상륙하면 죽거나 다칠 수도 있다는 것을 잘 알았지만, 오랜 기다림을 끝내고 마침내 노르망디로 나아가는 것이 좋았다. 여전히 긴장을 풀 수는 없었지만 그래도 긴장의 정도는 얼마쯤 느슨해졌다. 지금 이 순간, 모든 군인은 상륙이 빨리 끝나기만을 바랐다. 상륙주정과 수송선에 탄 군인들은 마지막으로 편지를 쓰고 카드놀이를 하거나 잡담을 하면서 시간을 보냈다. "군목들은 눈코 뜰 새 없이 바빴습니다." 당시 제29보병사단 116연대 1대대장이던 토머스 스펜서 댈러스Thomas Spencer Dallas 소령의 회상이다.

제4보병사단 12연대의 군목 루이스 풀머 쿤Lewis Fulmer Koon 대위는 바늘 하나 꽂을 틈 없이 빽빽한 상륙주정에 타고 있었다. 여기저기에서 정신없이 예배를 인도하던 쿤은 자신이 어느새 종파를 가리지 않고 예배를 집전하고 있다는 것을 알았다. 유대인인 어빙 그레이Irving Gray 대위가 쿤에게 부탁했다. "신교든 구교든 아니면 유대교든 상관없이 우리 중대가 임무를 완수하도록, 그리고 가능하다면 무사히 고향으로 돌아갈 수 있도록 우리 중대원들이 믿는 하느님 또는 하나님께 기도하는 것을 도와주겠소?" 쿤은 기꺼이 그러겠노라 대답했다. 해안경비대 경비정에 탄 윌리엄 스위니William Sweeney는 어둠 속에서 공격 병력을 실은 공격수송선 새뮤얼 체이스Samuel Chase가 불빛을 깜빡이며 보낸 신호를 여전히 기억하고 있다. 신호의 내용은 '미사 중'이었다.

노르망디를 침공하려 배를 타고 영국해협을 건너는 군인들은 영국을 출발하고 몇 시간 동안은 평온한 시간을 보냈다. 혼자서 말없이 생각에 잠기거나, 남자들 사이에서 흔히 오가는 이야기로 시간을 보내기도 했다. 훗날 전쟁에서 살아남은 군인들은 영국해협을 건너던 그때가 전쟁의 공포를 인정하고 개인적인 문제를 정말 진솔하게 이야기한 시간이었다고 회상했다. 평생 경험해 보지 못한 생소한 밤이었지만 진실의 시간이기도 했다. 배에 탄 군인들은 서로서로 친해지면서 전엔 만나 본 적도 없는 사람에게 비밀을 털어놓았다. 당시 제146공병대대 소속으로 참전한 얼스턴 헌Earlston Hern 일병은 그 순간을 이렇게 회상했다. "우리는 집 이야기를 포함해 살아온 이야기를 무척 많이 했습니다. 상륙하는 순간 어떤 광경이 벌어질지 그리고 그곳에서 무엇을 경험하게 될지도 많이 이야기했습니다." 축축하게 젖어 미끄러운 상륙주정 갑판에서 헌은 이름도 알지 못하는 의무병과 이런 대화를 나누었다. "그 의무병은 가정에 문제가 있었어요. 아내가 모델인데 이혼하자고 했더군요. 걱정이 많은 친구였습니다. 자신이 집에 돌아올 때까지 기다려야 한다고 아내에게 말했다더군요. 우리가 대화를 나누는 내내 바로 옆에서 어린 병사 한 명이 혼자서 낮은 소리로 노래를 부르던 것도 기억이 납니다. 그 병사는 과거 어느 때보다 지금 노래를 더 잘 부를 수 있다고 말했는데, 그러면서 무척 대견해하는 것 같았어요." 전쟁이 끝날 때까지도 헌은 그 의무병의 이름을 알지 못했다.

미 제1보병사단의 마이클 커츠Michael Kurtz 상병은 영국 해군 보병상륙함 엠파이어 앤빌Empire Anvil에 타고 있었다. 커츠는 이미 북아프리카, 시칠리아, 그리고 이탈리아에서 싸운 역전의 용사였다. 이런 그에게 위스콘신Wisconsin 주 출신의 보충병 조지프 스타인버Joseph Steinber 이병이 다가왔다.

"커츠 상병님! 솔직하게 말씀해 주십시오. 우리가 살아남을 수 있다고 보십니까?"

커츠가 말했다. "이봐, 신병! 당연히 살아남을 거야! 죽을지 모른다고 걱정할 시간이 있으면 전투에서 어떻게 싸울지를 생각하라고!"

제2레인저대대의 빌 페티Bill Petty 병장은 걱정이 많았다. 페티는 친구인 빌 맥휴Bill McHugh 일병과 영국해협을 횡단하는 오래된 증기선 아일 오브 맨Isle of Man의 갑판에 앉아 조용히 내리는 어둠을 물끄러미 바라보았다. 페티는 노르망디 쪽으로 길게 늘어선 배들을 바라보며 마음을 다잡으려 했지만 별로 효과가 없었다. 페티의 머릿속에는 온통 푸앵트 뒤 오크에 있는 절벽 생각뿐이었다. 페티는 맥휴 쪽으로 몸을 돌리며 말했다. "이 생지옥에서 빠져나갈 수는 없겠지!"

맥휴가 말했다. "빌어먹을 놈 같으니라고! 왜 그렇게 비관적이야?"

페티가 대꾸했다. "그럴지도 모르지, 맥! 하지만 우리 둘 중 한 명만 절벽에 도착할 거야."

맥휴는 별로 표정도 바꾸지 않고 말했다. "가야 한다면 가는 거야!"

뭐라도 읽으려고 애쓰는 군인도 있었다. 제1보병사단의 앨런 보데트Alan Bodet 상병은 헨리 벨러맨*이 쓴 『킹스 로우』를 읽어 보려 했지만, 머릿속에는 지프를 어떻게 운전해야 할까 하는 생각뿐이었다. 상륙하면 깊이가 1미터는 족히 되는 바닷물 속으로 지프를 몰아야 하는데 방수 처리는 제대로 되었을지 걱정이 많았다. 캐나다 제3사단의 포수 아서 헨리 분Arthur Henry Boon은 전차상륙주정에 타고 있었다. 그는 많은 호기심을 자아내는 『아가씨와 백만 명의 사나이A Maid and a Million Men』**라는 책을 독파하려 했다. 엠파이어 앤빌에 승선한 제1보병사단 군목 로렌스 디리Lawrence E. Deery는 제16보병연대 제1제대로 오마하 해변에 상륙할 예정이었다. 그는 로마의 서정시인 호라티우스가 라틴어로 쓴 작품을 읽고 있는 영국 해군 장교를 보고 깜짝 놀랐다. 그런데 디리의 독서 수준 또한 이에 못지않았다. 그날 저녁 그

* 옮긴이) Heinrich Hauer Bellamann(1882년 4월 28일~1945년 6월 16일): 작가, 음악 교육자이다. 1890년대 가상의 마을 킹스 로우에서 펼쳐지는 위선, 정신병, 근친상간, 동성애, 자살, 양성 평등, 그리고 가학적인 복수라는, 당시는 물론 오늘날에도 쉽지 않은 주제를 모두 다룬 매우 획기적인 소설 『킹스 로우Kings Row』로 유명하다. 벨러맨은 고향 미주리Missouri 주의 풀턴Fulton에서 외톨이처럼 자란 경험을 소설에 녹여 냈는데, 실제로 소설의 무대로 가상의 이름만 붙였을 뿐 고향 마을의 모습을 그대로 빌려 왔다. 『킹스 로우』는 1942년 동명의 영화로도 만들어지는데, 영화를 본 풀턴 주민들이 소설의 내용을 깨닫게 되면서 매우 큰 논란이 일어났다. 레이건 대통령이 배우 시절 주인공을 맡은 영화이기도 하다.

** 옮긴이) 제1차 세계대전에 구급차 운전병으로 참전했던 제임스 던턴James G. Dunton의 소설로, 쌍둥이 오빠 대신 여동생이 프랑스로 가 미군으로 싸운다는 내용이다. 제2차 세계대전 동안 미군은 이 책을 병사들에게 배포했다.

는 존 시먼즈*가 쓴 『미켈란젤로의 일생Life of Michelangelo』을 읽고 있었다. 다른 상륙주정에는 캐나다군 제임스 더글러스 길런James Douglas Gilan 대위가 타고 있었다. 배가 어찌나 심하게 흔들리는지 타고 있던 거의 모든 이가 뱃멀미로 고생했다. 길런이 읽으려 가져온 책은 그 상황에 꼭 들어맞는 것이었다. 길런은 시편 23편을 펴고 큰 소리로 읽기 시작했다. "여호와는 나의 목자시니 내게 부족함이 없으리로다." 길런은 물론 함께한 동료 장교의 마음도 차분해졌다.

물론 모든 사람이 이처럼 경건한 것은 아니었다. 걱정이라고는 전혀 없어 보이는 사람들도 있었다. 영국 해군 수송선 벤 머크리Ben Machree에 탄 레인저들은 돛대와 갑판 사이에 달린 두께 2센티미터쯤 되는 줄에 매달려 배 안 온 곳을 기어올랐다. 이런 광경을 본 수병들은 깜짝 놀랐다. 캐나다 제3사단 소속 군인들은 타고 있는 배에서 시를 낭송하고 춤을 추고 심지어 합창단을 만들어 공연까지 하는 시간을 가졌다. 킹스 연대King's Regiment 소속으로 패디Paddy라는 애칭으로 불린 제임스 퍼시벌 데 레이시James Percival de Lacy 병장은 백파이프로 연주하는 '트럴리의 장미'**를 듣다가 감정이 격해진 나머지 지금 어디에 있는지도 잊어버리고 벌떡 일어서서는 "전쟁을 멀리하자!"라는 문구로 유명한 아일랜드의 에이먼 데 벌레라***에게 축배를 제의했다.

처음에는 전투에서 살아남을지 죽을지 안절부절 걱정하던 연합군 장병

---

* 옮긴이) John Addington Symonds(1840년 10월 5일~1893년 4월 19일): 영국 출신으로 르네상스와 게이 권리 연구의 거장이다. 예술가 전기의 걸작으로 꼽히는 『미켈란젤로의 일생』은 이탈리아 정부가 최초로 열람을 허락한 미켈란젤로 문서를 모두 살펴보고 쓴 책으로, 르네상스 예술사 분야의 필독서로 꼽힌다.

** 옮긴이) The Rose of Tralee: 트럴리의 장미로 불리는 메리Mary라는 여인의 아름다움을 찬양하는 19세기 아일랜드의 노래이다. 트럴리는 아일랜드 남서부에 있는 작은 도시로, 1959년부터 매년 8월이면 열리는 장미축제와 미인 선발대회로 유명하다.

*** 옮긴이) Éamon de Valera(1882년 10월 14일~1975년 8월 29일): 1917년부터 1973년까지 활동한 아일랜드의 저명 정치인. 아일랜드 공화국을 주장하며 1916년 부활절 봉기에 참여했고, 1937년 아일랜드 헌법을 작성했다. 아일랜드 정부수반과 국가수반을 역임했다.

Library and Archives Canada

**노르망디로 향하는 배 안에서 백파이프 연주를 즐기는 캐나다군**(디데이) 전장의 공포를 잠시나마 잊은 채 미소 짓는 모습이 인상적이다.

들은 이제 해변에 빨리 도착하지 못해 안달이 났다. 상륙주정을 타고 영국해협을 건너는 일은 독일군과 마주해 싸우는 것보다 더 끔찍했다. 뱃멀미는 마치 치명적인 전염병처럼 영국해협을 건너는 59개의 수송대 모두를 괴롭혔다. 좌우로 훨씬 더 많이 흔들리는 상륙주정에 탄 군인들의 고생은 이만저만이 아니었다. 모든 장병은 출항 전에 멀미약과, 적재품목에도 올라 있는 멀미봉투를 받았다. 철두철미함을 추구하는 전형적인 군대의 모습대로 봉투에는 "봉투, 멀미용, 1개"라는 문구가 쓰여 있었다.

연합군이야 최선을 다해 준비했다지만, 늘 그렇듯 실전에서는 부족한 것이 속출했다. 제29보병사단의 윌리엄 제임스 위드펠드William James Wiedefeld 중사는 당시를 생생하게 기억한다. "멀미봉투가 가득 차니까 철모에다 대고 토했습니다. 그러다 철모가 가득 차니까 불 끄는 데 쓰려고 모래를 담아 둔 양동이를 비우고 거기에 토했지요. 발 디디고 서 있을 수조차 없는 갑판 사방에서 '독일군과 싸우다 죽는 한이 있어도 이 빌어먹을 오물통에서 나가게 해 주소서!'라고 울부짖는 소리가 들렸어요." 어떤 상륙주정에 탄 병사들은 너무나 괴로운 나머지 배 밖으로 뛰어내리겠다고 위협하기도 했다. 진심은 아니었겠지만 그만큼 괴롭다는 것을 보여 주는 데는 이만한 것도 없었다. 캐나다군 제3사단의 고든 랭Gordon Laing 이병도 멀미로 고생하면서 친구에게 매달려 있었다. 허리를 잡힌 친구는 랭에게 잡고 있는 허리띠를 놔 달라고 애원했다. 영국 해병 특수부대원인 러셀 존 위더Russel John Wither 병장은 타고 있던 상륙주정에서 생긴 일을 또렷이 기억한다. "멀미봉투마다 금세 차서 결국 1개만 남았어요." 그렇게 남은 마지막 멀미봉투는 손에 손을 타고 멀미하는 병사들 사이를 돌았다.

사실 연합군은 출발 전에 멋진 식사를 했다. 아마 앞으로 몇 달은 먹기 힘든 훌륭한 저녁이었다. 연합군사령부는 배에서 대기하는 장병들에게 가장 좋은 음식을 먹이기 위해 특별 계획까지 세웠다. 그러나 이렇게 애써 먹은 음식도 멀미 앞에서는 버틸 재간이 없었다. '마지막 만찬'이라는 별명이 붙은 이 식사는 배마다 달랐다. 공격용 수송선 찰스 캐럴Charles Carroll에 승선한 제29보병사단의 캐럴 스미스Carroll B. Smith 대위는 노른자가 동그랗게 살아 있는 달걀을 얹은 스테이크를 먹었다. 스테이크 위에는 산딸기와 아이스크림까지 얹혀 있었다. 2시간 뒤, 스미스는 난간 손잡이를 잡고 안간힘을 쓰며 버티고 있었다. 제112공병대대의 조지프 로젠블랫 2세Joseph Rosenblatt, Jr. 소위는 프랑스식 닭고기 요리를 일곱 그릇이나 먹고 기분이 무척 좋았다. 제5공병특별여단 키스 브라이언 병장도 마찬가지였다. 그는 샌드위치와 커피를 먹어 치웠지만 여전히 배가 고팠다. 전우 중 한 명이 배에서 훔친 4리터짜리 과일 통조림을 네 명이서 해치웠다. 물론 이 모든 것은 멀미와 함께 추억으로 사라졌다.

예외도 있었다. 영국 보병상륙함 프린스 찰스Prince Charles에 탄 제5레인저대대의 에버리 손힐Avery J. Thornhill 병장은 멀미약을 한 움큼 먹고 항해 내내 잠들었다.

노르망디 해안으로 나아가는 연합군은 두려움과 불편함을 겪기는 했지만 놀랄 만큼 선명하게 각인될 만한 일도 경험했다. 제29보병사단의 도널드 앤더슨Donald Anderson 소위는 해가 지기 1시간 전에 햇살이 구름을 뚫고 쏟아지던 모습을 생생히 기억한다. 햇빛을 받은 함대는 윤곽만 보이는 검은 그림자가 되어 하늘과 또렷하게 대비되었다. 제2레인저대대 폭스트롯 중대원들은 톰 라이언Tom Ryan 병장의 생일을 기념해 생일 축하 노래를 불렀다. 이로써 라이언은 스물두 살이 되었다. 집이 그리운 열아홉 살짜리 로버트 매리언 알렌Robert Marion Allen 이병은 제1보병사단 소속이었다. 그에게 이런 밤은 미시시피 강에서 배를 타는 데 꼭 맞는 날이었다.

침공 함대에 몸을 실은 군인들은 새벽이 오면 자신들이 새로운 역사를 쓸 거라는 것은 전혀 모른 채 타고 있는 배에서 할 수 있는 한 최대로 휴식을 취했다. 프랑스군 특수부대는 단 하나밖에 없었다. 이 외로운 부대의 지휘관 필립 키퍼 소령은 상륙주정에 탄 채 담요로 몸을 덮었다. 담요 안에서 그는 1642년 잉글랜드의 에지힐 전투*에서 왕당파 지휘관이던 제이컵 애스틀리Sir Jacob Astley가 한 기도를 떠올렸다. 키퍼는 기도를 올렸다. "주여! 이날 제가 얼마나 바쁠지 당신께서는 잘 아십니다. 비록 제가 주님이 계시다는 것을 잊더라도 주께서는 저를 잊지 마소서!" 그는 담요를 목까지 끌어당기고는 바로 잠에 빠졌다.

독일군 제15군 감청반의 마이어 중령이 사무실에서 뛰쳐나간 것은 오후 10시 15분이 조금 넘었을 때였다. 마이어의 손에는 제2차 세계대전을 통틀어 독일군이 엿듣고 가로챈 것 중 가장 중요한 전문이 들려 있었다. 이제

* 옮긴이) Battle of Edgehill: 1642년 10월 23일 영국 국왕 찰스 1세와 의회군 간에 벌어진 전투로, 양측 모두 훈련과 장비 수준이 저조한 데다 병력이 도망치거나 약탈에만 관심이 있어 결정적인 승리를 거두지 못했고 이후 전쟁은 4년간 지속된다.

연합군이 48시간 안에 침공할 것은 기정사실이었다. 이런 중요한 정보를 알아낸 이상 독일군은 침공하는 연합군을 바다로 내동댕이치듯 물리칠 수 있을 것 같았다. BBC 라디오에서 수집한 전문은 레지스탕스를 대상으로 한 베를렌의 시 두 번째 행이었다. "Blessent mon coeur d'une langueur monotone단조로운 울적함에 마음 아파라."*

마이어는 제15군 사령관 한스 폰 잘무트 상급대장과 참모장, 그리고 세 명의 장교들이 카드놀이를 하고 있는 식당 문을 뚫고 들어가듯 달려가서는 숨이 넘어가는 소리로 말했다. "사령관님! 기다리던 두 번째 전문이 여기 있습니다."

잘무트 상급대장은 잠시 생각하더니 제15군 전체에 최고 수준의 경계령을 내렸다. 그러나 마이어가 식당에서 서둘러 나올 때 잘무트는 손에 든 카드를 다시 응시했다. 마이어는 당시 잘무트가 했던 말을 여전히 기억했다. "나는 이 일로 흥분하기에는 너무 늙었네."

사무실로 돌아온 마이어는 즉각 룬트슈테트의 서부전선 사령부에 전화를 걸어 이 사실을 보고하고는 히틀러가 직접 지휘하는 국방군 총사령부

---

* 옮긴이) 「가을의 노래」 전문은 이렇다.

| | |
|---|---|
| Les snaglots longs<br>Des violons<br>De l'automne<br>Blessent mon coeur<br>D'une langueur<br>Monotone. | 가을날,<br>바이올린의<br>긴 흐느낌<br>단조로운 울적함에<br>마음 아파라. |
| Tout suffocant<br>Et blême, quand<br>Sonne l'heure,<br>Je me souviens<br>Des jours anciens<br>Et je pleure | 종소리 울리면<br>숨 막히고,<br>창백히<br>옛날을 추억하며<br>눈물짓노라. |
| Et je m'en vais<br>Au vent mauvais<br>Qui m'emporte<br>Deçà, delà,<br>Pareil à la<br>Feuille morte. | 그리하여 나는 간다.<br>모진 바람이<br>날 휘몰아치는 대로<br>이리저리<br>마치 낙엽처럼. |

에도 보고했다. 독일군 예하 모든 사령부에는 텔레타이프로 이 소식이 거의 동시에 전파되었다.

그러나 이번에도 역시 제7군은 이 정보를 받지 못했다. 핑계 없는 무덤이 없다고는 하지만, 왜 이들에게 정보가 통보되지 않았는지를 속 시원하게 설명해 줄 만한 이유는 찾을 수 없다.* 연합군은 유타, 오마하, 골드, 주노, 소드 등 침공 해변에서 조금 떨어진 바다마다 수송지역을 설정했는데, 당시 침공 함대들이 이렇게 설정된 곳까지 도착하는 데는 4시간이 조금 넘게 필요했다. 그리고 3시간 안에는 1만 8천 명에 달하는 공정부대원들이 어두운 벌판이나 산에서 자라는 키 작은 나무들 위로 낙하할 예정이었다. 그중 한 곳은 독일군이 연합군 침공 경보를 전혀 발령하지 않은 곳이었다.

제82공정사단의 아서 슐츠 이병은 모든 준비를 마쳤다. 비행장에 대기하는 여느 병사처럼 슐츠도 강하복을 입고 오른팔에는 낙하산을 걸쳤다. 숯을 바른 얼굴은 눈과 이빨만 빼고는 새까맸고, 머리는 마치 이로쿼이 인디언이라도 된 듯 말갈기처럼 가운데 머리털만 남기고 주변을 밀어 버렸다.

---

* 이 책에 표기된 모든 시간은 표준시보다 2시간 빠르게 하는 영국이중일광절약시간의 시간을 적용했는데, 이는 독일 중부 시간보다 1시간이 늦다. 따라서 베를렌의 시를 마이어가 낚아챈 시간은 오후 9시 15분이다. 제15군 상황일지에는 마이어가 입수한 전문을 텔레타이프를 이용해 여러 사령부로 전송했다는 기록이 남아 있는데, 그 내용을 옮기면 다음과 같다. "텔레타이프 번호 2117/26. 긴급. 수신자: 67, 81, 82, 89군단, 벨기에와 프랑스 북부 군정관, B집단군, 16고사포사단, 영국해협 해안 함대사령관, 벨기에와 프랑스 북부 공군. 6월 5일 21시 15분에 BBC 라디오로 전문이 방송되었음. 보유한 정보를 근거로 분석한 바에 따르면 '이는 6월 6일 0시부터 48시간 안에 연합군이 침공할 것'을 의미함."

독일군 제7군과 제84군단 모두 수신자 명단에 포함되어 있지 않았다. 실제로 이 전문을 전파하는 것은 마이어의 책임이 아니었다. 제7군이나 제84군단 모두 롬멜이 지휘하는 B집단군 예하의 부대들이기 때문에 이를 전파할 책임은 B집단군에게 있었다. 여기서 가장 풀기 어려운 의문은 '연합군이 침공할 것으로 예상되는 지역 전체라 할 수 있는 네덜란드부터 프랑스를 거쳐 에스파냐 국경까지 이어지는 해안선에 서부전선 사령부가 왜 총경계령을 내리지 않았는가?' 하는 점이다. 전쟁이 끝난 뒤 독일군이 디데이 날짜를 담은 전문을 적어도 15개를 가로채 정확하게 해석했다고 주장하면서 이러한 의문은 더욱 커졌다. 베를렌의 시 「가을의 노래」를 이용한 전문은 내가 확인한 독일군 상황일지에서는 오직 하나뿐이었다.

그날 밤 공정부대원이라면 이런 미치광이 같은 모습은 당연했다. 각종 장비를 주렁주렁 매단 슐츠는 어떤 면에서 보든 강하 준비가 끝난 병사였다. 불과 몇 시간 전까지만 해도 2천500달러를 땄던 슐츠였지만 지금 남은 것은 20달러가 전부였다.

공정부대원들은 비행기까지 타고 갈 트럭이 오기를 기다리고 있었다. 슐츠의 친구인 제럴드 콜럼비Gerald Columbi 이병은 한창 주사위 노름을 하다 슐츠에게 달려와 말했다. "20달러만 빨리 꿔 줘!"

슐츠가 대꾸했다. "뭘 믿고 돈을 꿔 줘? 죽을지도 모르는데."

콜럼비는 차고 있던 손목시계를 풀면서 대답했다. "내가 이거 줄게."

슐츠는 가지고 있던 마지막 20달러를 건네면서 말했다. "좋아!"

돈을 받은 콜럼비는 다시 노름판으로 달려갔다. 슐츠는 콜럼비가 건넨 손목시계를 물끄러미 바라보았다. 그저 평범한 시계가 아니었다. 부로바Bulova 사에서 졸업생을 위해 만든 금시계였다. 뒷면에는 콜럼비의 이름과 함께 부모가 새겨 준 글귀가 있었다. 그렇게 시계를 바라보고 있는 슐츠에게 누군가 소리쳤다. "자, 이제 출발이다!"

장비를 챙겨 격납고를 나서 트럭에 오르려는 순간 슐츠는 콜럼비와 마주쳤다. "이거 받아!" 슐츠는 콜럼비에게 시계를 돌려주었다. "시계가 2개나 필요한 것은 아니잖아." 이제 슐츠에게 남은 것은 어머니가 보내 준 묵주뿐이었다. 슐츠는 어떤 일이 있어도 묵주만큼은 가지고 가리라 마음먹었다. 트럭은 활주로를 가로지르더니 공정부대원들을 기다리고 있는 수송기로 다가갔다.

잉글랜드 전역에서 대기하던 공정부대원은 비행기와 글라이더에 올라 출발을 기다렸다. 공정부대원보다 먼저 프랑스 땅을 밟고 강하지대에 불을 밝힐 선도병들을 태운 비행기들은 이미 떠난 뒤였다. 뉴베리에 있는 제101 공정사단 본부에 참모장교 몇몇과 종군기자 넷을 대동하고 연합군 최고사령관 아이젠하워 대장이 찾아왔다. 아이젠하워는 출발을 앞둔 공정부대원들과 자유로운 분위기에서 1시간도 넘게 이야기를 하고는 공정부대원들을 태운 첫 번째 수송기가 활주로를 따라 이륙할 자리로 움직이는 것을 바라보았다. 아이젠하워는 침공 전체의 어떤 국면보다도 공정 작전이 걱정되었다. 예하 지휘관 중 몇몇은 공정 작전에 참가한 병력의 80퍼센트 이상이 사상자가 될 것이라고까지 확신했다.

아이젠하워는 부하들을 이끌고 전장으로 뛰어내릴 제101공정사단장 맥스웰 테일러 소장에게 작별인사를 했다. 인사를 마친 테일러는 단호한 모습으로 수송기로 곧장 걸어갔다. 사실 테일러는 그날 오후 스쿼시 경기를 하다가 오른쪽 무릎 인대가 찢어졌다. 테일러는 이런 것 때문에 최고사령관을 걱정시키고 싶지 않았다. 아이젠하워가 이를 알았더라면 테일러를 가지 못하게 했을 것이다.

이제 아이젠하워는 기다리는 것을 빼고는 할 수 있는 일은 아무것도 없었다. 아이젠하워는 준비를 마친 수송기들이 활주로를 내달려 속도를 높여 부드럽게 하늘로 솟아오르는 모습을 우두커니 바라보았다. 1대씩 차례대로 이륙한 수송기는 활주로 상공에서 원형을 그리면서 대형을 만들더니 프랑스로 기수를 돌린 채 꼬리에 꼬리를 물고 어둠 속으로 사라졌다. 아이젠하워는 주머니 깊숙이 두 손을 찔러 넣고는 밤하늘을 지그시 바라보았다. 수송기들이 거대한 대형을 형성한 채 마지막으로 활주로 위에 굉음을 토해 놓고는 프랑스 쪽으로 기수를 돌리자 NBC 방송의 메릴 뮐러 기자는 최고사령관을 쳐다보았다. 아이젠하워의 눈에는 눈물이 고여 있었다.

몇 분 뒤, 영국해협을 건너는 연합군 함대의 장병들에게 수송기들이 날아오는 소리가 들려왔다. 소리가 점점 커지더니 머리 위로 '쌩쌩' 거리며 비행기 날아가는 소리가 계속되었다. 얼마간 그러더니 폭풍 같던 엔진 소리가 점차 멀어지며 잦아들었다. 미 구축함 헌든의 함교에는 당직사관 바토우 파 2세 중위와 NEA*의 종군기자 톰 울프Tom Wolf가 있었다. 둘은 어둠을 응시하는 동안 아무 말도 꺼낼 수 없었다. 공정부대원들을 실은 수송기 편대가 마지막으로 지나간 뒤, 함대 머리 위에 떠 있는 구름 사이로 호박색 불빛이 짧게 세 번 그리고 길게 한 번 번쩍였다. 모두가 아는 대로 승리Victory의 머리글자인 알파벳 브이를 뜻하는 모스 부호였다.** 이 순간, 연합군 모두는 마음속으로 간절히 승리를 기원했다.

* 옮긴이) Newspaper Enterprise Association의 머리글자이다. 신문에 기사, 삽화, 만화를 배급한 최초의 미국 회사로서 1902년 스크립스Scripps가 설립했다. 현재는 United Media라는 이름을 쓴다.

** 옮긴이) 벨기에 법무장관으로서 1941년 1월 영국으로 망명해 BBC에서 방송을 했던 빅토르 드 라블레예Victor de Laveleye는 프랑스어로 승리victoire와 플랑드르어로 자유vrijheid의 머리글자가 모두 V라는 것에 착안해 V를 퍼뜨리는 운동을 전개했다. BBC 뉴스 부편집자로 이를 이어받은 더글러스 리치는 나치 점령지에 사는 사람들을 위해 1941년 6월 6일 승리victory의 머리글자인 V를 퍼트리는 심리전을 전개했다. 리치는 V를 뜻하는 모스 부호(••• —)를 사용할 것을 제안했는데 이는 우연히도 베토벤 교향곡 5번 「운명」의 주제부와 동일했고 BBC는 제2차 세계대전 동안 독일이 점령한 유럽을 대상으로 하는 모든 방송을 「운명」 교향곡 주제부로 시작했다.

U.S. National Archives

**디데이를 앞둔 미 공정부대원** 이로쿼이 인디언처럼 머리를 깎고 얼굴을 위장한 데다가 등과 가슴에 낙하산을 하나씩 매고 톰슨 기관단총과 권총을 챙겼으며 물에 빠질 때를 대비해 목에는 구명부의를 걸었다. 허리에는 야전삽, 수통, 대검, 구급대를 포함해 전장에서 필요할 품목을 빼곡히 둘러맸다.

U.S Library of Congress

**제101공정사단 장병들을 격려하는 아이젠하워**(1944년 6월 5일 저녁 8시 30분) 런던 서쪽 그린햄 커먼Greenham Common 비행장에서 제101공정사단 502낙하산보병연대 이지 중대원들과 대화하는 아이젠하워. 사진에 나온 사람들이 누구인지 궁금해하던 라이언은 제101공정사단 전우회를 통해 이들이 누구인지 확인할 수 있었다. 아이젠하워를 둘러싼 사람들은 윌리엄 보일William Boyle 일병, 한스 새너스Hans Sannes 상병, 랠프 폼배노Ralph Pombano 일병, 잭슨S. W. Jackson 일병, 델버트 윌리엄스Delbert Williams 병장, 윌리엄 헤이즈William E. Hayes 상병, 칼 위커스Carl Wickers 일병, 월러스 스트로벨Wallace Strobel 중위(목에 23을 달고 있음), 헨리 풀러Henry Fuller 일병, 마이클 바비치Michael Babich 일병, 윌리엄 놀William Noll 일병이다. 디데이에 792명이 강하한 제502낙하산보병연대는 6주 동안의 치열한 전투 뒤 불과 129명만이 살아남았다. 모든 전투에서 살아남은 스트로벨은 1999년에 사망해 알링턴 국립묘지에 안장되었다.

Cornelius Ryan Archives

**12조 선도병들과 C-47 스카이트레인** 미 제82공정사단 예하 낙하산보병연대에서 엄선된 선도병들이 노르망디를 향해 이륙하기 직전에 찍은 사진이다. 선도병은 모두 20개 조가 있었는데, 문 옆에 보이는 것처럼 분필로 자기 조를 쓰고 기념사진을 찍었다. 사진에 찍힌 12조 선도병 중 누가 살아남았는지는 정확히 알 수 없다. 살아남은 것으로 확인된 사람이 둘 있는데, 그중 하나는 바로 르브로 부인의 마당에 떨어진 로버트 머피 이병으로 오른쪽에서 세 번째에서 서 있다.

U.S. National Archives

**준비를 마치고 수송기에 오른 제101공정사단** 가슴 앞에는 예비 낙하산, 아래에는 배낭이 있다. 손에 든 종이는 출전하는 연합군을 격려하는 아이젠하워의 지휘서신이다.

U.S. National Archives

**아이젠하워의 디데이 지휘서신 초안** 아이젠하워는 고민하면서 지휘서신을 직접 고쳤는데, 짧지만 강렬한 이 글은 20세기 명연설 중 하나로 손꼽힌다.

**아이젠하워의 디데이 지휘서신** "여러분은 곧 위대한 성전聖戰을 시작하려 합니다. …… 여러분의 임무는 쉬운 것이 아닙니다. 여러분과 맞설 적은 잘 훈련되고 장비도 잘 갖춘 데다 전투로 단련되어 있습니다. …… 온 세계의 자유민들이 승리를 향해 함께 나아가고 있습니다. …… 저는 여러분의 용기와 헌신 그리고 전투 기술을 굳게 믿습니다. 우리에게 완전한 승리 말고 다른 것은 없습니다."

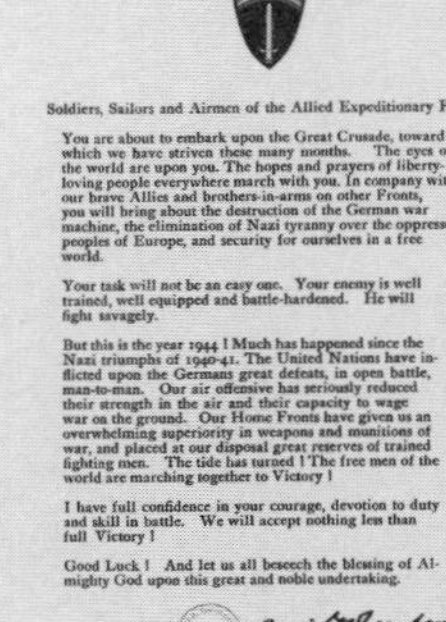

SUPREME HEADQUARTERS
ALLIED EXPEDITIONARY FORCE

Soldiers, Sailors and Airmen of the Allied Expeditionary Force!

You are about to embark upon the Great Crusade, toward which we have striven these many months. The eyes of the world are upon you. The hopes and prayers of liberty-loving people everywhere march with you. In company with our brave Allies and brothers-in-arms on other Fronts, you will bring about the destruction of the German war machine, the elimination of Nazi tyranny over the oppressed peoples of Europe, and security for ourselves in a free world.

Your task will not be an easy one. Your enemy is well trained, well equipped and battle-hardened. He will fight savagely.

But this is the year 1944! Much has happened since the Nazi triumphs of 1940-41. The United Nations have inflicted upon the Germans great defeats, in open battle, man-to-man. Our air offensive has seriously reduced their strength in the air and their capacity to wage war on the ground. Our Home Fronts have given us an overwhelming superiority in weapons and munitions of war, and placed at our disposal great reserves of trained fighting men. The tide has turned! The free men of the world are marching together to Victory!

I have full confidence in your courage, devotion to duty and skill in battle. We will accept nothing less than full Victory!

Good Luck! And let us all beseech the blessing of Almighty God upon this great and noble undertaking.

U.S. National Archives

# II

# THE NIGHT

# 밤

## 햄과 잼

창문으로 들어온 달빛이 침실에 가득했다. 예순 살의 생트-메르-에글리즈학교 교장 앙젤 르브로Angèle Levrault 부인은 천천히 눈을 떴다. 침대 맞은편 벽에서 소리 없이 깜빡이는 빨강과 하양 불빛이 침대로 반사되고 있었다. 르브로 부인은 허리를 세우고 앉아서 깜빡이는 불빛을 조용히 바라보았다. 마치 물방울이 떨어지듯 불빛은 천천히 벽을 타고 밑으로 내려왔다.

잠이 달아나면서 르브로 부인은 자신이 화장대에 놓인 커다란 거울에 비친 불빛을 보고 있다는 것을 깨달았다. 그 순간 멀리서 비행기의 진동음이 낮게 들렸다. 한 겹 가로막힌 듯한 폭발음이 여러 차례 들리더니 고사포 쏘는 소리가 마치 날카로운 스타카토처럼 빠르게 났다. 르브로 부인은 고사포 소리를 듣자마자 창문으로 달려갔다.

한참 떨어진 해안 하늘에서는 조명탄이 무리 지어 터지고 있었다. 조명탄이 터지면서 하늘에는 환한 부분과 어두운 부분이 대조되면서 기괴한 형상이 나타났다 사라졌다 했고, 흰색이어야 할 구름은 빨갛게 물들었다. 이게 다가 아니었다. 먼 하늘에는 오렌지색, 초록색, 노란색, 하얀색 꼬리를 단 예광탄이 비 오듯 날아다녔다. 예광탄이 멈췄다고 생각되는 곳에는 밝은 분홍빛을 뿜어내는 폭발이 이어졌다. 르브로 부인은 45킬로미터쯤 떨어진 셰르부르가 다시 폭격을 받고 있다고 생각했다. 그러면서 이날 밤 지옥 같은 셰르부르가 아니라 조용하고 자그마한 생트-메르-에글리즈에 살아서 다행이라고 생각했다.

잠이 완전히 깬 르브로 부인은 옷을 걸치고 신을 신은 뒤 부엌을 지나 뒷문을 통해 집 밖으로 나갔다. 하늘에서 벌어지는 요란한 광경과 달리 정원은 모든 것이 평화로워 보였다. 섬광과 달빛 덕분에 마당은 낮이라고 생각해도 좋을 만큼 밝았다. 줄지어 심어 놓은 관목 울타리를 따라 이웃한 벌판은 기다란 나무 그림자만 가득한 채 아무 일 없이 조용했다.

그러나 이 느낌은 착각이었다. 몇 걸음 옮기지 않았는데 점점 더 커지는 소리가 들렸다. 비행기 여러 대가 생트-메르-에글리즈를 향해 날아오는 것이 분명했다. 그 순간, 마을 일대에 배치되어 있던 고사포들이 일제히 하늘로 불을 뿜었다. 간 떨어지게 놀란 르브로 부인은 허겁지겁 나무 아래로 몸을 피했다. 빠른 속도로 낮게 날아 들어오는 연합군 수송기들 옆으로 하늘로 솟아올라 탄막을 만든 수많은 고사포탄이 천둥처럼 작렬했다. 귀청이 떨어질 것 같은 굉음에 순간 귀가 머는 듯했다. 거의 동시에 비행기들의 굉음이 사라지더니 사격도 멎었다. 마치 아무 일도 없었던 것처럼 벌판에는 적막이 내려앉았다.

바로 그때였다. 르브로 부인은 위에서 무엇인가가 퍼덕이는 소리를 들었다. 고개를 들어 하늘을 쳐다보니 정원을 향해 낙하산이 곧장 떨어지고 있었다. 낙하산에는 부피가 큰 무엇인가가 대롱대롱 매달려 있었다. 잠시 달빛이 사라지고 르브로 부인네 정원 쪽으로 떨어지던 제82공정사단 505낙하산보병연대의 선도병 로버트 머피 이병은 털썩 소리와 함께 머리부터 땅에 처박혔다.* 이 모습을 본 르브로 부인은 너무 놀라 꼼짝도 못하고 서 있었다.

당시 열여덟 살이던 머피**는 칼을 뽑아 낙하산 줄을 잘라 몸을 자유롭

---

* 전쟁 특파원 시절인 1944년 6월, 나는 르브로 부인을 취재했다. 르브로 부인은 그때 만난 미군의 이름과 부대는 전혀 몰랐지만 그 미군이 떨어뜨린 총알 300발을 보여 주었다. 총알은 여전히 탄포 안에 들어 있었다. 1958년, 이 책을 쓰느라 디데이 참전자들과 면담하면서 디데이에 참가한 미군 선도병은 겨우 십여 명 찾을 수 있었다. 그중 하나는 현재 보스턴에서 유명한 변호사가 되어 있는 머피였다. 머피는 내게 이렇게 말했다. "땅에 닿은 뒤…… 나는 전투화에서 단검을 꺼내서 낙하산 줄을 끊었습니다. 300발이 든 탄포를 함께 자르는 것은 전혀 모른 채 말이지요." 이 이야기를 듣는 순간 나는 14년 전 르브로 부인이 내게 해준 이야기와 모든 면에서 꼭 맞는다는 것을 깨달았다.

** 옮긴이) Robert M. Murphy(1925년~2008년 10월 3일): 1942년 10월 입대해 제82공정사단 소속으로 북아프리카, 이탈리아, 노르망디, 네덜란드에 모두 강하했다. 전후에 변호사로 활동했으며 매사추세츠 주 검찰차장(1980~1991년)을 지냈다. 생트-메르-에글리즈 공정부대박물관 건립에 필요

게 만든 다음 커다란 배낭을 집어 들고 일어섰다. 머피와 르브로 부인의 눈이 마주쳤다. 둘은 한참 동안 아무 말도 못한 채 멍하니 서서 서로를 바라만 보았다. 미군 낙하산병은 섬뜩하리만큼 무섭게 보였다. 머피는 키가 크고 날씬한 데다, 얼굴에는 위장 크림을 사선으로 발라 광대뼈와 코가 훨씬 도드라져 보였고, 주렁주렁 매단 무기와 장비 때문에 둔중해 보였다. 르브로 부인이 겁에 질려 꼼짝도 못한 채 서 있는 사이, 머피는 조용히 하라는 뜻으로 손가락을 입술에 가져다 대더니 순식간에 사라져 버렸다. 르브로 부인은 그제서야 정신을 차리고 몸을 움직이더니 옷자락을 쥐고는 미친 듯이 집안으로 달려 들어갔다. 르브로 부인은 노르망디에 첫 번째로 강하한 미군 중 한 명을 본 것이었다. 시계를 보니 0시 15분이었다. 1944년 6월 6일 화요일, 드디어 디데이가 시작되었다.

노르망디 곳곳으로 뛰어내린 선도병 중에는 지상에서 90미터밖에 되지 않는 높이에서 비행기를 박차고 뛰어내린 경우도 있었다. 전면 침공에 앞서 전위 부대로 활동한 소수의 선도병들은 대담하게 자원한 군인들이었다. 이들의 임무란 낙하산과 글라이더를 타고 프랑스로 들어오는 제82공정사단과 제101공정사단이 이용할 강하지대를 표시하는 것이었다. 강하지대는 유타 해변 뒤편, 그러니까 셰르부르 반도 동쪽의 130제곱킬로미터나 되는 땅 안에 점점이 흩어져 있었다. 선도병들은 제임스 개빈 준장이 연 공수 교육 과정에서 양성되었다. 개빈 준장은 '강하대장 짐Jumpin' Jim'이라는 별명이 붙을 정도로 공정부대와는 인연이 깊은 인물이었다. 개빈은 훈련을 받는 선도병들에게 이렇게 이야기했다. "공중에 몸을 던져 노르망디에 발을 디디면 여러분이 의지할 친구란 하느님뿐이다." 임무의 성공 여부는 속도와 은밀성에 달려 있었기 때문에 선도병들은 무슨 수를 써서라도 독일군과 접촉하는 것을 피해야 했다.

---

한 C-47 수송기를 사기 위해 모금 운동을 전개했으며 참전 경험을 적은 책 *No Better Place to Die*를 출간했다. 생트-메르-에글리즈에는 그를 기린 로버트 머피 길Rue Robert Murphy과 동판이 있다.

U.S. National Archives

**미 공군 C-47 스카이트레인**Skytrain(1944년 8월 15일) 더글러스Douglas 사의 DC-3 민항기의 동체를 강화하고 화물을 적재할 수 있도록 문을 달아 군용으로 전환한 것으로, 화물은 2,700킬로그램, 무장 병력은 28명을 수송할 수 있었다. 제2차 세계대전이 끝날 때까지 1만 대 이상이 생산되었는데, 아이젠하워는 "제2차 세계대전에서 승리하는 데 가장 크게 기여한 장비 중 하나"라고까지 평가했다. 영국 공군은 '더글러스 항공기 회사 수송 항공기Douglas Aircraft Company Transport Aircraft'의 머리글자를 따 다코타DACoTA로 불렀다. 1948년 소련의 베를린 봉쇄에 대응한 미국의 베를린 공수 작전에 이용되었고 우리나라 공군도 운용했을 만큼 전 세계적으로 널리 사용되었다. 사진은 드래군Dragoon 작전을 위해 C-47이 남부 프랑스로 병력을 수송하는 모습이다.

그러나 현실은 시작부터 사뭇 달랐다. 우선 비행기에서 창공으로 몸을 던지는 순간부터 어려움이 시작되었다. 다코타 수송기가 목표 지점을 어찌나 빠르게 통과해 버렸는지 독일군은 처음에는 전투기가 지나간 줄 알았다. 예기치 못한 공격에 놀란 독일군이 하늘에 대고 마구잡이로 고사포를 쏘아 대자 빨간색 꼬리를 단 예광탄이 온 사방에서 솟아오르며 하늘을 수놓았다. 보이는 것과 달리 공중에서 폭발해 어지럽게 날아다니는 고사포탄의 파편은 치명적이었다. 제101공정사단의 찰스 어세이Charles Asay 병장은 낙하산을 펴고 내려오면서 이 광경을 놀라울 만큼 무심하게 쳐다보았다. "예광탄들이 하늘로 우아하게 솟아오르면서 다양한 색깔의 꼬리를 그렸습니다. 길고 멋진 무지개처럼 보였는데 독립기념일에 하는 불꽃놀이가 생각나더군요. 눈앞의 광경이 참 예쁘다는 생각이 들었습니다."

델버트 존스Delbert Jones가 탄 수송기는 강하하기 직전에 고사포탄을 맞았다. 포탄이 기내로 뚫고 들어오기는 했지만 다행스럽게 별다른 피해를 입지는 않았다. 존스는 간발의 차이로 목숨을 건졌다. 45킬로그램에 육박하는 장비를 지고 비행기 밖으로 몸을 던진 에이드리언 도스Adrian Doss는 예광탄이 사방으로 날아다니는 것을 보고서는 겁을 먹었다. 도스의 머리 위로 예광탄이 집중되었다. 도스는 예광탄이 낙하산을 뚫고 올라가며 마치 자신을 끌어올리는 것 같은 느낌을 받았다. 그러더니 한 다발 정도 될 법한 예광탄이 발 아래 매달린 장비 쪽으로 치솟아 올랐다. 그러나 잡낭에 구멍이 하나 난 것을 빼고는 기적과도 같이 모두 도스를 피해 갔다. 예광탄을 맞고 생긴 구멍은 어찌나 큰지 안에 든 물건이 모두 떨어질 정도였다.

독일군이 계속해서 고사포를 쏘아 대면서 연합군 수송기는 많은 피해를 입었다. 선도병 120명 중 목표 지점에 제대로 착지한 것은 38명이었고, 나머지는 목표 지점에서 몇 킬로미터씩 벗어난 곳에 떨어졌다. 떨어진 곳도 벌판부터 정원, 하천, 늪지까지 다양했다. 나무에, 울타리에, 심지어 지붕에 부딪치듯 착지한 선도병도 여럿이었다. 선도병들은 이미 여러 차례 실전 강하를 해 본 노련한 낙하산병이었지만, 이렇게 착지하고서는 방향감각을 잃어 완전히 혼란에 빠져 버렸다. 지난 몇 달 동안 지도와 사진을 가지고 연구한 것과 실제 지형은 너무도 달랐다. 벌판과 길은 생각보다 좁았고 울타리로 심은 나무들은 훨씬 높았다. 강하하고 처음 얼마간은 방향감각을 상실한 터라 끔찍했다. 일부 선도병은 무모하다 못해 위험하게 행동했다. 프레더릭 빌헬름Frederick Wilhelm 일병은 땅에 발을 디뎠을 때 얼마나 얼떨떨했는지 독일군 지역에 들어왔다는 것을 깜빡 잊었다. 가지고 온 신호등이 제대로 작동하는지 확인해 볼 마음에 등을 켜자 갑자기 벌판이 환해졌다. 빌헬름은 독일군이 불빛을 보고 자신을 향해 총을 쏠까 봐 덜컥 겁이 났다. 제101공정사단의 프랭크 릴리먼Frank Lillyman 대위는 스스로 위치를 노출하다시피 했다. 초지 위에 떨어진 릴리먼이 맞닥뜨린 것은 뭔지는 모르지만 커다란 동물이었다. 그 동물은 어둠 속에서 불쑥 튀어나와 릴리먼 위로 올라탔다. 낮고 긴 울음소리를 내는 물체가 소라는 것을 알아채지 못했다면 릴리먼은 총을 쏠 뻔했다.

선도병들은 낯선 곳에 뚝 떨어져 겁을 먹었으며, 노르망디 사람들을 놀래게도 했다. 소수이기는 하지만 선도병을 본 독일군은 기습을 당했다고 생각해 혼란에 빠졌다. 가장 가까운 강하지대에서 8킬로미터도 더 떨어진 곳에 착지한 선도병이 둘 있었다. 이 둘이 내린 곳은 브르방Brevands으로, 독일군 제352사단 예하 중重기관총 중대를 지휘하는 에른스트 뒤링Ernst Düring 대위의 지휘소 앞이었다. 뒤링은 연합군 수송기 편대가 낮게 날며 내는 소음과 이에 맞선 고사포 사격 소리에 잠이 깬 상태였다. 침대를 박차고 일어난 뒤링은 너무 서둘러 옷을 입은 나머지 전투화 오른쪽과 왼쪽을 바꿔 신었다. 나중 이야기이지만, 뒤링은 디데이가 끝날 때까지 이 사실을 깨닫지 못했다. 밖으로 나간 뒤링은 멀지 않은 곳에서 두 명의 그림자가 어른거리는 것을 보았다. 암구호를 대며 수하했지만 답이 없자 뒤링은 그 둘이 있으리라 짐작되는 쪽으로 즉각 슈마이서 기관단총*을 갈겼다. 잘 훈련된 두 선도병은 응사하지 않고 조용히 사라졌다. 서둘러 상황실로 돌아온 뒤링은 대대장에게 전화를 걸어서는 가쁜 숨을 몰아쉬며 전화기에 대고 말했다. "팔쉬름예거Fallschirmjäger!(낙하산병)"**

그렇다고 모든 선도병이 이 둘만큼 운이 좋았던 것은 아니었다. 르브로 부인의 정원에 착지한 로버트 머피 이병은 휴대용 레이더가 들어 있는 가방

---

* 옮긴이) 제2차 세계대전 당시 독일군이 사용한 기관단총인 MP 38과 MP 40의 별명이다. MP는 기관총을 뜻하는 독일어 마쉬네피스톨레Maschienepistole의 약자이다. 흥미롭게도 이 총의 설계자는 하인리히 폴머Heinrich Vollmer(1885년 1월 6일~1961년 1월 7일)이지만 동시대 유명 총기 설계자인 후고 슈마이서Hugo Schmeisser(1884년 9월 24일~1953년 9월 12일)가 특허를 낸 곧게 뻗은 긴 탄알집이 사용되면서 MP 38과 MP 40은 '슈마이서 기관단총'이라는 별명으로 불리게 되었다. '슈마이서 기관단총'은 기존과 달리 대량 생산을 가능하게 한 주물 및 기계식 조립방법 덕분에 전쟁 중 120만 정 이상이 생산되었다.

** 옮긴이) 팔쉬름은 낙하, 예거는 사냥꾼이란 뜻이다. 팔쉬름예거의 일본어 번역을 받아들여 강하엽병降下獵兵으로 쓰는 경우도 있다.

을 질질 끌면서 생트-메르-에글리즈 북쪽에 있는 착륙지대로 가려 했다. 막 움직이기 시작했을 때 머피는 오른쪽으로 얼마 떨어지지 않은 곳에서 짧은 총소리가 나는 것을 들었다. 나중에 알게 되지만, 머피의 전우인 레너드 드보르착Leonard Devorchak 이병이 총알에 맞아 전사한 순간이었다. "훈장을 받아서 나도 할 수 있다는 것을 꼭 보여 주겠어!"라고 다짐하던 드보르착은 아마 디데이 최초의 미군 전사자였을 것이다.

머피를 포함해 온 사방에 흩어진 선도병들은 지금 있는 곳이 어디인지를 파악하려 무척 애를 썼다. 큼지막한 강하복을 입은 데다가 위장 때문에 겉모습이 사나워 보이는 선도병들은 총에, 지뢰에, 조명기구에, 휴대용 레이더에, 광 유도판까지 수많은 장비를 짊어져 몸 하나 제대로 가누기 힘들었다. 이들은 줄지어 심어 마치 울타리처럼 쓰는 키 작은 나무 사이를 소리 없이 옮겨 가며 미리 정해진 집결지로 이동했다. 미군은 오전 1시 15분에 공중에서 수송기와 글라이더로 전면 강습을 개시할 예정이었다. 강하지대를 표시하는 데 쓸 수 있는 시간은 1시간도 남지 않았다.

생트-메르-에글리즈에서 80킬로미터 떨어진 노르망디 전장의 동쪽 끝. 영국군 수송기 6대와 폭격기 6대가 해안을 넘어 조용히 날아 들어왔다. 수송기는 영국군 선도병을 가득 태웠고, 폭격기는 글라이더를 끌고 있었다. 이들 앞에도 어김없이 독일군 고사포탄이 작렬하면서 유령처럼 보이는 불꽃과 섬광이 하늘을 뒤덮었다. 캉에서 수 킬로미터 떨어진 작은 마을 랑빌Ranville에 사는 열한 살짜리 소년 알랭 두와Alain Doix는 그 시간 하늘을 바라보고 있었다. 소년은 요란한 사격 소리에 잠에서 깨서는 하늘에서 펼쳐지는 광경을 꼼짝 않고 바라보았다. 독일군이 쏘아 대는 고사포탄은 시시각각 모습이 바뀌는 만화경처럼 변화무쌍하고 화려한 불꽃놀이가 된 지 오래였다. 소년이 쓰는 침대 가장자리 짧은 기둥 꼭대기에 솟은 원형 황동 장식에는 고사포탄 불빛이 반사되었다. 이런 모습에 완전히 매료된 소년은 자고 있는 할머니를 흔들어 깨웠다. "할머니, 일어나세요! 뭔가 대단한 일이 벌어지는 게 틀림없어요!"

그 순간, 알랭의 아버지 르네 두와René Doix가 방으로 허겁지겁 뛰어 들어와서는 식구들을 깨웠다. "빨리 옷들 입어. 엄청난 공습인 것 같아!" 창가에 선 두와 부자는 비행기들이 연이어 벌판 위로 날아드는 것을 보았다. 한참을 바라보던 아버지는 비행기들이 아무 소리도 내지 않는다는 것을 깨달았다. 무엇인가 머릿속을 스쳐 가는 느낌이 든 아버지가 내뱉듯 말했다. "이런! 비행기가 아니라 글라이더군!"

엄청나게 큰 박쥐처럼 보이는 글라이더 6대가 영국군을 30명씩 태운 채 조용히 땅으로 내려앉았다. 영국해협 상공으로 글라이더를 끌고 오던 비행기들은 노르망디 해안을 통과하자마자 랑빌에서 8킬로미터쯤 떨어진 고도 1천500~1천800미터 상공에서 글라이더와 연결된 견인줄을 풀었다. 견인줄이 풀린 글라이더 6대는, 나란히 흐르며 달빛에 가물거리는 캉 운하Caen Canal와 오른 강을 목표로 활공을 시작했다. 서쪽에 있는 베누빌Bénouville과 동쪽에 있는 랑빌 사이에는 캉 운하와 오른 강이 평행하게 북으로 흘렀다. 이 두 물길에는 다리가 각각 하나씩 있었다. 캉 운하를 가로지르는 다리는 베누빌 다리이고 오른 강을 가로지르는 다리는 랑빌 다리였다. 두 다리 주변에는 독일군의 경계가 삼엄했다. 이 두 다리는 옥스퍼드셔 경보병연대Oxfordshire Light Infantry, 버킹엄셔 경보병연대Buckinghamshire Light Infantry, 그리고 영국 공병대처럼 자부심이 넘치는 부대의 자원자들로 구성된 영국군 제6공정사단 예하 글라이더 부대의 목표였다. 제6공정사단 예하 글라이더 부대의 임무는 두 다리를 확보하고 경계부대를 제압하는 것으로, 위험이 따랐다. 그러나 다리를 확보하면 캉과 영국해협 사이의 주 통로가 끊어지면서 전차부대를 주축으로 하는 독일군 증원 부대가 동서로 이동할 수 없어 영국군과 캐나다군 상륙 지점의 측면으로 파고드는 것을 막을 수 있었다. 이 두 다리는 침공 교두보를 확장하는 데도 꼭 필요했다. 따라서 글라이더 부대는 독일군이 폭파하기 전에 온전한 상태로 두 다리를 확보해야 했다.

그러기 위해서는 번개처럼 빠른 기습 공격이 필요했다. 영국군은 대담하지만 위험해 보이는 방책을 들고 나왔다. 달빛을 받은 글라이더가 바람을 가르며 활공하는 동안 글라이더 안에서 서로서로 팔짱을 낀 채 숨을 죽이고 있던 영국군은 다리 바로 앞에 동체로 착륙할 생각이었다.

캉 운하를 가로지르는 베누빌 다리를 목표로 글라이더 3대가 활공하고 있었다. 그중 1대에 타고 있던 브렌 경輕기관총* 사수 빌 그레이Bill Gray 이병은 동체 착륙에 대비해 눈을 감고 몸을 수그렸다. 착륙하기까지 기다리는 시간은 섬뜩할 만큼 고요했다. 고사포 사격도 없었다. 들리는 소리라고는 부드럽게 나는 글라이더가 공기를 가르는 바람소리뿐이었다. 글라이더 출입문 가까이에는 착륙과 동시에 문을 밀어 열 준비를 하고 있는 존 하워드 소령이 있었다. 하워드는 이번 작전의 지휘관이었다. "소대장 브라더리지 중위가 '자, 가자!'라고 말한 것이 기억납니다. 브라더리지는 대니Danny라는 애칭으로 불렸지요." 그레이의 기억이다. 동체로 착륙하면서 글라이더는 산산이 쪼개지면서 부서졌다. 착륙장치는 떨어져 나갔고, 조종석을 덮고 있던 캐노피가 박살 나면서 생긴 파편이 우박처럼 뒤로 쏟아졌다. 뒤에 남은 동체는 조향장치가 고장 난 트럭처럼 이리저리 흔들렸다. 동체가 바닥을 긁으면서 '끼익'하는 날카로운 소리가 나면서 온 사방으로 불꽃이 튀었다. 갑작스레 멀미가 날 것처럼 한 번 세게 흔들리더니 엉망이 된 글라이더가 마침내 멈춰 섰다. 시간이 지났지만 그레이의 기억은 아직도 생생하다. "글라이더 앞부분은 철조망에 처박혔고, 동체는 거의 다리에 닿았습니다."

"움직여!" 누군가가 소리치자 글라이더에 타고 있던 영국군은 서둘러 바깥으로 나왔다. 일부는 문 밖으로 우르르 몰려 나갔고 나머지는 찌그러진

---

* 옮긴이) Bren light machine gun: 체코슬로바키아제 ZB vz. 26 경기관총을 개량 설계해 1935년 영국이 채택한 제식 경기관총이다. 영국과 영연방 국가에서 1991년까지 사용되었다. 바나나처럼 휘어진 탄알집을 위에서 삽입하는 구조와 나팔처럼 생긴 소염기가 특징이다. 브렌이라는 이름은 ZB vz. 26이 만들어진 모라비아 브르노Brno의 머리글자 Br과 영국의 엔필드 조병창의 머리글자 EN을 조합한 것이다.

기체 앞부분에서 뒹굴다시피 나왔다. 그와 거의 동시에, 몇 미터 떨어지지 않은 곳에서 나머지 글라이더 2대도 미끄러지다가 부서지면서 멈춰 섰다. 부서진 글라이더에서 영국군이 쏟아져 나왔다. 모든 병력이 합류한 영국군은 다리로 돌진했다. 그다음은 아수라장이었다. 영국군이 글라이더로 기습하리라 상상도 하지 못한 독일군 수비대는 충격과 혼란에 빠져 갈가리 흩어졌다. 참호와 교통호에는 수류탄이 날아들었다. 독일군 중 엄체호에서 잠에 취해 있다 연이은 폭발 소리에 깨어난 병사들은 상황도 제대로 파악하지 못한 채 멍하니 있다가 어느 순간 자신에게 스텐 기관단총을 겨누는 영국군을 보았다. 그래도 일부는 잠이 다 깨지는 않았지만 소총과 기관총을 잡고 사격을 시작했다. 그러나 이들이 노린 것은 어디에서 왔는지 알 수도 없는 흐릿한 허상에 불과했다.

다른 장병들이 다리 가까운 곳에서 저항하는 독일군을 소탕하는 사이 브라더리지는 그레이를 포함한 병력 40명쯤을 지휘해 맞은편 강둑을 확보하러 돌격했다. 맞은편 강둑은 매우 중요했다. 중간쯤 갔을 때, 그레이는 독일군 초병이 신호탄 권총을 오른손에 쥐고 경고용 조명탄을 발사하려는 것을 보았다. 용감하게 임무를 완수하려던 초병의 운명은 거기까지였다. 그레이는 브렌 경기관총을 발사했다. 그레이는 아마 다른 대원들도 그랬던 것 같다고 회상한다. 초병은 숨을 거두며 쓰러졌지만 다리 위로 솟구친 조명탄은 밤하늘에 커다란 호를 그리며 떨어졌다.

몇백 미터 떨어진 랑빌 다리에 있는 독일군 경계병들에게 경고하기 위해 목숨과 바꿔 가며 쏜 조명탄이었지만 너무 늦었다. 영국군이 오른 강 쪽에 있는 독일군 경계부대도 이미 유린한 뒤였다. 계획대로라면 랑빌 다리에도 글라이더 3대가 착륙해야 했다. 그러나 1대가 엉뚱하게 10킬로미터도 넘게 떨어진 디브Dives 강 위의 다리를 목표로 삼고 활공하는 바람에 랑빌 다리에는 글라이더 2대만 착륙했지만 임무는 성공적으로 끝났다. 영국군 글라이더 부대는 목표로 삼았던 베누빌 다리와 랑빌 다리를 거의 동시에 확보

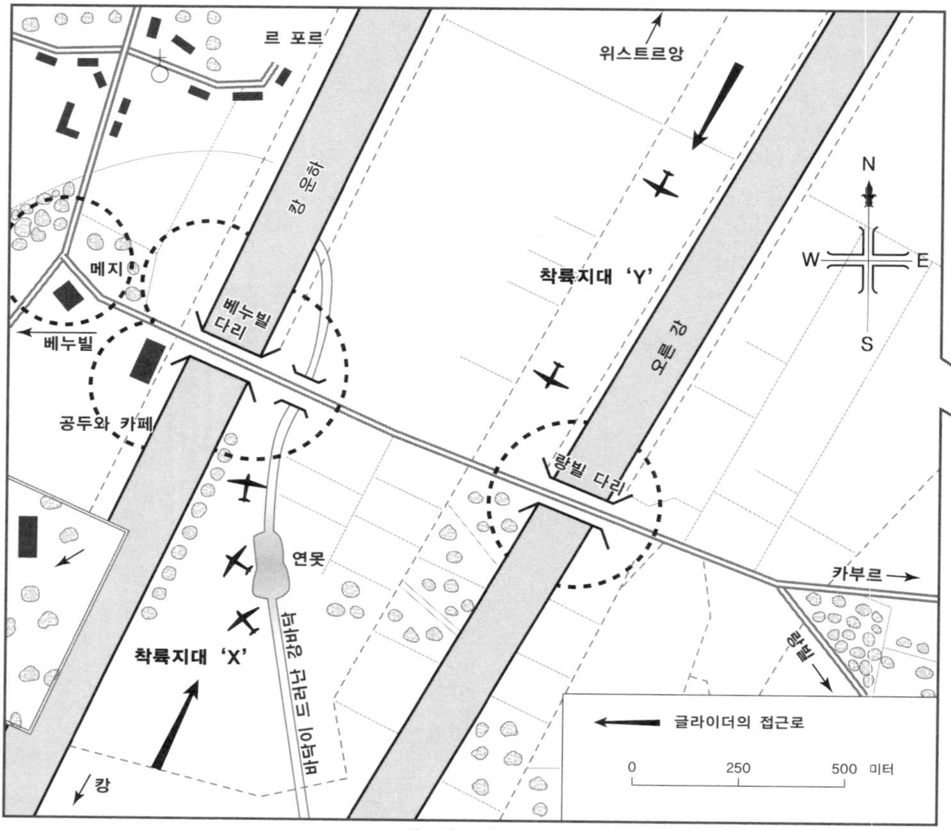

**베누빌 다리**(페가수스 다리) • **랑빌 다리**(호르사 다리) **일대 확대도**

www.mapstop.co.uk

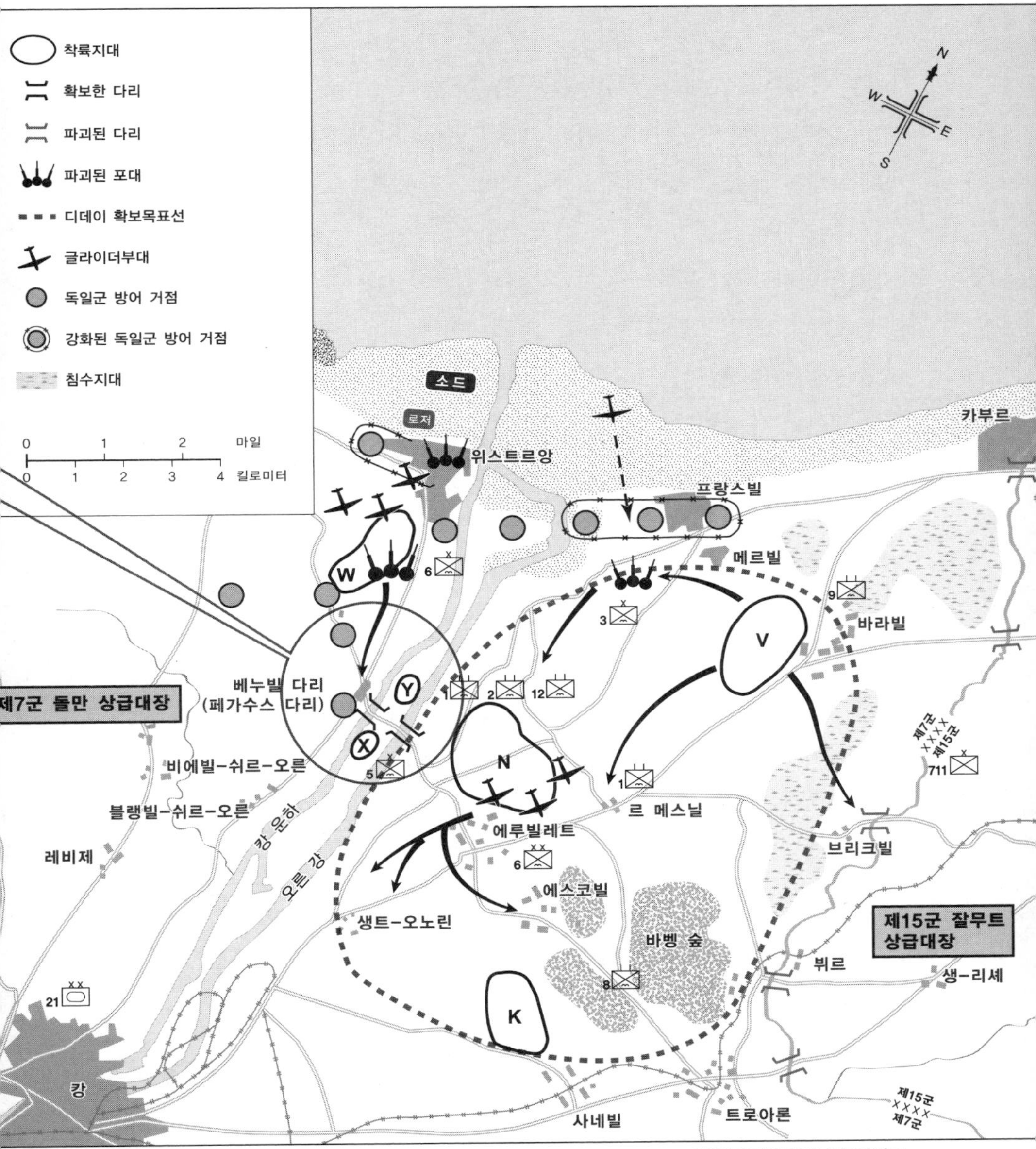


영국군 제6공정사단 작전도

◀

**디데이 이후 찍은 캉 운하와 오른 강 일대의 항공사진** 왼쪽에는 약간 비스듬히 흐르는 캉 운하와 오른 강이 보이고, 오른쪽에는 제5낙하산여단과 제6공중착륙여단이 사용한 착륙지대 N에 착륙한 글라이더가 보인다. 사진 중앙 하단은 랑빌 마을이다. 캉 운하 위의 베누빌 다리를 기점으로 약간 잘린 삼각형 모양의 땅이 착륙지대 X, 오른 강의 랑빌 다리 위로 긴 직사각형 모양의 땅이 착륙지대 Y이다.

했다. 영국군은 마치 전광석화 같은 기습으로 독일군 수비대를 제압했다. 결과적인 해석이기는 하지만 설령 여유가 있었어도 독일군은 이 두 다리를 파괴하지는 못했을 것이다. 다리에 벌떼같이 들러붙은 영국군 전투공병들은 독일군이 폭파 준비를 마치기는 했지만 작약을 설치하지는 않았다는 것을 알았다. 작약은 가까운 오두막에서 발견되었다.

늘 그렇듯 전투가 끝나면 찾아오는 야릇한 정적이 이번에도 어김없이 영국군을 감쌌다. 영국군 스스로도 이번 작전이 이토록 신속하게 전개된 데 놀라면서 누가 살아남고 누가 전사했는지 궁금해했다. 열아홉 살 어린 나이에 기습 공격이 성공해 의기양양해진 그레이는 소대장 브라더리지 중위를 애타게 찾았다. 그러나 병력을 지휘해 다리를 지나 강 건너편으로 돌격하던 모습이 브라더리지의 마지막이었다. 전투란 희생을 피할 수 없는 법. 성공적인 그날 전투에서도 어김없이 전사자가 나왔다. 당시 스물여덟 살이던 브라더리지는 영국군 글라이더 부대에서 나온 전사자 중 한 명이었다. 그레이는 캉 운하 가까이 있는 작은 카페 앞에 싸늘하게 식은 채 누워 있는 소대장의 시체를 보았다. "총알이 소대장님의 목을 관통했더군요. 그리고 백린 수류탄을 맞은 것이 분명해 보였는데, 제가 소대장님의 시신을 발견했을 때까지도 강하복이 여전히 불에 타고 있었습니다."

가까이 있는 토치카를 점령한 에드워드 테펀든Edward Tappenden 상병은 무전기에 대고 작전 성공을 뜻하는 암호인 '햄과 잼Ham and Jam'을 연달아 날렸다. 디데이 첫 번째 전투가 끝이 났다. 전투를 끝내는 데는 15분도 걸리지 않았다. 첫 전투는 승리했지만, 하워드 소령과 150명 남짓한 부하들은 적진 깊숙이 외따로 떨어져 있었고 별도의 증원 병력도 기대할 수 없었다. 하워드는 부하들과 함께 중요한 이 두 다리를 지키기 위한 준비를 시작했다.

그래도 다행이라면 이들은 현재 자기가 어디 있는지는 알았다는 것이다. 6월 6일 0시 20분 하워드 소령 일행이 탄 글라이더들이 별로 고상하지 못한 방법으로 착륙하던 그 순간, 경폭격기 6대에서 공중으로 몸을 날린 영

**베누빌 다리** 1944년 6월 26일 베누빌 다리는 제6공정사단의 상징물을 따라 '페가수스(천마) 다리'로, 랑빌 다리는 호르사 글라이더를 따 '호르사 다리'로 이름이 바뀌었다. 사진에 보이는 페가수스 다리는 1994년에 조금 더 크고 튼튼한 새 다리로 교체된 뒤 2000년에 개관한 페가수스 박물관 마당에 전시되고 있다.

국군 선도병 60명 대부분에게는 이런 알량한 행운도 찾아오지 않았다.

영군군 선도병 60명이 맡은 임무는 모든 디데이 임무 중에서도 가장 어려운 것에 속했다. 이들 영국군 제6공정사단 소속의 전위 대원들은 아무 정보도 없는 지역에 휴대용 조명, 무선 신호 송출기, 그리고 여타 장비를 가지고 강하해 오른 강 동쪽에 강하지대 세 곳을 표시하겠다고 자원한 것이었다. 강하지대 세 곳은 면적이 50제곱킬로미터쯤 되는 사각형처럼 생긴 지역 안에 있었다. 강하지대 세 곳 가까이에는 작은 마을이 3개 있었다. 세 마을은, 해안에서 5킬로미터도 안 떨어진 바라빌Varaville, 하워드와 부하들이 장악한 두 다리와 가까이 있는 랑빌, 그리고 캉의 동쪽 변두리에서 겨우 8킬로미터 떨어진 투프레빌Touffréville이었다. 이 세 강하지대로는 영국군 공정부대원 1,250명이 곧 낙하할 예정이었는데, 선도병들이 준비할 수 있는 시간은 30분뿐이었다.

잉글랜드에서도 환한 대낮에 강하지대를 30분 안에 찾아 표시한다는 것은 쉽지 않았다. 그런데 컴컴한 밤, 그것도 적진인 데다 와 본 경험도 전혀 없는 곳에서 이런 임무를 수행한다는 것은 끔찍했다. 80킬로미터쯤 떨어진 곳에 강하한 미군 선도병들처럼, 영국군 선도병들 또한 앞뒤 잴 것 없이 수송기 밖으로 몸을 던졌다. 선도병들이 온 사방에 흩어진 것은 말할 필요도 없었고, 이후 벌어진 상황은 훨씬 더 혼란스러웠다.

제일 먼저 발목을 잡은 것은 날씨였다. 도무지 설명이 되지 않을 만큼 바람이 강하게 불었는데, 선도병들은 이제껏 경험해 본 적이 없는 바람이었다. 어떤 지역은 옅은 안개가 겹겹이 깔리면서 시야도 분명하지 않았다. 미군 선도병을 태운 수송기와 마찬가지로 영국군 선도병을 태운 수송기 조종사들도 독일군이 힘들게 쏘아 올린 고사포탄이 만든 탄막과 맞닥뜨리자 본능적으로 회피 기동을 했다. 이 과정에서 수송기는 지상 목표물을 지나치거나 전혀 볼 수 없는 곳으로 날아갔다. 어떤 조종사는 선도병이 모두 뛰어내리기도 전에 지정된 강하지대를 두세 번이나 지나쳤다. 초저공비행을 하던 수송기 1대는 고사포탄이 가득한 상공을 무려 14분 동안이나 요리조리 끈질기게 빠져나가며 기어코 선도병들을 하늘에 뿌려 놓았다. 포탄에 맞을 듯 말 듯 아슬아슬하게 비행하는 14분 동안 머리털이 곤두서는 것처럼 소름이 돋았다. 결국 이런 수송기에서 뛰어내린 선도병과 이들과 함께 떨어진 장비는 애초 계획과는 전혀 동떨어진 곳에 내리꽂듯 떨어질 수밖에 없었다.

제대로 목표에 닿았다고 해도 기뻐하기는 일렀다. 바라빌을 목표로 뛰어

내린 선도병들은 목표에 닿을 만큼 정확하게 착지했지만 장비 대부분은 충격으로 박살 나거나 엉뚱한 데 떨어졌다. 랑빌을 목표로 강하한 선도병은 단 한 명도 목표에 근접하지 못했다. 이들은 보통 목표에서 몇 킬로미터씩 떨어진 곳에 착지했다. 가장 운이 나쁜 경우는 투프레빌을 목표로 삼은 선도병들이었다. 열 명씩 조를 이뤄 모두 20명이 투입된 이곳에는 불빛으로 알파벳 K를 만들어 강하지대를 표시할 예정이었다. 두 조 중 한 조는 랑빌 강하지대에 착지했다. 쉽게 집결한 조원들은 착지한 곳이 목표로 삼은 투프레빌이라고 생각하고는 몇 분 뒤 잘못된 신호를 내보내기 시작했다.

두 번째 조는 목표에 닿지 못한 데다가 그나마도 안전하게 착지한 것은 열 명 중 네 명뿐이었다. 안전하게 착지한 네 명 중 한 명인 제임스 모리시 James Morrisey 이병은, 비행기에서 뛰어내리자마자 갑자기 불어온 강풍에 여섯 선도병이 휘말려 한참 멀리 동쪽으로 쓸려 가는 것을 보면서 겁을 먹었다. 그들은 독일군이 방어에 활용하려고 일부러 침수시킨 디브 계곡 쪽으로 쓸려 갔고, 모리시는 쳐다만 볼 뿐 어떤 도움도 줄 수 없었다. 계곡은 멀리 있었지만 쏟아지는 달빛을 받아 번쩍였다. 모리시는 이렇게 헤어진 여섯 선도병을 다시는 만날 수 없었다.

모리시를 포함한 네 명은 투프레빌 가까이에 조용히 내려앉아 집결했다. 패트릭 오설리번Patrick O'Sullivan 일병이 강하지대를 정찰하기 시작했다. 몇 분 지나지 않아 강하지대로 표시하려던 곳 가장자리에서 날아온 총알을 맞고 오설리번이 쓰러졌다. 이렇게 되자 모리시를 포함해 남은 세 명은 착륙한 옥수수밭에 강하지대라고 알리는 불빛을 놓을 수밖에 없었다.

정말로 모든 것이 혼란스럽던 최초 몇 분 동안 독일군과 조우한 선도병은 거의 없었다. 물론 몇 군데서는 독일군 초병과 마주쳐 어쩔 수 없이 총을 쏴야 했고 그 과정에서 불가피하게 사상자가 발생하기도 했지만, 정작 선도병들을 두렵게 만든 것은 독일군 초병이 아니었다. 선도병들은 착지한 곳이 너무도 고요해 불길한 예감을 넘어 공포를 느꼈다. 낙하산을 타고 땅에 내리면 격렬하게 저항하는 독일군과 마주하리라 예상했는데, 정작 독일군은 눈을 씻고 찾아도 보이지 않았다. 바늘 떨어지는 소리가 들릴 만큼 고요한 나머지 선도병 중 일부는 아무것도 보이지 않는 칠흑 같은 어둠 속에서 악몽을 꾸고 있는 것이 아닌지 생각할 정도였다. 선도병들은 전우가 어디에 있는지도 알 수 없었다. 벌판과 관목 울타리를 사이에 둔 채 선도병들은 서로를 독일군이라 오해한 채 살그머니 접근하기도 했다.

짙은 어둠에 둘러싸인 노르망디에서는 보이는 것이 아무것도 없었다. 210명에 이르는 선도 부대는 불 꺼진 농촌 가까이에서, 또는 고요한 마을 외곽에서 지금 자신들이 있는 곳이 어디인지 알려고 무척 애를 썼다. 예나 지금이나 적지에 뛰어들어 가장 먼저 할 일은 자기가 어디 있는지를 정확히 아는 것이다. 운 좋게도 예정된 곳에 정확히 내려앉은 선도병들은 잉글랜드에서 미리 연구했던 것과 같은 뚜렷한 지형과 지물을 보고 자기가 있는 곳을 식별했다. 운이 좋지 못한 이들은 지도와 나침반을 꺼내 들고 자신의 위치를 알려고 애썼다. 통신망을 구축하는 임무를 띠고 선도부대에 합류한 앤서니 윈드럼Anthony Windrum 대위는 직관적이면서 창의적인 방법으로 이 문제를 풀었다. 윈드럼은 마치 밤에 길을 잘못 든 운전자처럼 도로 표지판을 잡고 오르더니 조용히 성냥을 그어 불을 붙였다. 표지판에 성냥불을 가져다 댄 윈드럼은 집결지인 랑빌이 몇 킬로미터밖에 안 떨어져 있다는 것을 알았다.

완전히 길을 잃은 선도병도 있었다. 밤하늘로 몸을 던진 많은 선도병 중 두 명은 공교롭게도 요제프 라이헤르트 중장이 지휘하는 독일군 제711사단 사령부 잔디밭에 떨어졌다. 카드놀이를 하던 라이헤르트 중장과 부하들은 다코타 수송기가 굉음을 내며 머리 위로 지나가자 베란다로 뛰어나갔다. 아래를 내려다보니 갓 착지한 영국군 두 명이 있었다.

누가 더 놀랐을까? 착지한 영국군이었을까? 아니면 이들을 본 라이헤르트와 부하들이었을까? 답을 내기란 어려워 보인다. 정보참모가 이 둘을 생포해서는 무장을 해제하고 베란다로 데리고 올라왔다. 깜짝 놀란 라이헤르트는 할 말이 별로 없었다. "너희는 어디에서 왔는가?" 대답하는 영국군은 마치 초대장 없이 칵테일 모임에 온 사람이라도 되는 것처럼 담담했다. "장군님! 정말 미안합니다만 우리는 그저 우연히 여기 들렀을 뿐입니다."

이 둘이 신문을 당하는 사이 570명이나 되는 미·영 선도병들은 디데이 전투 준비를 마치고 있었다. 바야흐로 유럽 해방의 깃발이 오른 것이다. 곳곳에 마련된 강하지대마다 설치된 불빛이 반짝이며 공중으로 침공하는 연합군을 안내하기 시작했다.

## 대체 무슨 일일까?

"대체 무슨 일입니까?" 베르너 플루스카트 소령이 수화기에 대고 소리쳤다. 곤히 자다 윙윙거리며 날아다니는 비행기의 굉음과 요란한 사격 소리에 잠이 깨 정신이 반만 돌아온 플루스카트는, 여전히 속옷 바람이었지만 이것이 단순한 공습이 아니라는 것을 본능적으로 느꼈다. 지난 2년 동안 소련 전역을 뼈저리게 체험한 플루스카트는 그 어떤 것보다도 직감을 믿었다.

연대장 옥커Ocker 중령은 플루스카트의 전화를 받고서 화가 난 것 같았다. 옥커가 쌀쌀맞게 말했다. "친애하는 플루스카트 소령, 무슨 일이 벌어지는지는 우리도 모른다네. 상황 파악이 되면 자네에게도 알려 주지." 옥커는 자신이 할 말만 하고 플루스카트의 말은 기다리지도 않고 차갑게 전화를 끊어 버렸다.

옥커의 대답은 전혀 만족스럽지 못했다. 지난 20분 동안 연합군 폭격기는 화염이 가득한 하늘을 '윙윙' 날아다니며 동쪽과 서쪽 해안을 모두 폭격했는데, 플루스카트가 담당하고 있는 가운데 해안만은 기분 나쁠 만큼 고요했다. 플루스카트의 지휘소는 해안에서는 6킬로미터쯤, 바이외에서는 북서쪽으로 10킬로미터쯤 떨어진 에트르앙Etréham에 있었다. 그는 독일군 제352사단 예하의 포대 4개를 지휘했는데 운용하는 포는 다 해야 20문이었다. 플루스카트는 이것밖에 안 되는 화력으로 오마하 해변의 절반을 맡아 지키고 있었다.

플루스카트는 초조해진 나머지 연대 지휘소로 가 봐야겠다고 생각하고는 제352사단 지휘소에 전화를 걸어 정보참모 블록Block 소령과 이야기를 시작했다. 블록이 말했다. "플루스카트 소령, 아직 확실하지는 않지만 아마도 공습 한 번 더하는 것 같네."

전화를 끊은 플루스카트는 왠지 바보가 된 것 같았다. 자기가 너무 성급하게 군 것 같다는 생각도 들었다. 무엇보다도 사전에 아무 경고가 없었다. 지난 몇 주 동안 정신을 차릴 수 없을 만큼 자주 경계경보가 발령되었다가 해제되었다. 그러다가 이날 밤은 대기하지 않아도 된다는 명령을 받았는데 이런 경우는 정말 거의 없었다.

완전히 잠이 깬 다음 다시 자려니 마음이 편치 않았다. 플루스카트는 간이침대에 한참을 걸터앉아 있었다. 발밑에는 애견 하라스Harras가 조용히 누워 있었다. 지휘소로 쓰는 성 안은 고요했지만, 저 멀리에서는 여전히 '윙윙' 날아다니는 비행기 소리가 들렸다.

갑자기 전화가 울렸다. 수화기를 타고 옥커의 목소리가 들렸다. 옥커는 차분했다. "셰르부르 반도에서 연합군 낙하산병을 봤다는 보고가 있네. 경보를 발령하고 당장 해안으로 이동하게. 아마도 침공이 시작된 것 같아."

몇 분 뒤, 플루스카트는 제2포대장 루츠 빌케닝Ludz Wilkening 대위, 사격통제장교 프리츠 틴Fritz Theen 중위, 그리고 하라스를 데리고 전방지휘소로 출발했다. 전방지휘소는 생트-오노린-데-페르트Ste.-Honorine-des-Pertes 마을 가까이에 있는 절벽을 파 만든 관측용 벙커였다. 미군 전술 차량인 지프에 해당하는 독일군 전술 차량 폭스바겐은 사람 셋에 개까지 태운 터라 몹시 비좁았다. 해안에 도착하기까지 몇 분이면 충분했는데, 그 짧은 동안에 입을 연 사람은 아무도 없었다. 플루스카트에게는 큰 걱정이 하나 있었다. 가지고 있는 포탄으로는 24시간밖에 사격할 수 없었다. 며칠 전 제84군단장 마르크스 대장이 검열할 때 플루스카트는 이 문제를 제기했다. 마르크스는 자신감 넘치는 목소리로 대답했다. "만일 자네 지역으로 연합군이 침공하면 자네가 가진 포로는 다 쏠 수 없을 만큼 많은 탄을 보급해 주겠네."

해안 방어 지대의 외곽 경계선을 통과한 폭스바겐은 생트-오노린-데-페르트에 도착했다. 플루스카트는 목줄을 맨 하라스를 앞세우고 오솔길을 천천히 올라갔다. 오솔길은 절벽 뒤편에 숨은 전방지휘소로 이어졌다. 말뚝에 잡아 맨 가시철사 덕에 오솔길은 뚜렷이 눈에 띄였다. 오솔길 양 옆이 모두 지뢰밭이었기 때문에 지휘소로 갈 수 있는 길은 여기뿐이었다. 절벽 꼭대기에 다다를 무렵 플루스카트는 마치 커다란 틈처럼 생긴 참호로 쑥 빨려 들어가듯 사라지더니, 콘크리트로 만든 계단을 따라 내려가서는 이리저리 구부러진 굴을 지나 마침내 커다란 벙커로 들어갔다. 방이 하나뿐인 벙커에는 병사 셋이 있었다.

벙커에는 좁지만 밖을 내다볼 수 있는 관측구가 2개 있었다. 벙커 안으로 들어간 플루스카트는 관측구 중 한 곳에 설치된 포대경砲臺鏡으로 다가갔다. 관측소로는 이만한 곳이 또 없었다. 30미터쯤 아래로 오마하 해변이 내려다보이는 이곳은, 연합군이 오래지 않아 설치할 노르망디 교두보의 거의 정중앙이기도 했다. 이런 유리한 위치 덕분에 관측병은 날만 맑으면 왼쪽으로는 셰르부르 반도 북쪽 끝에서 시작해 오른쪽으로는 르 아브르 그 너머까지 이르는 센 만 전체를 볼 수도 있었다.

비록 밤이었지만 달빛 덕분에 상당한 정도의 시야가 확보되었다. 플루스카트는 왼쪽에서 오른쪽으로 포대경을 천천히 돌리며 옅은 해무가 서린 센 만을 꼼꼼히 살폈다. 이따금씩 달을 가린 구름 때문에 바다 위로 짙은 그림자가 내리는 것을 빼면 별다른 것은 눈에 띄지 않았다. 바다 위에는 불빛도 소리도 없었다. 몇 차례에 걸쳐 포대경으로 만을 샅샅이 훑었지만 배라고는 1척도 보이지 않았다.

결국 플루스카트는 포대경에서 눈을 떼고 돌아섰다. 연대 지휘소로 전화를 걸면서 그는 틴 중위에게 말했다. "아무것도 없네!" 말은 이렇게 했지만 플루스카트는 마음이 편치 않았다. 플루스카트는 전화로 옥커에게 말했다. "여기 머물겠습니다. 경보가 잘못 울렸을 수도 있지만 그래도 뭔가 있을 것 같습니다."

이 무렵 노르망디 여기저기에 배치된 제7군 예하 부대 지휘통제실마다 단편적인 보고가 쌓이기 시작했다. 보고는 모호하면서도 모순적이었다. 이런 보고를 받은 장교들은 상황을 파악하느라 다른 생각을 할 틈이 없었다. "어둑어둑한 물체를 보았다.", "총격이 있었다.", "낙하산 하나가 나무 위에 걸려 있다." 보고라고 해 봐야 모두 단편적이다 보니 분석에 진척이 없었다. 무엇인가 일어나고 있는 것이 확실했지만 대체 그것이 무엇인지는 정확히 알기 어려웠다. 노르망디 이곳저곳에 발을 디딘 연합군 선도병은 570명에 불과했다. 적진에서 최악의 혼란을 조성하는 데는 이 정도 규모의 부대로 충분했다.

들어오는 보고가 단편적인 데다 지나치게 산만해 결론을 내지 못하는 상황이 이어졌다. 경험 많은 군인들은 그나마 나온 결론도 냉소적으로 받아들이거나 아예 무시해 버렸다. 사실 확인의 기초라 할 인원수도 파악이 되지 않았다. "대체 몇 명이 착지했는가? 200명인가 300명인가?", "낙하산으로 착륙한 것이 폭격기 승무원인가?", "레지스탕스의 공격은 아닌가?" 누구도 판단을 내릴 수 없었다. 심지어 눈앞에서 연합군 선도병을 붙잡은 제711사단장 라이헤르트 소장도 판단이 서지 않았다. 라이헤르트는 사단 본부를 공중에서 습격한 것이라 판단해 군단에 그렇게 보고했다. 보고 후 한참 뒤에 제15군 사령부로 들어와 상황일지에 기록된 이 보고에는 "세부 사항이 보고되지 않음"이라는 비밀스런 주석이 붙었다.

과거에 잘못된 경보를 너무 많이 발령했던 경험 때문에 지휘관들은 경보를 발령하는 데 지나칠 만큼 신중했다. 대대에 보고하기 전 중대장은 보고 내용을 한 번 더 살폈다. 한 번으로는 만족할 수 없어 현장을 확인하러 두 번, 세 번 병력을 내보냈다. 이런 보고를 받은 대대장 또한 조심스럽기는 마찬가지였다. 연대에 보고하기 전에 검토에 검토를 거듭했다. 디데이가 시작되고 처음 얼마 동안 각 제대 지휘소마다 벌어진 일로 말할 것 같으면, 디데이에 참여한 사람 수만큼 많은 사연이 있지만 한 가지 분명한 공통점이 있었다. 상황보고가 간헐적인 데다 일관성도 부족하다는 이유로, 그리고 혹시 잘못된 결론이 날지도 모른다는 부담 때문에 누구 하나 경보를 발령하려 하지 않았다는 것이다. 그러는 사이 금쪽같은 시간은 쉬지 않고 흘러갔다.

셰르부르 반도에 주둔하는 독일군 장군들 중 둘은 워게임에 참여하러 벌써 렌으로 출발한 뒤였다. 이 두 장군의 뒤를 이어 제91공중착륙보병사단장 빌헬름 팔라이 중장도 렌으로 떠나겠다고 마음먹었다. 새벽이 오기 전에는 주둔지를 떠나지 말라고 제7군 사령부가 명령을 내렸지만, 팔라이는 일찍 떠나지 않으면 워게임 시간에 맞춰 도착하지 못할 것 같았다. 나중 일이지만 팔라이는 이 결정 때문에 디데이에 연합군의 공격으로 목숨을 잃는다.

제7군 사령관 프리드리히 돌만 상급대장은 르 망에 있는 사령부에서 잠에 빠져 있었다. 돌만은 바로 그날 밤에 내리려 했던 훈련 경보 발령을 취소했다. 정확한 이유는 밝혀지지 않았지만 아마도 날씨가 나빠서였던 것으로 보인다. 피곤에 지쳐 있던 돌만은 일찍 잠자리에 들었다. 유능하고 성실하기로 이름이 높은 펨젤 소장도 잠자리에 들 준비를 하고 있었다.

생-로의 제84군단 사령부에서는 군단장 마르크스 대장의 쉰세 번째 생일잔치 준비를 모두 마쳤다. 생-로 성당의 시계가 자정(영국 기준으로는 오전 1시)을 알리면 최상급 샤블리를 준비한 하인 소령을 포함해 프리드리히 폰

크리게른Friedrich von Criegern 중령, 참모장, 그리고 다른 참모들은 군단장의 방으로 들어갈 생각이었다. 소련에서 싸우다 외다리가 된 데다 표정까지 근엄한 마르크스가 어떤 반응을 보일지 모두 궁금했다. 마르크스는 노르망디에 있는 장군 중 서열로 손가락 안에 들었지만 감정 표현은 일절 하지 않는 엄격한 인물이었다. 마르크스를 깜짝 놀라게 해주겠다는 생각에 참모들은 마치 소풍이라도 가는 어린애들처럼 약간 들떠 있었다. 마르크스의 방문을 열고 들어가려는 찰나, 가까운 곳에서 고사포 쏘는 소리가 갑자기 들렸다. 서둘러 바깥으로 뛰어나간 참모들은 화염에 휩싸인 연합군 폭격기 1대가 뱅글뱅글 돌면서 추락하는 모습을 보았다. 고사포병은 환호성을 질렀다. “우리가 잡았어! 우리가 잡았다고!” 마르크스는 여전히 방 안에 있었다.

생-로 성당의 시계가 자정을 알렸다. 참모들은 잠시 흐트러졌던 대열을 다시 갖추었다. 하인 소령은 손에 샤블리와 포도주 잔 몇 개를 들고 맨 앞에 서서 마르크스의 방으로 힘차게 발걸음을 옮겼다. 문이 열리고 참모들은 마르크스에게 경의를 표했다. 참모들은 깜짝 생일잔치라고 준비했지만 마르크스가 어떻게 생각할지 조금 신경이 쓰였다. 마르크스는 잠시 올려다보더니 안경 너머 부드러운 눈빛으로 이들을 바라봤다. 하인은 당시를 이렇게 회상했다. “마르크스 대장이 우리를 맞이하려 일어나면서 의족이 ‘끼익’ 소리를 냈습니다.” 마르크스는 친근하게 손을 흔들더니 모두에게 편히 있으라고 말했다. 쉰셋의 노장군 마르크스를 둘러싸고 차려 자세로 선 참모들은 미리 준비한 샤블리의 병뚜껑을 땄다. 참모들은 전형적인 독일군의 모습으로 절도 있게 잔을 들며 마르크스의 건강을 기원했다. 이 순간 65킬로미터 떨어진 곳에서는 영국군 공정부대원 4천255명이 강하 중이었다. 모르는 게 약이라는 속담은 이럴 때 필요한 것이었다.

## 선도병들, 시간과 싸우다

노르망디에 잉글랜드 뿔피리 소리가 울려 퍼졌다. 달빛을 배경으로 퍼지는 피리 소리는 마치 유령이라도 불러낼 것 같았다. 온 사방에 계속해서 울려 퍼지는 쓸쓸하고 괴이쩍기까지 한 뿔피리 소리를 배경으로 그림자 수십여 개가 움직였다. 초록색, 갈색, 노란색이 섞인 위장 무늬 강하복을 입고 장비를 주렁주렁 매단 채 방탄모를 쓴 수십여 개의 그림자는, 벌판을 가로지르고 산울타리를 따라 난 도랑을 건너느라 안간힘을 쓰고 있었다. 검은 그림자는 모두 뿔피리 소리가 나는 곳으로 향했다. 여러 뿔피리가 합세하면서 뿔피리 소리가 마치 합창처럼 들리더니 갑자기 나팔이 울렸다. 수백 명에 이르는 영국군 제6공정사단 대원들에게 이 소리는 전투의 전주곡이나 마찬가지였다.

랑빌 지역에서 예상치 못한 불협화음이 들렸다. 영국군 제5낙하산여단 예하 2개 대대를 부르는 집합 신호였다. 제5낙하산여단 대원들은 신속하게 움직여야 했다. 2개 대대 중 하나는 얼마 안 되는 하워드 소령의 특공대를 도우러 베누빌 다리로 달려가야 했고, 다른 하나는 독일군에게 가까이 다가가는 결정적인 목이라 할 수 있는 랑빌을 장악하고 유지해야 했다. 공정부대 지휘관들은 이런 식으로 병력을 모아 본 적이 없었다. 그렇지만 이 날 밤은 모든 것이 속도에 달려 있었다. 제6공정사단은 독일군이 아니라 시간과 싸우고 있었다. 계획대로라면 미군과 영국군 제1파는 오전 6시 30분에서 7시 30분 사이에 침공이 예정된 노르망디 해변 다섯 곳에 도착할 예정이었다. '붉은 악마'라는 별명을 가진 영국군 제6공정사단의 임무는, 상륙에 필요한 최초 발판을 마련하고 연합군이 침공하는 전 지역의 서쪽으로 들어올 수 있는 독일군의 공격을 단단히 저지할 준비를 하는 것이었다. 임무를 완수하는 데 쓸 수 있는 시간은 5시간 30분뿐이었다.

작전계획에 명시된 제6공정사단의 임무는 정말 복합적이고 다양했다.

우선 캉 북동쪽에 있는 여러 감제고지를 장악해야 했다. 베누빌 다리와 랑빌 다리를 모두 확보하고 디브 강에 있는 다리 5개 이상을 파괴해서 독일군, 특히 전차가 상륙 교두보의 측면으로 돌입하는 것을 저지해야 했다. 이 모든 임무는 분 단위로 시행해야 할 만큼 빡빡했다.

그렇지만 경輕화기로만 무장한 제6공정사단은 독일군 기갑부대가 집중적으로 공격할 경우 이를 저지할 만큼 화력이 충분치 않았다. 다리를 확보하는 작전의 성공은 대전차포와 장갑관통탄을 얼마나 빠르고 안전하게 가져오는가에 달려 있었다. 크고 무거운 대전차포를 노르망디로 안전하게 가져오는 방법은 단 하나, 글라이더를 마치 열차처럼 이어 날리는 것뿐이었다. 오전 3시 20분, 글라이더 69대는 병력, 차량, 중장비, 그리고 무엇보다 긴요한 대전차포를 싣고서 노르망디 하늘에서 고도를 낮춰 땅을 스칠 듯이 날고자 애쓰고 있었다.

계획이야 세웠지만 글라이더 69대에 실린 병력과 장비, 물자를 안전하게 땅에 착륙시키는 것 자체가 어마어마한 문제였다. 일단 글라이더는 다코타 수송기보다 훨씬 컸기 때문에 착륙 장소를 정하는 것이 쉽지 않았다. 글라이더 중에는 경輕전차를 실어 나를 만큼 거대한 하밀카Hamilcar 글라이

www.mission4today.com

**하밀카 글라이더** 공정부대를 지원하는 장비와 물자를 수송하기 위해 영국의 제너럴 에어크래프트General Aircraft Limited; GAL 사에서 만든 대형 글라이더이다. 1941년 개발에 들어가 1943년 중반에 최초로 생산되었으며 1946년까지 344대를 양산했다. 노르망디 침공을 포함해 제2차 세계대전 동안 모두 세 번 사용되었다.

더도 4대나 있었다. 제6공정사단은 미리 선정한 착륙지대를 안전하게 확보하고 착륙지대 곳곳에 박힌 장애물을 없애 거대한 임시 착륙장을 만드는 임무도 받았다. 그러려면 밑동 곳곳에 지뢰가 설치된 나무와 철도 침목을 한밤중에 깨끗이 제거해야 했다. 쓸 수 있는 시간은 2시간 30분뿐이었다. 이렇게 만든 착륙장은 저녁에 두 번째 글라이더 부대가 착륙하는 데도 써야 했다.

제6공정사단은 메르빌Merville 근처에 있는 대규모 해안포도 파괴해야 했다. 이는 제6공정사단이 맡은 임무 중에서 가장 중요한 것이었다. 연합군 정보처는 메르빌 근처에 있는 강력한 해안포 4문이 해상에 집결하는 연합군 침공 함대를 방해하고 소드 해변에 상륙하는 병력에게 엄청난 피해를 입힐 것으로 판단했다. 명령에 따라 제6공정사단은 오전 5시까지 이들 대포 4문을 파괴해야 했다.

침공 개시에 맞춰 중대한 임무를 수행할 제3낙하산여단과 제5낙하산여단 병력 4천255명은 노르망디 상공에서 수송기를 박차고 뛰어내렸다. 공정부대원들은 광대한 지역에 흩뿌리듯 착지했는데, 도상연구로 그려 보던 예상 착륙지점과는 너무도 달랐다. 위협적으로 날아오는 고사포탄을 피하느라 예정된 항로를 이탈한 수송기는 마치 양동이로 물을 뿌리는 것처럼 무질서하게 공정부대원들을 공중에 토해 냈다. 수송기에서 몸을 던지자마자 거센 바람이 공정부대원들을 밀어붙였고, 일부는 그 때문에 낙하산을 잘못 조정하기도 했다. 땅 위에 있는 강하지대 표시도 엉망이었다. 운이 좋아 예정된 곳에 착지한 경우도 있었지만, 제3낙하산여단과 제5낙하산여단 대부분은 목표에서 적게는 8킬로미터, 많게는 56킬로미터나 떨어진 곳에 착지했다.

그나마 제5낙하산여단은 운이 좋은 편이었다. 여단 병력 중 대부분이 랑빌 가까이 있는 목표 근처에 착지했다. 목표 가까이 착지했다고 해서 문제가 없는 것은 아니었다. 중대원 중 절반만 모으는 데도 꼬박 2시간이 걸리면서 중대장들은 속이 바싹바싹 탔다. 이런 와중에도 공정부대원들은 희미하게 들리는 뿔피리 소리를 따라 집결지로 움직이고 있었다.

제13낙하산대대의 레이먼드 배튼Raymond Batten 이병은 강하지대 거의 외곽에 떨어졌다. 수송기에서 뛰어내린 뒤, 일시적이기는 했지만 배튼은 아무것도 할 수 없었다. 두꺼운 입사귀가 빽빽하고 무성한 나무들이 만든 작은 숲을 뚫고 떨어지던 배튼은 낙하산이 나무에 걸리면서 대롱대롱 매달렸다. 발부터 땅까지는 4미터도 넘었다. 숲 속은 매우 고요했고 저 멀리서 고사포 쏘는 소리, '윙윙'대며 날아다니는 비행기 소리, 그리고 기관총 쏘는 소리가 끊이지 않고 들렸다. 낙하산을 끊고 땅으로 내려가려고 주머니칼을 꺼내는 순간, 갑자기 슈마이서 기관단총이 사납게 총알 뱉어 내는 소리가 가까이서 들렸다. 1분이나 지났을까? 덤불을 헤치는 소리가 나면서 누군가가 천천히 배튼에게 다가왔다. 배튼은 강하 도중 스텐 기관단총을 떨어뜨려 총이 없었다. 다가오는 사람이 독일군인지 아니면 연합군인지 전혀 알 수 없는 상황에서 배튼은 죽은 척 매달려 있는 것 말고는 달리 할 수 있는 일이 없었다. 배튼은 당시를 이렇게 기억했다. "누군지는 몰랐지만 다가온 사람은 고개를 들어 나를 바라봤습니다. 내가 할 수 있는 것이라고는 꼼짝달싹 않는 것뿐이었지요. 그는 내가 죽었다고 생각했는지 그대로 가버리더군요. 간절히 바라던 바였습니다."

위기를 넘긴 배튼은 낙하산을 끊고 최대한 신속하게 땅으로 내려와 뿔피리 소리가 들리는 곳으로 향했다. 그러나 시련은 그것이 다가 아니었다. 숲을 벗어날 무렵, 배튼은 낙하산이 펴지지 않아 죽은 어린 낙하산병을 보았다. 배튼이 길을 따라 가는데 반쯤 정신이 나간 채 미친 듯이 소리를 지르는 남자가 배튼을 지나쳐 갔다. "그놈들이 내 전우를 죽였어! 그놈들이 내 전우를 죽였다고!" 집결지로 향하는 다른 낙하산병들을 드디어 만났을 때, 배튼 곁에는 완전히 넋이 나간 병사가 한 명 있었다. 오른손에 단단히 쥔 소총이 반으로 굽어 길이가 거의 절반이 되었는데 그 병사는 전혀 알아채지 못한 채 좌우로는 눈길도 주지 않으면서 성큼성큼 걸었다.

이날 밤, 전쟁의 가혹한 실상을 보고 충격을 받은 것은 배튼만이 아니었다. 낙하산을 벗으려 안간힘을 쓰던 제8낙하산대대의 해롤드 테이트Harold Tait 일병은 독일군이 쏜 고사포탄이 다코타 수송기에 명중하는 장면을 목격했다. 수송기는 마치 꼬리가 잦아드는 혜성처럼 테이트의 머리 위로 날아가 1.5킬로미터쯤 떨어진 곳에 추락하더니 귀를 찢는 엄청난 폭음과 함께 폭발했다. 테이트는 수송기에 타고 있던 대원들이 추락 전에 모두 공중으로 뛰어내려 폭발을 피했는지 궁금했지만 알 길은 없었다.

캐나다 제1낙하산대대의 퍼서벌 리긴스Percival Liggins 이병 또한 비행기 1대가 불길에 휩싸인 것을 목격했다. "머리부터 꼬리까지 불길에 휩싸인 비행기가 최고 속도로 마치 나한테 날아오는 것 같았지요." 난생 처음 보는 광경에 얼이 빠진 리긴스는 꼼짝도 할 수 없었다. 머리 위로 지나간 비행기는 리긴스 뒤에 펼쳐진 벌판에 충돌했다. 리긴스와 동료들은 혹시라도 비행기 안에 누가 있을까 봐 구하러 달려갔다. "헛수고였습니다. 비행기 안에 있던 탄약이 폭발하기 시작하면서 다가갈 수조차 없었습니다."

제12낙하산대대의 콜린 파월Colin Powell 이병은 당시 스무 살이었다. 예정된 강하지대에서 몇 킬로미터 떨어진 곳에 착지한 풋내기 이병을 기다린 것은 신음하는 부상병들이었다. 심하게 부상당한 아일랜드 출신 낙하산병을 돌보러 파월이 무릎을 꿇었다. 부상병이 부드러운 목소리로 말했다. "이봐, 친구! 나를 죽여 주게! 부탁이야!" 그러나 파월은 차마 그럴 수 없었다. 파월은 그 부상병을 최대한 편하게 눕히고는 누군가 도와줄 사람을 보내겠다고 말하며 서둘러 자리를 떴다.

혼란이 계속되는 동안 연합군 장병들은 나름대로 기지를 발휘해 죽을 고비를 넘겼다. 캐나다 제1낙하산대대의 리처드 힐본Richard Hilborn 중위는 온실에 충돌하며 유리를 뚫고 떨어졌다. "유리가 깨지면서 산산조각 난 유리 파편이 온 사방에 떨어졌습니다. 소리는 또 얼마나 크던지. 서둘러 빠져

나와서는 파편이 땅에 닿기도 전에 달리기 시작했습니다." 일부러 그러려고 해도 힘들었을 텐데, 우물 속으로 떨어진 낙하산병도 있었다. 그는 낙하산 줄을 타고 우물 위로 기어올라서는 마치 아무 일도 없었다는 듯이 집결지를 향해 발걸음을 옮겼다.

연합군 공정부대원들은 상상도 할 수 없을 만큼 어려운 상황을 스스로 헤쳐 나왔다. 이들이 마주한 상황은 낮이었어도 극복하기 쉽지 않은 것들이었다. 그런데 빛이 전혀 없는 밤, 거기에 적지라는 냉혹한 상황이 더해지면서 이들은 상상 이상으로 훨씬 어려운 상황을 극복해야 했다. 고드프리 매디슨Godfrey Maddison 이병이 아주 대표적인 경우였다. 매디슨이 착지한 곳은 어느 벌판의 가장자리였는데, 가시철사로 울타리를 두르고 있어 몸을 움직일 수 없는 곳이었다. 두 다리가 가시철사에 꼬인 데다 한 발당 4.5킬로그램인 박격포탄 4발을 포함해 60킬로그램이 넘는 군장에 짓눌린 매디슨은 곧 완전히 가시철사에 걸려 버렸다. 매디슨은 제5낙하산여단의 뿔피리 소리가 나는 쪽으로 향하다 가시철사에 걸린 것이었다. 매디슨은 당시를 이렇게 기억한다. "겁이 덜컥 나기 시작했습니다. 칠흑같이 컴컴한 데다 누군가 나에게 총을 마구 쏠 수도 있다는 생각이 들었지요." 얼마 동안 매디슨은 아무것도 하지 않은 채 조용히 기다리기만 했다. 들키지 않은 것을 알고 안도의 한숨을 내쉰 매디슨은 가시철사에서 빠져나오려 천천히 그리고 고생스럽게 노력했다. 허리띠 뒤에 차고 있던 가시철사 절단기를 꺼낼 만큼 한쪽 팔이 자유로워지기까지는 몇 시간이 걸린 것 같았다. 몇 분 뒤, 매디슨은 완전히 몸을 빼고는 뿔피리 소리가 들리는 곳으로 다시 향했다.

같은 시각, 캐나다 제1낙하산대대의 도널드 윌킨스Donald Wilkins 소령은 작은 공장처럼 보이는 건물 옆을 기어서 통과하는 중이었다. 갑자기 잔디 위에 사람 몇이 보인 순간, 윌킨스는 바닥에 납작 엎드렸다. 그렇지만 사람처럼 보이는 물체들은 꼼짝도 하지 않았다. 몇 분 동안을 뚫어져라 바라보던 윌킨스는 욕을 내뱉으며 일어서서는 자기가 생각한 것이 맞는지 확인하기 위해 물체들 쪽으로 다가갔다. 사람처럼 보였던 것들은 정원에 놓인 석상들이었다.

같은 부대 소속의 병장 한 명도 비슷한 경험을 했다. 유일한 차이점이라면 이번에는 물체가 정말로 사람 같았다는 점이었다. 병장은 깊이가 무릎쯤 되는 도랑에 착지했다. 그와 가까운 도랑에 있던 헨리 처칠Henry Churchill 이병은 사람처럼 보이는 물체 2개가 병장을 향해 다가오자 병장이 낙하산을 벗어 버리고는 절박하게 주변을 두리번거리는 모습을 보았다. "병장은 다가오는 물체가 독일군인지 아니면 영국군인지를 알아보려고 기다렸습니다." 처칠의 기억이다. 점점 더 다가온 두 명은 다시 생각해 볼 필요도 없을 정도로 분명한 독일어를 사용했다. 그 순간 숨을 죽이고 기다리던 스텐 기관단총이 불을 뿜었다. "병장은 신속한 사격 단 한 번으로 독일군 두 명을 그대로 쓰러뜨렸습니다."

디데이가 시작되고 얼마 동안 연합군을 힘들게 만든 것은 독일군이 아니라 노르망디의 자연이었다. 연합군 공정부대에 맞서 디브 강을 미리 침수시킨다는 롬멜의 계획은 이미 톡톡히 성과를 내고 있었다. 침수된 디브 계곡에 만들어진 호수와 웅덩이는 공정부대에게 말 그대로 지옥의 문이었다. 제3낙하산여단 병력 중 많은 수가 마치 자루를 탈탈 털어 흩어지는 색종이처럼 디브 계곡 일대로 떨어졌다. 이렇게 시작된 불운은 엎친 데 덮친 것처럼 계속 이어졌다. 짙은 구름 속에서 조종하던 수송기 조종사들 중 몇몇은 디브 강 하구를 오른 강 하구로 착각하고는 공정부대원들을 뛰어내리게 했다. 그러나 이들을 기다리는 것은 사방에 늪지와 웅덩이가 널린 젖은 땅이었다. 계획대로라면 가로와 세로 각각 1.5킬로미터 정도 되는 강하지대로 뛰어내렸어야 할 제9낙하산대대원 700여 명은 80킬로미터가 넘는 시골, 그것도 대부분이 웅덩이인 곳으로 흩어졌다. 고도로 훈련을 받은 이 부대가 이날 밤 맡은 임무는 메르빌에 있는 포대를 공격해 무력화시키는 것이었다. 이것은 가장 어렵지만 가장 신속하게 끝내야 하는 임무였다. 결과적인 일이기는 하지만, 대대원 700여 명 중 상당수는 며칠 뒤에야 부대에 다시 합류할 수 있었다. 그나마도 이들은 운이 좋은 편에 속했다. 많은 수는 수송기에서 뛰어내린 이후 다시는 전우를 볼 수 없었다.

이날 밤 얼마나 많은 공정부대원이 디브 강의 흙탕물에 빠져 죽었는지는 앞으로도 영원히 알 수 없을 것이다. 살아남은 이들의 증언에 따르면, 이곳에는 깊이는 2미터가 넘고 폭은 1.2미터나 되며 바닥에는 끈적끈적한 개흙이 깔린 도랑이 거미줄처럼 온 사방으로 나 있었다. 제아무리 훈련을 많이 받은 공정부대원이라도 소총, 탄약, 중장비로 무장하고서는 이런 도랑을 혼자 빠져나올 수 없었다. 더욱이 물을 먹어 배 이상 무거워진 배낭을 버리지 않고는 살아남을 수가 없었다. 늪에 빠져 허우적대던 공정부대원 중 많은 수가 마른 땅을 코앞에 두고서 익사했다.

제224낙하산야전병원224th Parachute Field Ambulance의 헨리 험버스톤Henry Humberstone 이병도 허리까지 오는 물에 빠졌지만 운 좋게도 간신히 목숨을 건졌다. 물에 빠진 순간은 어디가 어디인지도 알 수 없었다. 애초에 험버스톤이 착지하리라 예상한 곳은 바라빌 서쪽에 있는 과수원이었다. 그러나 실제로는 강하지대 동쪽에 착지했다. 험버스톤과 바라빌 사이에는 무수히 많은 늪 말고도 디브 강 본류가 있었다. 땅 위로 낮게 깔린 안개는 마치 흰 담요에 때가 묻은 것처럼 보였고 주변은 온통 개구리 우는 소리로 시끄러웠다. 그 와중에도 앞에서는 물살이 사납게 흐르는 소리가 들렸다. 물이 들어찬 벌판을 통과해 디브 강에 다다라 '어떻게 하면 강을 건널까?' 고민하는 험버스톤의 눈에 남자 두 명이 들어왔다. 강 건너편에 있던 이들은 캐나다 제1낙하산대대원들이었다. 험버스톤이 소리쳐 물었다. "어떻게 하면 강을 건널 수 있습니까?" 강 건너편 낙하산병 중 한 명이 대답했다. "상당히 안전해요." 대답한 낙하산병은 첨벙대며 강으로 들어섰다. 어떻게 해야 하는지 직접 보여 주려는 것이 분명했다. "1분 정도 바라보고 있었는데 갑자기 그 캐나다 군인이 사라져 버렸습니다. 소리나 비명도 지르지 않았습

**강하 중 익사한 제82공정사단 병사**
독일군이 사전에 노르망디 일대를 침수시킨 탓에 디데이 새벽에 강하한 공정부대원들의 희생이 컸다. 공정부대원들은 깊이가 70센티미터도 되지 않는 물로 떨어졌지만 짊어진 장비와 무기 때문에 몸을 제대로 가누지 못했고 낙하산도 벗을 수 없어 많은 수가 익사했다.

Cornelius Ryan Archives

니다. 눈 깜짝할 사이에 익사한 겁니다. 나도, 건너편의 다른 캐나다 군인도 손을 쓸 틈이 없었습니다."

제9낙하산대대의 군목 존 그위넷John Gwinnett 대위도 늪지대로 떨어져 완전히 길을 잃었다. 혼자인 데다 적막감 때문에 그위넷은 더욱 움츠러들었다. 일단은 늪에서 빠져나가야 했다. 메르빌의 독일군 포대를 공격하는 일이 피비린내 나게 끔찍한 일이라는 것을 아는 그위넷은 대대원들이 있는 곳에 자기도 함께 있어야 한다고 생각했다. 수송기가 이륙하기 직전 그위넷은 활주로에서 대대원들에게 짧은 설교를 했다. "공포가 마음의 문을 두드릴 겁니다. 신앙이 그 문을 열지요. 그러면 거기에는 아무것도 없습니다." 그렇게 되리라고는 짐작도 못 했지만, 그위넷이 늪에서 빠져나가는 데는 꼬박 17시간이 걸렸다.*

---

* 옮긴이) 그위넷 대위는 디데이는 물론 디데이 이후에도 피아를 가리지 않고 부상자들을 돌보고 시체를 수습했다. 오트웨이에 따르면 샤토 생-콤Chateau St.-Come에서 벌어진 전투에서 독일군 시체가 널브러져 있자 그위넷은 흰색 깃발을 들고는 독일군을 향해 성직자답지 않은 말투로 "야! 이 XX 놈들아, 내 목에 성직자 칼라 두른 것 안 보이냐!"라고 말하면서 시체를 수습했다고 한다. 6월 12일 상황이 안 좋게 돌아가자 그위넷은 천마 깃발을 들고 나무를 타고 오르더니 못질해 깃발을 나무에 박아 버렸다. 이 이야기가 퍼지면서 대대원들은 점령한 진지를 사수하겠다는 의지를

모두가 낯선 노르망디의 자연과 싸우던 그 순간, 제9낙하산대대장 테렌스 오트웨이 중령은 치솟는 분노를 참고 있었다. 합류 지점에서 수 킬로미터 떨어진 곳에 착지한 오트웨이는 대대가 완전히 흩어졌다는 것을 알았다. 그날 밤 오트웨이는 빠르게 걷는 내내 작은 무리로 쪼개진 부하들을 온 사방에서 만나게 된다. 생각하기도 싫었던 최악의 상상이 현실이 되고 있었다. 오트웨이는 강하가 얼마나 엉망이었는지 궁금했다. 자기 예하의 글라이더 편대가 얼마나 흩어졌을지 궁금했다.

제9낙하산대대의 작전 계획이 성공하려면 글라이더로 실어 오는 대포와 장비가 절실하게 필요했다. 메르빌에 있는 독일군 포대는 평범한 포대가 아니었다. 포대 주변에는 상상도 할 수 없을 정도로 방어 수단이 겹겹이 배치되어 있었다. 포대의 핵심이라고 할 수 있는 중重대포 4문은 거대한 콘크리트 포상에 놓여 있었다. 여기에 닿으려면 우선 지뢰지대와 대전차호를 통과한 다음, 무려 4.5미터짜리 가시철사 장애물을 뚫은 뒤, 다시 나타나는 지뢰지대를 건너 무수히 많은 기관총이 설치된 참호를 통과해야 했다. 독일군은 군인 200명이 지키고 있는 이 무시무시하게 요새화된 포대를 연합군이 결코 무너뜨릴 수 없을 것이라고 생각했다.

이와는 반대로 어떻게든 뚫을 수 있다고 생각한 오트웨이는 포진 파괴 계획을 정밀하게 세웠다. 오트웨이는 어느 것 하나 운에 기대지 않았다. 랭커스터 폭격기* 100대가 폭탄 4,000파운드를 신물 나게 떨구면, 글라이더 편대가 지프, 대전차포, 화염방사기, 가시철사를 파괴할 파괴통, 지뢰탐지

---

불태웠다고 한다.

* 옮긴이) Avro Lancaster: 영국의 로이 채드윅Roy Chadwick이 설계하고 아브로Avro 사가 제작한 중重폭격기로 제2차 세계대전에 사용된 것 가운데 가장 성공적인 폭격기로 꼽힌다. 1941년 1월 9일 시제기가 비행에 성공한 이후 1946년까지 무려 7,377대가 생산되었는데 그중 3,249대가 작전 중 격추되었다. 개량을 거듭해 최대 1만 4천 파운드(특수 개조 시 2만 2천 파운드)의 폭탄을 싣고 시속 200마일로 2천500마일을 비행할 수 있었던 랭커스터는, 15만 6천 회를 출격해 포탄 61만 8천 378톤을 투하하며 이전에는 볼 수 없던 '전략 폭격strategic bombing'이라는 개념을 현실화시켰다.

기, 박격포, 그리고 알루미늄으로 만들어 무게를 줄인 사다리까지 싣고 들어올 예정이었다. 글라이더에서 특수 장비를 모두 챙긴 뒤, 오트웨이와 부하들은 11개 조로 나누어 포대를 공격할 생각이었다.

성공하려면 톱니바퀴가 맞물리듯 빈틈없이 작전이 진행돼야 했다. 수색조가 앞으로 나가 지역을 정찰하고 개척조가 지뢰를 제거해 확보한 통로를 표시하면 돌파조가 파괴통으로 가시철사 장애물을 파괴한다. 그 와중에 저격수, 박격포수, 그리고 기관총 사수들은 진지를 선점하고 주 공격조를 엄호할 계획이었다.

오트웨이의 계획에는 깜짝 놀랄 만한 반전이 숨어 있었다. 그가 직접 이끄는 지상 돌격 부대가 포대로 향할 때, 또 다른 병력을 태운 글라이더 3대가 동체 착륙 방법으로 포대 위로 착륙하는 것이었다. 오트웨이는 독일군의 방어선을 지상과 공중에서 동시에 대규모로 협공할 생각이었다.

계획에는 자살이라고 할 만큼 무모해 보이는 부분도 있었지만, 영국군이 소드 해변에 발을 디디는 순간 메르빌에 있는 독일군 중포 4문이 수천 명의 생명을 앗아 갈 수 있는 점을 떠올린다면 이런 위험은 감수할 만했다. 계획대로 모든 작전이 진행되더라도 오트웨이와 부하들이 집결해서 이동하여 포대에 도착할 무렵에는 포를 파괴하는 데 쓸 수 있는 시간은 1시간도 채 남지 않을 것 같았다. 만일 정해진 시간까지 제9낙하산대대가 메르빌 포대를 파괴하지 못하면 최후의 수단으로 해군이 함포 사격을 시작할 것이라는 말은 귀에 못이 박히게 들었다. 이것은 오전 5시 30분이 되면 결과가 어찌되든 간에 제9낙하산대대가 포대에서 멀찌감치 떨어져 있어야 한다는 말이었다. 그 시간까지 성공 신호를 보내지 못하면 바로 함포 사격이 시작되게 되어 있었다.

계획은 이미 굴러가기 시작했지만, 오트웨이가 안달하며 집결지로 향하는 동안 계획의 첫 부분은 이미 엇나가고 있었다. 오후 11시 30분에 실시한 폭격은 완전히 실패로 돌아갔다. 100대나 되는 랭커스터 폭격기가 투하한 그 많은 폭탄 중 단 한 발도 포대를 맞추지 못했다. 반면 실수는 점점 더 많아졌다. 핵심 보급품을 실은 글라이더들은 여전히 도착하지 못했다.

노르망디 해안 교두보의 중앙이라 할 수 있는 오마하 해변이 내려다보이는 독일군 관측용 벙커에서 베르너 플루스카트 소령은 여전히 밖을 주시하고 있었다. 흰 거품이 이는 파도 말고는 아무것도 보이지 않았다. 그렇다고 무엇인가 켕기는 마음이 풀리지는 않았다. 정확히는 모르지만 플루스카트는 무엇인가 벌어지고 있다는 확신이 이처럼 강하게 든 적이 없었다. 벙커에 들어온 직후부터 연합군 항공기들이 대형에 대형을 이뤄 우레 같은 소리를 내며 벙커 오른쪽에서 한참 떨어진 곳으로 날아갔다. 플루스카트는 비행기의 수가 수백 대는 될 것이라고 생각했다. 비행기 굉음을 듣는 순간부터 플루스카트는 연합군이 정말로 침공을 시작했다고 확인해 줄 만한 전화가 금방이라도 오지 않을까 생각하며 기다렸다. 그렇지만 전화는 울리지 않았다. 옥커 중령이 전화 한 통 한 뒤로는 아무 연락도 없었다. 그때였다. 플루스카트는 무엇인가 다른 소리를 들었다. 엄청난 수의 비행기가 벙커 왼쪽으로 날아드는 소리가 느리지만 천천히 커지더니 마치 우레처럼 들렸다. 이번에는 뒤에서부터 비행기 소리가 들리기 시작했다. 이 비행기들은 서쪽에서 셰르부르 반도로 접근하는 것 같았다. 플루스카트는 이제껏 어느 순간보다 훨씬 더 당황했다. 본능적으로 쌍안경으로 밖을 다시 한 번 내다보았지만 센 만은 텅텅 비어 있었다. 아무것도 보이지 않았다.

## 적진 한가운데로

생트-메르-에글리즈에서는 폭격 소리가 매우 가깝게 들렸다. 생트-메르-에글리즈의 시장이자 약사인 알렉상드르 르노Alexandre Renaud는 땅이 흔들리는 것을 느꼈다. 르노가 보기에 연합군이 생-마르쿠프St.-Marcouf와 생-마르탱-드-바르빌St.-Martin-de-Varreville에 있는 독일군 포대를 폭격하는 것 같았다. 두 곳 모두 마을에서 몇 킬로미터 떨어지지 않은 곳이다 보니 르노는 마을과 마을 사람들의 안전이 몹시 걱정되었다. 야간 통행금지 때문에 집을 떠날 수 없는 마을 사람들이 할 수 있는 일이란 정원에 판 구덩이나 지하 포도주 저장고에 몸을 숨기는 것뿐이었다. 르노도 아내 시몬Simone과 아이 셋을 거실에서 멀찍이 떨어진 복도에 있게 했다. 복도를 둘러싼 통나무는 이들을 지켜 줄 수 있을 만큼 충분히 두툼했다. 온 가족이 공습을 피해 임시 대피소로 쓰는 복도에 모인 시간은 프랑스 현지 시간으로 0시 10분쯤이었다. 르노에게는 이 시간을 기억할 만한 충분한 이유가 있었다. 가족이 몸을 피하자마자 도로 쪽으로 난 문을 누군가 다급하게 계속해 두드렸기 때문이다.

르노는 가족을 남겨 둔 채 불이 꺼진 약국으로 갔다. 약국은 플라스 드 레글리즈Place de l'Eglise 광장과 맞닿아 있었다. 르노는 문을 열기도 전에 무엇이 문제인지 알아챘다. 창문을 통해 보이는 광장은 눈부시게 빛나고 있었다. 광장 가장자리에서 자라는 밤나무와 커다란 노르망디식 성당도 불빛 때문에 환하게 보였다. 광장 건너에 있는 에롱Hairon의 집이 불길에 휩싸인 채 맹렬하게 타고 있었다.

르노는 약국 문을 열었다. 어깨까지 내려오는 소방관 헬멧을 쓴 의용소방대장이 문 앞에 서 있었다. 잘 닦인 헬멧이 번쩍였다. "폭격기에서 떨어진 소이탄에 맞은 것 같습니다." 소방대장은 불타는 에롱의 집을 가리킨 채 단도직입적으로 말했다. "통행금지를 풀어 달라고 독일군에게 건의 좀 해주시겠습니까? 불을 끄려면 가능한 한 많은 일손이 필요합니다."

르노는 가까이에 있는 독일군 지휘소로 달려갔다. 사정을 설명하자 당직 근무 중이던 부사관은 재량을 발휘해 통행금지를 풀어 주는 대신에 불을 끄러 모이는 이들을 감시하기 위해 경계병을 배치했다. 르노는 사제관에

**디데이의 프랑스인들** 디데이에 생트-메르-에글리즈 성당의 루양 신부(왼쪽)는 성당 종을 울려 사람들을 불러 모았고, 알렉상드르 르노 시장(오른쪽)은 마을 사람들과 함께 불을 껐다. 그 와중에 둘은 마을 광장에서 벌어지는 살육을 생생하게 목격했다.

가서 루이 루양Louis Roulland 주임 신부에게 불이 났다고 알렸다. 루양 신부는 종지기에게 성당에 가 종을 쳐 사람들을 불러 모으라고 했다. 그사이 르노와 루양 신부는 집집마다 돌면서 사람들에게 도움을 청했다. '뎅그렁' 종소리가 온 마을로 퍼져 나가자 마을 사람들이 잠옷 차림으로 또는 옷을 반쯤 걸친 채 속속 나타났다. 남자 여자 할 것 없이 순식간에 모인 100명이 넘는 사람들은 두 줄로 서서는 물을 퍼 담은 양동이를 손에서 손으로 옮겼다. 주변에는 소총과 슈마이서 기관단총으로 무장한 독일군 30명 정도가 경계를 섰다.

이토록 혼란스러운 와중에 루양 신부는 르노를 잠시 옆으로 끌고 가더니 말을 꺼냈다. "꼭 할 말이 있습니다. 정말 중요한 겁니다." 그러고는 르노를 사제관 부엌으로 데려갔다. 그곳에는 앙젤 르브로 부인이 기다리고 있었다. 잔뜩 충격을 먹어 떨리는 목소리로 르브로 부인이 말했다. "군인 한 명이 내 정원에 떨어졌어요." 르노는 지금 당장 꺼야 할 불보다 더 큰 문제를 떠안았다는 것을 알았지만 일단은 르브로 부인을 진정시켰다. "아무 걱정 마시고 집으로 가서 문을 닫고 가만히 계세요." 르노는 이렇게 말하고는 불을 끄러 돌아갔다.

르노가 잠시 자리를 비운 사이 화재 현장은 더 시끄럽고 혼란스러워졌다. 불길은 아까보다도 더 높게 치솟았다. 화산이 폭발하듯 온 사방으로 불똥이 튀면서 주변 건물도 불이 붙기 일보 직전이었다. 눈앞에서 벌어지는 광경은 마치 지옥 같았다. 소방관들은 흥분한 데다 불길 때문에 얼굴이 붉게 달아올랐다. 반면 잔뜩 겨입은 채 총을 들고 서 있기만 하는 독일군들은 그렇게 답답해 보일 수 없었다. 이런 광경에 르노는 못으로 박아 놓은 것처럼 꼼짝도 할 수 없었다. 여전히 울리는 성당 종소리 때문에 그렇지 않아도 시끄러운 마을 광장에서는 어떤 말도 들리지 않았다. 바로 그때, 그 소란스러운 광장에 있던 모두가 '웅'하는 비행기 소리를 들었다.

서쪽에서 시작된 비행기 소리가 점차 커졌다. 이와 더불어 독일군이 하늘로 고사포를 쏘기 시작했는데, 고사포 쏘는 소리도 마을 쪽으로 점차 가까워졌다. 마을 광장에 있던 사람들은 불을 끄고 있다는 것도 잠시 잊은 채 꼼짝도 않고 서서 하늘을 바라보았다. 그 순간 마을에 배치된 고사포들이 일제히 사격을 시작하면서 머리 위에서 천둥 치듯 커다란 소리가 터졌다. 땅에서 쏘아 올린 고사포탄이 온 사방으로 어지럽게 날아가 만든 화망 사이로 불을 켠 비행기들이 날개가 서로 스치듯이 날아들었다. 어찌나 낮게 날던지 광장에 모인 사람들은 본능적으로 고개를 처박았다. 르노는 당시를 생생하게 기억한다. "비행기가 낮게 날면서 커다란 그림자가 땅 위로 달렸습니다. 비행기 안에서는 빨간 불이 반짝이는 것처럼 보였습니다."

비행기 822대가 동원되어 1만 3천 명을 실어 나른 이날 작전은 당시 사상 최대 규모의 공수 작전이었다. 편대를 이룬 수송기들은 미 제101공정사단과 제82공정사단을 싣고 계속해서 날아들었다. 이들이 향하는 강하지대 여섯 곳은 생트-메르-에글리즈에서 모두 몇 킬로미터밖에는 떨어져 있지 않았다. 공정부대원들은 차례대로 한 명씩 공중제비 하듯 비행기를 박차고 나왔다. 생트-메르-에글리즈 외곽의 강하지대를 향해 낙하산을 펼치고 날아가는 동안 상당수의 공정부대원은 전쟁터와는 어울리지 않을 법

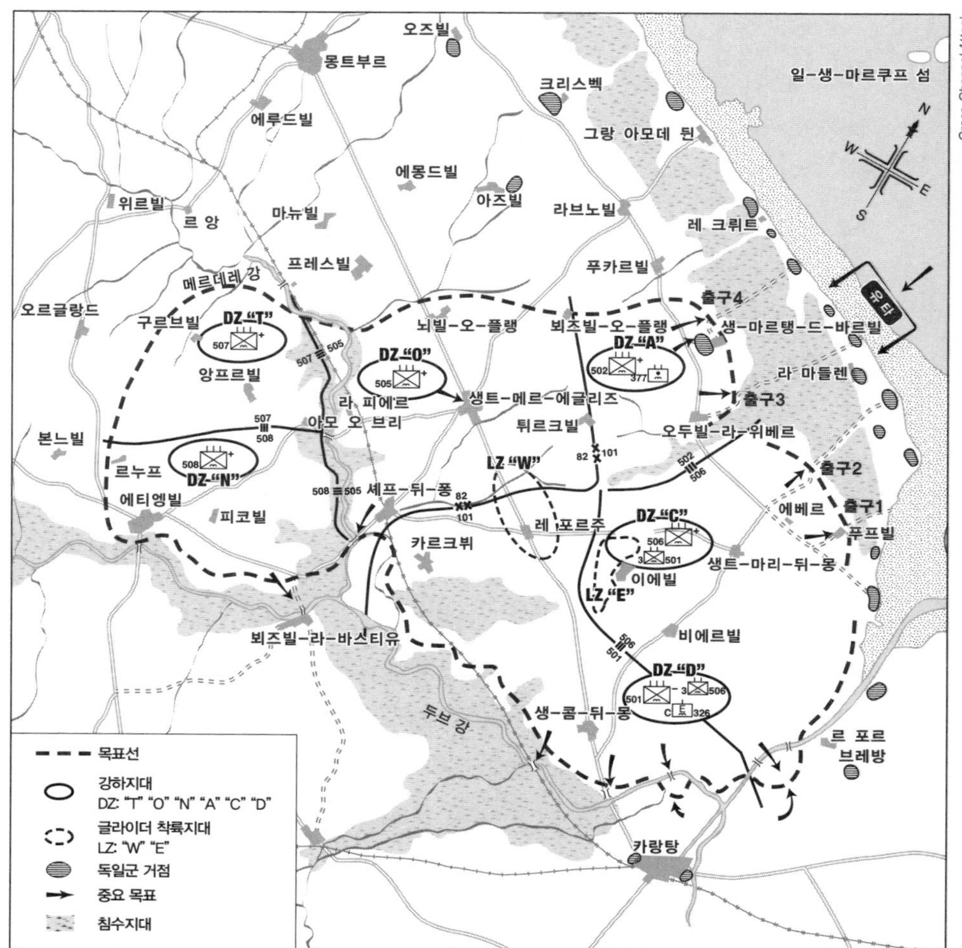


디데이 셰르부르 반도의 미 공정부대 작전계획

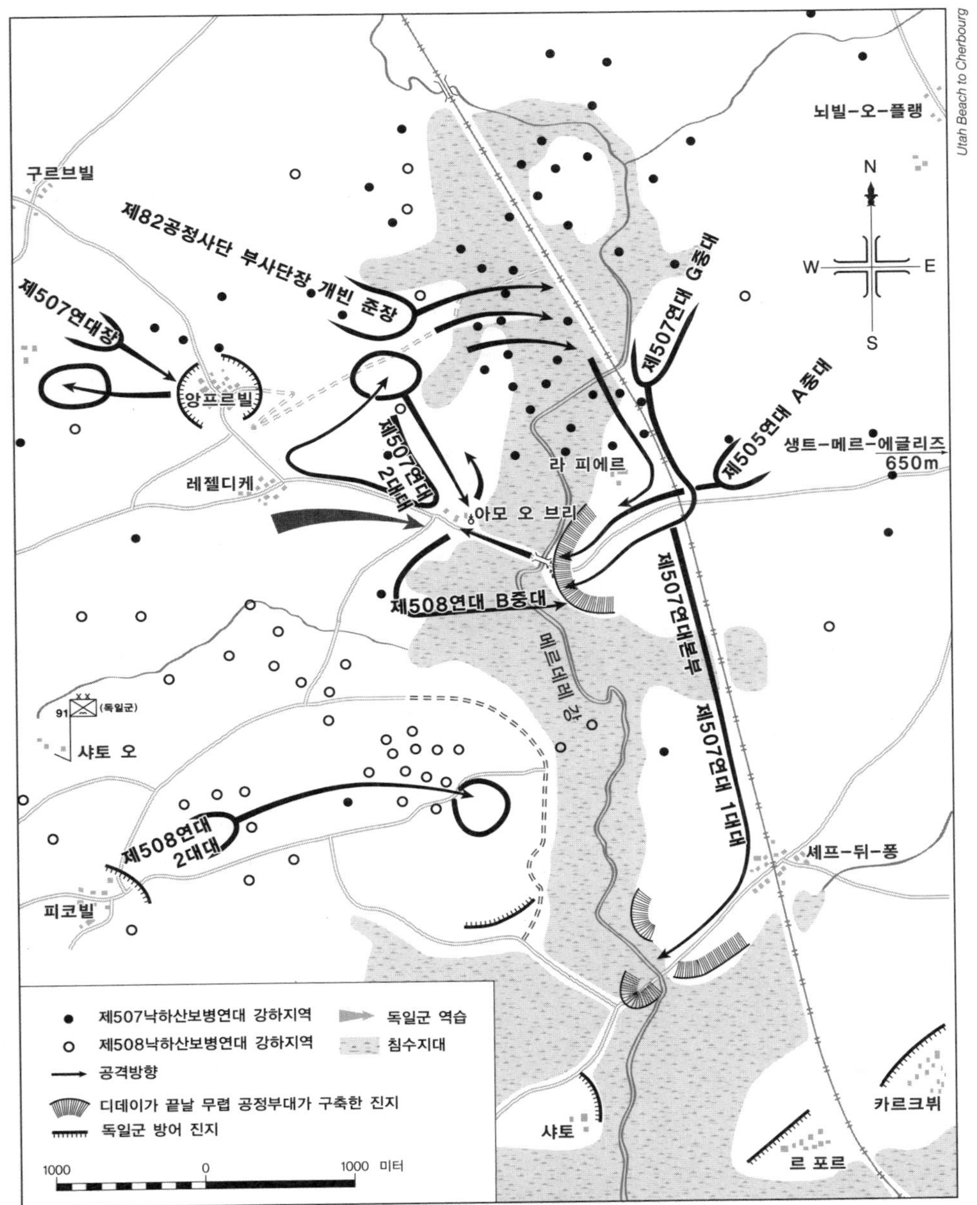

Utah Beach to Cherbourg
뇌빌-오-플랭
구르브빌
제82공정사단 부사단장 개빈 준장
제507연대장
제507연대 G중대
앙프르빌
제507연대 2대대
제505연대 A중대
생트-메르-에글리즈
650m
라 피에르
레젤디케
아모 오 브리
제508연대 B중대
제507연대본부
메르데레 강
91 (독일군)
샤토 오
제507연대 1대대
제508연대 2대대
셰프-뒤-퐁
피코빌
샤토
카르크뷔
르 포르
제507낙하산보병연대 강하지역
제508낙하산보병연대 강하지역
공격방향
디데이가 끝날 무렵 공정부대가 구축한 진지
독일군 방어 진지
독일군 역습
침수지대
1000 0 1000 미터
N
W
E
S

제82공정사단 강하지역과 기동

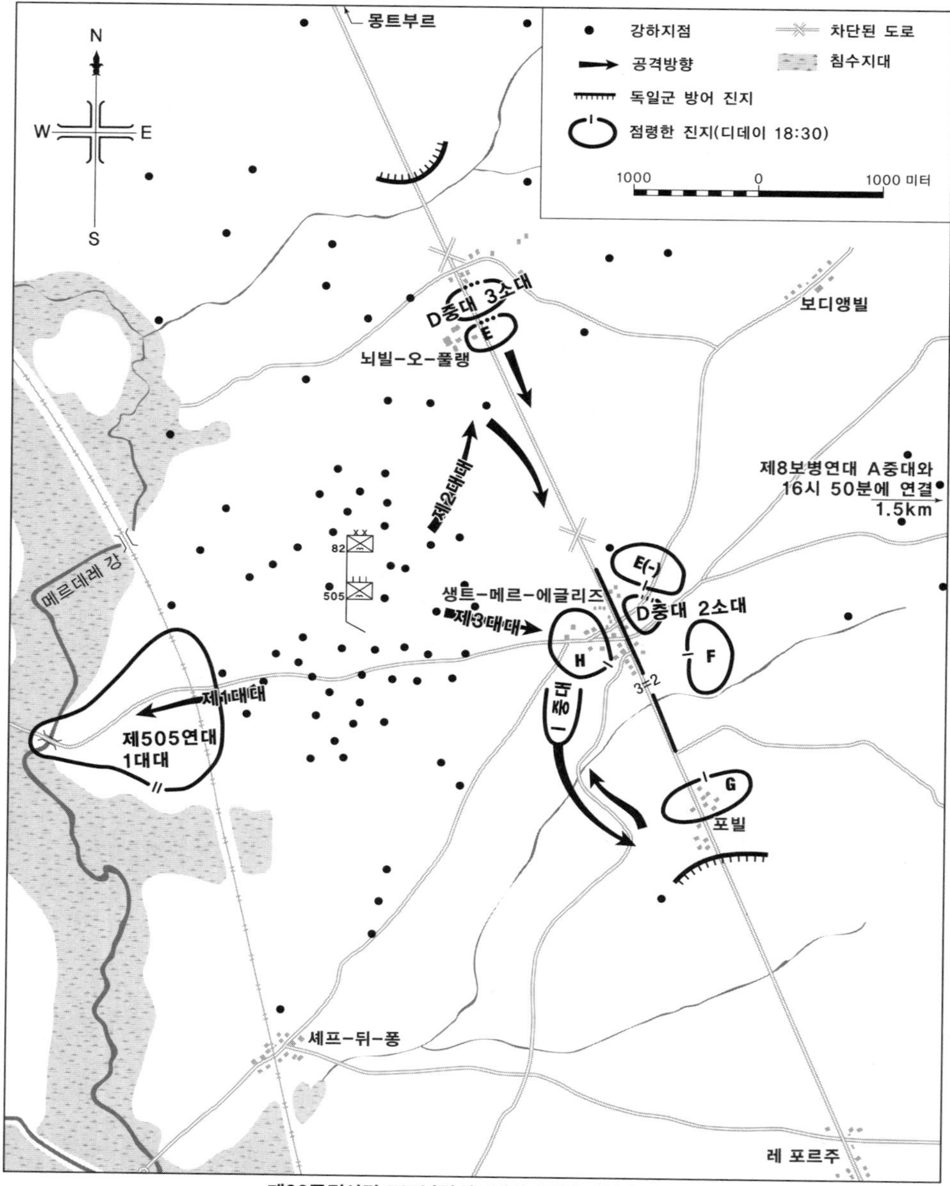

제82공정사단 505낙하산보병연대 강하지역과 기동

한 소리, 즉 성당 종소리를 들었다. 많은 공정부대원에게 이 소리는 살아서 듣는 마지막 소리였다. 강한 바람에 휩쓸린 몇몇은 지상의 지옥이 되어 버린 플라스 드 레글리즈의 화재 현장으로 곧장 떨어졌는데, 총을 든 채 감시하던 독일군들은 이렇게 나타난 연합군 침공자들을 놓치지 않았다. 운명이란 이토록 뜻하지 않게 전개되는 법이다. 제101공정사단 506낙하산보병연대의 찰스 산타르시에로Charles Santarsiero 중위는 타고 있는 수송기가 생트-메르-에글리즈 상공을 통과할 때 비행기 문에 서 있었다. 산타르시에로는 당시를 이렇게 회상했다. "고도라고 해야 120미터쯤 되다 보니 마을 이곳저곳에 불이 난 것도, 독일 놈들이 이리 뛰고 저리 뛰는 것도 다 볼 수 있었습니다. 난장판도 그런 난장판이 없었습니다. 고사포탄과 소총탄이 마구 날아다녔고, 곧장 광장으로 떨어진 불쌍한 친구들은 바로 붙잡혔습니다."

제82공정사단 505낙하산보병연대 소속의 존 스틸* 이병은 타고 있던 수송기를 박차고 뛰어내리자마자 자기가 조명으로 표시된 강하지대가 아니라 불이 난 것처럼 보이는 마을 중심으로 향하고 있는 것을 알았다. 이윽고 눈에 들어온 것은 독일군과 프랑스 주민들이 미친 듯이 이리저리 뛰어다니는 모습이었다. 땅에 있는 사람들 대부분이 자기를 바라보고 있다고 느끼는 바로 그 순간, 스틸은 날카로운 칼 같은 것이 꽂히는 느낌이 들었다. 총알 한 발이 그의 발을 부숴 버린 것이다. 그러더니 더 놀라운 것이 보였다. 낙하산을 돌려 보았지만 마을로 향하는 방향을 바꿀 수는 없었다. 낙하산이 광장 끄트머리에 있는 성당의 뾰족탑을 향해 곧장 날아가는 사이, 스틸

---

* 옮긴이) John M. Steele(1912년 11월 29일~1969년 5월 16일): 제2차 세계대전 전날 입대해 제82공정사단 505낙하산보병연대 F중대에 배치되었다. 1943년 5월 북아프리카에서 싸웠고, 7월 시칠리아에 강하하다 왼쪽 다리가 부러져 잠시 병원 신세를 졌지만 9월 이탈리아 전선으로 돌아와 살레르노, 나폴리를 거쳐 디데이 준비에 합류했다. 생트-메르-에글리즈 성당 뾰족탑에 걸린 낙하산에 매달려 있다 포로가 되었으나 사흘 뒤 탈출해 연합군에 합류했고, 영국으로 후송되었다. 마켓-가든 작전, 벌지 전투, 그리고 독일 진격에 참여했고 1945년 9월 전역했다.

은 아무것도 하지 못한 채 매달려 있었다.

스틸보다 위에서 낙하하던 어니스트 블랜차드Ernest Blanchard 일병도 종소리를 들었다. 사방으로 날름거리는 불길이 주변을 둘러싼 것도 보였다. 그다음, 소름이 돋을 만큼 무서운 장면이 이어졌다. "옆에서 낙하하던 병사가 눈앞에서 폭발하더니 완전히 산산조각이 나 사라졌습니다." 아마도 배낭에 지고 있던 폭탄이 폭발했던 것 같다.

발 아래 광장에 있는 무리를 피할 생각에 블랜차드는 결사적으로 낙하산 조종줄을 당겼지만 이미 너무 늦었다. 블랜차드는 광장 가장자리에 있는 나무 한 그루에 부딪히며 착지했다. 주변에 있는 다른 병사들은 독일군이 쏜 기관총탄에 맞아 즉사했다. 고함, 함성, 비명, 신음이 광장을 가득 채웠다. 블랜차드는 그때 들었던 소리들을 앞으로도 절대 잊지 못할 것 같았다. 총알이 점점 가까이 날아오자 블랜차드는 필사적으로 낙하산을 잘라 냈다. 낙하산을 벗고 나무에서 내려온 그는 공포에 질려 달리기 시작했다. 낙하산을 벗으려 칼질을 하다가 엄지손가락 끝부분까지 함께 잘라 냈다는 것을 깨달은 것은 한참 뒤였다.

광장에 모인 독일군은 연합군 공정부대가 생트-메르-에글리즈를 덮어버렸다고 생각했을 것이 분명하다. 불을 끄느라 광장에 모인 마을 사람들 역시 자신들이 분명히 주요 전투의 중심에 있다고 생각했을 것이다. 그렇지만 실상은 매우 소수, 더 정확히는 미군 공정부대원 30여 명이 마을로 뛰어내렸고, 그중 많아 봐야 20명이 광장 중앙 또는 광장 일대에 착지한 것이었다. 그러나 전쟁이란 객관적이기보다는 주관적, 다시 말해 사람 마음에 달린 것이다. 이 숫자는 겨우 100명이 될까 말까 한 독일군 수비대를 공황에 빠뜨리기에 충분했다. 공격의 핵심 지점이 된 것처럼 보이는 광장에 공정부대원들이 줄지어 내려앉았다. 르노가 보기에 독일군은 통제력을 완전히 잃어버렸다. 하기야 그날 밤 마을 광장에서 피가 낭자하고 이곳저곳이 불타는 장면을 보리라 예상한 독일군은 아무도 없었다.

르노가 서 있는 곳에서 15미터쯤 떨어진 곳에 있는 나무로 마치 처박히듯 떨어진 낙하산병이 낙하산을 벗고 내려오려고 필사적으로 몸부림을 치다가 독일군 눈에 띄었다. 르노는 그 장면을 생생히 기억한다. "독일군 여섯 명 정도가 낙하산병을 향해 사정없이 기관단총을 갈겨 댔습니다. 소년이나 다름없던 그 불쌍한 군인은 총알에 맞아 목숨을 잃은 채 나무에 대롱대롱 매달렸지요. 마치 자기 몸에 난 총알구멍을 보려는 것처럼 눈을 뜬 채로 죽었습니다."

땅에 내리는 족족 처참하게 유명을 달리하는 공정부대원들을 보면서 광장에 모인 사람들은 주민이든 독일군이든 가릴 것 없이 모두 무엇엔가 홀린 듯했다. 강력한 연합군 공정부대원들이 쉼 없이 내려오고 있다는 것도 잊어버렸다. 강하지대는 생트-메르-에글리즈 마을 광장만이 아니었다. 제82공정사단은 생트-메르-에글리즈 북서쪽에, 제101공정사단은 생트-메르-에글리즈 동쪽과 약간 서쪽, 다시 말해 생트-메르-에글리즈와 유타 해변 사이에 있는 강하지대로 뛰어내렸다. 이렇게 뛰어내린 병력은 수천 명이 넘었다. 다만 최초 강하 때처럼 수송기가 너무 넓은 지역에 흩뿌리다 보니 연대마다 목표에서 벗어난 인원들이 발생했고, 이렇게 길을 잃고 떨어진 공정부대원들은 조그만 마을에서 벌어지는 학살 현장으로 흘러들었다. 이런 병력 중 한두 명은 탄약, 수류탄, 폭약으로 무장한 채 불타는 집으로 곧장 떨어졌다. 짧은 비명이 터져 나온 뒤 탄약이 터지면서 콩 볶듯 요란한 사격 소리와 폭발 소리가 이어졌다.

이런 공포와 혼란의 도가니에서 위태위태하지만 끈질기게 목숨을 부지한 인물이 있었다. 발에 총알을 맞은 스틸 이병이었다. 스틸은 매고 있는 낙하산이 성당 뾰족탑에 걸려 늘어지면서 처마 바로 아래에 대롱대롱 매달렸다. 스틸의 귀에는 고함과 비명이 똑똑히 들렸다. 독일군과 미군이 도로와 광장을 사이에 두고 총격전을 격렬하게 벌이는 모습도 눈에 들어왔다. 더 극적인 것은, 기관총 총구에서 붉은빛이 번쩍이는 것이 보이자마자

**자신이 매달려 있던 생트-메르-에글리즈 성당 뾰족탑을 가리키는 스틸**(1964년 6월 6일) 스틸은 생트-메르-에글리즈에서 열린 디데이 기념행사에 여러 번 참여했는데, 이 사진은 20주년 기념식에 찍은 것이다.

대체 어디를 겨냥하는지 알 수도 없는 총알이 곁으로 휙휙 지나가는 것이었다. 스틸은 두려움에 몸이 뻣뻣하게 굳고 간이 콩알만 해져서 손가락도 까딱할 수 없었다. 줄을 끊고 낙하산을 벗어나려 했지만 어찌어찌하다 보니 쥐고 있던 칼이 손에서 흘러내리면서 바로 아래 있는 광장으로 똑 떨어졌다. 이제 살아남으려면 죽은 척하는 것 말고는 다른 방법이 없다고 생각했다. 스틸로부터 몇 걸음 떨어지지 않은 지붕 위에는 자리를 잡고서 눈에 보이는 것마다 사정없이 갈겨 대는 독일군 기관총 사수가 있었는데, 어찌 된 일인지 스틸에게는 총알을 날리지 않았다. 낙하산을 맨 채로 축 늘어진 스틸의 모습은 영락없는 시체였다. 어찌나 사실적으로 보였던지, 전투가 한창일 때 성당 옆을 지나갔던 제82공정사단의 윌러드 영Willard Young 중위는 지금도 그 장면을 생생하게 기억한다. "성당 뾰족탑에 시체 하나가 걸려 있었습니다. 분명 시체였어요." 스틸은 그렇게 2시간을 더 매달려 있었지만 결국 독일군의 눈에 띄었다. 독일군은 낙하산 줄을 잘라 스틸을 밑으로 내린 뒤 포로로 잡았다. 스틸의 머리와 뾰족탑의 종 사이는 채 2미터도 안 되었지만, 전장을 몸으로 직접 느끼면서 충격을 먹은 데다 산산조각 난 발 때문에 매우 고통스러웠던 스틸의 귀에는 뎅그렁거리며 크게 울리는 종소리가 전혀 들어오지 않았다.

독일군은 생트-메르-에글리즈에서 미군과 조우전을 벌이리라고는 전혀 예상치 못했다. 그러나 이미 벌어진 이상 이는 미군 공정부대 주력이 곧 들이닥친다는 전조였다. 그렇지만 전체적인 계획에서 볼 때 피비린내 나는 이런 전초전은 원래 계획에는 없던 우발 상황이었다.* 생트-메르-에글리즈는 제82공정사단이 점령해야 할 중요 목표 중 하나였지만, 진정한 의미에서 생트-메르-에글리즈 전투는 아직 벌어지지 않았다. 제101공정사단과 제82공정사단이 진정한 전투를 벌이려면 그전에 끝내야 할 일들이 많이 있었고, 그래서 먼저 투입된 부대들은 영국군처럼 시간에 쫓겨 가며 임무를 수행했다.

전체적으로 봐서 침공 지역의 서쪽은 미군이, 동쪽은 영국군이 확보하도록 되어 있었지만 맡은 임무의 양은 미군이 훨씬 많았다. 그리고 유타 해

---

* 생트-메르-에글리즈 마을 광장 조우전에서 얼마나 많은 인원이 죽거나 부상을 입었는지 정확하게는 알 수 없다. 최초 강하 이후 실질적인 공격이 이루어지고 연합군이 생트-메르-에글리즈를 점령할 때까지 간헐적인 전투가 계속되었다. 가용 자료로 판단할 때 전사자, 부상자, 실종자는 최대 12명으로 추정된다. 사상자 중 대부분은 제505여단 2대대 폭스트롯 중대 소속이었는데, 제505여단 공식 기록에는 상당히 애처로운 내용이 나온다. "캐디쉬Cadish 소위와 소대원들은 마을로 강하하자마자 사살되었다. 소대원의 이름은 시어러Shearer, 블랑켄십Blankenship, 브라이언트Bryant, 반 홀스벡Van Holsbeck과 틀라파Tlapa이다." 스틸 이병은 불타는 집으로 두 명이 떨어지는 것을 보았는데, 그중 한 명은 자기가 속한 박격포 분대의 분대원이자 자기 바로 뒤에 뛰어내린 화이트White 이병이라고 믿고 있다.

제505낙하산보병연대장 윌리엄 에크만William E. Ekman 중령도 "연대 군목 중 한 명이 생트-메르-에글리즈로 강하했는데 붙잡혀서 바로 처형되었다."라고 말했다.

변에서 벌어질 작전의 성패는 바로 이들에게 달려 있었다.

연합군이 유타 해변에 성공적으로 상륙하는 것을 방해하는 주요 장애물은 두브Douve 강 일대 수역이었다. B집단군 공병은 연합군의 침공을 방해하기 위해 두브 강과 두브 강의 주요 지류인 메르데레Mederet 강을 천재적으로 이용했다. 이 두 강은 마치 실핏줄처럼 온 사방으로 뻗어 그 자체로도 장애물이나 마찬가지였다. 두브 강과 메르데레 강은 엄지처럼 생긴 셰르부르 반도의 저지대 사이를 흐르다 하나로 만난다. 하나가 된 강은 저지대를 타고 남쪽과 남동쪽으로 흘러 셰르부르 반도가 육지와 맞닿는 곳에서 카랑탕 운하로 이어진다. 여기부터는 비르 강과 거의 평행하게 흘러 영국해협으로 빠진다. 카랑탕 마을 위로 몇 킬로미터 떨어진 곳에는 수백 년 된 라 바르케트La Barquette 갑문이 여러 개 있었다. 독일군은 이들 갑문을 열어 셰르부르 반도의 상당 부분을 침수시켰다. 노르망디에 붙은 셰르부르 반도는 이 때문에 온통 질척질척한 늪처럼 변해 거의 섬처럼 고립된 지역이 되어 버렸다. 독일군은 물에 잠기지 않은 주요 도로 몇 개, 다리 몇 개, 둑길 몇 개를 장악하는 것만으로도 셰르부르 반도에 상륙한 연합군을 쉽게 빠져나오지 못하게 가두고 격멸할 수 있는 태세를 갖출 수 있었다. 동쪽 해안에 연합군이 상륙하면 독일군은 북쪽과 서쪽에서 공격해 연합군이 빠져나갈 통로를 막아 버리고 바다로 다시 내몰 수 있었다. 연합군이 상륙하지 못하도록 하는 것이 최선이었지만, 만일 상륙하더라도 대비는 충분히 한 셈이었다.

그러나 이것은 최후의 수단이었다. 독일군은 연합군이 이렇게 깊숙이 들어오게 놔둘 생각이 없었다. 독일군은 동쪽 해안에서 내륙으로 펼쳐진 저지대 중 31제곱킬로미터가 넘는 땅을 추가로 물에 잠기게 만들어 방어 장애물로 활용했다. 유타 해변은 이처럼 독일군이 만들어 놓은 물바다 한가운데 있었다. 이런 상황에서 미 제4보병사단이 전차, 야포, 차량, 각종 보급품을 모두 가지고 프랑스 내륙으로 들어가는 길은 하나뿐이었다. 제4

보병사단은 어디가 어디인지 알 수 없을 만큼 침수된 곳에 마치 실처럼 나 있는 둑길 5개를 따라가는 수밖에 없었다. 반면 독일군 대포는 둑길 5개를 모두 겨누고 있었다.

셰르부르 반도는 물론 이런 천연 장애물을 장악한 것은 독일군 제709사단, 제243사단, 제91사단이었다. 제709사단은 북쪽과 동쪽 해안을 따라 배치되었고, 제243사단은 서쪽 해안을 방어했으며, 최근에 셰르부르에 도착한 제91사단은 반도 중앙 그리고 본토와 맞닿은 쪽에 배치되었다. 또한 카랑탕 남쪽에 있으면서 타격 가능한 범위 안에는 노르망디에 배치된 독일군 중 최정예이면서 가장 강인하다고 알려진 제6낙하산연대가 있었다. 이 부대는 데어 호이테* 남작이 지휘했다. 해안포를 운용하는 해군 부대, 독일 공군 방공포 파견대, 그리고 셰르부르 인근에 배치된 다양한 병과 인원을 빼고도 독일군은 연합군이 어떤 형태로든 공격하면 그 즉시 4만 명 정도를 투입할 수 있었다. 테일러 소장이 이끄는 제101공정사단과 리지웨이 소장이 지휘하는 제82공정사단은 이토록 강력하게 방어 준비를 마친 적지에서 진로를 개척하고 공두보를 확보하라는 엄청난 임무를 받았다. 공두보는 유타 해변부터 셰르부르 반도의 남쪽을 가로질러 서쪽으로 한참 떨어진 곳까지 이어졌는데, 바다와 같은 독일군 지역에서 버텨야 하는 외로운 섬 같았다. 이 두 공정사단은 제4보병사단이 본토로 진격할 수 있는 길을 연 뒤 독일군의 공격이 잦아들 때까지 버텨야 했다. 당시 셰르부르 반도와 반도 주변의 독일군은 수에서 미군 공정부대를 적어도 삼 대 일

* 옮긴이) Friedrich August Freiherr von der Heydte(1907년 3월 30일~1994년 7월 7일): 1925년 입대했으나 1927년 공부를 위해 떠났다가 1935년 재입대했다. 낙하산부대에서 주로 근무하면서 크레타, 북아프리카, 이탈리아 전역에서 있다가 1944년 1월 15일 실전 경험이 있는 혈기 왕성한 병력으로 구성된 제6낙하산연대장으로 취임했다. 카랑탕을 사수하라는 롬멜의 명령을 받고 끝까지 강하게 저항했다. 1951년 마인츠 대학 법학교수를 시작으로 국제법 분야에서 학자로 활동했는데, 동시에 독일 연방군 예비군 경력도 함께 쌓아 1962년 예비군 준장까지 진급했다. 히틀러 암살을 시도했던 슈타우펜베르크Stauffenberg 대령의 사촌이기도 하다.

**제82공정사단과 제101공정사단의 부대 표지** 제82공정사단은(왼쪽) 1917년 창설 당시 전미 48개 주에서 모병해 모든 미국인이 모였다는 뜻인 'All American'의 머리글자 AA를 부대 표지로 삼았고, 이는 1942년 8월 15일 미군 최초의 공정사단으로 전환될 때에도 그대로 이어졌다. 제101공정사단은(오른쪽) 제82공정사단보다 하루 늦은 1942년 8월 16일에 공정사단으로 창설되었다. '포효하는 독수리Screaming Eagle'가 부대 표지이다.

로 압도했다.

지도에서 보면 공두보는 마치 길이는 짧고 볼이 넓은 왼발을 찍어 놓은 것 같았다. 해안은 작은 발가락 4개, 카랑탕 위에 있는 라 바르케트 갑문은 엄지발가락 같았고, 메르데레 강과 두브 강 일대에 독일군이 인공적으로 만든 습지 너머에는 발꿈치가 있었다. 발의 길이는 20킬로미터쯤, 발가락의 너비는 11킬로미터쯤, 그리고 발꿈치의 폭은 6.5킬로미터쯤 되었다. 1만 3천 명에 불과한 미군 공정부대가 장악하기에는 어마어마하게 넓었지만, 주어진 시간은 5시간이 채 되지 않았다.

제101공정사단은 유타 해변 바로 뒤인 생-마르탱-드-바르빌에 있는 포대 6개를 장악하고는 포대와 푸프빌Pouppeville에 있는 아주 작은 해안 마을 사이에 난 둑길 5개를 4시간 안에 통과해야 했다. 이렇게 빠르게 작전을 전개하는 동시에, 두브 강과 카랑탕 운하 위에 난 다리들, 특히 라 바르케트 갑문은 반드시 확보하거나 그렇지 못하면 파괴해야 했다. 제101공정사단이 이렇게 목표를 확보하는 동안, 제82공정사단은 공두보의 발꿈치와 왼쪽 면을 확보해야 했다. 제82공정사단은 두브 강과 메르데레 강의 다리를 방어하고 생트-메르-에글리즈를 탈취하여 마을 북쪽에 진지를 만든 뒤, 상륙 교두보 쪽으로 독일군이 역습하지 못하도록 하는 임무를 맡았다.

두 공정사단은 아주 중요한 임무 하나를 더 맡았다. 두 부대의 임무란 미군을 증원하기 위해 동트기 전과 저녁에 각각 날아 들어올 영국군 글라이더 편대가 착륙할 지역을 장악하고 있는 독일군을 미리 소탕하는 것이었다. 제1편대는 100대도 넘는 글라이더로 이루어졌는데 오전 4시에 도착할 예정이었다.

미군 공정부대원들은 작전 개시와 동시에 생각지도 못한 상황이 이어지면서 힘들게 싸워야 했다. 영국군 공정부대가 그런 것처럼, 제101공정사단과 제82공정사단 또한 강하와 동시에 온 사방으로 뿔뿔이 찢어졌다. 제82공정사단의 505낙하산보병연대만이 강하지대에 예정대로 착지했을 뿐이었다. 또 수송기에 싣고 온 장비의 60퍼센트를 잃어버렸는데 그 대부분은 무전기, 박격포, 탄약이었다. 더 안 좋은 것은 많은 공정부대원이 길을 잃었다는 것이었다. 낯선 땅에 혼자 떨어져 혼란스러운 데다, 알아볼 만한 지형과 지물은 한참 멀리 떨어져 있었다. 수송기가 셰르부르 반도를 서에서 동으로 가로지르는 데는 12분이면 충분했다. 이 말은 날아가는 수송기에서 너무 빨리 뛰어내리면 서쪽 해안과 침수지대 사이 어딘가로 떨어진다는 뜻이고, 조금이라도 늦게 뛰어내리면 영국해협으로 떨어진다는 뜻이다. 실제로 공정부대원 중 일부는 비행기에서 이탈하는 시점을 맞추지 못해 동쪽의 예정된 강하지대가 아니라 셰르부르 반도 서쪽에 훨씬 가깝게 착지했다. 장비를 짊어져서 몸이 무거워진 공정부대원 수백 명은 메르데레 강과 두브 강 때문에 만들어져 속을 전혀 알 수 없는 늪으로 떨어졌다. 많은 수가 익사했는데 실제 물의 깊이는 60센티미터도 되지 않았다. 한편 비행기에서 늦게 뛰어내린 이들은 어둠 아래 노르망디가 있으리라 믿었지만 이내 영국해협으로 사라져 버렸다.

제101공정사단에서는 보통 15명에서 18명으로 이루어진 1개 강하조가 이런 식으로 사망한 예도 있었다. 루이스 메를라노Louis Merlano 상병은 수송기에서 두 번째 자리에 서 있다가 강하했다. 메를라노는 모래 해변에 떨어졌는데, 바로 앞에는 독일어로 "지뢰 주의!"라고 쓰여 있는 경고문이 서 있

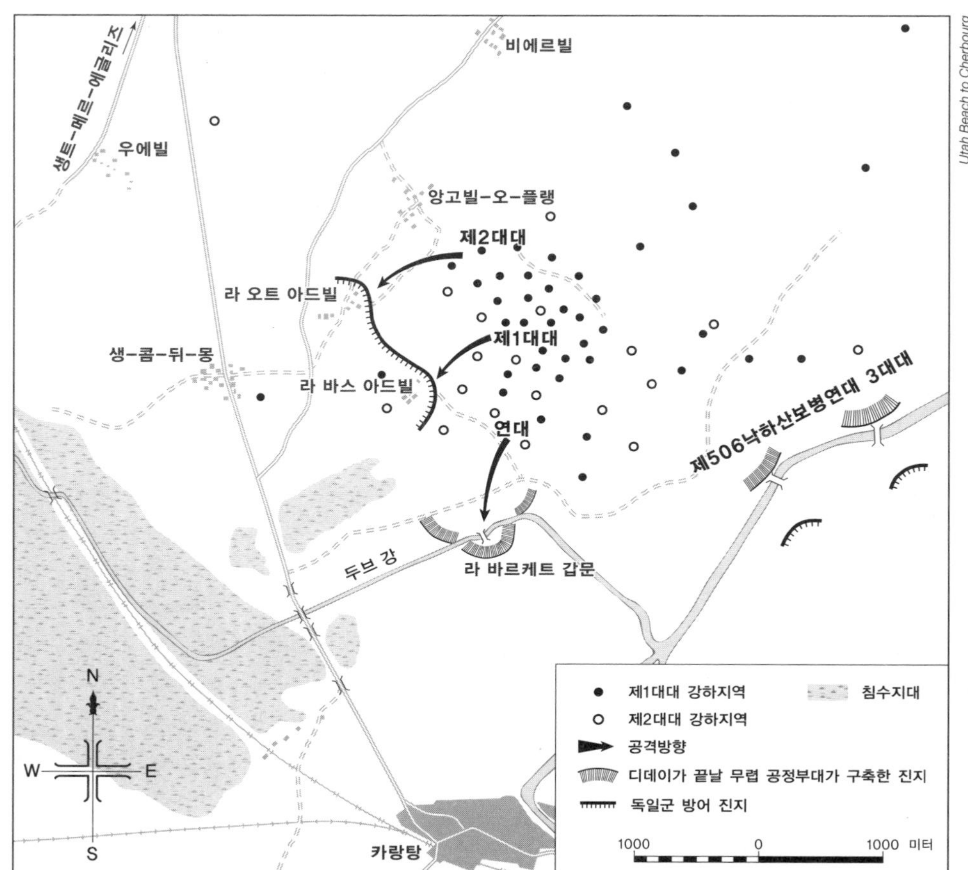

제101공정사단 501낙하산보병연대 1·2대대 강하지역과 기동

었다. 고요한 어둠 속에서 메를라노 귀에 들리는 것은 철썩이는 파도 소리뿐이었다. 대상륙 장애물에 둘러싸인 채 주변보다 조금 높은 모래사장에 앉은 메를라노가 마음을 가라앉히려 숨을 깊이 들이쉬는데 멀리서 비명이 들렸다. 이 비명은 같은 비행기에 타고 있다가 마지막으로 뛰어내린 11명이 영국해협에 빠져 익사하면서 지른 것이었다. 이 사실을 메를라노가 안 것은 한참 뒤의 일이다.

메를라노는 지뢰를 건드릴지도 모른다는 걱정을 접고 움직이기 시작했

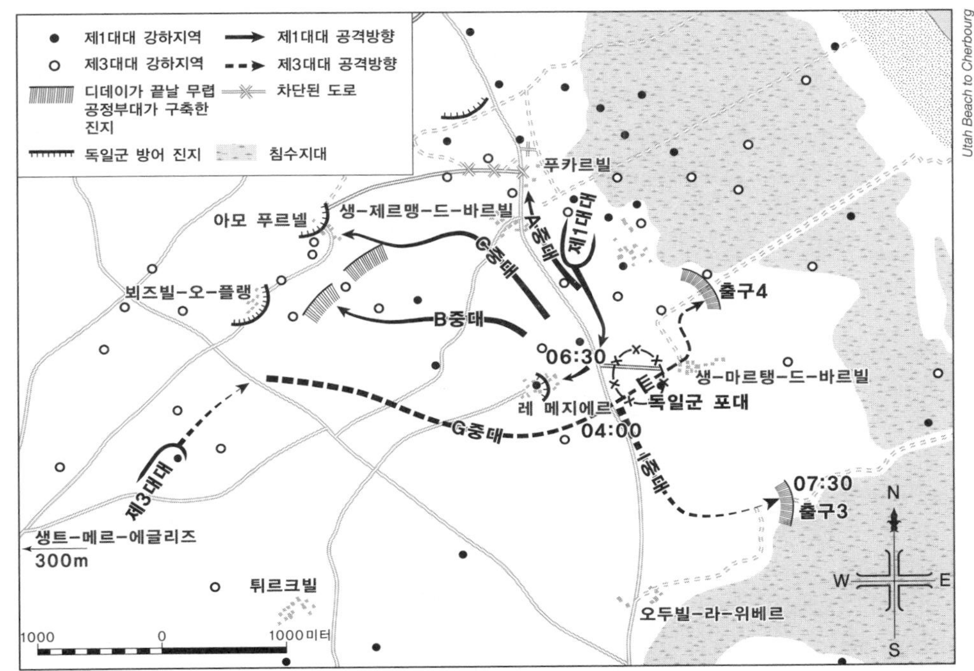

제101공정사단 502낙하산보병연대 1·3대대 강하지역과 기동

다. 해변을 신속하게 벗어난 메를라노는 가시철사 울타리를 기어올라 넘은 뒤 나무를 심어 만든 울타리를 향해 달렸다. 그곳에는 이미 다른 누군가가 있었지만 메를라노는 멈추지 않았다. 메를라노가 도로를 건너 돌담 벽을 기어오르기 시작한 순간, 뼛속까지 고통을 느끼는 듯한 비명이 뒤에서 들렸다. 화염방사기 사수가 방금 자신이 통과한 나무 울타리를 태우고 있었다. 한 낙하산병이 외형만 알아볼 수 있는 상태로 화염에 휩싸여 있었다. 메를라노는 충격에 빠져 벽 옆에 웅크렸다. 벽 반대편에서 독일군이 소리치며 기관총을 쏴 대는 것이 들렸다. 독일군이 온 사방을 둘러싼 데다 강력하게 요새화된 틈에 끼어 오도 가도 못하게 된 메를라노는 오직 살아남겠다는 생각으로 싸움을 준비했다. 통신 부대에 배속되어 전투에 참가한 메를라노가 가장 먼저 한 일은 혹시 모를 상황에 대비한 행동이었다. 메를라

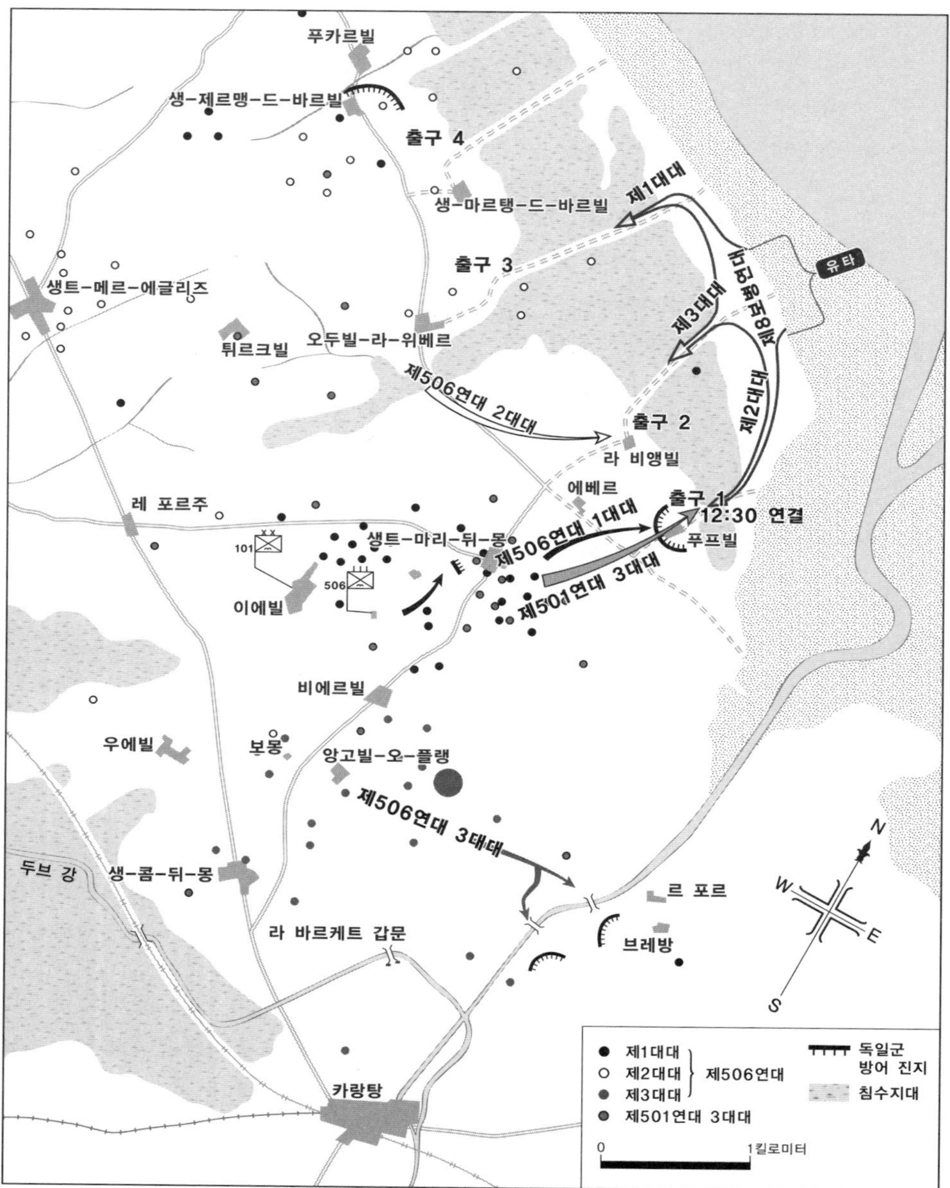

제101공정사단 506낙하산보병연대와 501낙하산보병연대 3대대 강하지역과 기동

노는 가로와 세로 각각 5센티미터쯤 되는 교신 기록장을 주머니에서 꺼내 한 쪽씩 조심스럽게 찢어서 그대로 입에 넣고 삼켜 버렸다. 종이에는 사흘치 암호와 암구호가 적혀 있었다.

그 시간, 공두보 다른 쪽에 떨어진 공정부대원들은 컴컴한 늪에서 허우적대고 있었다. 메르데레 강과 두브 강 위로는 다양한 색깔의 낙하산이 점점이 떨어졌다. 떨어지고 있는 장비 꾸러미마다 달린 작은 등이 물 위에서 반짝이면서 무시무시하게 보였다. 추처럼 땅으로 곧장 떨어진 공정부대원들은 수면 아래에서 첨벙대면서도 서로를 놓치지 않았다. 오직 살겠다는 생각 하나로 수면 위로 머리를 내밀어 숨을 헐떡대던 공정부대원들은 다시 몸뚱이를 잡아끄는 낙하산과 장비를 필사적으로 잘라 냈다. 그러나 물속에 빠진 뒤 다시 떠오르지 않은 대원도 있었다.

80킬로미터 떨어진 곳에서 영국군 제6공정사단 9공수대대의 군목 존 그위넷 대위가 늪에 떨어진 것과 비슷하게, 제101공정사단 501낙하산보병연대의 군종 신부 프랜시스 샘슨 대위 또한 물로 떨어졌다. 차이라면 샘슨 신부가 빠진 물속에는 쓰레기 더미가 있었다는 것이다. 물은 키보다 깊었다. 아래로는 장비, 위로는 낙하산 때문에 한곳에 처박히다시피 해 꼼짝도 할 수 없었다. 게다가 강한 바람을 받은 낙하산은 여전히 머리 위에 펼쳐져 있었다. 샘슨 신부는 매달린 장비를 결사적으로 끊어 냈는데, 이렇게 떨어진 장비 중에는 야전 미사 도구도 있었다. 바람을 받아 돛처럼 펴진 낙하산에 100여 미터를 끌려 가다가 얕은 물에 닿고서야 샘슨 신부는 숨을 돌릴 수 있었다. 죽음의 공포와 필사적으로 싸우느라 탈진한 그는 꼼짝도 않고 20여 분을 쉬고서야 기력을 회복했다. 샘슨 신부는 작렬하기 시작한 박격포탄과 요란한 소리를 내는 기관총 사격에도 아랑곳하지 않고 맨 처음 떨어진 곳으로 걸음을 옮기더니 집요하게 자맥질을 하며 미사 도구를 찾기 시작했다. 결국 그는 다섯 번 만에 물속에서 미사 도구를 찾을 수 있었다.

샘슨 신부는 숨을 돌리고 아까 상황을 되짚어 보았다. 물에 빠져 허우적

U.S. National Archives

**전사자들을 위해 기도하는 샘슨 신부** 샘슨은 영화 「라이언 일병 구하기」의 뼈대가 된 '닐랜드Niland 병장 구하기'의 주인공으로도 유명하다. 닐랜드 가문은 에드워드Edward(1912~1984년, 공군), 프레스턴Preston(1915~1944년, 제82공정사단), 로버트Robert(1919~1944년, 제4보병사단), 그리고 프레더릭Frederick(1920~1983년, 제101공정사단) 등 네 아들 모두 참전했는데 그중 에드워드를 뺀 삼 형제가 디데이에 참여했다. 아버지와 어머니는 큰아들이 5월 16일 비행 중 일본군의 사격을 받아 버마에서 전사한 것 같다는 소식을 받았다(그러나 1년 뒤 에드워드는 버마의 일본군 포로수용소에서 발견돼 살아서 돌아왔다). 로버트는 디데이에 뇌빌-오-플랭Neuville-au-Plain에서, 프레스턴은 6월 7일 유타 해변 근처에서 전사했다. 이런 사정을 안 샘슨이 닐랜드 가문에서 아들 하나는 살려야 한다고 한 건의를 육군이 받아들이면서 프레더릭은 본국으로 송환돼 전쟁이 끝날 때까지 뉴욕에서 헌병으로 근무했다. 영화에서는 라이언 일병을 구하기 위해 밀러 대위가 이끄는 제2레인저대대원 일곱 명이 활약하지만 닐랜드를 구하는 데는 샘슨 혼자로 충분했다. 프레스턴과 로버트는 콜빌-쉬르-메르의 미군 묘지에 나란히 묻혔으며, 고향으로 돌아온 프레더릭은 공부를 계속해 치과의사가 되었다.

대면서 그토록 서둘러 했던 참회기도가 사실은 식사 감사기도였다는 것을 깨닫는 데는 그리 오랜 시간이 필요치 않았다.

컴컴한 밤, 영국해협과 침수된 지역 사이의 수없이 많은 벌판과 목초지에서 미군은 사냥용 뿔피리가 아닌 장난감 따르라기 소리에 이끌려 한곳에 모였다. 이들의 목숨은 어린아이가 가지고 노는 딸랑이처럼 생긴 불과 몇 센트짜리 양철 조각에 달려 있었다. 제82공정사단은 따르라기 소리로 피아를 식별했다. 따르라기를 한 번 울리면 두 번 울려 답해야 했다. 만일 두 번 울리면 한 번을 울려 답해야 했다. 이런 신호를 듣고서 상대방이 아군이라는 것을 확인한 미군들은 숨어 있던 나무 옆, 도랑 안, 건물 옆에서 나와 전우와 합류했다. 사단장 맥스웰 테일러 소장은 나무 울타리 귀퉁이에서 만난, 머리카락이 거의 없는 소총수를 따뜻하게 껴안았다. 미군 중 일부는 자기 부대를 단번에 발견하기도 했다. 물론 어둠 속에서 낯선 얼굴을 보더라도 어깨 위에 박음질해 붙인 작지만 친숙한 성조기를 보는 순간 마음이 놓였다.

상황이 복잡했지만 공정부대원들의 적응 또한 빨랐다. 이미 시칠리아와 살레르노Salerno에 강하하며 단련된 제82공정사단은 전장에서 무슨 일이 벌어질지 알고 있었다. 비록 실전 강하가 처음이기는 했지만 제101공정사단도 눈부신 전과를 올린 제82공정사단에 뒤지지 않겠다는 결의로 뭉쳐 있었다. 두 공정사단은 시간 낭비를 최소화했다. 실제로는 낭비할 시간도 없었다. 자기가 어디에 있는지 아는 운이 좋은 병사들은 신속하게 집결해서 목표를 향해 움직였다. 길을 잃은 병사들도 소속은 다르지만 무리를 지어 뭉치고 있었다. 제101공정사단 장교가 제82공정사단 병사들을 이끌었고 반대의 경우도 많았다. 두 공정사단의 장병들은 서로 힘을 모아 싸웠다. 전장에서 급조된 전투 조직이 맞서야 할 목표들 중에는 출발 전에는 들어 보지도 못한 것이 많았다.

공정부대원 중 수백 명은 온 사방이 높은 관목으로 둘러싸인 작은 벌판으로 떨어졌다. 벌판은 고요한 데다 완전히 외따로 떨어져 겁까지 났다. 이런 벌판에서 눈에 보이는 그림자, 나뭇잎이 부스럭대는 소리, 가지 부러지는 소리는 모두 적이나 마찬가지였다. 그림자가 짙게 드리운 숲에 떨어진 슐츠 이병은 대체 어디로 가야 이곳을 벗어날지 알 수 없었다. 슐츠는 따르라기를 울려 보기로 했다. 따르라기를 한 번 울리자마자 돌아온 것은 예상과는 전혀 다른, 기관총탄 세례였다. 슐츠는 땅바닥에 납작 엎드려 M1소총을 기관총 소리가 난 방향으로 조준하고 방아쇠를 당겼지만 아무 일도 일어나지 않았다. 너무 급한 나머지 탄알을 장전하는 것을 잊었던 것이다.

기관총이 다시 불을 뿜자 슐츠는 가장 가까운 나무 울타리로 몸을 피했다.

다시 한 번 주의 깊게 벌판을 살피던 슐츠는 나뭇가지 부러지는 소리를 들었다. 순간 공포가 엄습했지만 중대장 잭 톨러데이* 중위가 울타리에서 나오는 것을 보고는 이내 마음을 가라앉혔다. "더치, 너냐?" 슐츠는 부드럽게 별명을 부르는 톨러데이를 향해 달려가 안겼다. 둘은 함께 벌판을 떠나 톨러데이가 이미 모아 놓은 작은 무리에 합류했다. 이 무리는 제101공정사단 병력과 제82공정사단 예하 3개 연대 병력으로 구성되었다. 더 이상 혼자가 아닌 슐츠는 수송기에서 뛰어내리고 처음으로 마음이 편해졌다.

이들은 톨러데이 중위 뒤로 부채 펼치듯 대형을 이룬 채 나무 울타리를 따라 움직였다. 잠시 뒤, 톨러데이와 공정부대원들은 자기들을 향해 다가오는 무리를 보았다. 톨러데이는 대답을 기대하며 따르라기로 소리를 냈다. "우리와 상대방 무리 사이가 점점 가까워졌습니다. 그들이 쓴 철제 방탄모를 본 순간 독일군이라는 것이 너무도 분명해졌습니다." 바로 그 순간, 전쟁에서 일어날 수 있는 일 중 가장 드물면서 기묘한 일이 벌어졌다. 독일군과 미군 모두 충격으로 몸이 얼어붙어 총알 한 발 쏘지 못하고 조용히 서로 스쳐 지나갔다. 둘 사이의 거리가 멀어질수록 짙은 어둠 때문에 상대방을 볼 수 없었다. 짧지만 강렬한 순간이 지난 뒤, 마치 아무 일도 없었다는 듯 고요한 어둠만이 그 자리를 지켰다.

이 밤 내내 노르망디에서는 연합군 공정부대원들과 독일군이 예기치 않게 조우했다. 이런 상황에서 목숨이란 얼마나 제정신을 차리는지, 그리고 얼마나 빠르고 정확하게 방아쇠를 당기는지에 달려 있다. 생트-메르-에글리즈에서 5킬로미터쯤 떨어진 곳에 있는 한 기관총 진지 앞에서 제82공

---

* 옮긴이) Jack Tallerday(1920년 5월 13일~1999년 1월 31일): 미 육군이 공정사단을 창설할 때 합류해 1942년 제82공정사단으로 전속되었다. 1943년 북아프리카를 시작으로 제82공정사단 소속으로 여러 전투를 치렀다. 대령까지 진급하는 동안 특수전 분야에서 쌓은 전문성을 바탕으로 미 특수전 부대의 산실인 '존 F 케네디 특수전센터'의 참모장을 역임했고, 사후에도 미 특수전 부대의 요람이라 할 수 있는 포트 브래그Fort Bragg의 묘지에 안장되었다.

정사단 505낙하산보병연대의 존 왈라스John Walas 중위는 독일군 초병에 걸려 넘어질 뻔했다. 소름이 끼치는 아주 짧은 시간 동안 왈라스와 독일군은 서로를 응시했다. 먼저 움직인 것은 초병이었다. 초병은 엎어지면 코 닿을 거리에서 왈라스를 향해 총을 쏘았다. 날아온 총알은 왈라스의 배 바로 앞에 있던 소총의 노리쇠 뭉치를 맞고 손에 상처를 낸 뒤 어디론가 튀어 사라졌다. 그리고 왈라스와 초병 모두 돌아서서 꽁지가 빠지게 내뺐다.

제101공정사단의 로렌스 레지어Lawrence Legere 소령은 달변으로 곤경을 모면했다. 생트-메르-에글리즈와 유타 해변 사이 벌판에서 미군 몇 명을 모아 지정된 집결지점으로 향하던 레지어는 갑작스럽게 독일어 수하를 받았다. 레지어는 독일어는 한 마디도 몰랐지만 프랑스어에는 능통했다. 얼마 떨어져 뒤를 따르는 부하들이 눈에 띄지 않는 데다 어둡기까지 한 벌판에서 레지어는 젊은 프랑스 농부 흉내를 냈다. 여자 친구를 만나고 집으로 돌아가는 길이라고 프랑스어로 빠르게 말하며 야간 통행금지를 어겨서 미안하다고 사과까지 했다. 입을 바삐 놀리면서 안전핀이 빠질까 봐 수류탄 몸통에 감아 놓았던 반창고를 떼고 안전핀을 뽑은 레지어는 수류탄을 던지고 땅으로 엎드렸다. 수류탄이 터진 뒤, 레지어는 자신이 독일군 세 명을 죽인 것을 알았다. "우리 부하들을 다시 따라잡으려 했는데 온 사방으로 흩어져 있더군요."

엉뚱한 순간은 셀 수 없이 많았다. 생트-메르-에글리즈에서 1.5킬로미터쯤 떨어진 과수원에서 제82공정사단 예하 대대 군의관인 라일 퍼트넘Lyle Putnam 대위는 완전히 혼자라는 것을 깨달았다. 퍼트넘은 가지고 있는 의료 도구를 모두 모으고는 빠져나갈 길을 찾기 시작했다. 가까이 있는 나무 울타리로 조심스럽게 접근하는 물체가 보였다. 움직이던 퍼트넘은 꼼짝 못하고 서서 몸을 앞으로 숙인 채 제82공정사단의 암구호 '번개'를 큰 소리로 외쳤다. 답어인 '천둥'을 기다리는 동안은 고요했지만 머리털이 서는 것 같은 긴장감이 흘렀다. 접근하던 물체는 놀랍게도 "하느님, 맙소사!"라고 외치고는 돌아서서 미친 사람처럼 서둘러 도망쳤다. 퍼트넘은 너무 화가 난 나머지 놀라지도 않았다. 800미터쯤 떨어진 곳에서는 퍼트넘의 친구이자 제82공정사단의 군종 신부인 조지 우드George Wood 대위가 혼자 떨어져 따르라기를 울리고 있었지만 아무런 답도 없었다. 그러던 중 우드 신부는 뒤에서 말하는 소리를 듣고서 깜짝 놀라 펄쩍 뛰었다. "신부님, 제발 그 망할 따르라기 소리 좀 그만 내세요!" 우드 신부는 순순히 목소리의 주인공을 따라 벌판을 벗어났다.

우드 신부와 그를 데려간 공정부대원은 이날 오후에 생트-메르-에글리즈에 있는 앙젤 르브로 부인의 집에 머물면서 이들 나름의 '전쟁'을 치른다. 이 '전쟁'은 피아 구분이 없는 것이었다. 이 둘은 미군과 독일군을 가리지 않고 부상자와 죽어 가는 이들을 보살폈다.

오전 2시, 모든 공정부대원이 착지하기까지 1시간이 넘게 걸렸고 예상과는 전혀 다른 상황에 놓였지만 임무를 완수한다는 신념으로 뭉친 많은 무리가 목표에 가까이 다가가고 있었다. 실제로 한 무리는 사전에 표적으로 선정한 곳을 공격하고 있었다. 유타 해변이 내려다보이는 푸카르빌Foucarville의 독일군 거점은 지하 엄체호, 기관총 진지, 대전차포 진지로 이루어져 있었다. 이 거점은 유타 해변에서 내륙으로 들어가는 주도로의 모든 움직임을 통제할 수 있는, 정말 중요한 곳이었다. 연합군이 구축할 상륙 거점을 전차로 역습하려면 독일군도 반드시 이 도로를 이용해야 했다. 푸카르빌을 습격하려면 온전한 중대 하나가 필요했다. 그러나 이곳에 도착했을 때 클리블랜드 피츠제럴드Cleveland Fitzgerald 대위 휘하에는 겨우 11명만 있었다. 결의로야 둘째가라면 서러웠을 피츠제럴드와 11명의 부하들은 더 많은 병력이 도착하기를 기다리지 않고 바로 공격을 시작했다. 제101공정사단이 강하한 뒤 제일 먼저 치른 전투로 기록에 남은 이 싸움에서 피츠제럴드와 부하들은 초반에는 독일군 지휘소까지 점령했다. 전투는 짧지만 치열했다. 독일군 초병이 쏜 총알을 폐에 맞은 피츠제럴드는 쓰러지면서 자신을 쏜 초병을 사살했다. 결국 수에서 밀린 미군은 거점 외곽으로 물러나 날이 밝고 증원 병력이 오기를 기다려야 했다. 사실 이보다 40여 분 일찍 공정부대원 아홉 명이 푸카르빌에 도착했지만 피츠제럴드 무리가 이를 알 수는 없었다. 아홉 명의 공정부대원은 독일군 거점에 착지하는 바람에 생포되었다. 독일군이 보기에 생포된 이들 아홉 명은 전투는 잊은 채 그저 엄체호에 쭈그리고 앉아 독일군이 부는 하모니카 소리를 듣는 초라한 신세에 지나지 않았다.

디데이가 시작되어 적지에 뛰어든 사람치고 미칠 듯 답답하지 않은 이가 없었지만, 공정부대를 지휘하는 장군들이 느끼는 감정은 특히 더했다. 이들은 참모도, 통신 수단도, 지휘할 병력도 없었다. 제101공정사단장 맥스웰 테일러 소장 휘하에는 장교는 여럿인데 병사는 겨우 두세 명밖에 없었다. 테일러가 부하들에게 말했다. "이처럼 많은 장교가 이토록 적은 병사를 지휘한 적이 없었다."

제82공정사단장 리지웨이 소장도 손에 권총만 쥔 채 스스로 행운아라고 생각하며 벌판에 혼자 있었다. 훗날 리지웨이는 "적은커녕 아군도 보이지 않았다."라고 그때를 회고했다. 부사단장이자 '강하대장 짐'이라는 별명으로 유명한 개빈 준장이 수 킬로미터 떨어진 메르데레 강의 늪지에서 이 순간 리지웨이를 대신해 제82공정사단을 지휘하고 있었다.

개빈과 부하들은 물속에서 장비 묶음을 꺼내려고 애쓰고 있었다. 그 속에는 꼭 필요한 무전기, 바주카포, 박격포와 포탄이 들어 있었다. 개빈은 부하들이 확보해야 할 발꿈치에 해당하는 곳을 새벽에 연합군이 엄청나게 공격할 것을 잘 알았다. 무릎까지 오는 차가운 물속에 부하들과 나란히 서 있는 동안 다양한 걱정거리가 끊임없이 밀려왔다. 일단 개빈은 자신이 지금 어디에 있는지를 몰랐다. 합류하려다 부상을 입고 늪 가장자리에 줄지어 누운 병사들에게 무엇을 해줄지도 고민이었다.

거의 1시간 전 늪지 건너편 끝에서 붉은빛과 초록빛을 본 개빈은 부관인

휴고 올슨Hugo Olson 중위를 보내 무엇인지 알아 오게 했다. 개빈은 이 불빛이 제82공정사단 예하 2개 대대가 집결 신호로 켠 것이기를 바랐다. 그러나 올슨이 돌아오지 않으면서 개빈은 점점 더 불안해졌다. 개빈과 함께 있던 존 드바인John Devine 중위는 홀딱 벗은 채 강 한가운데서 장비 묶음을 찾아 자맥질을 하고 있었다. 개빈은 당시를 이렇게 기억한다. "수면으로 올라올 때마다 드바인 중위는 마치 하얀 석상처럼 서 있었습니다. 만일 독일군의 눈에 띄기라도 하면 죽은 목숨이라는 생각을 지울 수 없었습니다."

그러던 중 갑자기 검은 물체가 늪에서 허우적대며 나왔다. 진흙과 개흙을 온통 뒤집어쓴 데다 물이 뚝뚝 떨어지는 물체는 다름 아닌 올슨 중위였다. 올슨은 개빈이 있는 곳 바로 맞은편에 철길이 있다고 보고했다. 철길은 마치 뱀처럼 습지 사이를 지나가는 둑길에 있었다. 처음 들은 반가운 소식이었다. 이 지역에 철길이 하나뿐이라는 것을 아는 개빈은 드디어 자신이 어디에 있는지를 알게 돼 기분이 한결 나아졌다. 이 철길은 셰르부르 반도에서 카랑탕으로 이어지며 메르데레 계곡을 통과하는 것이었다.

생트-메르-에글리즈 마을 밖 과수원에 있는 제82공정사단 505낙하산보병연대 2대대장 벤저민 밴더부르트 중령은 통증이 심했지만 이를 드러내지 않으려 애를 쓰고 있었다. 밴더부르트는 북쪽에서 생트-메르-에글리즈로 접근하는 길, 즉 유타 교두보의 측면을 확보하는 임무를 맡았다. 밴더부르트는 강하 도중 발목이 부러졌지만 무슨 일이 벌어지든 전투 현장을 지키겠다고 단단히 마음먹었다.

그러나 불운은 밴더부르트를 쉽게 놓아 주지 않았다. 언제나 진지하다 못해 가끔은 심각하기까지 한 밴더부르트는, 장교라면 하나쯤 있는 별명도 없었고 여느 장교처럼 부하들과 가깝고 편한 관계를 맺은 적도 없었다. 이랬던 그였지만 노르망디는 이 모든 것을 바꾸어 놓았다. 나중에 리지웨이는 밴더부르트를 이렇게 회상했다. "노르망디에 강하한 이후 그는 내가 아는 사람 중에서 가장 용감하고 투지 넘치는 전투 지휘관이 되었다." 밴더부르트는 강하 이후 40일 동안 발이 부러진 채로 부하들과 함께 싸웠다.

밴더부르트가 지휘하는 제2대대 군의관 퍼트넘 대위는 나무 울타리에서 만난 낯선 공수부대원과 함께 여기저기 더듬으며 길을 찾다가 과수원에서 밴더부르트가 이끄는 대대원들과 마주쳤다. 퍼트넘은 밴더부르트를 처음 본 순간을 아직도 생생히 기억한다. "밴더부르트 중령은 비옷을 입고 손전등 불빛으로 지도를 읽으며 자리에 앉아 있었습니다. 나를 알아보더니 가까이 오라고 하고는 별다른 티를 내지 않으면서 자기 발목을 봐 달라고 부탁했지요. 오래 볼 것도 없었습니다. 발목이 부러져 있더군요. 대대장님은 전투화를 갈아 신겠다고 고집을 부렸습니다. 전투화 끈을 바짝 조이는 것 말고는 달리 할 수 있는 일이 없었습니다." 퍼트넘은 밴더부르트가 소총을 집더니 목발 삼아 앞으로 걸어가는 모습을 물끄러미 바라보았다. "좋아! 가자!" 밴더부르트는 부하들을 둘러보며 이렇게 말하고는 벌판을 가로질렀다.

동쪽에 있는 영국군 공정사단처럼 미군 공정사단들도 예기치 않게 마음이 따뜻해지는 경험을 하기도 했지만, 대부분은 전장의 참상 속에서 맛볼 수 있는 슬픔과 공포, 고통을 겪으면서 임무를 수행하기 시작했다.

지상 최대의 작전은 이렇게 시작되었다. 최초 침공 부대원으로 디데이를 시작한 약 1만 8천 명의 미군, 영국군, 그리고 캐나다군은 노르망디 전장의 측면을 맡아 싸웠다. 연합군의 침공 해변 다섯 곳으로는 5천 척의 강력한 침공 함대가 서서히 다가왔다. 이 중 맨 앞에 있는 배는 미 해군 공격수송선 베이필드Bayfield였다. 유타 해변으로 상륙하는 미 해군 침공부대 U의 지휘관 문D. P. Moon 해군 소장이 지휘하는 베이필드는 유타 해변에서 20킬로미터 떨어진 곳에서 닻을 내릴 준비를 하고 있었다.

연합군은 거대한 침공 계획을 느리기는 하지만 착실히 행동으로 옮긴 반면, 독일군은 침공이 코앞에 다가올 때까지도 여전히 이를 모르고 있었다.

독일군이 침공을 알아채지 못한 데는 몇 가지 까닭이 있다. 첫째, 독일군은 날씨가 침공에 불리하다고 판단했다. 둘째, 독일군은 정찰을 충분히 하지 못했다. 독일군은 노르망디에 비행기를 몇 대만 배치했는데 그나마도 모두 요격돼 버려 항공 정찰은 거의 하지 못했다. 셋째, 독일군은 연합군이 침공하면 반드시 파-드-칼레로 들어오리라는 아집에 빠져 있었다. 그 밖에 지휘 관할 지역이 중첩되거나 혼란스럽기도 했고, 레지스탕스에게 알리는 암호 전문을 해독하고도 심각하게 받아들이지 않았다. 이 모든 요소가 더해지면서 독일군은 연합군의 침공을 까맣게 몰랐다. 그동안 잘 돌아가던 레이더마저 이날 밤에 문제를 일으켰다. 독일군 레이더 중에는 폭격을 당하지 않아 정상 작동하는 것들이 있었다. 연합군 항공기들은 해안을 따라 날면서 '창문'이라는 암호명으로 불리는 은박지 조각을 떨궈 정상적인 레이더를 교란했다. 이 때문에 레이더 전시기展示機는 마치 눈이 온 것처럼 하얗게 보였다. 이런 현상을 보고한 레이더 기지가 딱 한 곳 있기는 했지만, 보고 문구는 '영국해협에 일상적인 통항이 있음'뿐이었다.

연합군 공정사단들이 노르망디에 발을 디딘 지도 2시간이 넘었다. 무엇인가 중요한 일이 일어나고 있다고 생각한 것은 노르망디에 주둔하는 독일군 지휘관들뿐이었다. 산발적인 상황보고가 몇 건 들어오기 시작하면서 독일군은 마취에서 서서히 깨어나는 환자처럼 상황을 인지하기 시작했다.

## 전쟁의 안개 속을 헤매는 독일군 지휘관들

제84군단장 에리히 마르크스 대장은 지도를 펼쳐 놓은 긴 책상 앞에 서서 생각에 잠겼다. 깜짝 생일잔치가 끝난 뒤 참모들은 마르크스를 빙 둘러싼 채 렌에서 있을 워게임에 대비해 브리핑을 하고 있었다. 마르크스는 계속해서 다른 지도를 가져오라고 요구했다. 정보장교 프리드리히 하인 소령은 군단장이 노르망디가 공격받는다는 가정을 마치 진짜인 것처럼 생각하고 워게임을 준비한다는 인상을 받았다.

한참 토론이 열기를 띠고 있을 때 전화가 울렸다. 마르크스가 전화를 받으면서 대화가 멈췄다. 하인은 당시를 이렇게 기억한다. "전화를 받는 동안 마르크스 대장의 몸이 굳는 것 같았습니다." 마르크스는 참모장에게 자기 전화기와 연결된 수화기를 들고 통화를 함께 들으라고 손짓했다. 마르크스에게 전화한 것은 제716사단장 빌헬름 리히터 중장이었다. 제716사단은 캉 북쪽의 해안을 담당하고 있었다. 리히터가 말했다. "적 낙하산병들이 오른 강 동쪽에 착륙했습니다. 착륙지역은 바벵Bavent 숲의 북쪽 언저리를 따라 브레빌Bréville과 랑빌 일대로 보입니다."

연합군의 공격이 독일군 사령부에 공식 보고된 것은 이것이 제일 처음이었다. 하인의 기억이다. "우리는 마치 벼락을 맞은 것 같았습니다." 이때는 영국시간을 기준으로 오전 2시 11분이었다.

통화가 끝나자마자 마르크스는 제7군 참모장 막스 펨젤 소장에게 전화를 걸었다. 오전 2시 15분, 펨젤은 제7군에 가장 높은 전투준비 태세인 알람슈트루페 2급Alarmstruffe II을 발령했다. 침공의 시작을 알리는 두 번째 암호 전문을 가로챈 지 4시간 만이었다. 이로써 적어도 연합군이 침공을 시작한 지역을 담당하고 있는 제7군에는 경보가 발령되었다.

요행을 바라지 않는 펨젤은 제7군 사령관 프리드리히 돌만 상급대장을 깨웠다. "사령관님! 침공이 시작된 것 같습니다. 즉시 지휘통제실로 와 주시겠습니까?"

수화기를 내려놓던 펨젤에게 불현듯 무엇인가가 떠올랐다. 그날 오후에 들어온 정보보고서 중에는 모로코의 카사블랑카에 있는 정보원이 보낸 것이 있었다. 보고서에는 침공이 6월 6일 노르망디에서 있을 것이라고 분명하게 기록되어 있었다.

돌만이 도착하기를 기다리는 동안 제84군단이 다시 상황을 보고했다.

"낙하산부대가 셰르부르 반도에 있는 몽트부르Montebourg와 생-마르쿠프에 나타남. …… 부분적이지만 이미 교전이 벌어졌음."* 펨젤은 즉각 B집단군 참모장 슈파이델 소장에게 전화를 했다. 이때가 오전 2시 35분이었다.

거의 비슷한 시간, 벨기에와 만나는 국경 가까이에 있는 제15군 사령부에서 한스 폰 잘무트 상급대장은 직접적인 정보를 얻고자 애쓰고 있었다. 제15군은 책임지역 대부분이 연합군의 공중 강습 공격에서 벗어나 있었지만, 요제프 라이헤르트 소장이 지휘하는 제711사단은 제7군과 제15군이 전투지경선으로 쓰는 오른 강 동쪽에 진지를 가지고 있었다. 상황 보고 몇 건이 제711사단에서 올라왔다. 그중 하나는 연합군 낙하산부대가 카부르Cabourg에 있는 제711사단 사령부 근처에 실제로 착륙했다는 것이었다. 두 번째로 들어온 상황보고는 지휘소 일대에서 전투가 벌어지고 있다는 것이었다.

잘무트는 무슨 일인지 직접 알아보기로 마음을 먹었다. 잘무트는 제711사단장 라이헤르트에게 전화를 걸어 물었다. "도대체 거기서 무슨 일이 벌어지고 있나?"

수화기 너머로 들리는 라이헤르트의 목소리는 잔뜩 지쳐 있었다. "장군님, 허락해 주시면 무슨 일이 일어나고 있는지 소리를 직접 듣도록 해 드리겠습니다." 잠시 대화가 끊어지더니 곧 잘무트는 기관총이 시끄럽게 탄알을 쏟아 내는 소리를 분명히 들을 수 있었다.

"고맙군!" 잘무트는 전화를 끊자마자 B집단군에 전화를 걸어 "제711사

---

* 연합군의 침공에 맞선 독일군의 대응과 서부전선 예하 부대 지휘부 사이에 오간 전문을 놓고서 지금까지 상당한 논란이 있었다. 자료 조사를 시작했을 때 전 독일 육군 총참모장 프란츠 할더 상급대장은 나에게 "독일군 측에서 나온 기록이나 자료는 각 사령부의 공식 상황일지와 맞지 않으면 아무것도 믿지 마시오!"라고 말했다. 이 책에 나오는 모든 시간은 영국이중일광절약시간에 따라 보정했으며, 할더의 충고를 받아들여 독일군의 대응을 담은 각종 보고서와 통화 기록은 상황일지를 근거로 했다. 전 독일 육군 총참모부는 현재 주독일 미 육군 전사 편찬부U.S. Army's Historical Division에 배속되어 있다.

단 사령부에서 전투 소음이 들린다."라고 보고했다.

펨젤과 잘무트는 거의 동시에 B집단군 사령부에 전화를 걸어 연합군이 공격을 시작했다는 것을 보고했다. 그동안 예상만 하던 침공이 시작된 것인가? B집단군에 있는 누구도 이 질문에 시원하게 답을 할 수 없었다. 롬멜의 해군 보좌관 프리드리히 루게 해군 중장은 당시 상황을 뚜렷이 기억한다. "낙하산부대에 대한 보고가 더 많이 들어오기 시작했는데, '낙하산부대처럼 보이게 만든 인형에 불과하다'고 말한 장교도 있었습니다."

관측자가 누구였든지 보고 내용이 부분적으로는 사실이었다. 실제로 연합군은 독일군을 혼란스럽게 할 목적으로 고무 인형 수백 개에 낙하산병 복장을 입혀 노르망디 남쪽에 떨어뜨렸다. 고무 인형마다 달린 기다란 폭죽은 땅에 닿는 순간 폭발하도록 되어 있었다. 소리만 들으면 마치 소화기小火器를 사용한 전투가 벌어진다고 착각하기 십상이었다. 고무 인형에 속은 마르크스는 연합군 낙하산부대가 사령부에서 남서쪽으로 40킬로미터쯤 떨어진 르세Lessay에 들이닥쳤다고 3시간도 넘게 믿고 있었다.

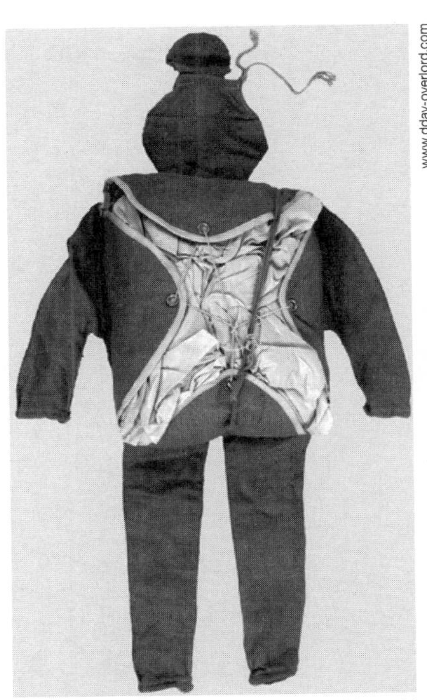
www.dday-overlord.com

**기만용 인형 루퍼트** 포티튜드 작전의 일환으로 영국군은 디데이에 독일군의 주의를 흩트리고 오판을 유도하기 위해 타이타닉Titanic 작전을 펼쳤다. 높이 90센티미터 인형 500개 이상을 낙하산에 매달아 노르망디와 파-드-칼레를 비롯한 프랑스 북부 네 곳에 투하했는데, 이들 인형은 루퍼트Rupert라는 별명으로 불렸다.

파리에 있는 서부전선 사령부와 라로슈-기용에 있는 B집단군 사령부에 들어오는 보고들은 이상하고 혼란스러웠다. 온 사방에서 들어오는 보고서가 책상 위에 수북이 쌓였지만 이 중 많은 수는 정확하지 않은 데다 이해도 안 되었으며 다른 보고서와 모순되었다.

파리에 있는 독일 공군 사령부는 "쌍발 엔진을 단 연합군 항공기 50, 60대가 셰르부르 반도로 날아오고 있으며 낙하산부대가 캉 인근에 착륙했다."라고 발표했다. 테도오르 크란케 제독이 지휘하는 서부전선 해군사령부는 영국군 낙하산부대가 착륙했다고 보고하며 해안포 한 곳을 신경질적으로 지목했다. 그러면서 "떨어진 낙하산 중 일부는 밀짚으로 만든 인형"이라고 덧붙였다. 미군이 셰르부르 반도에 착륙했다는 보고서는 없었지만, 이 무렵 유타 해변에서 내륙으로 바로 이어진 생-마르쿠프에 있는 해군 포대 중 한 곳에서 십여 명의 미군을 생포했다고 셰르부르 사령부에 보고했다. 독일 공군은 최초 발표 이후 몇 분 지나지 않아 전화로 정보 상황 한 가지를 전파했다. 연합군 낙하산부대가 바이외에 착륙했다는 것인데 실제로는 바이외에 아무도 오지 않았다.

독일 공군이건 서부전선 해군사령부이건 마치 뾰루지가 솟아나듯 지도를 빨갛게 물들이고 있는 현 상황을 판단하기 위해 필사적으로 노력했다. B집단군 사령부가 실제 벌어지고 있는 일들을 바탕으로 서부전선 사령부와 통화하며 내린 결론들 중 대부분은 현 상황을 믿을 수 없다는 것이었다. 예를 들어 서부전선 사령부의 정보참모 대리 되르텐바흐Doertenbach 소령은 B집단군으로부터 이런 평가를 들었다. "참모장께서는 매우 차분하게 상황을 파악하고 계십니다. 낙하산부대라고 보고된 것은 낙하산으로 탈출한 폭격기 승무원일 가능성이 있습니다."

그러나 제7군 사령부는 이런 평가에 동의하지 않았다. 오전 3시쯤, 펨젤 소장은 연합군이 기습적으로 공격을 시작했고 주공은 노르망디로 밀려들고 있다고 확신했다. 지도에는 제7군의 책임지역 가장자리인 셰르부르 반도와 오른 강 동쪽에 낙하산부대가 나타났다는 표시가 붙어 있었다. 셰르부르의 군항에서도 경보를 발령했다는 보고가 속속 접수되었다. 음향 방향 탐지 장치와 레이더도 독일 해군 소속이 아닌 배들이 센 강 하구의 만으로 기동하는 것을 계속해 잡아냈다.

이제는 더 이상 고민할 필요가 없었다. 침공이 진행 중이라는 결론을 내린 펨젤은 B집단군 참모장 슈파이델에게 전화했다. "낙하산부대가 나타났다는 것은 적의 활동이 기존보다 훨씬 더 클 것이라는 뜻입니다. 바다 먼 곳에서부터 엔진 소음도 들립니다." 그렇지만 이것으로는 슈파이델을 확신시키기에 부족했다. 제7군 통화 기록에 따르면 슈파이델은 이렇게 대답했다. "현 상황은 여전히 국지적입니다." 슈파이델의 평가는 상황일지에 요약이 되어 있는데 내용은 이렇다. "B집단군 참모장은 현 상황이 대규모 작전으로 고려할 만한 것은 아니라고 생각한다."

펨젤과 슈파이델이 통화하는 순간에도 연합군이 계획한 1만 8천 명의 공정부대원 중 맨 마지막 대원들이 셰르부르 반도 상공으로 강하 중이었다. 병력과 대포, 중장비를 실은 글라이더 69대도 프랑스 해안을 막 통과해 영국군이 착륙지점으로 잡아 놓은 랑빌 근처를 향해 날아들고 있었다. 노르망디 상륙 해변 다섯 곳에서 20여 킬로미터 떨어진 영국해협에는 존 홀John L. Hall 해군 소장이 지휘하는 침공부대 O의 기함인 앤컨Ancon이 닻을 내리고 있었다. 앤컨 뒤로 줄지어 선 수송선에는 오마하 해변에 상륙할 제1파 병력이 타고 있었다.

그러나 라 로슈-기용에 있는 B집단군 사령부에는 연합군이 얼마나 막대한 규모로 공격을 시작했는지를 보여 주는 징후가 전혀 없었다. 우연이었을까? 파리에 있는 서부전선 사령부 또한 슈파이델이 내린 최초 상황 평가를 인정했다. 서부전선 사령부 작전처장 보도 치머만 중장은 펨젤과 슈파이델의 통화 내용을 듣고는 슈파이델의 평가에 동의하는 전문을 보냈다. "적이 짚으로 만든 인형을 떨어뜨렸다는 서부전선 해군사령부의 보고를 근거로 서부전선 사령부 작전처는 현 상황이 대규모 공중 강습이 아니라고 평가한다." 치머만은 룬트슈테트가 유능하다고 자랑하던 장군이었다.

모든 것이 드러난 지금에서 볼 때 이런 평가는 말도 안 되는 것이지만, 그렇다고 당시 이렇게 평가한 장교들을 비난하기도 쉽지 않다. 이들은 실제 전투 현장에서 멀리 떨어진 채 들어오는 보고에만 의존할 수밖에 없었다. 전쟁터에서 들어오는 보고라는 것은 보통 앞뒤도 안 맞고 오해하기 쉬운 것이기 마련이다.* 아무리 경험 많은 장교라 하더라도 이런 정보를 가지고 연합군의 공습 규모를 추정하기란 불가능했고, 연합군의 공격에서 드러나는 전반적인 유형을 파악하는 것도 불가능했다. "만일 공습이라면 노르망디를 겨냥한 것인가?" 이 문제는 오직 제7군만 그렇게 생각하는 것 같았다. 공정부대를 이용한 공격은 실제 침공작전에서 독일군의 주의를 돌리려는 양동작전일 수도 있었다. 잘무트 상급대장이 지휘하는 엄청난 규모의 제15군은 파-드-칼레에 있었다. 독일 장교 대부분은 연합군이 이곳을 공격할 것이라고 생각했다. 제15군 참모장 루돌프 호프만 중장은 연합군 주공이 제15군 책임지역으로 들어올 것이라 너무도 확신한 나머지 펨젤에게 전화를 걸어 저녁내기까지 했다. "장군은 이 내기에서 분명 집니다." 펨젤이 호프만에게 말했다. 그러나 B집단군 사령부도, 서부전선 사령부도 결론을 내릴 만한 충분한 증거가 없었다. 두 사령부는 노르망디 해안에 경계령을 내리고 낙하산부대 공격에 맞서 조치하라고 명령하며 정보가 더 많이 들어오기를 기다리는 것 말고는 할 수 있는 일이 거의 없었다.

그때쯤 노르망디에 있는 지휘소마다 상황보고가 밀물처럼 들어오기 시작했다. 사단마다 몇 가지 문제를 겪었는데, 그중 첫째는 지휘관을 찾아야 한다는 것이었다. 워게임을 하러 렌으로 떠나 버린 장군이 여럿이었다. 이렇게 길을 나선 장군 중 대부분은 금세 찾았지만 두 명, 제709사단장 카를

---

* 옮긴이) 이런 상황은 클라우제비츠의 『전쟁론』에 나오는 '전쟁의 안개fog of war'의 실례라 할 수 있다. 전쟁의 안개란 '전쟁 자체에 통제할 수 없는 우연 요소가 많으며 작전이나 전쟁에 참여한 사람들이 경험하는 상황 인식이 불확실하거나 부정확하기 때문에 실체를 아는 것은 사실상 불가능하다'는 뜻이다.

폰 슐리벤 중장과 제91사단장 빌헬름 팔라이 중장은 찾을 수가 없었다. 두 명 모두 셰르부르 반도에 배치된 사단을 지휘했다. 슐리벤은 렌의 호텔방에 잠들어 있었고, 팔라이는 차를 타고 여전히 렌으로 가는 중이었다.

서부전선 해군사령관 크란케 제독은 보르도로 검열을 떠난 상태였다. 크란케의 참모장은 호텔방에 머무는 크란케를 깨워 보고했다. "낙하산부대가 캉 근처에 낙하하고 있습니다. 서부전선 사령부는 주의를 돌리기 위한 양동작전이지 실제 침공은 아니라고 주장하지만, 적 함정이 포착되고 있습니다. 함정을 포착한 것은 사실인 것 같습니다." 보고를 듣자마자 크란케는 얼마 안 되는 예하 전 해군에 경보를 발령하고 파리에 있는 사령부로 급히 길을 나섰다.

주둔지인 르 아브르에서 명령을 받은 하인리히 호프만 해군 소령은 그 당시 벌써 독일 해군의 전설 같은 존재였다. 그는 일명 E-보트, 즉 어뢰정 함장으로 명성을 얻었다. 제2차 세계대전 시작과 동시에 그가 지휘하는 빠르고 강력한 어뢰정대는 영국해협을 종횡무진 누비며 보이는 배마다 족족 침몰시켰다. 호프만은 연합군이 디에프를 습격했을 때 활약했을 뿐만 아니라, 1942년에 브레스트Brest를 출항한 독일 전함 샤른호르스트Scharnhorst와 그나이제나우Gneisenau, 그리고 순양함 프린츠 오이겐Prinz Eugen이 노르웨이를 침공하러 극적으로 항해할 때에도 대담하게 이들 함정을 호위한 경험이 있었다.

해군 사령부에서 전문이 내려왔을 때, 호프만은 기뢰를 부설하러 나갈 준비를 하며 자신이 지휘하는 제5정대의 지휘 어뢰정 T-28호 정장실에 있었다. 전문을 받자마자 호프만은 다른 어뢰정장들을 모두 불러서 말했다. "침공이 분명하다." 어뢰정장들은 모두 나이가 어렸지만 이런 날이 오리라고 예상하며 살았기 때문에 그리 놀라지 않았다. 정대에는 어뢰정 6척이 있었지만 출동 준비가 된 것은 3척뿐이었다. 그러나 출동 준비가 되어 있지 않은 어뢰정에 어뢰를 적재한다고 기다리고 있을 수만은 없었다. 몇 분 뒤, 어뢰정 3척이 르 아브르를 출항했다. 당시 서른네 살이던 호프만은 늘 하던 대로 해군모를 머리 뒤로 눌러 쓰고 T-28의 함교에 선 채 어둠 속을 뚫어지게 쳐다보았다. 일렬종대로 뒤에 선 나머지 어뢰정 2척은 T-28이 움직이는 대로 따라 움직였다. 이들 어뢰정은 시속 42킬로미터 이상으로 어둠을 가르며 역사상 어떤 함대와도 비교할 수 없을 만큼 강력한 함대에 맞서고자 앞뒤 가리지 않고 달려갔다.

적어도 이들은 군인으로서 해야 할 일은 하고 있었다. 이날 밤 노르망디에서 가장 당황한 것은 강인하기로 소문난 제21기갑사단 부대원 1만 6천 242명이었을 것이다. 이들은 롬멜이 지휘해 명성을 얻은 아프리카군단의 일원으로 산전수전을 모두 겪으면서 강하게 단련된 군인들이었다. 캉 남동쪽으로 꼭 40킬로미터 떨어진 곳에서 마을과 숲이라는 이름이 붙은 곳은 크기를 따지지 않고 모두 막아 버린 제21기갑사단은 노르망디 전장 거의 끄트머리에 자리 잡고 있었다. 이들은 공중 강습한 영국군 공정사단을 즉각 타격할 수 있는 거리에 있는 유일한 기갑사단으로, 이 지역에 배치된 독일군 중에서 전투경험이 있는 유일한 부대이기도 했다.

경보를 접수한 제21기갑사단은 전차와 차량에 시동을 걸고 출동 대기 상태를 유지한 채 움직이라는 명령이 내려오기만 기다렸다. 전차연대장 헤르만 폰 오펠른-브로니코우스키 대령은 왜 이동하지 않고 지체하는지 이해할 수 없었다. 오전 2시가 넘고 얼마 되지 않아, 제21기갑사단장 에드가 포이흐팅어 소장이 전화를 걸어 오펠른-브로니코우스키를 깨웠다. 파리에 있는 포이흐팅어는 숨을 헐떡이며 말했다. "오펠른! 한번 상상해 보게. 놈들이 상륙했다네." 이어 사단장은 연대장에게 상황을 알려 주었다. "명령을 받는 즉시 캉과 해안 사이 지역을 즉각 쓸어버리게!" 그러나 기다리는 명령은 내려오지 않았다. 잠에서 깬 이후로 계속 눈을 뜬 채 기다리고 있던 오펠른-브로니코우스키는 점점 더 초조해지고 울화가 났지만 기다리는 것 말고는 어쩔 도리가 없었다.

제21기갑사단에서 몇 킬로미터 떨어진 곳에 있던 독일 공군의 프릴러 중령은 이제껏 받은 명령 중에서도 가장 혼란스러운 명령을 받았다. 프릴러 중령과 보다르치크 병장은 오전 1시경 비틀거리며 침대에 누웠다. 비행대대가 모두 떠나 버린 제26전투비행단 활주로는 이제 버려진 것이나 마찬가지였다. 둘은 최상급 코냑 몇 병을 들이키고서야 독일 공군 총사령부에 대한 분노를 누그러뜨릴 수 있었다. 갑자기 전화기가 울렸지만, 취해서 곯아떨어진 프릴러에게는 멀리서 앵앵대는 모기 소리처럼 들렸다. 천천히 몸을 일으킨 프릴러는 수화기를 집으려 왼손을 뻗어 침대 곁의 탁자 위를 더듬었다.

제2전투비행군단 사령부의 작전장교가 건 전화였다. "프릴러! 적이 침공하는 것 같아. 자네 대대에 경보를 내리는 것이 좋을 것 같네."

이 말을 듣는 순간 프릴러는 잠에 취해 잠시 억누르고 있었던 울화가 다시 치밀어 올랐다. 프릴러가 지휘하던 전투기 124대는 전날 오후에 이미 릴을 떠난 뒤였고, 지금은 그토록 걱정하던 바로 그 상황이 벌어지고 있었다. 책을 쓰기 위해 면담할 때, 프릴러는 당시 있었던 대화를 책에 쓰기에 적절치 않은 용어를 써 가며 생생하게 쏟아 냈다. 프릴러는 전화를 건 작전장교에게 전투비행군단과 독일 공군 총사령부 전체의 문제가 무엇인지 한바탕 퍼붓고는 마지막으로 직격탄을 날렸다. "대체 누구한테 경보를 발령해야 할지 알 수가 없군! 나야 정신 바짝 차리고 있지. 보다르치크도 그렇고. 하지만 돌대가리 같은 자네들도 알잖나! 내가 가진 전투기라고는 달랑 2대뿐이라는 것을 말이지." 말을 끝낸 프릴러는 수화기를 부숴 버릴 것처럼 '쾅' 내려놓았다.

몇 분 뒤, 전화가 다시 울렸다. 수화기를 집어 든 프릴러가 날카롭게 물었다. "또 뭔가?" 상대방은 아까 전화를 걸었던 작전장교였다. "프릴러, 정말 미안하네. 아까 통화는 실수였어. 어찌 된 일인지 잘못된 보고를 받았는데 지금은 모든 것이 문제없네. 침공은 없다네." 프릴러는 어찌나 화가 나는지 아무런 말도 할 수 없었다. 아무 말을 못한 것은 문제도 아니었다.

프릴러는 다시 잠들 수 없었다.

상급 사령부가 무엇이 옳은 정보인지 몰라서 허둥대거나 결정 내리기를 망설이고 있었던 데 반해, 연합군 공정부대와 맞닥뜨린 독일군 병사들은 신속하게 반응했다. B집단군과 서부전선 사령부의 장군들과는 달리 수천 명의 독일군은 독일 병정이라는 표현에 걸맞게 이미 본능적으로 전투에 돌입했다. 이들은 마치 발등에 떨어진 불처럼 침공이 지금 바로 벌어지고 있는 일이라는 것을 전혀 의심하지 않았다. 미·영 공정부대가 하늘에서 뚝 떨어진 이후 많은 독일군이 고립된 상태에서 연합군과 직접 교전했다. 어마어마한 준비를 해 완성한 해안 방어선 뒤에 있던 또 다른 독일군 수천 명은 경보가 발령된 뒤 연합군이 어디를 침공하든지 즉각 격퇴할 준비를 한 채 대기했다. 독일군은 불안해했지만 싸워서 이기겠다는 결의로 무장했다.

그 시각, 제7군 참모장 펨젤 소장은 그나마 중심을 잡고 있는 인물이었다. 참모들을 소집한 펨젤은 환하게 불을 밝힌 지휘통제실에 모인 장교들 앞에 나섰다. 펨젤의 목소리는 언제나 그렇듯 조용하면서도 차분했다. 마음은 온통 걱정뿐이었지만 선택한 단어에는 그런 감정이 전혀 묻어나지 않았다. 드디어 펨젤이 입을 열었다. “여러분, 새벽까지는 적이 침공을 시작할 것이 확실해 보인다. 우리의 미래는 오늘 우리가 어떻게 싸우는가에 달려 있다. 나는 여러분에게 할 수 있는 모든 노력과 견딜 수 있는 그 이상의 희생을 요구한다.”

같은 시각, 800킬로미터 떨어진 헤를링엔으로 휴가를 떠난 롬멜은 잠을 자고 있었다. 역사에 가정이란 소용없는 것이지만, 만일 상황을 보고받았더라면 롬멜은 펨젤의 판단에 동의했을 것이다. 아무리 혼란스러운 상황도 꿰뚫어 보는 전투 감각으로 수많은 전투에서 승리한 롬멜이었지만, 막상 그가 지휘하는 B집단군 사령부는 이 상황을 심각하게 평가하지 않아 롬멜에게 전화하지 않았다.

## 독일군, 생트-메르-에글리즈와 통신이 끊어지다

독일군이 결정을 내리지 못하고 우왕좌왕하는 사이, 이미 투입된 연합군 증원병력 제1제대가 속속 도착하고 있었다. 영국군 제6공정사단의 책임지역에는 증원 병력을 태운 글라이더 69대가 착륙했다. 그중 49대는 예정된 대로 랑빌 근처 착륙지점에 정확히 도착했다. 하워드 소령의 특공대를 수송하고 제6공정사단에 중장비를 공급하느라 본대보다 일찍 착륙한 글라이더 부대들이 있기는 했지만, 이들은 규모와 숫자가 작았다. 글라이더 편대의 본대는 사실상 이번에 착륙한 69대였다. 공병은 글라이더가 착륙할 임시 착륙장을 꽤 잘 만들어 놓았다. 착륙장에 있는 모든 장애물을 완전히 정리할 만큼 시간이 충분하지는 않았지만 착륙하는 데 지장을 줄 만한 장애물은 대부분 다이너마이트로 폭파해 없애 버렸다. 달빛에 젖은 착륙장에 속속 도착한 글라이더들이 만들어 내는 광경은 마치 초현실주의 화가 살바도르 달리Salvador Dali가 그렸을 법한 공동묘지 그림을 보는 것 같았다. 글라이더는 착륙하면서 처박히다시피 해 충격을 받아서 동체는 우그러지고 날개는 찌부러졌으며 꼬리날개는 떨어져 나갔다. 이렇게 조각난 덩어리들은 사방에 널브러졌다. 산산조각 날 만큼 충돌하듯 착륙하고서 누가 살아남을 수 있을까 싶었지만 사상자는 생각보다 적었다. 착륙하다 부상을 입은 인원보다는 비행 중 고사포탄을 맞아 부상을 입은 수가 훨씬 더 많았다.

글라이더 편대가 착륙하면서 제6공정사단장 리처드 게일 소장과 사단 본부 참모진이 전장에 발을 디디게 되었으며, 이 밖에도 다수의 병력, 중장비, 그리고 가장 중요한 대전차포가 전장에 투입되기 시작했다. 착륙한 공정부대원들은 언제 보더라도 전혀 반갑지 않을 독일군이 쉴 새 없이 기관총을 쏴 대는 치열한 전투 장면을 예상하며 글라이더에서 나왔지만, 막상 마주한 것은 전장과는 전혀 거리가 먼, 목가적인 고요함이 감도는 벌판이었다. 호르사Horsa 글라이더 조종사 존 허틀리John Hutley 병장은 착륙과 동시에 독일군이 기다렸다는 듯이 총과 포를 쏴 댈 것으로 생각해서는 곁에 앉은 부조종사에게 마음 단단히 먹으라고 말했다. "땅에 내리자마자 밖으로 나가 몸을 숨길 곳까지 뛰어 가!" 그러나 착륙한 이후 전장에 왔다고 실감할 수 있게 하는 것은 멀리서 날아다니는 다양한 색깔의 예광탄과 랑빌 근처에서 기관총을 쏴 대는 소리 말고는 아무것도 없었다. 오히려 착륙하면서 땅에 처박혀 우그러진 글라이더에서 장비를 끄집어내고 대전차포를 지프 뒤에 싣느라 아군이 부산 떠는 소리가 더 크게 들렸다. 전장의 긴장감보다는 글라이더 비행이 끝났다는 안도감에 활기가 돌기까지 했다. 랑빌로 출발하기 전, 허틀리와 전우들은 엉망이 된 동체에 앉아 차를 마시기도 했다.

노르망디의 또 다른 전장인 셰르부르 반도로도 미군 글라이더 편대가 날아들고 있었다. 제101공정사단 부사단장 돈 프랫 준장은 선두에서 편대를 이끄는 글라이더의 부조종석에 앉아 있었다. 프랫은 잉글랜드에서 출발하기 전 앉아 있던 침대에 모자 하나가 아무렇게나 떨어지자 깜짝 놀랐던 바로 그 사람이다. 프랫은 글라이더 비행이 처음이었다. 들리는 바에 따르면, 프랫은 마치 소풍을 앞둔 초등학생처럼 즐거워했다고 한다. 미군이 사용한 글라이더는 모두 52대였다. 글라이더 4대가 하나의 편대를 이루었고, 다코타 수송기가 편대를 하나씩 끌었다. 이렇게 만들어진 13개의 편대는 기다란 종대를 만들었다. 글라이더에는 지프, 대전차포, 편제를 갖춘 의무부대, 심지어 작기는 하지만 불도저까지 실려 있었다. 프랫이 탄 글라이더 앞부분에는 페인트로 'No. 1'이라는 글자가 써 있었다. 조종실 좌우에는 제101공정사단의 상징 '포효하는 독수리'와 미국 국기가 큼지막하게 그려져 있었다. 프랫이 탄 글라이더가 선도하는 편대에는 외과 기사 에밀 나탈Emile Natalle이 있었다. 아래를 내려다보던 나탈은 고사포탄이 터지고 비행기가 불타는 것을 보았다. "마치 불타는 벽이 솟아오른 것 같았습니다.” 여전히 견인기에 연결되어 있던 글라이더들은 스칠 듯이 빽빽하게 솟아오르는 고사포탄을 피해 좌우로 요동쳤다.

수송기들이 셰르부르 반도 서쪽에서 날아 들어온 데 반해, 글라이더는 영국해협을 건너 동쪽에서 셰르부르 반도로 접근했다. 해안을 통과하고 불과 몇 초 지나지 않아 생트-메르-에글리즈에서 6.5킬로미터쯤 떨어진 이에빌Hiesville에 만든 착륙지대를 알리는 불빛이 보였다. 글라이더와 수송기를 연결한 길이 270미터짜리 나일론 견인줄이 하나씩 분리되면서 활공을 시작한 글라이더들은 바람을 가르며 고도를 낮추었다. 나탈이 탄 글라이더는 지정된 착륙장을 지나치더니 연합군 글라이더에 대비해 굵직한 기둥을 땅에 잔뜩 박아 놓은 벌판에 처박혔다. 연합군은 이러한 굵은 기둥을 ‘롬멜의 아스파라거스’라고 불렀다. 글라이더에 실린 지프에 탄 채 작은 창으로 바깥을 응시하던 나탈은, 글라이더의 날개가 잘라져 나가고 글라이더에 밀린 장애물이 날아다니는 모습을 바라보며 겁에 질렸다. 순간 빠개지는 소리가 크게 나더니 나탈이 타고 있는 지프 바로 뒤의 동체가 끊어지면서 글라이더가 둘로 쪼개졌다. “그 덕분에 글라이더에서는 매우 쉽게 나올 수 있었습니다.” 나탈은 유쾌하게 당시를 회상했다.

얼마 떨어지지 않은 곳에는 프랫 준장이 탄 제1호 글라이더가 부서져 있었다. 시속 160킬로미터 정도로 착륙하며 약간 경사진 초지를 미끄러지던 제1호 글라이더는 브레이크로 속도를 줄이지 못한 채 나무가 많이 자란 울타리에 그대로 처박혔다.* 나탈은 제1호 글라이더의 조종사가 조종석에서 튕겨져 나가 두 다리가 부러진 채 울타리에 걸려 있는 것을 보았다. 프랫은 충돌 당시 우그러진 조종실 뼈대에 눌려 즉사했다. 연합군과 독일군 양측

* 옮긴이) 프랫이 탄 와코 글라이더는 예정대로 생트-마리-뒤-몽에서 약 3킬로미터 떨어진 착륙지대 ‘E’에 착륙했으나 미끄러졌다. 주조종사 마이크 머피Mike Murphy 중령은 심한 부상을 입었으나 살아남은 반면 부조종사 존 버틀러John Butler 소위는 즉사했다. 프랫의 부관 리 메이Lee May 중위는 살아남았다.

영국 공군 누리집

**호르사 글라이더** 영국의 에어스피드Airspeed 사에서 만든 다목적 글라이더로 제2차 세계대전 중 3천600대 이상 생산되어 북아프리카, 이탈리아, 노르망디, 네덜란드, 그리고 독일 전역에서 두루 사용되었다. 무장 병력 28명을 태우거나 지프 1대와 트레일러 1대 또는 지프 1대와 6파운드 포 1문을 실어 나를 수 있었다. 기수를 분리하거나 꼬리 부분의 문을 열어 중장비를 쉽게 싣고 내릴 수 있었지만, 나무와 천으로 만들어 조종이 쉽지 않다는 문제점도 있었다. 노르망디에 착륙한 호르사는 나중에 노르망디 사람들이 땔감으로 써 버렸다.

AFP

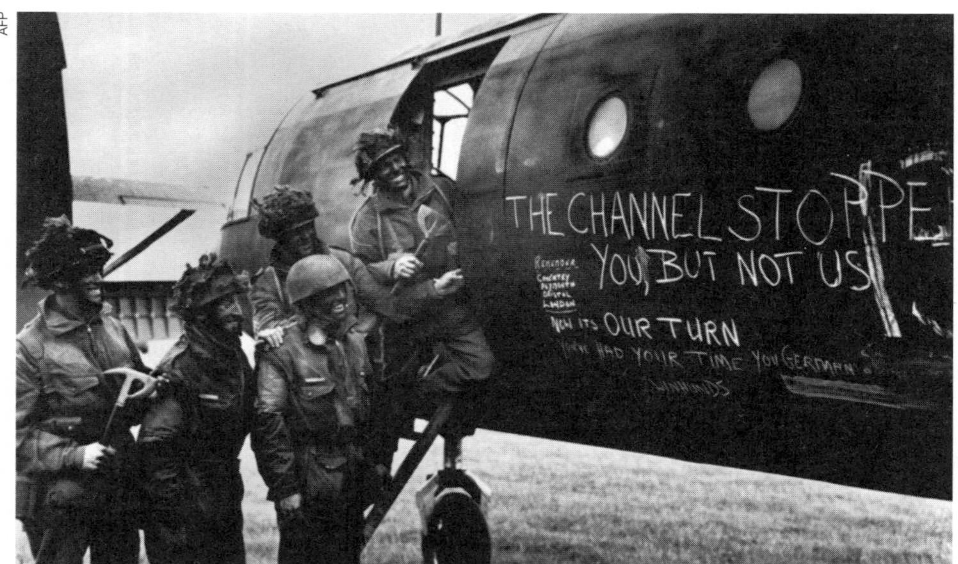


**호르사 글라이더에 오르는 영국군 제6공정사단** 글라이더 동체에는 "영국해협이 (너희 독일군은) 막았지만 우리는 못 막는다. 이제 우리 차례다."라고 큰 글씨로 쓰여 있다. 왼쪽에는 작은 글씨로 영국의 도시 이름이 쓰여 있는데, 아마도 이 다섯 명의 출신지로 추정된다. 맨 마지막 줄에는 조금 작고 흐릿하게 "독일 놈, 너는 지금까지는 네 시간을 가졌잖아!"라고 쓰여 있다. 생사를 가를 전투를 앞두고도 무작정 심각하기보다는 유머를 구사하며 활짝 웃는 기백이 인상적이다.

**생트-메르-에글리즈 가까운 벌판에 착륙하다 뒤집어지며 부서진 호르사 글라이더** 글라이더에 타고 있던 30명 중 이 사고로 목숨을 잃은 여덟 명의 시체가 글라이더 앞에 놓여 있다.

U.S. National Archives

을 통틀어, 프랫은 디데이에 전사한 최초의 장군이었다.

제101공정사단에서는 착륙할 때 사상자가 극히 적게 발생했는데, 프랫은 그 얼마 안 되는 운 나쁜 사람 중 하나였다. 제101공정사단 소속의 글라이더 중 대부분은 이에빌에 마련된 착륙장에 정확하게 또는 근처에 내렸다. 글라이더는 착륙하면서 완전히 파괴되다시피 했지만, 싣고 온 장비는 거의 온전했다. 글라이더 조종사라고 해 봐야 급하게 양성되다 보니 착륙 연습을 네 번 이상 해 본 경우가 거의 없었고, 그나마도 모든 착륙 연습은 대낮에 이뤄졌다. 이런 사정을 감안할 때 이 정도 결과를 얻었다는 것은 대단한 것이었다.*

전쟁의 여신이 모두에게 이런 행운을 허락한 것은 아니었다. 제101공정사단은 운이 좋았지만, 제82공정사단은 그렇지 못했다. 솜씨 서툰 조종사들이 조종하는 50대의 글라이더에 타고 있던 제82공정사단은 거의 재앙에 가까운 결과와 마주했다. 예정된 착륙지인 생트-메르-에글리즈 북서쪽에 내린 글라이더는 전체 편대 중 절반에도 훨씬 못 미쳤다. 착륙지를 벗어난 나머지 글라이더들은 땅을 갈아엎듯 울타리와 건물에 처박히거나 주변 강이나 메르데레 강 때문에 생긴 늪지로 뛰어들듯 내려앉았다. 착륙하자마자 긴요하게 쓰일 장비와 차량은 민들레 홀씨처럼 사방으로 흩어졌고, 사상자도 많았다. 비행을 시작하고서 몇 분 안 되어 조종사 18명이 전사했다. 제82공정사단 505낙하산보병연대 인사장교 로버트 파이퍼 대위의 머

---

* 글라이더 조종사는 매우 부족했다. 개빈 준장은 당시 상황을 이렇게 기억한다. "조종사를 충분히 확보할 수 있으리라고는 생각하지 않았습니다. 침공 당일 부조종석에는 공정부대원 한 명씩을 태웠지요. 믿기 어렵겠지만, 부조종사라고 앉혀 놓은 공정부대원들은 글라이더에 대해서는 조종도, 착륙 훈련도 전혀 받은 적이 없었습니다. 실제 비행이 시작되고서 조종사가 부상을 당하자 아무런 훈련도 받은 적이 없는 공정부대원들이 사람과 짐을 잔뜩 실은 글라이더를 몰고 고사포탄이 빽빽하게 들어찬 6월 6일 프랑스 하늘을 돌진하게 되었습니다. 다행스럽게도, 당시 우리가 사용한 글라이더는 비행이나 조종이 그다지 어렵지 않은 것이었습니다. 그렇지만 전쟁터에서 아무 경험도 없이 다짜고짜 난생 처음 글라이더를 조종한다는 것은 심장이 오그라드는 경험이었습니다. 제아무리 하느님을 부정하던 사람이라도 그 순간에는 하느님을 찾을 수밖에 없었습니다."

리 위를 지나 곧장 날아간 글라이더에는 병력이 가득 타고 있었다. 파이퍼는 이 글라이더의 운명을 생생하게 목격했다. "글라이더가 주택 굴뚝을 향해 하향 곡선을 그리며 기울더니 뒷마당에 떨어졌습니다. 떨어진 글라이더는 뒷마당을 가로지르며 한 번 뒤집어지더니 두껍게 쌓아 올린 돌담에 처박혀 부서졌습니다. 웬만하면 신음이라도 들릴 만한데 엉망이 된 글라이더에서는 아무 소리도 들리지 않았습니다."

시간에 쫓기던 제82공정사단으로서는 글라이더 편대가 원래 예정된 비행경로에서 많이 벗어났다는 것은 비극이었다. 글라이더와 함께 안전하게 착륙한 포와 보급품은 얼마 되지 않았는데, 그나마 이것들을 추슬러 회수하는 데는 많은 시간이 필요했다. 이 말은, 장비를 회수하기 전까지는 몸에 지닌 무기로만 싸워야 한다는 것이었다. 물론 공정사단이라는 부대의 성격과 임무에 비추어 보면 당연한 것이었지만 디데이를 위해 마련한 작전계획과 장비를 생각하면 아쉬운 일이었다. 실제로 제82공정사단은 연합군 부대와 연결되기 전까지 휴대한 장비로만 싸움을 이어 갔다.

착륙한 글라이더에서 내린 제82공정사단은 공두보의 후방이라 할 수 있는 두브 강과 메르데레 강 위로 난 다리들을 확보하고 진지를 점령했다. 벌써 교전에 돌입한 독일군은 제82공정사단을 거칠게 몰아붙였다. 제82공정사단은 바주카포, 기관총, 박격포 같은 중화기가 거의 없었다. 차량과 대전차포는 아예 있지도 않았다. 엎친 데 덮친 격으로 통신망이 구성되지 않았다. 주위에서 무슨 일이 벌어지는지, 무슨 진지를 점령하고 있는지, 어떤 목표를 탈취했는지 전혀 알 수 없었다. 사실 운 좋게 장비 대부분을 챙겼다는 것을 빼면 통신망이 구성되지 않기는 제101공정사단도 마찬가지였다. 두 공정사단은 장교나 병사 할 것 없이 여전히 사방에 흩어져 있거나 고립되어 있었다. 두 공정사단의 부대원들이 원편제와는 상관없이 닥치는 대로 작은 무리를 만들어 주요 목표를 향해 전투를 벌이면서 독일군의 주요 거점이 하나씩 둘씩 떨어져 나가기 시작했다.

생트-메르-에글리즈 주민들은 굳게 걸어 닫은 창문 뒤에서 숨죽인 채 바깥을 바라보고 있었다. 제82공정사단 505낙하산보병연대 병력은 빈 거리를 조심스럽게 통과했다. 불이 났을 때 울리던 성당의 종은 이제는 조용했다. 존 스틸 이병이 맸던 낙하산은 성당의 뾰족탑에 걸린 채 바람에 날리는 이불보처럼 흐느적거렸다. 불타던 에롱의 집에서는 여전히 불똥이 튀고 있었다. 광장에 심은 나무들 반대편에는 집이 타면서 나오는 불빛만큼이나 짙은 그림자가 생겼다. 어디 숨었는지 알 수 없는 저격수가 쏜 총알이 종종 밤공기를 매섭게 갈랐지만 그때뿐이었다. 사람의 마음을 옥죄는 듯한 불편한 정적은 도무지 물러설 기미가 보이지 않았다.

선두에서 공격을 이끌고 있는 제82공정사단 505낙하산보병연대 3대대장 에드워드 크라우스 중령은 생트-메르-에글리즈에서 치열하게 싸울 것으로 예상했다. 그러나 저격수 몇을 빼곤 독일군은 이미 철수한 것 같았다. 크라우스와 부하들은 이런 상황을 신속하게 이용했다. 건물을 점령하고, 도로를 차단하는 장애물과 기관총 진지를 설치했으며, 전화선과 통신선을 끊어 버렸다. 다른 분대들도 속도는 느렸지만 집집마다 그리고 울타리마다 샅샅이 훑으며 플라스 드 레글리즈 광장으로 나아갔다.

성당 뒤편을 돌아 광장에 닿은 윌리엄 터커William Tucker 일병은 나무 뒤에 기관총을 설치했다. 달빛이 쏟아지는 광장을 바라보고 있는데 문득 낙하산이 눈에 들어왔다. 바로 옆에는 독일군 시체 하나가, 멀찍이는 짓눌리거나 대자로 뻗은 시체들이 보였다. 미명에 대체 무슨 일이 일어나고 있는지 알아보려고 애쓰고 있는데 갑자기 누군가 뒤에 있는 듯한 불길한 느낌이 들었다. 기관총을 집어 들고는 뒤로 홱 돌아선 터커의 눈에 들어온 것은 마치 그네처럼 공중에 뜬 채 앞뒤로 흔들리고 있는 전투화 한 쌍이었다. 터커는 깜짝 놀라 허둥지둥 뒤로 물러섰다. 죽은 낙하산병이 나무에 매달린 채 터커를 내려다보고 있었다.

시간이 지나면서 하나둘씩 광장에 모습을 나타낸 다른 공정부대원들도 나무에 매달린 시체를 보았다. 거스 샌더스Gus Sanders 중위는 그 순간을 지금도 기억한다. "우리는 못이라도 박힌 것처럼 그 자리에 꼼짝 않고 서서 시체를 바라보았습니다. 모두의 눈에는 분노가 넘쳐흘렀지요." 크라우스 중령이 광장에 도착했다. 누구인지는 모르지만 전우가 시체로 매달려 있는 모습을 바라본 순간 크라우스 중령이 내뱉은 단어는 딱 2개였다. "오, 하느님!"

그러곤 크라우스 중령이 주머니에서 성조기를 꺼냈다. 1943년 10월 1일 제505낙하산보병연대가 이미 나폴리에서 펼쳐 올린 적이 있는, 오래되고 낡은 성조기였다. 수송기에 몸을 싣기 전, 크라우스는 부하들에게 약속했다. "디데이 새벽이 되기 전, 성조기가 생트-메르-에글리즈에 펄럭일 것이다." 그는 마을 회관으로 걸어가서는 입구 옆에 있는 깃대에 성조기를 게양했다. 화려한 게양식은 없었다. 선발대로 낙하산을 메고 하늘에서 뛰어내린 공정부대원들이 피를 흘리며 시작한 전투는 이렇게 끝났다. 성조기가 휘날리는 생트-메르-에글리즈는 프랑스에서 미군이 해방시킨 최초의 마을이 되었다.*

오전 4시 30분, 르 망에 있는 독일군 제7군 사령부는 제84군단장 마르크스 대장이 보낸 전문을 접수했다. "생트-메르-에글리즈와의 통신이 끊어졌다."

유타 해변에서 약 5킬로미터 떨어진 일-생-마르쿠프Île-St.-Marcouf 섬은 2

* 옮긴이) 디데이 이후로 생트-메르-에글리즈는 미군에게 매우 특별한 마을이 되었다. 1944년부터 이곳에 조성되기 시작한 미군 전사자 묘역은 3개까지 늘어났으며, 세 곳을 모두 합쳐 1만 2천 797구의 시체가 매장되었다. 전후 전사자 가족은 유해를 본국으로 송환할지 아니면 노르망디에 남길지 결정할 수 있었는데, 노르망디에 남은 미군 유해는 모두 콜빌-쉬르-메르의 미군 묘지로 이장되었고 생트-메르-에글리즈에는 이를 알리는 기념석이 남아 있다. 생트-메르-에글리즈의 길과 광장에는 '아이젠하워 길', '505연대 길', '6월 6일 광장'처럼 디데이를 기리는 이름이 붙었고, 1964년 미군의 희생과 활약을 기리는 '공정부대박물관'이 세워졌다.

개의 메마른 바위 더미였다. 그렇지 않아도 복잡하고 방대한 침공 계획을 세우느라 생각할 것이 많았던 연합군사령부는 처음에는 달리 주목할 것이 없어 보이는 이 섬을 고려하지 않았다. 그러나 디데이 3주 전부터 사정이 달라졌다. 이 무렵, 연합군사령부는 이 섬에 독일군 포대, 그것도 중포重砲로 무장한 포대가 있다고 판단했다. 이 섬을 무시하고 상륙을 감행하기에는 위험이 너무 컸다. 연합군은 에이치아워 전에 섬을 공격하는 계획을 세우고 서둘러 미군 제4기병대대와 제24기병대대 병력 132명을 훈련시켰다. 6월 6일 오전 4시 30분경 준비된 미군이 섬에 상륙했다. 연합군사령부의 평가와 달리 섬에는 대포도 독일군도 없었다. 이들을 기다리고 있던 것은 예상치 못한 죽음의 함정뿐이었다. 에드워드 던Edward C. Dunn 중령이 이끄는 미군은 해변에서 섬 안으로 들어가다가 무시무시한 지뢰지대에 갇혀 버렸다. 상륙한 지 몇 분 지나지 않아 미군 특수부대가 지뢰를 밟자 마치 씨앗 뿌리는 것처럼 쇠구슬이 사방으로 퍼졌다. 불빛 하나 없는 칠흑 같던 밤은 갑자기 아비규환이 되었다. 밤과 극명하게 대조를 이루는 섬광, 고요를 깨는 폭발음, 그리고 참혹하게 살점이 떨어져 나간 병사들이 절규하는 소리는 지옥이나 다름없었다. 폭발과 거의 동시에 중위 세 명이 부상당했고 병사 두 명이 즉사했다. 부상을 입은 알프레드 루빈Alfred Rubin 중위는 당시 참상을 또렷이 기억한다. "부상을 입은 병사 한 명이 쓰러진 채 입에서 쇠구슬을 뱉어 냈습니다." 디데이가 끝날 때까지 상륙한 미군 중 19명이 전사하거나 부상을 당했다. 던 중령은 죽은 전우, 그리고 죽어 가는 전우들에게 둘러싸인 채 "임무 완수!" 전문을 날렸다. 이들이야말로 히틀러가 장악한 유럽에 바다 쪽에서 침공한 것으로는 연합군 최초의 병력이었다. 그러나 복잡한 당시 상황 속에서 이들의 활약은 디데이 당일 상황일지에 짤막한 보고로 한 줄 남았을 뿐이다. 임무는 완수했지만 애초 작전은 필요도 없었고 승리했지만 뒷맛이 쓴, 가슴 아픈 성공이었다.

영국군은 소드 해변 동쪽으로 정확히 5킬로미터 떨어진, 사실상 해안이나 마찬가지인 곳에 착륙했다. 독일군은 이곳 메르빌에 있는 포대를 보호하려 가시철사와 지뢰지대를 설치했다. 테렌스 오트웨이 중령이 이끄는 제9낙하산대대는 가시철사 가장자리에 사정없이 기관총을 쏴 대는 독일군에 막혀 오도 가도 못하고 있었다. 오트웨이 대대의 사정은 절박했다. 포대를 공격하는 훈련을 하면서 오트웨이는 준비한 대로 일이 진행되리라는 기대는 애당초 하지 않았다. 준비야 세심하게 하지만 변수가 워낙 많은 전투 현장에서 지상과 공중의 공격이 모든 국면에서 계획한 대로 풀리리라 기대할 수는 없는 것이었다. 그렇지만 부대 전체가 붕괴하는 상황은 아예 생각도 해 보지 않았다. 그러나 어찌된 일인지 부대가 완전히 산산조각 나는 상황이 벌어지고 있었다.

일단 폭격이 실패했다. 포, 화염방사기, 박격포, 지뢰탐지기, 접이식 사다리를 태워 보내느라 특별히 준비한 글라이더 편대는 실종되었다. 메르빌 포대에는 독일군 200명이 있는 반면, 대대원 700명 중 오트웨이 앞으로 집결한 것은 150명에 지나지 않았다. 더구나 이들이 가진 장비라고는 소총, 스텐 기관단총, 수류탄, 파괴통 몇 개, 그리고 중기관총 1정뿐이었다. 불리한 점이야 끝이 없었지만, 오트웨이와 부하들은 부딪치는 문제마다 즉석에서 묘책을 찾아내며 해결해 나갔다.

외곽에는 가시철사를 엮어 만든 장애물이 있었다. 제9낙하산대대원들은 절단기로 가시철사를 잘라 틈을 내고 얼마 안 되는 파괴통을 설치해 남은 장애물을 파괴할 준비를 마쳤다. 철조망 개척조가 이러는 사이 다른 무리는 지뢰지대를 개척해 통로를 내고 있었다. 지뢰 제거는 머리털이 곤두서는 일이었다. 포대에 이르는 접근로는 달빛을 받아 환했다. 대대원들은 손으로 더듬어 인계철선을 찾고 대검으로 바로 앞의 땅을 찔러 지뢰를 찾아가며 손과 무릎을 땅에 대고 기어 힘들게 앞으로 나아갔다. 도랑과 탄흔지에 몸을 웅크리거나 나무 울타리를 따라 몸을 숨긴 150명의 대대원은 공

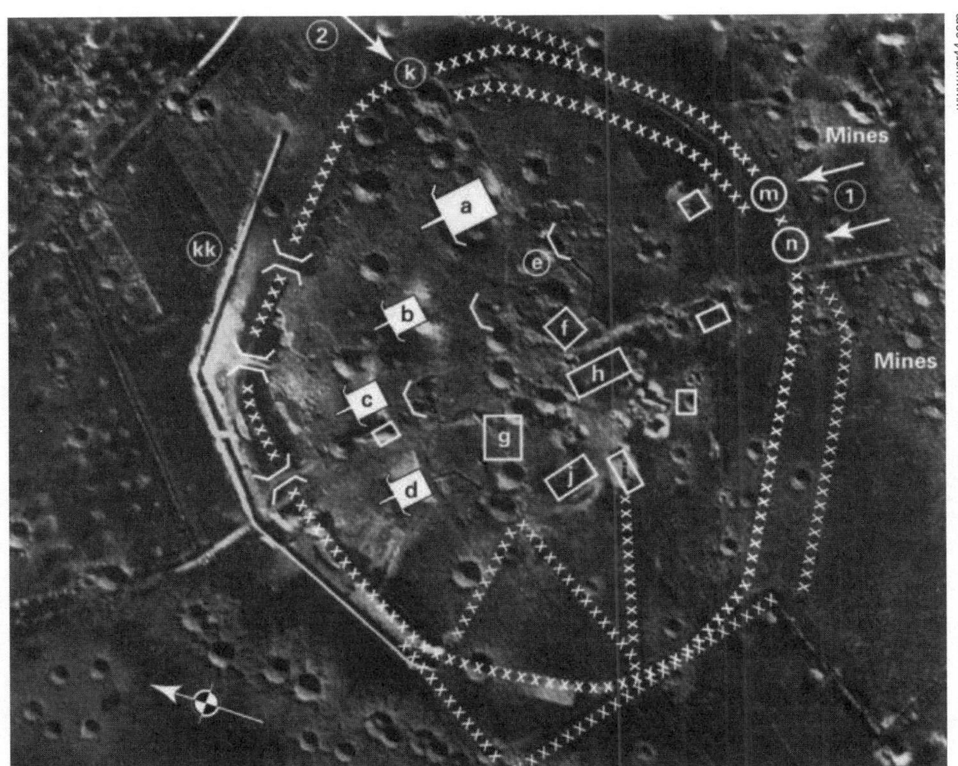



**메르빌 포대**(1944년 5월) 1944년 3월 6일 롬멜이 다녀간 이후 메르빌 포대 공사는 속도를 높여 3월 말에는 포상 4개 중 2개가 완성되었다. 5월 19일 연합군은 대대적으로 메르빌 포대를 폭격했지만 사진에서 보듯 결정적인 피해를 입히지 못했다. 그러자 연합군은 소드 해변까지 위협하는 메르빌 포대를 에이치아워 이전에 무력화할 계획을 세우고 영국군 제9낙하산대대를 투입했다. a~d 포상, e 20mm 고사포, f~g 탄약고, h 지휘 벙커, i와 j 경계병 벙커, k 포대 출입구, kk 대전차호, m과 n 좌우 돌파구, ① 제9낙하산대대 주공 돌파 방향, ② 제9낙하산대대 견제 방향. 포대 주변의 x는 가시철사이고 그 주변은 지뢰밭이다.

격 명령을 기다렸다. 글라이더가 떠나기 전 제6공정사단장 게일 소장이 오트웨이에게 말했다. "공격이 실패할 거라고는 아예 생각도 말게." 오트웨이는 주변을 둘러보았다. 공격 명령을 기다리는 부하들이 눈에 들어왔다. 공격하면 사상자가 많이 나올 것이 뻔했지만, 포대는 무슨 일이 있어도 무력화시켜야 했다. 만일 실패하면 소드 해변으로 상륙하는 연합군 전우들이 심대한 피해를 입을 것이 분명했다. 이러지도 저러지도 못하는 난감한 상황이었지만 공격 말고는 다른 방법이 없었다. 정말 세심하게 세운 계획의 마지막이 어떻게 될지는 몰랐지만, 공격 명령을 내려야 한다는 것은 변치 않는 현실이었다. 지상에서 공격이 진행되면 글라이더 3대가 포대 일대에 동체 착륙하기로 되어 있었다. 착륙을 지시하려면 박격포로 조명탄을 쏘아 올려야 했는데 오트웨이는 박격포도 조명탄도 없었다. 그가 가진 것이라고는 조명 신호탄을 쏠 수 있는 권총 한 자루뿐이었다. 계획대로라면 이 신호탄은 공격이 성공했을 때만 쏘게 되어 있었다. 도움을 요청할 마지막 기회는 이렇게 사라졌다.

예정된 3대 중 글라이더 2대가 제 시간에 도착했다. 글라이더를 끌던 수송기는 착륙등을 깜빡여 신호를 보낸 뒤 견인줄을 풀었다. 각각의 글라이더에는 20명쯤 타고 있었다. 나머지 1대는 영국해협 상공에서 견인줄이 풀어졌는데 안전하게 활공해 잉글랜드로 돌아갔다. 오트웨이를 비롯한 제9낙하산대대원들의 귀에 포대를 향해 활공하는 글라이더가 살랑거리는 소리가 흐릿하게 들렸다. 착륙지점을 알려 주는 신호를 보낼 수 없어 절망감에 빠진 오트웨이는 차츰 기수를 낮추며 선회하는 글라이더를 무기력하게 바라보았다. 달을 등진 글라이더의 윤곽이 또렷하게 드러났다. 조종사들은 착륙지를 알려 주는 신호를 필사적으로 찾았지만 헛수고였다. 글라이더가 선회하며 고도를 낮추자 제9낙하산대대를 꼼짝 못하게 만들던 독일군의 기관총이 글라이더를 겨냥해 불을 뿜기 시작했다. 구경 20밀리미터 예광탄은 아무 보호 장치도 없는 글라이더의 캔버스 천을 사정없이 찢어발겼다. 예광탄에 맞아 갈가리 찢겨 나가고 있었지만 글라이더는 끈질기게 계획대로 선회하면서 신호가 올라오기만을 눈이 빠지게 기다렸다. 인간으로서 극한의 고뇌를 겪고 있던 오트웨이는 그저 눈물을 흘리는 것 말고는 아무것도 할 수 없었다.

그 순간, 글라이더 2대는 신호를 기다리는 것을 포기했다. 1대는 선회해서는 6.5킬로미터 떨어진 곳에 착륙했다. 다른 1대는 신호를 기다리면서 너무 낮게 날아 앨런 모워Alan Mower 이병과 팻 호킨스Pat Hawkins 이병이 보기에 독일군 포대에 충돌이라도 할 것 같았다. 그러나 마지막 순간, 글라이더는 기수를 들어 올리더니 얼마쯤 떨어진 나무를 들이받았다. 글라이더가 충돌하고 멈춰 선 그 즉시, 땅에서 몸을 숨긴 채 지켜보던 제9낙하산대대원 몇몇이 본능적으로 벌떡 일어나서는 생존자를 구하러 달려갔다. 그러나 장교들은 걱정스러운 표정을 지으며 목소리를 낮춰 "움직이지 마라! 자리를 지켜라!"고 명령했다. 명령을 듣는 순간 달려 나가던 걸음을 멈출 수밖에 없었다. 기다리는 것 말고는 아무것도 할 일이 없었다. 오트웨이는 큰 소리로 공격을 명령했다. 모워는 오트웨이가 우렁차게 명령하던 모습을 여전히 기억한다. "모두 앞으로! 저 피비린내 나는 포대를 탈취해야 한다." 명령과 함께 제9낙하산대대원 150여 명은 모두 앞으로 달려갔다.

미리 설치해 둔 파괴통이 귀가 멀 것 같은 굉음을 내며 폭발하자 가시철사로 만든 장애물에는 커다란 간격이 생겼다. 마이크 다울링Mike Dowling 중위가 큰 소리로 외쳤다. "움직여! 어서 움직여!" 그간 잠잠하던 뿔피리 소리가 다시 한 번 어둠을 뚫고 울려 퍼졌다. 제9낙하산대대는 고함을 지르고 총을 쏘면서 자욱한 연기 속으로 뛰어들더니 끊어진 가시철사를 통과했다. 용감하게 돌격하는 제9낙하산대대 앞에 있는 지뢰지대 너머 참호와 교통호에는 독일군이 자리를 잡고 있었고 거대한 포대가 어렴풋하게 모습을 드러내고 있었다. 제9낙하산대대원들 머리 위로 갑작스럽게 솟아오른 조명 신호탄이 터지면서 붉은빛이 쏟아지더니 독일군의 기관총, 슈마이서 기관단총, 소총이 기다렸다는 듯이 총알을 토해 냈다. 죽음의 땅을 통과하는 제9낙하산대대는 납작 엎드린 채 기다가 일어나 달리고 다시 땅에 몸을 붙이면서 조금씩 앞으로 나아갔다. 탄흔지로 몸을 날렸다가 벌떡 일어나서는 다시 달리기를 되풀이했다. 그러는 사이, 하나둘 지뢰가 터졌다. 비명이 들리더니 누군가가 소리쳤다. "멈춰! 멈춰! 사방에 지뢰야!" 모워의 오른편에서는 한 상병이 심각한 부상을 입고 땅바닥에 앉아 필사적으로 손을 흔들고 있었다. "오지 마! 절대 가까이 오지 마!"

사방에서 지뢰와 고함이 터졌지만 한참 선두에 있던 앨런 제퍼슨Alan Jefferson 중위는 계속해서 뿔피리를 불었다. 그러던 중 시드 카폰Sid Capon 이병은 갑자기 지뢰가 터지면서 제퍼슨이 쓰러지는 것을 보았다. 카폰이 달려가자 제퍼슨이 소리쳤다. "본대로 돌아가!" 그러더니 제퍼슨은 바닥에 누워서 뿔피리를 입에 대고는 다시 힘차게 불기 시작했다. 전장은 고함과 비명, 섬광으로 뒤덮였다. 제9낙하산대대는 독일군 참호와 교통호로 수류탄을 던져 넣고 육박전을 벌이기 시작했다. 교통호로 뛰어든 카폰은 독일군 두 명과 마주한 것을 알았다. 그중 한 명이 항복의 표시로 적십자 상자를 서둘러 머리 위로 올리더니 자신들은 러시아 사람이라며 러시아어로 "루스키, 루스키."를 반복했다. 그 둘은 '자원병'이라는 이름으로 끌려온 소련 출신 병사들이었다. 카폰은 어떻게 해야 할지 몰라 머릿속이 하얘졌다. 그때 대대원들이 항복한 독일군들을 교통호로 끌고 가는 모습이 보였다. 카폰도 잡은 포로 두 명을 넘기고는 포대를 향해 계속 전진했다.

그 순간, 오트웨이 중령, 다울링 중위, 그리고 장병 약 40명은 독일군과 치열한 교전을 벌이고 있었다. 교통호와 화기호를 소탕한 제9낙하산대대는 스텐 기관단총을 쏘고 총안구로 수류탄을 던져 넣으면서 독일군이 흙을 쌓아 보강한 콘크리트 요새 주변으로 달려갔다. 전투는 격렬했고 잔혹했다. 모워와 호킨스, 그리고 브렌 경기관총 사수 한 명은 작렬하는 박격포탄과 빗발치는 기관총탄을 뚫고 내달려 포대 한쪽 면에 도달했다. 이들은 문이 하나 열려 있는 것을 발견하고는 그 안으로 뛰어들었다. 복도에는 죽어 널브러진 독일군 기관총 사수 말고는 아무도 없어 보였다. 모워는 함께 온 전우 둘을 문 옆에 남겨 놓고는 복도를 따라갔다. 복도 끝에 다다르자 넓은 공간이 나타났고, 그 안에는 거대한 야포 1문이 포상에 놓여 있었다. 포 옆에는 포탄이 잔뜩 쌓여 있었다. 모워는 서둘러 호킨스에게 돌아와서 흥분한 목소리로 머릿속에 떠오른 생각을 말했다. "포탄 사이에 수류탄 몇 발을 끼워 넣고 폭발시켜 이 포상을 완전히 날려 버리자고!" 그러나 그럴 기회는 없었다. 세 명이 서서 이야기하는 사이 폭발이 일어났고, 브렌 경기관총 사수는 즉사했다. 호킨스는 배에 파편을 맞았다. 모워 또한 부상을 입었는데 당시 느낌을 지금도 생생하게 기억한다. "마치 시뻘겋게 달군 바늘 수천 개로 등을 찢어 내는 느낌이었습니다." 모워는 다리를 주체할 수 없었다. 마치 시체가 씰룩거리는 것처럼 두 다리에는 경련이 일어났다. 모워는 죽어 간다는 것을 알았지만 이런 식으로 죽고 싶지는 않았다. 모워는 소리쳐 도움을 청한 뒤 어머니를 불렀다.

포대 다른 곳에서는 독일군이 속속 항복하고 있었다. 카폰은 다울링이 이끄는 병력과 함께하면서 독일군이 항복하는 모습을 목격했다. "독일군은 문 밖으로 나오려고 서로 밀치면서 난리였습니다. 그렇게 나와서는 구걸하다시피 항복했습니다." 다울링과 부하들은 포 2문의 포신에 포탄 2발씩을 터뜨려 각각의 포신을 반으로 쪼개 버렸다. 그러고는 나머지 포 2문도 일시적으로 망가트렸다. 그런 뒤 다울링은 오트웨이를 찾았다. 오른손으로 왼쪽 가슴을 움켜쥔 채 다울링이 말했다. "대대장님! 명령하신 대로 포대를 탈취했고 포는 파괴했습니다." 치열하고 잔혹했던 전투가 끝나는 데는 정확히 15분이 걸렸다. 오트웨이는 성공을 뜻하는 노란 신호탄을 쏘아 올렸다. 공중에 대기하던 영국 공군 탐지 항공기가 신호탄을 보고는 해상에서 대기하던 영국 순양함 아레투사Arethusa에 무전을 날렸다. 아레투사는 정확히 15분 전부터 포대를 포격할 준비를 하고 있었다. 동시에 제9낙하산대대의 통신장교는 데려온 비둘기에 성공을 확인하는 전문을 실어 하늘로 날렸다. 통신장교는 전투 내내 비둘기를 안전하게 데리고 있었다. 그는 성공을 뜻하는 암호인 '망치'가 적힌 작은 종이를 플라스틱 캡슐에 담아 비둘기의 한쪽 다리에 묶어 날렸다. 그렇게 몇 분이 지난 뒤, 정신을 차리고 주변을 둘러보던 오트웨이는 그제서야 다울링이 더 이상 가망이 없다는 것을 알았다. 다울링은 죽어 가면서 보고를 했던 것이다.

오트웨이는 치열한 전투가 끝난 뒤 피로 흥건해진 메르빌 포대에서 만신창이가 된 대대를 이끌고 나왔다. 독일군의 대포를 파괴한 뒤에 포대를 확보하라는 명령은 듣지 못했다. 제9낙하산대대에게는 또 다른 임무가 있었다. 대대가 잡은 포로는 22명뿐이었다. 독일군 200명 중 적어도 178명이 이미 죽거나 죽기 직전이었다. 그렇지만 대대도 인명 피해가 컸다. 오트웨이는 부하 중 거의 절반을 잃었다. 70명이 전사하거나 부상을 입었다. 역설적이게도 파괴한 독일군 대포 4문은 보고된 크기의 절반밖에 되지 않았다. 독일군은 48시간 안에 다시 포대로 돌아와 일시적으로 고장 낸 포 2문으로 연합군이 상륙하는 해변에 사격을 가할 수 있었다. 그러나 연합군의 상륙이 성공할지 실패할지가 달려 있는 앞으로 몇 시간 동안에는 메르빌의 독일군 포대는 쥐 죽은 듯 잠잠할 것이 확실했다.

전진을 하든 새로운 임무를 위해 움직이든, 의료 물자도 수송 수단도 충분치 않은 제9낙하산대대는 심각한 부상을 입은 병사들 대부분을 그대로 남겨 놓는 수밖에 없었다. 모워는 널빤지에 실려 갔지만, 호킨스는 부상을 너무 심하게 입어 운반할 수 없었다. 시간이 흐른 뒤의 이야기이지만, 둘 다 극적으로 살아남는다. 특히 모워는 몸에 파편이 57개나 박혔는데도 죽지 않았다. 살아남은 대대원들이 포대를 떠나고 있을 때, 의식을 잃기 직전이던 모워는 호킨스가 외치는 소리를 들었다. "이봐! 제발, 나를 내버려두지 마!" 그러나 호킨스의 목소리는 점점 더 가냘파졌고, 의식을 잃은 모워는 다행스럽게도 이 잔혹한 광경을 더 이상 보지 않아도 되었다.

새벽이 다가올 무렵, 연합군 공정부대원 1만 8천 명은 한창 전투 중이었다. 노르망디에 뛰어내린 연합군 공정부대는 5시간도 안 되는 사이에 연합군 최고사령관 아이젠하워 대장을 포함해 연합군 주요 지휘관들이 예상하던 것보다 훨씬 큰 성과를 올리고 있었다. 공정부대는 독일군을 혼란스럽게 만들었고 통신선을 끊었으며, 이제는 노르망디 침공 지역의 좌우 측면을 확보하면서 해안에 배치된 독일군을 증원하는 부대가 이동하지 못하도록 주요 지역 대부분을 차단했다.

하워드 소령이 이끄는 영국군은 글라이더를 타고 날아 들어와 핵심 목표라 할 수 있는 캉과, 오른 강과 캉 운하를 건너는 다리 2개를 확보하고 확고하게 자리를 잡았다. 새벽까지 디브 강을 건너는 다리 중 5개가 파괴되었다. 오트웨이가 이끄는 제9낙하산대대는 비록 손실이 많았지만 메르빌의 독일군 포대를 무력화시켰고, 다른 영국군 공정부대들은 캉을 굽어보는 주요 고지와 언덕에 진지를 마련했다. 이로써 영국군이 맡은 주요 임무는 달성된 셈이었다. 그리고 이렇듯 주요 간선 도로를 확보하고 있는 한 독일군의 역습은 속도가 줄거나 완전히 차단될 것이 분명했다.

침공 해변 두 곳에 발을 디디고 내륙으로 들어간 미군은 훨씬 어려운 지형과 보다 다양한 임무 때문에 고전하기는 했지만, 영국군 못지않게 성공적으로 임무를 완수했다. 크라우스 중령이 이끄는 미군은 목 중의 목이라 할 수 있는 생트-메르-에글리즈를 확보했다. 생트-메르-에글리즈 북쪽에서는 밴더부르트 중령과 그 부하들이 셰르부르 반도를 남북으로 이어주는 고속도로의 중간 목에 자리를 잡고 독일군의 공격을 물리칠 준비를 마쳤다. 제82공정사단은 전략적으로 중요한 메르데레 강과 두브 강을 건너는 여러 다리 주변에 호를 파고 자리를 잡아 유타 해변에 만들어질 해안 교두보의 배후를 확보했다. 제101공정사단은 여전히 사방에 흩어져 있었다. 강하한 6천600명 중 새벽이 될 때까지 고작 1천100명만이 여의치 않은 상황을 극복하고 목표인 생-마르탱-드-바르빌의 포대에 도달했지만, 이들이 거둔 성과는 포대에 있던 대포들이 이미 어디론가 옮겨졌다는 것을 확인한 것뿐이었다. 제101공정사단의 나머지 병력은 셰르부르 반도로 들어가는 목에 홍수를 일으키는 데 제일 중요한 곳이라 할 수 있는 라 바르케트 갑문에 있었다. 유타 해변에서 내륙으로 이어진 여러 둑길 중 어느 한 곳에도 도달하지는 못했지만, 무리를 지어 움직이는 제101공정사단 장병

U.S. National Archives

**고난 속의 승리**(디데이) 미 제101공정사단 502낙하산보병연대 찰리 중대 2소대의 제임스 플래내건James Flanagan이 노획한 나치 깃발을 들고 있다. 사진에 나온 곳은 유타 해변 너머 라브노빌에 있는 마르미옹Marmion 농장으로 영화 「밴드 오브 브라더스」에 나오는 곳이기도 하다.

들은 둑길을 목표로 계속해 전진하고 있었으며, 유타 해변에서 육지 쪽으로 펼쳐진 침수 지역의 서쪽 끝을 이미 확보한 뒤였다.

하늘에서 유럽을 침공한 연합군 공정사단들은 상륙 부대가 발판으로 쓰는 데 필요한 지역을 장악한 채 본격적으로 바다에서 침공할 전우들을 기다렸다. 침공이 성공하면 이 둘은 히틀러가 점령한 유럽으로 돌진해 가게 되어 있었다. 미군 상륙 부대는 유타 해변과 오마하 해변에서 20킬로미터 떨어진 바다에 이미 대기 중이었다. 미군의 에이치아워는 오전 6시 30분이었다. 이제 에이치아워까지 남은 시간은 정확하게 1시간 45분이었다.

## X23, 연합군 함정을 위해 불을 밝히다

오전 4시 45분, 조지 오너 대위가 탄 잠수정 X23은 일렁거리는 물결을 뚫고 수면 위로 떠올랐다. 노르망디 해안에서 겨우 1.5킬로미터쯤 떨어진 곳이었다. X23의 자매 잠수정 X20도 해안을 따라 32킬로미터쯤 떨어진 곳에서 부상했다. 영국-캐나다 연합군이 침공할 소드 해변, 주노 해변, 골드 해변을 표시하는 임무를 맡은 이 두 잠수정은 그간 준비해 온 임무를 시작했다. 잠수정의 승조원들은, 멀리서도 볼 수 있는 강력한 불빛을 방사하는 등이 달린 마스트를 세우고 커다란 깃발을 올렸으며 전파를 발사하는 장치들을 가동한 채 제1파 영국 함정들이 제대로 신호를 받고 들어오기만을 기다렸다.

오너는 잠수정의 해치를 열고 좁은 통로를 힘겹게 기어 올라갔다. 오너는 수면 위로 빠끔히 올라온 작은 갑판 위로 계속 쳐 대는 파도에 쓸려 가지 않으려고 안간힘을 쓰며 버텨야 했다. 잠수정 안에 갇혀 있다시피 해 녹초가 된 승조원들이 오너를 뒤따라 올라왔다. 모두 안전 난간을 잡고서는 다리를 적시는 바닷물을 느끼면서 걸신들린 것처럼 차가운 밤공기를 들이쉬었다. 그도 그럴 것이, 오너와 승조원들은 6월 4일 새벽이 오기 전부터 소드 해변 앞바다에 머물며 하루에 21시간 이상씩 잠수 상태로 대기했다. 이들은 6월 2일 포츠머스 항을 떠난 뒤 모두 64시간을 잠수 상태로 머물렀다.

그렇지만 이게 끝이 아니었다. 영국군이 상륙하는 해변의 에이치아워는 오전 7시부터 7시 30분 사이라고만 알려졌을 뿐 아직 정해지지 않았다. 따라서 X23과 X20은 영국군 제1파가 들어올 때까지 2시간 이상을 현재 위치에서 더 대기해야 했다. 이 말은 X23과 X20이 그때까지 수면에 노출된 채로 있으면서 작지만 움직이지 않는 표적으로서 독일군 해안포의 공격 목표가 될 수 있다는 뜻이었다. 엎친 데 덮친 격으로 날이 밝고 있었다.

## 직접 와서 두 눈으로 한번 보라고!

모두 새벽이 오기를 기다렸지만, 누구보다도 간절하게 새벽을 기다린 것은 독일군이었다. 그 시간 불길한 보고가 조금씩 새롭게 들어오기 시작하면서 B집단군 사령부와 서부전선 사령부에는 보고서가 폭주했다. 그렇지 않아도 상황이 어떤지 파악하는 게 쉽지 않았는데 이제는 완전히 뒤죽박죽이 되었다. 노르망디 해안을 따라 배치된 서부전선 해군사령부 예하 부대들은 함정 음파를 계속해 탐지하고 있었다. 그 수는 예전처럼 한두 척이 아니라 비교가 되지 않을 만큼 많았다. 1시간이 갓 넘었는데 들어오는 보고는 폭증했다. 마침내 오전 5시 직전, 제7군 참모장 펨젤은 B집단군 참모장 슈파이델에게 전화를 걸어 무뚝뚝하게 말을 꺼냈다. "비르 강 하구와 오른 강 하구 사이에 함정이 집결하고 있소. 이 말은 노르망디에 상륙과 대규모 공격이 임박했다는 뜻이오."

그 시간 서부전선 사령부 집무실에 있던 룬트슈테트 원수도 이와 비슷한 결론을 내리고 있었다. 룬트슈테트는 연합군이 곧 노르망디를 공격할 것이라고는 봤지만, 이것이 본격적인 침공이 아닌 독일군의 주의를 돌리기 위한 견제성 공격이라는 생각은 여전히 버리지 않았다. 그렇다고 해서 룬트슈테트가 아무런 행동을 하지 않은 것은 아니었다. 판단은 늦었지만 대응은 신속했다. 파리 근처에는 대규모 기갑사단인 제12친위기갑사단12th S.S.과 기갑교도사단Panzer Lehr이 예비대로 있었다.* 룬트슈테트는 이 두 기갑사단을 집결시켜 노르망디 해안으로 서둘러 이동시키라고 이미 명령해 놓았다. 히틀러가 직접 지휘하는 국방군 총사령부 예하의 이 두 기갑사단을 전투에 투입하려면 히틀러의 승인이 필요했다. 그러나 노련한 룬트슈테트는 아무리 히틀러라도 이런 긴박한 상황에서 자기가 이미 내린 명령을

---

* 옮긴이) 기갑교도사단은 '교도敎導'라는 말 그대로 모든 면에서 다른 부대가 본받고 배워야 할 만큼 뛰어난 정예 부대이다.

취소하지는 않을 것이라고 확신했다. 현재까지의 증거를 바탕으로 연합군이 노르망디에 견제성 공격을 할 것이라고 확신한 룬트슈테트는 국방군 총사령부에 공식적으로 예비대를 요청했다. 룬트슈테트의 요청 전문은 텔레타이프를 타고 국방군 총사령부로 들어갔다. "이것이 실제 대규모 침공이라면 즉각 움직여야만 성공적으로 대응할 수 있다는 것을 잘 알고 있습니다. 가능한 한 오늘 전략 예비대를 투입해야 합니다. …… 전략 예비대는 제12친위기갑사단과 기갑교도사단입니다. 신속하게 집결하여 일찍 움직인다면 오늘 안으로 노르망디 해안에서 벌어지는 전투에 투입할 수 있습니다. 현 상황에서 서부전선 사령부는 이 예비 전력을 사용할 수 있도록 국방군 총사령부가 허락해 주시기를 요청합니다." 사뭇 정중해 보이지만, 이것은 구색을 맞추기 위한 형식적인 전문에 지나지 않았다.

히틀러가 지휘하는 국방군 총사령부는 독일-오스트리아 국경에서 가까운 남부 바바리아의 베르히테스가덴Berchtesgaden에 있었다. 이곳의 기후는 믿을 수 없을 만큼 온화했다. 룬트슈테트가 보낸 기갑사단 투입 요청 전문은 작전참모부장 알프레트 요들 상급대장에게 전달되었지만, 막상 요들은 그때까지도 자고 있었다. 작전참모부의 참모장교들은 노르망디에서 벌어지는 상황이 요들을 깨울 만큼 심각하게 발전된 것은 아니라고 판단했다. 전문은 한참 뒤까지 책상 위에 그대로 있었다.

자고 있던 것은 요들만이 아니었다. 국방군 총사령부에서 5킬로미터도 채 떨어지지 않은 곳에서 히틀러와 히틀러의 애인 에바 브라운Eva Braun 또한 잠에 빠져 있었다. 히틀러는 늘 하던 대로 오전 4시에 침대에 누웠다. 히틀러의 주치의 모렐Morell 박사는 히틀러에게 수면제를 처방했다. 당시 히틀러는 수면제 없이는 잠을 잘 수 없었다. 오전 5시경, 히틀러의 해군 부관 카를-예스코 폰 푸트카머 해군 소장은 국방군 총사령부에서 걸려 온 전화 때문에 잠에서 깼다. 푸트카머는 당시 전화를 건 사람이 누구인지는 기억하지 못하지만, 전화를 건 사람이 한 말은 정확히 기억한다. "규모는 확실치 않지만, 적이 프랑스에 상륙했습니다." 이때까지도 정확히 알려진 것은 아무것도 없었다. 또 다른 말은 "최초 전문은 매우 막연합니다."였다. 푸트카머는 총통에게 알려야 한다고 생각했을까? 푸트카머는 전화 건 사람과 통화하며 한참을 고민한 끝에 총통을 깨우지 않기로 결정했다. 왜 깨우지 않았을까? 푸트카머의 말이다. "사실 히틀러에게 보고할 것도 별로 없었습니다. 전화를 건 사람도 나도 걱정스러웠습니다. 만일 내가 히틀러를 깨우면 히틀러는 언제 끝날지도 모르는 신경질을 부리기 시작했을 겁니다. 이런 상태에서 내린 결정은 대개 무모하기 짝이 없는 경우가 많았습니다." 아침에 보고하는 것이 좋겠다고 생각한 푸트카머는 불을 끄고 다시 자러 침실로 돌아갔다.

그 시간, 서부전선 사령부와 B집단군 사령부의 장군들 역시 앉아서 기다리는 것 말고는 딱히 할 일이 없었다. 예하 부대에는 이미 경보를 발령했고 예비로 보유한 기갑사단 2개도 동원한 뒤였다. 이제는 연합군이 어떻게 나오는가에 달려 있었다. 연합군의 공격이 임박했다는 것은 모두 알았지만 그 규모나 정도가 어떠하리라고는 누구도 짐작할 수 없었다. 연합군 함대가 얼마나 큰지도 몰랐다. 아니, 짐작도 할 수 없었다. 모든 징후가 노르망디를 가리키기는 했지만 대체 주공이 어디로 올 것인가는 아무도 몰랐다. 프랑스에 있는 독일 장군들은 할 수 있는 모든 것을 다한 뒤였다. 그 나머지는 해안에 배치되어 연합군과 직접 싸우게 될 평범한 독일군 병사들에게 달려 있었다. 그간 별다른 관심을 받지 못하던 것과 달리 생각지도 못하게 병사들이 중요한 존재로 떠올랐다. 해안을 따라 구축한 요새에서 병사들은 이번 경보가 일상적인 훈련인지 아니면 그동안 그토록 고생하며 준비한 방어 태세를 정말 써야 할 상황인지 궁금해하면서 바다를 바라보았다.

오전 1시 이후 베르너 플루스카트 소령은 아무런 지시도 받지 못한 채 오마하 해변이 내려다보이는 벙커 안에서 기다리고 있었다. 춥고 피곤한 데다 분노가 한없이 치밀었다. 아무런 도움도 기대할 수 없다는 고립감까지 밀려왔다. 연대나 사단에서 왜 아무런 상황도 알려 주지 않는지 이해할 수 없었다. 그나마 한 가지 확실한 것은 지난 밤 내내 전화가 한 번도 울리지 않았다는 것이었다. 이는 심각한 상황이 일어나지 않았다고 볼 수도 있는 좋은 징조였다. 하지만 대규모 편대를 지어 날아온 수송기와 공정부대를 눈으로 직접 본 플루스카트는 의문이 사라지지 않았고 조바심을 떨칠 수 없었다. 플루스카트는 다시 포대경을 집어 오른쪽에서 왼쪽으로 훑어보았다. 보이는 것은 셰르부르 반도를 덮은 끝을 알 수 없는 어둠이었다. 그래도 다시 한 번 천천히 수평선을 살펴보았다. 수평선 위로 낮게 깔린 옅은 안개가 눈에 띄었다. 아까 본 것과 달라진 것은 없었다. 가물거리는 달빛이 떨어져 군데군데 흰 점을 찍은 바다는 여전히 너울거렸다. 아까나 지금이나 평화로워 보이기는 마찬가지였다.

이렇게 바깥을 살피는 동안에도 애견 하라스는 몸을 쭉 뻗은 채 잠만 잘 자고 있었다. 곁에서는 루츠 빌케닝 대위와 프리츠 틴 중위가 속삭이고 있었다. 플루스카트도 이내 대화에 끼었다. "바깥에는 여전히 아무것도 없다. 이제 관측을 그만할까 한다." 말은 이렇게 했지만, 플루스카트는 다시 관측구로 돌아가 섰다. 수평선 위로 떠오른 태양이 뿜어내는 강렬한 빛이 온 세상을 밝히고 있었다. 플루스카트는 다시 한 번 밖을 살펴보기로 했다.

플루스카트는 지쳤지만 다시 한 번 왼쪽으로 포대경을 돌렸다. 그러고는 수평선을 따라 천천히 살폈다. 만 중앙의 사각지대에서 포대경이 움직이지 않았다. 플루스카트는 긴장해서는 뚫어지게 쳐다보았다.

옅은 해무 사이로 드러난 수평선 위에는 거짓말처럼 배가 가득했다. 세상에 배라고 하는 배는 다 모아 놓은 것 같았다. 더 놀라운 것은 그 많은 배가 마치 그곳에 몇 시간 동안 있었던 듯이 움직이고 있었다. 이렇게 보이는 배가 수천 척이었다. 이 많은 배가 하늘에서 떨어졌는지 바닷속에서 솟았는지 알 수 없었지만 마치 귀신에게 홀린 것 같았다. 눈으로 직접 보면서도 믿을 수 없던 플루스카트는 얼어붙은 것처럼 할 말을 잊은 채 비틀거렸다. 그리고 바로 그 순간, 성실한 독일 군인이던 플루스카트가 알던 세상이 무너지기 시작했다. 플루스카트는 당시 심경의 변화를 이렇게 말한다. "침착했지만 확실하게 알았습니다. 그것은 독일의 끝이었습니다."

플루스카트는 빌케닝과 틴 쪽으로 아무렇지도 않게 돌아서서는 간단하게 말했다. "침공일세. 직접 눈으로 봐!" 그런 뒤 플루스카트는 수화기를 들고 제352사단 정보참모 블록 소령에게 전화를 걸었다.

"블록! 침공일세. 여기 배가 만 척 정도 있다네." 담담히 말하면서도 플루스카트는 이 말이 그리 믿음직하게 들리지 않을 거라는 것을 알았다.

"정신 차리라고, 플루스카트 소령! 미군과 영국군이 가진 배를 다 합쳐도 그 정도가 안 돼. 그렇게 많은 배를 가진 나라는 없어!" 블록이 쏘아붙였다.

블록이 불신에 찬 목소리로 대꾸하자 멍하니 있던 플루스카트가 냅다 소리를 질렀다. "내 말을 못 믿겠으면 자네가 직접 와서 두 눈으로 한번 보라고! 그래 내 말이 거짓말처럼 들리겠지! 그런데 어쩌나? 나도 아주 놀라워!"

잠깐 침묵이 흐른 뒤 블록이 물었다. "그 배들이 어디를 향하나?"

플루스카트는 손에 수화기를 쥔 채 관측구를 한번 바라본 뒤 말했다. "바로 내 앞으로 오고 있다네."

# III

## T H E D A Y

# 디 데 이

## 새로운 새벽이 열리다

세상이 시작되고 지금까지 수없이 많은 새벽이 열렸지만 이런 새벽은 처음이었다. 약간은 음산하면서도 흐린 빛 사이로 장엄하다 못해 경외심까지 드는 연합군 함대가 노르망디 해안에 있었다. 바다 위, 눈 닿는 곳이면 어디든 어김없이 빽빽하게 들어찬 배가 보였다. 셰르부르 반도에 있는 유타 해변 끝부터 수평선을 가로질러 오른 강 하구 가까이 있는 소드 해변까지 함정에 매단 전투 깃발이 나부끼지 않는 곳이 없었다. 거대한 전함들, 보는 이를 압도하는 순양함들, 달려 나가지 못해 안달이 난 경주마처럼 전진 명령만을 기다리고 있는 구축함들이 하늘을 배경으로 또렷한 대조를 이루며 만든 모습은 마치 거대한 성채를 보는 것 같았다. 이런 전투함들 뒤로는 땅딸막하고 폭이 넓은 지휘함들이 마치 고슴도치처럼 안테나를 잔뜩 세우고 있었다. 상륙주정과 병력을 가득 태워 흘수가 낮아진 호송선들이 느릿느릿 그 뒤를 따랐다. 침공 해변을 향해 나아가라는 신호를 기다리면서 선두에 있는 수송선들 주위를 맴돌고 있는 것은, 제1파로 상륙할 병력을 발디딜 틈 없이 가득 태운 상륙주정들이었다.

바다를 메울 만큼 많은 배에서는 온갖 소음과 활기가 넘쳐 났다. 시동을 건 채 대기하느라 엔진 돌아가는 소리가 계속 들렸고, 수 킬로미터도 넘게 늘어선 강습주정 사이를 고속정이 빠르게 왔다 갔다 했다. 활대가 계속해서 수륙양용전차의 방향을 바꾸면서 윈치가 소리를 내며 돌아갔다. 강습주정을 내리느라 쇠사슬이 철컥대는 소리도 끊이지 않았다. 막상 침공이 다가오자 얼굴이 창백해진 장병들을 태운 상륙주정은 수송선의 강철 면에 부딪혔다. 해안경비대원들은 이리저리 움직이는 수많은 강습용 보트를 인도해 대형을 맞추느라 확성기에 대고 쉴 새 없이 큰 소리로 말했다. "줄 맞춰!" 수송선에 탄 장병들은 미끄러운 사다리나 그물처럼 생긴 줄사다리를 타고 상륙주정으로 느리게 내려갔다. 상륙주정이 파도에 올라탄 채 이리저리 흔들리자 물보라가 튀었다. 장병들이 자기 순서를 기다리며 난간을 잡고 길게 줄을 선 수송선 위는 사람에 깔려 죽을 지경이었다. 그 와중에, 배마다 설치된 전송관*을 타고 지시와 충고가 끊임없이 이어졌다. 대개 이런 내용이었다. "부대가 뭍에 닿도록 싸워라! 전우가 탄 배를 구하도록 싸워라! 그러고도 힘이 남아 있다면 그때 여러분 스스로를 구하기 위해 싸워라!", "제4보병사단, 상륙해서 독일 놈들을 보내 버리자!", "천하제일 제1보병사단이 선두에 선다는 것을 잊지 말아라!", "레인저들은 자기 자리를 지켜라!", "됭케르크를 기억하라! 코번트리**를 기억하라! 하느님께서 우리 모두를 축복하시기를!", "그래, 바로 이거라고! 우리는 편도 차표 한 장만 받은 거야. 그리고 이게 줄의 끝이라고. 제29보병사단! 가자!" 프랑스어로도 이어졌다. "우리가 사랑하는 프랑스의 모래밭에서 죽을 수는 있지만 살아서 돌아오지는 않는다." 이 많은 것 중 대부분의 사람이 여전히 기억하는 두 가지가 있다. "모든 함정은 전진하라!"와 "하늘에 계신 우리 아버지, 이름이 거룩히 여김을 받으시며……"로 시작하는 주기도문이었다.

난간에 죽 늘어선 장병들은 해변까지 타고 갈 상륙주정이 달라 그간 함께한 전우와 헤어지게 되자 작별인사를 하느라 이리저리 움직였다. 배 위에서 오랜 시간을 함께 보낼 수밖에 없었던 육군 병사들과 해군 병사들은 이제 긴밀한 유대감을 느끼는 전우가 되어 있었다. 이들은 서로에게 행운을 빌어 주었다. 이 와중에 '혹시 몰라서' 집 주소를 교환하는 이들도 여럿이었다. 제29보병사단의 기술 부사관 로이 스티븐스Roy Stevens는 발 디딜 틈도 없이 빽빽한 갑판을 힘겹게 헤치며 쌍둥이 동생을 찾아다녔다. "마침내 동

* 옮긴이) 傳送管: 육성 지시를 함 곳곳에 전파하기 위해 설치한 관.

** 옮긴이) 1940년 8월부터 10월까지 영국의 산업 도시 코번트리Coventry를 줄기차게 폭격하던 독일 공군은 1940년 11월 14일 폭격기 500대 이상을 동원해 11시간 동안 코번트리를 무차별 폭격했다. 그 결과 약 570명이 사망하고 870명가량이 중상을 입었으며 도심의 75퍼센트 이상이 파괴되었다. 코번트리 블리츠Coventry Blitz라 불리는 이 사건은 재앙에 가까운 폭격으로 널리 알려져 있다.

생을 찾았습니다. 동생은 미소를 지으면서 손을 뻗었습니다만, 나는 '아니야! 계획한 대로 프랑스에서 만나 악수하자!'라고 말했습니다. 우리는 서로 안녕이라고 말했지요. 그리고 그 뒤로 다시는 동생을 보지 못했습니다." 제5레인저대대의, 더 정확히는 레인저 강습단Ranger Assault Group의 군목 조지프 레이시Joseph Lacy 중위는 영국 해군 보병상륙함 프린스 레오폴드*에 타고는 자신을 기다리는 장병들 사이로 걸어갔다. 맥스 콜맨Max Coleman 일병은 레이시가 하는 말을 들었다. "저는 이 시간 이후 여러분을 위해 기도하겠습니다. 오늘 여러분이 무엇을 하든 그 모든 것이 다 기도입니다."**

모든 배에서 지휘관들은 격려 연설을 했다. 진격 명령을 받고 기다리는 그 순간에 꼭 들어맞는 화려하거나 기억에 남을 문구로 마지막을 장식하고자 했지만, 모두 기대한 결과를 낸 것은 아니었다. 존 오닐John O'Neil 중령은 제1파로 합동 공병 특수임무부대Special Engineer Task Force를 이끌고 오마하 해변과 유타 해변에 상륙해서 지뢰가 달린 장애물을 제거하는 임무를 맡았다. "무슨 일이 있어도 그 빌어먹을 장애물을 없애 버리자!" 큰 소리로 격려 연설을 마무리하면서 이상적이라는 생각을 하는 순간 가까이서 누군가 심드렁하게 대꾸하는 소리가 들렸다. "저 또한 망할 독일군 개새끼들도 (저희처럼) 겁먹고 있을 거라고 생각합니다." 제29보병사단의 셔먼 버

* 옮긴이) H.M.S. Prince Leopold: 1930년 7월 만들어진 2,938톤의 여객선으로, 벨기에 오스탕드Ostende와 영국 도버 사이를 운항했으나 1940년 9월 영국 해군이 징발해 보병상륙함으로 전환했다. 1941년 12월 노르웨이 바그쇠Vaagsø 섬을 강습하는 '양궁 작전Operation Archery'을 시작으로, 디에프 강습, 허스키 작전에 참여했으며, 오버로드 작전에서는 소드 해변 상륙 작전에 참여했다. 1944년 7월 29일 노르망디 앞바다에서 독일 잠수함 U-621이 쏜 어뢰에 맞아 침몰했다.

** 옮긴이) 젊고 건강한 데다 콧대 높은 레인저들은, 디데이 일주일 전에 합류한 두꺼운 안경을 쓴 데다 167센티미터로 땅딸막하고 나이도 마흔에 가까워 젊다고 할 수 없는 레이시 신부를 꽤나 놀려 댔다. 그러나 레이시는 노르망디로 향하는 배 안에서 "상륙했는데 기도한답시고 무릎이나 꿇고 있는 꼴을 볼 생각은 전혀 없습니다. 만일 이런 모습을 보면 달려가 엉덩이를 걷어찰 겁니다. 기도는 저한테 맡기고 여러분은 싸움에 힘쓰십시오."라고 말하더니 오마하 해변에서 레인저들과 함께 바다로 뛰어들어 위험을 무릅쓰고 부상자를 구호하고 죽어 가는 이들에게 병자성사를 주관했다. 레이시는 이 공으로 무공훈장으로는 두 번째로 높은 공로십자훈장Distinguished Service Cross을 받았다. 레인저들도 종교에 상관없이 레이시를 '우리 신부님'이라고 부르며 존경했다.

로스Sherman Burroughs 대위는 침공 해변으로 가는 길에 「댄 맥그루의 총격The Shooting of Dan McGrew」*을 암송할 생각이라고 찰스 코손Charles Cawthon 대위에게 말했다. 유타 해변으로 향하는 공병여단의 선두에 선 엘지 무어Elzie Moore 중령은 부하들에게 아무런 격려의 말도 하지 않았다. 그는 셰익스피어가 쓴 「헨리 5세Henry V」에 나오는 프랑스 침공 장면이 가장 적절하다고 생각해서 여기서 발췌한 문장을 암송하고 싶었다. 그러나 기억나는 것이라고는 첫 줄, "친구들이여! 다시 한 번 더 이 해변으로……"밖에 없어서 어쩔 수 없었다. 영국 제3사단의 킹C. K. King 소령은 소시지라는 별명으로 불렸다. 제1파로 소드 해변으로 가게 되어 있었는데, 그 또한 같은 희곡을 읽을 생각이었다. 그런데 막상 읽어 주고 싶은 문장을 메모하면서 문제가 생겼다. 구절이 이렇게 끝났다. "살아남아 집으로 무사히 돌아가리. 이날을 이름 지을 때 의기양양하게 서 있으리!"

본격적인 시작을 앞두고 모든 것이 점점 더 빠르게 돌아갔다. 미군이 상륙할 침공 해변을 앞에 두고 모함 주위를 끝없이 맴도는 강습주정 곁으로 병력을 가득 실은 상륙주정이 점점 더 많이 합류했다. 배에 탄 장병들은 흠뻑 젖은 데다 뱃멀미에 시달려 불쌍하기까지 했는데, 이들은 맨 앞에서 오마하 해변과 유타 해변을 가로질러 노르망디로 들어갈 예정이었다. 모선에서 자선으로 옮겨 타는 것은 복잡하고도 위험이 따르는 일이었지만 한창 본격적으로 진행되고 있었다. 상륙한 뒤에 쓸 장비를 이것저것 짊어진 터라 장병들은 겨우 몸을 움직일 수 있었다. 개인화기, 잡낭, 야전삽을 포함해 호를 파는 데 쓰는 도구, 방독면, 구급상자, 수통과 반합, 주머니칼, 전투식량을 제쳐 놓고도 기본 휴대량을 넘는 수류탄과 폭약, 그리고 250발

* 옮긴이) 캐나다 시인 로버트 서비스Robert William Service(1874년 1월 16일~1958년 9월 11일)가 1907년 발표한 시집 *The Spell of the Yukon and Other Verses*에 실린 시이다. 댄 맥그루, 댄 맥그루의 애인 루, 그리고 이름이 나오지 않는 남자 등 세 명이 나온다. 특별한 주제 없이 이 셋 사이에서 벌어지는 감정과 사건을 묘사한 시로서 술에 취한 댄 맥그루와 이름을 알 수 없는 남자가 총격으로 모두 사망하고 루는 남자의 금괴를 들고 사라진다.

에 달하는 소총탄을 휴대했다. 물에 빠지는 것에 대비해 고무로 만든 구명동의도 하나씩 몸에 맸다. 이게 다가 아니었다. 보직에 따른 특별 임무를 수행하기 위해 특수 장비까지 휴대한 병사도 많았다. 뒤뚱대며 갑판을 지나 상륙주정으로 바꿔 타면서 적어도 140킬로그램을 지고 있다고 생각하는 병사도 있었다. 적진에 들어간다는 것, 그리고 임무를 완수해야 한다는 것을 생각하면 무엇 하나 버릴 것이 없었지만, 제4보병사단의 거든 존슨Gerden Johnson 소령이 보기에 부하들은 마치 거북이와 경주해도 질 것처럼 느렸다. 제29보병사단의 빌 윌리엄스Bill Williams 중위도 비슷한 생각을 했다. "너무 짐을 많이 져서 싸움은 별로 못할 것 같았습니다." 루돌프 모즈고Rudolph Mozgo 이병은 타고 있던 수송선의 측면에서 강습주정을 내려다보고 있었다. 수송선 선체에 부딪힌 뒤 놀을 타고 넌덜머리 날 만큼 위아래로 흔들리는 강습주정을 본 모즈고 이병은, 장비를 가지고 강습주정에 제대로 타기만 해도 전투를 반은 이기고 시작하는 것이라고까지 생각했다.

장비를 잔뜩 메고 그물처럼 생긴 줄사다리를 타고 내려가면서 균형을 잡으려 애쓰던 병사들 중 상당수는 막상 전투에서 총 한번 쏴 보지도 못한 채 부상자가 되었다. 박격포수인 해롤드 잰즌Harold Janzen 상병은 야전통신선 두 타래와 전화기 여러 대를 가지고 있었다. 잰즌은 놀을 타고 위아래로 흔들리는 강습주정을 보면서 적당한 순간에 발을 디디려 애쓰고 있었다. '이때다!' 싶어 뛰었지만 그 판단은 틀렸다. 거의 4미터나 아래에 있는 강습주정의 바닥으로 떨어진 잰즌은 정신을 잃었다. 훨씬 더 심각한 부상을 입은 경우도 있었다. 로미오 폼페이Romeo Pompei 병장은 아래에서 들려오는 비명에 밑을 내려다보았다. 수송선과 강습주정 사이에 낀 발이 바스러진 한 병사가 고통스럽게 줄사다리에 매달린 게 보였다. 폼페이도 줄사다리에서 강습주정으로 머리부터 곤두박질쳐서 앞니 몇 개가 박살 났다.

수송선 갑판에서 자기 발이 아니라 기계의 도움으로 내려와도 별반 나을 것이 없었다. 제29보병사단 116연대 1대대장 토머스 댈러스 소령과 대대 참모들은 강습주정에 탄 채 기중기에 매달려 내려오다가 기중기가 고장이 나면서 수면과 수송선 난간 사이 공중에 20분쯤 대롱대롱 매달려 있었다. 바로 1미터 위에는 하수 배출구가 있었다. 댈러스는 그 역겨운 순간을 이렇게 기억한다. "그렇게 매달려 있는 20분 동안 우리는 수송선에서 나오는 오물이라는 오물은 다 맞았습니다."

파도가 어찌나 높게 일던지 쇠사슬에 묶여 기중기에 걸려 있던 강습주정이 마치 요요처럼 위아래로 요동쳤다. 강습주정에 탄 레인저들은 영국 해군 보병상륙함 프린스 찰스 옆으로 반쯤 내려지다 갑자기 인 놀 때문에 위로 치솟으면서 거의 갑판으로 내동댕이쳐질 것처럼 붕 떠올랐다. 곧 언제 그랬냐는 듯 놀이 가라앉자 하늘로 솟아올랐던 강습주정이 아래로 뚝 떨어지다가 묶고 있던 쇠사슬에 철렁하며 매달렸다. 그렇지 않아도 뱃멀미 때문에 죽을 지경이던 레인저들은 배 안에서 인형처럼 퉁겨졌다.

강습주정으로 옮겨 타면서 실전 경험이 많은 병사들은 신참들에게 무슨 일이 일어날지를 이야기해 주었다. 미 제1보병사단 소속으로 영국 해군 보병상륙함 엠파이어 앤빌에 탄 마이클 커츠 상병은 분대원들을 모아 놓고 말했다. "적의 눈에 띄는 순간 총알 밥이 될 테니, 배에서는 머리를 아래로 처박고 있으라고! 머리만 숙이고 있으면 문제없어. 머리를 드는 순간 그대로 제삿날인 줄 알라고! 자, 이제 가자!" 커츠와 분대원들이 강습주정에 탄 채 밑으로 내려지는 동안 아래서 비명이 들렸다. 강습주정 1척이 뒤집히면서 타고 있던 병사들이 바다로 떨어진 것이었다. 자신들을 태운 배가 아무 문제없이 수면에 닿은 뒤 커츠는 방금 전 떨어진 병사들이 수송선 곁에서 헤엄치는 것을 보았다. 커츠가 탄 배가 움직이기 시작하자 여전히 물에 떠 있던 병사들 중 한 명이 소리쳤다. "잘 가라고! 바보들!" 커츠는 고개를 돌려 배에 탄 분대원들을 바라봤다. 그곳에는 마치 인형처럼 무표정한 얼굴들만 있었다.

이제 시간은 오전 5시 30분이었다. 제1파 부대들은 벌써 침공 해변을 향해 움직이고 있었다. 자유세계에서 그동안 그토록 고생스럽게 준비한 엄청난 규모의 해상 공격은 겨우 3천 명이 이끌고 있었다. 이들은 제1보병사단, 제29보병사단, 제4보병사단과 여기에 배속된 수중폭파부대UDT, 전차 전투단, 레인저 부대들이었다. 부대마다 상륙지대가 할당되었다. 예를 들어, 클래런스 휴브너Clarence R. Huebner 소장이 지휘하는 제1보병사단 16연대는 오마하 해변의 반을 맡아 공격하기로 되어 있었다. 찰스 게르하르트Charles H. Gerhardt 소장이 지휘하는 제29보병사단 116연대는 오마하 해변의 나머지 반을 담당하기로 되어 있었다.* 이렇게 각 사단이 맡은 침공 해변은 다시 더 작은 단위로 잘게 쪼개졌고 각각에는 암호명이 붙었다. 예를 들어 제1보병사단은 이지 레드Easy Red, 폭스 그린Fox Green, 폭스 레드Fox Red라는 암호명을 붙인 해변에 상륙하게 되어 있었다. 제29보병사단이 상륙할 해변에는 찰리Charlie, 도그 그린Dog Green, 도그 화이트Dog White, 도그 레드Dog Red, 이지 그린Easy Green이라는 암호명이 붙었다.

오마하 해변과 유타 해변을 맡은 미군은 상륙 계획을 거의 분 단위로 세웠다. 에이치아워 5분 전인 오전 6시 25분, 수륙양용전차 32대는 제29보병사단이 담당하는 해변 중 도그 화이트 해변과 도그 그린 해변을 향해 출발해서 바다와 뭍이 만나는 지점에서 사격 진지를 형성하고 공격의 1단계를 엄호한다. 에이치아워인 오전 6시 30분, 전차상륙주정 8척이 들어와서 이지 그린 해변과 도그 레드 해변에 더 많은 전차를 직접 내려놓는다. 1분 뒤인 오전 6시 31분에는 강습하는 병력이 무리를 지어 모든 해변에 상륙한다. 그로부터 2분 뒤인 오전 6시 33분에는 수중폭파대원들이 지뢰와 장애물을 파괴해 약 40미터 폭의 통로 16개를 만든다. 이런 살 떨리는 작업을

* 제1보병사단과 제29보병사단이 책임지역을 반씩 나누었지만, 상륙 초기에는 제1보병사단이 제29보병사단을 작전통제 했다. 옮긴이) 작전통제作戰統制, Operational Control; OPCON란 '작전계획이나 작전명령에 명시된 특정 임무나 과업을 수행할 수 있도록 특정 기간에 지휘관이 행사하는 권한'이다.

끝내는 데 주어진 시간은 27분뿐이었다. 오전 7시부터는 주력인 5개의 공격 파가 6분 간격으로 계속해서 상륙할 예정이었다.

이것은 오마하 해변과 유타 해변 모두에 적용할 기본 계획이었다. 침공 해변에 병력과 장비를 계속해 투입하는 계획은 매우 주도면밀했다. 오마하 해변에 포 같은 중장비는 1시간 30분 안에 상륙해야 했다. 기중기, 반궤도 차량과 구난 전차도 오전 10시 30분까지 들어오도록 되어 있었다. 시간표가 얼마나 복잡하고 정교한지 계획대로 시행에 옮기는 것이 가능할지 의심스러울 정도였다. 그러나 이 계획을 세운 장교들은 이런 것까지도 모두 예상해 계획에 집어넣었다.

노르망디 해안에 낀 안개 때문에 강습 제1파 부대들은 자신들이 상륙할 곳을 볼 수 없었다. 거리도 해안에서 14킬로미터 넘게 떨어져 있었다. 연합군 전함 중 일부는 독일군 해안포와 벌써 교전을 벌이고 있었지만, 상륙주정에 탄 장병들에게 이는 피부에 와 닿지 않는, 아직은 먼 이야기였다. 노르망디로 향하는 연합군을 직접 조준해 날아오는 탄은 아직 없었다. 아직까지는 독일군보다는 뱃멀미가 더 무서운 적이었다. 익숙해질 만도 했지만 뱃멀미를 극복한 사람은 거의 없었다. 상륙주정 1척에는 보통 병력 30명을 태웠고 이들이 쓰는 모든 장비를 함께 실었다. 그러다 보니 무게가 많이 나가 흘수가 낮아진 배의 측면으로 파도가 넘어 들어오기 일쑤였다. 파도가 일 때마다 상륙주정은 앞뒤로 그리고 위아래로 요동쳤다. 뱃멀미가 얼마나 심했는지는 제1공병특수여단장 유진 캐피 대령의 말을 들어 보면 알 수 있다. "바닷물이 넘쳐 들어와 배 바닥에 가득 찼는데도 뱃멀미에 지친 병사들은 누워서 꼼짝도 하지 않았습니다. 마치 그러다 죽을지 살지 신경도 쓰지 않는 것처럼 보였습니다." 그 와중에도 뱃멀미에 굴하지 않고 정신을 차리고 있던 병사들의 눈에 비친 이 어마어마하게 큰 침공 함대는 경이롭고 놀라웠다. 수중폭파대원들을 태운 제럴드 버트Gerald Burt 상병의 상륙주정에 있던 대원 한 명은 사진기를 가져왔어야 했다며 아쉬운 듯 말했다.

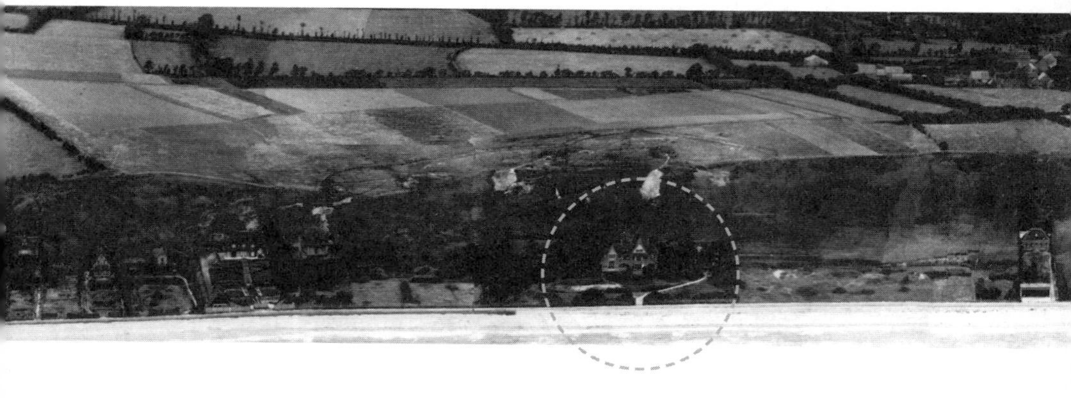

VIERVILLE AND DRAW
LES MOULINS DRAW
SAIN-LAURENT DRAW
COLLEVILLE DRAW
COLLEVILLE
NUMBER 5 DRAW

www.history.army.mil

**오마하 해변을 내려다본 항공사진** 맨 왼쪽부터 비에르빌-쉬르-메르, 레 물랭, 생-로랑-쉬르-메르, 콜빌-쉬르-메르, 그리고 5번 지점이 각각 표시되어 있다. 디데이에 오마하 해변에서 내륙으로 진격할 수 있을 만큼 통로를 개통한 곳은 생-로랑-쉬르-메르 출구와 5번 지점뿐이었고 디데이가 끝날 무렵에 비에르빌-쉬르-메르 출구가 개통되었다.

vierville.free.fr

**오마하 해변 중 비에르빌-쉬르-메르 전경**(1943년 6월 30일) 사진에서 보는 것처럼 오마하 해변은 해안 절벽 아래에 펼쳐진 모래밭이다. 사진 왼쪽의 희게 까진 곳 바로 아래에 보이는 집이 미셸 아들레이의 해변 별장이고 맨 오른쪽에서 언덕을 타고 올라가는 완만한 계곡이 비에르빌-쉬르-메르 출구이다.

vierville.free.fr

**비에르빌-쉬르-메르 출구**(1943년 6월 30일) 비에르빌-쉬르-메르 출구를 확대한 모습.

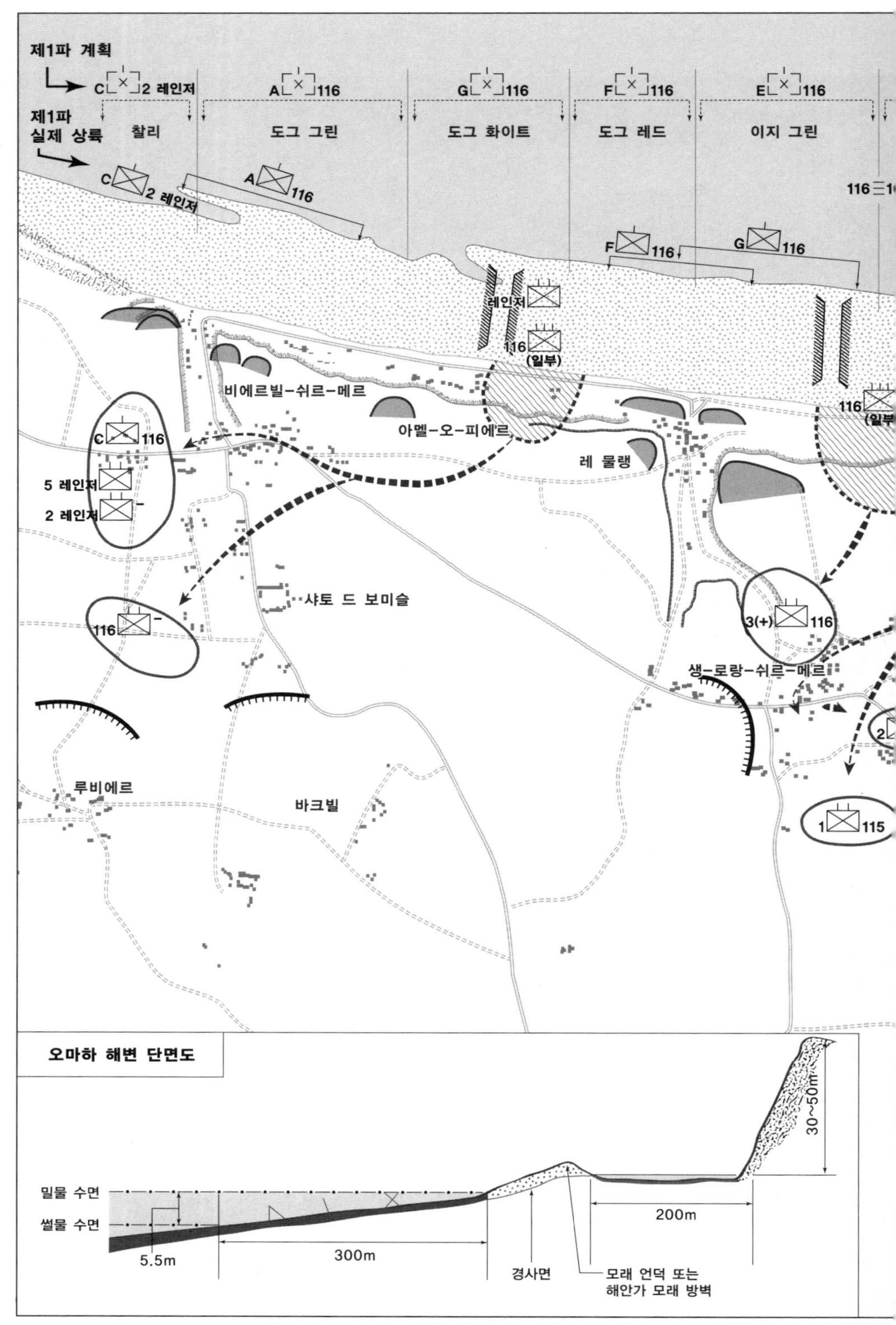

제1파 계획
C 2 레인저
A 116
G 116
F 116
E 116
제1파
실제 상륙
찰리
도그 그린
도그 화이트
도그 레드
이지 그린
C 2 레인저
A 116
F 116
G 116
레인저
116
(일부)
비에르빌-쉬르-메르
아멜-오-피에르
레 물랭
C 116
5 레인저
2 레인저
116
샤토 드 보미슬
3(+) 116
생-로랑-쉬르-메르
루비에르
바크빌
1 115
오마하 해변 단면도
밀물 수면
썰물 수면
5.5m
300m
경사면
모래 언덕 또는
해안가 모래 방벽
200m
30~50m

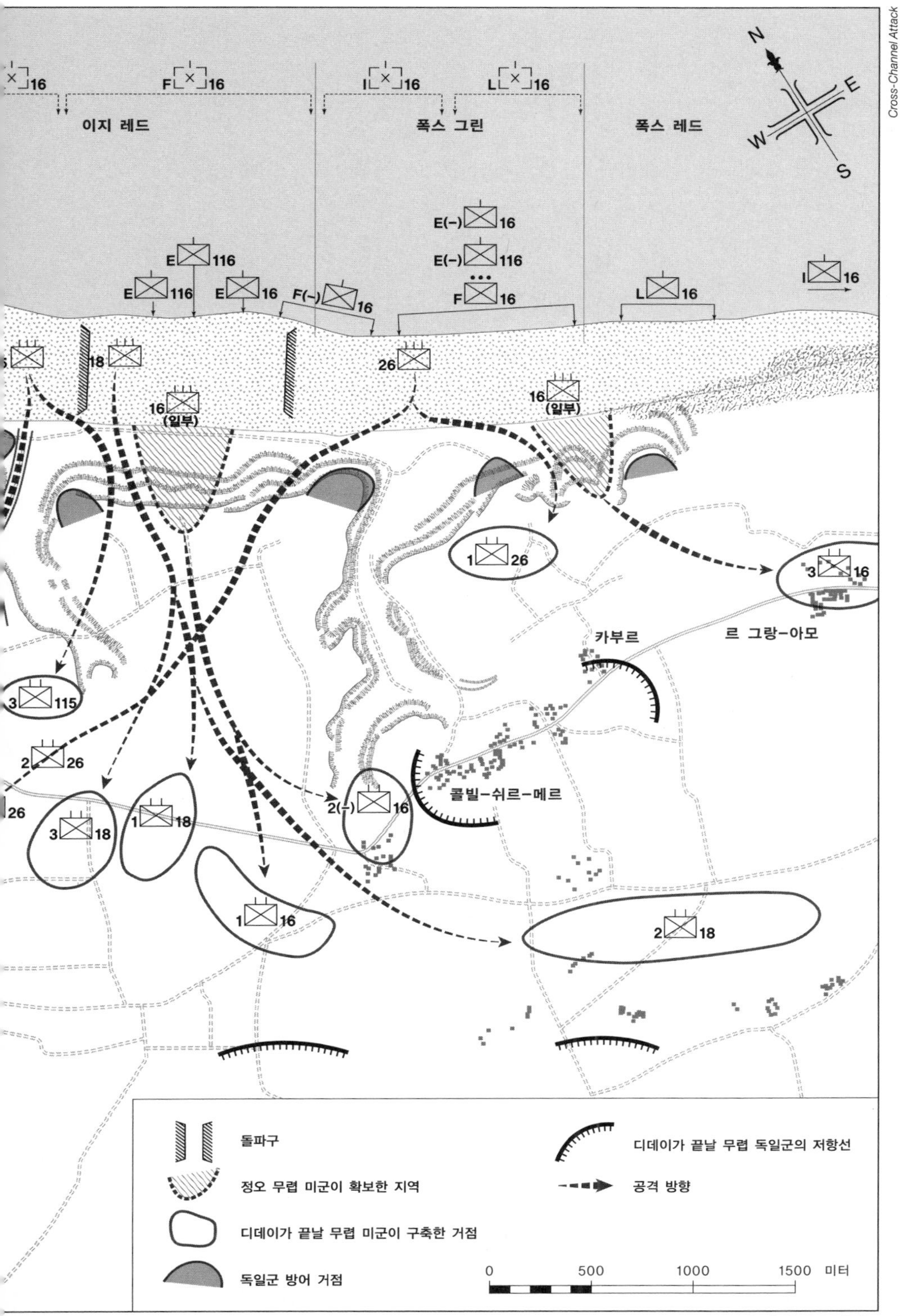

Cross-Channel Attack

오마하 해변 작전도

침공 해변에서 50킬로미터쯤 떨어진 곳. 어뢰정 T-28을 타고 선두에 선 독일 해군 제5정대의 하인리히 호프만 소령은 뿌옇게 변한 공기 때문에 앞을 제대로 볼 수 없었다. 눈앞의 뿌연 공기는 안개라고 부르기에는 뭔가 이상하면서도 비현실적이었다. 앞을 살피는 동안 비행기 1대가 안개를 뚫고 날아가자 호프만의 의심은 더욱 굳어졌다. 안개가 아니라 연막이 분명했다. 뒤를 따르는 어뢰정 2척과 함께 무슨 일인지 알아보기 위해 연막 속으로 뛰어든 호프만은 평생 다시는 경험하지 못할 장면을 보고 충격에 빠졌다. 맞은편에는 전 영국 해군을 모두 모아 놓은 것처럼 어마어마하게 많은 함정이 있었다. 눈을 돌리는 곳마다 보이는 것은 자기가 탄 T-28 어뢰정과는 비할 수 없이 커다란 전함, 순양함, 구축함이었다. 다리가 후들거렸다. "마치 조그만 나룻배에 타고 있는 느낌이었습니다." 이런 생각이 드는 순간, 주변에 포탄이 떨어지기 시작했다. 독일 해군 어뢰정 3척은 이를 피하느라 마치 뱀처럼 방향을 틀며 빠르게 기동했다. 수로는 비할 수 없는 상황이었지만 2등이라는 단어를 용납할 수 없던 호프만은 조금도 망설이지 않고 공격 명령을 내렸다. 몇 초 뒤, 어뢰 18문이 물살을 가르며 연합군 함대를 향했다. 이것이 디데이에 독일 해군이 벌인 유일한 공세였다.

노르웨이 구축함 스베너의 함교에 있던 영국 해군 데즈먼드 로이드Desmond Lloyd 대위는 독일군 어뢰정이 쏜 어뢰가 마치 상어처럼 곧장 다가오는 것을 보았다. 워스파이트, 래밀리즈, 라르그스Largs*에 있던 장교들도 어뢰가 다가오는 것을 보았다. 라르그스는 어뢰를 발견한 즉시 고물 쪽의 엔진을 최대로 가동했다. 어뢰 2발이 간발의 차이로 워스파이트와 래밀리

---

* 옮긴이) 정통 군함인 워스파이트나 래밀리즈와 달리 라르그스는, 1938년 프랑스에서 건조된 배수량 4천5백 톤의 과일 운반선 샤를 플뤼미에Charles Plumier를 1940년 11월 지브롤터에서 영국 해군이 나포해 이름을 바꿔 연합 해군 지휘함으로 활용한 배이다. 토치 작전을 시작으로 연합군 상륙 작전마다 활약했으며 소드 해변 상륙 지휘함으로 사용되었다. 전후 프랑스로 인도되어 1964년까지 화물선으로 운용된 뒤 그리스 회사에 팔려 크루즈 선박으로 사용되다가 1968년 9월 해체 후 폐기되었다.

즈 사이를 스치듯 지나갔다. 그러나 스베너는 어뢰의 항로에서 빠져나오지 못했다. 스베너의 함장이 소리쳤다. "키 왼편 전타! 우현 앞으로 전속 전진! 좌현 뒤로 전속 후진!" 어뢰가 배와 평행하게 지나쳐 가기를 바라며 좌우로 방향을 틀었지만 헛수고였다. 쌍안경으로 지켜보던 로이드는 어뢰가 함교 아래에 정통으로 와 맞을 것 같다는 느낌이 들었다. 그 순간 머릿속에선 '어뢰에 맞으면 얼마나 높게 튀어 오를까?'라는 생각이 스쳤다. 스베너는 답답하리만큼 천천히 좌현으로 방향을 틀고 있었다. 로이드는 잠시 동안 어뢰를 피한 것 같다고 생각했으나 회피 기동은 실패했다. 어뢰 1발이 기관실에 명중했다. 스베너는 물에서 솟구치는 것처럼 보이더니 이내 흔들리면서 둘로 쪼개졌다. 영국 해군 소해함 던바Dunbar가 스베너 근처에 있었다. 던바에 타고 있던 선임 화부 로버트 도위Robert Dowie는 스베너의 쪼개진 부분이 물속으로 미끄러지면서 이물과 고물이 물 위로 튀어 올라 완벽한 V 자 모양이 만들어지는 것을 보면서 깜짝 놀랐다. 스베너가 침몰하면서 30명이 죽거나 다쳤다.* 다행스럽게 다치지 않고 물에 빠진 로이드는 한쪽 다리가 부러진 수병 한 명을 물에 띄운 채 20여 분을 헤엄쳐서 구축함 스위프트Swift**에 구조되었다.

스베너와 달리 안전하게 연막 반대편으로 돌아온 호프만에게 무엇보다 시급한 일은 경보를 발령하는 것이었다. 방금 전에 벌인 짧은 전투에서 무전기가 고장 났지만 호프만은 이를 전혀 모른 채 르 아브르로 빠르게 전문을 타전했다.

미군이 상륙할 해변 앞바다에 떠 있는 기함 오거스타에는 미 제1군First Army 사령관 오마르 넬슨 브래들리 중장이 타고 있었다. 양쪽 귓구멍을 솜

---

* 옮긴이) 스베너가 침몰하면서 노르웨이 해군 41명, 영국 해군 2명이 전사하고, 187명이 구조되었다.

** 옮긴이) 구축함 스위프트는 상륙을 지원하던 중 디데이 오전 8시경 기뢰에 부딪혀 침몰했다.

으로 막은 브래들리는 침공 해변을 향해 속도를 높이는 상륙주정에 쌍안경의 초점을 맞췄다. 제1군 장병들은 목표를 향해 꾸준히 나아가고 있었지만 브래들리는 걱정이 많았다. 불과 몇 시간 전까지만 해도 브래들리는 보통의 독일군 사단보다 능력이 떨어지고 활기도 없는 독일군 제716사단이 해안을 담당하고 있다고 생각했다. 제716사단의 담당 지역은 대략 오마하 해변부터 동쪽으로는 영국군이 상륙할 해변까지로 추정되었는데, 이 또한 깜냥에 비해 지나치게 길었다. 그러나 미 제1군이 잉글랜드를 떠난 직후 사정이 달라졌다. 연합군 정보처는 독일군 1개 사단이 침공지역으로 이미 이동했다는 정보를 건넸다. 새로운 정보가 들어왔지만, 브래들리는 이미 적정 브리핑을 받고 외부와 완전히 격리된 채 임무에 투입된 예하 부대에 이를 건넬 방법이 없었다. 그 시간 오마하 해변으로 나아가는 제1보병사단과 제29보병사단은, 수많은 전투로 단련된 독일군 제352사단이 방어선에 배치되었다는 것을 전혀 몰랐다.*

연합군 해군은 함포 사격을 막 시작하려 했다. 브래들리는 부하들이 보다 쉽게 상륙하도록 함포 사격이 효과가 있기만을 바랐다. 기함인 오거스타에서 몇 킬로미터 떨어진 바다에는 프랑스 경輕순양함 몽칼므Montcalm가 떠 있었다. 프랑스 해군 조자르Jaujard 소장은 몽칼므의 승조원들에게 피 끓는 목소리로 훈시를 했다. "우리의 조국을 포격할 수밖에 없는 현실은 참으로 끔찍하고 생각하기도 싫다. 그러나 나는 오늘 여러분에게 그렇게 하라고 명령한다." 오마하 해변에서 6킬로미터쯤 떨어진 바다에는 미 구축함 카믹Carmick이 있었다. 함장 로버트 비어Robert O. Beer 중령은 함내 방송 단추를 누르고는 말을 시작했다. "여러분 일생에 이보다 더 큰 잔치는 다시없을

* 디데이 당일에 이런 정보를 제공하면서도 여전히 연합군 정보처는 제352사단이 방어 연습만을 위해 최근에 배치된 것이라고 평가했다. 그러나 실상은 달랐다. 독일군은 적어도 두 달 전부터 오마하 해변이 내려다보이는 지역에 여러 부대를 배치했다. 예를 들어 플루스카트 소령의 포대는 3월부터 그곳에 배치되어 있었다. 사정이 이런 데도 연합군 정보처는 6월 4일까지도 제352사단이 생-로에 있다고 판단했다. 생-로는 오마하 해변에서 내륙으로 32킬로미터나 떨어진 곳이다.

것이다. 뒤로 빼지 말고 모든 것을 다 털어 놓고 신나게 놀아 보자!"

오전 5시 50분, 영국 해군 함정들은 이미 20분도 넘게 침공 해변을 포격하고 있었다. 이제는 미군이 상륙할 해변에 포격이 시작되었다. 연합군이 정한 모든 침공 해변에는 이로써 불 폭풍이 몰아쳤다. 당시 세계적인 대형 함정 중 상당수가 노르망디 앞바다에 모여 있었다. 이 함정들은 미리 선정한 표적을 어마어마한 화력으로 상당 시간 일정하게 두들겨 댔다. 아마 그 시절 세상에 있는 모든 요란한 소리라는 소리를 다 모아도 노르망디 해안을 따라서 울린 굉음에는 비할 수 없을 것이다. 아직 해가 뜨지 않아 약간은 어두컴컴하던 하늘은 포구에서 쉼 없이 뿜어내는 섬광으로 밝아졌고, 떨어진 포탄이 폭발한 침공 해변에는 크고 검은 구름이 여기저기 치솟았다.

소드, 주노, 골드 해변을 맡은 영국 전함 워스파이트와 래밀리즈에 장착된 15인치 함포는 르 아브르와 오른 강 하구 일대에 독일군이 배치한 강력한 포대를 향해 강철포탄을 쉼 없이 날려 보냈다. 구축함과 순양함은 이리저리 기동하며 독일군의 토치카, 콘크리트 벙커, 대피호에 포탄을 쏟아부었다. 리버 플레이트 전투로 이미 명성을 떨친 에이잭스는 해안에서 내륙으로 10킬로미터나 떨어진 곳에 있던 독일군 포대의 6인치 포 4문을 무력화시켰다. 오마하 해변 앞바다에는 미 전함 텍사스와 아칸소가 있었다. 거대한 이 두 전함에 있는 포를 모두 합치면 14인치 함포 10문, 12인치 함포 12문, 5인치 함포 12문이었다. 이 두 전함은 30미터나 되는 깎아지른 절벽을 향해 돌진하는 레인저들에게 보다 쉬운 길을 만들어 주겠다는 일념으로 푸앵트 뒤 오크 꼭대기에 있는 독일군 포대에 포탄 600발을 쏟아부었다. 유타 해변에서는 미 전함 네바다와 순양함 터스컬루사, 퀸시, 블랙 프린스가 온 힘을 다해 독일군 해안포를 표적으로 연달아 일제사격을 하고 있었다. 큰 함정이 해안에서 10여 킬로미터 떨어진 곳에서 포격하는 동안 크기가 작은 구축함들은 해안에서 2~3킬로미터 떨어진 곳에서 꼬리에 꼬리를 물고 종진縱陣하면서 독일군이 구축한 해안 요새를 표적 삼아 사정없

U.S. National Archives

**유타 해변의 독일군 진지에 14인치 함포를 사격 중인 미 전함 네바다**(디데이)

이 두들기고 있었다.

함포의 연속사격은 무시무시했다. 이를 보고 들은 사람들은 깊은 인상을 받았다. 영국 해군의 리처드 라일랜드Richard Ryland 중위는 당시 느낌을 이렇게 기억한다. "어마어마한 전함들을 보면서 무한한 자부심이 우러나왔고, 포격을 보면서는 '다시 이런 광경을 볼 수 있을까?' 하는 궁금증이 들었습니다." 전함 네바다에 승선한 삼등부사관 찰스 랭글리Charles Langley는 함대가 만들어 내는 거대한 화력에 겁이 날 지경이었다. "어떤 군대라도 이런 포격을 버텨 낼 수 없을 것 같았습니다. 두세 시간이면 함대가 포격을 마치고 철수하리라 생각했습니다." 그 시간 상륙 해변을 향해 속도를 높이고 있던 강습주정에 탄 병사들은 바닷물에 흠뻑 젖고 뱃멀미에 시달리면서 배에 들어온 물을 방탄모로 퍼내고 있었다. 고막을 찢는 듯한 굉음을 내면서 날아가는 수많은 강철 포탄은 번쩍이는 지붕이 되어 하늘을 응시하는 아군의 사기를 북돋았다.

함포 소리가 다가 아니었다. 처음에는 마치 왕벌이 붕붕대는 것 같더니 시간이 지날수록 점점 더 굉음이 커지면서 폭격기와 전투기들이 모습을 드러냈다. 날개 끝이 서로 닿을 만큼 빽빽하게 대형을 만든 9천 대의 항공기는 꼬리에 꼬리를 물고 연합군 함대 위로 곧장 날아왔다. 영국 공군의 스핏파이어Spitfire, 미 공군의 P-47 선더볼트Thunderbolt와 무스탕Mustang 전투기가 날카로운 소리를 내며 날아갔다. 함대가 만들어 내는 어마어마한 포탄 탄막을 비웃기라도 하듯 연합군 전투기들은 포탄 사이를 뚫고 침공 해변과 곳으로 기총소사를 퍼부은 뒤 순식간에 고도를 높여 이탈했다가 다시 돌아왔다. 지상 가까이에서 어지러이 날아다니는 전투기 위로는 미 제9공군의 B-26 중中폭격기가 날았다. 그 위로는 구름이 짙게 끼어 보이지는 않았지만, 영국 공군이 자랑하는 랭커스터와 미 제8공군의 B-17과 B-24 리버레이터Liberator 중重폭격기들이 마치 말벌처럼 떼로 날았다. 비행기가 어찌나 많은지 그 넓다는 하늘이 부족해 보일 정도였다. 고개를 들어 하늘을 올려다보던 사람들은 갑자기 감당할 수 없는 벅찬 감동을 느낀 나머지 눈망울이 촉촉해지고 얼굴이 일그러졌다. 이제 모든 것이 다 괜찮아질 것만 같았다. 하늘을 장악한 아군 항공기가 독일군을 꼼짝 못하게 만들고 함포 사격은 독일군의 해안포를 무력화시키고 있었다. 침공 해변에는 함포 사격으로 만들어진 탄흔이 잔뜩 생겼다. 그러나 구름 때문에 관측이 불가능한 데다 실수로 우군을 오폭할 위험이 있었기 때문에, 오마하 해변을 맡은 연합군 폭격기 329대는 탑재하고 있던 포탄 1만 3천 발을 애초에 표적으로 선정한 오마하 해변의 독일군 해안포가 아니라 내륙으로 최대 5킬로미터 떨어진 곳에 이미 다 투하한 뒤였다.* 해안포는 여전히 치명적인 채로 남아 있었다.

* 오마하 해변에는 콘크리트 벙커 8개가 있었는데, 이들 벙커는 구경 75밀리미터 포 또는 이보다 더 큰 구경의 포로 무장했다. 토치카도 35개가 있었는데, 다양한 종류의 자동 화기 또는 포병 화기로 무장했다. 해안포도 4개나 되었다. 이 밖에도 대전차포가 18문, 박격포 진지가 6개, 구경 38밀리미터 로켓 발사관이 4정씩 배치된 로켓 발사진지가 35개, 기관총 진지가 적어도 85개는 있었다.

U.S. National Archives

**B-17** 보잉이 개발한 중重폭격기로, 1935년 7월 첫 비행 후 1만 2천726대가 생산되었다. B-17은 연합군 폭격기 중 상승 고도가 가장 높았기 때문에 주간 전략 폭격에 사용되었는데, 미군이 독일 등에 투하한 폭탄 150만 톤 중 64만 톤을 투하하면서 폭격기의 대명사로 각인되었다. '하늘을 나는 요새Flying Fortress'라는 별명은 시험 비행 당시 「시애틀 타임스Seattle Times」의 기자 리처드 윌리엄스Richard Williams가 붙인 것이다. 경쟁사라 할 수 있는 콘솔리데이티드 에어크래프트 사의 1943년 여론 조사에서, B-24 리버레이터 광고가 실린 신문이 발간된 지역의 사람 중 73퍼센트만이 B-24를 들어본 반면 90퍼센트가 B-17을 알고 있다는 결과가 나왔을 만큼 B-17은 유명세를 탔다.

U.S. National Archives

**침공 함대 위로 나는 미 제486폭격비행전대의 B-24 리버레이터** 미국 콘솔리데이티드 에어크래프트Consolidated Aircraft 사에서 제작한 중重폭격기로 1939년 12월 첫 비행 후 1945년까지 1만 8천482대가 생산되었는데, 이는 미 군용 항공기 중 최다 생산 기록이다. B-17보다 속도가 빠르고 순항 거리도 길며 더 많은 폭탄을 적재할 수 있었으나, 조종이 까다롭고 편대 비행이 어렵다는 특성 때문에 조종사들은 B-17을 선호했다.

U.S. National Archives

**미 제416폭격대대 더글러스 A-20의 폭격 장면**(디데이) 디데이에 참여한 항공기에 칠한 침공 줄무늬인 흰 줄 3개가 양 날개에 보인다.

**디데이에 연합군이 동원한 항공기의 규모**

| | |
|---|---|
| 상륙작전을 지원한 항공기(전투기, 폭격기, 수송기, 글라이더, 정찰기) 수 | 11,590대 |
| 연합군 항공기 출격 횟수 | 14,674회 |
| 격추된 연합군 항공기 수 | 127대 |

*The Penguin Atlas of D-Day and the Normandy Campaign*

● ● ●

마지막 폭발은 매우 가까이에서 일어났다. 플루스카트 소령은 절벽을 파 만든 벙커가 흔들려 떨어져 나가는 줄 알았다. 감춰진 진지의 바로 아래 쪽 절벽에 포탄이 명중했다. 충격이 얼마나 셌던지 플루스카트는 빙빙 돌다가 뒤로 자빠졌다. 쿵 하고 바닥에 쓰러지면서 흙과 먼지, 콘크리트 파편이 온 몸에 떨어졌다. 희뿌연 먼지 때문에 앞이 제대로 보이지 않았지만, 부하들이 소리치는 것은 들렸다. 점점 더 많은 포탄이 절벽을 강타했다. 포탄이 터지며 생기는 충격에 얼이 빠진 플루스카트는 말을 할 수 없었다.

바로 그때, 전화가 울렸다. 제352사단 본부에서 온 전화였다. 수화기 너머 목소리가 들렸다. "그곳 상황이 어떤가?"

플루스카트가 간신히 대답했다. "포격을, 그것도 엄청나게 심하게 받고 있습니다."

벙커에서 한참 뒤쪽에서 폭탄 터지는 소리가 들리기 시작했다. 우박처럼 절벽 꼭대기에 떨어지며 터진 포탄 때문에 마치 산사태가 난 것처럼 흙과 돌이 떨어지면서 벙커의 관측구로 밀려들었다. 전화가 다시 울렸다. 그러나 이번에는 수화기를 찾을 수 없었다. 플루스카트는 전화가 그냥 울리도록 내버려 두었다. 머리부터 발끝까지 곱디고운 하얀 먼지를 뒤집어쓴 플루스카트는 군복이 찢어진 것을 알았다.

잠시 포격이 멎고 뿌연 먼지 사이로 콘크리트 바닥에 쓰러진 틴 중위와 빌케닝 대위가 눈에 들어왔다. 플루스카트가 빌케닝에게 소리쳤다. "기회가 있을 때 자네 자리로 가는 것이 좋겠어!" 빌케닝은 무뚝뚝한 표정으로 플루스카트를 쳐다보았다. 빌케닝의 관측소는 약간 떨어진 옆 벙커였다. 잠시 소강상태인 틈을 타 플루스카트는 포대에 전화를 걸었다. 대포 만들기로 유명한 크루프Krupp 사에서 만든 다양한 구경의 최신예 포 20문이 모두 포격을 당했다는 것을 안 플루스카트는 깜짝 놀랐다. 해안에서 겨우

800미터쯤 떨어진 포대가 어떻게 되었는지는 알 길이 없었다. 그나마 다행인 것은 포대원 중에 사상자가 아무도 없다는 것이었다. 플루스카트는 연합군이 해안에 있는 관측소를 포대라고 생각하면 어쩌나 하는 생각이 들었다. 자기가 있는 관측소가 입은 피해를 보니 앞으로 어떻게 될지 알 것 같았다.

다시 포격이 시작된 순간, 전화가 왔다. 아까와 같은 목소리가 다시 들렸다. "포격을 받는 위치가 정확히 어디인가?"

플루스카트가 고래고래 소리를 질렀다. "안 떨어지는 데가 없습니다. 대체 뭘 원하는 겁니까? 이 와중에 바깥에 나가서 자로 탄흔을 재기라도 할까요?" 플루스카트는 사납게 수화기를 내려놓고 주변을 둘러보았다. 벙커 안에 다친 사람은 없어 보였다. 빌케닝은 이미 자기 벙커로 갔다. 틴은 관측구 한곳에 서서 바깥을 바라보았다. 그 순간 플루스카트는 애견 하라스가 없다는 것을 깨달았지만 지금은 개 따위를 걱정할 틈이 없었다. 플루스카트는 수화기를 다시 들더니 두 번째 관측구로 다가가서 바깥을 내다보았다. 마지막으로 관측했을 때보다 훨씬 더 많은 강습주정이 물 위에 떠 있는 것 같았다. 벙커와 강습주정의 간격은 그때보다 훨씬 더 가까워졌다. 조만간 포의 사거리 안으로 들어올 것 같았다.

플루스카트는 연대 지휘소의 옥커 중령에게 전화를 걸어 보고했다. "제 포는 모두 무사합니다."

옥커가 말했다. "다행이군! 이제 포대 지휘소로 즉각 전화를 걸게!"

플루스카트는 포술 장교에게 전화를 걸어 말했다. "내가 돌아간다. 명심해라! 적이 수제선에 닿기 전까지 절대로 사격해서는 안 된다."

미 제1보병사단 병력을 태운 상륙주정은 오마하 해변에서 멀지 않은 수면에 있었다. 플루스카트가 지휘하는 4개 포대는 이지 레드, 폭스 그린, 폭스 레드 해변이 내려다보이는 절벽 너머에서 숨을 죽인 채 미군 상륙주정이 조금 더 가까이 오기만을 기다리고 있었다.

"런던에서 전해 드립니다. 연합군 최고사령관의 긴급 지시입니다. 여러분이 얼마나 빠르고 철저하게 명령에 복종하는가에 수많은 사람의 목숨이 달려 있습니다. 이 지시는 노르망디 해안에서 내륙으로 35킬로미터 안에 살고 있는 모든 사람에게 해당됩니다."

미셸 아들레이는 비에르빌-쉬르-메르에 있는 어머니 집 창문에서 밖을 내다보며 서 있었다. 비에르빌-쉬르-메르은 오마하 해변 서쪽 끝에 있었다. 아들레이는 연합군 침공 함대가 기동하는 모습을 창문으로 내다보았다. 포는 여전히 불을 뿜고 있었고, 아들레이는 신발을 타고 올라오는 진동을 느낄 수 있었다. 아들레이를 포함해서 어머니, 동생, 조카와 가정부까지 온 가족이 거실에 모여 있었다. 이제 바로 이곳 비에르빌-쉬르-메르로 연합군이 침공한다는 것을 의심하는 사람은 아무도 없었다. 아들레이는 바다에 접한 별장이 생각났지만 이내 마음을 접었다. 이 순간 별장은 온전하지 못할 것이 뻔했다. 그 와중에 영국의 BBC가 전하는 전문은 1시간도 넘게 계속해서 반복되고 있었다.

"살고 있는 마을을 당장 떠나십시오. 떠나실 때에는 이 경고 방송을 듣지 못했을 수도 있는 이웃에게 이 내용을 알려 주십시오. …… 사람이 많이 다니는 길에서 멀리 떨어져 계십시오. …… 걸어서 가되 쉽게 가져갈 수 없는 것은 가져가려 하지 마십시오. …… 가능한 한 신속하게 평지로 가십시오. …… 병력이 모이는 것으로 오해받을 수 있으니 사람이 많이 모이는 곳에는 가지 마십시오."

이 와중에 아들레이는 갑자기 궁금한 것이 하나 생겼다. '말을 탄 독일군 포병이 커피를 가지고서 포까지 일상적으로 아침 순찰을 할까?' 이런 생각이 들자 아들레이는 차고 있던 손목시계를 보았다. 평소 같으면 그 독일군이 올 시간이었다. 그 순간, 언제나 들고 다니는 커피 통을 든 채 늘 타는 살이 잘 오른 말을 타고 오는 그 독일군의 모습이 아들레이의 눈에 들어왔다. 그 독일군은 아무것도 모르는 것처럼 차분하게 길을 따라 내려오다가 길이 꺾이는 곳을 도는 순간 연합군의 침공 함대를 보았다. 한순간 그 독일군은 아무것도 하지 못한 채 얼음이 되어 버렸다. 정신을 차린 뒤, 그는 말에서 내리더니 당황한 나머지 넘어지고 구르면서 몸을 숨길 곳을 찾아 꽁무니를 뺐다. 아무 일도 없다는 듯 천천히 길을 따라 마을로 내려가는 말이 좋은 대조를 이루었다. 시계를 보니 오전 6시 15분이었다.

## 전쟁은 이제부터 시작이야!

오마하 해변과 유타 해변에서 1킬로미터 조금 넘게 떨어진 바다에 줄지어 떠 있는 강습주정은 물결을 따라 출렁였다. 제1파로 상륙하는 미군 3천 명은 에이치아워까지 15분만을 남겨 두고 있었다.

강습주정이 물살을 가르고 지나가면서 남긴 흰 항적 뒤로 또 다른 강습주정이 연이어 물살을 가르며 또 다른 항적을 남겼다. 어지럽게 보였지만 이들 강습주정의 목표는 분명했다. 소음 때문에 귀가 먹을 듯한 데다, 출렁이는 파도가 들이치며 물이 튀고 디젤 엔진이 굉음을 내는 바람에, 고래고래 소리를 지르지 않고는 말이 들리지 않았다. 함정에서 쉬지 않고 쏘아대는 포탄은 마치 머리 위로 검은 우산을 펴 놓은 것처럼 여전히 하늘을 가리며 '쌩쌩' 날아갔다. 연합군 공군이 해안을 융단폭격 하면서 들려오는 폭발음에 배까지 흔들렸다. 이상하게도 독일군이 대서양 방벽에 설치한 포는 여태 조용했다. 해안으로 향하는 미군들은 앞에 펼쳐진 해안선을 보면서 왜 독일군이 대응하지 않는지 궁금했지만 덕분에 상륙이 쉬울 것 같다는 희망적인 생각이 들기도 했다.

강습주정 전면에는 상륙하는 병사들이 뛰어나가는 출구이자 동시에 발판 역할을 하는 커다란 사각형 함수발판이 붙어 있었다. 강습주정이 네모지게 생기다 보니 파도라는 파도는 모두 배에 부딪혔다. 판에 부딪히면서 여름이라고는 하지만 아직은 선뜩한 바닷물이 거품과 함께 튀어서는 피할 곳이라고는 없는 군인들 머리 위로 쏟아졌다. 전쟁은 영웅을 기대하지만 이런 곳에서 영웅이란 꿈도 꿀 수 없었다. 몸이 흠뻑 젖어 추운 데다 전쟁의 공포를 떨치지 못한 불쌍한 장병들만으로도 강습주정은 이미 만원이었다. 거기에 침공 이후 수행할 임무를 위해 휴대한 장비까지 더해지면서 강습주정은 바늘 하나 꽂을 데 없을 만큼 빽빽했다. 심지어 뱃멀미를 할 곳도 없어서 뻔히 보이는 전우를 향해 게워 낼 수밖에 없었다. 『뉴스위크Newsweek』의 케네스 크로퍼드Kenneth Crawford는 제1파에 섞여 유타 해변에 상륙할 예정이었다. 크로퍼드는 제4보병사단 소속의 어린 병사가 토사물로 범벅이 된 채 세상에 다시없을 비참한 모습으로 천천히 머리를 가로저으며 넌더리 치며 말하는 것을 들었다. "히긴스*란 놈, 이런 빌어먹을 것을 배라고 발명하고서 자랑스러워했겠지!"

신세 한탄을 할 틈이라도 있으면 그래도 여유로운 편이었다. 상륙은커녕 해변에 닿기도 전에 침몰할까 봐 필사적으로 물을 퍼내야 하는 강습주정도 있었다. 모선을 떠난 순간부터 감당하기 힘들 정도로 바닷물이 들어오는 강습주정이 많았다. 대부분의 강습주정에서는 발목이 잠길 때까지만 해도 침공 해변으로 가는 과정에서 있을 수 있는, 그저 참고 버텨야 하는 비참한 상황 정도로만 생각해 별다른 관심을 두지 않았다. 레인저대대의 조지 커츠너 중위는 배 안에 물이 슬슬 차오르는 것을 보면서 속으로 '심각한 문제가 아닐까?' 생각했다. 강습주정은 침몰하지 않는다는 말을 떠

* 옮긴이) Andrew Jackson Higgins(1886년 8월 28일~1952년 8월 1일): 일명 히긴스 보트로 알려진 다목적 상륙주정Landing Craft, Vehicle, Personnel; LCVP을 개발했는데, 이 배는 2만 대 이상이 생산되어 노르망디 상륙은 물론, 북아프리카, 시칠리아, 이탈리아, 태평양에서 널리 사용되었다. 아이젠하워는 "히긴스는…… 우리가 전쟁에 승리하도록 해준 사람이다. …… 만일 히긴스가 이 배를 생각해 내지 않았다면 해변에 상륙도 할 수 없었을 것이고, 우리의 전략도 완전히 달라졌을 것이다."라고까지 극찬했다. 실제로 연합군이 디데이 상륙에 성공할 수 있었던 요인 중 하나는 필요한 목적에 따라 다양한 종류의 상륙용 선박을 대량으로 운용할 수 있었기 때문이다.

올리며 마음을 잡으려는 순간 도움을 요청하는 무전이 들리면서 이런 희망적인 기대는 깨져 버렸다. “여기는 강습주정 860! …… 여기는 강습주정 860! …… 침몰하고 있다.” 마지막 통신은 피가 얼어붙는 듯한 절규였다. “오, 하느님! 우리는 침몰했다!” 이를 듣자마자 커츠너와 부하들은 배에 차오르는 물을 미친 듯이 퍼내기 시작했다.

커츠너가 탄 강습주정 바로 뒤의 강습주정에 탄 레인저 리지스 매클로스키Regis McCloskey 하사도 같은 문제를 겪고 있었다. 매클로스키와 부하들은 1시간도 넘게 물을 퍼내고 있었다. 이들이 탄 강습주정에는 푸앵트 뒤 오크를 공격하는 데 쓸 탄약과 함께 모든 레인저의 군장이 실려 있었다. 배에 바닷물이 어찌나 많이 들어왔는지 매클로스키는 배가 침몰할 거라고 생각했다. 침몰을 막을 유일한 방법은 나가는 둥 마는 둥 하는 배의 무게를 줄이는 것뿐이었다. 매클로스키는 모든 불필요한 장비를 배 밖으로 던져 버리라고 지시했다. 전투식량, 여벌로 준비한 옷, 군장을 한쪽으로 옮겼고 매클로스키는 이것들을 모두 놀이 이는 바다로 던졌다. 척 벨라Chuck Vella 이병이 주사위 노름으로 딴 1천200달러가 든 군장도, 중대 선임하사 찰스 프레더릭Charles Frederick의 의치가 들어 있는 군장도 모두 바다로 들어갔다.

목표를 코앞에 두고 상륙주정이 침몰하기 시작했다. 오마하 해변 앞에서 10척, 유타 해변 앞에서 7척이 침몰했다. 침몰한 상륙주정에 타고 있다 바다에 빠진 장병들 중 일부는 뒤따라오던 구명정에 구조되었으며, 일부는 구조될 때까지 여러 시간 동안 바다에 떠 있었다. 그래도 이들은 운이 좋은 축에 속했다. 목청 높여 소리를 질렀지만 그 소리를 누구도 듣지 못한 경우도 있었다. 이런 장병들은 장비와 탄약이 끌어당기는 대로 물속 깊이 끌려 들어가면서 다시는 세상 구경을 하지 못했다. 상륙 해변을 바로 앞에 두고도 총 한 번 제대로 쏴 보지 못하고 전사한 것이다.

거창하고 먼 풍경처럼만 보이던 전쟁이 어느 한순간 누구도 대신할 수 없는 개인의 문제가 되어 버렸다. 유타 해변으로 향하던 미군들은 상륙 파를 이끌던 통제선 1척이 앞이 갑자기 들리더니 폭발하는 것을 보았다. 몇 초 뒤, 머리 여러 개가 물 위로 솟구쳤고 살아남은 자들은 난파된 잔해를 붙잡고 살려고 애를 썼다. 거의 동시에 또 다른 폭발이 일어났다. 수륙양용전차 32대를 실은 전차상륙함의 승조원들이 유타 해변을 향해 나아갈 수륙양용전차 4대를 진수시키려고 함수발판을 열었다. 아래로 떨어지듯 열리던 함수발판은 공교롭게도 독일군이 설치한 기뢰를 건드렸다. 기뢰가 폭발하면서 전차상륙함의 정면이 불쑥 위로 솟구쳤다. 바로 옆 전차상륙주정에 타고 있던 오리스 존슨Orris Johnson 병장은 머리털이 쭈뼛 곤두설 정도로 겁에 질린 채 이 광경을 바라만 봤다. "수륙양용전차 1대가 하늘로 30미터 정도 치솟아 천천히 공중제비 하면서 처박히듯 바다로 들어가더니 그대로 사라졌습니다." 나중에 존슨은 친구인 돈 닐Don Neill이 죽었다는 것을 알게 된다. 닐은 전차병이었다.

유타 해변으로 향하던 미군들은 시체를 잔뜩 보았다. 전우가 익사하면서 내지르는 처절한 비명도 들어야 했다. 당시 해안경비대 소속으로 스물네 살이던 프랜시스 라일리Francis X. Riley 중위는 보병상륙주정을 지휘했는데, 유타 해변 일대에서 벌어진 처참한 장면을 지금도 생생하게 기억한다. "들리는 것이라고는 부상을 당하거나 정신적인 충격을 받은 육군 병사와 수병들이 자기를 물에서 건져 달라고 고통스럽게 애원하는 비명뿐이었습니다." 라일리는 "사상자에 개의치 말고 제시간에 병력을 상륙시키라!"는, 간단하면서도 무자비한 명령을 받았다. 사방에서 들리는 비명을 듣지 않으려고 애쓰면서 라일리는 익사하는 전우들을 그대로 지나쳐 앞으로 나아갔다. 라일리가 할 수 있는 일은 아무것도 없었다. 강습 부대들은 속도를 높였다. 제임스 배트James Batte 중령이 지휘하는 제4보병사단 8연대 장병들을 태운 강습주정은 죽은 전우들을 헤치며 해변으로 나아갔다. 배트는 얼굴을 잔뜩 위장한 부하가 내뱉듯이 하는 말을 들었다. "저 자식들은 좋겠어, 더 이상 뱃멀미는 안 할 테니까!"

상륙에 참여한 미군들은 수송선부터 시작된 긴 여정을 거치면서 중압감에 시달리고 있었다. 거기에 시체가 되어 물 위에 떠 있는 전우들을 뒤로한 채 물살을 가르며 가까워진 유타 해변의 평평한 모래밭과 언덕은 불길한 느낌을 주었다. 그렇지만 이런 중압감과 불길한 느낌이 오히려 이들을 무기력에서 깨어나게 했다. 갓 스무 살이 된 리 카슨Lee Cason 상병은 자신의 행동에 자신이 놀랐다. "나도 모르게 하늘에 대고 욕을 퍼붓고 있었습니다. 이런 난장판으로 우리를 끌어들인 히틀러와 무솔리니를 비난하면서 말이지요." 전우들도 이런 카슨을 보고 깜짝 놀랐다. 그도 그럴 것이, 카슨은 이제껏 한 번도 욕을 한 적이 없었다. 배에 탄 병사들은 초조하게 무기를 점검하고 또 점검했다. 배급받은 탄약을 1발이라도 흘릴까 봐 신중하게 챙겼다. 병사들이 어찌나 탄약에 집착했는지, 함께 타고 있던 유진 캐피 대령은 가지고 있는 소총에 쓸 탄을 전혀 얻지 못했다. 원래대로라면 캐피는 오전 9시가 돼야 상륙하게 되어 있었다. 그러나 캐피는 실전 경험이 풍부한 제1공병특수여단과 함께하겠다는 생각으로 제8보병연대가 탄 상륙주정에 몰래 올라탔다. 상륙주정에 탄 병사들은 기본휴대량보다 훨씬 많은 탄약을 가지고 있었지만 캐피는 아무 장비도 없었다. "함께 타고 있던 병사들은 자기 목숨을 지키겠다는 일념으로 그 많은 탄약을 꼭 쥐고 있었습니다. 그런 순간에 목숨이란 절대적인 것입니다." 결국 캐피는 병사 여덟 명으로부터 1발씩 총알을 받고서야 간신히 소총을 장전할 수 있었다.

오마하 해변 앞바다는 지옥이나 마찬가지였다. 오마하 해변에 상륙하는 병력을 지원하는 수륙양용전차 중 거의 절반은 해변에 닿지도 못한 채 난파했다. 계획은 수륙양용전차 64대를 해안에서 3~5킬로미터 떨어진 곳에서 물에 띄워 해변까지 들어가게 하는 것이었다. 그중 32대는 제1보병사단 상륙 지역인 이지 레드, 폭스 그린, 폭스 레드 해변에 할당이 되었다. 예정된 지점에 도착한 전차상륙함은 함수발판을 내리고 수륙양용전차 29대를 놀이 이는 바다로 투입했다. 물로 들어가는 수륙양용전차는 생김새가

묘했다. 부력을 주기 위해 캔버스로 만든 스커트는 마치 거대한 풍선 같았다. 스커트 덕에 부력을 얻은 수륙양용전차는 물에 떠서 파도를 헤치며 해안으로 나아갔다. 그 순간, 제741전차대대원들에게 비극이 엄습했다. 몰아치는 파도가 전차 양쪽에 달린 스커트를 찢어 버렸다. 부력이 사라지면서 엔진에 바닷물이 들어갔다. 1대, 2대, 차례대로 엔진이 꺼지면서 수륙양용전차 29대 중 27대가 모두 물속으로 사라졌다. 해치를 열고 필사적으로 밖으로 기어 나온 전차대대원들은 줄을 잡아당겨 구명동의를 부풀리고는 바다로 뛰어들었다. 일부는 구명뗏목을 물 위에 띄우는 데 성공하기도 했지만, 기어 나오지 못한 군인들은 '강철 관'과 함께 그대로 바닷속으로 가라앉았다.

남은 수륙양용전차 2대는 독일군의 포격과 침몰이라는 위기를 극복하고 여전히 해안으로 나아갔다. 전차상륙함의 함수발판이 열리지 않는 바람에 바다로 투입되지 못한 수륙양용전차에 타고 있던 장병들도 무사했다. 이들은 한참 뒤에 해변에 내린다. 오마하 해변에서 제29보병사단이 맡은 구역에 상륙할 예정이던 나머지 수륙양용전차 32대도 무사했다. 수륙양용전차 27대가 눈앞에서 사라져 버리는 비극을 목격하고서 기존 계획을 감행할 엄두를 내는 사람은 없었다. 나머지 수륙양용전차 32대를 수송하는 주정을 책임진 장교들은 눈앞의 참사를 본 뒤 해변까지 바로 가서 수륙양용전차를 상륙시키기로 생각을 바꾸었다. 그러나 제1보병사단에 할당된 수륙양용전차가 겪은 피해는 몇 분 뒤 수백 명의 목숨을 앗아 가는 상황으로 이어진다.

상륙하러 나아가던 장병들은 해변에서 3킬로미터쯤 떨어진 바다에 둥둥 떠 있는 전우들을 보기 시작했다. 살아서 버티는 이도 있었지만 싸늘한 시체도 있었다. 시체는 상륙한 전우와 꼭 다시 만나겠다는 의지를 가진 것처럼 조류를 타고 서서히 해변으로 움직였다. 산 사람들은 놀이 이는 수면 아래위로 잠겼다가 다시 떠오르기를 반복하면서 태워 줄 수도 없는 강습주정에다 도움을 청하며 미친 듯이 소리를 질렀다. 위기를 극복하고 다시 안전하게 항해하던 매클로스키 하사는 물에서 소리 지르는 전우들을 보았다. “물에 빠진 전우들은 살려 달라며 목청이 떨어지게 소리를 질렀습니다. 멈추라고 애걸도 했지요. 그렇지만 그럴 수가 없었습니다.” 갈등하던 매클로스키는 이를 악물고 일부러 먼 곳을 쳐다보며 속도를 높여 그곳을 통과했다. 통과하고 몇 분 뒤, 마음의 부담을 이기지 못한 매클로스키는 배 옆으로 토했다. 로버트 커닝엄Robert Cunningham 대위와 부하들도 악전고투하는 생존자들을 보았다. 배를 조종하는 해군이 생존자들을 구하고자 본능적으로 방향을 틀자 고속정이 이를 막아섰다. 고속정 확성기에서 흘러나오는 말은 참으로 모질었다. “그 배는 구조선이 아니다. 신속하게 해안으로 이동하라!” 공병대대의 노엘 듀베Noel Dube 병장은 마침 가까이 있는 강습주정에 타고 있다가 이 광경을 보고는 가톨릭의 참회 기도를 읊었다.

멀리서 바라보면, 강습주정은 마치 뱀처럼 구불구불하고 가느다란 줄을 만들며 오마하 해변으로 점점 더 접근하고 있었다. 그럴수록 죽음을 부르는 포격 소리가 더 커졌다. 해변에서 1킬로미터 안쪽에 있던 상륙주정들도 포격에 동참했다. 그와 동시에 로켓 수천 발이 미군의 머리 위로 ‘쉬익’ 날아가며 번쩍였다. 이를 바라보면서 미군들은 방어 태세를 초토화하는 엄청난 화력 앞에서 독일군이 살아남을 거라고는 생각할 수 없었다. 안개가 오마하 해변을 휘감았고, 풀이 타면서 솟아오르는 연기가 절벽을 타고 천천히 퍼져 나갔다. 그런데도 독일군 해안포는 아무 반응 없이 조용했다. 미군의 강습주정은 오마하 해변을 향해 꾸준히 앞으로 나아갔다. 앞에 와 부서지는 파도에 밀리면서 다시 해변을 향해 나아가던 미군의 눈에 독일군이 강철과 콘크리트로 만들어 놓은 치명적인 장애물 숲이 드디어 들어왔다. 눈 닿는 곳마다 보이는 강철 콘크리트 장애물은 어김없이 가시철사를 두르고 맨 위에는 지뢰를 달았는데, 그 모습이 추하고 잔인하기가 사람이 상상할 수 있는 그 이상이었다. 독일군 방어 진지 뒤에 있는 해변은 지키는 사람이 아무도 없었다. 움직임은 어디에도 없었다. 그러는 동안 미군을 태운 강습주정은 점점 더 해변으로 다가갔다. 그렇지만 독일군은 여전히 총알 한 방을 쏘지 않았다. 강습주정은 오마하 해변에 이는 높이 1.2~1.5미터의 파도를 뚫고 앞으로 나아갔다. 일찍이 유례가 없이 독일군을 두들겨 대던 대규모 포격은 이제 내륙 깊숙이 있는 표적 쪽으로 옮겨 가기 시작했다. 이토록 사나운 연합군의 포격 속에서 독일군 포가 살아남았을 거라고 생각한 사람은 거의 없었다. 그러나 제1선에 있는 강습주정이 해안에서 350미터쯤 떨어진 곳에 다다르는 순간, 독일군은 그토록 오랫동안 지켜 오던 침묵을 깨고 사격을 시작했다.

소음이라는 소음은 다 모아 놓은 것 같은 그곳에, 다른 것과는 명확히 구분되면서 점점 더 가까워지는 소리가 하나 있었다. 문제는 죽음이 이 소리와 함께 왔다는 것이었다. 독일군이 쏘아 대는 기관총탄은 마치 땅딸보처럼 보이는 강습주정 이물의 강철판을 요란하게 두드렸다. 독일군 포병도 가만히 있지 않았다. 곡사포탄과 박격포탄이 마치 비 오듯 쏟아졌다. 길이 6킬로미터가 넘는 오마하 해변을 따라서 미리 준비하고 있던 독일군은 미군 강습주정을 뭉개 버릴 것처럼 화력을 집중했다.

이것이 바로 에이치아워였다.

미군은 드디어 오마하 해변에 발을 디뎠다. 꾀죄죄한 모습으로 무거운 걸음을 옮기는 이들을 부러워할 사람은 아무도 없었다. 깃발도 나부끼지 않았고 나팔 소리도 전혀 들리지 않았다. 그러나 역사는 이들의 편이었다. 이들 미군은 밸리 포지, 스토니 크리크, 앤티텀, 게티즈버그 같은 전장에서 역경을 헤쳐 온 전통 있는 여러 연대의 장병들이었다.* 또한 이들은 제

* 옮긴이) 미국 독립전쟁 기간 중인 1777년 12월부터 1778년 6월까지 워싱턴이 이끄는 대륙군은 필라델피아에서 북서쪽으로 30킬로미터쯤 떨어진 밸리 포지Valley Forge에서 굶주림, 질병, 추위로 병력 2천500명을 잃어 가면서 버텨 낸 뒤 승리의 발판을 마련한다. 1812년 전쟁 중이던 1813년 6월 6일, 캐나다 온타리오 주 스토니 크리크Stoney Creek에서 영국군은 야간에 미국 민병대를 공격하여 어퍼 캐나다를 방어했다. 1862년 9월 17일 벌어진 앤티텀 전투Battle of Antietam(일명 샤프스버

2차 세계대전 동안 이미 북아프리카, 시칠리아, 살레르노와 같은 여러 해변을 승리하며 통과한 노련한 투사였다. 지금 이들 앞에 있는 것은 다시 한 번 승리하며 통과해야 할 해변이었다. 이들은 이번 해변을 '피비린내 나는 오마하'라고 부를 생각이었다.

초승달처럼 생긴 해변의 양 끝에 있는 절벽에서 쏟아지듯 날아오는 사격이 가장 맹렬했다. 서쪽으로는 제29보병사단이 맡은 도그 그린, 동쪽으로는 제1보병사단이 맡은 폭스 그린 쪽에 있는 절벽이었다. 독일군은 오마하 해변에서 비에르빌-쉬르-메르와 콜빌-쉬르-메르로 이어지는 주요 통로의 출구라 할 수 있는 이 두 곳을 지키기 위해 방어 수단을 집중해서 배치했다. 오마하 해변에 도착하는 강습주정마다 독일군의 집중 사격을 받았다. 그러나 도그 그린과 폭스 그린에 상륙하는 미군에게는 그나마 발을 디딜 기회조차 허락되지 않았다. 절벽에 구축한 진지에 자리 잡은 독일군 포병은, 물에 잠기다시피 하며 앞뒤좌우로 정신없이 흔들리면서 이곳까지 온 미군 강습주정을 위에서 직접 내려다볼 수 있었다. 사나운 파도와 장애물을 피하느라 조종이 쉽지 않은 데다 속도까지 느린 강습주정은 위에서 내려다보면 거의 움직이지 않는 것이나 마찬가지였다. 다시 말해, 미군 강습주정은 독 안에 든 쥐나 다름없었다. 제대로 조종도 안 되는 배를 몰고 지뢰가 잔뜩 설치된 장애물 지대를 통과하려고 필사적으로 애쓰던 키잡이들은 이제 절벽에서 대놓고 쏴 대는 집중 사격에서 벗어나기 위해 배의 속도를 높여야 했다.

장애물 지대에서는 대체 어디가 통로인지 전혀 알 수 없었다. 엎친 데 덮친 격으로 절벽에서 내려다보며 사격하는 독일군은 연합군의 모든 것을 벗

그 전투Battle of Sharpsburg)는 남북전쟁 중 북부에서 벌어진 최초의 전투로서 하루에 2만 2천7백 명 이상의 전사상자와 실종자가 발생한 최악의 전투이다. 1863년 7월 1일부터 3일까지 펜실베이니아 주의 게티즈버그에서 남군과 북군이 벌인 게티즈버그Gettysburg 전투는 남북전쟁을 통틀어 가장 많은 사상자가 난 전투이다. 이 전투로 북군은 리Lee 장군이 이끄는 남군의 북진을 막고 전세를 전환했다.

겨 내고 쓰러뜨릴 것만 같았다. 어떤 강습주정은 독일군의 방어 태세가 덜 한 곳을 찾아 상륙하려고 해안을 따라 정처 없이 떠돌았다. 그런가 하면 어떤 강습주정은 할당된 상륙 지점으로 고집스럽게 들어가다가 직격탄을 맞아 심하게 손상되었다. 손상된 강습주정에 타고 있던 장병들은 깊은 물속으로 뛰어내렸지만, 이들을 기다린 것은 옳다구나 하고 총알을 토해 내는 독일군의 기관총이었다. 강습주정 중 일부는 오마하 해변으로 들어가다가 폭발해 산산조각이 나기도 했다. 당시 열아홉 살이던 에드워드 기어링 Edward Gearing 소위와 제29보병사단 병사 30명이 타고 있던 강습주정은 눈 깜짝하는 사이에 산산이 부서졌다. 파편은 도그 그린 해변에서 비에르빌-쉬르-메르로 이어지는 입구에서 300미터쯤 떨어진 곳까지 날아갔다. 기어링과 부하들은 폭발과 함께 강습주정에서 튕겨져 나가 물에 빠졌다. 폭발로 충격을 받고 반쯤 물에 잠겨 있던 기어링은 파괴된 강습주정에서 얼마간 떨어진 곳에서 물 위로 몸을 내밀었다. 다른 생존자들도 하나둘씩 고개를 내밀었다. 가지고 있던 무기와 방탄모, 장비는 모두 사라지고 없었다. 조타수는 실종되었다. 등에 맨 무전기의 무게를 이기지 못하고 발버둥 치는 무전병이 가까이에서 고래고래 소리를 질렀다. "제발 살려 주세요. 나 빠져 죽어요!" 결국 무전병은 익사했지만 누구도 그를 구할 수 없었다. 기어링과 부하들에게 이것은 시작에 지나지 않았다. 3시간 뒤에야 이들은 해변에 발을 디뎠고, 기어링은 자신이 중대에서 유일하게 온전한 장교라는 것을 알게 된다. 다른 장교들은 이미 죽거나 심각한 부상으로 움직일 수가 없었다.

오마하 해변에 닿은 강습주정이 함수발판을 내릴 때마다 독일군은 마치 더 열심히 사격하라는 신호를 받은 것처럼 기관총으로 집중 사격을 해 댔다.* 그중에서도 미군이 가장 심하게 그리고 처참하게 피해를 입은 곳은

* 옮긴이) 1998년 개봉한 영화 「라이언 일병 구하기」는 오마하 해변에 상륙하려는 미군과 이를 막는 독일군이 처절한 사투를 벌이는 장면으로 시작한다. 이 장면은 일부 지나치다는 평가에도 불구하고, 당시 전투를 매우 사실적이고 실감 나게 재현했다고 인정받는다.

U.S. National Archives

**오마하 해변으로 접근하는 상륙함에 탄 미 제1보병사단** 해안에서 연기가 피어오르는 점을 고려할 때 디데이에 찍은 것으로 추정된다.

U.S. National Archives

**오마하 해변으로 향하는 상륙주정들**

U.S. National Archives

**잿빛 하늘 아래 상륙주정을 타고 오마하 해변으로 향하는 미군** 총구는 모래가 들어가지 않도록 비닐로 덮었다. 뱃전에서 해변을 바라보는 장교도 배 안에서 머리를 숙인 채 초조하게 기다리는 병사들도 이 순간은 모두 한마음이었다.

**'죽음의 아가리로**Into the Jaw of Death**'** 디데이 오전 8시 30분에 미 해안경비대의 로버트 사전트Robert F. Sargent가 찍은 이 사진은 디데이의 상징이 되었다. 해안경비대가 운용하는 새뮤얼 체이스에서 내려 준 다목적 상륙주정에 타고 있던 제16보병연대 이지 중대원들은 파도와 싸우면서 또 독일군의 총탄에 맞서면서 오마하 해변의 폭스 그린 구간으로 나아갔다. 상륙하던 중 이지 중대원 가운데 3분의 2가 죽거나 부상을 당했다.

U.S. National Archives

U.S National Archives

**오마하 해변에 상륙하는 제18보병연대와 제115보병연대를 찍은 항공사진** 바다에는 상륙정들이 보이고 해안에는 차량과 병력이 보인다.

U.S. National Archives

독일군 포탄에 맞아 침몰한 상륙주정에서 살아남은 전우를 구하는 미군

U.S. National Archives

**구조된 미군** 상륙주정이 침몰해 물에 빠졌던 미군들이 해변에서 구조되고 있다. 흠뻑 젖었지만 목숨을 건진 이들은 그래도 운이 좋은 경우였다.

U.S. National Archives

**응급처치 중인 장병들**　침몰한 상륙주정에서 구조된 장병들이 응급처치를 받고 있다. 일부 장병들은 M1 소총을 메고 있다.

U.S. National Archives

**오마하 해변에서 전사한 미군**　죽은 미군의 등에는 구명조끼가 걸려 있다. 미처 수습하지 못한 시체의 발 옆에는 누군가가 반자동 M1 소총과 M1903 소총을 한 자루씩 엇갈려 십자가를 만들어 주었다.

U.S. National Archives

**상륙 직후 응급처치를 받은 뒤 우울한 표정으로 앉아 있는 미 제1보병사단 16연대 3대대의 부상병들** 부상을 입기는 했지만 디데이에 가장 치열한 전투가 벌어진 오마하 해변에서 목숨을 부지한 이들은 어쩌면 행운아들인지도 모른다.

U.S. National Archives

**침공 해변에서 부상자를 후송하는 상륙주정**

도그 그린과 폭스 그린 구간이었다. 제29보병사단 병력을 태우고 도그 그린으로 향하던 강습주정은 모래톱에 얹혀 버렸다. 승선한 장병들은 어쩔 수 없이 함수발판을 내리고 바닷물로 발을 내디뎠다. 해변 가까이 왔다고는 해도 깊은 곳은 수심이 1.8미터나 되었다. 물로 뛰어든 장병들의 목표는 딱 하나뿐이었다. 살아남아야 했다. 그러려면 바닷물을 헤치고 장애물이 널린 폭 200미터짜리 모래밭을 가로질러 경사진 언덕을 조심스럽게 기어오른 뒤 바다 쪽으로 난 절벽 아래로 몸을 피해야 했다. 비록 절벽이 총알을 막아 주는 엄폐 효과가 있는지 의심스럽기는 했지만 없는 것보다는 나았다. 그러나 현실은 너무 달랐다. 등에 둘러 맨 장비 때문에 자꾸만 처지는 데다 깊이가 만만치 않은 물속에서 발을 제대로 놀리기란 불가능했다. 독일군의 눈을 피할 은폐물도 전혀 없었다. 결국 미군은 여기저기서 마구 날아오는 독일군의 총알 밥이 되고 말았다.

미군은 오랫동안 배를 타고 오면서 멀미를 하느라 이미 진을 뺄 대로 뺀 뒤였다. 이제는 정말 죽고 사는 문제로 자기 키보다 깊은 바닷속에서 사투를 벌여야 했다. 데이비드 실바David Silva 이병은 함수발판이 열리고 앞에 있던 전우들이 바깥으로 발을 내딛는 순간 마치 도미노 패처럼 쓰러지는 것을 보았다. 자기 차례가 와서 가슴 깊이까지 오는 물로 뛰어들었지만 실바는 장비 때문에 꼼짝달싹도 못했다. 넋을 잃은 듯, '핑핑' 날아오는 총알이 주변 수면에 박히는 것을 바라만 보고 있었다. 몇 초도 지나지 않아 실바의 배낭, 옷, 반합 여기저기에는 독일군 기관총탄이 만든 구멍이 숭숭 뚫렸다. 마치 덫에 걸려 도망갈 수도 없는 사냥감에 대고 총을 쏴 대는 것 같았다. 실바는 자기에게 총을 쏘는 독일군 기관총 사수의 위치를 알아낸 것 같았지만 쉽사리 응사할 수 없었다. 소총에는 모래가 가득 들어차 있었다. 실바는 우선 앞에 있는 모래밭까지 가겠다고 마음을 굳게 먹고서 물을 헤치며 나아갔다. 마침내 해변의 마른 모래에 발을 디딘 실바는, 등과 오른쪽 다리에 부상을 입었다는 것은 전혀 모른 채 절벽 아래로 달려가 몸을 숨겼다.

바다가 끝나고 뭍이 시작되는 곳이면 어김없이 미군 시체가 쓰러져 있었다. 일부는 발을 디디는 즉시 총에 맞아 죽었고, 일부는 애타게 의무병을 찾다가 천천히 들어오는 밀물에 빠져 죽었다. 이렇게 죽은 미군 가운데는 셔먼 버로스 대위도 있었다. 그의 친구 찰스 코손 대위는 버로스의 시체가 파도에 밀려 이리저리 떠다니는 것을 목격했다. 계획한 대로 버로스가 부하들에게 「댄 맥그루의 총격」을 낭송해 주었을지 코손은 문득 궁금했다. 캐럴 스미스 대위가 곁을 지나갈 때, 코손의 머릿속에 떠오른 것은 오직 하나뿐이었다. "버로스는 평생 달고 살던 편두통을 더 이상 앓지는 않겠구나!" 버로스는 머리에 총알을 맞고 전사했다.

도그 그린 구간에서 피비린내 나는 살육이 벌어진 최초 몇 분 동안 중대 하나가 완전히 몰살당했다. 중대원 가운데 강습주정을 떠나면서부터 시작된 사투를 극복하고 해변에 발을 디딘 사람은 전체 인원 중 3분의 1에도 못 미쳤다. 중대의 장교들은 죽거나 심각한 부상을 입거나 그도 아니면 실종되었다. 중대원들은 무기도 없이 충격에 빠진 채 하루 종일 절벽 아래 웅크리고 있었다. 도그 그린을 향하던 다른 중대는 훨씬 더 큰 피해를 입었다. 제2레인저대대 C중대는, 비에르빌-쉬르-메르에서 약간 서쪽에 있는 푸앵트 드 라 페르세Pointe de la Percée의 독일군 방어 거점을 무력화하라는 임무를 받았다. 제2레인저대대는 제1파로 강습주정 2척에 나눠 타고 도그 그린으로 향했다. 결과는 참혹했다. 앞에 가던 강습주정은 독일군 포탄을 맞자마자 침몰했고 대대원 12명이 그 자리에서 전사했다. 다른 1척이 함수 발판을 내리는 순간 기다리던 독일군이 기관총을 난사하는 바람에 대대원 15명이 죽거나 부상을 입었다. 살아남은 대대원들은 절벽을 향해 달렸지만, 독일군 기관총은 이들을 가만히 두지 않았다. 달려가는 동안에도 총알에 맞아 쓰러지는 인원이 속출했다. 바주카포를 지고 가느라 휘청거리던 넬슨 노이즈Nelson Noyes 일병은 100미터쯤 가다가 어쩔 수 없이 땅으로 몸을 던질 수밖에 없었다. 몇 분 뒤, 노이즈는 다시 일어서 앞으로 나아갔다.

경사진 언덕에 닿는 순간, 그는 한쪽 다리에 기관총탄을 맞고 쓰러졌다. 쓰러져 있으면서 노이즈는 자기를 쏜 독일군 두 명이 절벽에서 여전히 자기를 내려다보고 있는 것을 보았다. 노이즈는 양 팔꿈치에 힘을 주고 버티면서 톰슨 경기관총을 쏴 이 두 독일군을 쓰러뜨렸다. 중대장 랄프 고랜슨Ralph E. Goranson 대위가 절벽 아래에 도착했을 때 남은 부하는 70명 중 35명뿐이었다. 35명도 그나마 많은 수였다. 어둠이 내릴 무렵, 이 35명은 12명으로 줄어들었다.

설상가상이라는 말은 오마하 해변에 상륙한 미군을 위한 말이었다. 많은 어려움을 극복하고 상륙에 성공한 미군은 지금 있는 곳이 원래 계획한 곳이 아닌, 잘못된 구역이라는 것을 깨달았다. 원래 상륙할 곳보다 무려 3킬로미터 넘게 떨어진 곳에 상륙한 경우도 있었다. 제29보병사단의 강습주정 운용반은 자신들이 제1보병사단과 섞여 버렸다는 것을 알게 되었다. 예를 들어, 이지 그린에 상륙해 레 물랭Les Moulins으로 이어지는 통로 쪽에서 싸워야 할 부대들은 자신들이 있는 곳이 이지 그린이 아니라 오마하 해변의 동쪽 끝, 빌어먹을 폭스 그린이라는 것을 알게 되었다. 대부분의 상륙주정이 원래 상륙해야 할 목표 해변보다 약간 동쪽으로 들어왔다. 통제선統制船이 제자리를 벗어난 데다, 조류는 해변을 따라 동쪽으로 빠르게 흘렀고, 풀이 타면서 나는 연기와 안개가 주요한 지형과 지물을 가렸기 때문이다. 이들 요인이 복합적으로 작용하면서 미군은 계획된 상륙 지점을 벗어나 엉뚱한 곳에 상륙했다. 특정 목표를 탈취하게끔 훈련된 중대들은 막상 목표 근처에도 가 보지 못했다. 잘게 쪼개진 미군들은 독일군이 위에서 꽂듯이 쏴 대는 기관총 때문에 꼼짝도 할 수 없었다. 이들은 장교나 통신 수단 없이 작은 무리로 잘게 쪼개진 채 대체 어디인지 알 수도 없는 곳에 고립되어 버렸다.

해안 장애물 사이로 통로를 내기 위해 육군과 해군이 합동으로 편성해 투입한 육군-해군 합동 공병 특수임무부대의 부대원들은 사방으로 흩어졌을 뿐만 아니라 애초 계획보다 늦게 움직였다. 암담해진 합동 공병 특수임무부대원들은 있는 곳에서 그냥 작업을 시작했지만, 이는 승산이 전혀 없는 전투였다. 후속 파가 해변에 접근하기 전에 폭파 부대가 개척한 통로는 계획한 16개에 턱없이 못 미치는 5개 반에 불과했다. 무모하게 서두르다 보니 매 순간마다 어그러졌다. 보병은 일하는 폭파 부대 사이를 비집고 다녔고 파괴해 없애야 할 장애물은 동료 병사들이 엄폐물로 쓰고 있었다. 애써 고생하며 놀을 넘은 상륙주정은 장애물 위로 들어오면서 피해를 입었다. 제299전투공병대대의 바턴 데이비스Barton A. Davis 병장은 강습주정이 자신을 향해 다가오는 것을 보았다. 제1보병사단 장병들을 잔뜩 태운 그 강습주정은 장애물 사이로 곧장 왔다. 지뢰 하나가 어마어마한 굉음과 함께 폭발하면서 배는 산산조각이 났다. 데이비스가 보기에 강습주정에 탄 모든 장병이 한꺼번에 공중으로 솟구치는 것 같았다. 그러더니 불길이 치솟은 강습주정 주변으로 몸뚱이와 잘라진 살덩어리가 떨어졌다. "바다 위에 퍼진 휘발유 사이에서 헤엄치려 애쓰는 장병들은 마치 검은 점처럼 보였습니다. 무엇을 해야 할까 고민하는 사이 머리가 없는 상반신이 15미터는 족히 날아서는 끔찍한 소리를 내며 우리 가까이 떨어졌습니다." 데이비스는 이런 폭발에서는 아무도 살아남지 못할 것이라고 생각했지만, 두 명이 살아남았다. 이 둘은 물 밖으로 건져졌는데, 심한 화상을 입었지만 그래도 목숨은 붙어 있었다.

데이비스가 본 장면은 분명 재앙이었다. 그러나 데이비스가 소속된 합동 공병 특수임무부대의 영웅적인 부대원들을 덮친 재앙에 비하면 그것은 아무것도 아니었다. 여러 척의 합동 공병 특수임무부대 소속 상륙주정이 부대원들이 쓸 폭발물을 싣고 가다 독일군의 포격을 받았다. 난관을 뚫고 해변에 간신히 도착한 이들 상륙주정 중 상당수가 화염에 휩싸였다. 특수임무부대원 중 일부는 폭약과 기폭장치를 실은 작은 고무보트 여러 대에 나눠 타고 있었는데, 독일군이 쏜 포탄이 폭발물에 명중하자 보트는 바다에서 공중 분해되듯 폭발했다. 독일군은 마치 특별한 능력이라도 있는 것처럼, 장애물 사이에서 작업하는 특수임무부대원을 찾아내 저세상으로 보내 버렸다. 특수임무부대원이 장애물에 폭약을 동여매는 동안 독일군 저격수는 장애물에 달린 지뢰를 조심스럽게 겨누고 있다 총알로 쏴 터뜨렸다. 특수임무부대원이 강철로 만든 체코 고슴도치와 사면체 장애물을 폭발시키려 선을 연결하고 안전거리만큼 벗어나려 할 때 독일군은 박격포를 쏴 장애물을 터뜨렸다. 디데이가 저물 때까지 특수임무부대의 사상자 비율은 거의 50퍼센트까지 치솟는다. 데이비스 또한 사상자 중 한 명이었다. 다리에 부상을 입은 데이비스는 어둠이 내린 뒤 병원선에 실려 잉글랜드로 후송된다.

오전 7시, 상륙 제2파가 도착했을 때 오마하 해변은 도살장이나 마찬가지였다. 제2파 또한 독일군의 포격을 신물 나게 받으며 해변으로 뛰어들었다. 점점 더 많은 상륙주정이 난파되거나 불길에 휩싸이면서 해변은 마치 시간이 지날수록 점점 커지는 묘지 같았다. 밀물을 타고 들어온 모든 상륙파에서는 사상자가 속출했다. 셀 수 없이 많은 미군 시체가 초승달처럼 생긴 오마하 해변에서 천천히 떠다니다 서로 부딪쳤다.

오마하 해변 침공은 사람의 목숨만을 요구한 것이 아니었다. 시간이 갈수록 온갖 허접쓰레기가 오마하 해변에 점점 더 많이 쌓였다. 상륙이 성공적이었더라면 미군과 함께 육지에 있었을 온갖 장비는 쓰레기가 되어 버렸다. 중장비, 보급품, 탄약 상자, 박살 난 무전기와 야전 전화기, 방독면, 축성도구, 반합, 철모, 그리고 구명동의까지 온통 해변에 널브러져 있었다. 야전선을 감아 놓은 커다란 얼레, 밧줄, 전투식량 상자, 지뢰탐지기를 비롯해 부서진 소총부터 망가진 바주카포까지 각종 무기도 모래밭에 어지럽게 흩어져 있었다.* 일그러진 채 난파된 상륙주정은 물 밖으로 비스

* 옮긴이) 2012년 5월 27일 자 「데일리 메일Daily Mail」 인터넷 판에 따르면, 디데이 때 생긴 파편이 오늘날 오마하 해변 모래 중 4퍼센트를 차지하고 있다고 한다.

듬히 놓여 있었고, 아직 시동이 꺼지지 않은 수륙양용전차는 검은 연기를 내뿜었다. 불도저는 장애물 사이에서 옆으로 쓰러져 있었다. 전쟁이 이지레드 앞바다에 내다 버린 온갖 물건 중에서 특이하게도 기타 하나가 눈에 띄었다.

서로서로 모여 있는 부상자들은 마치 모래밭에 솟은 섬 같았다. 부상자 중에는, 마치 더 이상 부상이 두렵지 않다는 듯 곧추앉아 있는 사람도 있었다. 이들은 볼 수도 들을 수도 없다는 듯 차분했다. 제6공병특수여단 의무병 알프레드 아이젠버그Alfred Eigenberg 하사는 이들의 모습을 생생히 기억한다. "무척이나 심각한 부상을 입은 병사들인 데도 정말 소름이 돋을 만큼 정중했습니다." 해변에 도착해 몇 분도 안 되는 짧은 시간 동안 아이젠버그가 본 부상자는 셀 수도 없을 만큼 많았다. "대체 어디서 누구를 먼저 돌봐야 할지 알 수가 없었습니다." 아이젠버그는 도그 레드 해변에서 다리에 부상을 입고 앉아 있는 어린 병사 한 명과 마주쳤다. "골반부터 무릎까지 살이 벌어졌는데, 외과의사가 수술칼로 살을 베었다고 할 만큼 절개 면이 깔끔했습니다. 상처가 어찌나 깊던지 넙다리동맥이 뛰는 것도 똑똑히 보였지요." 부상을 입은 병사는 쇼크 상태였지만 아이젠버그에게 필요한 정보를 침착하게 전달했다. "경구용 설파제는 이미 먹었고, 설파제 가루도 상처에 뿌렸습니다. 괜찮겠지요?" 뭐라도 대답하고 싶었지만, 당시 열아홉 살밖에 안 되었던 아이젠버그는 머릿속이 하얘진 채 부상병에게 모르핀 주사를 놓으며 겨우 이렇게 말했다. "그럼요! 괜찮고 말고요." 그러고 난 뒤 아이젠버그는 반으로 갈라진 상처를 조심스럽게 포개고는 안전핀으로 여몄다. 그가 할 수 있는 유일한 일이었다.

갓 도착한 제3파는 해변에 널브러진 시체와 무질서한 광경을 보고는 혼란에 빠져 그대로 발이 굳어 버렸다. 몇 분 뒤 들어온 제4파도 다르지 않았다. 병사들은 모래밭에서, 돌 위에서, 바위 위에서 어깨와 어깨를 맞대고 서로를 의지하며 버텨야 했다. 장애물 뒤에 몸을 웅크리거나 이미 싸늘하게 식어 버린 전우의 시체를 벽 삼아 독일군이 쏴 대는 총알을 피해야 했다. 이미 무력화되었으리라 생각했던 독일군 해안포는 미군을 해변에 꼼짝 못하게 묶어 놓고 있었다. 그렇지 않아도 예정 장소가 아닌 곳에 상륙해서 혼란스러운데, 항공기 폭격으로 생겼으리라 예상했던 탄흔이 없다 보니 엄폐할 곳도 없어 당혹스러웠다. 계란으로 바위를 치는 것처럼 뭉개지는 형국인 데다 사방에 널린 시체 때문에 정신적으로 엄청난 충격을 받았다. 오마하 해변의 미군은 위축되어 꼼짝도 할 수 없었다. 이제껏 경험하지 못했던 마비상태에 빠진 것 같았다. 상황이 이렇다 보니 이번 상륙이 실패했다고 생각하는 사람도 있었다. 제741전차대대의 윌리엄 맥클린턱William McClintock 기술 중사가 당시 목격한 장면은 이런 상황을 잘 보여 준다. "병사 한 명이 물가에 앉아 바다로 돌멩이를 던지며 마치 실연한 사람처럼 울고 있었습니다. 날아오는 기관총탄이 마치 야수의 발톱처럼 여기저기를 할퀴고 있는 것은 안중에도 없어 보였습니다."

그렇지만 이런 충격은 그리 오래 가지 않았다. 비록 소수이기는 했지만, 해변에서 움직이지 않으면 결국 죽는 수밖에 없다는 것을 깨달은 사람들은 제 발로 움직이기 시작했다.

오마하 해변에서 16킬로미터쯤 떨어진 유타 해변은 완전히 딴 세상이었다. 해변에 버글버글한 제4보병사단 병력은 상륙하기 무섭게 내륙으로 신속하게 움직였다. 제3파가 탄 강습주정이 들어올 때까지도 유타 해변에서는 사실상 저항이랄 것이 전혀 없었다. 해변에는 독일군이 쏜 포탄 몇 발이 떨어지고 기관총탄과 소총탄 얼마쯤이 점점이 박혔지만, 애초에 제4보병사단이 예상했던 치열하고 시끄러운 근접전은 전혀 없었다. 전투가 아니라 훈련을 한다고 해도 크게 틀린 말이 아닐 정도였다. 제2파로 상륙한 도널드 존스Donald N. Jones 일병은 침공 전 했던 훈련을 한 번 더 하는 것 같다는 느낌을 받았다. 잔뜩 긴장하고 들어왔는데 시시하다는 생각을 한 사람도 있었다. 지난 몇 달 동안 슬랩튼 샌즈*에서 했던 갖은 고생을 생각하니 용두사미 같았다. 레이 맨Ray Mann 일병도 비슷한 느낌이 들었다. "그 고생을 다하면서 준비했는데 막상 상륙이 별것 아니어서 조금 실망했습니다." 심지어 독일군이 설치한 장애물도 생각만큼 위협이 되지 않았다. 시멘트로 만든 원뿔장애물과 철침 몇 개가 해변에 어수선하게 널려 있을 뿐이었다. 장애물은 수도 적은 데다 오마하 해변에 있는 것처럼 지뢰가 달린 것은 거의 없었다. 그나마도 모두 노출되어 있어서 공병이 손쉽게 제거했다. 상륙부대가 들어오기 전부터 작업 중이던 폭파대원들은 독일군 방어시설을 폭파시켜 140미터쯤 되는 통로를 내고 대서양 방벽을 뚫었다. 몇 시간 뒤, 유타 해변의 장애물은 완전히 제거되었다.

1.5킬로미터가 조금 넘는 유타 해변을 채운 것은 길게 늘어선 수륙양용전차였다. 수륙양용전차를 물 위에 뜨게 만들었던 스커트는 축 늘어져 있었다. 유타 해변 공격이 이토록 성공적일 수 있었던 이유 중 하나는 수륙양용전차에 있었다. 바다에서는 제1파와 함께 느릿느릿 움직이던 수륙양용전차였지만 해변에 도착하면서부터는 빠르게 전진하여 상륙 병력을 맹렬하게 지원했다. 본격적인 상륙 이전에는 엄청난 포격이, 상륙이 시작되어서는 수륙양용전차가 활약하자, 유타 해변 뒤쪽에서 진지를 점령하고 저항하던 독일군은 큰 충격을 받고 사기가 꺾인 듯 보였다. 그러나 오마하 해변만큼은 아니지만 유타 해변에 상륙하는 미군도 불운과 죽음을 맛보기는 마찬가지였다. 루돌프 모즈고 일병은 해변에 닿자마자 시체를 봤는데,

* 옮긴이) 슬랩튼은 잉글랜드 데번Devon에 있는 작은 해안마을이다. 해변 이름이 슬랩튼 샌즈Slapton Sands이기는 하지만 실제로는 자갈 해변이며, 해변 뒤에 호수가 있는 것이 유타 해변과 유사하여 훈련지역으로 선정되었다. 1944년 4월 22일부터 4월 30일까지 열린 타이거 연습Exercise Tiger 중 4월 27일 상륙 훈련에서 에이치아워가 오전 7시 30분에서 8시 30분으로 1시간 늦춰졌으나, 이 사실은 함포사격을 하는 영국 순양함 호킨스Hawkins에만 전달되고 미군에는 전해지지 않았다. 호킨스가 에이치아워 1시간 전부터 30분 전까지 상륙준비함포사격을 하는 동안 기존 에이치아워를 기준으로 상륙하던 미군은 우군 포격으로 사상자가 발생하는 사고를 겪었다.

시체를 보는 것은 생전 처음이었다. 직격탄을 맞은 수륙양용전차 승무원은 몸 절반은 해치 위에, 나머지 절반은 해치 아래에 걸친 채 죽어 있었다. 6미터밖에 떨어지지 않은 데서 포탄이 폭발하면서 병사 한 명의 목이 그대로 날아가는 것을 본 제1공병특수여단의 허버트 테일러Herbert Taylor 소위는 충격을 받고 멍하니 있었다. 에드워드 울프Edward Wolfe 일병은 시체를 지나치면서 했던 생각을 생생히 기억한다. "마치 잠자는 것처럼 기둥에 등을 대고 해변에 앉아 있는 시체를 봤습니다. 앉은 모습이 어찌나 자연스럽고 평화롭던지 흔들어 깨워야 할 것 같더군요."

시어도어 루스벨트 3세 준장은 관절염이 도진 어깨를 주물러 가며 푹푹 빠지는 모래밭을 헤치고 나아갔다. 루스벨트는 제1파와 함께 상륙한 유일한 장군이었다. 당시 쉰일곱 살이던 루스벨트는 처음부터 선두에서 부하들과 함께 상륙하겠다는 주장을 굽히지 않았다. 이 요구가 거부되자 루스벨트는 즉각 다른 것을 요구했다. 루스벨트는 자신이 전장에 있어야 한다며 제4보병사단장 레이먼드 바턴* 소장에게 직접 쓴 편지를 보냈다. "제가 전장에 함께하면 어린 병사들이 안정될 겁니다." 마지못해 허락하기는 했지만 바턴은 이 결정이 두고두고 마음에 걸렸다. 바턴은 당시 심정을 이렇게 말했다. "막상 허락하고 잉글랜드에서 테드를 떠나보낼 때, 다시 살아서 볼 수 있으리라는 기대는 접었습니다." 그러나 루스벨트는 아주 생생하게 살아 있었다. 제8보병연대의 해리 브라운 병장은 루스벨트의 모습을 이렇게 기억한다. "한 손으로는 지팡이를 짚고 다른 손에는 지도를 들고 마치 부동산을 둘러보는 사람처럼 사방을 돌아다니셨습니다." 해변에는 여전히 박격포탄이 터졌고 공중으로 튄 모래가 마치 비 오듯 쏟아졌다. 루스벨트는 무척이나 성가시다는 듯이 얼굴에 붙은 모래를 털어 냈다.

---

* 옮긴이) Raymond Oscar Barton(1889년 8월 22일~1963년 2월 27일): 1912년 미 육군사관학교를 졸업하고 제1차 세계대전을 치르며 독일에 주둔(1917~1923년)했다. 1942년 7월 3일부터 1944년 12월 26일까지 제4보병사단장으로 제2차 세계대전을 치렀다.

제3파를 태운 상륙주정이 해변 가까이에 장병들을 내려놓았다. 이들이 바닷물을 헤치며 뭍으로 올라오는 순간 독일군이 쏜 88밀리미터 포탄이 '쉭' 하며 갑자기 날아오더니 병사들 사이에서 폭발했다. 십여 명이 쓰러졌다. 몇 초 뒤, 포탄이 터진 곳에서 솟아오르는 연기를 뚫고 누군가 일어섰다. 얼굴은 숯을 칠한 듯 까맸고 철모와 장비는 어디론가 가서 없었다. 그 병사는 충격을 받아 두 눈을 동그랗게 뜬 채 의무병을 부르며 해변으로 걸어 올라왔다. 이를 본 루스벨트는 그에게 달려가 팔로 안으며 부드럽게 말했다. "자네, 걱정 말게! 배에 태워져 잉글랜드로 후송될 거야."

지금 상륙한 곳이 원래 계획한 유타 해변이 아니라 엉뚱한 데라는 것을 아는 것은 루스벨트와 소수의 참모들뿐이었다. 결과적이기는 하지만, 이는 아주 운이 좋은 실수였다. 원래 강습하려고 했던 유타 해변에는 미군을 처참하게 짓이겨 버릴 수 있는 독일군 중重포대가 아무 피해도 받지 않고 건재했다. 이처럼 엉뚱한 곳으로 오게 된 데는 몇 가지 까닭이 있었다. 제1파를 안내하는 배는 딱 1척이었다. 함포 포격 때문에 생긴 연기로 주요 지형과 지물을 구분할 수 없는 데다 해안을 따라 흐르는 조류를 벗어나지 못한 안내선은 유타 해변보다 남쪽으로 1.6킬로미터도 넘게 떨어진 곳으로 제1파를 인도했다. 그 결과, 제101공정사단이 부지런히 기동하는 방향에 있는 둑길 5개 중 2개인 출구 3과 4 맞은편의 해변을 침공하는 대신, 교두보 전체가 1천800미터 정도 수평 이동해서 출구 2에 걸터앉은 꼴이 되었다. 얄궂게도 바로 이 순간 로버트 콜Robert G. Cole 중령은 제101공정사단과 제82공정사단 병력이 복잡하게 섞인, 총 병력 75명을 이끌고 출구 3의 서쪽 끝에 막 도착했다. 이들은 공정부대로는 맨 먼저 둑길에 도착한 병력이었다. 콜 중령과 부하들은 언제라도 제4보병사단이 나타날 수 있다고 생각하면서 늪에 몸을 숨기고 마음을 가라앉힌 채 기다렸다.

출구 2로 가는 접근로 가까이에 있는 해변에서 루스벨트는 중요한 결정을 막 내리려 하고 있었다. 불과 몇 분 뒤부터는 사람과 차량, 더 정확히는 병력 3만 명과 차량 3천500대가 마치 밀물 들어오듯 쉬지 않고 상륙하게 되어 있었다. 비록 계획된 곳은 아니지만 이미 발을 디딘 이 조용한 해변으로 인도할지, 아니면 다른 모든 부대와 장비를 원래 예정된 곳으로 전환할 것인지를 놓고 결정을 내려야 했다. 관건은 둑길의 수에 있었다. 첫째 안은 둑길이 하나뿐이었고, 둘째 안은 둑길이 2개였다. 만일 단일 출구를 개방하지 못하거나 확보하지 못할 경우, 병력과 차량이 풀 수 없는 실타래처럼 엉킨 채 해변에서 옴짝달싹도 못하는 악몽이 벌어질 수 있었다. 루스벨트는 대대장들을 불러 모아 의견을 듣고 결정을 내렸다. 원래 계획된 해변 너머의 목표들을 찾아 싸우는 대신, 제4보병사단은 단일 둑길로 내륙 깊숙이 전진하다가 맞닥뜨리는 독일군을 진지에서 끌어내기로 했다. 대폭 바뀐 작전의 성패는 속도에 달려 있었다. 기습으로 충격을 받고 어리둥절해진 독일군이 정신을 차리기 전에 최대한 빠르게 움직여야 했다. 다행스럽게도 제4보병사단은 별다른 저항을 받지 않고 빠르게 해변을 벗어났다. 루스벨트는 제1공병특수여단장 캐피 대령을 돌아보며 말했다. "내가 선두에 선다. 자네는 병력을 해변으로 보내라고 해군에게 말하게. 전쟁은 이제부터 시작이야!"

유타 해변 앞바다에서 미 구축함 코리는 포신이 빨갛게 달아오를 때까지 포격을 했다. 사격 속도가 어찌나 빠른지 수병들은 달아오른 포신을 식히려고 포탑에 서서 물을 뿌려 댔다. 유타 해변 앞바다에 도착하자마자 조지 호프만 소령은 코리를 기동시켜 사격 위치를 정하고는 닻을 내렸다. 코리의 5인치 함포는 분당 포탄 여덟 발을 굉음과 함께 프랑스 땅으로 날려 보냈다. 코리가 110발을 정확히 떨어뜨려 파괴해 버린 독일군 포대는 상륙하는 미군을 향해 다시는 포를 날릴 수 없었다. 사실 독일군은 코리에 맞서 포격 중이었다. 코리는 독일군 관측병이 볼 수 있는 유일한 구축함이었다. 연막 살포 항공기가 해안 가까이에서 상륙군을 지원하는 포격 선단을 보호하는

유타 해변으로 상륙하는 미 제4보병사단(디데이)

유타 해변에 상륙한 뒤 몸을 숨겼던 해안 벽을 넘어 진격하는 미 제4보병사단 8연대(디데이)

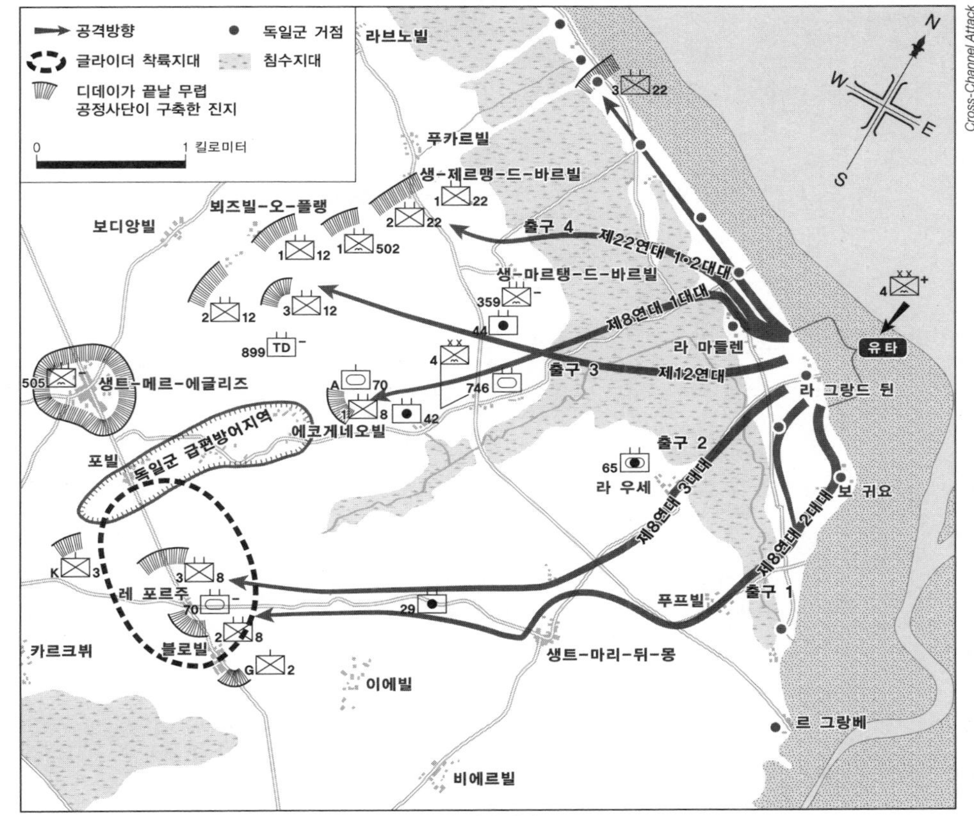


유타 해변 작전도

임무를 맡아 활동했지만, 코리에게 할당된 항공기는 격추돼 없었다. 유타 해변 너머 해안을 모두 감제할 수 있는 절벽에 관측병을 둔 포대 하나가 특히 모든 화력을 코리에게 집중시키는 것 같았다. 포구 화염으로 보아서는 포대가 생-마르쿠프 가까이에 있는 것 같았다.* 호프만은 우선 안전한 곳까지 코리를 물리겠다고 마음을 먹었다. 무전병 베니 글리슨은 당시를 이

* 옮긴이) 디데이 전 연합군 정보보고서에는 유타 해변에서 내륙으로 2.5킬로미터쯤 들어간 생-마르쿠프의 포대에 155밀리미터 포 6문이 있다고 되어 있으나, 이 포들은 210밀리미터 장사정포 3문으로 교체되었다. 이 포대가 유타 해변으로 상륙하는 미군을 공격하고 코리를 침몰시킨 것으로 판단된다.

렇게 기억한다. “우리는 갑작스럽게 방향을 돌려서는 꽁무니를 뺐습니다.”

그러나 코리가 있는 곳은 수심이 얕은 데다 칼날처럼 날카로운 암초 여러 개가 가까이에 있었다. 안전하다는 확신이 들기 전까지 호프만은 속도를 내라고 지시할 수 없었다. 몇 분 동안 호프만과 독일군 포병 사이에는 손에 땀이 나는 쫓고 쫓기는 치열한 경쟁이 벌어졌다. 독일군이 코리를 향해 집중 사격하리라 예상한 호프만은 코리의 방향과 속도를 연속해서 급격하게 바꾸며 회피 기동을 실시했다. 전진하다가 갑자기 뒤로 가고, 왼쪽으로 방향을 꺾었다가 다시 오른쪽으로 돌리고, 엔진을 멈췄다가 다시 앞으로 가기를 반복했다. 그러는 와중에도 코리의 함포는 독일군 포대와의 교전을 멈추지 않았다. 가까이에 있던 미 구축함 피치Fitch는 곤경에 빠진 코리를 지원하기 위해 독일군 포대에 포격을 시작했다. 그러나 정교하기 이를 데 없는 독일군의 포격은 조금도 줄지 않았다. 독일군의 협차 사격에 거의 꼼짝도 못하던 코리는 조금씩 움직여 간신히 빠져 나왔다. 암초가 없다는 것을 확인한 호프만이 명령했다. “최대한 우현으로! 전 속력 전진!” 코리는 앞으로 빠르게 나아갔다. 호프만은 뒤를 돌아보았다. 독일군이 쏜 포탄이 코리의 항적에 떨어지면서 거대한 물기둥이 솟아올랐다. 위기에서 벗어난 호프만은 한숨을 돌렸다. 그러나 호프만의 운은 거기까지였다. 시속 28노트로 물살을 가르던 코리는 수면 아래에 설치된 기뢰와 부딪쳤다.*

코리를 물 밖으로 던져 버릴 것 같은 엄청나게 커다란 폭발이 있어났다. 충격이 어찌나 크던지 호프만은 잠시 정신을 잃었다. 호프만은 지진으로 배가 들린 줄 알았다. 무전실에서 바깥을 내다보던 베니 글리슨은 갑자기

* 옮긴이) 코리가 어떻게 침몰했는지는 지금도 논란이다. 호프만은 함정손실보고서를 두 번 작성했는데, 첫 번째 보고서에는 독일군 포탄이 코리의 함체 중앙에 맞아 침몰했다고 되어 있으나, 두 번째 보고서에는 코리가 기뢰에 부딪혀 폭발했다고 되어 있다. 생존자들은 주변 해역에 기뢰가 없었으며 포탄에 맞아 침몰했다고 말하고 있다.

콘크리트 반죽기 안으로 떨어진 것 같은 느낌이 들었다. 다리가 붕 뜨더니 천장으로 던져지듯 날아가 무릎을 세게 부딪혔다.

기뢰가 폭발하면서 코리는 거의 두 동강이 났다. 주갑판 위에는 어른 발이 하나 들어갈 정도로 금이 크게 갔다. 코리의 이물과 고물은 마치 뾰족탑처럼 공중으로 치솟았다. 그나마 배가 완전히 부러지지 않게 이물과 고물을 잡아 준 것은 갑판 아래 있는 상부 구조물이었다. 주 기관실에는 물이 들어찼고, 제2기관실에는 생존자가 거의 없었다. 보일러가 폭발하면서 기관실에 있던 사람들은 끓는 물을 뒤집어쓰고 즉사했다. 키는 휘어서 움직이지 않았다. 움직일 수 있는 동력이 전혀 없었지만, 불길과 수증기가 치솟는 아수라장 속에서 코리는 미친 듯이 계속해 물살을 헤치고 있었다. 그 순간 호프만은 함포가 여전히 사격 중이라는 것을 깨달았다. 전기가 끊어졌지만 코리의 포수들은 수동으로 장전과 격발을 반복하고 있었다.

폭발 전에는 온전한 구축함이던 코리는 이제 우그러진 강철판으로 변한 채 파도를 헤치고 1천여 미터를 더 나아간 뒤에야 마침내 멈춰 섰다. 그러자 독일군 포대가 일그러진 코리를 향해 영점을 맞추었다. "함정을 포기하라!" 호프만이 명령했다. 명령이 떨어지고 몇 분 안 되는 동안 적어도 포탄 9발이 코리를 강타했다. 그중 1발이 터지면서 구경 40밀리미터짜리 탄약도 함께 폭발했다. 또 다른 1발이 터지면서 선미에 있는 연막발생기를 작동시켰다. 필사적으로 구명정 쪽으로 이동하던 코리의 승조원들은 질식할 것 같은 고통을 맛봐야 했다.

함장인 호프만이 마지막으로 코리를 돌아보고는 바다로 뛰어들어 구명정을 향해 헤엄쳐 갔는데, 이 무렵 코리의 주갑판은 이미 수면 아래로 50센티미터쯤 들어가 보이지 않았다. 호프만 뒤편으로 마스트와 상부 구조가 수면 위에 아직 남아 있기는 했지만, 코리는 점점 가라앉았다. 미 해군이 디데이에 입은 주요 함정 손실은 1척이었는데, 그것은 바로 코리였다. 호프만을 포함한 승조원 294명 중 13명이 사망하거나 실종되었고, 33명이

www.uss-corry-dd463.com

**유타 해변 앞바다에서 침몰하는 구축함 코리**(디데이) 코리가 어떻게 침몰했는지는 오늘날까지도 논란이다. 이 사진은 코리 근처에 있던 구축함 피치의 수병인 조지 하디가 찍었다.

부상을 입었다.* 코리가 입은 인명 손실은 지상군이 유타 해변에 상륙하면서 입은 것보다 훨씬 더 컸다.

호프만은 자신이 가장 마지막으로 코리를 이탈했다고 생각했으나 이는 사실이 아니다. 현재로서는 코리를 가장 마지막에 떠난 것이 누구인지는 정확히 모른다. 그러나 구명정이 침몰 현장에서 멀어지는 동안 다른 함정의 승조원들은 수병 한 명이 코리의 고물로 기어오르는 것을 보았다. 그는 포격으로 부러진 깃봉에서 성조기를 떼어서는 물로 뛰어들더니 가라앉고 있는 코리의 몸통으로 가 마스트에 올랐다. 미 함정 버틀러Butler의 조타수 딕 스크림쇼Dick Scrimshaw는 이 경이로운 장면을 바라보며 감탄사를 터뜨렸다. 독일군 포탄이 여전히 주변에 떨어지고 있는데도, 그 수병은 침착하게 성조기를 몸에 묶더니 마스트 위를 달려서는 바다로 몸을 던져 헤엄치기 시작했다. 난파한 코리 위로 성조기가 잠시 흐느적거리더니 곧 펼쳐져서는 엷은 안개 속에서 펄럭이는 모습이 스크림쇼의 눈에 들어왔다.**

* 옮긴이) 침몰 당시 바닷물은 섭씨 12도 정도였는데, 승조원들은 가까이 있던 구축함 피치에 구조되기까지 약 2시간 동안을 포탄이 터지는 차가운 물속에서 버텨야 했다. 결과적으로 코리의 승조원 중 24명이 사망했고 적어도 60명이 부상을 입었다.

** 옮긴이) 코리가 침몰한 곳은 수심 10미터쯤으로 선체는 물속에 잠겼지만 마스트와 함교는 물 위에 나와 있었다. 포격으로 너덜너덜해진 성조기가 마스트에 게양된 일화는 1994년 디데이 50주

꼬리에 밧줄을 묶은 로켓이 푸앵트 뒤 오크에 있는 높이 30미터짜리 절벽을 향해 날아올랐다. 유타 해변과 오마하 해변 사이로 또 다른 미군이 바다에서 들어오고 있었다. 연합군 정보처에서 이곳에 있다고 말한 독일군 포대들은 유타 해변과 오마하 해변 모두를 위협하고 있었다. 제임스 러더 중령이 이끄는 레인저 중대 3개가 이들 포대를 강습하자 독일군이 쏴 대는 총알이 빗발처럼 쏟아졌다. 제2레인저대대원 225명을 태운 강습주정 9대는 아래보다는 위가 바다 쪽으로 불쑥 튀어나온 절벽 아래 있는 좁고 긴 해변을 따라 줄지어 움직였는데, 지형 덕분에 독일군의 기관총 사격과 굴러 떨어지는 수류탄 공격으로부터 어느 정도 보호를 받았다. 그 와중에 영국 구축함 탈리본트Talybont와 미 구축함 새털리Satterlee는 바다에서 절벽 꼭대기를 향해 연달아 포탄을 날렸다.

러더가 이끄는 제2레인저대대는 에이치아워 정각에 절벽 아래에 도착하도록 되어 있었다. 그런데 선두에 선 강습주정이 경로를 벗어나 원래 목표 지점보다 동쪽으로 5킬로미터쯤 떨어진 푸앵트 드 라 페르세 쪽으로 곧장 나아갔다. 러더가 이를 알고 선단을 원래 경로로 되돌렸을 때는 금쪽같은 시간이 상당히 지나 버린 뒤였다. 에이치아워에 목표 해안에 도달하지 못한다는 것은, 제2레인저대대의 나머지 병력과 맥스 슈나이더 중령이 지휘하는 제5레인저대대 등 지원 병력 500여 명의 도움을 받을 수 없다는 뜻이었다. 러더의 부대가 절벽을 기어올라 신호탄을 쏘아 올리면 해안에서 얼마간 떨어진 바다에서 배를 타고 기다리고 있던 부대가 진입하는 것이 계획이었다. 만일 오전 7시까지 아무 신호도 오지 않으면 슈나이더는 푸앵트 뒤 오크 강습이 실패한 것으로 간주하고 6킬로미터쯤 떨어진 오마하 해변으로 들어가기로 되어 있었다. 슈나이더의 제5레인저대대는 제29보병사단

---

년 기념식에서 클린턴 대통령이 언급했고, 2002년 6월 『내셔널 지오그래픽National Geographic』에 'Untold Stories of D-Day'라는 제목과 함께 표지 사진으로 실렸다. 『내셔널 지오그래픽』에 따르면 침몰하는 코리에서 성조기를 떼어 낸 사람은 폴 가레이Paul Garray 중위이다.

을 뒤따라 오마하 해변으로 들어간 후 서쪽으로 우회하여 푸앵트 뒤 오크로 접근한 다음 후방에서 독일군 포대를 공격할 계획이었다. 오전 7시 10분이 되었으나 아무런 신호도 받지 못한 제5레인저대대는 벌써 오마하 해변으로 향하고 있었다.* 이제 러더를 포함한 제2레인저대대 225명은 자력으로 목표를 달성해야 했다.

러더가 맞닥뜨린 전투는 거칠고 사나웠다. 레인저들은 로켓을 계속해 위로 쏘아 올렸는데, 로켓에는 조그만 갈고리를 끝에 매단 밧줄과 줄사다리가 달려 있었다. 그러는 동안 절벽 꼭대기에 있는 독일군이 쉴 새 없이 쏘아 대는 포탄과 40밀리미터 유탄이 레인저들이 있는 땅에 박혀 터지면서 땅을 한 번씩 뒤집어엎었다. 레인저들은 폭이 좁고 포탄이 터져 군데군데 구멍이 난 해변을 재빠르게 가로지른 뒤 줄사다리와 밧줄을 잡고 절벽을 기어올랐다. 독일군은 몸을 앞으로 빼고는 손절구 공이처럼 생긴 수류탄을 아래로 던지거나 슈마이서 기관단총을 갈겨 댔다. 배에서 내린 레인저들은 몸을 숙인 채 엄폐물에서 다음 엄폐물로 잽싸게 움직이며 절벽 꼭대기의 독일군에 맞서 총을 쏘았다. 푸앵트 뒤 오크 앞바다에서는 길게 늘일 수 있는 사다리를 실은 수륙양용전차 2대가 해변으로 가까이 다가오려 애쓰고 있었다. 이들 사다리는 특별히 이번 작전을 위해 런던 소방대에서 빌린 것이었다. 사다리 꼭대기에 올라탄 레인저들은 독일군이 있는 곳에 대고 브라우닝 자동 소총과 톰슨 경기관총을 갈겨 댔다.

레인저들은 맹렬하게 공격했다. 성미가 급한 일부 대원은 밧줄을 잡을 때까지 기다릴 여유도 없었다. 이들은 무기를 어깨에 걸어 메고는 칼을 뽑아 손 짚을 곳을 만들어 가면서 9층 높이의 절벽을 마치 개미처럼 기어오르기 시작했다. 다른 대원들은 갈고리가 절벽 꼭대기 어딘가에 걸리면 밧줄을 타고 올랐다. 꼭대기에 있던 독일군이 밧줄을 끊어 버리면 이를 타고

---

* 옮긴이) 원래 상륙하기로 되어 있던 도그 그린에서 독일군이 맹렬하게 사격하는 것을 본 슈나이더는 배를 동쪽으로 돌려 도그 그린에서 900미터쯤 떨어진 도그 화이트 해변에 상륙했다.

오르던 레인저들이 아래로 떨어졌다. 해리 로버트Harry Robert 일병이 쥔 밧줄은 두 번이나 끊어졌다. 세 번째 시도 끝에 로버트는 절벽 가장자리 바로 아래 있는 구멍에 도착할 수 있었다. 등반 전문가여서 'ㄴ 자 막대기'라는 별명으로 불린 빌 페티 병장은 처음에는 밧줄을 잡고 오르려 했지만 밧줄이 너무 젖은 데다 진흙투성이여서 실패했다. 대신에 페티는 사다리를 타고 올랐다. 10미터쯤 올라갔을 때 사다리가 부러지면서 뒤로 밀렸지만 페티는 포기하지 않고 다시 도전했다. 마찬가지로 사다리를 붙잡고 오르던 허먼 스타인Herman Stein 병장은 실수로 구명조끼를 부풀렸다. 스타인은 부풀어 오른 구명조끼를 어떻게 해 보려고 씨름했지만, 앞뒤로 둘러싼 레인저들 때문에 그 상태로 계속 사다리를 타고 오를 수밖에 없었다.

시간이 흐르면서 레인저들은 절벽 꼭대기에서부터 아래로 내려진 밧줄들을 붙잡고 기어오르기 시작했다. 세 번째로 시도하던 페티 주변으로 흙덩이가 '우수수' 떨어졌다. 절벽 가장자리 바깥으로 몸을 내민 독일군이 밑에서 기어오르는 레인저들에게 기관총을 갈겨 댔다. 런던 소방대에서 빌린 사다리에 올라탄 레인저들이 독일군에게 맹렬하게 총알을 쏘아 댔고, 앞바다에 떠 있는 구축함들이 쉬지 않고 독일군 머리 위로 포탄을 우박처럼 퍼부었다. 그러나 독일군은 개의치 않고 필사적으로 싸웠다. 함께 기어오르던 레인저의 몸이 뻣뻣해지더니 핑그르르 도는 모습이 페티의 눈에 들어왔다. 스타인도, 당시 스무 살이던 칼 봄바디어Carl Bombardier 일병도 그 장면을 보았다. 이들 모두 겁에 질려 바라보는 사이, 핑그르르 돌던 레인저는 밧줄에서 주르륵 미끄러지더니 절벽 중턱에 툭 튀어나온 바위에 부딪힌 뒤 떨어졌다. 페티는 그 순간을 생생하게 기억한다. "그 친구가 떨어져 해변에 닿을 때까지 정말 오래 걸렸습니다." 공포로 몸이 얼어붙은 페티는 손이 말을 듣지 않아 더 이상 위로 올라갈 수 없었다. "그때 혼잣말을 한 것이 기억납니다. '너무 힘들어서 올라갈 수 없어'라고요." 바로 그때 방향을 돌린 독일군 기관총에서 나온 총알이 페티 쪽으로 점점 가까이

다가왔다. "정말 빠르게 몸이 풀렸고, 몇 미터 남지 않은 절벽을 죽자 사자 기어 올라갔습니다."

절벽 꼭대기까지 올라간 레인저들은 탄흔지로 몸을 날렸다. 매클로스키 병장이 탄 반쯤 물에 잠긴 탄약 수송선은 운 좋게 해변에 닿았다. 갑자기 높이 솟아오른 평평한 탁자처럼 보이는 푸앵트 뒤 오크의 지형은 매클로스키의 눈에는 매우 낯설고 이상해 보였다. 에이치아워 전에 실시한 함포사격과 폭격 때문에 탄흔지가 잔뜩 생긴 푸앵트 뒤 오크 일대는 마치 달 표면 같았다. 힘들게 기어올라 탄흔지로 몸을 숨기는데 기분 나쁜 침묵이 흘렀다. 잠시 사격이 멈추었지만 독일군은 보이지 않았다. 아무도 없는 프랑스 땅은 소름 끼칠 만큼 무서웠다. 탄흔지는 내륙으로 더 이어져 있었다.

대대원들이 절벽에서 사투를 벌이는 동안, 러더 중령은 절벽 끝자락 틈새에 벌써 지휘소를 설치했다. 디데이 이후 러더는 수많은 전투를 치르며 지휘소를 설치했다 철거하기를 반복한다. 그 수많은 전투의 시작이 바로 오늘이었다. 통신장교 제임스 에이크너James Eikner 중위는 '모든 대원이 절벽에 올랐다'를 뜻하는 암호전문인 "주를 찬양하라!"를 전송했다. 막상 보고는 이렇게 했지만 벌어지는 상황은 전문과 많이 달랐다. 절벽 아래 해변에서는 소아과 전문의 출신 군의관이 이미 전사하거나 죽어 가는 대원 25명쯤을 돌보고 있었다. 용맹한 레인저의 수는 시간이 갈수록 조금씩 줄어들었다. 디데이가 끝날 무렵, 함께 출발했던 225명 중 무기를 들고 서 있을 수 있는 대원은 90명뿐이었다. 병력 손실도 심각했지만 더 안 좋은 사실이 있었다. 제2레인저대대가 영웅적으로 전투를 치렀지만 해안포는 거기에 없었다. 있지도 않은 해안포를 공격하느라 쓸데없는 공격을 감행하는 과정에서 많은 전우가 아깝게 죽었다는 것은 씁쓸함을 넘어 가슴이 쓰린 일이었다. 일찍이 그랑캉의 레지스탕스 지도자 장 마리옹이 런던으로 전달하려던 정보는 사실이었다. 푸앵트 뒤 오크 절벽에 있는 독일군 벙커는 포격으로 초토화되었지만, 이들 벙커는 단 한 번도 포가 설치된 적이 없는, 비어

U.S. National Archives

**제2레인저대대장 러더 중령**(왼쪽)**과 D중대장 커츠너 중위**(오른쪽) 이 둘은 푸앵트 뒤 오크라는 어려운 목표를 달성할 수 있었던 최상의 조합이었다. 브래들리는 회고록에서 "내 부하들 중 레인저 강습단을 이끄는 러더보다 더 어려운 임무를 맡은 사람은 없었다."라며 러더를 높이 평가했다. 중대장이 탄 상륙주정이 침몰하는 바람에 중대장 대리가 된 커츠너는 독일군이 쏘아 대는 기관총탄을 무릅쓴 채 40미터 높이의 푸앵트 뒤 오크 절벽을 기어올라 말 그대로 모든 난관을 뚫고 해안포를 무력화시켰다. 낮에 증원 병력과 합류한다는 계획과는 달리 커츠너와 15명의 부하들은 꼬박 이틀 반을 고립된 채 진지를 지켜 냈다. 1984년 디데이 제40주년 기념식에서 레이건 대통령은 커츠너를 비롯한 레인저대원들을 영웅으로 치켜세웠다.

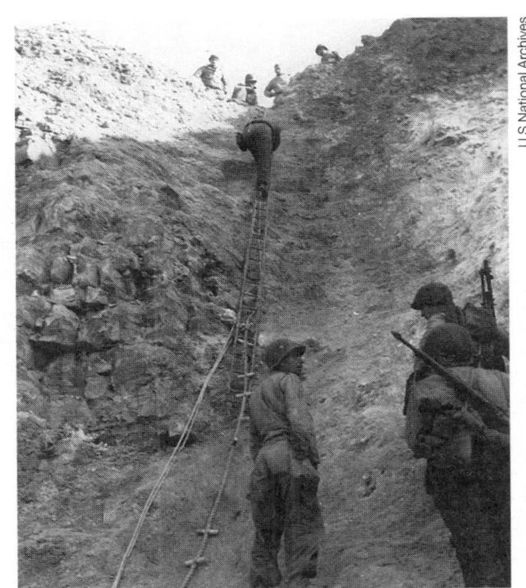

U.S National Archives

**줄사다리를 이용해 푸앵트 뒤 오크 절벽을 기어오르는 레인저 대원**(1944년 6월 8일)

U.S. National Archives

**푸앵트 뒤 오크 절벽 위에 차린 지휘소**(디데이) 쉬는 중에도 독일군 포탄은 머리 위로 날아다녔고 싸울 수 있는 레인저의 수도 점점 줄어들었다. '모든 대원이 절벽에 올랐다'는 뜻의 전문인 "주를 찬양하라!"를 전송한 통신장교 에이크너 중위가 바위에 걸터앉아 수통의 물을 마시고 있다. 이 사진은 6월 12일에 공개되었다.

있는 벙커였다.*

힘들여 절벽을 기어오른 페티와 네 명의 전우는 진이 빠져 탄흔지 안에 앉아 있었다. 포탄을 맞아 뒤집어지고 군데군데 구멍이 난 땅 위로 옅은 해무가 떠 있었다. 코르다이트 화약 냄새는 아직도 코를 찔렀다. 페티는 몽롱한 정신으로 주변을 쳐다보았다. 탄흔지 가장자리에서 참새 두 마리가 벌레를 잡아먹는 것을 본 페티가 말했다. "저것 봐! 참새들이 아침을 먹고 있네!"

정말로 대단하고 무시무시한 디데이 아침, 해상 강습의 마지막 단계가 막 시작되었다. 뎀프시Dempsey 중장이 지휘하는 영국 제2군은 노르망디 침공 해안 동쪽을 따라서 해변으로 들어오고 있었다. 영국군은 완고하면서도 유쾌해 보였다. 화려하면서도 격식을 차린 제2군 장병들은 전형적인 영국인답게 애써 태연한 척했다. 지난 4년 동안 꿈에서도 그리던 날이 드디어 시작된 것이다. 제2군이 공격하는 것은 단지 해변이 아니었다. 뮌헨과 됭케르크에서 독일군에 쫓긴 기억, 다시 생각하기도 싫은 치욕적인 철수를 계속해야 했던 기억, 모든 것을 부숴 버릴 것처럼 셀 수 없이 계속되던 독일군의 공습, 누구 하나 돕는 이 없이 외롭게 독일에 저항해야 했던 암울한 기억을 드디어 씻어 내는 날이 온 것이다. 영국 제2군과 함께하는 것은, 디에프에서 당한 참혹한 패배를 설욕할 캐나다군이었다. 비록 수는 적지만 고국으로 돌아갈 아침만을 손꼽아 기다리던 프랑스군도 함께했다.

이들 사이에는 환희가 가득했다. 해변을 향해 나아가는 동안 소드 해변 앞바다에 떠 있는 구조정 확성기에서는 흥겹기 짝이 없는 「맥주 통을 꺼

* 절벽을 기어오르는 데 성공하고 2시간 뒤, 레인저들은 정찰 도중 푸앵트 뒤 오크에서 2킬로미터쯤 내륙으로 들어간 위장된 진지에서 포 5문을 발견했는데 이 포를 지키는 사람이 아무도 없었다. 포 주변마다 탄이 쌓여 있었고 언제라도 쏠 수 있는 상태였지만, 독일군이 배치되었었다는 증거는 찾을 수 없었다. 추측컨대, 이 5문의 포는 푸앵트 뒤 오크에 배치될 예정이었던 것 같다.

내요Roll out the Barrel」*라는 노래가 크게 흘러나왔다. 골드 해변 앞에 떠 있는 로켓투발기가 달려 있는 평저선에서는 상황에 어울릴 법한 노래 「어디로 가는지 우리는 몰라요We Don't Know Where We're Going」가 흘러나왔다. 주노 해변으로 나아가는 캐다나군은 수면 너머에서 빠르게 울리는 나팔 소리를 들었다. 일부는 노래를 흥얼거리기도 했다. 당시 해병대원이던 데니스 로벨Denis Lovell은 그 순간을 생생히 기억한다. "어린 병사들은 선 채로 육군과 해군 군가를 계속 불렀습니다." 로밧 경이 이끄는 제1특수여단1st Special Service Brigade 장병들은 특유의 녹색 베레를 써 말쑥하고 눈부시게 멋져 보였다. 코만도라고 불린 이들은 처량한 소리를 내는 백파이프 연주를 들으며 전장으로 들어갔다. 코만도는 철모 대신 베레를 고집했다. 타고 있는 상륙주정이 필립 비안 제독의 기함 스킬라와 나란히 항해하자 코만도들은 엄지를 세워 경례했다. 당시 열여덟 살이던 숙련된 수병 로널드 노스우드Ronald Northwood는 코만도들을 보며 감탄했다. "살면서 마주친 사람들 중 가장 멋진 사람들이었습니다."

앞에는 장애물과 배 앞으로 떨어지는 독일군이 쏜 포탄이 있었지만 많은 이가 초연했다. 전차상륙주정에 탄 전신타자수 존 웨버John Webber는 한 영국 해병 대위가 해안선을 따라 빼곡하게 들어찬 장애물이 지뢰와 결합되어 마치 미로와 같은 해변을 살펴보더니 아무 일도 아닌 것처럼 조타수에게 말하는 것을 보았다. "이 보라고! 무슨 일이 있어도 내 부하들을 해변에 내려놓아야 하네." 장애물 위에 또렷이 설치된 텔러 지뢰를 본 제50사단 소속의 소령도 이를 뚫어지도록 쳐다보더니 타고 있는 상륙주정 조타수

---

* 옮긴이) 원 제목이 'Beer Barrel Polka'인 「Roll Out The Barrel」은 제2차 세계대전 중 큰 인기를 누렸다. 밝고 경쾌한 선율과 박자가 특징인 이 곡은 1927년 체코 음악가 야로오미르 베이보다Jaromír Vejvoda가 작곡했는데, 독일이 체코슬로바키아를 침공해 체코슬로바키아인들이 세계 각지로 흩어지면서 빠르게 퍼졌다. 제2차 세계대전 중 독일어와 영어를 포함해 20여 개 언어로 번역되어 큰 인기를 끌었다. 영어 가사는 곡 분위기에 어울리게 근심과 걱정을 잊고 즐겁게 산다는 내용이다.

에게 말했다. "제발, 이 끔찍한 '코코넛'을 건드려 우리 모두를 천국에 보내지는 말라고. 공짜라도 그건 원치 않네!" 영국 제48코만도대대를 가득 태운 상륙주정이 주노 해변 앞바다에서 독일군의 집중 사격을 받았다. 흩어진 코만도들은 갑판 위 구조물들 뒤로 몸을 숨겼는데, 유독 대니얼 플런더Daniel Flunder 대위만은 그러지 않았다. 플런더는 지휘용 지팡이를 팔 아래에 끼더니 앞 갑판을 침착하게 왔다 갔다 했다. 자료 조사차 면담할 때 플런더가 말했다. "내가 해야 할 일이라고 생각했습니다." 이러는 사이 총알 1발이 플런더가 메고 있던 지도통을 뚫고 지나갔다. 소드 해변을 목표로 나아가는 상륙주정에 탄 킹 소령은 계획한 대로 「헨리 5세」를 읽고 있었다. 디젤 엔진 소리는 요란하고 물 튀는 소리와 포격 소리가 큰 와중에, 「헨리 5세」를 읽는 킹 소령의 목소리가 확성기에서 흘러나왔다. "잉글랜드에 있던 신사들이 지금은……."

전투가 시작되기만 기다리며 안달을 떠는 사람도 여럿이었다. 불과 몇 시간 전에 "전쟁을 멀리하자!"라는 에이먼 데 벌레라의 문구로 축배를 제의했던 제임스 퍼시벌 데 레이시 병장과 그의 단짝인 패디 맥퀘이드Paddy McQuaid 병장은, 영국 해군이 보급하는 질 좋은 럼을 마시고 용기가 나서 전차상륙함의 함수발판에 서서 아주 진지하게 주변을 살펴보았다. 둘은 아일랜드 사람인 반면 주변은 온통 잉글랜드 사람이었다. 주변을 빤히 쳐다보면서 맥퀘이드가 말했다. "데 레이시, 이 애송이들 중에 몇몇은 겁이 많아 보이지 않아?" 해변이 점점 더 가까워지자 데 레이시가 부하들을 불렀다. "자, 이제 가자! 뛰어!" 전차상륙함이 '끼익' 소리를 내며 멈추자 타고 있던 병력이 뛰어나갔다. 포연이 가득한 해안선을 향해 맥퀘이드가 소리를 질렀다. "개자식들아, 와서 한판 붙어 보자!" 그 순간 물 아래로 사라졌다가 바로 솟아오르면서 맥퀘이드가 큰 소리로 말을 쏟아 냈다. "이런, 빌어먹을! 해변에 닿기도 전에 날 익사시키려고! 안 될 말이지."

소드 해변 앞바다. 영국 제3사단의 허버트 빅터 백스터Hurbert Victor Baxter

이병은 브렌 건 장갑차*에 타고 있었다. 장갑판 너머로 바깥을 응시하더니 백스터는 장갑차를 몰고 물속으로 뛰어들었다. 백스터의 숙적이라 할 수 있는 벨Bell 병장은 올라간 의자에 앉아 몸을 장갑차 바깥으로 내놓고 있었다. 지난 몇 달 내내 백스터는 이것저것 아는 체하는 벨과 다투었다. 벨이 큰 소리로 말했다. "백스터, 의자를 올리면 네가 어디로 가는지 볼 수 있어!" 백스터가 화난 목소리로 대꾸했다. "말도 안 되는 소리 마십시오! 저도 다 보고 있습니다." 해변으로 올라가는 동안 흥분을 가라앉히지 못한 벨은 둘 사이의 불화를 촉발할 행동을 다시 했다. 벨은 주먹으로 백스터의 철모를 내려치면서 큰 소리로 말했다. "계속 그렇게 가라고, 계속!"

코만도들이 소드 해변에 접근하자 로밧 경의 백파이프 연주병 윌리엄 밀린William Millin도 상륙주정에서 겨드랑이 깊이쯤 되는 물속으로 뛰어들었다. 앞으로 보이는 해변 곳곳에서는 연기가 피어올랐고 박격포탄 터지는 소리가 여기저기서 들렸다. 물속에서 허우적거리며 해변으로 가는 밀린을 로밧 경이 큰 소리로 불렀다. "이봐, 밀린! 「스코틀랜드 젊은이Highland Laddie」를 연주하라고!" 허리 깊이쯤 되는 물속에서 밀린은 백파이프를 입에 물고는 파도를 헤치며 앞으로 나아갔고, 백파이프는 마치 미친 귀신이 울부짖는 것 같은 소리를 냈다. 드디어 해변에 닿자 밀린은 포격이 있다는 것도 잊은 채 해변을 따라 왔다 갔다 하며 코만도들을 위해 백파이프를 연주했다.** 코만도들이 밀린을 우르르 지나쳐 가는 사이, '핑핑' 총알 날아다니는 소리와

---

* 옮긴이) 비커스-암스트롱Vickers-Armstrong 사에서 제작한 궤도형 경장갑차light armoured tracked vehicle로서, 공식 명칭은 유니버설 장갑차Universal Carrier이나 브렌 건 장갑차Bren Gun Carrier로 널리 알려졌다. 1934년부터 1960년까지 11만 대 이상이 생산되었으며, 영국을 포함한 영연방 국가에서 널리 사용했다.

** 옮긴이) 밀린은 로밧 경을 따라 소드 해변에 상륙하며 백파이프를 연주했는데, 여기에는 흥미로운 일화가 전해진다. 영국군은 위치가 노출될 것을 염려해 백파이프는 후방에서만 연주하라고 지시했다. 백파이프를 연주하라는 로밧 경에게 밀린이 이 지시를 대자 로밧 경은 "아! 그런데 어쩌나? 자네와 나는 스코틀랜드 사람이야. 잉글랜드 육군성이 만든 규정은 우리에게 적용되지 않아."라고 말했다. 독일군 저격수 포로들은 밀린이 미쳤다고 생각해서 쏘지 않았다고 한다.

**소드 해변 퀸 레드 구역에 상륙하는 밀린**(디데이 오전 8시 40분) 흐릿하지만 백파이프와 배낭 뒷모습이 보이는 사람이 상륙주정에서 막 내리려 하는 밀린이다. 로밧 경은 파도를 헤치며 해안으로 나아가는 열 오른쪽에 보인다. 파이퍼 빌Piper Bill이라는 별명으로 더 많이 알려진 밀린(1922년 7월 14일~2010년 8월 17일)은 전쟁이 끝나고 스코틀랜드로 돌아가 로밧 경 영지에서 일하다 정신과 간호사가 되어 1988년까지 잉글랜드에서 일했다. 프랑스 정부는 2009년 6월 크루아도뇌르Croix d'honneur 훈장을 수여했고, 2013년 6월 소드 해변의 콜빌-몽고메리에 그를 기리는 동상이 섰다.

포탄 터지는 소리가 날카롭게 '삐익' 우는 백파이프 소리와 뒤섞였다. 그때 밀린은 「섬으로 가는 길The Road to the Isle」을 연주하고 있었다. 코만도 하나가 밀린에게 소리쳤다. "스코틀랜드 친구! 바로 그거야!" 또 다른 코만도가 소리 질렀다. "야, 이 얼간아! 몸을 낮추라고!"

오른 강 하구 가까이 있는 위스트르앙에서 시작해 서쪽의 르 아멜에 이르는, 길이 35킬로미터쯤 되는 소드 해변, 주노 해변, 골드 해변 어디고 간에 영국군이 버글거렸다. 상륙 해변은 병력을 토해 내는 상륙주정으로 가득했다. 강습이 예정된 거의 모든 해변마다 설치된 장애물은 독일군보다도 훨씬 심각한 문제였다.

가장 먼저 들어간 것은 장애물 지대에 폭 30미터짜리 통로를 내야 하는 수중폭파대원 120명이었다. 그들은 제1파가 들이닥칠 때까지 임무를 완수해야 했는데, 쓸 수 있는 시간은 딱 20분이었다. 이곳 장애물 지대는 정말로 만만치 않았다. 노르망디 침공 해변 어느 곳보다도 장애물을 더 빽빽하게 심어 놓은 곳도 여러 군데였다. 영국 해병대의 피터 헨리 존스Peter Henry Jones 병장은 강철봉, 차단 장치, 철조망을 사방에 감아 놓은 장애물, 시멘트로 만든 삼각뿔 등이 마치 무성한 숲처럼 보이는 장애물 지대로 헤엄쳐 들어갔다. 30미터의 폭을 두고 폭파하면서 존스는 주요 장애물 12개를 찾아냈는데 그중 일부는 길이가 무려 4미터도 넘었다. 폭파대원 존 테일러John B. Taylor 영국 해군 대위는 독일군이 만들어 놓은 이 엄청난 장애물들을 보고는 조장에게 말했다. "이 지랄 맞은 장애물을 파괴하는 것은 불가능해 보입니다." 말은 이렇게 했지만 그렇다고 손을 놓고 있지는 않았다. 포탄이 떨어지는 가운데 테일러는 다른 수중폭파대원과 마찬가지로 기계적으로 일을 시작했다. 장애물이 너무 컸기 때문에 한꺼번에 여러 개를 터트려 없애는 것이 불가능해서 1개씩 날려 버렸다. 제1파를 실은 수륙양용전차들이 꼬리를 물고 해변에 도착해서는 작업 중인 수중폭파대원들 사이를 지나갔다. 서둘러 물 밖으로 나온 수중폭파대원들은 거친 파도 때문에 옆으로 돌아 버린 전차상륙주정이 장애물에 충돌하는 것을 보았다. 기뢰가 터지면서 강철 말뚝이 선체를 찢어 버렸고 주변 해변에 있던 다른 전차상륙주정들은 허둥대기 시작했다. 해안에서 얼마간 떨어진 바다는 마치 폐선을 쌓아 놓은 고물상을 방불케 했다. 타고 있던 배가 점점 더 해변으로 접근하면서 전신타자수 웨버는 이런 생각을 했다고 한다. "해변에 상륙하는 것은 비극이었습니다. 전차상륙주정 여러 대가 오도 가도 못하게 된 채 불길에 휩싸였습니다. 온통 일그러진 강철 덩어리, 불타는 전차와 불도저가 해안에 가득했습니다." 웨버는 전차상륙주정 1대가 이런 아수라장을 지나면 바다 쪽으로 나가는 것을 보았다. "그 전차상륙주정의 갑판이 무시무시한 불길에 휩싸인 것을 보면서 겁이 덜컥 났습니다."

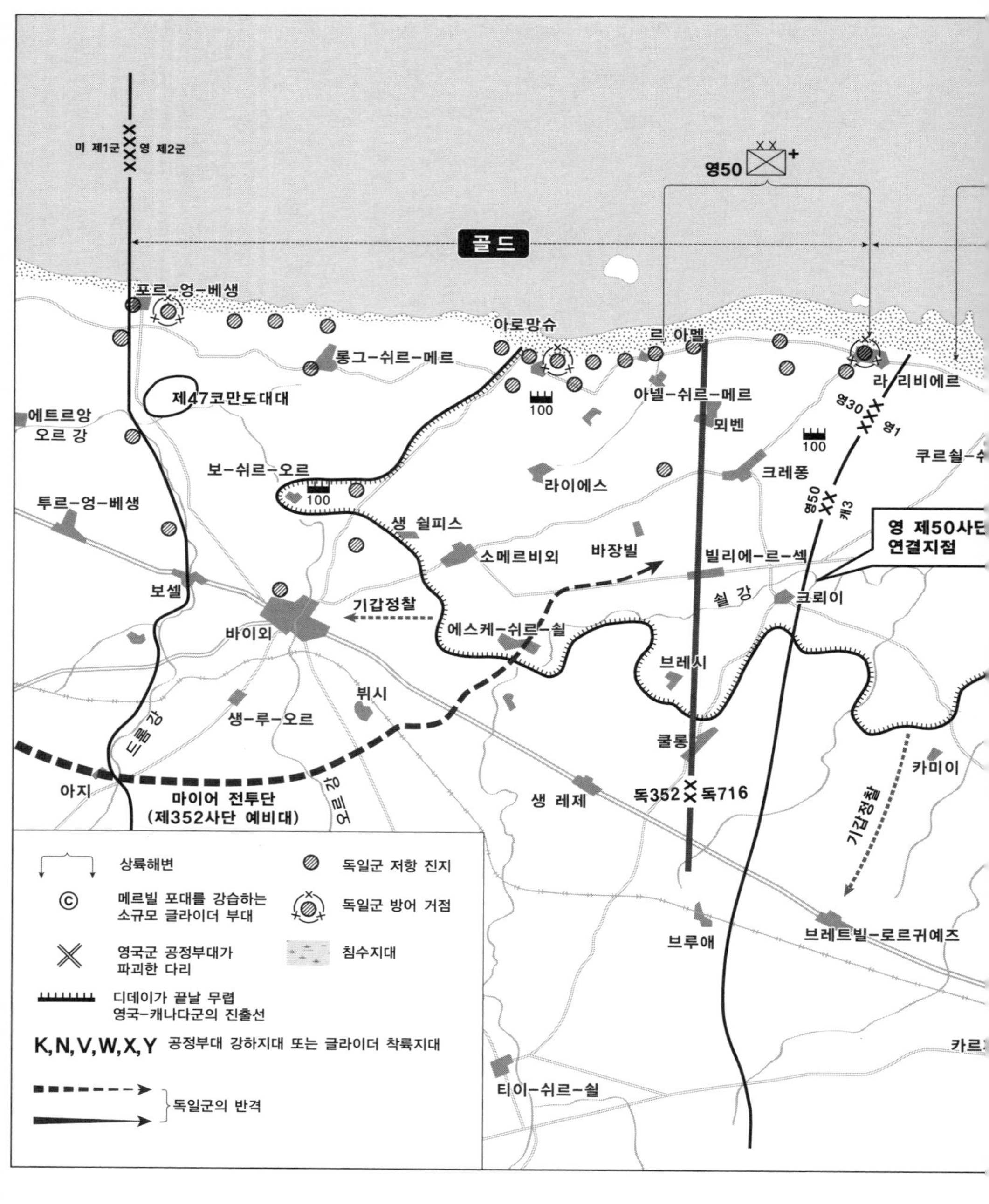
미 제1군
영 제2군
영50
골드
포르-엉-베생
아로망슈
르 아멜
롱그-쉬르-메르
라 리비에르
제47코만도대대
아넬-쉬르-메르
에트르앙
오르 강
뫼벤
영30
영1
쿠르쇨-쉬
보-쉬르-오르
100
라이에스
크레퐁
투르-엉-베생
영50
캐3
영 제50사단
연결지점
생 쉴피스
소메르비외
바장빌
빌리에-르-섹
보셀
기갑정찰
쇨 강
크뢰이
바이외
에스케-쉬르-쇨
브레시
뷔시
생-루-오르
드롬 강
쿨롱
카미이
아지
마이어 전투단
(제352사단 예비대)
오르 강
생 레제
독352
독716
기갑정찰
상륙해변
독일군 저항 진지
메르빌 포대를 강습하는
소규모 글라이더 부대
독일군 방어 거점
브루애
브레트빌-로르귀예즈
영국군 공정부대가
파괴한 다리
침수지대
디데이가 끝날 무렵
영국-캐나다군의 진출선
K,N,V,W,X,Y 공정부대 강하지대 또는 글라이더 착륙지대
카르
독일군의 반격
티이-쉬르-쇨

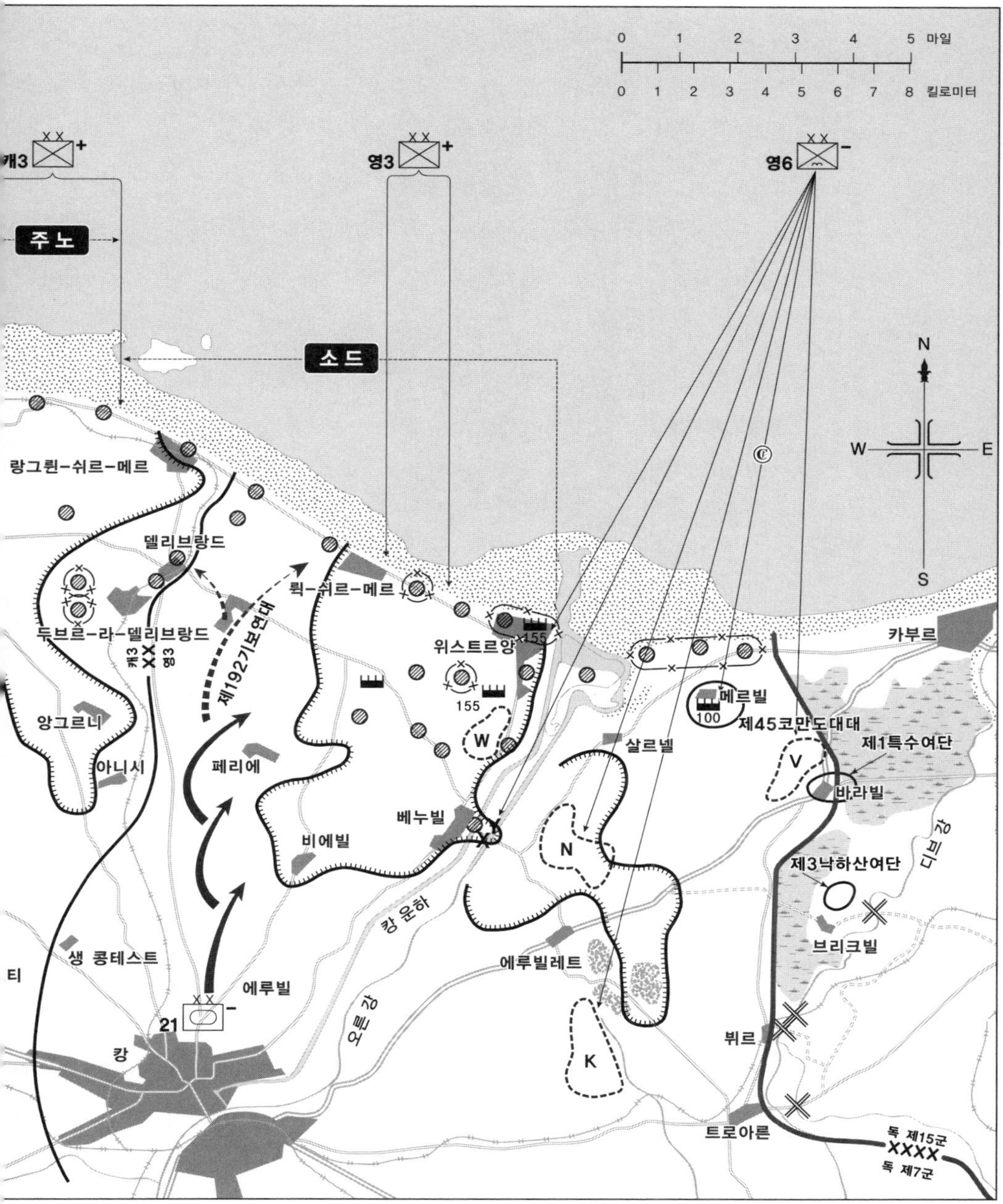

Cross-Channel Attack

골드, 주노, 소드 해변 작전도

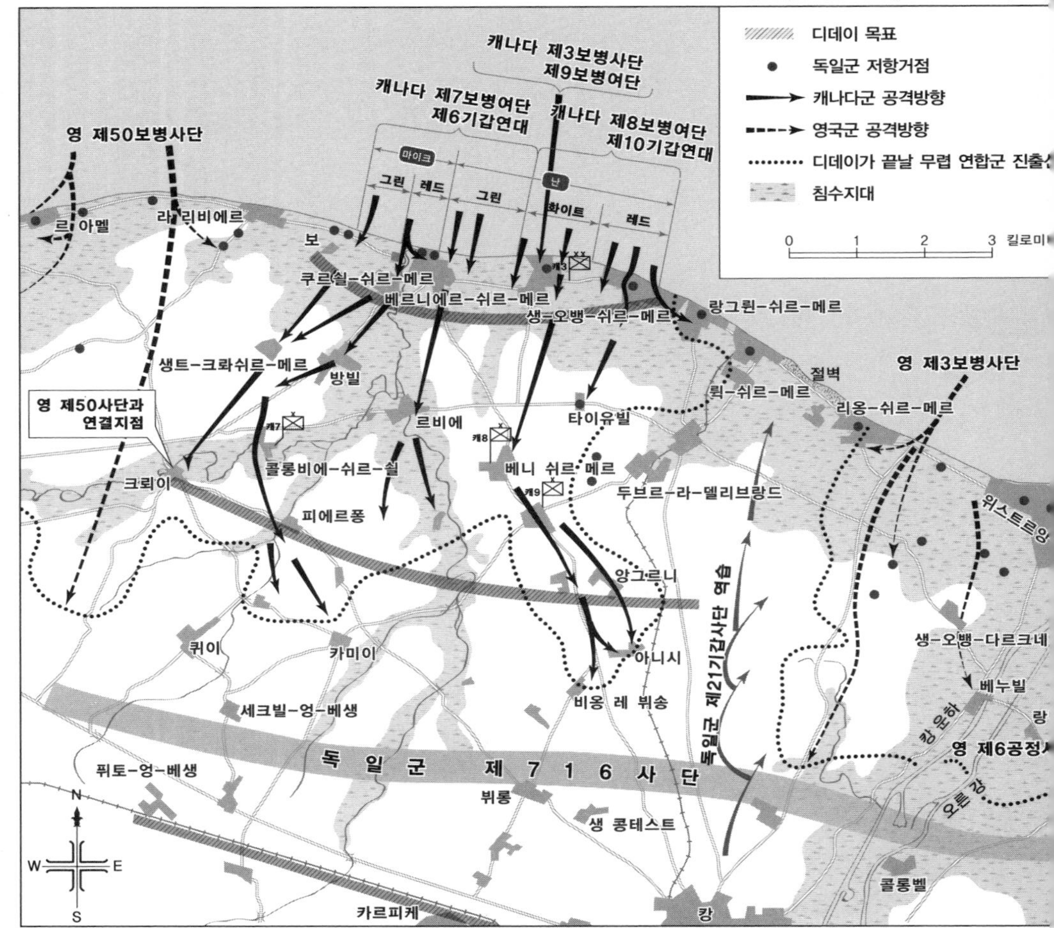

영국군과 캐나다군의 상륙과 기동

골드 해변에서 동료 수중폭파대원들과 함께 열심히 장애물을 제거하고 있던 존스 병장은 보병상륙주정 1대가 다가오는 것을 보았다. 보병상륙주정 갑판에는 바깥으로 뛰어나갈 준비를 한 장병들이 서 있었다. 갑자기 놀이 일자 옆으로 빗나간 보병상륙주정은 지뢰를 잔뜩 설치해 놓은 철제 삼각형에 부딪혔고, 충돌과 동시에 모든 것을 산산조각 내 버릴 것 같은 폭발이 일어났다. 존스의 기억은 이렇다. "폭발하는 순간은 마치 모든 것이 느리게 돌아가는 만화 같았습니다. 뛰어나갈 준비를 하고 서 있던 사람들은 마치 물기둥이 밀어 올린 것처럼 공중으로 붕 떠 버렸습니다. …… 그렇게 최고점에 도달한 몸뚱이와 살점이 마치 분수 물이 떨어지는 것처럼 사방으로 흩뿌려졌습니다."

들어오는 보병상륙주정마다 장애물에 걸렸다. 골드 해변으로 들어오는 제47코만도대대를 실어 나른 상륙주정 16척 중 4척이 침몰하고 11척은 손상을 입고 바닷가에 얹혔다. 온전히 모선까지 돌아간 것은 딱 1척뿐이었다. 도널드 가드너Donald Gardner 병장과 부하들은 해변에서 50미터쯤 떨어진 곳에서 뜻하지 않게 물속으로 떠밀리면서 가지고 있던 장비를 모두 잃어버렸다. 독일군의 기관총탄 세례를 피해 살려면 헤엄을 쳐야 했기에 장비를 걱정할 틈도 없었다. 안간힘을 쓰며 헤엄치는 가드너의 귀에 누군가 내뱉은 말이 들렸다. "이거 개인 해변에 무단으로 침입하는 것 같군." 주노 해변으로 들어가는 제48코만도대대는 장애물에 맞닥뜨렸을 뿐만 아니라 독일군이 집중적으로 쏴 대는 박격포탄 때문에 다른 부대보다 두 배는 힘들었다. 마이클 알드워스Michael Aldworth 중위가 이끄는 40여 명의 코만도들은 자신들을 겨냥해 날아온 박격포탄이 온 사방에서 터지는 동안 타고 온 보병상륙주정의 전방 대기실에 웅크리고 있어야 했다. 알드워스는 대체 무슨 일이 벌어지는지 알아보려 머리를 불쑥 내밀었다. 선미 대기실에서 나온 코만도들이 갑판 위를 달리고 있었다. 부하들이 소리쳐 물었다. "중위님! 언제쯤 여기서 나갈 수 있습니까?" 알드워스가 대답했다. "조금만 더 기다려라. 아직 우리 차례가 아니다." 잠시 뒤 누군가가 또 물었다. "그러면 얼마나 더 걸릴 것 같습니까? 이 지긋지긋한 대기실에 물이 차고 있습니다."

침몰하는 보병상륙주정에서 나온 코만도들을 다양한 배들이 신속하게 끌어올렸다. 바다에 배가 어찌나 많았는지 알드워스는 당시를 이렇게 기억한다. "마치 런던의 고급 상가 거리인 본드Bond 가에서 택시를 잡아타는 느낌이었습니다." 이렇게 구조된 코만도 중 일부는 해변까지 안전하게 갔고, 일부는 캐나다 구축함으로 옮겨졌다. 그러나 50명은 아주 얄궂은 운명을 만났다. 이들이 탄 전차상륙주정은 해변에 전차를 부리고 잉글랜드로 곧장 돌아오라는 지시를 받은 배였다. 이들 50명의 코만도들은 머리끝까지 화가 났지만, 할 말도 없었고 조타수를 설득해 항로를 바꿀 수도 없었다. 드 스택풀de Stackpoole 소령은 보병상륙주정을 타고 해변으로 향하던 도중 허벅지에 부상을 입었다. 그러나 우연히 올라탄 전차상륙주정의 목적지가 잉글랜드라는 말을 듣는 순간 불같이 화를 내며 소리를 질렀다. "말도 안 돼! 자네들 몽땅 미쳤군!" 말을 마친 드 스택풀은 난간을 넘어 바다로 뛰어들더니 해변을 향해 헤엄치기 시작했다.

상륙작전에 참여한 영국군 대부분은 장애물이 가장 상대하기 힘들고 어렵다고 느꼈다. 영국군이 장애물을 통과하는 동안 소드 해변, 주노 해변, 골드 해변에서는 독일군의 저항이 있는 듯 없는 듯 산발적이었다. 물론 독일군이 치열하게 반격하는 곳도 있었지만 저항이라 해 봐야 대부분은 가벼웠다. 심지어 저항이 전혀 없는 곳도 있었다. 골드 해변의 서쪽을 목표로 삼고 접근하던 제1햄프셔연대1st Hampshire Regiment는, 얕게는 1미터에서 깊게는 1.8미터쯤 되는 바다를 죽을힘을 다해 헤치고 나가다 엄청나게 큰 인명 피해를 입었다. 전투 경험이 많은 독일군 제352사단이 이미 르 아멜 마을을 점령하고 거점을 구축해 둔 뒤였다. 해안선을 따라 몰아치는 파도를 헤치느라 안간힘을 쓰는 제1햄프셔연대는 뚜렷한 표적이 되어 버렸다. 독일군은 박격포탄과 기관총탄을 말 그대로 제1햄프셔연대에 퍼부었다. 바람에 풀이 눕듯 영국군이 우수수 쓰러졌다. 찰스 윌슨Charles Wilson 이병은 누군가가 깜짝 놀란 목소리로 말하는 것을 들었다. "친구들, 내가 해냈다고!" 윌슨은 몸을 돌려 소리 난 곳을 쳐다보았다. 얼굴에 불신이 가득한 표정으로 아무 말도 없이 바다 쪽으로 내려가는 병사가 보였다. 윌슨은 계속해 앞으로 나아갔다. 윌슨은 이미 뒹케르크 앞바다에서 기관총 세례를 받아 본 경험이 있었다. 유일한 차이라면 지난번은 도망가던 길이었다는 것이다. 조지 스터넬George Stunnell 이병도 주변의 전우들이 계속해 쓰러지는

**골드 해변의 킹 레드 구간과 킹 그린 구간이 만나는 곳**(디데이) 영국 제50보병사단이 상륙하는 동안 찍은 것이다.

것을 목격했다. 스터넬은 수심이 1미터쯤 되는 곳에 서 있는 브렌 건 장갑차와 마주쳤다. “장갑차 엔진이 계속 돌아갔지만 해안에 쏟아지는 기관총탄에 겁을 먹은 조종수는 몸이 굳어 운전을 하지 못했습니다.” 사방에 기관총탄이 콩 볶듯 튀는 가운데 스터넬은 겁에 질린 조종수를 옆으로 밀치고는 장갑차를 해변으로 몰고 갔다. 의기양양하던 스터넬이 갑자기 땅으로 곤두박질쳤다. 총알 한 발이 전투복 상의에 들어 있는 담뱃갑에 명중한 것이다. 충격이 어마어마했다. 몇 분 뒤, 정신을 차린 스터넬은 등과 갈빗대에서 피가 나는 것을 알았다. 총일이 담뱃갑을 뚫고 깨끗하게 몸을 관통한 것이다.

제1햄프셔연대는 르 아멜에 구축되어 있던 독일군 장애물 지대와 방어

진지를 거의 8시간에 걸쳐 무력화했다. 디데이가 저물 무렵 제1햄프셔연대의 사상자는 200명에 육박했다. 신기하게도 장애물을 사이에 두고 제1햄프셔연대 좌우측에 각각 상륙한 부대들은 거의 아무런 문제도 없었다. 물론 사상자가 발생하기는 했지만 애초에 예상한 것보다 훨씬 적은 수였다. 제1햄프셔연대 왼쪽에는 40분 뒤에 제1도싯연대1st Dorset Regiment가 해변에 상륙했다. 그 뒤를 이어 상륙한 그린하워즈연대Green Howards Regiment는 질풍처럼 빠르면서도 각오가 대단했다. 내륙으로 빠르게 움직인 그린하워즈연대는 1시간도 안 돼서 최초 목표를 탈취했다. 디데이 전까지 독일군 90명을 사살한 전과를 거둔 중대 주임상사 스탠리 홀리스는 파도를 헤치고 해변으로 다가가 독일군 토치카를 혼자서 재빨리 탈취했다. 침착하기가 산 같은 홀리스는 디데이가 시작되자마자 스텐 기관단총과 수류탄 몇 발만으로 독일군 두 명을 사살하고 20명을 포로로 잡았다. 디데이가 끝날 무렵 홀리스는 여기에다 독일군 열 명을 더 사살한다.

르 아멜의 오른쪽 해변은 너무도 조용했다. 잔뜩 긴장한 채 한편으로는 기대하며 상륙한 영국군 중에는 실망하는 사람도 있었다. 해변에는 영국군과 차량이 개미처럼 바글댔다. 의무병 제프리 리치Geoffrey Leach는 당시를 이렇게 기억한다. "그토록 사람과 차량이 많았지만, 탄약 부리는 일을 도와주는 것을 빼면 막상 의무병이 할 일은 전혀 없었습니다." 제47코만도대대의 데니스 러벌Denis Lovell도 전투가 따분하게 느껴졌다. "영국에서 하던 훈련과 다를 것이 하나도 없었습니다." 신속하게 해변을 벗어나 독일군과 접촉을 피한 제47코만도대대는, 서쪽으로 방향을 틀어 포르-엉-베생 가까이에 있는 미군과 만나는 연결 작전을 위해 11킬로미터 급속 행군에 돌입했다. 제47코만도대대는 오마하 해변에서 올라온 미군과 정오쯤이면 만나리라 기대했다.

그러나 현실은 기대와 많이 달랐다. 오마하 해변에 상륙한 미군은 산전수전 다 겪어 노련할 대로 노련한 독일군 제352사단을 만나 꼼짝도 못하고 있었다. 그러는 사이, 영국군과 캐나다군은 파죽지세로 나아갔다. 이들이 상대한 독일군이란 소련과 폴란드에서 강제로 끌려온 사람들로 꾸려져 전력도 떨어지는 데다 피곤에 절기까지 한 독일군 제716사단이었다. 호랑이에게 날개를 단 격으로 영국군은 굴러다니는 모든 수륙양용전차는 물론, 쓸 수 있는지 없는지 아직 검증되지 않은 장갑차량까지 몽땅 동원했다. 강철 휘추리로 땅을 두드려 지뢰를 터트리는 '도리깨 전차', 전술교량이나 멍석을 만 얼레를 싣고 다니다 무른 땅이 나오면 펼쳐 일시적으로 통로를 만드는 전차, 장벽을 넘는 발판을 만들거나 대전차호를 메우는 데 쓸 통나무를 가득 싣고 다니는 전차도 있었다. 상륙 한참 전부터 함포와 폭격으로 해변을 두들겨 댄 데다 이런 독특한 발명품* 덕분에 영국군은 안전하면서도 빠르게 내륙으로 진격할 수 있었다.

영국-캐나다 연합군의 사정이 전체적으로야 순조로웠지만 그렇다고 강력하게 저항하는 독일군이 아예 없던 것은 아니었다. 주노 해변의 절반을 담당한 캐나다군 제3사단은 내륙으로 기동로를 내고 진출하기까지 독일군과 치열하게 싸워야 했다. 독일군은 참호와 토치카, 심지어 주택을 활용해 방어선을 편성했다. 캐나다군은 쿠르쇨-쉬르-메르Courseulles-sur-mer 마을의 도로에서 시가전까지 치르고서야 돌파구를 낼 수 있었다. 독일군은 안간힘을 쓰며 저항했지만 아무리 길어도 2시간을 넘기지 못하고 소멸되었다. 조우 전투는 많았지만 길지는 않았다. 쿠르쇨 해변까지 병력과 전차를 실어 온 전차상륙주정에서 내린 에드워드 애시워스Edward Ashwarth는, 캐나다 군인들이 독일군 포로 여섯 명을 얼마쯤 떨어진 조그마한 언덕 뒤로 끌고 가는 것을 보았다. 프릿츠 철모라고 불리는 독일군 철모를 기념품으로

* 옮긴이) 호바트의 코믹만화Hobart's Funnies: 영국군 퍼시 호바트Sir Percy Hobart 소장은 상륙 제1파가 장애물을 극복하는 것을 돕기 위해 상상력을 발휘해 새로운 장비들을 개발했다. 이런 까닭으로 이들 장비는 호바트의 이름을 따 '호바트의 코믹만화'라는 별명으로 불렸다. 디데이는 이들 새로운 발명품들이 투입된 첫 전장이었다. 이들 장비들은 이후 발전을 거듭해 오늘날에는 많은 나라가 공식 전투장비로 쓰고 있다.

IWM

**도리깨 전차** 호바트의 발명품 중 하나인 도리깨 전차는, 끝에 추를 매단 쇠사슬 여러 개를 마치 휘추리처럼 굴대에 연결하고 빠른 속도로 돌려 최대 20센티미터 깊이에 있는 지뢰를 터뜨리도록 설계되어 있다.

IWM

**멍석 전차** 땅이 물러 중장비가 지나갈 수 없는 곳이면 얼레에 말려 있는 멍석을 깔아 기동부대를 지원하는 장비로, 이것 역시 호바트의 발명품 중 하나이다. 오늘날 해병대도 같은 개념의 장애물 극복 수단을 쓰고 있다.

IWM

**화염방사기 전차** 호바트의 발명품 중 하나로 악어Crocodile라는 별명으로 불렸다.

U.S. National Archives

**셔먼 수륙양용전차** 가장자리의 캔버스를 펼쳐 세우고 전차 뒤에 달린 2개의 프로펠러로 물에서 이동할 수 있는 셔먼 수륙양용전차는, 물과 뭍에서 모두 기동할 수 있어 '이중기동Duplex Drive'의 머리글자인 DD 또는 도널드 덕Donald Duck으로 불렸다. 다른 신장비와 달리 이것은 호바트 소장의 발명품은 아니다.

챙길 수 있겠다고 생각한 애시워스는 해변으로 올라가 언덕으로 달려갔다. 언덕 뒤에서 애시워스가 본 것은 흉하게 일그러진 시신 여섯 구였다. 썩 유쾌하지는 않았지만 애시워스는 그래도 프릿츠 철모 하나 가져가겠다는 마음은 버리지 않았다. 애시워스가 시체 위로 몸을 구부리는 순간 끔찍한 장면이 눈에 들어왔다. "여섯 명 모두 목이 베어져 있었습니다. 순간 넌더리가 나서 돌아섰습니다. 제가 쓰고 있던 철모도 가져오지 못했습니다."

쿠르쇨-쉬르-메르에 있던 데 레이시 병장 또한 포로를 잡았다. 독일군 12명은 팔을 머리 위로 높이 올리고 참호 밖으로 뛰어나와 적극적으로 투항했다. 데 레이시에게는 북아프리카에서 전사한 동생이 있었다. 데 레이시는 포로들을 선 채로 한동안 뚫어지게 쳐다보고는 곁에 있던 전우에게 말했다. "이놈들 보라고! 여기 이 자식들을 내 눈앞에서 치워 버려!" 데 레이시는 손수 차를 우려내면서 분노를 가라앉히고 있었다. 깡통에 든 고체 연료에 불을 붙여 반합에 든 물을 데우는데 한 젊은 장교가 다가와 단호한 말투로 말했다. "이봐, 병장! 지금 차나 우리고 있을 때가 아니야!" 데 레이시는 젊은 장교를 올려다보았다. 그리고 21년 동안 군인으로 살면서 쌓아 온 인내심을 최대한 동원해 대답했다. "장교님, 우리가 지금 하는 것이 병정놀이는 아닙니다. 진짜 전쟁입니다. 5분쯤 지나면 차가 잘 우려져 있을 겁니다. 그때 다시 오셔서 차 한잔 하시는 게 어떻습니까?" 상황을 이해한 젊은 장교는 데 레이시의 제안을 순순히 따랐다.

쿠르쇨-쉬르-메르 일대에서 전투가 계속되는 동안에도 병력, 포, 전차, 차량, 물자가 계속해 쏟아 들어왔지만 효과적이고 순조롭게 내륙으로 이동했다. 주노 해변에서 전장순환통제를 맡은 것은 콜린 모드Colin Maud 대위였다. 상륙한 병력이 해변에서 빈둥대는 것을 용납하지 않는 모드는 새로 들어오는 부대를 만날 때마다 당당하고 귀청이 떨어질 것 같은 큰 소리로 똑같은 인사말을 되풀이했다. "통제반장이다. 계속해서 움직여라!" 이런 모습을 보는 순간 존 베이넌John Beynon 소위를 포함한 대부분의 사람은 움찔하고 뒤로 물러섰다. 모드와 언쟁을 벌이는 사람은 거의 없었다. 베이넌은 당시 모드가 한 손에는 몽둥이를 들고 다른 손에는 무섭게 생긴 셰퍼드를 묶은 목사리를 바투 잡고 있었다고 기억한다. 효과는 만점이었다. 특파원 조지프 윌콤브 2세Joseph Willcombe Jr.가 모드와 언쟁을 벌였지만 얻은 것은 아무것도 없었다. 제1파에 속한 캐나다군과 함께 상륙한 윌콤브는 미국의 격월간 잡지 『어페어런틀리Apparently』로 송고할 기사가 있었다. 기사의 단어 수는 25개밖에 안 되었다. 윌콤브는 모드의 무전기를 빌려 기사를 보낼 생각이었다. 무표정하게 특파원을 빤히 쳐다보며 듣던 모드가 성난 목소리로 말했다. "이보시오, 특파원 양반! 여기는 한창 전쟁이 벌어지는 곳이오." 윌콤브는 모드가 맞는 말을 했다는 것을 인정해야 했다.* 몇 미터 떨어지지 않은, 굵은 풀이 자라는 곳에는 해변으로 돌격하다 지뢰를 밟아 몸뚱이가 산산조각 난 캐나다 병사 15명의 시체가 놓여 있었다.

주노 해변에 상륙한 캐나다군은 많은 피해를 입었다. 영국군이 맡은 침공 해변 세 곳 중 주노 해변이 가장 살벌한 전장이었다. 일단 바다가 사나워 상륙이 늦어졌다. 주노 해변의 동쪽에는 면도날처럼 날카로운 암초가 가득한 데다 독일군이 설치한 장애물이 빼곡해 상륙주정은 큰 피해를 입었다. 이것이 끝이 아니었다. 독일군 해안 방어 진지를 표적으로 연합군 함정이 사격하고 항공기가 폭격했지만, 결국 무력화시키지 못했다. 아예 표적에서 누락되어 아무런 피해를 입지 않은 방어 진지도 여럿이었다. 일부 구간에서는 전차의 보호를 전혀 받지 못한 채 해변으로 들어왔다. 캐나다

* UP(United Press) 소속의 로널드 클라크Ronald Clark가 전서구 두 상자를 가지고 갈 때까지 주노 해변에 상륙한 특파원들은 아무런 통신 수단이 없었다. 특파원들은 재빨리 짧은 기사를 써서 플라스틱 통에 기사를 넣은 뒤 다리에 통을 매달아 비둘기를 날려 보냈다. 그러나 기사를 쓴 종이를 어찌나 많이 넣었던지 비둘기 대부분은 다시 땅으로 내려앉았다. 일부이기는 하지만 몇 마리는 머리 위를 몇 차례 빙빙 돌다가 독일군 쪽으로 날아가기도 했다. 해변에 서 있던 로이터 소속의 찰스 린치Charles Lynch 특파원은 이런 비둘기를 향해 주먹을 흔들면서 "빌어먹을 반역자 같으니!"라고 크게 소리를 질렀다. 윌콤브는 비둘기 중 네 마리가 제대로 임무를 수행한 '충성스런' 비둘기였다고 말했다. 실제로 이들 네 마리는 몇 시간 뒤 런던에 있는 공보부에 도착했다.

제8여단과 영국군 제48코만도대대는 독일군의 맹렬한 사격을 받으며 베르니에르-쉬르-메르Bernières-Sur-Mer와 생-오뱅-쉬르-메르 맞은편으로 들어왔다. 이 때문에 어떤 중대는 쇄도하면서 중대원 중 거의 절반을 잃었다. 생-오뱅-쉬르-메르에서는 독일군이 어찌나 집중적으로 포탄을 쏴 대던지 해변에 있는 사람들은 겁에 질려 꼼짝도 할 수 없었다. 방호장비로 잔뜩 무장한 전차 1대가 해변을 향해 포를 마구 쏘아 대며 사선射線을 벗어나려 하다가 전사자와 죽어 가는 군인들을 깔아뭉갰다. 모래 언덕에 있던 제48코만도대대의 대니얼 플런더 대위는 뒤를 돌아보고서야 무슨 일이 벌어지는지 알았다. 사방에서 터지는 포탄은 아랑곳하지 않은 채 플런더는 목이 터져라 소리를 지르며 해변으로 달려 내려갔다. "내 부하, 내 부하들이라고!" 분노가 폭발한 플런더는 전차의 해치를 지팡이로 마구 두들겼지만 전차는 아랑곳하지 않고 앞으로 나아갔다. 보통 방법으로는 전차를 멈출 수 없었다. 플런더는 수류탄을 꺼내 안전핀을 뽑아 전차 궤도에 던져 넣었다. 수류탄이 터져 궤도가 망가지자 기겁한 전차 승무원들은 그제야 무슨 일인지 알아보려고 전차를 세우고 해치를 열었다.

전투 내내 혹독한 상황이 계속되었지만, 캐나다군과 영국군은 30분도 안 돼서 베르니에르-쉬르-메르와 생-오뱅-쉬르-메르의 해변을 벗어나 내륙으로 내달릴 수 있었다. 뒤따르는 파는 제1파보다 쉽게 해변을 통과했다. 1시간쯤 지나자 주노 해변은 마치 아무 일도 없었다는 듯 조용해졌다. 영국 공군 이병으로 풍선 장애물 부대Barrage Ballon Unit에서 근무한 존 머피John Murphy는 그때 상황을 이렇게 말한다. "제일 골치 아픈 적은 독일군이 아니라 바로 모래에 사는 이였습니다. 밀물이 들어오면서 아주 가려워 미칠 것 같았지요." 시가전 때문에 해변 너머에서 거의 2시간을 붙들려 있었지만, 주노 해변의 베르니에르-쉬르-메르와 생-오뱅-쉬르-메르 구간은 주노 해변 서편처럼 확보된 상태였다.

제48코만도대대는 생-오뱅-쉬르-메르를 뚫은 다음 동쪽으로 방향을

IWM

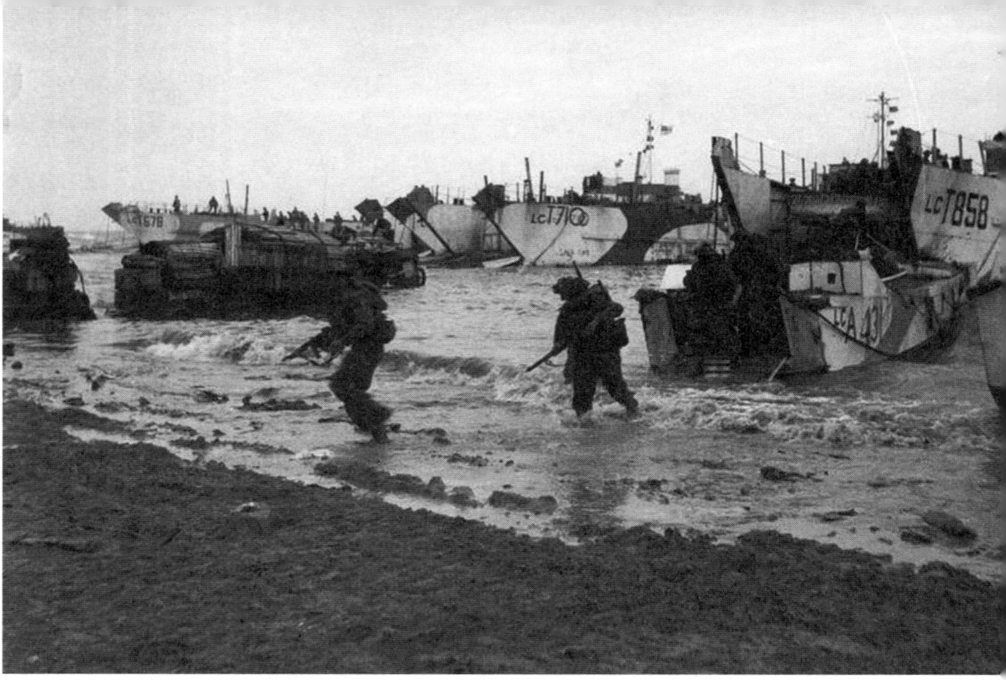


**골드 해변에 상륙하는 코만도대대원들**(디데이) 영국군 제47코만도대대원들이 강습주정에서 내려 골드 해변의 지그 그린 구간으로 상륙하고 있다. 뒤편에 있는 전차상륙주정에서는 영국 제50사단 231여단이 쓸 차량을 부리고 있다.

Library and Archives Canada

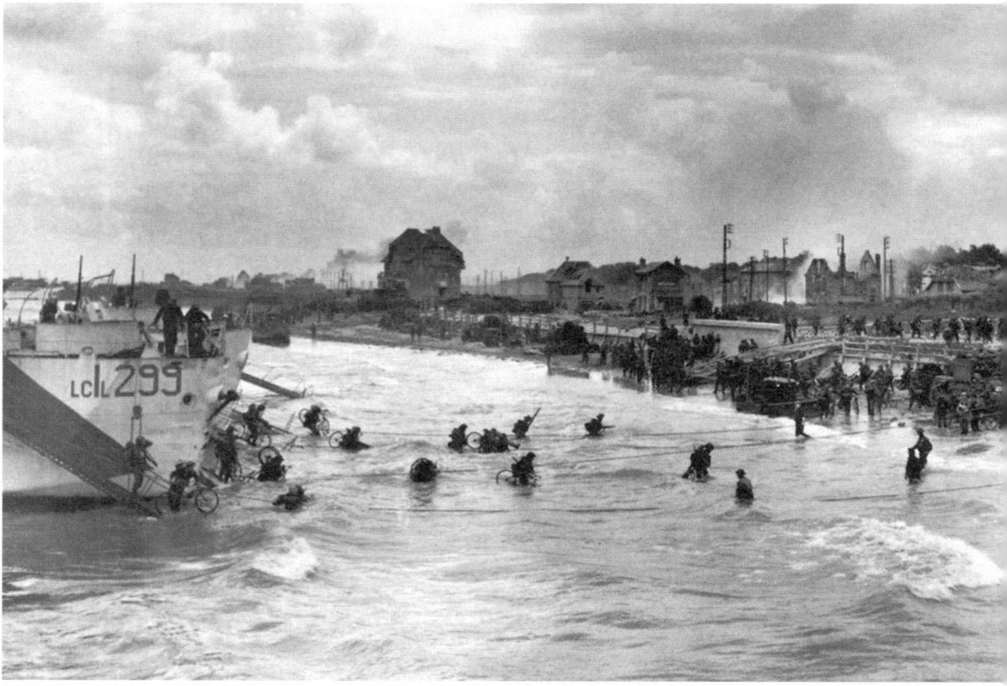

**주노 해변 난 화이트 구간으로 상륙하는 캐나다군 제9보병여단**(디데이 정오 무렵) 캐나다군은 수송 장비가 전개되기를 기다릴 필요 없이 그 시간을 이용해 보다 빠르게 내륙으로 이동하기 위해 자전거를 휴대했고, 연합군 중 가장 깊숙이 진격해 디에프에서 진 빚을 되갚았다.

틀어 해안을 따라 앞으로 나아갔다. 제48코만도대대는 특별히 어려운 임무를 맡았다. 주노 해변과 소드 해변 사이의 거리는 11킬로미터였다. 이 두 해변 사이의 틈을 메우고 연결하는 임무를 받은 제48코만도대대는 소드 해변 쪽으로 급속 행군에 들어갔다. 제41코만도대대는 소드 해변 가장자리에 있는 리옹-쉬르-메르Lion-sur-Mer에 상륙해 오른쪽으로 방향을 꺾은 뒤 서쪽으로 나아가는 임무를 받았다. 이 두 부대는 상륙하고 몇 시간 뒤 주노 해변과 소드 해변 가운데 어디쯤에서 만나 연결 작전을 수행하는 임무를 받았다. 늘 그렇듯 코만도들은 계획에 들어 있지 않은 문제와 맞닥뜨렸다. 주노 해변 동쪽으로 1.6킬로미터쯤 떨어진 랑그륀-쉬르-메르Langrune-sur-Mer는 독일군이 방어진지로 보강해 돌파가 불가능했다. 랑그륀-쉬르-메르에 있는 집이란 집은 모두 독일군 진지나 마찬가지였다. 지뢰, 가시철사, 시멘트로 만든 벽까지 이용하여 독일군은 도로를 몽땅 봉쇄했다. 시멘트 벽 중에는 높이가 1.8미터, 두께는 1.5미터나 되는 것도 있었다. 독일군은 이렇게 강화된 진지에서 제48코만도대대를 향해 맹렬하게 총알을 날렸다. 제48코만도대대는 전차나 포의 지원 없이는 꼼짝도 할 수 없었다.

10킬로미터쯤 떨어진 소드 해변에 힘들게 상륙한 제41코만도대대는 서쪽으로 방향을 틀어 리옹-쉬르-메르를 통과해 나아가려 했다. 제41코만도대대는 마을 사람들에게 독일군 수비대가 철수했다고 들었다. 정확해 보이던 이 정보는 제41코만도대대가 리옹-쉬르-메르 외곽에 도착하면서 잘못된 것임이 드러났다. 제41코만도대대를 지원하던 전차 중 3대가 독일군이 쏜 포탄에 맞아 무력화되었다. 평범해 보이지만 이미 토치카로 개조된 해변 별장에서는 저격수와 기관총 사수가 숨어 있다가 영국군에게 총알을 날렸고, 엎친 데 덮친 격으로 비 오듯 쏟아지는 박격포탄은 마치 눈이라도 달린 것처럼 코만도들 사이에서 터졌다. 제41코만도대대도 옴짝달싹 할 수 없는 상황에 빠졌다.

그 시간, 연합군사령부는 소드 해변과 주노 해변 사이에 틈이 10킬로미터나 발생했다는 것을 전혀 몰랐다. 이 틈 하나에 침공의 성패가 달려 있었다. 만일 독일군 기갑사단이 신속하게 이 틈을 뚫고 들어와 해안을 따라 오른쪽과 왼쪽으로 나눠 공격할 경우 영국군은 측면에서 포위될 수도 있었다.

작전 계획을 세울 때 소드 해변에서 정말 문제가 되리라 예상한 얼마 안 되는 곳 중 하나가 바로 리옹-쉬르-메르였다. 영국군은 소드, 주노, 골드 해변 중에서 독일군이 가장 강력하게 방어하는 곳은 소드 해변일 것이라고 예상했다. 소드 해변으로 침공할 부대에게 한 브리핑 내용 중에는 이곳에서 사상자가 정말 많이 발생할 것이라는 점도 들어 있었다. 제1사우스랭커셔연대1st South Lancashire Regiment의 존 게일John Gale 이병은 당시 브리핑을 이렇게 기억한다. "정말 냉정하게 말하더군요. 제1파로 들어가는 우리가 몽땅 죽을 것 같다고 말이지요." 당시 코만도들이 귀에 못이 박히도록 들은 설명은 더 암울했다. "무슨 일이 있어도 우리는 해변에 상륙한다. 철수라는 것은 없다. …… 후퇴는 없다." 제4코만도대대의 제임스 콜리James Colley 상병과 스탠리 스튜어트Stanley Stewart 이병이 기억하는 말도 이와 크게 다르지 않다. "제4코만도대대는 해변에서 죽는다고 생각했습니다. 사상자 비율이 무려 84퍼센트까지 올라갈 것이라는 말도 들었습니다." 수륙양용전차를 타고 보병보다 먼저 상륙하는 병력도 비슷한 경고를 들었다. "운 좋게 살아서 해변에 닿아도 60퍼센트가 죽거나 다칠 것이다." 수륙양용전차 조종수였던 크리스토퍼 스미스Christopher Smith 이병은 살아남을 가능성이 희박하다고 생각했다. 사상자가 90퍼센트까지 치솟을 것이라는 흉흉한 소문이 돌았다. 잉글랜드를 떠날 때, 스미스와 동료들은 고스포트Gosport 해변에 캔버스로 막을 여러 개 세우는 것을 보았다. "후송되는 시체를 분류하기 위해 세우는 것이라는 말이 돌았습니다."

잠시 동안이기는 했지만 최악의 예상이 현실이 되는 것 같았다. 침공이 시작되고 상륙 제1파는 독일군이 치열하게 쏘아 대는 기관총탄과 박격포탄에 큰 피해를 입었다. 소드 해변의 절반을 차지하는 위스트르앙 해변에는 이미 죽은 또는 죽어 가는 제2이스트요크연대2nd East York Regiment 병력이 널려 있었다. 디데이에 상륙주정에서 뛰어내려 해변까지 달려가는 동안 얼마나 많은 사람이 목숨을 잃었는지는 세월이 흐른다고 정확히 알 수 있을 것 같지 않다. 디데이에만 제2이스트요크연대에서는 사상자가 200명이 나왔는데, 대부분은 해변에 상륙하려 한 최초 몇 분 동안에 발생한 것이다. 카키색 전투복을 입은 전우들이 처참하게 떼로 죽어 나갔다. 제1파의 뒤를 따르던 부대는 상상만 하던 끔찍한 모습을 보면서 큰 충격에 빠졌을 것이 분명하다. "마치 장작처럼 쌓인 시체의 수가 150구도 넘었습니다." 제1파를 따라 30분 뒤에 상륙한 제4코만도대대의 존 메이슨John Mason 이병의 기억은 생생하다. "마치 볼링 핀처럼 쓰러져 쌓인 보병들의 시체 사이로 뛰어다니면서 큰 충격을 받았습니다." 제1특수여단의 프레드 미어즈Fred Mears 상병도 마찬가지였다. "제2이스트요크연대원들이 시체가 되어 무더기로 쌓여 있는 것을 보면서 소스라치게 놀랐습니다. …… 넓게 퍼지기만 했어도 그런 일이 벌어지지는 않았을 겁니다." 제시 오언스*를 거북이처럼 보이게 만들겠다는 당찬 각오로 해변까지 돌격하던 미어즈는 '다음번엔 더 잘 할 수 있을 텐데!'라는 냉소적인 생각이 들기도 했다고 한다.

소드 해변 전투는 비록 처참하기는 했지만 짧게 끝났다.** 상륙 초기에

---

* 옮긴이) Jesse Owens: 미국의 흑인 육상선수로, 1936년 베를린 올림픽 육상 4관왕이다.

** 소드 해변에서 벌어진 전투가 어떤 것이었는가에 대해서는 이견이 여전할 듯싶다. 이스트요크연대원들은 공식 부대사와는 다른 의견을 가지고 있다. 이들은 전투가 "아주 더 쉬운 훈련 같았다."라고 말한다. 제4해병연대원들은 에이치아워에서 30분이 지나 상륙했을 때에도 이스트요크연대가 여전히 물가에 있는 것을 보았다고 주장한다. 소드 해변을 공격한 제8여단을 지휘한 카스E. E. F. Cass 준장의 기억에 따르면 제4해병연대가 상륙할 무렵 이스트요크연대는 해변에서 내륙 쪽으로 들어가서 해변에 없었다고 한다. 제4해병연대는 상륙하는 과정에서 30명을 잃은 것으로 평가된다. 역시 카스 준장의 기억으로 소드 해변 서편에서는 "고립된 독일군 저격수를 빼고는 오전 8시 30분 모든 저항을 진압했다."라고 한다. 이곳에 상륙한 제1사우스랭카셔연대는 사상자가 거

IWM

**소드 해변 퀸 화이트 구간에 상륙해 독일군의 사격으로부터 몸을 숨긴 채 전진하기를 기다리는 영국 제2군 장병들**(디데이) 디데이에 제1파로 소드 해변에 상륙한 영국군은 제3보병사단, 제27기갑여단, 그리고 크로커Crocker 대장이 지휘하는 제1군단 예하의 코만도들이었다. 디데이가 끝날 무렵 영국군 2만 8천850명이 상륙해서 오른 강에 있는 다리들을 확보했다.

IWM

**소드 해변에서 내륙으로 들어가는 영국 해병들**(디데이) 영국 제3보병사단에 배속된 해병들이 소드 해변에서 내륙으로 전진하고 있다. 배경에 교량 전차가 보인다.

사상자가 대량으로 나오기는 했지만, 소드 해변 강습은 신속하게 진행되었고 독일군의 저항도 거의 없었다. 상륙 또한 성공적이어서 제1파에 이어 많은 병력이 빠르게 들어왔다. 이들은 애초 예상과 달리 독일군 저격수가 쏘는 총알 정도만 위협이 되는 것을 알고는 놀라워했다. 연기가 가득한 소드 해변에는 의무병들이 부상자들 사이를 뛰어다니고 있었다. 도리깨 전차는 땅을 두드려 지뢰를 터뜨렸고, 독일군의 공격을 받아 불타는 전차와 차량은 어지럽게 해변 이곳저곳에 널브러져 있었다. 가끔 포탄이 터지면서 모래가 튀기도 했다. 그러나 예상하던 대규모 인명 피해의 모습은 어디에도 보이지 않았다. 전사자가 많을 것이라고 잔뜩 긴장했던 이들에게 소드 해변은 예상과 너무 다른, 약간은 실망스러운 현장이었다.

심지어 해변 곳곳에서는 공휴일 같은 분위기까지 풍겼다. 해안을 볼 수 있는 곳 여기저기에서는 기가 산 프랑스 사람들이 서넛씩 무리 지어 영국군에게 손을 흔들며 소리쳤다. "비브 레 장글레!Vive les anglais!"* 가장 극적인 것은 코만도 통신병 레슬리 포드Leslie Ford가 본 모습일 것이다. "해변에 있던 어떤 프랑스 사람은 마을 사람들에게 전투가 어땠다는 평가를 해주는 것 같은 모습이었습니다." 포드는 이들이 미쳤다고 생각했다. 해변은 여전히 위험했다. 잔뜩 깔린 지뢰는 언제 터질지 몰랐고 간간히 총알도 날아다녔다. 그러나 포드가 본 것과 비슷한 모습은 사방에서 벌어지고 있었다. 프랑스 사람들은 어떤 위험이 도사리고 있는지 전혀 모르는 것처럼 영국군을 얼싸안고 입을 맞추었다. 해리 노필드Harry Norfield 상병과 기관총 사수 로널드 알렌Ronald Allen은 눈앞에서 벌어지는 일을 보고 깜짝 놀랐다. "눈부시게 화려한 훈장을 단 정장을 빼입고 반짝이는 황동 헬멧을 쓴 사람이 해변으로 내려오고 있었습니다." 내려오는 사람은, 내륙으로 2킬로미터 조금

의 없었으며 내륙으로 신속하게 이동했다. 이를 뒤따른 제1서포크연대Suffolk Regiment의 사상자는 겨우 4명이었다.

* 옮긴이) 영국사람 만세라는 뜻의 프랑스어.

못 미치는 곳에 있는 작은 마을 콜빌-쉬르-오른Colleville-sur-Orne*의 시장이었다. 시장은 연합군을 공식적으로 맞이하기 위해 몸소 나와야겠다고 생각했다.

프랑스 사람 못지않게 열렬히 연합군을 맞이한 독일군도 있었다. 전투공병이던 헨리 제닝스Henry Jennings의 기억이다. "상륙주정에서 내리자마자 포로로 잡힌 독일군 무리와 마주쳤는데, 이들 대부분은 자원병이라는 이름으로 독일군에 합류한 소련인이거나 폴란드인이었습니다. 이들은 항복하지 못해 안달이었습니다." 제럴드 노턴Gerald Norton 포병 대위가 본 장면만큼 놀라운 것도 없을 것이다. "독일군 네 명과 마주쳤는데, 모두 옷가방을 싸 들고 있더군요. 프랑스를 떠나는 교통수단이 뭐라도 있으면 바로 탈 기세였습니다."

영국-캐나다 연합군은 혼란스러운 골드, 주노, 소드 해변을 벗어나 건제를 유지하며 프랑스 내륙으로 대거 진격했다. 진격은 규모도 컸지만 빠르고 효과적이었을 뿐만 아니라 무엇으로도 막을 수 없을 것처럼 장엄했다. 도시와 마을을 관통하는 동안 벌인 전투마다 영웅담이 줄을 이었다. 코만도 소령 한 명은 두 팔을 모두 잃었지만 용기를 잃지 않고 부하들을 독려했다. "독일 놈들이 알기 전에 신속하게 내륙으로 전진하라!" 부상을 당해 의무병을 기다리면서도 대체 어디서 나오는지 알 수 없는 자신감에 차 의기양양한 군인도 많았다. 통과하는 연합군을 보고 손을 흔들거나 큰 소리로 외치는 부상병도 있었다. "이봐! 베를린에서 만나자고!" 기관총 사수 로널드 알렌은 영원히 잊지 못할 인상적인 장면을 보았다. 알렌은 배에 큰 부상을 입어 목숨이 왔다 갔다 했지만 벽에 기대 버티면서 조용히 책을 읽는 병사를 본 것이다.

---

* 옮긴이) 콜빌-쉬르-오른을 오마하 해변에 있는 콜빌-쉬르-메르와 착각하기 쉬우나 두 마을은 동서로 40킬로미터쯤 떨어져 있다. 콜빌-쉬르-오른은 노르망디 상륙작전을 지휘한 몽고메리를 기려 1946년 6월 13일 마을 이름을 콜빌-몽고메리Colleville-Montgomery로 바꾸었다.

혼란스러운 해변을 벗어난 뒤로는 얼마나 빠르게 전진하는가가 모든 것의 성패를 좌우했다. 골드 해변에서 출발한 부대는 내륙으로 11킬로미터쯤 떨어진 바이외 대성당을 향해 나아갔다. 주노 해변에서 출발한 캐나다군은 바이외와 캉을 잇는 고속도로에서 16킬로미터 떨어진 카르피케 공항을 목표로 삼고 진격했다. 소드 해변에서 시작한 영국군은 캉을 향했다. 이렇게 출발한 영국군과 캐나다군은 물론 특파원들까지도 목표로 삼은 곳을 확보할 것이라고 확신했다. 「데일리 메일Daily Mail」 특파원 노엘 멍크스Noel Monks는 이런 말도 들었다. "캉에 있는 X 지점에서 오후 4시에 브리핑이 있을 겁니다." 소드 해변에서 출발한 제1특수여단도 부지런히 움직였다. 이 부대는, 6.5킬로미터 떨어진 베누빌 다리와 랑빌 다리를 모두 확보하고 전투 준비를 마쳐 놓은 제6공정사단을 증원하러 가는 길이었다. 로밧 경은 상륙 전 제6공정사단장 게일 소장에게 이렇게 약속했다. "정확하게 정오에 도착하겠습니다." 선두에 선 전차 바로 뒤에서는 윌리엄 밀린이 스코틀랜드 출신 부대들의 행진곡 「블루 보닛 오버 더 보더Blue Bonnets over the Border」를 연주했다.

언제 발각돼 죽을지 모른다는 불안과 좁고 답답한 공간을 견뎌야 했던 X20과 X23 승조원 열 명의 디데이도 끝났다. 조지 오너 대위가 지휘하는 X23은 해안으로 끊임없이 밀려드는 상륙주정들을 거스르며 소드 해변에서 점점 더 멀어졌다.* 갑판이 평평한 X23은 깊은 바다로 나오자 수면 바로 아래에 잠겨 보일 듯 말 듯했다. 제대로 보이는 것이라고는 바람에 펄럭이며 X23의 위치를 알려 주는 깃발이 전부였다. 전차상륙주정 정장 찰스 윌슨Charles Wilson은 이 모습을 똑똑히 기억한다. "커다란 깃발 2개가 아무

* 옮긴이) 오너는 상륙 해변으로 들어오는 연합 함대를 본 순간을 이렇게 회상했다. "연합 함대의 규모는 믿을 수 없을 만큼 컸습니다. 같은 편이라는 것을 아는데도 겁이 나더군요. 그러니 자다 깨 이 엄청난 광경을 보고서 자신들이 공격 대상이라는 것을 깨닫는 순간 독일군이 어떻게 느꼈을지는 쉽게 짐작이 될 겁니다."

Royal Navy Submarine Museum

**임무를 마치고 철수하는 X23과 영국 해군기 곁에 서 있는 오너 대위**(디데이 오전 7시 48분) "임무가 끝나고 여기까지 온 목적을 달성했다는 느낌이 들자 안도했습니다. 빨리 집으로 돌아가 아내를 보고 싶다는 생각밖에 없었습니다."

런 도움도 없이 계속해서 물살을 헤치고 다가오는데, 깜짝 놀라서 바다로 떨어질 뻔했습니다." X23이 지나간 뒤에도 윌슨은 궁금증이 가시지 않았다. "대체 잠수정이 침공하고 무슨 관계가 있는 거지?" 유유히 바다를 헤치며 수송 지역으로 향한 X23은 예인선을 찾았다. 예인선의 이름은 임무에 꼭 들어맞게 '앞으로'라는 뜻의 프랑스어 '어나벙En Avant'이었다. 불길한 작전명 때문에 걱정했던 갬빗 작전은 끝났다. 임무를 완수한 오너와 승조원 네 명은 이제 집으로 돌아가는 것만 남았다.

이들이 표시해 놓은 해변을 통해 수많은 장병과 장비, 물자가 프랑스 땅으로 들어갔다. 모두 상황을 낙관했다. 난공불락일 것 같았던 대서양 방벽이 뚫린 것이다. 이제 남은 질문은, '독일군이 얼마나 빠르게 충격에서 벗어날 것인가?'였다.

## 시키는 대로 하라고!

이른 아침, 베르히테스가덴은 고요하고 평화로웠다. 새벽이 갓 지났지만 낮은 구름이 산을 둘러싼 오베르잘츠부르크Obersalzburg는 이미 덥다 못해 푹푹 찌기 시작했다. 마치 성처럼 보이는 히틀러의 산장은 모든 것이 고요했다. 히틀러는 여전히 깊은 잠에 빠져 있었다. 산장에서 몇 킬로미터 떨어진 곳에 있는 히틀러의 지휘소, 즉 제3제국 수상실인 라이히스칸츨라히Reichskanzlei도 여느 때와 다름없는 아침을 맞고 있었다. 독일 국방군 총사령부 작전참모부장 알프레트 요들 상급대장은 이미 오전 6시에 일어나 늘 하듯이 커피 1잔, 달걀 반숙 1개, 구운 빵 1조각으로 가볍게 아침을 들고는 방음이 되는 작은 사무실에서 밤새 올라온 보고서를 느긋하게 읽고 있었다.

이탈리아 전선에서는 계속해서 안 좋은 보고가 올라왔다. 로마가 24시간 전에 함락되었으며, 남부전선 사령관 알베르트 케셀링Albert Kesselring 원수가 이끄는 부대는 철수 중임에도 연합군으로부터 강하게 압박을 받고 있었다. 요들은, 케셀링이 연합군을 피해 북쪽에 있는 새로운 거점으로 철수하기도 전에 연합군이 돌파구를 형성할 수 있으며 그렇게 된다면 이탈리아가 맥없이 무너질 수도 있겠다는 걱정이 들었다. 작전참모차장 발터 바를리몬트 대장은 요들이 케셀링의 사령부로 가서 현지 조사를 하라고 이미 명령을 한 뒤라 이날 늦게 이탈리아로 떠나게 되어 있었다.

소련 전선에서 올라오는 보고서에는 새로운 것이 없었다. 공식적으로 동부 전역은 관할 범위가 아니었지만 요들은 이미 오래전부터 소련 전역을 놓고 히틀러의 '조언자'임을 자임해 왔다. 당시 독일군은 소련에서 언제라도 여름 공세를 시작할 수 있었다. 3천300킬로미터에 이르는 소련 전선에는 독일군 사단 200개, 병력으로는 1백50만 명이 배치를 마치고 공격 명령을 기다리고 있었다. 그러나 밤사이 소련 전선은 별일 없이 조용했다. 보고서를 읽는 요들에게 부관이 보고서를 또 몇 개 건넸다. 노르망디에서 있었던 연합군의 공격을 다룬 서부전선 사령부의 보고서였다. 요들은 노르망디의 상황이 아직까지는 그리 심각하지 않다고 생각했다. 그때 요들의 마음은 온통 이탈리아에 쏠려 있었다.

그 시간, 바를리몬트는 몇 킬로미터 떨어진 슈트루브Strub에 있는 부대에서 오전 4시부터 시작된 연합군의 노르망디 공격을 주의 깊게 추적하고 있었다. 서부전선 사령부에서 예비대인 기갑교도사단과 제12친위기갑사단을 쓸 수 있게 해 달라고 요청하는 전문을 바를리몬트에게 보냈다. 바를리몬트는 블루멘트리트와 전화로 이 문제를 논의한 뒤 요들에게 전화를 걸었다.

"예비대 투입 건으로 블루멘트리트가 전화했습니다. 서부선전 사령부는 예비대를 즉각 노르망디의 연합군 상륙 지역으로 이동시키기를 원합니다."

바를리몬트의 기억에 따르면, 요들이 이 문제를 생각하는 동안 둘 사이에는 꽤나 긴 침묵이 흘렀다고 한다. 요들이 물었다. "이것이 침공이라고 확신하나?" 바를리몬트가 대답하려는데 요들이 말을 이었다. "내가 받은 보고에 따르면, 이것은 상륙지점을 기만하기 위한 양동작전이라고 하던데…… 서부전선 사령부는 현재 예비대가 충분해. …… 예하 가용 부대로 이 공격을 막아 내려고 애써야 할 것 같네. …… 내가 보기에 이번은 총사령부의 예비대를 투입할 시기가 아닌 것 같아. …… 상황이 명확해질 때까지 조금 더 기다려 보세."*

바를리몬트는 노르망디 여러 곳에 연합군이 상륙했다는 것은 요들이 생각하는 것보다는 훨씬 심각한 문제라고 보았지만, 이 문제로 요들과 논쟁해 봐야 별 소용이 없다는 것을 알았다. 바를리몬트가 물었다. "노르망디 상황도 있는데, 계획대로 이탈리아로 떠나야 하겠습니까?" 요들이 대답했다. "그래, 그래! 그러지 말아야 할 까닭이라도 있나?" 너무도 간단하게 대답하고 요들은 전화를 끊었다.

---

* 옮긴이) 파-드-칼레를 침공할 것이라 판단한 독일군은 디데이 이후 무려 2주도 넘게 제15군을 그곳에 대기시켰고 그사이 연합군은 성공적으로 교두보를 확보하고 동쪽으로 진격했다. '독일군이 파-드-칼레를 침공 목표라고 생각하게 만들고', '정확한 공격일과 공격시간을 독일군이 알지 못하게 하며', '디데이 이후 14일 동안에는 파-드-칼레의 독일군이 노르망디 쪽으로 전환되지 않도록 한다'는 목표로 시작된 보디가드Bodyguard 작전은 성공한 기만작전으로 평가받는다. 보디가드(경호원)라는 이름은 이 계획을 승인한 테헤란 회담에서 처칠이 스탈린에게 한 말 "전쟁 중에는 진실이 정말 소중한 법입니다. 그렇기 때문에 진실은 늘 거짓이라는 경호원을 동반해야 합니다."에서 비롯되었다.

수화기를 내려놓은 바를리몬트는 뒤로 돌아 육군 작전처장 호르스트 폰 부틀라-브란덴펠스Horst von Buttlar-Brandenfels 소장에게 요들의 결정을 전했다. "내가 보기에는 블루멘트리트의 생각이 맞네. 내가 아는 한 요들이 내린 결정은 침공에 대비한 계획으로는 전혀 적절하지 않아."

허락 없이 기갑사단을 움직일 수 없다고 한 히틀러의 명령을 글자 그대로 해석하는 요들을 보면서 바를리몬트는 충격을 받았다. 국방군 총사령부의 예비대인 기갑교도사단과 제12친위기갑사단이 히틀러의 명령을 따르는 것은 당연했다. 그러나 적이 공격하면 양동이건 아니건 일단은 기갑사단을 즉각 투입해야 한다는 것이 룬트슈테트의 생각이었다. 이는 바를리몬트도 동의하는 바였다. '즉각'이란 사실상 자동적이라는 뜻이었다. 바를리몬트가 보기에는 공격하는 적과 직접 맞서는 사람이 필요하다고 판단한 부대와 자산을 모두 가지고 운용하는 것이 옳았다. 특히나 그런 역할을 맡은 사람이 '독일 흑기사단'의 마지막 기사라는 별명으로 불리는 룬트슈테트처럼 경륜 있는 전략가라면 더 말할 필요도 없었다. 요들은 기갑사단의 통제권을 룬트슈테트에게 넘길 수도 있었지만 그런 모험은 할 생각도 없었다. 이 책을 쓰기 위해 면담을 하면서 바를리몬트가 말했다. "요들은 히틀러도 자기와 같은 결정을 내렸을 것이라고 생각했습니다. 제가 보기에 요들은 히틀러라는 절대 지도자가 이끄는 나라의 내부 지도력이 얼마나 혼란스러운지를 보여 주는 예였습니다." 그러나 누구도 요들과는 논쟁하려 들지 않았다. 바를리몬트는 블루멘트리트에게 전화를 걸었다. 이제 기갑사단을 투입할지 말지는 요들이 군사 천재라고 믿는 한 남자, 바로 히틀러의 결정에 달려 있었다.

이런 날이 오리라 예상했고 이런 날이 오면 어떻게 할지를 히틀러와 의논하겠다고 생각했던 롬멜은, 이 순간 베르히테스가덴에서 차로 2시간도 안 걸리는 헤를링엔의 자택에 머물고 있었다. 제2차 세계대전 내내 중요한 순간에는 언제나 나타났던 롬멜이었지만 무척이나 혼란스러운 이 순간만큼은 완전히 사라진 사람 같았다. 매우 꼼꼼하게 작성된 B집단군 상황일지에도 롬멜이 노르망디 상륙 소식을 보고받았다는 내용은 없다.

서부전선 사령부는 기갑사단 예비대를 투입하지 않겠다는 요들의 결정을 듣고서 믿을 수 없을 만큼 충격을 받았다. 작전처장 보도 치머만 소장은 당시 룬트슈테트의 모습을 생생히 기억한다. "사령관은 분노로 끓어올랐습니다. 얼굴이 빨개졌고, 무슨 말을 하는지 분명치 않았습니다." 믿지 못하기는 치머만도 마찬가지였다. 지난 새벽, 치머만은 총사령부에 전화해서는 당직 장교 프리델Friedel 중령에게 서부전선 사령부가 기갑교도사단과 제12친위기갑사단에 경보를 발령했다는 것을 알렸었다. "기갑사단을 움직이는 데 반대할 이유가 없었습니다." 치머만은 이 순간을 매우 씁쓸하게 회상했다. 치머만은 총사령부에 다시 전화를 걸어 육군 작전처장 부틀라-브란덴펠스 소장에게 이 상황을 이야기했다. 요들에게서 이미 언질을 받은 부틀라-브란덴펠스는 매우 형식적으로 전화를 받았다. 부틀라-브란덴펠스가 화를 내며 수화기에 대고 고래고래 소리를 질렀다. "기갑사단은 총사령부의 직할 부대네! 자네는 사전 승인 없이 경보를 발령할 권리가 없어! 기갑사단을 당장 멈추게. 총통께서 결정하시기 전에는 아무것도 할 수 없네!" 반론을 펴려던 치머만은 부틀라-브란덴펠스의 날카로운 목소리를 듣는 순간 입을 다물 수밖에 없었다. "시키는 대로 하라고!"

이제 모든 것은 룬트슈테트 원수에게 달려 있었다. 나치 독일군에서 가장 계급이 높은 룬트슈테트는 히틀러에게 직접 전화할 수도 있었다. 역사에서 '만일'은 소용없는 짓이지만, 만약 룬트슈테트가 히틀러에게 전화했다면 아마도 기갑사단 예비대는 즉각 투입될 수도 있었을 것 같다. 그러나 룬트슈테트는 그 순간에도 그리고 디데이 내내 히틀러에게 전화를 걸지 않았다. 연합군의 침공이라는, 다른 어떤 것과 비교할 수 없을 만큼 중대한 문제가 벌어지고 있었지만, 귀족이라는 자존심이 강했던 룬트슈테트로서는 평소 '보헤미아 출신 상병'이라며 깔보던 히틀러에게 전화해 고개를 숙이고 간청한다는 것은 상상도 할 수 없는 일이었다.*

룬트슈테트와 달리 서부전선 사령부에 근무하는 많은 장교가 총사령부에 수도 없이 전화를 걸어 요들의 결정을 바꿔 보려 노력했지만 헛일이었다. 이들은 바를리몬트, 부틀라-브란덴펠스, 그리고 심지어는 히틀러의 부관 루돌프 슈문트에게까지 전화를 넣었다. 같은 목적을 가지고 움직이는 집단 사이에서 벌어진 일이라고 믿기지는 않지만, 프랑스와 독일을 오가는 이상한 싸움이 몇 시간이나 계속되었다. 치머만은 당시를 이렇게 회상했다. "기갑사단을 투입하지 않아서 만일 연합군이 노르망디에 성공적으로 상륙한다면 독일에 감당할 수 없는 여파가 미칠 것이라고 경고했습니다. 그랬더니 이러더군요. '우리가 판단할 사안이 아니네!' 그리고 '주 상륙 작전은 (노르망디가 아닌) 전혀 다른 곳에서 일어날 것이다.'라고 하더군요."** 일이 이렇게 돌아가고 있었지만 정작 심각하게 생각해야 할 히틀러는 아무것도 몰랐다. 베르히테스가덴은 아늑한 데다 생각하는 대로 모든 것이 다 이루어지는 별세상이었다. 히틀러는 이곳에서 알랑방귀를 뀌어 대는 장군들에게 둘러싸인 채 아무것도 모르고 자고 있었다.

상황이 이리도 복잡하게 돌아가고 있었지만 라 로슈-기용에 있는 B집단군 사령부는 그때까지도 요들이 어떤 결정을 내렸는지 몰랐다. 심지어 참모장 슈파이델 소장은 기갑사단 예비대가 경보를 받고 이미 출동했다고 알고 있었다. 슈파이델은 제21기갑사단이 캉 남쪽에 있는 집결지로 이동하고 있

* 부틀라-브란덴펠스에 따르면, 히틀러는 룬트슈테트가 자기를 깔보는 것을 잘 알고 있었다고 한다. 히틀러는 한때 이런 말을 했다. "룬트슈테트가 투덜대는 것은 모든 일이 잘 돌아간다는 것이지."

** 연합군의 진짜 상륙 목표가 파-드-칼레라고 확신한 히틀러는 잘무트 상급대장이 지휘하는 제15군을 무려 6월 24일까지 그곳에 대기하게 했다. 문제가 있다는 것을 깨닫고 제15군을 이동시키려 결심했을 때는 이미 너무 늦었다. 놀랍고 역설적이게도 연합군이 노르망디를 침공하리라고 원래부터 생각했던 사람은 히틀러뿐이었던 것 같다. 블루멘트리트 장군은 나에게 이렇게 말했다. "4월에 요들로부터 전화를 한 통 받았습니다. '총통께서는 연합군이 노르망디에 상륙하려는 것이 전혀 가망 없는 것은 아니라는 뚜렷한 정보를 가지고 계시네.'라고 그러더군요."

는 것으로 알았다. 본대가 전선까지 오는 데는 시간이 걸리겠지만 기갑수색부대와 보병은 이미 연합군과 교전에 돌입한 상태였다. 상황이 이랬기 때문에 B집단군 사령부는 상황을 낙관하는 분위기에 젖어 있었다. 레오데가르트 프라이베르크Leodegard Freyberg 대령은 당시 분위기를 이렇게 회상했다. "날이 저물 무렵이면 연합군을 바다로 몰아낼 수 있겠다고 생각하는 분위기였습니다." 롬멜의 해군 보좌관 프리드리히 루게 해군 중장도 약간은 들뜬 이런 인식을 공유했다. 그러나 루게는 이제껏 보지 못했던 특이한 점을 하나 발견했다. 라 로슈푸코 공작과 공작 부인이 소리 없이 성으로 들어오더니 대단히 귀중한 고블랭 태피스트리를 벽에서 내리는 것이었다.

낙관하는 분위기에 젖어 있기는 상륙한 연합군과 싸우고 있는 제7군 사령부도 마찬가지였다. 여기에는 더 그럴듯한 까닭이 있었다. 사령부 참모들이 보기에 제352사단이 비에르빌-쉬르-메르와 콜빌-쉬르-메르 사이 지역, 즉 오마하 해변에서 침입자들을 바다로 밀어낸 것처럼 보였다. 오마하 해변이 내려다보이는 벙커에 있던 독일군 장교는 연대 지휘소에 와서 전투 경과를 낙관하게 만드는 보고를 했다. 당시 독일군은 이를 중요한 보고라고 판단해 있는 그대로 글로 옮겼다. 다음은 당시 보고 내용이다. "적은 (우리가) 해안에 설치해 놓은 장애물 뒤에서 몸을 숨길 곳을 찾고 있다. 전차 10대를 포함해 기동 장비가 해변에서 불타고 있다. (적) 장애물 개척조는 활동을 포기했다. 적이 더 이상 상륙주정에서 내리지 않는다. …… 상륙주정들은 먼 바다에 머물고 있다. 전투 진지에서 쏜 직사화기와 포병 사격이 매우 훌륭하게 명중하여 적에게 많은 인명 피해를 입혔다. 부상자와 사망자가 해변에 많이 쓰러져 있다."*

---

* 이 보고는 6월 6일 오전 8시부터 9시 사이에 제352사단 작전참모 치겔만Ziegelmann 중령에게 직접 들어온 것이다. 오마하 해변 끝에 있는 비에르빌-쉬르-메르가 내려다보이는, 푸앵트 드 라 페르세에 있는 요새를 지휘하는 고트 대령이 보낸 보고이다. 제2차 세계대전이 끝난 뒤 치겔만이 남긴 수기에 따르면, 이 보고를 받고서 치겔만은 열등한 적을 상대한다는 마음에 우쭐했다고 한다. 나중에 나온 보고서의 논조는 이보다도 더 낙관적이었다. 오전 11시경에 오마하 교두보를 완

모순되는 보고만 들어와 혼란스럽던 제7군에 모처럼 좋은 소식이 들어오자 사기가 그야말로 하늘을 찔렀다. 제15군 사령관 잘무트 상급대장이 제346보병사단을 보내 제7군을 돕겠다고 한 것인데, 제7군은 이 제안을 도도하게 거절했다. "우리는 제346사단이 필요치 않소!" 잘무트가 들은 말이었다.*

모든 사람이 승리를 확신하는 와중에도 제7군 참모장 펨젤 소장은 여전히 단편적인 정보를 모아 전체 상황을 정확하게 파악하려 애쓰고 있었지만 쉽지 않았다. 일단 통신이 끊어졌다. 침공이 시작되기 전에 이미 레지스탕스가 전화선을 끊거나 파괴한 데다, 남아 있던 선마저도 연합군의 폭격과 포격으로 못 쓰게 되었다. 펨젤은 B집단군 사령부에 전화를 걸어 말했다. "정복왕 윌리엄이 했을 것 같은 전투를 치르고 있다." 막상 이렇게 말하기는 했지만 통신 상태가 얼마나 안 좋았는지는 펨젤도 정확히 몰랐다. 펨젤은 연합군 공정부대가 오직 셰르부르 반도에만 상륙했다고 생각했을 뿐, 셰르부르 반도 동쪽 해안, 즉 유타 해변으로 연합군이 상륙하는 것은 까맣게 몰랐다.

연합군의 공격 구간이 정확하게 어디에서 어디까지인지 판단하는 것부터가 어려운 일이었지만 펨젤이 보기에 한 가지는 확실했다. 이 공격은 그간 예상하고 대비해 온 침공이 분명했다. 펨젤이 B집단군과 서부전선 사령부의 장군참모들에게 이 점을 계속해 강조했지만, 이 말에 동의하는 사람은 여전히 얼마 없었다. B집단군과 서부전선 사령부 모두 아침 상황보고

---

전히 쓸어버렸다고 확신한 제352사단장 크라이스Kraiss 장군은 사단의 예비대를 전환해 영국군 상륙 지역에 있는 사단의 오른쪽 측면을 강화했다.

* 옮긴이) 잘무트는 일기에 디데이 아침 상황을 이렇게 기록했다. "동이 트고 1시간 30분이 지난 오전 6시, 참모장을 시켜 제7군에 적이 상륙한 곳이 없는지 다시 물어보라고 지시했다. 받은 대답은, '크고 작은 수송선과 전함이 해안에서 멀지 않은 바다 여러 곳에 있지만 현재까지 상륙은 없음'이었다. 나는 참모장에게 '적은 이미 침공에 실패했군.'이라고 말한 뒤 편안한 마음으로 들어가서 잤다."

에 같은 내용을 올렸다. "현재로서는 이것이 대규모 양동작전인지 아니면 실제 침공인지를 판단하기는 이르다." 장군들은 책상머리에 앉은 채 계속해서 슈베어풍크트Schwerpunkt, 즉 연합군의 주공이 어디인지 파악하려 애썼지만, 노르망디 해안에 있는 독일군이라면 아무리 계급이 낮은 신병도 그곳이 어디인지 말할 수 있었다.

소드 해변에서 800미터쯤 떨어진 곳에 있던 요제프 해거Josef Häger 일병은 반쯤 얼이 빠진 채 몸을 떨며 손끝 감각만으로 기관총 방아쇠를 찾아 다시 당기기 시작했다. 당시 해거는 열여덟 살밖에 되지 않은, 소년이나 다름없었다. 주변의 땅이 전부 뒤집어지는 것 같았다. 머리가 울리고 겁이 나 어쩔 줄 몰랐다. 제716사단의 방어선이 소드 해변 뒤쪽으로 뚫리자 해거는 중대가 철수하도록 엄호하며 훌륭하게 싸웠다. 대체 자신이 쓰러뜨린 영국군이 몇인지 알 수도 없었다. 엄청나게 많은 영국군에 홀린 그는 해변을 올라오는 영국군을 바라보다가 기관총을 쏴 차례로 쓰러뜨렸다. 해거는 전장에서 적을 죽인다는 것이 어떤 것인지 몹시 궁금했었다. 이것을 놓고 친구인 후프Huf, 삭슬러Saxler, 그리고 '페르디Ferdi'라는 애칭으로 부르는 클루크Klug와 수없이 많이 이야기를 나누었다. 치열한 전투를 치르면서 해거는 이제 그것이 무엇인지 그리고 어떤 느낌인지 알았다. 적을 죽이기는 식은 죽 먹기처럼 쉬웠다. '바보 같은 후프, 적을 죽이는 게 이렇게 쉽다는 것을 알지도 못한 채 죽다니!' 후프는 해거와 함께 뛰어서 진지로 돌아오다 죽었다. 후프는 입은 벌리고 이마에는 구멍이 생긴 채 쓰러졌다. 해거는 이런 후프의 시체를 산울타리 곁에 내버려 두었다. 해거는 삭슬러가 어디에 있는지 몰랐다. 페르디는 해거 곁에 있었는데, 파편이 터지면서 상처를 입어 한쪽 눈은 보이지 않았고 얼굴에서는 피가 흐르고 있었다. 영국군에게 신나게 기관총을 쏴 대고는 있었지만 해거는 얼마 뒤에는 모두 다 죽을 운명이라는 것을 느꼈다. 150여 명이나 되던 중대원 중 살아남은 것은 해거를 포함해 20명뿐이었다. 이들은 작은 벙커 앞에 있는 참호에 있었다. 온 사방에는 기관총탄, 박격포탄, 소총탄까지 이들을 향해 날아오는 탄뿐이었다. 포위된 지금, 항복이냐 아니면 죽음이냐를 선택해야 했다. 벙커 안에서 기관총을 쏴 대는 중대장만 빼고는 모두 다 이 사실을 알았다. 중대장은 중대원들이 벙커로 들어오도록 허락할 생각이 없었다. "버텨야 해! 버텨야 한다고!" 중대장은 연신 소리를 질렀다.

해거는 살면서 이때처럼 두려웠던 순간이 없었다. 더 이상 어디에다 기관총을 쏴야 할지도 몰랐다. 포격이 멈출 때마다 기계적으로 방아쇠를 당겨 총알이 나가는 느낌이 들면 용기가 났다. 그때, 포격이 다시 시작되자 중대원들 모두 중대장에게 소리쳤다. "중대장님! 들어가게 해주십시오! 제발 들어가게 해주십시오."

아마도 중대장은 전차를 보고서 마음을 바꾼 것 같았다. 중대원들은 날카롭고 육중한 전차 소리를 들었다. 전차는 2대였다. 1대는 멈춰 섰고, 다른 1대는 울타리를 깔아뭉개며 계속 앞으로 나아갔다. 그런데 그 곁의 모습은 너무도 대조적이었다. 마치 아무 일도 없다는 듯 소 세 마리가 풀밭에서 태연하게 풀을 뜯고 있었다. 참호에 있던 중대원들은 전차포가 천천히 포신을 낮추더니 코앞에다 포를 쏘려 하는 것을 보았다. 바로 그 순간, 믿기지 않게 전차가 폭발했다. 참호에 있던 대전차포 사수가 마지막 탄을 쏴서 정확하게 전차를 맞춘 것이었다. 마치 마법에 홀린 사람처럼 해거도 페르디도 무슨 일이 어떻게 일어났는지 제대로 알지 못한 채 멍하게 있었다. 불타는 전차의 해치가 열리더니 사납게 솟아오르는 연기를 뚫고 필사적으로 기어오르려는 사람이 보였다. 옷에 불이 붙어 비명을 지르며 몸을 반쯤 빼낸 전차병은 그대로 무너졌다. 시체가 된 전차병은 전차 옆에 축 늘어졌다. 그때서야 정신이 돌아왔다. 해거가 페르디에게 말했다. "죽을 때 죽더라도 하느님께서 덜 고통스러운 죽음을 허락하셨으면 좋겠다."

첫 번째 전차가 당하는 것을 본 두 번째 전차는 신중하게 대전차포 사거리 밖에 머물며 사격을 시작했다. 그제야 중대장은 중대원들이 벙커 안으로 들어오는 것을 허락했다. 해거를 포함해 생존자들은 구르듯 벙커 안으로 들어갔다. 전차의 공포를 피했다고 생각했으나, 벙커는 또 다른 지옥이었다. 벙커의 크기는 가정집 거실만 했는데, 그 안에 30명도 넘는 사람이 있었고 그중 상당수는 시체와 죽어 가는 병사였다. 어찌나 빽빽한지 앉는 것은 고사하고 몸도 틀지 못할 정도였다. 게다가 벙커 안은 덥고 컴컴한 데다 소름이 돋는 소음 때문에 견디기 어려웠다. 부상병 중 많은 수가 모국어인 폴란드어나 러시아어로 신음했다. 이 와중에도 중대장은 "항복! 항복!"이라고 외치는 부상병들의 외침은 안중에도 없이 하나뿐인 총안구를 통해 기관총을 쏴 댔다.

한순간, 벙커 안에는 정적이 감돌았다. 해거를 비롯한 중대원들은 밖에서 누군가 소리치는 것을 들었다. "독일군! 나와라!" 그러나 중대장은 항복하는 대신에 다시 신경질적으로 기관총을 쏴 댔다. 몇 분 뒤, 똑같은 목소리가 다시 들렸다. "항복하는 게 좋을 거다, 독일 놈아!"

중대장이 기관총을 계속 쏴 대자 바람 하나 통하는 곳이 없는 벙커 안은 매캐한 화약 연기로 가득 찼다. 중대원들은 화약 연기에 연신 기침을 했다. 그렇지 않아도 분위기 때문에 질식할 것만 같은 벙커 안의 공기는 더욱 나빠졌다. 중대장이 탄알을 재장전하느라 사격을 멈출 때마다 밖에서는 같은 목소리가 항복을 권유했다. 바깥에 있는 누군가가 마침내 독일어로 부르자 부상병 중 한 명이 아는 영어로 반복해 대답했다. 그러나 이 부상병이 아는 영어라고는 두 단어뿐이었다. "여보세요, 친구들! 여보세요, 친구들! 여보세요, 친구들!"

바깥에서 사격이 멈췄다. 정적이 잠깐 흐르는 사이, 벙커 안의 독일군들은 곧 무슨 일이 일어날 것임을 직감했다. 벙커 위로는 둥근 지붕이 마치 혹처럼 툭 튀어나와 있고 거기에는 바깥을 살필 수 있는 작은 관측구가 있었다. 중대원들은 한 명을 들어 올려 바깥에서 무슨 일이 벌어지는지 살펴보도록 했다. 바깥을 내다보던 병사가 다급하게 소리쳤다. "화염방사기다! 화염방사기를 가져오고 있어!"

벙커 안으로 통하는 철제 공기 통로는 구불구불할 뿐만 아니라 중간중간에 격실이 있어 화염방사기를 들이대더라도 불길이 벙커 안까지 직접 닿을 수는 없었지만, 열기는 달랐다. 벙커 안에서 열기로 죽을 수도 있었다. 갑자기 화염방사기에서 불길 뿜는 소리가 들렸다. 바깥 공기가 벙커 안으로 들어올 수 있는 구멍은 두 곳뿐이었다. 하나는 중대장이 계속해 기관총을 쏴 대는 총안구였고 또 다른 하나는 천장에 있는 관측구였다.

벙커 안의 온도가 서서히 올라가기 시작했다. 벌써 몇몇은 겁에 질려 공황상태에 빠졌다. 손톱으로 쥐어뜯고 밀치면서 소리를 질러 댔다. "여기서 나가야 해!" 바닥에 엎드려 사람들 다리 사이를 뚫고 문 쪽으로 가려 애썼지만 옴짝달싹 못할 정도로 사람이 많아 엎드릴 수조차 없었다. 이제 모든 중대원이 중대장에게 애원하기 시작했다. 그러나 여전히 기관총을 쏴 대던 중대장은 총안구에서 몸을 돌리지도 않았다. 벙커 안의 공기는 말로 할 수 없을 정도로 안 좋았다.

"모두 구령에 맞춰 숨을 쉰다." 갑자기 중위가 큰 소리로 말했다. "들이쉬어! …… 뱉어! …… 들이쉬어! …… 뱉어!" 계속해서 열을 받은 철제 공기 통로의 접합부가 분홍빛에서 붉은빛으로 달아오르더니 급기야 백열광이 나는 흰빛으로 바뀌었다. "들이쉬어! …… 뱉어!" 중위가 계속해 큰 소리로 구령을 붙였다. "여보세요, 친구들! 여보세요, 친구들!" 아까 영어 단어 2개로 말하던 부상병이 다시 울부짖었다. 해거는 구석에 놓인 무전기 앞에서 무전병이 계속해서 웅얼거리는 것을 들었다. "시금치,* 오라고!

* 옮긴이) 만화 「뽀빠이」에서 유래한, 미국인을 뜻하는 속어이다. 1929년 미국의 만화가 엘지 크라이슬러 시가Elzie Crisler Segar(1894년 12월 8일~1938년 10월 13일)가 「골무극장Thimble Theater」에 등장시킨 '포파이Popeye(일반적으로 뽀빠이로 부름)'는 미국은 물론 전 세계적으로 사랑받는 캐릭터가 되었다. 시금치를 먹고 힘을 낸다는 독특한 설정이 대중에게 크게 영향을 끼쳤다. 1941년 뽀빠이가 미 해군에 입대하여 독일 잠수함을 물리치고 영국 수상 관저까지 시금치 통조림을 배달하는 내

시금치, 와!"

그때, 중위가 큰 소리로 말했다. "중대장님! 부상병들이 숨 막혀 합니다. 항복해야 합니다."

중대장이 으르렁댔다. "말도 안 되는 소리 집어치워! 싸워서 밖으로 나간다. 병력과 무기를 세어 봐!"

벙커에 옴짝달싹도 못할 만큼 가득 찬 병사들이 소리쳤다. "안 됩니다. 제발!" 페르디가 해거에게 말했다. "중대장 빼고는 기관총을 가진 것은 너뿐이잖아! 저 미친놈이 널 제일 먼저 내보낼 거야! 날 믿어도 좋아."

그때, 놀라운 일이 벌어졌다. 병사들이 소총에서 노리쇠를 빼더니 바닥에 내던졌다. 중대장의 말을 듣지 않겠다는 의지가 분명했다. 해거가 페르디에게 말했다. "나는 가지 않겠어!" 해거는 노리쇠를 조립하는 핀을 빼서는 멀리 던져 버렸다.

열기 때문에 쓰러지는 사람이 나오기 시작했다. 무릎이 구부러졌고 곧추세웠던 고개가 꺾였다. 사람으로 빽빽한 벙커 안에서 독일군은 쓰러지려 해도 쓰러질 수 없어 반만 곧추선, 어정쩡한 자세로 서 있었다. 중위는 계속해서 중대장에게 애원했지만 소용이 없었다. 문은 총안구 바로 옆에 있었다. 기관총을 든 중대장이 총안구 앞에 서 있는 이상 아무도 문에 손을 댈 수 없었다.

기관총을 쏴 대던 중대장이 갑자기 멈추더니 몸을 돌려 무전병에게 물었다. "교신이 되나?" 무전병이 답했다. "아닙니다, 중대장님!" 아마 그 순간이었을 것이다. 중대장은 바늘 하나 꽂을 틈도 없을 만큼 사람이 들어찬 벙커를 처음으로 본 듯했다. 중대장의 얼굴에는 당황해 충격을 받은 기색이 역력했다. 기관총을 땅에 내려놓으며 체념한 목소리로 중대장이 말했다. "문을 열어라."

---

용이 나올 정도로 시금치는 뽀빠이와 뗄 수 없는 필수품으로 인식된다.

누군가가 찢어진 흰 천을 총에 묶어 총안구 밖으로 내밀었다. "좋다. 독일군! 한꺼번에 나와라!"

독일군은 어두운 벙커를 뒤로하고 신선한 공기를 들이켜며 눈부신 햇빛 아래로 줄줄이 나왔다. 참호 양쪽으로 늘어선 영국군은 독일군이 무기와 철모를 빨리 버리지 않으면 땅에 총을 쏘며 위협했다. 참호 끝에 이르자 영국군은 독일군이 몸에 지닌 끈이란 끈은 모두 끊어 버렸다. 허리띠, 전투화 끈, 전투복 상의 끈을 끊고 마지막으로 전투복 바지의 지퍼를 잘라 냈다. 독일군은 바닥을 바라보며 땅에 엎드렸다.

해거와 페르디도 머리 위로 손을 올린 채 참호 아래로 내려갔다. 페르디의 허리띠를 자르면서 영국군 장교가 말했다. "2주 뒤에는 네놈 동료들을 베를린에서 보게 될 거다, 독일 놈아!" 얼굴이 피투성이인 데다 포탄 파편에 맞은 상처가 부풀어 오른 페르디였지만, 농담으로 응수했다. "그때면 우리가 잉글랜드에 있을 거요." 그는 포로수용소에 있을 것이라는 뜻으로 한 말이었지만, 영국군은 이 말을 오해했다. "이놈들을 해변으로 데려가!" 목소리가 험악했다. 독일군은 자꾸 흘러내리는 바지춤을 잡고 걸어갔다. 벙커는 점점 멀어져 갔다. 전차는 여전히 불길에 휩싸여 있었고, 풀을 뜯던 소들은 아무 일도 없었다는 듯 계속 한가롭게 풀을 뜯고 있었다.

15분 뒤, 해거를 비롯한 포로들은 수면 위로 드러나 있는 대상륙 장애물 사이에서 지뢰를 제거하고 있었다. 페르디가 해거에게 말했다. "이걸 설치할 때 다시 떼어 내리라고는 전혀 생각도 안 했는데."*

제716사단 포병부대에 배치된 알로이시우스 담스키Aloysius Damski 이병은

* 그토록 지독하게 벙커를 고수하려 했던 중대장이 누구인지 알아내지는 못했지만, 해거는 그 중대장은 군들라흐Gundlach이고 중위는 루트케Lutke였다고 믿고 있다. 포로로 잡힌 뒤, 해거는 당시 실종되었다고 생각했던 삭슬러를 다시 만난다. 삭슬러 또한 장애물 해체에 투입되어 있었다. 그날 밤, 벙커에서 붙잡힌 독일군 포로들은 잉글랜드로 이송되었다. 해거와 150명의 포로들은 엿새 뒤 뉴욕에 도착해서 캐나다에 있는 포로수용소로 이송되었다.

싸울 의지가 전혀 없었다. 담스키는 폴란드인이었다. 강제 징집되어 싸우고 있던 담스키는 침공이 시작되면 가장 가까운 상륙주정으로 달려가 항복하겠다고 오래전부터 마음을 먹고 있었지만 그럴 기회가 없었다. 맹렬한 포격 지원을 받으며 영국군이 상륙하자, 골드 해변의 서쪽 가장자리 진지에 있던 담스키의 포대장은 바로 후퇴하라고 명령했다. 담스키는 앞으로 뛰어나가는 순간 뒤에 있는 독일군의 손에 죽든 아니면 진격해 오는 영국군의 손에 죽든 결국 죽을 수밖에 없다는 것을 깨달았다. 그러나 독일군이 어지럽게 후퇴하는 와중에 담스키는 잠깐의 틈을 노려 트라시Tracy 마을로 뛰었다. 그는 트라시 마을에서 나이 지긋한 프랑스 여자의 집에 묵을 참이었다. 담스키는 그곳에 머무는 동안 연합군이 트라시를 확보하면 항복할 수 있을 것이라 생각했다.

마을로 가려고 벌판을 가로지르던 중 담스키는 말을 탄 독일군 병장과 맞닥뜨렸다. 병장은 산전수전을 다 겪은 것처럼 보였다. 병장 앞에는 소련 출신 이병이 걷고 있었다. 독일군 병장은 담스키를 내려다보면서 활짝 웃으며 물었다. “그래, 혼자 힘으로 대체 어디로 갈 생각이지?” 병장과 눈이 마주친 순간 담스키는 자기가 도망치고 있음을 병장이 알아챘다는 것을 깨달았다. 여전히 활짝 웃으며 병장이 말했다. “다른 생각 말고 나와 함께 가는 것이 좋을 텐데!” 그간의 노력이 물거품이 되는 말을 들었지만 담스키는 별로 놀라지도 않았다. 일생에 운이 좋았던 적은 단 한 번도 없었다. 나아지지도 않는다고 생각하니 마음만 씁쓸할 뿐이었다.

도망가려던 담스키가 붙잡히고 있을 때, 16킬로미터 떨어진 캉 근처에 있던 빌헬름 포크트Wilhelm Voigt 이병도 어떻게 하면 항복할 수 있을까를 궁리하고 있었다. 포크트는 옮겨 다니며 연합군 통신을 감청하는 부대에서 근무했다. 포크트는 17년 동안 시카고에서 살았지만 미국 시민권을 얻지는 않았다. 1939년, 포크트의 아내가 친정을 방문하러 독일에 갔다. 아픈 어머니를 본 포크트의 아내는 독일에 머물 수밖에 없었다. 1940년, 친구들의 충고를 뒤로한 채 포크트는 아내를 데려오겠다며 독일로 떠났다. 일반적인 방법으로는 교전국인 독일로 들어갈 수 없었다. 기나긴 여정이 시작되었다. 먼저 포크트는 태평양을 건너 일본으로 간 뒤, 다시 블라디보스토크에서 시베리아 횡단 열차를 타고 모스크바로 가서는 폴란드를 통과해 독일로 들어갔다. 시카고를 떠나 독일까지 가는 데 거의 넉 달이 걸렸다. 그것이 마지막이었다. 포크트 역시 독일을 떠날 수 없었다. 독일로 들어간 지 4년 만에 처음으로 포크트는 무선을 타고 흘러나오는 미국 영어를 들을 수 있었다. 거의 몇 시간 동안 포크트는 미군을 만나면 무어라고 말해야 할지만을 생각했다. 그는 미군을 보면 달려가서 이렇게 말하려 했다. "이봐! 나는 시카고에서 왔어!" 그러나 그러기에는 자신의 부대가 너무 후방에 있었다. 고향이나 마찬가지인 시카고는 말 그대로 지구를 한 바퀴 돌아서야 갈 수 있는 곳이 된 지 오래였다. 지금 할 수 있는 일이라고는 감청장비를 실은 트럭에 앉아서 몇 킬로미터밖에 떨어지지 않은 곳에서 미군끼리 주고받는 통신을 들으며 집 생각을 하는 것뿐이었다.*

오마하 해변 뒤 도랑에는 플루스카트 소령이 가쁜 숨을 몰아쉬며 누워 있었다. 누워 있는 사람이 플루스카트라고 생각할 수 없을 만큼 모습이 엉망이었다. 철모는 잃어버렸고, 옷은 여기저기 찢어지고 뜯어졌다. 이곳저곳 긁힌 얼굴은 피투성이였다. 생트-오노린-데-페르트에 있는 벙커를 떠나 사령부로 돌아가고 있는 플루스카트는 불타고 폭발하는 땅을 1시간 30분 넘게 기어서 통과했다. 절벽을 지나 앞뒤로 날아다니는 수십여 대의 전투기는 땅 위에서 움직이는 모든 것에 기총소사를 해 댔다. 그게 다가 아니었다. 연합군 함정은 모든 것을 갈아엎을 기세로 함포를 계속 쏴 댔다. 플루스카트가 타던 폭스바겐은 저 뒤에 부서진 채 불타고 있었다. 산울타리

* 전쟁이 끝나고도 포크트는 결국 미국으로 돌아가지 못했다. 그는 현재 독일에 살면서 팬 아메리칸 에어웨이Pan American Airways에서 일하고 있다.

와 풀밭에 불이 붙어 타면서 나는 연기가 하늘로 높이 솟아올랐다. 눈이 닿는 참호마다 이미 싸늘한 시체가 되어 버린 독일군이 가득했다. 포격과 무자비한 기총소사는 보기에도 처참한 시체를 잔뜩 만들어 냈다. 플루스카트는 처음에는 뛰어서 도망치려 했지만 계속 기총소사를 하며 따라오는 전투기를 피할 수 없었다. 플루스카트는 기는 수밖에 없었다. 계산해 보고 그토록 고생했건만 2킬로미터도 못 왔다는 것을 알았다. 에트르앙에 있는 지휘소까지는 아직도 5킬로미터를 더 가야 했다. 플루스카트는 발걸음을 계속 옮겼다. 고통스러웠다. 앞에 농가가 보였다. 도랑을 따라가 농가와 20미터쯤 떨어진 곳까지 가면 거기서부터는 있는 힘을 다해 달려 농가에 닿은 뒤 주인에게 물 좀 달라고 할 수 있을 것 같았다. 농가에 가까이 다가간 플루스카트는 프랑스 여자 두 명이 문을 열고 조용히 앉아 있는 것을 보고 깜짝 놀랐다. 이 둘은 기총소사나 포격은 안중에도 없는 듯했다. 여자 두 명이 플루스카트를 쳐다보았다. 둘 중 한 명이 짓궂게 웃으면서 프랑스어로 크게 말했다. "끔찍해요, 그렇지 않나요?" 플루스카트는 기어서 통과했다. 그렇지만 웃음소리는 여전히 귀에 맴돌았다. 그 순간, 플루스카트는 프랑스 사람, 노르망디 사람, 그리고 썩어 냄새나는 이 전쟁을 증오했다.

독일군 제6낙하산연대 안톤 뷘쉬Anton Wuensch 상병의 눈에 나무에 높이 걸린 낙하산이 들어왔다. 파란색 낙하산 아래로는 캔버스로 만든 짐 상자가 대롱대롱 매달려 있었다. 멀리서야 소총 사격과 기관총 사격이 난무했지만, 뷘쉬와 그가 이끄는 박격포반은 연합군이라고는 코빼기도 보지 못했다. 이들은 거의 3시간을 행군해 와서 지금은 카랑탕 위쪽에 있는 작은 숲에 있었다. 이곳은 유타 해변에서 남서쪽으로 16킬로미터쯤 떨어진 곳이었다.

리히터Richter 일병이 낙하산을 바라보면서 말했다. "저거 미국 건데! 아마 탄약이 담겨 있겠지." 프리츠 벤트Fritz Wendt 이병은 그 안에 음식이 있을지도 모른다고 생각했다. "하느님, 제가 몹시 배고픕니다." 뷘쉬는 자기가 앞으로 기어가는 동안 모두 다 도랑에 납작 엎드려 기다리라고 했다. 낙하산은 속임수일 수도 있었다. 상자를 내리려 하는 순간 매복 공격을 받을 수도 있었고, 상자가 부비트랩일 수도 있었다.

뷘쉬는 조심스럽게 앞으로 나아가며 살펴보았다. 아무 일도 없다는 것을 확인한 그는 나무 둥치에 수류탄을 2개 묶고는 안전핀을 뽑았다. 나무가 쓰러지면서 낙하산과 상자도 함께 땅으로 떨어졌다. 뷘쉬는 숨을 죽이고 기다리며 살펴보았지만 폭발을 감지한 사람은 아무도 없어 보였다. 뷘쉬는 도랑에 몸을 숨긴 채 기다리는 동료들에게 다가오라고 손을 흔들었다. "미국이 뭘 보냈는지 한번 보자고!" 뷘쉬가 소리쳤다.

벤트는 칼을 뽑아 들고 달려와서 캔버스를 찢었다. 무엇에 홀린 사람처럼 눈을 반짝이면서 벤트가 큰 소리로 말했다. "음식이다, 음식! 하느님, 고맙습니다."

30분 동안 뷘쉬를 포함한 독일 공수부대원 일곱 명은 강인해 보여야 한다는 자존심 같은 것은 깡그리 잊은 채 먹는 데 몰두했다. 상자 안에는 파인애플 통조림, 오렌지 주스, 초콜릿과 담배, 그 밖에 최근 몇 년 동안 구경도 못해 본 여러 음식이 들어 있었다. 벤트는 어찌나 게걸스럽게 먹어 치웠는지, 네스카페 가루 커피를 꾸역꾸역 입에 넣고는 농축 우유를 마셔 삼키려고까지 했다. "사실 뭔지도 모르고 먹었습니다. 그렇지만 맛은 끝내 주더군요." 후에 벤트는 말했다.

벤트가 항의하기는 했지만, 뷘쉬는 이쯤에서 먹는 것을 멈추고 움직여서 전투를 해야 한다고 결정했다. 배는 이미 충분하다 못해 빵빵하게 채웠고 주머니마다 가져갈 수 있을 만큼 담배도 넣었다. 뷘쉬와 부하들은 숲에서 나와 멀리 들리는 사격 현장을 향해 일렬로 나아갔다. 몇 분 뒤, 이들은 전쟁이 무엇인지 몸으로 체험했다. 뷘쉬의 부하 중 한 명이 관자놀이에 총알을 맞고 쓰러졌다.

“저격수다!” 뷘쉬가 소리쳤다. 총알이 날아오자 피할 곳을 찾아 몸을 던졌다.

일행 중 한 명이 오른쪽의 나무 몇 그루가 모여 있는 곳을 가리키며 소리쳤다. “저기 봐! 저기에 저격수가 있는 것을 확실히 봤다고.”

뷘쉬는 쌍안경을 꺼내 나무 꼭대기에 초점을 맞추고 주의 깊게 살폈다. 나무 한 그루의 가지가 살짝 움직이는 것을 보았지만 확신할 수는 없었다. 오랫동안 쌍안경으로 여기저기 살피던 중 잎사귀가 다시 움직이는 것이 보였다. 소총을 집어 든 뷘쉬가 말했다. “뭐가 진짜이고 뭐가 가짜인지 알겠지.” 뷘쉬가 방아쇠를 당겼다.

뷘쉬는 처음에는 표적을 놓쳤다고 생각했지만 이내 나무를 타고 내려오는 저격수가 보였다. 뷘쉬는 다시 표적을 겨냥했다. 이번에는 가지와 잎사귀가 없는 나무 몸통을 노리면서 큰 소리로 말했다. “이봐! 이번엔 내가 너를 잡을 거라고!” 저격수의 다리가 보이더니 이내 몸통까지 드러났다. 뷘쉬는 연달아 방아쇠를 당겼다. 저격수는 매우 천천히 나무에서 떨어졌다. 뷘쉬와 부하들이 환호성을 올리면서 총에 맞은 저격수 쪽으로 달려갔다. 이들은 선 채 처음 보는 미군 공수부대원을 내려다보았다. 뷘쉬는 총에 맞은 미군을 이렇게 기억한다. “머리카락 색이 짙었습니다. 정말 잘생겼더군요. 그리고 나이도 어렸습니다. 입에서는 피가 흐르고 있었습니다.”

리히터는 죽은 미군의 주머니를 뒤져 지갑을 찾아냈다. 지갑에는 사진 두 장과 편지가 들어 있었다. 뷘쉬는 지금도 그때를 생생하게 기억한다. “사진 중 하나는 죽은 미군이 아주 어린 여자 곁에 앉아 찍은 것이었습니다. 우리는 그 어린 여자가 그의 아내일 것이라고 생각했습니다. 또 다른 사진은 이 둘이 가족으로 보이는 사람들과 함께 베란다에 앉아 있는 것이었습니다.” 리히터는 사진과 편지를 자기 주머니에 넣었다.

뷘쉬가 물었다. “뭐 하려고?”

리히터가 대답했다. “전쟁이 끝나면 봉투에 있는 주소로 보내 주려 합니다.”

뵌쉬는 리히터가 미쳤다고 생각했다. "미군에게 포로로 잡힐 수도 있다. 만일 이것을 미군이 보기라도 한다면……." 뵌쉬는 손가락으로 목을 그었다. "의무병이 발견하게 남겨 놓고 우리는 여기를 뜨자!"

부하들이 움직였지만, 뵌쉬는 얼마간 남아서 죽은 미군을 뚫어져라 바라보았다. 미군은 축 처져 있었다. "마치 차에 치인 개 같았습니다." 뵌쉬는 쓸데없는 감상을 지우고 서둘러 부하들을 따라갔다.

몇 킬로미터 떨어진 곳에서는 독일군 장군참모를 상징하는 검정색, 흰색, 빨간색이 섞인 기를 단 차량이 보조 도로를 타고 피코빌Picauville을 향해 쏜살같이 달리고 있었다. 제91공중착륙보병사단장 빌헬름 팔라이 중장과 부관, 그리고 운전병이 탄 호르히는 렌에서 열릴 워게임에 참석하기 위해 오전 1시 직전에 출발한 이후로 거의 7시간째 쉬지 않고 달리고 있었다. 오전 3시와 4시 사이에 비행기가 계속해서 윙윙대며 날아다니고 멀리서 포탄 터지는 소리가 들리자 걱정이 된 팔라이는 방향을 돌렸다.

피코빌 북쪽에 있는 사단 사령부에서 불과 몇 킬로미터 떨어진 곳에서 팔라이가 탄 호르히 앞으로 기관총탄이 '휙휙' 스쳐 날아다녔다. 차 앞유리가 산산조각 났고, 운전병 옆에 앉아 있던 부관은 맥없이 고꾸라졌다. 호르히가 좌우로 휘청대더니 타이어 터지는 소리가 나면서 길에서 벗어나 담에 처박혔다. 부딪힐 때 충격으로 떨어진 문은 어디론가 날아갔고, 운전병과 팔라이는 밖으로 튕겨 나갔다. 그러면서 팔라이가 차고 있던 권총도 앞으로 미끄러져 나갔다. 팔라이는 권총을 집으려 기어서 도로를 가로질렀다. 충격을 받아 멍해진 운전병은 미군 몇이 호르히 쪽으로 달려오는 것을 보았다. 팔라이는 "죽이지 마! 죽이지 마!"라고 소리치면서도 계속해 권총을 향해 기어갔다. 총소리가 나더니 팔라이가 도로에 쓰러졌다. 팔라이는 죽는 순간까지도 손을 뻗어 권총을 집으려 하고 있었다.

제82공정사단 508낙하산보병연대 3대대 본부중대의 맬컴 브랜넌Malcolm

Brannen 중위는 죽은 군인을 내려다보다가 몸을 굽혀 독일군 장교 정모를 집어 들었다. 모자 속 테에는 '팔라이'라고 새겨져 있었다. 팔라이는 독일군 특유의 녹회색 제복을 입었고, 바지 양옆 솔기에는 빨간 띠가 붙어 있었다. 제복 상의 어깨에는 좁은 금빛 견장이 붙어 있었고, 옷깃은 참나무 잎사귀 모양으로 길게 수를 놓은 금사로 장식이 되어 있었다. 독일군을 상징하는 철십자가 검은색 수綬에 매인 채 목에 걸려 있었다. 확신하지는 못했지만 브랜넌은 자기가 장군을 사살한 것 같다는 생각이 들었다.

릴 근처의 활주로, 요제프 프릴러 중령과 하인츠 보다르치크 병장은 달랑 2대 남은 포케-불프-190Focke-Wulf; FW-190 전투기를 향해 달려갔다.

독일 공군과 전투기 군단 사령부 양쪽에서 프릴러에게 전화를 걸었다. 작전장교가 말했다. "프릴러, 침공이 시작되었다. 거기를 뜨는 것이 좋겠다."

프릴러는 마침내 폭발했다. "이제 발을 빼는군! 빌어먹을 병신들 같으니! 비행기 달랑 2대 가지고 내가 뭘 하기를 기대했나? 내 비행대대는 어디에 있나? 다시 불러 줄 건가?"

작전장교는 놀라우리만큼 침착했다. 그는 부드럽게 대답했다. "프릴러, 자네 비행대대가 정확히 어디에 착륙했는지는 모르네. 그렇지만 비행대대를 피오Piox에 있는 활주로로 옮기려고 하네. 자네가 지휘하는 모든 지상 근무자를 즉시 그곳으로 보내게. 그러는 동안 자네는 이륙해서 침공지역으로 가야 할 테고. 행운을 비네, 프릴러!"

폭발하려는 화를 간신히 참으면서 프릴러가 말했다. "어디에서 침공이 일어나고 있는지 말해 주겠소?"

작전장교는 지나치리만큼 냉정하게 대답했다. "노르망디네, 캉 위쪽 어디쯤이야."

지상 근무자를 이동시키기 위해 필요한 조치를 강구하는 데는 꼬박 1시간이 걸렸다. 그리고 프릴러와 보다르치크는 침공에 맞서 독일 공군으로서

**포케-불프-190**(1943년경) 쿠르트 탕크Kurt Tank가 설계한 단좌식 전투기. 영어로는 슈라이크Shrike(때까치)로 불렸다. 1939년 6월 처녀비행에 성공한 뒤 독일 공군의 필요에 따라 다양하게 개량되어 널리 사용되었다. 회전 반경을 빼고는 영국의 주력 전투기 스핏파이어Spitfire Mk V보다 모든 면에서 우수했다. 영국은 1942년 스핏파이어 Mk IX를 생산하고서야 포케-불프-190과 대등한 성능을 유지할 수 있었다. 사진은 미 공군이 노획한 포케-불프-190A로, 다시 도장한 것이라 스바스티카와 발켄크로이츠(막대 2개를 교차한 것처럼 보이는 십자가)의 비율은 맞지 않는다.

는 유일하게 대낮에 반격을 감행할 준비를 마쳤다.*

전투기에 오르기 직전, 프릴러는 보다르치크에게 다가갔다. "잘 들어라. 우리 둘뿐이다. 둘이서 침공을 막을 수는 없다. 부디, 내가 하는 대로 해라. 내 뒤를 따라 날고, 내가 하는 기동을 따라 해라." 프릴러와 보다르치크는 이미 오랫동안 함께 비행한 사이였다. 프릴러는 자신이 상황을 깨끗하게 만들어야 한다는 책임감을 느꼈다. 프릴러는 당시 느낌을 이렇게 회

* 독일 공군의 폭격기인 융커스-88(Ju-88) 8대가 상륙 초기에 연합군을 공격했다는 기록도 있다. 6월 6일 밤부터 7일 사이에 해안교두보 상공에 독일군 폭격기가 있기는 했지만, 디데이 아침에 프릴러 중령이 감행한 공격을 빼면, 내가 찾아낼 수 있는 기록은 없었다. 옮긴이) 원저와 영화를 통해 알려진 것과 달리, 이날 독일 공군에서 출격한 것은 프릴러와 보다르치크만이 아니라는 것이 나중에 밝혀졌다. 헬무트 에베슈페처Helmut Eberspächer 대위는 포케-불프-190 전투기 4대를 이끌고 랭카스터 폭격기를 공격했고, 폭격기편대인 Kampfgeschwader 54도 영국군 교두보를 여러 차례 폭격했다. 프릴러와 함께 출격했던 하인츠 보다르치크(1922년 3월 12일~1945년 1월 1일)는 벌지 전투 중에 출격했다가 네덜란드에 추락해 사망했다. 연합군 대공포에 맞은 것으로 보인다.

상한다. "우리는 단독으로 들어가려 했습니다. 그리고 돌아올 수 있으리라 생각하지 않았습니다."

오전 9시, 독일군 시간으로는 오전 8시에 프릴러와 보다르치크의 전투기 2대가 활주로를 날아올랐다. 둘은 정서 방향으로 낮게 날았다. 아브빌 Abbeville 상공에서 둘보다 한참 위쪽으로 나는 연합군 전투기들이 보이기 시작했다. 프릴러는 엄격하게 대형을 유지해야 할 연합군 전투기들이 그러지 않는다는 것을 눈치챘다. 그 순간 프릴러는 이런 생각이 들었다고 한다. "내게 전투기가 몇 대 더 있었다면 아마 식은 죽 먹기처럼 쉽게 격추시켰을 겁니다." 연합군 전투기들이 르 아브르에 접근하는 동안 프릴러는 구름 뒤에 숨어 고도를 높였다. 몇 분을 더 그렇게 난 뒤, 프릴러와 보다르치크는 구름을 뚫고 갑자기 나타났다. 아래에는 비록 적이었지만 어마어마한 함대가 환상적인 모습으로 펼쳐져 있었다. 배라고 하는 배는 모두 다 모아 놓은 것 같았다. 세기도 어려울 만큼 많은 배가 끝도 없이 늘어섰는데 아마도 영국해협 건너편에서 시작된 것 같았다. 병력을 해안으로 실어 나르는 상륙주정이 해안으로 끝없이 밀려들었고, 해변마다 그리고 해변 너머 내륙에서는 포탄이 터지며 솟는 흰 연기가 보였다. 해변의 모래밭은 상륙한 연합군 병력으로 새까맸다. 전차와 모든 종류의 장비가 해안선에 널려 있었다. 프릴러는 뭘 해야 할까를 고민하며 구름 속으로 다시 들어갔다. 하늘에는 연합군이 날린 비행기도 많았고, 바다 위에는 전함도 많았으며, 해변마다 사람 천지였다. 해변을 한 번 통과하며 공격하면 격추될 것 같았다.

공격 전이면 으레 하던 무선침묵은 유지할 필요도 없었다. 프릴러는 무전기에 대고 명랑한 말투로 말했다. "끝내주지 않나! 정말 대단해! 눈 닿는 곳마다 없는 것 없이 다 있군. 날 믿으라고. 이건 침공이야. 보다르치크! 자, 간다! 행운을 비네."

프릴러와 보다르치크는 시속 650킬로미터로 영국군 상륙 해변을 향해 비행기를 내리꽂듯 하강해 지상에서 겨우 40미터 상공까지 내려갔다. 겨냥할 틈도 없었다. 프릴러가 조종간의 발사 단추를 누르자 포케-불프-190 전투기에 달린 기관총이 총알을 쏟아 내는 느낌이 온몸으로 밀려왔다. 영국군 머리 위로 스치듯이 지나가자 깜짝 놀라 하늘을 쳐다보는 영국군들의 얼굴이 보였다.

소드 해변에서 프랑스 특수부대의 필립 키퍼 소령은 프릴러와 보다르치크가 전투기를 몰고 오는 것을 보았다. 키퍼는 피할 곳을 찾아 몸을 날렸다. 독일군 포로 여섯 명이 혼란한 틈을 타 도망치려 하자 키퍼의 부하들이 그 즉시 기관총을 난사해 그들을 쓰러뜨렸다. 주노 해변에서 캐나다 제8보병여단의 로버트 로게Robert Rogge 이병은 귀를 찢는 소리와 함께 날아오는 프릴러와 보다르치크의 전투기를 보았다. "어찌나 낮게 날아오는지 타고 있는 조종사 얼굴을 똑똑히 볼 수 있을 정도였습니다." 모두가 그러듯 로게도 바닥에 납작 엎드렸다. 그러나 그 와중에 로게의 눈에 태연하게 선 채 전투기를 향해 스텐 기관단총을 쏴 대는 한 명이 눈에 들어왔다. 오마하 해변의 동쪽 끝에서 윌리엄 아이스만William Eisemann 미 해군 소위는 포케-불프-190 전투기 2대가 내리꽂듯 날아오는 것을 본 순간 숨이 멎는 줄 알았다. "지상에서 50미터도 안 되는 데까지 내리꽂듯 내려오면서 항공 장애물로 설치한 풍선 여러 개를 날렵하게 피했습니다." 영국 해군 던바의 로버트 도위는 함대의 모든 고사포가 프릴러와 보다르치크를 겨냥해 사격하는 것을 보았다. 이들 두 전투기는 사방에서 터지는 고사포탄 사이를 아무런 피해도 입지 않고 날아서는 내륙으로 방향을 바꾸더니 쏜살같이 구름 속으로 사라졌다. 도위는 방금 일어난 일을 보고도 믿을 수 없다는 듯 말했다. "독일 놈이든 아니든 상관없이 진심으로 행운을 빈다. 아주 배짱이 두둑한 놈들이다."

## 곧 해방이 될 거야!

이제 노르망디 모든 해안에는 마치 폭풍처럼 연합군이 들이닥쳤다. 노르망디 해안에 살아 침공에 직접 혹은 간접으로 휘말린 프랑스 사람들에게 이 시간은 혼란 그 자체였다. 가슴 뛰는 흥분과 죽을지도 모른다는 두려움이 공존했다. 포탄이 무섭게 떨어지는 생트-메르-에글리즈 일대에서 작전 중이던 제82공정사단은 프랑스 농부들이 아무 일도 없다는 듯 태연하게 밭에서 일하는 것을 보았다. 그러다가 누구 한 명이라도 쓰러지거나 부상을 입거나 죽을 수도 있었다. 마을에서는 더 놀라운 상황이 벌어졌다. 이발사가 이발사를 뜻하는 독일어 'friseur'가 쓰인 푯말을 떼더니 영어로 이발사를 뜻하는 'barber'가 쓰인 새 푯말을 내 건 것이다.

생트-메르-에글리즈에서 몇 킬로미터 떨어진 작은 해안 마을인 라 마들렌에 사는 폴 가장젤은 몸과 마음이 모두 고통스러웠다. 운영하는 가게와 카페의 지붕이 폭격으로 날아가 버렸을 뿐만 아니라 포격 때문에 부상까지 입었다. 그리고 지금 미 제4보병사단 장병들이 가장젤과 프랑스 남자 일곱 명을 유타 해변으로 데려가고 있었다.

"남편을 어디로 데려가는 거지요?" 가장젤 부인이 젊은 중위에게 물었다.

질문을 받은 젊은 중위는 완벽한 프랑스어로 대답했다. "부인! 우리가 여기에서 당신 남편에게 질문을 할 수는 없습니다. 그래서 당신 남편과 다른 사람 모두를 잉글랜드로 데려갈 겁니다."

가장젤 부인은 자기 귀를 의심했다. "잉글랜드라고요? 왜죠? 남편이 대체 뭘 했기에?"

약간은 울음 섞인 가장젤 부인의 고함을 듣고 움찔한 젊은 중위는 지시에 따르는 것이라고 참을성 있게 설명했다.

"포격을 받아서 만일 남편이 죽기라도 하면 어쩌려고 그래요?" 가장젤 부인이 울먹이며 말했다.

"그럴 일은 거의 없습니다. 부인!" 젊은 중위가 대답했다.

가쟝젤은 아내에게 잘 있으라고 입을 맞춘 뒤 해변으로 걸어갔다. 걸어는 가고 있었지만, 대체 무슨 일인지 모르기는 가쟝젤도 마찬가지였다. 2주 뒤, 가쟝젤은 노르망디로 돌아왔다. 그를 데려갔던 미군은 어설픈 변명을 했다. "모든 것이 실수였습니다."

해안 가까이 있는 그랑캉 마을의 레지스탕스 지도자 장 마리옹은 낙담했다. 왼쪽에는 유타 해변이, 오른쪽에는 오마하 해변이 있는 그랑캉은 노르망디 상륙 해변 중 어떤 곳보다도 중요한 곳이었다. 마리옹은 양 상륙 해변 앞바다에 연합군 함대가 있는 것을 보고서 상륙이 있을 거라는 것을 알았다. 그런데 마리옹이 보기에 연합군은 그랑캉을 잊은 것 같았다. 아침 내내 연합군이 마을에 들어올까 목을 빼고 기다렸지만 개미 한 마리 오지 않았다. 그러던 중 마을 건너편으로 천천히 기동하는 구축함 1척을 아내가 가리키자 마리옹은 다시 기운이 솟았다. 마리옹이 갑자기 외마디 소리를 질렀다. "포! 내가 말했던 포!" 며칠 전 마리옹은 방벽 위에 작은 포 1문이 설치된 것을 런던에 알렸다. 이렇게 설치된 포는 지금 왼쪽, 즉 유타 해변 쪽으로만 사격할 수 있었다. 구축함이 포의 사각 쪽으로 조심스럽게 움직이더니 사격하는 것을 본 마리옹은 자신이 보낸 정보가 런던에 제대로 전달되었다는 것을 확인할 수 있었다. 너무도 기쁜 나머지 눈물을 흘리면서 포가 발사될 때마다 펄쩍펄쩍 뛰었다. "내가 보낸 정보가 제대로 들어갔어! 내가 보낸 정보를 제대로 받았다고!" 헌든이 분명해 보이는 이 구축함은 연달아 포탄을 날려 방벽 위의 포를 두들겼다. 포 주변에 있는 포탄이 폭발하면서 격렬한 폭발이 일어났다. 흥분한 마리옹이 외쳤다. "대단해! 최고야!"

그랑캉에서 25킬로미터쯤 떨어진 바이외. 오마하 해변의 레지스탕스 정보 책임자 기욤 메르카데르는 아내 마들렌과 함께 거실 창문 앞에 선 채 복받쳐 터져 나오는 눈물을 참느라 애쓰고 있었다. 독일군 주력 부대가 마을에 주둔했던 지난 4년은 정말 지긋지긋하고 끔찍했다. 이제 독일군은 모두 빠져나간 것 같았다. 멀리서 계속 나는 포성을 들으며 메르카데르는 곧 큰 전투가 벌어질 것이라고 직감했다. 이제 해야 할 일은 분명했다. 메르카데르는 레지스탕스 대원을 모두 규합해 나치 잔당을 몰아내야 한다는 느낌이 강하게 들었다. 그렇지만 무선으로 들어오는 전문은 '봉기는 없을 것이니 침착하게 대기하라'는 것이었다. 참으로 어려웠지만 메르카데르는 지난 4년 동안 기다리는 것 하나는 제대로 배웠다. "곧 해방이 될 거야!" 메르카데르가 아내에게 말했다.

바이외 사람들 모두 메르카데르처럼 느꼈을 것이다. 독일군이 집 안에 머물라고 명령했지만, 사람들은 공공연하게 대성당 앞마당에 모여 신부 중 한 명이 전하는 침공의 근황과 논평을 듣고 있었다. 신부는 해변이 또렷이 보이는 뾰족탑 종루에서 손나발을 만들어 입에 대고 아래 모인 사람들에게 큰 소리로 상황을 전했다.

이렇게 모여 신부에게 해변의 상황을 듣는 사람들 중에는 당시 열아홉 살로 유치원 선생을 하던 안 마리 브뢱스도 있었다. 이날은 모든 노르망디 사람에게 특별했지만 안 마리에게는 더욱 특별한 날이었다. 이날 침공한 그 많은 미군 중 한 명이 장차 안 마리의 남편이 되는데, 이날은 안 마리도 그리고 그 미군도 이런 생각은 전혀 하지 못했다. 오전 7시, 안 마리는 자전거를 타고 콜빌-쉬르-메르에 있는 아버지의 농장으로 조용히 길을 나섰다. 콜빌-쉬르-메르는 오마하 해변 바로 너머에 있는 마을이다. 안 마리는 힘차게 페달을 밟으면서 독일군 기관총 진지 여러 개와 해안을 향해 행군하는 독일군을 지나쳤다. 독일군 중 몇몇은 안 마리를 향해 손을 흔들었고, 한 명은 안 마리에게 조심하라고 충고까지 했다. 그렇지만 아무도 안 마리를 세우지는 않았다. 머리 위로 날아다니는 항공기가 기총소사를 해 독일군이 몸을 숨길 곳을 찾아 이리저리 흩어질 때도 안 마리는 뒤로 땋아 묶은 삼단 같은 머리와 파란 치마를 휘날리면서 계속 나아갔다. 안 마리는 절대 안전하다고 느꼈다. 위험하다는 생각은 들지도 않았다.

그 무렵, 안 마리는 콜빌-쉬르-메르에서 1.5킬로미터도 떨어지지 않은 곳에 있었다. 들어서는 길마다 사람이라고는 찾아볼 수 없었다. 내륙에서는 연기가 뭉게뭉게 피어올랐다. 여기저기 불이 타고 있었다. 농가 몇 채가 부서진 것이 눈에 들어왔다. 길을 나선 뒤 처음으로 덜컥 겁이 난 안 마리는 미친 듯이 페달을 밟았다. 콜빌-쉬르-메르 교차로에 닿을 무렵 안 마리는 깜짝 놀랐다. 사방에서 포격의 굉음이 나면서 주변은 살던 사람이 모두 버리고 떠난 황량한 곳처럼 느껴졌다. 아버지의 농장은 콜빌-쉬르-메르와 해변 사이에 있었다. 안 마리는 걸어가기로 했다. 자전거를 어깨에 멘 채 들판을 가로질렀다. 조그만 언덕 위에 오른 안 마리는 부모님의 집이 여전히 서 있는 것을 보고는 남은 길을 내달렸다.

농장에서 아무런 움직임이 없자 부모님이 농장을 버리고 떠났다고 생각한 안 마리는 아버지와 어머니를 부르면서 농장 안마당으로 달려 들어갔다. 집에 있는 창문은 한참 전에 날아가 버렸다. 지붕 일부는 사라졌고 문에도 구멍이 크게 났다. 구멍이 뚫린 문이 갑자기 열리더니 문 뒤에 서 있던 아버지와 어머니가 모습을 드러냈고 안 마리는 아버지와 어머니를 얼싸안았다.

"딸아, 오늘은 프랑스에 대단한 날이로구나!" 아버지의 말을 들은 안 마리는 눈물을 터뜨렸다.

거기서 1킬로미터 남짓 떨어진 곳에서는 당시 열아홉 살이던 레오 헤로우Leo Heroux 일병이 공포가 똬리를 틀고 앉은 오마하 해변에서 살아남기 위해 치열하게 싸우고 있었다. 그 순간 레오 또한 안 마리와 결혼해 가정을 꾸리리라고는 꿈에도 생각하지 않았을 것이 분명하다.*

---

* 노르망디 상륙을 인연으로 탄생한 '침공 신부' 중 하나인 안 마리 브뢱스와 그의 남편 레오 헤로우는, 1944년 6월 8일 콜빌-쉬르-메르 가까이 있는 브뢱스 농장에서 처음 만난 이후 결혼하여 아이 셋을 두고 현재 프랑스에 산다. 레오는 운전 학원을 운영하고 있다. 옮긴이) 레오의 부모

연합군이 맹렬하게 노르망디를 강습하는 동안 노르망디 지역 레지스탕스 최고 지도자 중 한 명인 레오나르 질은 파리 외곽을 달리는 기차 안에서 씩씩대며 화를 내고 있었다. 노르망디의 군사정보 책임자인 질은 12시간째 파리로 가는 기차에 타고 있었다. 대체 파리에 닿을 수나 있을지 의심스러울 만큼 차 타는 시간이 길었다. 모든 역에 서다시피 한 기차는 밤을 틈타 기는 것처럼 살금살금 움직였다. 명색이 노르망디의 정보를 관장하는 책임자였지만, 역설적이게도 질은 노르망디에 연합군이 상륙했다는 소식을 역 심부름꾼에게 들었다. 노르망디 어디로 연합군이 공격했는지는 전혀 몰랐지만 캉으로 돌아가는 것을 기대할 수도 없었다. 지난 몇 년 동안 열성적으로 일했건만 막상 꼭 필요한 순간에 자리를 비웠다고 생각하니 씁쓸했다. 그 많은 날 중에 하필 이날 파리로 가라는 명령을 받은 것도 속상했지만, 기차에서 내릴 수 있는 방법도 전혀 없었다. 그리고 다음 정거장은 파리였다.

캉에 있는 질의 약혼녀 자닌 부와타르는 침공 소식을 들은 뒤부터 더 바빠졌다. 오전 7시에 자닌은 그동안 숨기고 있던 영국 공군 조종사 두 명을 깨웠다. "서둘러야 해요. 이곳에서 12킬로미터 떨어진 가브뤼Gavrus에 있는 농장으로 갈 거예요."

해안 쪽으로 15킬로미터만 더 가면 자유의 몸이 될 수 있는데, 내륙으로 더 깊이 들어간다는(가브뤼는 캉에서 남서쪽에 있다.) 말을 들은 조종사들은 깜짝 놀랐다. 조종사 중 한 명인 로프츠Lofts 중령은 기회가 왔을 때 북으로 가서 연합군을 만나야 한다고 생각했다.

---

모두 프랑스 이민자의 후손으로서 Heroux는 프랑스식으로 '에루'라고 읽는다. 프랑스어가 능숙했던 레오는 장래 장인이 되는 페르낭에게 소를 옮겨 달라고 부탁하며 우유를 얻으러 갔다가 안 마리를 보고 첫눈에 반했다. 이후 둘은 편지를 주고받으며 사랑을 키웠고 전쟁이 끝나 레오가 미국으로 돌아가자 안 마리가 따라가 결혼했다. 1948년 레오 부부는 콜빌-쉬르-메르로 돌아왔다. 1980년 안 마리가 세상을 떠난 뒤 레오는 고향으로 돌아갔지만 둘 사이에 태어난 네 아이 중 아들 둘과 딸 하나는 여전히 노르망디에 살고 있다. 레오는 2014년 6월 6일 오마하 해변에서 열린 디데이 70주년 기념식에 참석했다.

"조금 더 참아야 해요. 캉부터 해안까지는 독일군이 우글거려요. 조금 더 기다리는 것이 더 안전할 겁니다." 자닌이 말했다.

오전 7시가 갓 지나자 자닌과 대충 농부처럼 입은 조종사 두 명은 자전거를 타고 길을 떠났다. 가브뤼로 가는 길은 평온했다. 독일군 순찰대가 이들을 몇 번 불러 세웠지만 위조 신분증은 발각되지 않았고 이들은 가던 길을 계속 갈 수 있었다. 가브뤼에 도착하면서 자닌의 임무는 끝이 났다. 연합군 조종사 두 명이 집으로 돌아가는 길이 더 가까워진 것이다. 사실 자닌은 이 둘과 함께 더 멀리 갈 수도 있었다. 그러나 자닌은 캉으로 돌아가서 또 조종사가 추락할 경우 그들을 안내해 탈출시켜야 했다. 자닌은 해방이 가까이 왔다고 느꼈다. 조종사 두 명에게 손을 흔들어 작별 인사를 한 뒤 자닌은 타고 온 자전거에 올라 다시 캉으로 향했다.

연합군 조종사들을 구해 준 죄로 캉 교도소에 갇힌 아멜리 르슈발리에는 처형 날짜를 기다리고 있었다. 감방 문 아래로 아침밥을 담은 식판을 밀어 넣으면서 누군가 "희망을 잃지 마세요. 희망!"이라고 속삭이는 게 들렸다. "영국군이 상륙했어요." 이 말을 들은 아멜리는 기도하기 시작했다. 아멜리는 같은 교도소에 갇힌 남편 루이가 이 소식을 들었을지 궁금했다. 밤새 폭발음이 들렸지만 아멜리는 연합군의 폭격이 평소와 같은 것이라고 생각했다. 그렇지만 이제는 새로운 희망이 생겼다. 너무 늦기 전에 구출될 수 있기를 빌었다.

갑자기 복도가 소란스워졌다. 아멜리는 무릎을 꿇고 문 아래로 들리는 소리를 들었다. "라우스!* 라우스!" 나오라는 말이 반복되었다. 복도에는 발소리가 요란했고, 감방 문을 부서져라 세게 닫는 소리가 들리더니, 예전처럼 다시 고요해졌다. 몇 분 뒤, 교도소 바깥에서 기관총 소리가 계속 들려왔다.

* 옮긴이) Raus: 밖으로라는 뜻의 독일어.

게슈타포 교도관들은 겁을 잔뜩 먹었다. 연합군이 상륙했다는 소식이 전해지고 몇 분 지나지 않아 교도소 마당에는 기관총 2정이 설치되었다. 남자 수감자들은 열 명씩 짝을 지어 바깥으로 끌려 나가서는 벽을 등지고 선 채로 처형되었다. 이들에게 적용된 혐의는 다양했다. 일부는 사실이고 일부는 거짓이었다. 이렇게 처형된 이들은 농부 기 드 생 폴Guy de Saint Pol과 르네 로슬리에René Loslier, 치과의사 피에르 오디쥬Pierre Audige, 가게 점원 모리스 프리모Maurice Primault, 전역한 대령 앙투완 드 투셰Antoine de Touchet, 시청 서기 앙톨 를리에브르Antole Lelièvre, 어부 조르주 토민Georges Thomine, 경찰관 피에르 메노셰Pierre Menochet, 프랑스 철도 노동자 모리스 뒤타크Maurice Dutacq, 아쉴 부트루아Achille Boutrois, 조제프 피크노Joseph Picquenot와 그의 아들, 그리고 알베르 안Albert Anne, 데지레 르미에르Désiré Lemière, 로제 베이야Roger Veillat, 로베르 불라르Robert Boulard 등 모두 92명이었다. 이 중 레지스탕스 대원은 40명뿐이었다. 프랑스가 해방을 맞이한 역사적인 첫날, 프랑스 사람 92명은 아무런 설명도, 변명의 기회도, 재판도 없이 살해당했다. 이 92명 중에는 아멜리의 남편 루이도 있었다.

기관총 소리는 1시간 동안 계속되었다. 감방에 있던 아멜리는 무슨 일인지 궁금한 생각이 들면서도 불안한 마음을 떨칠 수 없었다.

## 마침내, 긴장이 깨졌다

잉글랜드는 오전 9시 30분이었다. 아이젠하워 대장은 보고가 들어오기를 기다리며 트레일러 숙소 안에서 밤새 왔다 갔다 했다. 평소 하던 대로 서부 소설을 읽으며 긴장을 풀어 보려 했지만 별 효과는 없었다. 그러던 차에 기다리던 소식이 처음으로 들어왔다. 소식은 단편적이었지만 분명 좋은 내용이었다. 공군 사령관과 해군 사령관은 침공 해변 다섯 곳 모두에 병력이 발을 디뎠다는 공격 경과를 듣고서 훨씬 만족했다. 오버로드 작전이 성공적으로 진행되고 있었다. 해변에 마련한 발판이라는 것이 아직은 미약했지만 24시간 전에 조용히 써 놓았던 성명은 이제 필요 없었다. 혹시 상륙이 실패할 때를 대비해 아이젠하워가 준비한 성명은 이랬다. "셰르부르와 르 아브르를 잇는 해안에 상륙해 유럽 본토를 공격할 발판을 만들려던 작전은 실패했습니다. 저는 병력을 철수시켰습니다. 저는 가용한 최상의 정보를 바탕으로 공격 시간과 장소를 결정했습니다. 육군과 공군, 해군은 주어진 임무를 완수하기 위해 할 수 있는 모든 힘을 다해 용감하게 그리고 헌신적으로 싸웠습니다. 이번 공격이 실패한 것에 대한 모든 책임과 비난은 오롯이 제가 지겠습니다."

연합군이 침공 해변 다섯 곳에 발을 디딘 것이 확실하다고 판단한 아이젠하워는 전혀 다른 성명을 발표할 것을 지시했다. 오전 9시 33분, 공보 비서 어니스트 뒤퓌Ernest Dupuy 대령은 준비한 발표문을 전 세계에 방송했다. "아이젠하워 대장의 지휘 아래, 강력한 연합군 공군의 지원을 받는 연합군 해군이 오늘 아침 프랑스 북부 해안에 연합군 육군을 상륙시키기 시작했습니다."

바로 이 순간이야말로 자유세계가 오랫동안 기다려 오던 순간이었다. 소식을 듣고 사람들이 보인 반응은 안도, 들뜸, 그리고 불안이 섞인 복잡한 것이었다. 「타임스」는 디데이 당일 "마침내, 긴장이 깨졌다."라는 사설을 실었다.

영국인 대부분은 일을 하다가 이 소식을 들었다. 전시 물자를 생산하는 공장에 확성기를 타고 소식이 퍼지자 일하던 사람들은 남녀를 가리지 않고 작업하던 선반에서 일어나 영국 국가 「신이여 왕을 구하소서!」를 불렀다. 마을마다 교회 문이 활짝 열렸고, 통근 기차에 타고 있던 사람들은 영국 사람답지 않게 낯선 사람과 이야기를 나누었다. 도시에서는 미군이 보이면 다가가 손을 잡고 흔들기도 했다. 옹기종기 모인 사람들은 하늘을 올려다보며

U.S. National Archives

Our landings in the
Cherbourg – Havre area
have failed to gain a
satisfactory foothold and
the troops.
) my decision to
attack at this time and place
was based upon the best
information available,
The troops, the air and the
Navy did all that
Bravery and devotion to duty
could do. If any blame
or fault attaches to the attempt
it is mine alone.

July 5

**디데이 실패에 대비해 아이젠하워가 직접 준비한 연설문**
최고 지휘관의 고뇌가 묻어난다.

Cornelius Ryan Archives

**연합군의 침공을 공식 발표하는 아이젠하워의 공보 비서 어니스트 뒤퓌 대령**(디데이 오전 9시 33분) 제1차 세계대전에 참전했고 이후 작가와 기자로 활동하다 제2차 세계대전으로 다시 군에 합류해 공보 업무를 맡은 뒤퓌는, 이뿐 아니라 독일의 항복 같은 여러 역사적인 순간을 목격했다. 아버지처럼 대령까지 복무했으며 역사가로 활동한 아들 트레버와 공저한 *Encyclopedia of Military History*는 명저로 꼽힌다.

영국 역사상 가장 많은 비행기가 날아다니는 모습을 물끄러미 바라보았다.

나오미 콜스 오너 대위는 침공 소식을 듣는 순간 X23의 함장인 남편이 어디에 있는지 직감적으로 알아챘다. 얼마 뒤, 나오미는 해군본부에 근무하는 작전장교로부터 전화를 받았다. "조지는 별일 없어요. 남편이 무슨 일을 했는지는 아마 상상도 못할 겁니다." 나중에 나오미는 이야기를 전부 다 들을 수 있었지만, 그 순간 중요한 것은 남편이 무사하다는 것이었다.

기함 스킬라에서 근무하던 당시 열여덟 살짜리 수병 로널드 노스우드의 어머니는 너무나 흥분한 나머지 길 건너로 달려가 이웃에 사는 스퍼전Spurgeon 부인에게 말했다. "내 아들 론*이 분명히 거기 있을 거예요." 이런 말을 듣고 가만히 있을 스퍼전 부인이 아니었다. "워스파이트에 친척이 타고 있을 거예요." 스퍼전 부인은 정말로 그러리라 굳게 믿었다. 사소한 차이는 있었지만 이와 같은 대화는 잉글랜드 전역에서 이어졌다.

제1파로 소드 해변에 상륙한 존 게일 이병의 아내인 그레이스 게일Grace Gale은 세 아이 중 막내를 목욕시키다가 이 소식을 들었다. 그레이스는 터져 나오는 눈물을 참으려 했지만 결국 눈물을 터뜨렸다. 남편이 프랑스에 있다고 확신한 그레이스는 조용히 혼잣말을 했다. "하느님! 부디 그이를 돌려보내 주십시오!" 그러고는 딸 에블린Evelyn에게 라디오를 끄라고 말했다. "우리가 걱정하는 것을 알면 아빠가 실망하실 거다. 그럴 수는 없잖니!"

성당 같은 분위기로 유명한 웨스트민스터 은행은 도싯Dorset의 브리지포트Bridgeport에 있었다. 그곳 직원인 오드리 덕워스Audrey Duckworth는 열심히 일하다 보니 디데이가 끝날 무렵에야 침공 소식을 들었다. 차라리 잘된 일이었다. 미 제1보병사단 소속인 남편 에드먼드 덕워스Edmund Duckworth 대위는 오마하 해변에 발을 디디자마자 전사했다. 오드리와 에드먼드는 결혼한 지 겨우 닷새 된 부부였다.

---

* 옮긴이) 로널드의 애칭.

침공을 기획한 프레더릭 모건 중장은 포츠머스에 있는 연합군사령부로 가던 길에 특별 발표가 있을 것이니 청취자들은 기다리라는 BBC 방송을 들었다. 모건은 운전병에게 차를 잠시 세우도록 지시하고는 음량을 높였다. 침공 계획을 세운 장본인은 막상 침공 소식을 방송으로 들었다.

대다수 미국 가정에는 한밤중에 소식이 전해졌다. 동부 표준시로는 오전 3시 33분, 태평양 표준시로는 0시 33분으로, 대부분은 곤히 잠잘 시간이었다. 전쟁에 쓸 대포, 전차, 군함, 비행기를 만드느라 힘들여 야간 근무를 하던 남녀 노동자들이 처음으로 디데이 소식을 들었다. 쉬지 않고 전쟁 물자를 만들어 내던 공장은 마치 경건하게 묵상이라도 하는 것처럼 잠시 멈췄다. 아크 용접기가 뿜어내는 밝은 섬광이 곳곳에서 빛나던 브루클린 조선소에서는 수백 명의 남녀가 일부만 완성된 리버티의 갑판에 잠시 무릎을 꿇더니 주기도문을 암송하기 시작했다.

곤히 잠자던 작은 마을과 도시를 비롯해 미국 전역에 하나둘씩 불이 들어왔다. 고요하던 거리는 갑자기 라디오가 켜지면서 방송 소리로 가득 찼다. 사람들은 이웃을 깨워 가며 소식을 전했다. 친구와 친척들에게 소식을 알리느라 한꺼번에 전화를 한 탓에 교환기가 제대로 작동하지 않았다. 캔자스Kansas 주의 커피빌Coffeyville에서는 남녀 할 것 없이 모두 잠옷 차림으로 현관에 무릎을 꿇고 기도를 올렸다. 워싱턴 D.C.와 뉴욕을 잇는 기차에 타고 있던 목사는 그 자리에서 예배를 주관해 달라는 부탁을 받았다. 조지아Georgia 주의 매리에타Marietta에서는 오전 4시에 사람들이 교회로 몰려들었다. 필라델피아Philadelphia에서는 미국의 독립을 상징하는 자유의 종이 울렸고, 제29보병사단이 주둔하는 역사적인 버지니아Virginia 주 전역에서는 마치 독립전쟁 때 했던 것처럼 교회마다 밤공기를 가르는 종을 울렸다. 인구라야 고작 3천800명인 버지니아 주의 베드퍼드Bedford에서는 침공 소식이 특별히 중요했다. 누군가의 아들, 형제, 연인, 남편이 제29보병사단 소속으로 프랑스에서 싸우고 있었기 때문이다. 베드퍼드 시는 이런 사실을 미처 몰랐지만, 그곳 출신 병사들은 오마하 해변에 상륙했다. 제116연대의 베드퍼드 출신 군인 46명 중 23명만이 나중에 고향으로 돌아오게 된다.*

구축함 코리의 함장 조지 호프만 소령의 아내 로이스 호프만Lois Hoffman 소위는 버지니아 주 노퍽Norfolk 해군 기지에서 당직 근무를 하다가 디데이 소식을 들었다. 로이스는 작전 상황실에 근무하는 친구들을 통해서 남편이 탄 코리의 항로를 가끔씩 확인했다. 침공이 시작되었다는 소식을 들었지만 로이스는 특별히 개인적으로 중요하다고 느끼지는 않았다. 로이스는 여전히 남편이 북대서양에서 탄약 호송 선단을 호위하는 것으로 알고 있었다.

루실 슐츠Lucille M. Schultz는 샌프란시스코의 포트 마일리Fort Miley 기지에 있는 보훈병원 간호사로, 야간 당직을 하다 디데이 소식을 들었다. 루실은 제82공정사단 소식을 들을 수 있을까 싶어 라디오 곁에 있으려 했다. 아무래도 아들이 속한 제82공정사단이 노르망디에 투입된 것 같았다. 그렇지만 라디오를 들으면 자신이 보살피는 심장병 환자가 흥분할까 봐 걱정도 되었다. 환자는 제1차 세계대전 참전용사였다. 환자는 무슨 소식인지 듣고 싶어 했다. "내가 저기 있어야 하는데!"라고 말하는 환자에게 슐츠 부인은 조용히 말하며 라디오를 껐다. "이미 당신 몫은 하셨어요." 루실은 어둠 속에 말없이 앉아 누가 들을까 봐 조용히 눈물을 흘리며 아들을 위해 묵주기도를 올렸다. 루실의 아들은 제505낙하산보병연대에서는 더치라는 별명으로 알려진, 겨우 스물한 살의 공정부대원 아서 슐츠였다.

시어도어 루스벨트 준장의 아내는 롱아일랜드Long Island에 있는 자택에서 잠을 설치고 있었다. 오전 3시경 잠이 깨 더 이상 잘 수 없었던 루스벨트 부인은 라디오를 틀었다. 공교롭게도 라디오를 틀자마자 공식적인 디데이 방

* 옮긴이) 베드퍼드 출신 군인 중 디데이에 19명, 이어진 노르망디 전투에서 4명 등 모두 23명이 전사했는데, 이는 디데이에 발생한 지역별 인구 대비 전사율 중 가장 높은 수치이다. 미 의회는 이런 상징성을 고려해 디데이 기념관National D-Day Memorial을 베드퍼드에 세우기로 결정했다. 디데이 기념관은 2001년 6월 6일 개관했다.

"All the News That's Fit to Print"

# The New York Times.

6 A.M. EXTRA

NEW YORK, TUESDAY, JUNE 6, 1944.

## ALLIED ARMIES LAND IN FRANCE IN THE HAVRE-CHERBOURG AREA; GREAT INVASION IS UNDER WAY

ROOSEVELT SPEAKS

Says Rome's Fall Marks 'One Up and Two to Go' Among Axis Capitals

WARNS WAY IS HARD

Asks World to Give the Nations a Chance for Recovery

Conferees Accept Cabaret Tax Cut

FEDERAL LAW HELD RULING INSURANCE

PURSUIT ON IN ITALY

Allies Pass Rome, Cross Tiber as Foe Quits Bank Below City

PLANES JOIN IN CHASE

1,200 Vehicles Wrecked —Eighth Army Rolls Into More Towns

FIRST ALLIED LANDING MADE ON SHORES OF WESTERN EUROPE

ENGLAND

North Sea

English Channel

EISENHOWER ACTS

U. S., British, Canadian Troops Backed by Sea, Air Forces

MONTGOMERY LEADS

Nazis Say Their Shock Units Are Battling Our Parachutists

Communique No. 1 On Allied Invasion



**1944년 6월 6일 자 「뉴욕타임스」 1면** "연합군이 프랑스 르 아브르와 셰르부르를 잇는 지역에 상륙하다. 대침공 진행 중"

**걸음을 멈추고 전광판에 뜬 디데이 소식 "프랑스 북부 해안을 강습 중**Northern Coast of France Under Storm**"을 보는 사람들**(디데이, 뉴욕 타임스 스퀘어)

송이 나오기 시작했다. 루스벨트 부인은 가장 치열한 싸움이 벌어지는 어딘가에 남편이 있을 것을 알았다. 그 시각 남편은 유타 해변에, 그리고 당시 스물다섯 살이던 아들 쿠엔틴 루스벨트Quentin Roosevelt 대위는 제1보병사단 소속으로 오마하 해변에 있었다. 루스벨트 부인은 자신이 미국에서는 거의 유일하게 남편과 아들을 모두 노르망디 침공 해변에 보낸 여자라는 것은 몰랐다. 침대에 걸터앉은 루스벨트 부인은 눈을 감고 미국인이면 누구나 다 아는 가족 기도문을 암송했다. "주여! 그림자가 길어지고 저녁이 올 때까지 오늘 우리를 도우시고……."

목가적인 분위기가 물씬 풍기는, 오스트리아의 크렘스Krems에서 북서쪽으로 6킬로미터 떨어진 스탈라크Stalag 17B 포로수용소에서 침공 소식을 전해 들은 연합군 포로들은 기쁨을 감출 수 없었다. 포로가 된 미 공군 대원들은 손수 만든 초소형 광석식 라디오로 이 짜릿한 소식을 들었다. 이 라디오들은 독일군의 눈을 피하기 위해 칫솔 손잡이나 연필심으로 위장할 수 있을 만큼 작았다. 1년도 더 전에 독일에서 격추되어 포로가 된 제임스 랑James Lang 병장은 이 소식을 믿어도 될지 조금 걱정이 되었다. 몰래 라디오를 듣기 위해 비밀리에 조직한 뉴스감청반은 4천 명의 동료 포로들에게 지나친 낙관론을 주의하라고 말했다. "지나치게 들뜨지 마시오. 이것이 사실인지 아닌지를 확인할 수 있는 시간을 주시오." 그렇지만 벌써 포로들은 수용소 막사마다 숨겨 놓았던 노르망디 해안 지도를 꺼내서는 연합군이 성공적으로 진격할 것으로 예상되는 좌표를 찍어 보고 있었다.

이 무렵, 연합군 포로들은 독일 국민보다 침공에 대해 더 많이 알고 있었다. 독일에서는 공식적으로 알려진 것이 아무것도 없었다. 아이젠하워의 공식 성명을 3시간 동안이나 비난한 것은 연합군에 맞서 심리전을 하는 라디오 베를린이었다. 연합군이 상륙했다는 것을 최초로 보도한 매체가 독일의 심리전 방송이라는 점은 매우 역설적이다. 오전 6시 30분 이후로 독일인들은 연합군이 상륙했다는 뉴스가 지속적으로 이어지는, 약간은 의심스러운 세계를 만나게 된다. 이 단파 라디오 방송들은 일반 독일 국민들은 들을 수 없었다. 그렇지만 많은 사람이 다른 소식통으로 연합군의 상륙 소식을 듣고 있었다. 외국 방송을 듣는 것은 법으로 금지되었을 뿐만 아니라 징역형을 받을 수도 있는 행동이었지만, 독일 사람 중 일부는 스위스 방송, 스웨덴 방송 또는 에스파냐 방송을 들었다. 연합군의 침공 소식은 신속하게 퍼졌다. 이 소식을 듣고도 많은 사람이 긴가민가했다. 그러나 노르망디에 남편을 보낸 부인들은 이 소식을 접하고 깊은 걱정에 빠졌다. 플루스카트의 아내 또한 그중 하나였다.

플루스카트 부인은 자우어Sauer 부인(그녀도 장교의 아내이다.)과 영화관에 갈 계획이었다. 그러나 연합군이 노르망디에 상륙했다는 소문을 듣자마자 발작에 가깝게 흥분하더니 자우어 부인에게 전화를 걸어 영화 약속을 취소했다. 자우어 부인도 벌써 이 소식을 듣고 있었다. 플루스카트 부인은 애가 탔다. "베르너에게 무슨 일이 일어나는지 알아야겠습니다. 베르너를 다시는 못 볼 수도 있어요."

매우 무뚝뚝하고 엄격한 자우어 부인이 딱딱하게 잘라 말했다. "플루스카트 부인, 이러면 안 됩니다. 총통을 믿고 장교 부인답게 행동해야지요!"

플루스카트 부인이 맞받았다. "당신하고 다시는 이야기하지 않겠어요." 말을 마친 플루스카트 부인은 수화기가 부서질 만큼 세게 내려놓았다.

베르히테스가덴에 있던 사람들은 연합군이 침공했다고 히틀러에게 용감하게 말하기보다는 연합군의 공식 성명이 나오기만을 기다리는 것처럼 행동했다. 히틀러의 해군 보좌관 푸트카머 소장이 요들의 사무실로 전화를 걸어 최신 보고를 요청했을 때는 이미 오전 10시, 독일 시간으로는 오전 9시 무렵이었다. 푸트카머는 당시를 이렇게 기억한다. "연합군이 상륙하고 있다는 보고를 받았습니다. 이 상륙이 중요하다는 것을 보여 주는 결정적인 징후가 있다고 들었습니다." 가능한 모든 정보를 모은 푸트카머와 참모들은 재빨리 상황도를 그렸다. 그런 다음 히틀러의 부관인 슈문트 소장이 히틀러를 깨웠다. 침실에서 나온 히틀러는 잠옷 차림이었다. 참모들이 준비한 보고를 조용히 듣던 히틀러는 국방군 총사령부 총참모장 빌헬름 카이텔 원수와 작전참모부장 요들 상급대장을 불렀다. 카이텔과 요들이 도착했을 때 히틀러는 옷을 제대로 갖춰 입고는 흥분한 상태로 기다리고 있었다.

푸트카머가 기억하는 바에 따르면, 이후 열린 회의는 극도로 동요하는 분위기에서 진행되었다. 정보는 부족했다. 그러나 기존 정보를 바탕으로 이번 공격이 주 침공은 아니라고 확신한 히틀러는 이번 공격이 주 침공은 아니라는 말을 반복했다. 회의는 겨우 몇 분 진행되다가 히틀러가 요들과 카이텔에게 벼락같이 소리를 지르면서 뜬금없이 끝났다. 요들은 회의의 끝을 이렇게 기억했다. "그러더니 묻더군요. '이게 침공인가? 아니면 침공이 아닌가?'라고요. 그러더니 몸을 돌려서는 방을 나가 버렸습니다."

룬트슈테트가 그렇게 간절히 바랐던 총사령부 예하 기갑사단의 작전 통제권을 서부전선 사령부로 넘기는 이야기는 한 마디도 나오지 않았다.

오전 10시 15분, 헤를링엔에 있는 롬멜 원수의 집 전화가 울렸다. 전화를 건 사람은 참모장 슈파이델이었다. 슈파이델은 롬멜에게 연합군 침공을 최초로 완전하게 브리핑했다.* 말없이 듣던 롬멜은 충격으로 몸을 떨었다.

이것은 예전에 디에프에서 벌어진 것과는 다른 형태의 침공이었다. 군인으로 살아온 내내 주의 깊고 기민한 롬멜의 직감은 틀린 적이 없었다. 보고를 들으면서 롬멜은 이날이 바로 그렇게 기다려 오던, 늘 입버릇처럼 이야

---

* 나와 면담할 때, 슈파이델 장군은 "오전 6시쯤 개인 전화로 롬멜에게 전화를 걸었다."고 말했다. 이 내용은 슈파이델의 수기 *Invasion 1944*에도 나와 있다. 그러나 슈파이델은 시간을 혼동했다. 예를 들어, 수기에는 롬멜이 라 로슈-기용을 6월 4일이 아닌 6월 5일에 떠났다고 적혀 있다. 그러나 롬멜의 부관 랑 대위와 템펠호프 대령의 진술, 그리고 B집단군 상황일지에 따르면 롬멜은 6월 4일에 떠난 것이 맞다. 디데이 당일 B집단군 상황일지에는 오전 10시 15분에 롬멜에게 전화를 딱 한 번 했다고 기록되어 있다. 해당 내용은 이렇다. "슈파이델이 전화로 롬멜 원수에게 상황을 알렸다. B집단군 사령관은 오늘 사령부로 돌아올 예정이다."

기하던, '가장 긴 하루'가 될 것이라는 생각을 했다. 슈파이델이 보고를 마칠 때까지 참을성 있게 기다린 롬멜은 아무 감정도 느낄 수 없을 만큼 침착하고 조용하게 말했다. "내가 이렇게나 멍청할 줄이야! 내가 참 멍청했어!"

롬멜은 전화를 끊고 돌아섰다. 롬멜의 아내 루시-마리아는 당시를 이렇게 회상한다. "전화를 끊고 나서 큰 힘을 받은 것 같았습니다. …… 엄청난 긴장감이 밀려왔습니다." 이후 45분 동안, 롬멜은 부관 헬무트 랑 대위에게 두 번 전화를 했다. 랑은 집이 있는 슈트라스부르크Strasbourg에 머물고 있었다. 라 로슈-기용으로 돌아가는 시간을 정하면서 롬멜은 두 번 모두 다른 시간을 말했다. 랑은 걱정이 되었다. 이토록 또렷하지 않은 모습을 보이는 것은 전혀 롬멜답지 않았다. "전화로 들리는 롬멜의 목소리는 정말 심각하게 풀이 죽어 있었습니다. 이 또한 롬멜답지 않기는 마찬가지였습니다." 돌아가는 시간이 마침내 정해졌다. "오후 1시 정각에 프로이덴슈타트Freudenstadt에서 출발한다." 롬멜이 랑 대위에게 말했다. 전화를 끊고서 랑은 롬멜이 히틀러를 만나고 가려고 출발 시간을 늦췄다고 생각했다. 베르히테스가덴에서는 슈문트 소장을 빼고는 롬멜이 독일에 와 있다는 것은 아무도 몰랐다. 그리고 랑은 이런 사실을 모르고 있었다.

## 노르망디로 진격!

유타 해변은 트럭, 전차, 반궤도차량, 그리고 지프라는 별명으로 널리 알려진 미군의 경전술차량의 소음으로 요란했다. 이따금씩 독일군이 쏘는 88밀리미터 포의 포성이 들렸지만 이내 미군 장비의 굉음에 파묻혀 버렸다.* 미 제4보병사단은 누구도 예상하지 못할 만큼 빠르게 프랑스 내륙으

* 옮긴이) 베르사유 조약으로 기존 무기를 새로 획득하는 것이 금지된 독일이, 새로운 형태의 무기를 개발하는 데 노력을 기울여 만들어 낸 것이 구경 88밀리미터 고사포이다. 우수한 관통력을 인정받

로 움직였다. 그리고 이 과정에서 나오는 굉음은 연합군이 승기를 잡았다는 것을 보여 주는 확실한 증거였다.

해변에서 내륙으로 연결된 통로 중 유일하게 개방된 '출구 2번'에서는 장군 둘이 서서 끝이 보이지 않게 늘어선 차량들을 감독하고 있었다. 한 명은 미 제4보병사단장 레이먼드 바턴 소장이었고, 다른 한 명은 마치 소년처럼 원기 왕성한 시어도어 루스벨트 준장이었다. 제12보병연대의 거든 존슨 소령은 루스벨트의 모습을 이렇게 회상한다. "루스벨트 준장은 지팡이를 짚고 입에는 담뱃대를 문 채 먼지 나는 길에서 이리저리 바삐 움직였습니다. 그 모습은 마치 늘 가는 뉴욕의 타임스퀘어에 있는 것처럼 태연해 보였습니다." 루스벨트가 존슨을 발견하고 소리쳤다. "이봐, 조니!* 우측통행하라고! 그래 잘하고 있어. 사냥하기에 딱 좋은 날 아닌가!" 그 순간 루스벨트는 승리자였다. 애초 예정된 상륙지점에서 2킬로미터쯤 떨어진 곳으로 부대를 끌고 가겠다는 결정은 사실 재앙에 가까운 실패로 끝날 수도 있었기에 쉽지 않은 것이었다. 그렇지만 이 순간, 끝이 보이지 않을 만큼 길게 늘어선 차량과 병력이 내륙으로 진격하는 것을 보면서 루스벨트는 가슴이 터질 것 같은 자부심을 느꼈다.**

바턴이나 루스벨트나 태연한 척하고는 있었지만 걱정이 있었다. 상륙한 병력과 차량이 내륙으로 계속해서 움직이지 못할 경우 독일군이 이를 목표로 결사적으로 역습하면 제4보병사단은 이동로 위에서 최후를 맞을 수도 있었다. 이런 걱정을 덜려는 듯 두 장군은 이동이 지체되는 곳이면 어김없이 나타나 현장에서 지휘하며 독려했다. 움직일 수 없어 길을 막는 차량은 생각할 것도 없이 길가로 밀어 버렸다. 길 위에서 여전히 불타고 있는 차

---

아 대전차포는 물론 보병 지원 화기로도 널리 사용되었다. 전쟁 기간 중 2만 문 이상이 생산되었다.

* 옮긴이) 존슨의 애칭.

** 유타 해변에서의 공을 인정받아 루스벨트는 미 의회 훈장Congressional Medal of Honor을 받았다. 7월 12일, 아이젠하워는 루스벨트를 제90사단장으로 임명하지만, 루스벨트는 이런 영광스러운 소식을 듣지 못한 채 그날 밤 심장마비로 삶을 마감했다.

량과 독일군 포탄 잔여물은 언제라도 행렬을 멈추게 할 수 있는 불안요소였다. 미군 전차는 이런 불안요소들이 눈에 보이는 족족 침수된 지역으로 밀어 넣었고 보병 부대는 이런 곳을 철벅이며 앞으로 나아갔다. 오전 11시경, 바턴은 좋은 소식을 들었다. 2킬로미터도 채 안 떨어진 '출구 3번'이 개방되었다는 것이었다. 바턴은 우레 같은 소리를 내는 전차들을 새로 개방된 곳으로 즉각 전환해 '출구 2번'으로 집중되고 있던 압력을 줄였다. 제4보병사단은 독일군의 공격을 힘겹게 버텨 내고 있는 제101공정사단과 만나기 위해 아까보다도 더 빨리 연결지점으로 내달렸다.

연결작전이라 하면 고립된 부대와 예기치 못한 곳에서 만나면서 웃음과 감동이 교차하는 장면을 기대하게 마련이지만, 막상 제101공정사단과 제4보병사단의 연결작전은 별 볼일 없이 싱거웠다. 제101공정사단의 루이스 메를라노 상병은 공정부대원 중에서는 제4보병사단과 최초로 조우한 인물일 것이다. 메를라노는 다른 공정부대원 둘과 함께 원래 착륙하기로 되어 있던 유타 해변보다 북쪽에 내렸다. 착륙한 곳은 공교롭게도 해안 장애물이 널린 곳이었다. 메를라노와 두 전우는 해안까지 내려오느라 죽을힘을 다해 거의 3킬로미터쯤 길을 뚫었다. 제4보병사단과 조우했을 때 온몸이 흙투성이가 된 메를라노는 지치다 못해 탈진상태였다. 서로 얼싸안고 반가워하는 대신 메를라노는 조우한 제4보병사단 병력을 빤히 쳐다보면서 토라진 목소리로 물어보았다. "이것들 봐! 대체 어디 갔다 이제 온 거야?"

제101공정사단의 토머스 브러프Thomas Bruff 병장은 제4보병사단 정찰병이 푸프빌 가까이 있는 둑길에서 벗어나는 것을 보았다. "그 정찰병의 소총은 마치 22구경 라이플 같아 보였습니다." 정찰병은 피곤에 지친 브러프 병장을 보고 물었다. "전투가 어디에서 벌어지고 있습니까?" 원래 착지할 곳에서 13킬로미터나 떨어진 곳에 떨어져 맥스웰 테일러 소장의 지휘를 받으면서 소수의 병력과 함께 밤새 싸운 브러프는 이 말을 듣자 쏘아붙였다. "이 뒤로는 몽땅 전투 현장이라고. 궁금하면 직접 가 보든지!"

오두빌-라-위베르Audouville-la-Hubert 근처에 있던 제101공정사단의 토머스 멀비Thomas Mulvey 대위는 흙길을 따라 서둘러 해안으로 가고 있었다. "70미터쯤 앞에 있는 덤불 가장자리에서 소총을 든 사람이 갑자기 나타났습니다." 멀비도 갑자기 나타난 정체불명의 사람도 몸을 숨길 곳을 찾아 재빨리 몸을 날렸다. 두 명 모두 일단 피한 다음 언제라도 방아쇠를 당길 준비를 하고서 잔뜩 경계하며 조심스럽게 윗몸을 일으켜 세우고는 조용히 서로를 바라봤다. 정체불명의 사람이 멀비에게 총을 버리고 손을 든 채 앞으로 나오라고 말했다. 이 말을 들은 멀비도 같은 말로 맞받았다. "우리 둘 다 조금도 양보하지 않고서 같은 말만 반복했습니다." 상대방이 미군이라는 것을 알아본 멀비가 결국 먼저 일어섰다. 마침내 길 한가운데서 만난 둘은 안도감에 환한 웃음을 지은 채 악수하며 서로 등을 두드렸다.

생트-마리-뒤-몽에 사는 제빵사 피에르 칼드롱은 성당 뾰족탑에 올라간 공수부대원들이 오렌지색 대공포판*을 흔드는 것을 보았다. 얼마 뒤, 일렬로 길게 선 장병들이 길을 따라 마을로 들어왔다. 제4보병사단이 마을을 지나가는 동안 칼드롱은 어린 아들을 어깨에 태웠다. 아들은 전날 편도선을 떼 내는 수술을 받아 아직 몸이 완전히 회복되지는 않았지만 칼드롱은 아들이 이런 역사적인 순간을 놓치게 하고 싶지 않았다. 감격에 겨운 칼드롱이 왈칵 눈물을 쏟았다. 키가 작고 통통한 미군 한 명이 칼드롱을 보며 싱긋 웃더니 프랑스어로 크게 외쳤다. "비브 라 프랑스Vive la France!**" 칼드롱은 고개를 끄덕이며 미소로 화답했다. 차마 말을 할 수 없었다.

제4보병사단은 유타 해변 지역에서 쏟아져 들어오듯 노르망디 내륙으로 들이닥쳤다. 제4보병사단의 사상자 수는 197명이었는데, 해안까지 오는 동안에 전사한 인원은 그중 60명이었다. 디데이 이후 몇 주 동안 제4보병

---

* 옮긴이) 對空布板: 지상 병력이 아군이라는 것을 항공기에게 알리기 위해 하늘을 향해 펼치는 천. 오늘날에는 야간이나 시야가 불명확한 순간에도 쓸 수 있는 열상대공포판으로까지 발전했다.

** 옮긴이) '프랑스 만세'라는 뜻의 프랑스어.

사단은 치열하고 피비린내 나는 전투를 치르게 되지만, 디데이 하루만큼은 제4보병사단의 날이었다. 디데이가 저물 무렵, 병력 2만 2천 명과 차량 1천800대가 노르망디 땅에 있었다. 공정부대와 함께, 제4보병사단은 프랑스 땅에서 최초로 미군 주요 교두보를 확보했다.

오마하 해변에 닿기 전부터 악전고투하다가 오마하 해변에서는 지옥 같은 현실과 싸운 미군은, 참혹한 전투를 치르며 조금씩 내륙으로 길을 뚫고 있었다. 바다에서 바라본 오마하 해변은 쓰레기와 온갖 파괴의 산물로 뒤범벅이 되어 믿기 어려울 정도였다. 상황이 어찌나 위급했던지 기함 오거스타에 타고 있던 브래들리 대장은, 이미 오마하 해변에 투입된 병력은 철수시키고 후속하는 부대는 유타 해변이나 영국군이 맡은 해변으로 전환해 투입하는 것을 진지하게 고려하기 시작했다. 브래들리가 고심하고 있는 와중에도 오마하 해변에 발을 디딘 미군은 조금씩이나마 움직이고 있었다.

도그 그린 해변과 도그 화이트 해변에서는 당시 쉰한 살이던 노먼 코타 준장이 독일군의 탄우 속을 콜트 권총을 휘두르면서 힘차게 돌아다니고 있었다. 코타는 해변에 도착한 병사들에게 도착 즉시 해변에서 멀어지라고 고래고래 고함을 쳤다. 해안 절벽 아래 듬성듬성 자란 풀 속에서 혹은 해안에 자리한 엉성한 건물 지붕 아래에서 나란히 어깨를 웅크리고 몸을 숨긴 병사들은 코타를 바라보면서도 이런 상황에서 사람이 곧추서 있다는 것을 믿으려 하지 않았다.

비에르빌-쉬르-메르 출구 가까이에는 레인저들이 모여 있었다. "레인저, 앞장서라!"는 코타의 명령에 레인저들이 일어나기 시작했다.* 해변

---

* 옮긴이) 코타는 디데이에 두 가지 유명한 일화를 남겼다. 코타가 제5레인저대대장 맥스 슈나이더 중령에게 "자네 무슨 부대인가?"라고 묻자 슈나이더는 "제5레인저대대입니다."라고 대답했다. 코타가 한 명령 "레인저, 앞장서라!Rangers, lead the way!"는 레인저의 구호가 되었다. 해변에서 꼼짝 못하는 부하들에게 한 말 "우리는 지금 해변에서 죽어 가고 있다.Gentlemen, we are being killed on the beaches. 죽더라도 내륙으로 들어가다 죽자!Let us go inland and be killed!" 또한 지금껏 널리 회자된다.

한참 아래에는 TNT를 실은 불도저 1대가 버려져 있었다. 비에르빌-쉬르-메르 출구에 있는 대전차 방벽을 부수기 위해 지금 필요한 것은 바로 TNT였다. 장군의 목소리는 쩌렁쩌렁했다. "이거 몰 줄 아는 사람 없나?" 그러나 아무도 대답하지 않았다. 해변을 대패로 밀 듯 사정없이 내리쏴 대는 독일군의 총알에 겁을 먹은 병사들은 꼼짝도 할 수 없었다. 마침내 코타가 참았던 화를 터뜨렸다. "이 빌어먹을 불도저를 몰 배짱을 가진 놈이 이렇게도 없나?" 코타는 마치 한 마리 야수 같았다.

머리 색이 붉은 병사가 모래밭에서 천천히 일어서더니 아주 신중하게 코타 앞으로 걸어왔다. "제가 하겠습니다."

코타는 자원한 병사의 등을 두드렸다. "그래, 바로 이거다. 자! 이제 해변을 뜬다." 말을 마친 코타는 뒤도 돌아다보지 않고 성큼성큼 걸어갔다. 그 뒤로 병사들이 움직이기 시작했다.

병사들에게는 낯선 장면이었지만, 이는 코타가 군인으로 걸어온 길을 그대로 보여 주는 것이었다. 제29보병사단 부사단장 코타는 오마하 해변의 오른쪽 절반을 지휘하는 임무를 맡아 해변에 발을 디딘 바로 그 순간부터 솔선수범이 무엇인지 보여 주었다. 제116연대장 찰스 캐넘Charles D. Canham 대령은 제29보병사단의 왼쪽 절반을 맡아 지휘했다. 상처 입은 주먹에 질끈 동여맨 손수건에는 피가 흥건했다. 캐넘은 이미 전사한 병사들, 죽어 가는 병사들, 그리고 전장공포에 질려 어쩔 줄 몰라 하는 병사들 사이를 헤치며 앞으로 계속 나아가라고 손을 흔들며 말했다. "독일군이 우리를 여기서 계속 죽이고 있다. 죽더라도 안으로 들어가 죽자!" 찰스 퍼거슨Charles Ferguson 일병은 캐넘이 지나가자 깜짝 놀라 올려다보았다. 퍼거슨이 물었다. "저 정신 나간 놈은 누구지?" 말을 마친 퍼거슨은 일어나서 전우들과 함께 절벽을 향해 앞으로 나아갔다.

역시 오마하 해변에 상륙한 제1보병사단도 충격에서 빠르게 벗어나고 있었다. 시칠리아와 살레르노를 거친 노장들이 이렇게 쉽게 무너질 수는 없었다. 레이먼드 스트로니Raymond Strony 병장은 부하들을 모아서 지뢰밭을 건너 절벽으로 갔다. 스트로니는 바주카포 한 방으로 위에 있는 토치카를 그대로 날려 버렸다. 스트로니는 스스로도 당시 조금은 미친 것 같았다고 한다. 100미터쯤 떨어진 곳에 있던 필립 스트레치크Philip Streczyk 병장은 독일군의 사격 때문에 꼼짝도 못하고 있는 것이 지겨웠다. 당시 그와 함께했던 병사들은 스트레치크가 해변에서 부하들을 몰아내더니 지뢰가 묻혀 있는 곳으로 데려가서 가시철선을 뚫고 들어갔다고 한다. 잠시 뒤, 에드워드 워젠스키Edward Wozenski 대위는 절벽에서 밑으로 내려오는 오솔길에서 스트레치크를 만났다. 스트레치크가 텔러 지뢰를 밟고 선 것을 본 워젠스키는 겁이 덜컥 났다. 그러나 스트레치크는 대수롭지 않게 말했다. "중대장님! 밑에서 올라오는 것을 밟았는데 터지지 않더라고요."

제16연대장 조지 테일러George A. Taylor 대령은 갈퀴로 모래밭을 훑듯 빗발치는 기관총탄과 포격은 안중에도 없이 제1보병사단 책임지역을 종횡무진 하고 있었다. "두 종류의 사람이 이 해변에서 길을 잃는다. 하나는 죽은 이들이고, 다른 하나는 죽을 이들이다. 우리는 이 빌어먹을 곳을 빠져나간다."

용맹스러운 모습을 보이며 길을 내고 부하와 전우를 해변에서 끌어내는 데에는 졸병과 장군의 구분이 없었다. 이들은 모두 훌륭한 지도자였다. 어려움을 이기고 힘을 내 움직이기 시작한 부대는 마치 언덕을 굴러 내려오는 돌덩이처럼 다시는 멈추지 않았다. 윌리엄 위드펠드 2세William Wiedefeld, Jr. 병장은 한때는 친구였으나 이제는 싸늘한 시체가 되어 버린 수십 명의 전우를 단호한 표정으로 밟고 넘어서 지뢰밭을 뚫고 언덕을 기어올랐다. 목 뒤에 맞은 총알이 살을 뚫고 입으로 나온 부상병을 간호하던 도널드 앤더슨 소위는 이 전장이 자신을 바꾸어 놓고 있다는 것을 깨달았다. "총알이 날아와도 일어설 수 있는 용기가 생기더군요. 그 순간 저는 겁 많고 경험 없던 신병에서 노련한 전사로 탈바꿈했습니다." 제2레인저대대의 빌 코트니Bill Courtney 병장은 능선을 타고 올라 아래 있는 분대원들에게 소리쳤다. "올라와! 여기 있던 독일군 개자식들은 몽땅 처치했다." 바로 그때, 코트니 왼쪽으로 기관총탄이 땅을 긁는 소리가 들렸다. 한 바퀴 구른 코트니가 수류탄을 몇 알 던지더니 다시 소리쳤다. "올라오라고! 어서! 독일군 개자식들은 이제 정말 처치했다."

땅 위에 있는 병력이 앞으로 나아가기 시작하자 상륙주정 몇 척도 장애물을 뚫고 해변으로 올라가기 시작했다. 다른 상륙주정 정장들도 이를 보고 뒤를 따랐다. 전진하는 부대를 후방에서 지원하는 구축함들은 독일군 해안포에 피격되는 위험을 감수하고 육지 가까이로 다가가 절벽에 있는 독일군 화점을 직접 조준해 사격했다. 공병은 탄막의 보호를 받으며 거의 7시간 전에 시작한 해안 장애물 파괴 임무를 끝마치기 시작했다. 마치 끝이 어디인지 모를 지옥처럼만 보이던 오마하 해변에는 이제 양철 지붕을 뚫고 들어오는 햇살처럼 가늘지만 밝은 빛이 비추고 있었다.

앞으로 나아갈 수 있다고 깨닫는 순간, '왜 이렇게 당하고만 있었을까?' 하며 분노가 폭발하자 장병들은 그동안 짓누르던 공포와 좌절감에서 벗어났다. 비에르빌-쉬르-메르 절벽 꼭대기 근처에 있던 레인저 칼 위스트Carl Weast 이병과 중대장 조지 휘팅턴George Whittington 대위는 독일군 기관총 진지를 하나 발견했다. 진지에는 독일군 세 명이 있었다. 위스트 이병과 휘팅턴 대위가 조심스럽게 기관총 진지를 우회하는데 독일군 셋 중 하나가 갑자기 뒤를 돌아보았다. 뒤에서 다가오는 미군을 본 독일군은 "비테!* 비테! 비테!"라고 소리쳤다. 휘팅턴은 방아쇠를 당겨 이 세 명을 모두 사살했다. 위스트를 향해 몸을 돌린 휘팅턴이 말했다. "비테가 무슨 뜻이지?"

오마하 해변을 두껍게 감싸던 공포를 뚫고 나온 미군은 내륙으로 무섭게 진격했다. 오후 1시 30분, 브래들리 대장이 전문을 받았다. "이지 레드,

* 옮긴이) 영어의 please에 해당하는 독일어로, 이 경우에는 '제발'이라는 뜻이다.

이지 그린, 폭스 레드에 옴짝달싹 못하고 묶여 있던 부대가 해변을 벗어나 노르망디로 진격하고 있음." 디데이가 끝날 무렵 미 제1보병사단과 제29보병사단은 내륙으로 1.5킬로미터 진격했다. 두 사단이 오마하 해변에 상륙하면서 치른 대가는 참혹했다. 이날 하루 오마하 해변의 미군 전사자, 부상자, 실종자는 2천500명으로 추산된다.

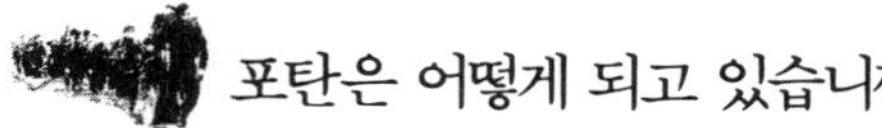

## 포탄은 어떻게 되고 있습니까?

플루스카트가 에트르앙에 있는 지휘소로 돌아온 것은 오후 1시였다. 플루스카트의 모습은 평소 부하들이 알던 것과 많이 달랐다. 플루스카트는 마치 중풍이라도 걸린 사람처럼 부들부들 떨었다. 내뱉는 말이라고는 "브랜디! 브랜디!"가 전부였다. 막상 브랜디를 가져오기는 했지만, 너무도 손이 떨려서 잔을 들어 올릴 수조차 없었다.

부하 장교 중 한 명이 말했다. "미군이 상륙했습니다." 저리 가라며 손을 내젓는 플루스카트의 눈에는 증오가 가득했다. 플루스카트 주변으로 참모들이 몰려들었지만 떠오르는 문제는 하나였다. 해안에 배치된 포대의 포탄이 곧 떨어질 것이 분명했다. 이를 연대에 알리자 옥커가 탄약을 재보급하는 중이라고 말했다고 참모들이 플루스카트에게 보고했다. 옥커의 말을 믿고 기다렸지만 아무것도 오지 않았다. 플루스카트는 옥커에게 전화를 걸었다.

옥커는 점잔을 빼는 목소리로 말했다. "친애하는 플루스!* 여전히 살아 있나?"

플루스카트는 대꾸도 하지 않은 채 퉁명스럽게 되물었다. "포탄은 어떻

* 옮긴이) 플루스카트의 애칭.

게 되고 있습니까?"

옥커가 대답했다. "가고 있네."

지나치리만큼 냉정한 옥커의 답변을 들으면서 미칠 것 같은 플루스카트가 결국 소리를 질렀다. "언제 옵니까? 대체 언제 오냔 말입니다? 여기서 무슨 일이 일어나고 있는지 전혀 모르는 것 같습니다."

10분 뒤, 플루스카트를 찾는 전화가 왔다. 옥커였다. "나쁜 소식이 있네. 포탄을 싣고 가던 호송대가 전멸했다는 보고를 받았네. 무슨 일이 일어나기 전에 밤이 되겠지."

플루스카트는 놀라지도 않았다. 길을 따라서는 아무것도 움직일 수 없다는 것을 뼈저리게 느낀 뒤였다. 지금 이 속도로 계속 포를 쏜다면 밤이 될 무렵 포탄이 모두 떨어질 것은 뻔했다. 이제 관건은 포탄 보충이 먼저 이루어질 것인가 아니면 미군이 먼저 포대를 덮칠 것인가이었다. 육박전을 준비하라고 명령하고는 안절부절못한 채 지휘소로 쓰는 성 안을 이리저리 왔다 갔다 하던 플루스카트는, 갑자기 자신이 쓸모없다는 생각이 들면서 밀려오는 고독감에 빠졌다. 이 순간 애견 하라스가 어디에 있는지 알았으면 좋겠다는 생각이 들었지만 부질없는 일이었다.

## 드디어 도착한 증원군

디데이에 최초로 전투를 치른 영국군은 오른 강과 캉 운하를 가로지르는 베누빌 다리와 랑빌 다리를 13시간도 넘게 확보하고 있었다. 이 두 다리는 마치 승리의 기념비 같았다. 동이 틀 무렵 영국군 제6공정사단이 하워드 소령의 부대를 증원하기는 했지만, 하워드의 부하들은 독일군의 치열한 박격포 공격과 소화기 사격을 받아 점점 수가 줄고 있었다. 하워드의 부대는 영국군을 돌파하려는 독일군의 소규모 역습을 여러 차례 막아 냈다.

다리 양쪽에 있는 독일군 진지를 탈취해 반나절도 넘게 사수하면서 지치고 초조해진 하워드와 부하들은 바다에서 들어오는 주력 부대와 연결되기만을 학수고대했다.

빌 그레이 이병은 캉 운하를 건너는 다리로 가는 접근로 근처 참호에 있었다. 그는 초조한 마음에 다시 시계를 보았다. 로밧 경이 이끄는 제1특수여단은 약속 시간보다 거의 1시간 30분이나 늦어지고 있었다. 그레이는 상륙 해변에서 무슨 일이 생긴 것은 아닌지 궁금했다. 그레이가 생각하기에 해변에서 치르는 전투보다는 이 두 다리에서 치르는 전투가 훨씬 어려워 보였다. 시간이 갈수록 정확도가 높아지는 독일군 저격수 때문에 머리를 쳐들기가 겁났다.

계속되던 사격이 잠시 멈추면서 고요해지자 그레이 이병 곁에 누워 있던 존 윌크스John Wilkes 이병이 갑자기 말했다. "백파이프 소리를 들은 것 같아." 그레이는 말도 안 된다는 표정으로 윌크스를 쳐다보며 말했다. "말도 안 되는 소리!" 몇 분 뒤, 윌크스가 그레이 쪽으로 다시 몸을 틀면서 보다 강하게 말했다. "분명히 백파이프 소리였어." 이번에는 그레이도 백파이프 소리를 들었다.

제1특수여단은 상징인 녹색 베레를 쓴 채 길로 내려왔다. 윌리엄 밀린은 선두에 서서 행진하며 백파이프로 「블루 보닛 오버 더 보더」를 연주했다. 모두 이 장관을 뚫어져라 쳐다보면서 요란하던 총소리가 일순간 멎었다. 잠시나마 영국군과 독일군 모두 사격을 멈춘 것이다. 그렇지만 고요는 오래 가지 못했다. 영국군 특공대원들이 다리 너머로 다가가자 독일군은 다시 사격을 시작했다. 밀린은 당시를 이렇게 기억한다. "백파이프 소리 때문에 잘 들리지 않았습니다. 아무런 보호도 없이 행진했지만 총알을 맞지 않을 거라 그냥 믿었습니다." 다리를 반쯤 건넜을 때, 밀린은 몸을 돌려 로밧 경을 바라보았다. "로밧 경은 마치 자기 땅을 둘러보는 사람처럼 성큼성큼 걸으면서 내게 계속 전진하라는 신호를 보냈습니다."

영국군 공정부대는 독일군이 쏴 대는 맹렬한 총탄을 뚫고 특공대와 만나러 내달렸다. 로밧 경은 몇 분 늦어 미안하다며 사과했다. 지쳐 있던 제6공정사단은 다시금 힘이 솟았다. 제6공정사단이 확보한 방어선 중 최선두 지점까지 영국군 본대 주력이 도착하려면 몇 시간이 더 있어야 했지만, 드디어 증원군이 도착한 것이었다. 제6공정사단의 빨간 베레와 제1특수여단의 녹색 베레가 뒤섞이면서 두 부대 모두 하늘을 찌를 만큼 사기가 높아지는 것이 느껴졌다. 당시 열아홉 살밖에 안 된 그레이도 이렇게 느꼈다고 한다. "몇 년은 더 젊어진 느낌이었습니다."

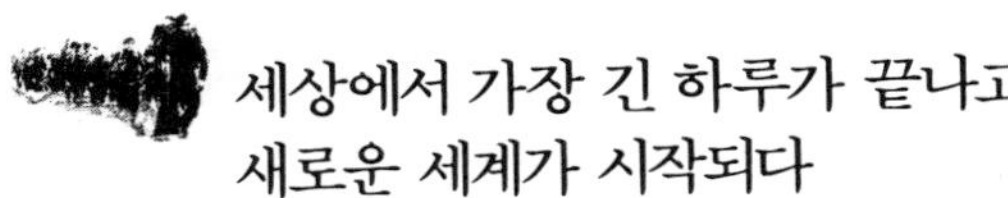

## 세상에서 가장 긴 하루가 끝나고 새로운 세계가 시작되다

자유세계 모두가 걱정하며 의심스러운 마음으로 시작했지만, 이제 디데이는 제3제국에는 운명의 날이 되었다. 롬멜이 정신없이 차를 몰아 노르망디로 돌아가는 동안 B집단군 예하 지휘관들은 폭풍처럼 쉴 새 없이 몰아치는 연합군의 강습을 막아 내려 안간힘을 쓰고 있었다. 이제 모든 것은 독일군이 자랑하는 전차에 달려 있었다. 제21기갑사단은 영국군이 침공한 해변 바로 뒤에 있었다. 그러나 히틀러는 여전히 제12친위기갑사단과 기갑교도사단을 투입할 것인지 망설였다.

롬멜은 앞으로 곧게 뻗은 도로 위의 흰 선을 보면서 운전병에게 쉬지 말고 계속 가라고 독촉했다. "템포!* 템포! 템포!" 운전병 다니엘은 계속해서 가속 페달을 밟았고, 호르히는 무서운 굉음을 내며 앞으로 내달렸다. 꼭 2

* 옮긴이) Tempo: '빠르기', '속도'라는 뜻의 이탈리아어로, 군사 용어로는 전투에서 주도권을 쥐고 적보다 상대적으로 빠르게 작전을 전개하거나 기동하는 것을 말한다.

시간 전에 프로이덴슈타트를 출발한 뒤로 롬멜은 단 한 마디도 하지 않았다. 뒷자리에 앉아 있는 랑은 롬멜이 이토록 침통해 하는 것을 본 적이 없었다. 랑은 롬멜에게 연합군 상륙을 주제로 이야기를 할까 했지만, 롬멜은 전혀 대화하고 싶어 하지 않는 것으로 보였다. 갑자기 롬멜이 몸을 돌려 랑을 바라보았다. "처음부터 내 생각이 옳았어, 처음부터!" 짧은 탄식 같은 말만 남긴 채 롬멜은 입을 다물고 다시 길을 응시했다.

제21기갑사단은 캉을 돌파할 수 없었다. 전차연대장 헤르만 폰 오펠른-브로니코우스키 대령은 폭스바겐을 타고 줄지어 선 전차들 앞뒤로 왔다 갔다 하고 있었다. 캉은 폐허나 다름없었다. 디데이 이전에 실시한 연합군의 폭격은 성과가 상당했다. 부서진 건물과 파헤쳐진 도로의 잔해가 길 위에 쌓여 있었다. 오펠른-브로니코우스키는 당시를 이렇게 회상한다. "내 눈에는 캉에 있는 모든 사람이 도시 밖으로 나가려는 것처럼 보였습니다." 도로는 자전거를 탄 사람들로 꽉꽉 막혔다. 제아무리 거칠 것 없는 독일군 전차라도 이런 도심을 뚫고 갈 수는 없었다. 오펠른-브로니코우스키는 전차를 뒤로 빼서 캉을 우회하기로 마음먹었다. 그러려면 몇 시간이 더 걸리지만 그렇다고 달리 뾰족한 수도 없었다. 캉을 돌파하더라도 문제가 또 있었다. 전차연대는 공격을 지원해 줄 보병연대가 어디에 있는지도 몰랐다.

제21기갑사단 192기계화보병연대의 발터 헤르메스Walter Hermes 이병은 당시 열아홉 살이었다. 살면서 이렇게 신나 보기는 처음이었다. 영국군과 맞서 싸우러 나가는 독일군의 선두에 선다는 것은 대단한 영광이었다. 헤르메스는 오토바이를 타고 선두 중대 앞에서 이리저리 오갔다. 선두 중대는 해안으로 향하고 있었다. 헤르메스는 곧 만나게 될 제21기갑사단의 전차가 영국군을 바다로 몰아낼 것으로 생각했고 다른 사람들도 모두 헤르메스처럼 말했다. 테츨라우Tetzlaw, 마투슈Mattusch, 샤르트Schard 같은 헤르메스의 친구들도 오토바이를 타고 가까이 있었다. 이들 모두는 영국군이 공격할 거라고 예상했지만 막상 아무 일도 일어나지 않았다. 여태 전차를 만나지 못한 것이 이상했지만 헤르메스는 앞쪽 어딘가에 전차가 있을 거라고 생각했다. 해안에서 영국군을 공격하고 있을지도 모르는 일이었다. 헤르메스는 오토바이를 타고 연대의 선두 중대를 이끌면서 영국군 특수부대가 여전히 봉쇄하지 못한, 주노 해변과 골드 해변 사이의 13킬로미터쯤 되는 틈을 신나게 달렸다. 독일군이 기갑사단 예비대를 적시에 투입했더라면 영국군이 상륙하는 주노 해변과 골드 해변 사이의 틈을 이용해 연합군 전체를 위협할 수도 있었다. 그러나 오펠른-브로니코우스키는 대체 이 틈이 무엇을 뜻하는지 전혀 알지 못했다.

서부전선 사령부 참모장 블루멘트리트 소장이 B집단군 참모장 슈파이델 소장에게 전화를 걸었다. B집단군 상황일지에는 당시 블루멘트리트와 슈파이델이 나눈 한 문장짜리 대화가 정식으로 기록되어 있다. 블루멘트리트가 말했다. "국방군 총사령부는 제12친위기갑사단과 기갑교도사단을 투입했다." 이때가 오후 3시 40분이었다. 블루멘트리트도 슈파이델도 평생을 전쟁터에서 살며 잔뼈가 굵은 사람들이었다. 이 둘은 기갑사단을 너무 늦게 투입했다는 것을 알았다. 히틀러와 그를 보좌하는 참모장군들은 이 두 기갑사단을 10시간도 넘게 붙들고 있었다. 독일 제3제국의 운명이 달린 이날 안으로 두 기갑사단 중 하나라도 연합군 침공 지역에 도달할 가능성은 전혀 없었다. 실제로 제12친위기갑사단은 6월 7일 아침에야 연합군 해안 교두보에 도착한다. 기갑교도사단은 연합군의 계속된 공중 공격으로 거의 궤멸되다시피 했는데, 그나마 해안 교두보에 도착한 것은 6월 9일이 되어서였다. 연합군의 공격에 맞설 수 있는 것은 이제 제21기갑사단뿐이었다.

롬멜이 탄 호르히는 오후 6시가 가까워서 랭스에 도착했다. 랭스에 주둔하는 부대 지휘관의 사무실에 들른 랑은 라 로슈-기용으로 전화를 걸었다. 롬멜은 전화로 15분 동안 슈파이델의 브리핑을 들었다. 통화를 끝내고 나오는 롬멜의 얼굴을 보면서 랑은 분명 나쁜 일이 일어났다고 직감했다. 다시 출발한 호르히 안에서는 침묵만이 맴돌았다. 얼마 뒤 롬멜은 장갑을 낀 주먹으로 다른 쪽 손바닥을 내려치면서 씁쓸하게 몇 마디를 되뇌었다. "나의 친애하는 적, 몽고메리!" 그러다가 문뜩 무엇인가 생각난 듯 말했다. "오! 세상에! 제21기갑사단이 들어온다면 사흘이면 적을 몰아낼 수 있을 텐데."

캉 북쪽에서 오펠른-브로니코우스키 대령은 공격 명령을 내렸다. 오펠른-브로니코우스키는 빌헬름 폰 고트베르크Wilhelm von Gottberg 대위에게 전차 35대를 내주면서 해안에서 7킬로미터쯤 떨어진 페리에Périers 언덕을 확보하도록 지시했다. 오펠른-브로니코우스키도 나머지 전차 24대를 이끌고 3.5킬로미터 떨어진 비에빌Biéville의 능선을 향해 진격했다.

제21기갑사단장 에드가 포이흐팅어 소장과 제84군단장 마르크스 대장이 공격하는 모습을 보러 왔다. 오펠른-브로니코우스키에게 마르크스가 말했다. "오펠른, 독일의 미래는 자네 어깨에 달려 있네. 영국 놈들을 바다로 내몰지 못하면 우리는 전쟁에서 진걸세."

오펠른-브로니코우스키가 경례하며 대답했다. "장군님, 제가 가진 모든 것을 다 바치겠습니다."

기동을 시작한 전차가 노르망디 벌판에 부챗살처럼 넓게 대형을 펼치기 시작했을 때, 제716사단장 빌헬름 리히터 소장이 오펠른-브로니코우스키를 멈춰 세웠다. 리히터는 깊은 슬픔에 젖어 오열하고 있었다. 오펠른-브로니코우스키에게 말하는 리히터의 눈에서는 눈물이 흘렀다. "부하들을 잃었다. 사단이 전멸했어."

오펠른-브로니코우스키가 리히터에게 물었다. "제가 무엇을 하기를 원하십니까? 제가 할 수 있는 최선을 다해 돕겠습니다." 그는 지도를 꺼내 펼쳐 놓았다. "장군님, 적이 어디에 있습니까? 지도에서 위치를 짚어 주시겠습니까?"

고개를 흔들며 리히터가 대답했다. "모르겠네. 어디 있는지 모르겠어."

롬멜은 호르히 앞자리에 앉아 몸을 뒤로 반쯤 돌린 채 랑에게 말했다. "지금 당장 지중해에서 또 다른 상륙 작전이 벌어지지 않았으면 좋겠군." 롬멜은 잠시 말을 멈추었다가 신중하게 말을 이었다. "랑, 그거 아는가? 내가 만일 연합군 사령관이라면 말일세, 나는 2주 안에 이 전쟁을 끝낼 자신이 있네." 말을 마친 롬멜은 앞으로 몸을 틀더니 전방을 뚫어지게 주시했다. 랑은 이런 롬멜을 물끄러미 바라보았다. 당대 가장 뛰어난 장군의 부관이지만 아무것도 도울 수 없다는 마음에 랑은 자괴감을 느꼈다. 호르히는 굉음을 내며 고요한 저녁 공기를 뚫고 여전히 달리고 있었다.

오펠른-브로니코우스키가 지휘하는 전차부대는 우레 같은 굉음을 내며 비에빌의 언덕을 올라갔다. 지금까지는 영국군과 조우하지 않아 아무런 저항도 받지 않았다. 선두에 있는 마크 4Mark IV 전차가 언덕을 거의 다 올라갔을 때 멀리 떨어진 곳 어디에선가 포 쏘는 소리가 작렬했다. 영국군 전차를 향해 돌진하다 전차포탄을 맞은 것인지 아니면 대전차포에서 사격을 한 것인지 알 수 없었지만, 날아오는 포탄은 정확하고 맹렬했다. 한 번에 십여 곳에서 포탄이 날아오는 것 같았다. 선두에 선 전차는 단 한 발도 포탄을 쏴 보지 못하고 폭발했다. 뒤따르던 전차 2대가 포를 쏘며 언덕을 올랐지만, 영국군 포수들에게는 별다른 영향을 주지 못했다. 오펠른-브로니코우스키는 왜 그런지 알 수 있었다. 그가 지휘하는 전차는 영국군에 비해 수적으로 열세였다. 영국군의 포는 엄청난 사거리를 가진 것처럼 보였다. 오펠른-브로니코우스키가 지휘하는 전차는 1대씩 차례대로 파괴되었다. 15

분도 채 안 되어서 그는 전차 6대를 잃었다. 오펠른-브로니코우스키는 이렇게 맹렬한 사격은 본 적이 없었다. 할 수 있는 일은 아무것도 없었다. 오펠른-브로니코우스키는 공격을 멈추고 퇴각하라는 명령을 내렸다.

발터 헤르메스 이병은 대체 전차가 어디에 있는지 알 수 없었다. 제192기계화보병연대의 선두에 선 중대는 뤽-쉬르-메르Luc-sur-Mer 해안에 도착했지만, 독일군 전차는 눈을 씻고 찾아도 보이지 않았다. 영국군도 보이지 않았다. 헤르메스는 약간 풀이 죽었다. 그렇지만 연합군 침공 함대는 전투를 준비하고 있었다. 헤르메스의 오른쪽과 왼쪽으로 조금씩 떨어진 해변에서 수백 척의 함정과 배가 오가는 것이 보였다. 해변에서 2킬로미터쯤 떨어진 바다에는 온갖 종류의 군함이 떠 있었다. "멋진데!" 헤르메스는 친구인 샤르트에게 말했다. "마치 관함식을 보는 느낌이야." 헤르메스와 친구들은 풀밭에 앉아서는 담배를 꺼냈다. 아무 일도 없는 것 같았고 명령을 내리는 사람도 없었다.

이미 페리에 언덕에 진지를 점령하고 자리를 잡은 영국군은, 전차 35대를 이끌고 오는 빌헬름 폰 고트베르크 대위가 사격이 가능한 곳에 자리를 잡기도 전에 진격을 정지시켰다. 불과 몇 분 사이에 고트베르크는 전차 10대를 잃었다. 명령이 제때 내려오지 않았고 캉을 우회하면서 시간을 낭비하는 바람에 영국군은 전략적으로 중요한 페리에 언덕을 점령하고서 진지까지 충분히 강화할 수 있었다. 고트베르크는 머리에 떠오르는 사람들에게 생각나는 모든 욕을 퍼부었다. 고트베르크는 르비시Lebissey 마을 가까이 있는 숲 가장자리까지 부하들을 후퇴시켰다. 그러고는 진지를 급조해 전차를 대고 차체를 낮춘 뒤 포탑만 바깥에서 보이게 하라고 명령했다. 고트베르크는 영국군이 몇 시간 뒤면 분명 캉으로 진격하리라 확신했다.

그러나 고트베르크의 예상과 달리 영국군은 공격하지 않았다. 오후 9시가 조금 넘은 시간, 고트베르크는 환상적인 장면을 목격했다. 아직 지지 않은 채 황금빛 햇살을 뿜어내는 저녁 해를 배경으로 비행기의 굉음이 서서히 커지더니 글라이더가 떼 지어 해안을 넘어 육지로 날아 들어오고 있었다. 수많은 글라이더가 2대의 견인기 뒤로 대형을 갖춘 채 계속해서 날아왔다. 고트베르크가 바라보는 동안 글라이더들은 견인줄을 풀고 선회와 하강을 반복했다. 맞바람을 맞아 '휙' 소리를 내며 활공해 땅으로 내려온 글라이더들은 고트베르크와 해안 사이 어딘가 보이지 않는 곳에 착륙했다. 아무것도 할 수 없어 화가 난 고트베르크는 욕을 내뱉었다.

아무 일도 할 수 없기는 오펠른-브로니코우스키 또한 마찬가지였다. 비에빌에 전차를 세운 채 안에 처박혀 있던 오펠른-브로니코우스키는 길가에 서서 독일군이 전선에서 물러나는 것을 보았다. "장교 한 명당 부하를 20명 내지는 30명씩 데리고 전선에서 물러나고 있었습니다. 캉으로 후퇴하는 것이었습니다." 오펠른-브로니코우스키는 대체 영국군이 왜 공격하지 않는지 이해가 되지 않았다. "영국군이 공격만 하면 몇 시간 안에 캉은 물론 그 일대를 몽땅 다 차지할 것 같았습니다."* 이렇게 후퇴하는 행렬 끝에는 한 병장이 키 크고 억세 보이는 여군 두 명에게 양팔을 걸친 채 걸어오고 있었다. "남군과 여군 모두 마치 술고래처럼 취해 이리저리 비틀댔고 옷차림은 지저분했습니다." 이들은 주변은 아랑곳하지 않은 채 목청을 높여 「도이칠란트 위버 알레스Deutschland über Alles」**를 부르며 비틀거렸다. 이들이 시야에서 사라질 때까지 지켜보던 오펠른-브로니코우스키가 큰 소리로 말했다. "독일은 졌다."

---

* 영국군은 디데이에 가장 멀리까지 진격했지만 주요 목표인 캉을 장악하는 데 실패했다. 오펠른-브로니코우스키는 거느린 전차들을 진지에 배치하고 캉이 함락될 때까지 무려 6주도 넘게 저항한다.

** 옮긴이) '모든 것 위에 있는 독일'이라는 뜻이다.

롬멜을 태우고 라 로슈-기용으로 소리 없이 들어온 호르히는 집이 늘어선 도로를 따라 천천히 움직였다. 호르히는 도로를 벗어나 프랑스식 정원답게 네모지게 다듬은 참피나무 열여섯 그루를 지나 라 로슈푸코 공작의 성 정문을 통과했다. 차가 현관문 앞에 멈추자 랑은 서둘러 내려 슈파이델에게 롬멜이 돌아왔다고 알리기 위해 뛰었다. 참모장실에서 흘러나오는 바그너의 오페라가 중앙 복도까지 들렸다. 우연의 일치였을까? 오페라는 절정으로 치닫고 있었다. 참모장실 문이 갑자기 열리더니 음악이 더 크게 들리면서 슈파이델이 나왔다.

이 긴박한 순간에 음악이나 듣고 있다는 사실에 충격을 받은 랑은 분노가 치밀었다. 장군에게 이야기한다는 것을 잠시 잊은 랑이 쏘아붙이듯 말했다. "이런 시국에 오페라라니, 대체 어떻게 이럴 수가 있습니까?"

야릇한 미소를 머금은 슈파이델이 대답했다. "랑 대위, 내가 음악을 들어서 연합군의 침공을 멈추게 할 거란 생각은 안 드나?"

늘 그렇듯 긴 청회색 야전 외투를 걸치고 오른손에는 원수 지휘봉을 든 롬멜이 복도를 걸어왔다. 참모장실로 들어간 롬멜은 뒷짐을 진 채 지도를 바라보았다. 슈파이델은 조용히 문을 닫았고, 두 사람의 회의가 길어질 것을 안 랑은 혼자 식당으로 향했다. 피곤한 몸을 이끌고 긴 식탁 중 아무 데나 앉은 랑은 당번병에게 커피 한 잔을 주문했다. 곁에서 보고서를 읽고 있던 장교가 상냥한 목소리로 랑에게 물었다. "여행은 어땠나?" 랑은 어이가 없어 아무 말도 하지 않은 채 그를 쏘아보았다.

그 시간, 미 제82공정사단은 셰르부르 반도의 생트-메르-에글리즈 가까이에 있었다. 더치 슐츠는 참호 벽에 기댄 채 멀리서 성당 종소리가 오후 11시를 알리는 것을 들었다. 슐츠의 눈꺼풀은 세상 어느 것보다 무거웠다. 생각해 보니 주사위 노름에 꼈던 6월 4일 밤에 침공이 연기되고 나서 지금까지 거의 72시간 동안 자지 않고 눈을 뜬 채로 있었다. 죽을지 모른다는 막연한 불안감에 노름으로 딴 돈을 모두 잃어 주겠다고 애썼던 것이 문득 떠올랐다. 죽음은커녕 아무 일도 없었다는 것을 깨닫자 우스웠다. 실제로 디데이 하루 종일 총알 한 방 쏘지 않은 슐츠는 허무감까지 느꼈다.

오마하 해변 절벽 아래에는 제6공병특수여단의 의무 하사 알프레드 아이젠버그가 녹초가 돼서 탄흔지 안에 대 자로 뻗어 있었다. 아이젠버그가 치료한 부상병 중 상당수는 목숨을 건지지 못했다. 뼛속까지 피곤이 몰려왔지만 곯아떨어지기 전에 꼭 하고 싶은 일이 하나 있었다. 아이젠버그는 주머니를 뒤져 구겨진 편지지를 꺼낸 뒤 손전등을 켜고 집에 보내는 편지를 휘갈겨 적었다. "프랑스 어디에선가"로 시작한 편지는 "엄마 그리고 아빠! 이 편지를 받을 때면 침공 소식을 들으셨을 겁니다. 저는 잘 있습니다." 까지 이어졌다. 그러나 열아홉 살밖에 되지 않았던 아이젠버그는 거기서 편지 쓰기를 멈췄다. 무슨 말을 써야 할지 더 이상 생각이 나지 않았다.

해변에 있는 노먼 코타 준장은 군용 트럭에 달린 등화관제운행등*을 바라보았다. 헌병과 전장순환통제관들이 차량과 병력을 내륙으로 이동시키면서 지르는 소리로 해변은 시끄러웠다. 해변 여기저기에는 독일군의 공격을 받아 여전히 불타는 상륙주정이 널려 있었다. 어두워진 밤하늘은 너울대는 불길로 번쩍였다. 밀려오는 파도가 해변을 때렸고, 멀리 어디에선가는 기관총 쏘는 소리도 들렸다. 그 순간 코타는 갑자기 피로가 밀려오는 것을 느꼈다. 트럭 1대가 다가오자 코타는 속도를 줄이라는 신호를 보냈다. 트럭이 속도를 줄이자 코타는 트럭 발판에 올라서서 한 팔을 문 안쪽에 걸고는 해변을 잠깐 쳐다본 뒤 운전병에게 말했다. "언덕까지 태워 주겠나?"

제21기갑사단의 역습이 실패했다는 나쁜 소식이 B집단군 사령부에 들어왔다. 소식을 듣고 절망한 랑이 롬멜에게 말했다. "사령관님, 적을 다시

* 옮긴이) 燈火管制運行燈: 야간에 적의 관측을 피하며 운행할 수 있도록 불빛을 최소화한 등.

몰아낼 수 있겠습니까?"

어깨를 으쓱하고 주먹을 펴며 롬멜이 대답했다. "랑, 나도 적을 몰아내기를 바라네. 그리고 자네도 알다시피 내가 지금까지는 늘 성공하지 않았나." 롬멜은 랑의 어깨를 두드리며 말을 이었다. "피곤해 보이는군. 잠 좀 자게. 긴 하루였어." 말을 마친 롬멜은 돌아서서 복도를 지나 집무실로 들어갔고 집무실의 문이 소리 없이 닫혔다. 랑은 그런 롬멜을 물끄러미 바라보았다.

조약돌이 깔린 커다란 2개의 안마당에서 움직이는 것은 아무것도 없었다. 라 로슈-기용은 적막에 휩싸였다. 프랑스 마을 중 독일군이 가장 확실하게 점령하고 있던 이곳은 곧 해방을 맞이한다. 이를 시작으로 히틀러가 점령하고 있던 유럽 또한 곧 해방을 맞이한다. 1944년 6월 6일, 세상에서 가장 긴 하루이자 지상 최대의 작전이 펼쳐졌던 디데이가 끝났다. 디데이의 끝은 독일 제3제국 멸망의 시작이었다. 히틀러의 제3제국은 이후로 1년도 존속하지 못하고 1945년 5월 8일 역사 속으로 사라진다. 어둠이 내리면서 라 로슈푸코 공작의 성에서 마을로 뻗은 넓은 길은 텅텅 비었고, 마을 사람들은 붉은 지붕 아래 열려 있던 투박한 덧창을 다시 걸어 잠갔다. 성 삼손 성당에서는 자정을 알리는 종이 울렸다.

## 에필로그: 디데이 이후

디데이가 끝날 무렵 15만 명이 넘는 연합군이 노르망디에 발을 디뎠다. 상륙작전이 끝나는 6월 11일까지 노르망디 해변에는 병력 32만 6천547명, 차량 5만 4천186대가 상륙했으며 아울러 보급품 10만 4천428톤이 부려졌다. 디데이에 시작된 노르망디 전투는 8월 25일 파리가 해방되면서 연합군의 승리로 끝났고, 이를 발판으로 영-미 연합군은 서쪽에서, 소련군은 동쪽에서 베를린을 목표로 독일군을 몰아붙이면서 진격했다.

1945년 4월 30일, 더 이상 기대할 것이 없다고 직감한 히틀러는 에바 브라운과 함께 자살했다. 히틀러가 자살하기 전부터 이미 시작된 독일군의 투항이 줄을 이으면서 1945년 5월 7일 오전 2시 41분 알프레트 요들 대장은 모든 독일군이 연합군에게 무조건 항복한다는 항복 문서에 서명했다. 1945년 5월 8일 유럽에서 제2차 세계대전이 끝났다.

**디데이 오후 오마하 해변의 모습** 병력과 차량을 계속해서 뭍에 내려 주려 기다리는 선박이 수평선까지 빼곡히 차 있다.

U.S. National Archives

## 디데이 사상자

디데이 당일 24시간 동안 발생한 연합군 사상자가 얼마인지에 대해서는 불명확하면서도 상호 모순되는 수치가 난무했다. 이제껏 나온 사상자 수 가운데 정확한 것은 없으며 모두 추정에 불과하다. 디데이에 감행한 공중과 해상 강습 작전의 성격을 감안할 때 사상자 수를 정확하게 산출하는 것은 불가능하다. 대부분의 전쟁역사가는 연합군 사상자가 모두 1만 명에 이른다는 추산에 동의한다. 일부이기는 하지만 사상자 수를 1만 2천 명까지 보는 학자도 있다.

미군 사상자는 6천603명으로 집계된다. 이 숫자는 미 제1군의 사후검토 보고서에 기초한 것이다. 보다 자세히는 전사 1천465명, 부상 3천184명, 실종 1천928명, 포로 26명이다. 이 숫자에는 미 제82공정사단과 제101공정사단의 사상자가 포함된 것으로, 이 두 부대의 사상자 수만 따로 추리면 2천499명이다.

캐나다군의 사상자 수는 946명으로 이 중 335명이 전사했다. 영국군 사상자 수는 한 번도 공식 발표된 적이 없지만, 적어도 2천500명에서 3천 명으로 추산된다. 이 중 제6공정사단의 사상자 수는 650명이다.

그렇다면 디데이 당일 독일군의 사상자는 얼마였을까? 이 물음에는 아무도 답할 수 없다. 이 책을 쓰기 위해 독일군 장군들과 면담하면서 들은 추산치는 4천 명에서 9천 명까지 폭이 넓었다. 그러나 1944년 6월 말에 롬멜이 받은 보고에 따르면 독일군 장군 28명, 지휘관과 지휘자 354명, 병사 25만 명이 사상한 것으로 되어 있다.

# 디데이 참전자 명단

이 책을 쓰는 데 기여한 참전자들의 명단은 당시 계급을 기준으로 작성했다. 명단에 있는 몇몇은 목록이 완성되고 몇 달 사이에 직업이 바뀌기도 했다.

## 미군

| 성명 | 당시 계급 | 당시 소속부대 | 현 직업 | 현 거주지 |
|---|---|---|---|---|
| **가드너, 에드윈** Gardner, Edwin E. | 일병 | 제29보병사단 | 우체부 | 캔자스 주 플레인빌Plainville |
| **갈리아디, 에드먼드** Galiardi, Edmund J. | 3등 요리사 | 전차상륙주정 637 | 경찰관 | 펜실베이니아 주 앰브리지Ambridge |
| **개빈, 제임스** Gavin, James M. | 준장 | 제82공수사단 부사단장 | 육군 중장으로 전역, 아서 디 리틀Arthur D. Little 사 부사장 | 매사추세츠 주 웰즐리 힐즈Wellesley Hills |
| **개스킨스, 찰스 레이** Gaskins, Charles Ray | 상병 | 제4보병사단 | 에쏘Esso 차량 정비소 운영 | 노스캐롤라이나 주 캐너폴리스Kannapolis |
| **게로, 레너드** Gerow, Leonard T. | 소장 | 제5군단장 | 육군 대장으로 전역, 은행장 | 버지니아 주 피터즈버그Petersburg |
| **게르바시, 프랭크** Gervasi, Frank M. | 하사 | 제1보병사단 | 농장 경비원 | 펜실베이니아 주 먼로빌Monroeville |
| **게르하르트, 찰스** Gerhardt, Charles H. | 소장 | 제29보병사단장 | 육군 소장으로 전역 | 플로리다 주 |
| **고든, 프레드** Gordon, Fred | 상병 | 제90보병사단 | 육군 상병 | |
| **고디, 조지** Gowdy, George | 중위 | 제65전차대대 | 어부 | 플로리다 주 세인트피터즈버그 St. Petersburg |
| **고랜슨, 랄프** Goranson, Ralph E. | 대위 | 제2레인저대대 | 이 에프 맥도널드E. F. MacDonald 사 해외사업 이사 | 오하이오 주 데이턴Dayton |
| **골드먼, 머리** Goldman, Murray | 하사 | 제82공수사단 | 레디-윕Reddi-Wip 사 판매 책임자 | 뉴욕 주 몬티첼로Monticello |
| **골드스타인, 조지프** Goldstein, Joseph I. | 이병 | 제4보병사단 | 보험업 | 아이오와 주 수Sioux |
| **구드, 로버트 리** Goode, Robert Lee | 병장 | 제29보병사단 | 정비사 | 버지니아 주 베드퍼드Bedford |
| **구드허스, 저드슨** Gudehus, Judson | 중위 | 제389폭격비행전대 | 털리도Toledo 광학연구소 판매원 | 오하이오 주 털리도Toledo |
| **굿먼슨, 칼** Goodmunson, Carl T. | 2등 통신병 | 순양함 퀸시 | 그레이트 노던Great Northern 철도 전신기사 | 미네소타 주 미니애폴리스Minneapolis |
| **그레코, 조지프** Greco, Joseph J. | 일병 | 제299공병대대 | 유나이티드 웰렌United Whelan 사 관리인 | 뉴욕 주 시러큐스Syracuse |
| **그로건, 해롤드** Grogan, Harold M. | 5등 기술병 | 제4보병사단 | 우체국 직원 | 미시시피 주 빅스버그Vicksburg |
| **그리싱어, 존** Grissinger, John P. | 소위 | 제29보병사단 | 뮤추얼 트러스트Mutual Trust 생명보험 대리점 운영 | 펜실베이니아 주 해리스버그Harrisburg |

| 성명 | 당시 계급 | 당시 소속부대 | 현 직업 | 현 거주지 |
|---|---|---|---|---|
| **그리피스, 윌리엄** Griffiths, William H. | 소위 | 구축함 헌든 | 해군 중령 | |
| **그린스타인, 머리** Greenstein, Murray | 중위 | 제95폭격비행전대 | 할부판매원 | 뉴저지 주 브래들리비치Bradley Beach |
| **그린스타인, 칼** Greenstein, Carl R. | 소위 | 제93폭격비행전대 | 공군 대위 | |
| **글리슨, 베니** Glisson, Bennie W. | 3등 무선병 | 구축함 코리 | 텔레타이프 기사 | |
| **기번스, 울리히** Gibbons, Ulrich G. | 중령 | 제4보병사단 | 육군 대령 | |
| **기번스, 조지프** Gibbons, Joseph H. | 소령 | 해군폭파부대장 | 뉴욕N.Y. 전화회사 판매책임자 | 뉴욕 주 뉴욕New York |
| **기어링, 에드워드** Gearing, Edward M. | 소위 | 제29보병사단 | 비트로Vitro 사 회계감사관 | 메릴랜드 주 체비체이스Chevy Chase |
| **기프트, 멜빈** Gift, Melvin R. | 이병 | 제87화학박격포대대 | 문서수발 담당원 | 펜실베이니아 주 체임버즈버그Chambersburg |
| **길, 딘 데스로** Gill, Dean Dethroe | 병장 | 제4기병수색대대 | 보훈병원 요리사 | 네브래스카 주 링컨Lincoln |
| **길훌리, 존** Gilhooly, John | 일병 | 제2레인저대대 | 에이 앤드 피A&P 차 회사 매장 관리자 | 뉴욕 주 롱아일랜드Long Island |
| **나탈레, 키스** Natalle, E. Keith | 상병 | 제101공수사단 | 학교 행정관 | 캘리포니아 주 샌프란시스코San Francisco |
| **네그로, 프랭크** Negro, Frank E. | 병장 | 제1보병사단 | 우체국 직원 | 뉴욕 주 브루클린Brooklyn |
| **네덜란드, 새뮤얼** Nederland, Samuel H. | 상병 | 제518항만대대 | 베들레헴Bethlehem 강철회사 파쇠 검사관 | 펜실베이니아 주 포티지Portage |
| **네로, 앤서니** Nero, Anthony R. | 이병 | 제2보병사단 | 시간제 부동산 중개업(상이 군인) | 오하이오 주 클리블랜드Cleveland |
| **네이젤, 고든** Nagel, Gordon L. | 일병 | 제82공수사단 | 아메리칸 에어라인American Airlines 사 선임 정비사 | 오클라호마 주 털사Tulsa |
| **넬슨, 글렌** Nelson, Glen C. | 일병 | 제4보병사단 | 시골 우체부 | 사우스다코타 주 밀보로Milboro |
| **넬슨, 레이더** Nelson, Raider | 일병 | 제82공수사단 | 아크로Accro 플라스틱 회사 사원 | 일리노이 주 시카고Chicago |
| **넬슨, 에밀 2세** Nelson, Emil Jr. | 하사 | 제5레인저대대 | 자동차 매매업 | 인디애나 주 시더레이크Cedar Lake |
| **노가드, 아널드** Norgaard, Arnold | 일병 | 제29보병사단 | 농부 | 사우스다코타 주 알링턴Arlington |
| **뉴컴, 제시 2세** Newcomb, Jesse L., Jr. | 상병 | 제29보병사단 | 상인 겸 농부 | 버지니아 주 키스빌Keysville |
| **닉렌트, 로이** Nickrent, Roy W. | 하사 | 제101공수사단 | 상수도 총감독 겸 소방서장 | 일리노이 주 세이브룩Saybrook |
| **닐드, 아서** Neild, Arthur W. | 1등 기술병 | 전함 오거스타 | 해군 대위 | |
| **달렌, 요한** Dahlen, Johan B. | 대위(군목) | 제1보병사단 | 루터교회 목사 | 노스다코타 주 처치스 페리Churchs Ferry |
| **대너히, 폴** Danahy, Paul A. | 소령 | 제101공수사단 | 도매상 | 미네소타 주 미니애폴리스Minneapolis |
| **대니얼, 더릴** Daniel, Derrill M. | 중령 | 제1보병사단 | 육군 소장 | |
| **대셔, 베네딕트** Dasher, Benedict J. | 대위 | 제6공병특수여단 | 유니버스Universe 생명보험 사장 | 네바다 주 리노Reno |
| **댄스, 유진** Dance, Eugene A. | 중위 | 제101공수사단 | 육군 소령 | |
| **댈러스, 토머스** Dallas, Thomas S. | 소령 | 제29보병사단 | 육군 중령 | |

| 성명 | 당시 계급 | 당시 소속부대 | 현 직업 | 현 거주지 |
|---|---|---|---|---|
| **먼, 에드워드** Dunn, Edward C. | 중령 | 제4기병정찰대대 | 육군 대령 | |
| **데 베네데토, 러셀** De Benedetto, Russell J. | 일병 | 제90보병사단 | 부동산 중개업자 | 루이지애나 주 포트 앨런Port Allen |
| **데르다, 프레드** Derda, Fred | 해안경비대 1등 통신병 | 해안경비대 보병상륙주정 90 | 척추지압사 | 미주리 주 세인트루이스Saint Louis |
| **데릭슨, 리처드** Derickson, Richard B. | 소령 | 전함 텍사스 | 해군 대령 | |
| **데이비스, 바턴** Davis, Barton A. | 병장 | 제299공병대대 | 하딘지 브라더스Hardinge Brothers 사 보조 출납원 | 뉴욕 주 엘마이라Elmira |
| **데이비스, 케네스** Davis, Kenneth S. | 해안경비대 중령 | 공격 수송선 베이필드 | 해안경비대 대령 | |
| **데자르딘** Desjardins, J. L. | 하사 | 제3해군건설대대 | 경찰서 수위 | 매사추세츠 주 레민스터Leominster |
| **데파스** Depace, V. N. | 이병 | 제29보병사단 | 국세청 대리인 | 펜실베이니아 주 피츠버그Pittsburgh |
| **도나휴, 토머스** Donahue, Thomas F. | 일병 | 제82공수사단 | 에이 앤드 피A&P 차 회사 사원 | 뉴욕 주 브루클린Brooklyn |
| **도스, 에이드리언 1세** Doss, Adrian R., Sr. | 일병 | 제101공수사단 | 육군 1등 하사 | |
| **도슨, 프랜시스** Dawson, Francis W. | 중위 | 제5레인저대대 | 육군 소령 | |
| **도일, 조지** Doyle, George T. | 일병 | 제90보병사단 | 인쇄공 | 오하이오 주 파마하이츠Parma Heights |
| **도키치, 니콜라스 2세** Dokich, Nicholas, Jr. | 어뢰병 | 어뢰정 | 해군 3등 어뢰병 | |
| **도트리, 존** Daughtrey, John E. | 소위 | 제6해변대대 | 일반외과 의사 | 플로리다 주 레이클랜드Lakeland |
| **돌란, 존** Dolan, John J. | 중위 | 제82공수사단 | 변호사 | 매사추세츠 주 보스턴Boston |
| **둘리건, 존** Dulligan, John F. | 대위 | 제1보병사단 | 참전용사회 | 매사추세츠 주 보스턴Boston |
| **듀베, 노엘** Dube, Noel A. | 병장 | 제121공병대대 | 공군 피즈Pease 기지 매점 행정 보조원 | 뉴햄프셔 주 |
| **듀켓, 도널드** Duquette, Donald M. | 병장 | 제254공병대대 | 육군 상사 | |
| **드 치아라, 앨버트 3세** de Chiara, Albert, Jr. | 소위 | 구축함 헌든 | 도매상 | 뉴저지 주 퍼세이익Passaic |
| **드마요, 앤서니** DeMayo, Anthony J. | 일병 | 제82공수사단 | 전기 공사 감독 | 뉴욕 주 뉴욕New York |
| **드와이어, 해리** Dwyer, Harry A. | 통신병 | 제5사단상륙군 | 보훈병원 매점 관리인 | 캘리포니아 주 세풀베다Sepulveda |
| **디 베네데토, 안젤로** Di Benedetto, Angelo | 일병 | 제4보병사단 | 우체부 | 뉴욕 주 브루클린Brooklyn |
| **디그넌, 어윈** Degnan, Irwin J. | 소위 | 제5군단 사령부 | 보험 대리인 | 아이오와 주 구텐버그Guttenberg |
| **디리, 로렌스** Deery, Lawrence E. | 대위(군목) | 제1보병사단 | 성 요셉 성당 신부 | 로드아일랜드 주 뉴포트Newport |
| **딕슨, 아치** Dickson, Archie L. | 중위 | 제434병력수송비행전대 | 보험 대리인 | 미시시피 주 걸프포트Gulfport |
| **라그라사, 에드워드** Lagrassa, Edward | 일병 | 제4보병사단 | 주류 판매원 겸 프레스 기계 조작사 | 뉴욕 주 브루클린Brooklyn |
| **라마르, 케네스** Lamar, Kenneth W. | 1등 화부 | 해안경비대 전차상륙함 27 | 해안경비대 선임 기관사 | |

| 성명 | 당시 계급 | 당시 소속부대 | 현 직업 | 현 거주지 |
|---|---|---|---|---|
| **라운트리, 로버트** Rountree, Robert E. | 해안경비대 대위 | 공격수송선 베이필드 | 해안경비대 중령 | |
| **라이스터, 커밋** Leister, Kermit R. | 일병 | 제29보병사단 | 펜실베이니아 철도 열차 승무원 | 펜실베니아 주 필라델피아Philadelphia |
| **라이언, 토머스** Ryan, Thomas F. | 하사 | 제2레인저대대 | 경찰관 | 일리노이 주 시카고Chicago |
| **라이얼스, 로버트** Ryals, Robert W. | 4등 기술병 | 제101공수사단 | 육군 중사 | |
| **라일리, 프랜시스** Riley, Francis X. | 해군 중위 | 해안경비대 보병상륙주정 319 | 해안경비대 중령 | |
| **랑, 제임스** Lang, James H. | 하사 | 제12폭격비행 전대 | 공군 중사 | |
| **래슨, 도널드** Lassen, Donald D. | 이병 | 제82공수사단 | 빅터Victor 화학회사 생산 감독 | 일리노이 주 하비Harvey |
| **래프, 에드슨** Raff, Edson D. | 대령 | 제82공수사단 | 육군 대령 | |
| **래프레스, 시어도어 2세** Lapres, Theodore E., Jr. | 중위 | 제2레인저대대 | 변호사 | 뉴저지 주 마게이트Margate |
| **래프터리, 패트릭 2세** Raftery, Patrick H., Jr. | 소위 | 제440병력수송 비행전대 | 승강기 설치업 | 루이지애나 주 메타리Metairie |
| **랜킨, 웨인** Rankin, Wayne W. | 일병 | 제29보병사단 | 교사 | 펜실베이니아 주 홈즈 시티Homes City |
| **랜킨스, 윌리엄 2세** Rankins, William F., Jr. | 이병 | 제518항만대대 | 전화회사 근무 | 텍사스 주 휴스턴Houston |
| **랭글리, 찰스** Langley, Charles H. | 3등 사무 부사관 | 전함 네바다 | 시골 우체부 | 조지아 주 로건빌Loganville |
| **러글스, 존** Ruggles, John F. | 중령 | 제4보병사단 | 육군 준장 | |
| **러내로, 아메리코** Lanaro, Americo | 5등 기술병 | 제87박격포대대 | 화가 | 코네티컷 주 스트랫퍼드Stratford |
| **러더, 제임스** Rudder, James E. | 중령 | 제2레인저대대 | 대학 부총장 | 텍사스 주 칼리지스테이션 College Station |
| **러셀, 조지프** Russell, Joseph D. | 이병 | 제299공병대대 | 전화회사 사원 | 인디애나 주 무어스 힐Moores Hill |
| **러셀, 존 2세** Russell, John E., Jr. | 병장 | 제1보병사단 | 철강회사 인사과 근무 | 펜실베이니아 주 뉴켄싱턴New Kensington |
| **러셀, 케네스** Russell, Kenneth | 일병 | 제82공수사단 | 은행 임원 | 뉴욕 주 뉴욕New York |
| **러셀, 클라이드** Russell, Clyde R. | 대위 | 제82공수사단 | 육군 중령 | |
| **러켓, 제임스** Luckett, James S. | 중령 | 제4보병사단 | 육군 대령 | |
| **런지, 윌리엄** Runge, William M. | 대위 | 제5레인저대대 | 장의사 | 아이오와 주 대번포트Davenport |
| **레니, 버턴** Ranney, Burton E. | 하사 | 제5레인저대대 | 전기기술자 | 일리노이 주 디케이터Decatur |
| **레니슨, 프랜시스** Rennison, Francis A. | 해군 대위 | 해군 | 부동산 중개업자 | 뉴욕 주 뉴욕New York |
| **레빌, 존** Reville, John J. | 중위 | 제5레인저대대 | 경찰관 | 뉴욕 주 뉴욕New York |
| **레이, 케네스** Lay, Kenneth E. | 소령 | 제4보병사단 | 육군 대령 | |
| **레이번, 워런** Rayburn, Warren D. | 중위 | 제316병력수송 비행전대 | 공군 소령 | |
| **레이시, 조지프** Lacy, Joseph R. | 중위(군목) | 제2, 5레인저 대대 | 성 마이클 교회 목사 | 코네티컷 주 하트퍼드Hartford |
| **레지어, 로렌스 2세** Legere, Lawrence J., Jr. | 소령 | 제101공수사단 | 육군 중령 | |

| 성명 | 당시 계급 | 당시 소속부대 | 현 직업 | 현 거주지 |
|---|---|---|---|---|
| **레피시어, 레너드** Lepicier, Leonard R. | 중위 | 제29보병사단 | 육군 소령 | |
| **로, 로버트 2세** Law, Robert W., Jr. | 중위 | 제82공수사단 | 보험업 | 사우스캐롤라이나 주 비숍빌Bishopville |
| **로긴스키** Roginski E. J. | 병장 | 제29보병사단 | 스폴딩Spaulding 제과회사 판매 책임자 | 펜실베이니아 주 샤모킨Shamokin |
| **로드, 케네스** Lord, Kenneth P. | 소령 | 제1보병사단 | 시큐리티 뮤추얼Security Mutual 생명보험회사 사장 비서 | 뉴욕 주 빙엄턴Binghamton |
| **로드스타인, 누트** Raudstein, Knut H. | 대위 | 제101공수사단 | 육군 중령 | |
| **로드웰, 제임스** Rodwell, James S. | 대령 | 제4보병사단 | 육군 준장으로 전역 | 콜로라도 주 덴버Denver |
| **로버츠, 밀너** Roberts, Milnor | 대위 | 제5군단 본부중대 | 광고회사 사장 | 펜실베이니아 주 피츠버그Pittsburgh |
| **로버츠, 조지** Roberts, George G. | 기술병장 | 제306폭격비행전대 | 공군 교육 고문 | 일리노이 주 벨빌Belleville |
| **로버트슨, 프랜시스** Robertson, Francis C. | 대위 | 제36비행전대 | 공군 중령 | |
| **로빈슨, 로버트** Robinson, Robert M. | 일병 | 제82공수사단 | 육군 대위 | |
| **로빈슨, 찰스 2세** Robinson, Charles, Jr. | 해군 중위 | 구축함 글레넌 | 해군 중령 | |
| **로스, 로버트** Ross, Robert P. | 중위 | 제37공병대대 | 상자 제작자 | 위스콘신 주 워케샤Waukesha |
| **로스, 웨슬리** Ross, Wesley R. | 중위 | 제146공병대대 | 웨스턴Western 엑스선 회사 판매 기사 | 워싱턴 주 터코마Tacoma |
| **로슨, 월터** Rosson, Walter E. | 중위 | 제389폭격비행전대 | 검안사檢眼士 | 텍사스 주 샌안토니오 San Antonio |
| **로워스, 월리스** Roworth, Wallace H. | 3등 무전병 | 공격수송선 조지프 T. 딕맨 | 기사 | 뉴욕 주 롱아일랜드 가든 시티Garden City |
| **로저스** Rogers, T. DeF. | 중령 | 제1106공병대대 | 육군 대령 | |
| **로젠블랫, 조지프 3세** Rosenblatt, Joseph K., Jr. | 소위 | 제112공병대대 | 육군 상사 | |
| **로즈먼드, 세인트 줄리엔** Rosemond, St. Julien P. | 대위 | 제101공수사단 | 군 변호사보 | 플로리다 주 마이애미Miami |
| **로카, 프랜시스** Rocca, Francis A. | 일병 | 제101공수사단 | 기계 운전원 | 매사추세츠 주, 피츠필드Pittsfield |
| **로턴, 존 3세** Lawton, John III | 상병 | 제5군단 포병 | 보험업 | 캘리포니아 주 필모어Fillmore |
| **론캘리오, 테노** Roncalio, Teno | 소위 | 제1보병사단 | 변호사 | 와이오밍 주 샤이엔Cheyenne |
| **롭, 로버트** Robb, Robert W. | 중령 | 제7군단 사령부 | 광고회사 부사장 | 뉴욕 주 뉴욕New York |
| **루빈, 알프레드** Rubin, Alfred | 중위 | 제24기병정찰대대 | 케이터링 회사 및 식당 운영 | 일리노이 주 네이피어빌Napierville |
| **루서, 에드워드** Luther, Edward S. | 대위 | 제5레인저대대 | 휴즈 바디Hews Body 사 부사장 겸 판매 책임자 | 메인 주 포틀랜드Portland |
| **룬드, 멜빈** Lund, Melvin C. | 일병 | 제29보병사단 | 스미스, 폴레트 앤드 크롤 Smith, Follett & Crowl 발송 담당원 | 노스다코타 주 파고Fargo |
| **르블랑, 조지프** LeBlanc, Joseph L. | 하사 | 제29보병사단 | 사회 운동가 | 매사추세츠 주 린Lynn |
| **르페브르, 헨리** LeFebvre, Henry E. | 중위 | 제82공수사단 | 육군 소령 | |

| 성명 | 당시 계급 | 당시 소속부대 | 현 직업 | 현 거주지 |
|---|---|---|---|---|
| **리더, 러셀 2세** Reeder, Russel P., Jr. | 대령 | 제4보병사단 | 대령으로 전역, 체육관athletic부지배인 | 뉴욕 주 웨스트포인트 West Point |
| **리드, 웨슬리** Read, Wesley J. | 대위 | 제746전차대대 | 철도 승무원 | 펜실베이니아 주 뒤부아 Du Bois |
| **리드, 찰스** Reed, Charles D. | 대위(군목) | 제29보병사단 | 감리교 목사 | 오하이오 주 트로이Troy |
| **리버, 로렌스** Leever, Lawrence C. | 해군 중령 | 제6공병특수여단 | 해군 소장으로 전역, 민방위국 부국장 | 애리조나 주 피닉스Phoenix |
| **리어리, 제임스 2세** Leary, James E., Jr. | 중위 | 제29보병사단 | 존 핸콕John hancock 상호보험회사 인사처 근무, 변호사 | 매사추세츠 주 보스턴Boston |
| **리지웨이, 매슈** Ridgway, Matthew B. | 소장 | 제82공수사단장 | 육군 대장으로 전역, 멜론Mellon 연구소 이사회 회장 | 펜실베이니아 주 피츠버그Pittsburgh |
| **리츨러, 프랭크 헨리** Litzler, Frank Henry | 일병 | 제4보병사단 | 목장 운영 | 텍사스 주 스위니Sweeny |
| **리치, 조지프** Ricci, Joseph J. | 병장 | 제82공수사단 | 약사 | 일리노이 주 베달토Bethalto |
| **리치먼드, 앨비스** Richmond, Alvis | 이병 | 제82공수사단 | 사무원 | 버지니아 주 포츠머스Portsmouth |
| **리크스, 로버트** Riekse, Robert J. | 중위 | 제1보병사단 | 부서 책임자 | 미시건 주 오보소Owosso |
| **리터, 레너드** Ritter, Leonard G. | 상병 | 3807 병참트럭 중대 | 홍보업 | 일리노이 주 시카고Chicago |
| **리틀필드, 고든** Littlefield, Gordon A. | 해군 중령 | 공격수송선 베이필드 | 해군 소장으로 전역 | |
| **린, 허셜** Linn, Herschel E. | 중령 | 제237공병대대 | 육군 중령 | |
| **린드퀴스트, 로이** Lindquist, Roy E. | 대령 | 제82공수사단 | 육군 소장 | |
| **릴리먼, 프랭크** Lillyman, Frank L. | 대위 | 제101공수사단 | 육군 중령 | |
| **림즈, 퀸턴** Reams, Quinton F. | 일병 | 제1보병사단 | 철도 기사 | 펜실베이니아 주 펑크서토니Punxsutawney |
| **마고, 도메닉** Margo, Domenick L. | 병장 | 제4보병사단 | 베들레헴Bethlehem 강철회사 주물 검사관 | 뉴욕 주 버펄로Buffalo |
| **마블, 해리슨** Marble, Harrison A. | 병장 | 제299공병대대 | 공사 하도급 업자 | 뉴욕 주 시러큐스Syracuse |
| **마셜, 레너드** Marshall, Leonard S. | 대위 | 제834공병항공대대 | 공군 중령 | |
| **마스던, 윌리엄** Marsden, William M. | 중위 | 제4보병사단 | 민방위 조정관 | 버지니아 주 리치먼드Richmond |
| **말로니, 아서** Maloney, Arthur A. | 중령 | 제82공수사단 | 육군 대령 | |
| **매슈스, 존** Matthews, John P. | 하사 | 제1보병사단 | 화재경보 및 교통신호 체계 감독관 | 뉴욕 주 롱아일랜드 헴스테드Hempstead |
| **매스니, 오토** Masny, Otto | 대위 | 제2레인저대대 | 오일-라이트Oil-Rite 사 판매원 | 위스콘신 주 매니토웍Manitowoc |
| **매카들, 커밋** McCardle, Kermit R. | 3등 무선병 | 전함 오거스타 | 쉘Shell 석유회사 사원 | 켄터키 주 루이빌Louisville |
| **매케이브, 제롬** McCabe, Jerome J. | 소령 | 제48전투비행전대 | 공군 대령 | |
| **매케인, 제임스** McCain, James W. | 소위 | 제5공병특수여단 | 육군 원사 | |
| **매코믹, 폴** McCormick, Paul O. | 일병 | 제1보병사단 | 자동차 정비공 | 메릴랜드 주 볼티모어Baltimore |
| **매콜, 호비** McCall, Hobby H. | 대위 | 제90보병사단 | 변호사 | 텍사스 주 댈러스Dallas |
| **매클로스키, 리지스** McCloskey, Regis F. | 하사 | 제2레인저대대 | 육군 중사 | |

| 성명 | 당시 계급 | 당시 소속부대 | 현 직업 | 현 거주지 |
|---|---|---|---|---|
| **맥, 윌리엄** Mack, William M. | 공군 중위 | 제437병력수송 사령부 | 공군 대령 | |
| **맥나이트, 존** McKnight, John L. | 소령 | 제5공병특수여단 | 토목기사 | 미시시피 주 빅스버그Vicksburg |
| **맥도널드, 고든** McDonald, Gordon D. | 상사 | 제29보병사단 | 아메리칸 비스코스 American Viscose 사 선적 감독관 | 버지니아 주 로어노크Roanoke |
| **맥매너웨이, 프레더릭** McManaway, Frederick | 소령 | 제29보병사단 | 육군 대령 | |
| **맥엘리, 애투드** McElyea, Atwood M. | 소위 | 제1보병사단 | 시간제 판매원 겸 여름 캠프 감독 | 노스캐롤라이나 주 캔들러Candler |
| **맥일보이, 대니얼 2세** McIlvoy, Daniel B., Jr. | 소령 | 제82공수사단 | 소아과 의사 | 켄터키 주 볼링Bowling |
| **맥커니, 제임스** McKearney, James B. | 하사 | 제101공수사단 | 에어컨, 냉장고 판매원 | 뉴저지 주 펜소켄Pennsauken |
| **맥클린, 토머스** McClean, Thomas J. | 소위 | 제82공수사단 | 경찰관 | 뉴욕 주 뉴욕New York |
| **맥클린턱, 윌리엄** McClintock, William D. | 기술중사 | 제741전차대대 | 상이 군인 | 캘리포니아 주 노스 할리우드N. Hollywood |
| **맥킨토시, 조지프** McIntosh, Joseph R. | 대위 | 제29보병사단 | 사업 | 메릴랜드 주 볼티모어Baltimore |
| **맥퍼딘, 알렉산더** MacFadyen, Alexander G. | 해군 대위 | 구축함 헌든 | 컨솔리데이티드 브래스 Consolidated Brass 사 사원 | 노스캐롤라이나 주 샬럿Charlotte |
| **맨, 레이** Mann, Ray A. | 일병 | 제4보병사단 | 제분기 기사 | 펜실베이니아 주 로렐데일Laureldale |
| **맨, 로렌스** Mann, Lawrence S. | 대위 | 제6공병특수 여단 | 시카고Chicago 의과대학 외과 조교수 | 일리노이 주 시카고Chicago |
| **머글러, 에드워드** Mergler, Edward F. | 준위 | 제5공병특수 여단 | 변호사 | 뉴욕 주 볼리바Bolivar |
| **머렌디노, 토머스** Merendino, Thomas N. | 대위 | 제1보병사단 | 자동차 검사원 | 뉴저지 주 마게이트 시티 Margate City |
| **머피, 로버트** Murphy, Robert M. | 이병 | 제82공수사단 | 변호사 | 매사추세츠 주 보스턴Boston |
| **멀비, 토머스** Mulvey, Thomas P. | 대위 | 제101공수사단 | 육군 중령 | |
| **메데이로스, 폴** Medeiros, Paul L. | 일병 | 제2레인저대대 | 파더 저지Father Judge 고등학교 생물교사 | 펜실베이니아 주 필라델피아Philadelphia |
| **메도우, 윌리엄** Meddaugh, William J. | 중위 | 제82공수사단 | 아이비엠IBM 사 사업관리자 | 뉴욕 주 하이드파크 Hyde Park |
| **메를라노, 루이스** Merlano, Louis P. | 상병 | 제101공수사단 | 파싯Facit 사 판매 책임자 | 뉴욕 주 뉴욕New York |
| **메리컬, 딜런** Merical, Dillon H. | 상병 | 제149공병대대 | 댈러스 카운티 스테이트 Dallas County State 은행 사원 | 아이오와 주 밴미터 Van Meter |
| **메릭, 로버트** Merrick, Robert L. | 1등 수병 | 해안경비대 | 소방서장 | 매사추세츠 주 뉴베드퍼드New Bedford |
| **메릭, 시어도어** Merrick, Theodore | 병장 | 제6공병특수 여단 | 보험 컨설턴트 | 일리노이 주 포레스트 파크Park Forrest |
| **메이슨, 찰스** Mason, Charles W. | 상사 | 제82공수사단 | 계간 『공수』 지 편집자 | 노스캐롤라이나 주 파이엣빌Fayetteville |
| **메이자, 앨버트** Mazza, Albert | 병장 | 제4보병사단 | 경찰관 | 펜실베이니아 주 카번데일Carbondale |
| **모글리어, 존** Moglia, John J. | 하사 | 제1보병사단 | 육군 대위 | |

| 성명 | 당시 계급 | 당시 소속부대 | 현 직업 | 현 거주지 |
|---|---|---|---|---|
| **모레노, 존** Moreno, John A. | 해군 중령 | 공격 수송선 베이필드 | 해군 대령 | |
| **모로, 조지** Morrow, George M. | 일병 | 제1보병사단 | 벽돌 회사 근무 겸 농부 | 캔자스 주 로즈Rose |
| **모르덴거, 크리스토퍼** Mordenga, Christopher J. | 이병 | 제299공병대대 | 정비업 | 플로리다 주 포트 피어스Fort Pierce |
| **모어코크, 버나드 2세** Morecock, Bernard J., Jr. | 병장 | 제29보병사단 | 버지니아 주방위군 보급 기술 부사관 | 버지니아 주 글렌 알렌Glenn Allen |
| **모제르, 하얏트** Moser, Hyatt W. | 상병 | 제1공병특수여단 | 육군 준위 | |
| **모즈고, 루돌프** Mozgo, Rudolph S. | 일병 | 제4보병사단 | 육군 대위 | |
| **목러드, 폴** Mockrud, Paul R. | 상병 | 제4보병사단 | 참전용사 지원관 | 위스콘신 주 웨스트비Westby |
| **몰턴, 버나드** Moulton, Bernard W. | 해군 중위 | 구축함 헌든 | 해군 중령 | |
| **몽고메리, 레스터** Montgomery, Lester I. | 일병 | 제1보병사단 | 주유소 운영 | 캔자스 주 피츠버그Pittsburg |
| **무디, 로이드** Moody, Lloyd B. | 해군 소위 | 제5사단 상륙군 | 철물점 운영 | 아이오와 주 레이크뷰 Lake View |
| **무어, 엘지** Moore, Elzie K. | 중령 | 제1공병특수여단 | 컬버Culver군사학교 교사 겸 상담원 | 인디애나 주 컬버Culver |
| **뮬러, 데이비드** Mueller, David C. | 대위 | 제435병력수송 비행전대 | 공군 대위 | |
| **뮬러, 찰스 2세** Mueller, Charles, Jr. | 상병 | 제237공병대대 | 에이 앤드 피A&P 차 회사 식료품점 점원 | 뉴저지 주 뉴어크Newark |
| **미슨, 리처드** Meason, Richard P. | 중위 | 제101공수사단 | 변호사 | 애리조나 주 피닉스Phoenix |
| **미쿨라, 존** Mikula, John | 3등 어뢰병 | 구축함 머피 | 기자 | 펜실베이니아 주 포드 시티Ford City |
| **밀러, 조지** Miller, George R. | 중위 | 제5레인저대대 | 농사, 동업으로 산酸 공장 경영 | 텍사스 주 페코스Pecos |
| **밀러, 하워드** Miller, Howard G. | 일병 | 제101공수사단 | 육군 중사 | |
| **밀른, 월트** Milne, Walter J. | 중사 | 제386폭격비행 전대 | 공군 중사 | |
| **밀스, 윌리엄 2세** Mills, William L., Jr. | 중위 | 제4보병사단 | 변호사 | 노스캐롤라이나 주 콩코드Concord |
| **바렛, 칼턴** Barrett, Carlton W. | 이병 | 제1보병사단 | 육군 중사 | |
| **바버, 알렉스** Barber, Alex W. | 일병 | 제5레인저대대 | 지압사 | 펜실베이니아 주 존스타운Johnstown |
| **바버, 조지** Barber, George R. | 대위(군목) | 제1보병사단 | 미니스터 앤드 인베스트먼트Minister & Investment 고문 | 캘리포니아 주 몬테벨로Montebello |
| **바셋, 르로이** Bassett, Leroy A. | 이병 | 제29보병사단 | 재향군인회 민원 처리관 | 노스다코타 주 파고Fargo |
| **바이어, 해롤드** Baier, Harold L. | 해군 소위 | 제7해군해변대대 | 의사(생물학 연구) | 메릴랜드 주 프레더릭frederick |
| **바이어스, 존** Byers, John C. | 공군 하사 | 제441병력수송 비행전대 | 기계 기술자 | 캘리포니아 주 산페드로San Pedro |
| **바턴, 레이먼드** Barton, Raymond O. | 소장 | 제4사단장 | 서던 파이낸스Southern Finance 사 사원 | 조지아 주 오거스타Augusta |
| **발서, 찰스** Balcer, Charles I. | 중위 | 제7군단사령부 | 육군 소령 | |
| **배글리, 프랭크** Bagley, Frank H. | 대위 | 구축함 헌든 | 드 라발De Laval 증기터빈주식회사 지점장 | 위스콘신 주 밀워키Milwaukee |
| **배스, 허버트** Bass, Hubert S. | 대위 | 제82공수사단 | 소령으로 전역 | 택사스 주 휴스턴Houston |

| 성명 | 당시 계급 | 당시 소속부대 | 현 직업 | 현 거주지 |
| --- | --- | --- | --- | --- |
| **배트, 제임스** Batte, James H. | 중령 | 제87화학박격포대대 | 육군 대령 | |
| **밴더부르트, 벤저민** Vandervoort, Benjamin H. | 중령 | 제82공수사단 | 대령으로 전역 | 워싱턴 D.C. |
| **버즈비, 루이스 2세** Busby, Louis A., Jr. | 1등 상사 | 구축함 카믹 | 항공모함 새러토가Saratoga 선임 보일러 관리자 | |
| **버크, 존** Burke, John L. | 상병 | 제5레인저대대 | 에이 에이치 로빈스A. H. Robins 사 판매 책임자 | 뉴욕 주 델마Delmar |
| **버클리, 월터 2세** Buckley, Walter, Jr. | 해군 중령 | 전함 네바다 | 해군 대령 | |
| **버트, 제럴드** Burt, Gerald H. | 상병 | 제299공병대대 | 배관공 | 뉴욕 주 나이아가라폴스 Niagara Falls |
| **버틀러, 존 2세** Burtler, John C., Jr. | 대위 | 제5공병특수여단 | 인디언국 부동산 관리관 | 버지니아 주 알링턴Arlington |
| **버펄로 보이, 허버트** Buffalo Boy, Herbert J. | 하사 | 제82공수사단 | 농부 | 노스다코타 주 포트 예이츠Fort Yates |
| **벅하이트, 존** Buckheit, John P. | 1등 수병 | 구축함 헌든 | 공군 옴스테드Olmsted 기지 경비원 | 펜실베이니아 주 해리스버그Harrisburg |
| **벌링게임, 윌리엄** Burlingame, William G. | 중위 | 제355전투비행전대 | 공군 소령 | |
| **베이커, 리처드** Baker, Richard J. | 중위 | 제344폭격대대 | 공군 소령 | |
| **베일리, 랜드** Bailey, Rand S. | 중령 | 제1공병특수여단 | 전역 후 시간제 컨설턴트 | 워싱턴 D.C. |
| **베일리, 에드워드** Bailey, Edward A. | 중령 | 제65기갑야전포병대대 | 육군 대령 | |
| **벡, 칼** Beck, Carl A. | 이병 | 제82공수사단 | 아이비엠IBM 사 검사원 | 뉴욕 주 포킵시Poughkeepsie |
| **벤젤, 웨인** Bengel, Wayne P. | 이병 | 제101공수사단 | 커나드 증기선Cunard Steamship 사 사원 | 펜실베이니아 주 피츠버그Pittsburgh |
| **벤트렐리, 윌리엄** Ventrelli, William E. | 병장 | 제4보병사단 | 뉴욕 시 위생국 감독 | 뉴욕 주 마운트 버넌Mount Vernon |
| **벤트리즈, 글렌** Ventrease, Glen W. | 병장 | 제82공수사단 | 회계사 | 인디애나 주 게리Gary |
| **벨리슬, 모리스** Belisle, Maurice A. | 대위 | 제1보병사단 | 육군 중령 | |
| **벨몬트, 게일** Belmont, Gail H. | 하사 | 레인저 | 육군 대위 | |
| **보데트, 앨런** Bodet, Alan C. | 상병 | 제1보병사단 | 개런티 뱅크 앤드 트러스트 Guaranty Bank & Trust 사 계산보조원 | 미시시피 주 잭슨Jackson |
| **보이스, 윌리엄** Boice, William S. | 대위(군목) | 제4보병사단 | 퍼스트 크리스천 교회 목사 | 애리조나 주 피닉스Phoenix |
| **본, 제임스** Vaughn, James H. | 1등 기술병 | 전차상륙함 49 | 건축 감독 | 조지아 주 매킨타이어McIntyre |
| **볼, 샘 2세** Ball, Sam H. Jr. | 대위 | 제146공병 | KCMC-TV 텔레비전 고객 이사 | 텍사스 주 텍사캐나Texarkana |
| **볼링, 루퍼스 2세** Boling, Rufus C. Jr. | 이병 | 제4보병사단 | 아파트 관리소장 | 뉴욕 주 브루클린Brooklyn |
| **볼포니, 레이먼드** Volponi, Raymond R. | 병장 | 제29보병사단 | 장애인, 보훈병원 | 펜실베이니아 주 앨투나Altoona |
| **봄바디어, 칼** Bombardier, Carl E. | 일병 | 제2레인저대대 | 프록터 앤드 갬블Proctor & Gamble 사 사원 | 매사추세츠 주 노스 애빙턴North Abington |
| **부르, 로렌스** Bour, Lawrence J. | 대위 | 제1보병사단 | 「포카혼타스 데모크랫 Pocahontas Democrat」 편집자 | 아이오와 주 포카혼타스Pocahontas |

| 성명 | 당시 계급 | 당시 소속부대 | 현 직업 | 현 거주지 |
|---|---|---|---|---|
| **브라운, 해리** Brown, Harry | 병장 | 제4사단 | 검안사 | 미시간 주 클로슨Clawson |
| **브라이언, 키스** Bryan, Keith | 병장 | 제5공병특수여단 | 재향군인회 근무 | 네브래스카 주 콜럼버스Columbus |
| **브래들리, 오마르** Bradley, Omar N. | 중장 | 제1군단장 | 육군 대장으로 전역, 부로바Bulova 시계회사 회장 | 뉴욕 주 뉴욕New York |
| **브랜넌, 맬컴** Brannen, Malcolm D. | 중위 | 제82공수사단 | 육군 소령, 스테트슨Stetson 대학교 학군단 | 플로리다 주 들랜드DeLand |
| **브랜트, 제롬** Brandt, Jerome N. | 대위 | 제5공병특수여단 | 육군 중령 | |
| **브러프, 토머스** Bruff, Thomas B. | 병장 | 제101공수사단 | 육군 대위 | |
| **브로우먼, 워너** Broughman, Warner A. | 대위 | 제101공수사단 | 공중보건병원 직업교육과장 | 켄터키 주 렉싱턴Lexington |
| **브루노, 조지프** Bruno, Joseph J. | 1등 수병 | 전함 텍사스 | 육군 화물 처리원 | 펜실베이니아 주 피츠버그Pittsburgh |
| **브루어** Brewer, S. D. | 1등 수병 | 전함 아칸소 | 우체부 | 앨라배마 주 해클버그Hackleburg |
| **브루언, 제임스** Bruen, James J. | 병장 | 제29사단 | 경찰관 | 오하이오 주 클리블랜드Cleaveland |
| **브린슨, 윌리엄** Brinson, William L. | 대위 | 제315병력수송 비행전대 | 공군 중령 | |
| **브릴, 레이먼드** Briel, Raymond C. | 병장 | 제1사단 | 공군 상사 | |
| **블랙스톡, 제임스** Blackstock, James P. | 하사 | 제4보병사단 | 안경사 | 펜실베이니아 주 필라델피아Philadelphia |
| **블랜차드, 어니스트** Blanchard, Ernest R. | 일병 | 제82공수사단 | 잉그러햄Ingraham 시계회사 시계공 | 코네티컷 주 브리스톨Bristol |
| **블레이클리, 해롤드** Blakeley, Harold W. | 준장 | 제4보병사단 포병여단 | 예비역 육군 소장 | |
| **비버, 닐** Beaver, Neal W. | 소위 | 제82공수사단 | 회계사 | 오하이오 주 톨레도Toledo |
| **비스칼디, 피터** Viscardi, Peter | 이병 | 제4보병사단 | 택시운전사 | 뉴욕 주 뉴욕New York |
| **비스코, 세러피노** Visco, Serafino R. | 이병 | 제456고사포 대대 | 우체국 직원 | 플로리다 주 데니아Dania |
| **비어, 로버트** Beer, Robert O. | 해군 중령 | 구축함 카믹 | 해군 대령 | |
| **비어든, 로버트** Bearden, Robert L. | 병장 | 제82공수사단 | 비어든Bearden 탐정사무소 운영 | 텍사스 주 포트 후드Fort Hood |
| **비츨리, 조지프** Beachle, Joseph W. | 병장 | 제5공병특수여단 | 회계사 | 오하이오 주 클리블랜드Cleveland |
| **비커리, 그래디** Vickery, Grady M. | 기술병장 | 제4보병사단 | 육군 상사 | |
| **빅스, 에드워드** Beeks, Edward A. | 일병 | 제457고사포 대대 | 선임 정비공 | 몬태나 주 스코비Scobey |
| **빌리터, 노먼** Billiter, Norman W. | 병장 | 제101공수사단 | 낙하산 검사원 | 조지아 주 포트베닝Fort Benning |
| **빌링스, 헨리** Billings, Henry J. | 상병 | 제101공수사단 | 육군 준위 | |
| **빌헬름, 프레더릭** Wilhelm, Frederick A. | 일병 | 제101공수사단 | 화가 | 펜실베이니아 주 피츠버그Pittsburgh |
| **빙햄, 시드니** Bingham, Sidney V. | 소령 | 제29보병사단 | 육군 대령 | |
| **사이미온, 프랜시스** Simeone, Francis L. | 이병 | 제29보병사단 | 보험 보증인 | 코네티컷 주 로키힐Rocky Hill |
| **삭시온, 호머** Saxion, Homer J. | 일병 | 제4보병사단 | 타이탄Titan 금속 회사 사출기 기사 | 펜실베이니아 주 벨폰트Bellefonte |

| 성명 | 당시 계급 | 당시 소속부대 | 현 직업 | 현 거주지 |
|---|---|---|---|---|
| **산타르시에로, 찰스** Santasiero, Charles J. | 중위 | 제101공수사단 | 직업 미상 | |
| **새먼, 찰스** Sammon, Charles E. | 중위 | 제82공수사단 | 직업 미상 | |
| **샌더스, 거스** Sanders, Gus L. | 중위 | 제82공수사단 | 신용 조사소 운영 | 아칸소 주 스프링데일Springdale |
| **샌리, 토머스** Shanley, Thomas J. | 중령 | 제82공수사단 | 육군 대령 | |
| **샌즈, 윌리엄** Sands, William H. | 준장 | 제29보병사단 | 변호사 | 버지니아 주 노퍽Norfolk |
| **샘슨, 프랜시스** Sampson, Francis L. | 대위(군목) | 제101공수사단 | 육군 중령(군목) | |
| **샤르펜스타인, 찰스 2세** Scharfenstein, Charles F., Jr. | 해안경비대 대위 | 해안경비대 보병상륙주정 87 | 해안경비대 중령 | |
| **설리번, 리처드** Sullivan, Richard P. | 소령 | 제5레인저대대 | 기술자 | 매사추세츠 주 도체스터Dorchester |
| **설리번, 프레드** Sullivan, Fred P. | 중위 | 제4보병사단 | 미시시피 화학회사 판매원 | 미시시피 주 위노나Winona |
| **세티네리, 존** Settineri, John | 대위 | 제1보병사단 | 의사 | 뉴욕 주 제임스빌Jamesville |
| **셔먼, 허버트 2세** Sherman, Herbert A., Jr. | 일병 | 제1보병사단 | 판매원 | 코네티컷 주 사우스 노워크South Norwalk |
| **섬웨이, 하이럼** Shumway, Hyrum S. | 소위 | 제1보병사단 | 주 교육부 국장 | 와이오밍 주 샤이엔Cheyenne |
| **셰크터, 제임스** Schechter, James H. | 상병 | 제38수색비행대대 | 채석장 천공원 | 미네소타 주 세인트 클라우드St. Cloud |
| **소리에로, 아르만** Sorriero, Arman J. | 일병 | 제4보병사단 | 상업 미술가 | 펜실베이니아 주 필라델피아Philadelphia |
| **손힐, 애버리** Thornhill, Avery J. | 병장 | 제5레인저대대 | 육군 준위 | |
| **쇤베르크, 줄리어스** Schoenberg, Julis | 기술하사 | 제453폭격비행전대 | 우체부 | 뉴욕 주 뉴욕New York |
| **쇼터, 폴** Shorter, Paul R. | 하사 | 제1보병사단 | 육군 중사 | |
| **숄렌베르거, 조지프 2세** Shollenberger, Joseph H., Jr. | 소위 | 제90보병사단 | 육군 소령 | |
| **숍, 댄** Schopp, Dan D. | 상병 | 제5레인저대대 | 공군 상사 | |
| **슈나이더, 맥스** Schneider, Max | 중령 | 제5레인저대대 | 육군 대령(사망) | |
| **슈로더, 레너드 2세** Schroeder, Leonard T., Jr. | 대위 | 제4보병사단 | 육군 중령 | |
| **슈메이커, 윌리엄** Shoemaker, William J. | 이병 | 제37공병대대 | 정비공 | 캘리포니아 주 산타아나Santa Ana |
| **슈미드, 얼** Schmid, Earl W. | 소위 | 제101공수사단 | 보험업 | 노스캐롤라이나 주 페이엣빌Fayetteville |
| **슈바이터, 레오** Schweiter, Leo H. | 대위 | 제101공수사단 | 육군 중령 | |
| **슐츠, 아서** Schultz, Arthur B. | 일병 | 제82공수사단 | 육군 보안 담당관 | |
| **습, 데일** Shoop, Dale L. | 이병 | 제1공병대대 | 정부 탄약검사원 | 펜실베이니아 주 체임버즈버그 Chambersburg |
| **습, 클래런스** Shoop, Clarence A. | 중령 | 제7수색대장 | 육군 소장으로 전역, 휴스Hughes 항공사 부사장 | 캘리포니아 주 컬버시티culver city |
| **스나이더, 잭** Snyder, Jack A. | 중위 | 제5레인저대대 | 육군 중령 | |
| **스미스, 고든** Smith, Gordon K. | 소령 | 제82공수사단 | 육군 중령 | |
| **스미스, 랠프** Smith, Ralph R. | 이병 | 제101공수사단 | 우체국 직원 | 플로리다 주 세인트피터즈버그 St. Petersburg |
| **스미스, 레이먼드** Smith, Raymond | 이병 | 제101공수사단 | 유리회사 운영 | 켄터키 주 화이츠버그Whitesburg |

| 성명 | 당시 계급 | 당시 소속부대 | 현 직업 | 현 거주지 |
|---|---|---|---|---|
| **스미스, 오언** Smith, Owen | 이병 | 제5공병특수여단 | 우체국 직원 | 캘리포니아 주 로스앤젤레스Los Angeles |
| **스미스, 윌버트** Smith, Wilbert L. | 일병 | 제29보병사단 | 농부 | 아이오와 주 우드번Woodburn |
| **스미스, 조지프** Smith, Joseph R. | 상병 | 제81화학박격포대대 | 과학교사 | 텍사스 주 이글패스 Eagle Pass |
| **스미스, 찰스** Smith, Charles H. | 해군 대위 | 구축함 카믹 | 광고업 | 일리노이 주 에번스턴Evanston |
| **스미스, 캐럴** Smith, Carroll B. | 대위 | 제29보병사단 | 육군 중령 | |
| **스미스, 프랭크** Smith, Frank R. | 일병 | 제4보병사단 | 참전용사회 직원 | 위스콘신 주 워파카Waupaca |
| **스미스, 프랭클린** Smith, Franklin M. | 상병 | 제4보병사단 | 전기 배전기 도매 | 펜실베이니아 주 필라델피아Philadelphia |
| **스미스, 해롤드** Smith, Harold H. | 소령 | 제4보병사단 | 변호사 | 버지니아 주 화이트오크White Oak |
| **스와토시, 로버트** Swatosh, Robert B. | 소령 | 제4보병사단 | 육군 중령 | |
| **스웬슨, 엘모어** Swenson, J. Elmore | 소령 | 제29보병사단 | 육군 중령 | |
| **스위니, 윌리엄** Sweeney, William F. | 3등 병기병 | 해안경비대 예비전대 | 전화회사 사원 | 로드아일랜드 주 이스트 프로비던스East Providence |
| **스칼라, 닉** Scala, Nick A. | 기술병장 | 제4보병사단 | 웨스팅하우스Westinghouse 전기회사 기술부 근무 | 펜실베이니아 주 비버Beaver |
| **스캐그스, 로버트** Skaggs, Robert N. | 중령 | 제741전차대대 | 육군 대령으로 전역, 선박 판매 | 플로리다 주 로더데일Lauderdale |
| **스콧, 레슬리** Scott, Leslie J. | 하사 | 제1보병사단 | 육군 원사 | |
| **스콧, 아서** Scott, Arthur R. | 해군 중위 | 구축함 헌든 | 판매원 | 캘리포니아 주 아카디아Acardia |
| **스콧, 해롤드** Scott, Harold A. | 하사 | 4042병참트럭중대 | 우체국 직원 | 펜실베이니아 주 이든Yeadon |
| **스크림쇼, 리처드** Scrimshaw, Richard E. | 3등 보일러병 | 제15구축함전대 | 항공기 정비사 | 워싱턴 D.C. |
| **스타인, 허먼** Stein, Herman E. | 5등 기술병 | 제2레인저대대 | 강철판 생산공 | 뉴욕 주 아즐리Ardsley |
| **스타인호프, 랠프** Steinhoff, Ralph | 상병 | 제467고사포대대 | 푸주한 | 일리노이 주 시카고Chicago |
| **스터디번트, 허버트** Sturdivant, Hubert N. | 중령 | 제492폭격비행전대 | 공군 대령 | |
| **스털츠, 댈러스** Stults, Dallas M. | 일병 | 제1보병사단 | 광부 | 테네시 주 몬터레이Monterey |
| **스텀보, 레오** Stumbaugh, Leo A. | 소위 | 제1보병사단 | 육군 대위 | |
| **스트레이어, 로버트** Strayer, Robert L. | 중령 | 제101공수사단 | 보험업 | 펜실베이니아 주 스프링필드Springfield |
| **스트로니, 레이먼드** Strony, Raymond F. | 하사 | 제1보병사단 | 육군 하사 | |
| **스트리트, 토머스** Street, Thomas F. | 해안경비대 상사 | 해안경비대 전차상륙함 16 | 우체국 직원 | 뉴저지 주 리버에지River Edge |
| **스티븐스, 로이** Stevens, Roy O. | 기술병장 | 제29보병사단 | 루바텍스Rubatex 베드퍼드 지점 근무 | 버지니아 주 베드퍼드Bedford |
| **스티븐슨, 윌리엄** Stephenson, William | 해군 대위 | 구축함 헌든 | 변호사 | 뉴멕시코 주 샌타페이Santa Fe |
| **스티비슨, 윌리엄** Stivison, William J. | 하사 | 제2레인저대대 | 우체국장 | 펜실베이니아 주 호머 시티Homer City |

| 성명 | 당시 계급 | 당시 소속부대 | 현 직업 | 현 거주지 |
|---|---|---|---|---|
| **스틸, 존** Steele, John M. | 이병 | 제82공수사단 | 비용 산출 담당원 | 사우스캐롤라이나 주 하츠빌Hartsville |
| **스펜서, 린든** Spencer, Lyndon | 해안경비대 대위 | 공격수송선 베이필드 | 미 해안경비대 소장으로 전역, 호수운송협회 회장 | 오하이오 주 클리블랜드Cleveland |
| **스폴딩, 존** Spalding, John M. | 소위 | 제1보병사단 | 인터스테이트 스토어즈 Interstate Stores 사 사원 | 켄터키 주 오언즈버러Owensboro |
| **스프라울, 아치볼드** Sproul, Archibald A. | 소령 | 제29보병사단 | 더블유 제이 페리W.J. Perry 사 부사장 | |
| **스피어스, 제임스** Spiers, James C. | 이병 | 제82공수사단 | 목장 운영 | 미시시피 주 피카쿤Picaqune |
| **스피처, 아서** Spitzer, Arthur D. | 상병 | 제29보병사단 | 듀폰E.I. du Pont 사 사원 | 버지니아 주 스톤턴Staunton |
| **슬래피, 유진** Slappey, Eugene N. | 대령 | 제29보병사단 | 육군 대령으로 전역 | 버지니아 주 리즈버그Leesburg |
| **슬레지, 에드워드 2세** Sledge, Edward S. II | 중위 | 제741전차대대 | 은행 부사장 | 알래스카 주 모빌Mobile |
| **시먼스, 스탠리** Simmons, Stanley R. | 3등 병기병 | 상륙부대 | 채석장 사원 | 오하이오 주 스완턴Swanton |
| **신들, 엘머** Shindle, Elmer G. | 4등 기술병 | 제29보병사단 | 플라스틱 공장 근무 | 펜실베이니아 주 랭커스터Lancaster |
| **실라이, 어윈** Seelye, Irwin W. | 일병 | 제82공수사단 | 교사 | 일리노이 주 크리트Crete |
| **실바, 데이비드** Silva, David E. | 이병 | 제29보병사단 | 신부 | 오하이오 주 애크런akron |
| **싱크, 로버트** Sink, Robert F. | 대령 | 제101공수사단 | 육군 소장 | |
| **싱크, 제임스** Sink, James D. | 대위 | 제29보병사단 | 교통 기술 및 통신 총괄 책임자 | 버지니아 주 로어노크Roanoke |
| **아널드, 에드가** Arnold, Edgar L. | 대위 | 제2레인저대대 | 육군 중령 | |
| **아라이자, 조** Araiza, Joe L. | 병장 | 제446폭격대대 | 공군 상사 | |
| **아만, 로버트** Arman, Robert C. | 중위 | 제2레인저대대 | 대위로 의병依病 전역 | 인디애나 주 라피엣Lafayette |
| **아멜리노, 존** Armellino, John R. | 대위 | 제1보병사단 | 시장 | 뉴저지 주 웨스트 뉴욕 West New York |
| **아이삭스, 잭** Isaacs, Jack R. | 중위 | 제82공수사단 | 약사 | 캔자스 주 커피빌Coffeyville |
| **아이셀바움, 아서** Eichelbaum, Arthur | 중위 | 제29보병사단 | 샌드 포인트Sands Point 사 영업 부사장 | 뉴욕 주 롱아일랜드Long Island |
| **아이스만, 윌리엄** Eisemann, William J. | 중위 | 로켓지원부대 | 뉴잉글랜드New England 상호보험회사 사무원 | 뉴욕 주 롱아일랜드Long Island |
| **아이젠버그, 알프레드** Eigenberg, Alfred | 중사 | 제6공병특수여단 | 육군 중령 | |
| **아카르도, 닉** Accardo, Nick J. | 중위 | 제4보병사단 | 정형외과 의사 | 루이지애나 주 뉴올리언스New Orleans |
| **아펠, 조엘** Apel, Joel H. | 중위 | 제457폭격대대 | 공군 비행대대장 | |
| **아포스톨라스, 조지** Apsotolas, George N. | 4등 기술병 | 제39고사포대대 | 일리노이 참전용사위원회 근무 | |
| **알렌, 로버트** Allen, Robert M. | 일병 | 제1보병사단 | 고등학교 교사 | 아이오와 주 오엘바인Olwein |
| **알렌, 마일즈** Allen, Miles L. | 일병 | 제101공수사단 | 육군 중사 | |
| **알렌, 월터** Allen, Walter K. | 공군 하사 | 제467고사포 대대 | 농부 | 아이오와 주 몬머스Monmouth |
| **알브레히트, 덴버** Albrecht, Denver | 소위 | 제82공수사단 | 육군 준위 | |

| 성명 | 당시 계급 | 당시 소속부대 | 현 직업 | 현 거주지 |
|---|---|---|---|---|
| **알포우, 스탠리** Alpaugh, Stanley H. | 소위 | 제4보병사단 | 육군 소령 | |
| **암스트롱, 루이스** Armstrong, Louis M. | 중사 | 제29보병사단 | 우체국 직원 | 버지니아 주 스톤튼Staunton |
| **애덤스, 어니스트** Adams, Ernest C. | 중령 | 제1공병특수여단 | 육군 대령 | |
| **애덤스, 조나단 2세** Adams, Jonathan E., Jr. | 대위 | 제82공수사단 | 육군 중령 | |
| **애쉬비, 캐럴** Ashby, Carroll A. | 하사 | 제29보병사단 | 육군 중위, 예비군 부대 자문관 | 버지니아 주 알링턴Arlington |
| **애즈빌, 보이스** Azbill, Boyce | 해군 중사 | 해안경비대 보병상륙주정 94 | 유에스 파이프 앤드 서플라이U.S. Pipe & Supply 사 지점장 | 애리조나 주 투손Tucson |
| **애플비, 샘 2세** Appleby, Sam, Jr. | 상병 | 제82공수사단 | 검사 | 미주리 주 오자크Ozark |
| **앤더슨** Anderson, C. W. | 일병 | 제4보병사단 | 육군 헌병 하사 | |
| **앤더슨, 도널드** Anderson, Donald C. | 중위 | 제29보병사단 | 제너럴 다이내믹스General Dynamics 사 비행 시험 기술자 | 캘리포니아 주 에드워즈Edwards |
| **앤더슨, 도널드** Anderson, Donald D. | 병장 | 제4보병사단 | 목재 거래상 | 미네소타 주 에피Effie |
| **앤더슨, 마틴** Anderson, Martin H. | 일병 | 해군 제11·12 상륙군 | 공군 이병 | |
| **앨리슨, 잭** Allison, Jack L. | 이병 | 제237공병 | 회계사 | 웨스트버지니아 주 체스터Chester |
| **앨버니즈, 살바토레** Albanese, Salvatore A. | 하사 | 제1보병사단 | 경리 직원 | 뉴욕 주 버플랭크Verplanck |
| **어드, 클로드** Erd, Claude G. | 준위 | 제1보병사단 | 켄터키Kentucky 대학교 학군단 상사 | 켄터키 주 렉싱턴Lexington |
| **어세이, 찰스** Asay, Charles V. | 병장 | 제101공수사단 | 「플레이서 헤럴드Placer Herald」 식자공植字工 | 캘리포니아 주 오번Auburn |
| **어윈, 레오** Erwin, Leo F. | 이병 | 제101공수사단 | 육군 1등 상사 | |
| **어윈, 존** Irwin, John T. | 일병 | 제1보병사단 | 병장으로 전역, 육군 군사우체국 우편 담당원 | |
| **에델먼, 하이먼** Edelman, Hyman | 이병 | 제4보병사단 | 주류점 운영 | 뉴욕 주 브루클린Brooklyn |
| **에드먼드, 에밀** Edmond, Emil V. B. | 대위 | 제1보병사단 | 육군 중령 | |
| **에들린, 로버트** Edlin, Robert T. | 중위 | 제2레인저대대 | 유니버설Universal 생명보험 보험 대리인 감독관 | 인디애나 주 블루밍턴Bloomington |
| **에콜스, 유진** Echols, Eugene S. | 소령 | 제5공병특수여단 | 도시 토목 기사 | 테네시 주 멤피스Memphis |
| **에크만, 윌리엄** Ekman, William E. | 중령 | 제82공수사단 | 육군 대령 | |
| **엘러리, 존** Ellery, John B. | 중사 | 제1보병사단 | 웨인Wayne 주립 대학교 교수 | 미시간 주 로열 오크Royal Oak |
| **엘리엇, 로버트** Elliott, Robert C. | 이병 | 제4보병사단 | 상이 군인 | 뉴저지 주 퍼세이익Passaic |
| **엘린스키, 존** Elinski, John | 일병 | 제4보병사단 | 키블러Keebler 비스킷 회사 야간 선적 담당원 | 펜실베이니아 주 필라델피아Philadelphia |
| **영, 월리스** Young, Wallace W. | 일병 | 제2레인저대대 | 전기기술자 | 펜실베이니아 주 비버폴스Beaver Falls |
| **영, 윌러드** Young, Willard | 중위 | 제82공수사단 | 육군 중령 | |
| **예이츠, 더글러스** Yates, Douglas R. | 일병 | 제6공병특수여단 | 농부 | 와이오밍 주 요더Yoder |
| **예이츠, 린** Yeatts, Lynn M. | 소령 | 제746전차대대 | 커머셜 오일 트랜스포트 Commercial Oil Transport 사 운영 관리자 | 텍사스 주 포트워스Fort Worth |

| 성명 | 당시 계급 | 당시 소속부대 | 현 직업 | 현 거주지 |
|---|---|---|---|---|
| **오닐, 존** O'Neill, John T. | 중령 | 합동 공병 특수 임무부대장 | 육군 대령 | |
| **오로린, 데니스** O'Loughlin, Dennis G. | 일병 | 제82공수사단 | 건설업 | 몬태나 주 미줄라Missoula |
| **오마호니, 마이클** O'Mahoney, Michael | 병장 | 제6공병특수여단 | 조립 공장 근무 | 펜실베이니아 주 머서Mercer |
| **오버트, 에드워드 줄스 2세** Obert, Edward Jules, Jr. | 일병 | 제747전차대대 | 시코르스키Sikorsky 항공 기술감독원 | 코네티컷 주 밀퍼드Milford |
| **오언, 조지프** Owen, Joseph K. | 대위 | 제4보병사단 | 병원 부국장 | 버지니아 주 리치먼드Richmond |
| **오언, 토머스** Owen, Thomas O. | 소위 | 제2공중사단 | 체육부장 겸 코치 | 테네시 주 내슈빌Nashville |
| **오언스, 윌리엄** Owens, William D. | 병장 | 제82공수사단 | 사무실 관리자 | 캘리포니아 주 템플 시티Temple City |
| **오웰, 존** Owell, John J. | 이병 | 제1보병사단 | 참전용사회 | 뉴저지 주 라이언스Lyons |
| **오코넬, 토머스** O'Connell, Thomas C. | 대위 | 제1보병사단 | 육군 소령 | |
| **올랜디, 마크** Orlandi, Mark | 하사 | 제1보병사단 | 트럭 운전사 | 펜실베이니아 주 스미스포트Smithport |
| **올즈, 로빈** Olds, Robin | 중위 | 제8공군 | 공군 대령 | |
| **와그너, 클래런스** Wagner, Clarence D. | 1등 무전병 | 전차상륙함 357 | 해군 선임부사관 | |
| **와이먼, 윌러드** Wyman, Willard G. | 준장 | 제1보병사단 부사단장 | 육군 대장으로 전역, 에어로 뉴트로닉Aeroneutronic 시스템스 사 근무 | 캘리포니아 주 산타아나Santa Ana |
| **와일리, 제임스** Wylie, James M. | 대위 | 제93폭격비행 전대 | 공군 소령 | |
| **우드, 조지** Wood, George B. | 대위(군목) | 제82공수사단 | 트리니티 성공회 교회 | 인디애나 주 포트웨인Fort Wayne |
| **우드워드, 로버트** Woodward, Robert W. | 대위 | 제1보병사단 | 섬유 및 섬유 기계 제조업 | 매사추세츠 주 록랜드Rockland |
| **울프, 에드워드** Wolfe, Edward | 일병 | 제4보병사단 | 싱어Singer 재봉회사 사원 | 뉴욕 주 롱아일랜드 웨스트베리Westbury |
| **울프, 에드윈** Wolf, Edwin J. | 중령 | 제6공병특수여단 | 변호사 | 메릴랜드 주 볼티모어Baltimore |
| **울프, 칼** Wolf, Karl E. | 중위 | 제1보병사단 | 육군사관학교 법학 조교수 | 뉴욕 주 웨스트포인트West Point |
| **워드, 찰스** Ward, Charles R. | 상병 | 제29보병사단 | 오하이오 주류통제부 조사원 | 오하이오 주 애슈터뷸라Ashtabula |
| **워드먼, 해롤드** Wordeman, Harold E. | 이병 | 제5공병특수여단 | 부분 장애로 무직, 보훈병원 | 뉴욕 주 브루클린Brooklyn |
| **워드험, 레스터** Wadham, Lester B. | 대위 | 제1공병특수여단 | 워드험 뮤추얼 인베스트먼트Wadham Mutual Investment 근무 | 독일 프랑크푸르트Frankfurt |
| **워로즈비트, 존** Worozbyt, John B. | 일병 | 제1보병사단 | 육군 상사 | |
| **워싱턴, 윌리엄** Washington, William R. | 소령 | 제1보병사단 | 육군 중령 | |
| **워젠스키, 에드워드** Wozenski, Edward F. | 대위 | 제1보병사단 | 월리스 반즈Wallace Barnes 사 감독 | 코네티컷 주 브리스톨Bristol |
| **워츠, 레이먼드** Wertz, Raymond J. | 상병 | 제5공병특수여단 | 자영업(건축) | 위스콘신 주 바셋Bassett |
| **워커, 프랜시스** Walker, Francis M. | 병장 | 제6공병특수여단 | 육군 중사 | |
| **월, 찰스** Wall, Charles A. | 중령 | 공병특수여단 | 음악출판협회 회장 | 뉴욕 주 뉴욕New York |
| **월, 허먼** Wall, Herman V. | 대위 | 제165통신-사진중대 | 로스앤젤레스 주립대학교 재단 사진 감독 | |

| 성명 | 당시 계급 | 당시 소속부대 | 현 직업 | 현 거주지 |
|---|---|---|---|---|
| **월리스, 데일** Wallace, Dale E. | 2등 수병 | 구잠정 1332호 | 캐피털Capital 담배회사 판매원 | 미시시피 주 잭슨Jackson |
| **월쉬, 리처드** Walsh, Richard J. | 병장 | 제452폭격비행전대 | 공군 병장 | |
| **웨덜리, 매리언** Weatherly, Marion D. | 상병 | 제237공병대대 | 상이군인 | 델라웨어 주 로럴Laurel |
| **웨이드, 제임스 멜빈** Wade, James Melvin | 소위 | 제82공수사단 | 육군 소령 | |
| **웨인트럽, 루이스** Weintraub, Louis | 상병 | 육군 사진단 | 홍보업(루이스 웨인트럽 어소시에이츠Louis Weintraub Associates) | 뉴욕 주 뉴욕New York |
| **웨즈워스, 로링** Wadsworth, Loring L. | 일병 | 제2레인저대대 | 스파렐Sparell 상조회사 사원 | 매사추세츠 주 노웰Norwell |
| **웰너, 허먼** Wellner, Herman C. | 상병 | 제37공병대대 | 석공 | 위스콘신 주 보스코벨Boscobel |
| **웰란, 토머스** Whelan, Thomas J. | 상병 | 제101공수사단 | 백화점 구매원 | 뉴욕 주 롱아일랜드 스미스타운Smithtown |
| **웰러, 맬컴** Weller, Malcolm R. | 소령 | 제29보병사단 | 육군 준위 | |
| **웰본, 존** Welborn, John C. | 중령 | 제4보병사단 | 육군 대령 겸 육군기갑위원회 회장 | |
| **웰시, 우드로** Welsch, Woodrow J. | 상병 | 제29보병사단 | 건축기사 | 펜실베이니아 주 피츠버그Pittsburgh |
| **위드펠드, 윌리엄 2세** Wiedefeld, William J., Jr. | 기술병장 | 제29보병사단 | 우체국 직원 | 메릴랜드 주 아나폴리스Annapolis |
| **위스트, 칼** Weast, Carl F. | 일병 | 제5레인저대대 | 밥콕 앤드 윌콕스Babcock & Wilcox 사 기계공 | 오하이오 주 앨리언스Alliance |
| **윌렛, 존 2세** Willett, John D., Jr | 일병 | 제29보병사단 | 제너럴 일렉트릭General Electric 사 사원 | 인디애나 주 로어노크Roanoke |
| **윌리엄스, 윌리엄** Williams, William B. | 중위 | 제29보병사단 | 애크미Acme 전선회사 회계감독 | 코네티컷 주 햄든Hamden |
| **윌리엄슨, 잭** Williamson, Jack L. | 하사 | 제101공수사단 | 우체국 직원 | 텍사스 주 타일러Tyler |
| **윌호이트, 윌리엄** Wilhoit, William L. | 소위 | 전차상륙함 540 | 노스아메리카North America 보험회사 특별 조사원 | 미시시피 주 잭슨Jackson |
| **유엘, 줄리언** Ewell, Julian J. | 중령 | 제101공수사단 | 육군 대령 | |
| **이스터스, 달턴** Eastus, Dalton L. | 이병 | 제4보병사단 | 인디애나 앤드 미시간Indiana and Michigan 전기회사 계량기 검침원 | 인디애나 주 매리언Marion |
| **이스트, 찰스** East, Charles W. | 대위 | 제29보병사단 | 증권인수인 | 버지니아 주 스톤턴Staunton |
| **이즈, 제리** Eades, Jerry W. | 병장 | 제62기갑대대 | 항공기 공장 작업반장 | 텍사스 주 알링턴Arlington |
| **이턴, 랄프** Eaton, Ralph P. | 대령 | 제82공수사단 | 육군 준장으로 전역 | |
| **인핑거, 마크** Infinger, Mark H. | 하사 | 제5공병특수여단 | 육군 1등 상사 | |
| **임레이** Imlay, M. H. | 대령 | 해안경비대 보병상륙주정 10 | 해안경비대 소장으로 전역 | |
| **자비스, 로버트** Jarvis, Robert C. | 상병 | 제743전차대대 | 소코니 모빌Socony Mobil 석유 펌프 기술자 | 뉴욕 주 브루클린Brooklyn |
| **잘레스키, 로먼** Zaleski, Roman | 이병 | 제4보병사단 | 알루미늄 주물공장 주형공 | 뉴저지 주 패터슨Paterson |
| **잰식, 스탠리** Jancik, Stanley W. | 조리병 | 전차상륙함 538 | 싱어Singer 재봉회사 판매원 | 네브래스카 주 링컨Lincoln |

| 성명 | 당시 계급 | 당시 소속부대 | 현 직업 | 현 거주지 |
|---|---|---|---|---|
| **잰즌, 해롤드** Janzen, Harold G. | 상병 | 제87화학박격포대대 | 전기판 제작 | 일리노이 주 엘름허스트Elmhurst |
| **제이크웨이, 도널드** Jakeway, Donald I. | 일병 | 제82공수사단 | 라이스Rice 석유회사 회계장부 담당자 | 오하이오 주 존스타운Johnstown |
| **제임스, 조지 2세** James, George D., Jr. | 중위 | 제67전술정찰비행전대 | 보험회사 사원 | 뉴욕 주 우마딜라Umadilla |
| **제임스, 프랜시스** James, Francis W. | 일병 | 제87화학박격포대대 | 경찰관 | 일리노이 주 위넷카Winnetka |
| **조던, 제임스** Jordan, James H. | 이병 | 제1보병사단 | 정비소 운영 | 펜실베이니아 주 피츠버그Pittsburgh |
| **조던, 해롤드** Jordan, Harold L. | 일병 | 제457고사포대대 | 거푸집 제작 도제 수업 중 | 인디애나 주 인디애나폴리스 Indianapolis |
| **조던, 허버트** Jordan, Hurbert H. | 상사 | 제82공수사단 | 육군 상사 | |
| **조이너, 조너선** Joyner, Jonathan S. | 병장 | 제101공수사단 | 우체국 직원 | 오클라호마 주 로턴Lawton |
| **조지프, 윌리엄** Joseph, William S. | 중위 | 제1보병사단 | 도장업 | 캘리포니아 주 새너제이San Jose |
| **존스, 데즈먼드** Jones, Desmond D. | 일병 | 제101공수사단 | 선Sun 석유회사 야금冶金 검사원 | 펜실베이니아 주 그린리지Greenridge |
| **존스, 델버트** Jones, Delbert F. | 일병 | 제101공수사단 | 버섯 재배 | 펜실베이니아 주 애본데일Avondale |
| **존스, 도널드** Jones, Donald N. | 일병 | 제4보병사단 | 묘지 관리 책임자 | 오하이오 주 카디즈Cadiz |
| **존스, 레이먼드** Jones, Raymond E. | 중위 | 제401폭격비행대대. | 페트롤륨Petroleum 화학 기사 | 루이지애나 주 레이크 찰스Lake Charles |
| **존스, 스탠슨** Jones, Stanson R. | 병장 | 제1보병사단 | 육군 중위 | |
| **존스, 앨런** Jones, Allen E. | 일병 | 제4보병사단 | 육군 1등 상사 | |
| **존스, 헨리** Jones, Henry W. | 중위 | 제743전차대대 | 목장주 | 유타 주 시더 시티Cedar City |
| **존슨, 거든** Johnson, Gerden F. | 소령 | 제4보병사단 | 회계사 | 뉴욕 주 스케넥터디Schenectady |
| **존슨, 오리스** Johnson, Orris H. | 병장 | 제70기갑사단 | 카페 운영 | 노스다코타 주 리즈Leeds |
| **존슨, 프랜처** Johnson, Francher B. | 이병 | 제5군단 사령부 | 캘리포니아 포장회사 시간 기록원 | 캘리포니아 주 킹스버그Kingsburg |
| **주디, 브루스** Judy, Bruce P. | 1등 요리사 | 해안경비대 보병상륙주정 319 | 브루스 주디Bruce Judy 케이터링 서비스 운영 | 워싱턴 주 커클랜드Kirkland |
| **주시, 월터** Zush, Walter J. | 4등 기술병 | 제1보병사단 | 직업 미상 | |
| **주잇, 밀턴** Jewet, Milton A. | 소령 | 제299공병대대 | 뉴욕 시 교통국 발전시설 총괄 책임자 | 뉴욕 주 브루클린Brooklyn |
| **즈문진스키, 존** Zmundzinski, John J. | 일병 | 제5공병특수여단 | 우체부 | 인디애나 주 사우스벤드South Bend |
| **지, 어니스트** Gee, Ernest L. | 기술병장 | 제82공수사단 | 미션Mission 택시 회사 운영 | 캘리포니아 주 새너제이San Jose |
| **질레트, 존 루이스** Gillette, John Lewis | 3등 통신병 | 제2해변대대 | 위틀랜드-차일라이 Wheatland-Chili 학교 교사 | 뉴욕 주 스코츠빌Scottsville |
| **채스넛, 웹** Chesnut, Webb W. | 중위 | 제1보병사단 | 생산신용조합 | 켄터키 주 캠벨스빌Campbellsville |
| **챈스, 도널드** Chance, Donald L. | 중사 | 제5레인저대대 | 예일 앤드 타운Yale & Towne 제작소 안전 기술자 | 펜실베니아 주 필라델피아Philadelphia |
| **체이스, 루셔스** hase, Lucius P. | 대령 | 제6공병특수여단 | 콜러Kohler 사 관리인 | 위스콘신 주 콜러Kohler |
| **체이스, 찰스** Chase, Charles H. | 중령 | 제101공수사단 | 육군 준장 | |

| 성명 | 당시 계급 | 당시 소속부대 | 현 직업 | 현 거주지 |
|---|---|---|---|---|
| **촌터스, 어니스트** Chontos, Ernest J. | 이병 | 제1보병사단 | 부동산 중개업자 | 오하이오 주 애슈터뷸라Ashtabula |
| **치리니즈, 살바토레** Cirinese, Salvatore | 이병 | 제4보병사단 | 구두 수선공 | 플로리다 주 마이애미Miami |
| **치아펠리, 프랭크** Ciarpelli, Frank | 이병 | 제1보병사단 | 시 위생국 공중위생 검사관 | 뉴욕 주 로체스터Rochester |
| **카누, 버펄로 보이** Canoe, Buffalo Boy | 기술병장 | 제82공수사단 | 유도 코치 | 캘리포니아 주 베니스Venice |
| **카든, 프레드** Carden, Fred J. | 일병 | 제82공수사단 | 육군 공수 기술 군무원 | |
| **카를로, 조지프** Carlo, Joseph W. | 의무 부사관 | 전차상륙함 288 | 해군 대위(군목) | |
| **카셀, 토머스** Cassel, Thomas E. | 2등 특수병 | 특수임무부대 122-3 | 소방서장 | 뉴욕 주 뉴욕New York |
| **카슨, 리** Cason, Lee B. | 상병 | 제4보병사단 | 육군 상사 | |
| **카시오, 찰스** Cascio, Charles J. | 2등 수병 | 전차상륙함 312 | 우체부 | 뉴욕 주 엔디콧Endicott |
| **카우치, 라일리 2세** Couch, Riley C., Jr. | 대위 | 제90보병사단 | 농장 운영 | 텍사스 주 해스켈Haskell |
| **카펜터, 조지프** Carpenter, Joseph B. | 공군 중위 | 제410폭격비행전대 | 공군 상사 | |
| **카포비안코, 가에타노** Capobianco, Gaetano | 일병 | 제4보병사단 | 정육점 운영 | 펜실베이니아 주 이스턴Easton |
| **칼리쉬, 버트램** Kalisch, Bertram | 중령 | 제1군 통신단 | 육군 대령 | |
| **칼스테드, 해럴드** Carlstead, Harold C. | 소위 | 구축함 헌든 | 회계사, 노스웨스턴Northwestern 대학교 경영대학원 교수 | 일리노이 주 시카고Chicago |
| **캐너렉, 폴** Kanarek, Paul | 병장 | 제29보병사단 | 유에스 스틸US Steel 사 분석원 | 캘리포니아 주 사우스게이트South Gate |
| **캐넘, 찰스** Canham, Charles D. W. | 대령 | 제29보병사단 | 육군 소장 | |
| **캐럴, 존** Carroll, John B. | 중위 | 제1보병사단 | 클래스 컨테이너Class Container & Mfrs. 협회 공보 담당원 | 뉴욕 주 뉴욕New York |
| **캐리, 제임스 2세** Carey, James R., Jr. | 병장 | 제8공군 | 캐리Carey 탐정사무소 운영 | 아이오와 주 오시안Ossian |
| **캐퍼, 새뮤얼** Karper, A. Samuel | 5등 기술병 | 제4보병사단 | 법원 서기 | 뉴욕 주 뉴욕New York |
| **캐피, 유진** Caffey, Eugene M. | 대령 | 제1공병특수여단 | 육군 소장으로 전역, 변호사 개업 | 뉴멕시코 주 라스크루스Las Cruces |
| **캘러한, 윌리엄** Callahan, William R. | 대위 | 제29보병사단 | 육군 소령 | |
| **커닝엄, 로버트** Cunningham, Robert. E. | 대위 | 제1보병사단 | 작가이자 사진작가, 판화가 | 오클라호마 주 스틸워터Stillwater |
| **커르, 릴랜드** Kuhre, Leland B. | 대령 | 공병특수여단 사령부 | 작가 겸 교사 | 텍사스 주 샌안토니오San Antonio |
| **커츠, 마이클** Kurtz, Michael | 상병 | 제1보병사단 | 광부 | 펜실베이니아 주 뉴세일럼New Salem |
| **커츠너, 조지** Kerchner, George F. | 소위 | 제2레인저대대 | 구내식당 관리자 | 메릴랜드 주 볼티모어Baltimore |
| **커치팩, 해리** Kucipak, Harry S. | 일병 | 제29보병사단 | 전기 기술자 | 뉴욕 주 터퍼 레이크Tupper Lake |
| **커크, 앨런 굿리치** Kirk, Allan Goodrich | 해군 소장 | 서부해군특수부대 사령관 | 해군 대장으로 전역 | |
| **케네디, 해롤드** Kennedy, Harold T. | 공군 소위 | 제437병력수송비행전대 | 공군 상사 | |
| **케슬러, 로버트** Kesler, Robert E. | 하사 | 제29보병사단 | 노퍽 앤드 웨스턴Norfolk and Western 철도회사 사원 | 버지니아 주 로어노크Roanoke |

| 성명 | 당시 계급 | 당시 소속부대 | 현 직업 | 현 거주지 |
|---|---|---|---|---|
| **케이터, 리처드** Cator, Richard D. | 일병 | 제101공수사단 | 육군 중위 | |
| **켁, 윌리엄** Keck, William S. | 기술병장 | 제5공병특수여단 | 육군 원사 | |
| **켈러, 존** Keller, John W. | 이병 | 제82공수사단 | 거푸집 제작자 | 뉴욕 주 시클리프Sea Cliff |
| **켈리, 존** Kelly, John J. | 대위 | 제1보병사단 | 변호사 | 뉴욕 주 올버니Albany |
| **켈리, 티머시** Kelly, Timothy G. | 상사 | 제81해군건설대대 | 아미티빌Amityville 전화회사 사원 | 뉴욕 주 롱아일랜드Long Island |
| **코노버, 찰스** Conover, Charles M. | 중위 | 제1보병사단 | 육군 중령 | |
| **코르키, 존** Corky, John T. | 중령 | 제1보병사단 | 육군 대령 | |
| **코손, 찰스** Cawthon, Charles R. | 대위 | 제29보병사단 | 육군 중령 | |
| **코일, 제임스** Coyle, James J. | 소위 | 제82공수사단 | 어메리칸American 담배회사 회계사 | 뉴욕 주 뉴욕New York |
| **코크런, 샘** Cochran, Sam L. | 기술병장 | 제4보병사단 | 육군 대위 | |
| **코타, 노먼** Cota, Norman D. | 준장 | 제29보병사단 | 육군 소장으로 전역, 몽고메리 카운티 민방위 국장 | 펜실베이니아 주 |
| **코패스, 마셜** Copas, Marshall | 병장 | 제101공수사단 | 육군 상사 | |
| **코프먼, 랄프** Coffman, Ralph S. | 중사 | 제29보병사단 | 서던 스테이트 오거스타 Southern States Augusta 석유조합 트럭 운전사 | 버지니아 주 스톤턴Staunton |
| **코프먼, 워런** Coffman, Warren G. | 일병 | 제1보병사단 | 육군 대위 | |
| **코프먼, 조지프** Kaufman, Joseph | 상병 | 제743전차대대 | 회계업 | 뉴욕 주 몬시Monsey |
| **코피, 버넌** Coffey, Vernon C. | 이병 | 제37공병대대 | 고기 가공 및 포장 업체 운영 | 아이오와 주 호튼Houghton |
| **콕스, 존** Cox, John F. | 상병 | 제434병력수송비행전대 | 소방서 부소장 | 뉴욕 주 빙엄턴Binghamton |
| **콘리, 리처드** Conley, Richard H. | 소위 | 제1보병사단 | 육군 대위 | |
| **콜로디, 월터** Kolody, Walter J. | 대위 | 제447폭격비행전대 | 공군 소령 | |
| **콜루더, 조지프** Koluder, Joseph G. | 하사 | 제387폭격비행전대 | 품질검사원 | |
| **콜린스, 로턴** Collins, J. Lawton | 소장 | 제7군단장 | 육군 대장으로 전역, 찰스 파이저Charles Pfizer 사 회장 | 워싱턴 D.C. |
| **콜린스, 토머스** Collins, Thomas E. | 소위 | 제93폭격비행전대 | 노스럽 항공Northrop Aircraft 사 통계학자 | 캘리포니아 주 가데나Gardena |
| **콜맨, 맥스** Coleman, Max D. | 일병 | 제5레인저대대 | 침례교 목사 | 몬태나 주 클라크스턴Clarkston |
| **쾨스터, 윌버트** Koester, Wilbert J. | 일병 | 제1보병사단 | 농부 | 일리노이 주 왓세카Watseka |
| **쿠퍼, 존 2세** Cooper, John P., Jr. | 대령 | 제29보병사단 | 육군 준장으로 전역, 볼티모어baltimore 전화회사 이사 | 메릴랜드 주 볼티모어baltimore |
| **쿡, 윌리엄** Cook, William | 소위 | 전차상륙주정 588 | 해군 중령 | |
| **쿡, 윌리엄** Cook, William S. | 3등 통신병 | 제2해변대대 | 곡물용 엘리베이터 관리자 | 노스다코타 주 플래셔Flasher |
| **쿤, 루이스 풀머** Koon, Lewis Fulmer | 대위(군목) | 제4보병사단 | 셰넌도아 카운티 Shenandoah County 공립학교 관리자 | 버지니아 주 우드스턱Woodstock |
| **퀸, 케네스** Quinn, Kenneth R. | 하사 | 제1보병사단 | 인터-플랜Inter-Plan 은행 부장 | 뉴저지 주 힐스데일Hillsdale |

| 성명 | 당시 계급 | 당시 소속부대 | 현 직업 | 현 거주지 |
|---|---|---|---|---|
| **크나우스, 닐스** Knauss, Niles H. | 일병 | 제1보병사단 | 발전기 점검 담당원 | 펜실베이니아 주 앨런타운Allentown |
| **크라우더, 랄프** Crowder, Ralph H. | 상병 | 제4보병사단 | 유리점 운영 | 버지니아 주 래드포드Radford |
| **크라우스, 에드워드** Krause, Edward | 중령 | 제82공수사단 | 육군 대령으로 전역 | |
| **크라우스닉, 클래런스** Krausnick, Clarence E. | 병장 | 제299공병대대 | 목수 | 뉴욕 주 시러큐스Syracuse |
| **크라이어, 윌리엄 2세** Cryer, William J., Jr. | 소위 | 제96폭격비행전대 | 동업으로 조선소 운영 | 캘리포니아 주 오클랜드Oakland |
| **크래첼, 지크프리트** Kratzel, Siegfried F. | 하사 | 제4보병사단 | 우체국 직원 | 펜실베이니아 주 팔머타운Palmertown |
| **크래프트, 폴** Kraft, Paul C. | 이병 | 제1보병사단 | 우체국 직원 겸 농부 | 미시시피 주 캔턴Canton |
| **크로스, 허버트** Cross, Herbert A. | 소위 | 제4보병사단 | 초등학교 교장 | 테네시 주 오네이다Oneida |
| **크로울리, 토머스** Crowley, Thomas T. | 소령 | 제1보병사단 | 크루서블Crucible 강철회사 총괄 관리자 | 펜실베이니아 주 피츠버그Pittsburgh |
| **크로퍼드, 랄프** Crawford, Ralph O. | 준위 | 제1공병특수여단 | 우체국장 | 텍사스 주 딜리Dilley |
| **크리스펀, 프레더릭** Crispen, Frederick J. | 소위 | 제436병력수송비행전대 | 공군 상사 | |
| **크시자노프스키, 헨리** Krzyzanowski, Henry S. | 하사 | 제1보병사단 | 육군 중사 | |
| **클라인, 네이선** Kline, Nathan | 하사 | 제323폭격비행전대 | 동업으로 클라인-오토 Kline-Auto 부품상 운영 | 펜실베이니아 주 앨런타운Allentown |
| **클라크, 윌리엄** Clark, William R. | 대위 | 제5공병특수여단 | 우체국장 | 펜실베니아 주 로이스빌Loysville |
| **클레이턴, 윌리엄** Clayton, William J. | 중사 | 제4보병사단 | 화가 | 펜실베이니아 주 던바Dunbar |
| **클로스, 글렌** Kloth, Glenn C. | 하사 | 제112공병대대 | 목수 | 오하이오 주 클리블랜드Cleveland |
| **클리블랜드, 윌리엄** Cleveland, William H. | 대령 | 제325정찰비행단 | 공군 대령 | |
| **클리퍼드, 리처드** Clifford, Richard W. | 대위 | 제4보병사단 | 치과 의사 | 뉴욕 주 허드슨폴스Hudson Falls |
| **키너드, 해리** Kinnard, Harry W. O. | 중령 | 제101공수사단 | 육군 대령 | |
| **키니, 프렌티스 맥러드** Kinney, Prentis McLeod | 대위 | 제37공병대대 | 의사 | 사우스캐롤라이나 주 베네츠빌Bennettsville |
| **키드, 찰스** Kidd, Charles W. | 소위 | 제87화학박격포대대 | 싯카Sitka 퍼스트 뱅크 부사장 | 알래스카 주 싯카Sitka |
| **키숸, 프랜시스** Keashen, Francis X. | 이병 | 제29보병사단 | 참전용사회 의료부 직원 | 펜실베이니아 주 필라델피아Philadelphia |
| **키퍼, 노버트** Kiefer, Norbert L. | 병장 | 제1보병사단 | 벤루스Benrus 시계회사 판매 책임자 | 로드아일랜드 주 이스트프로비던스 East Providence |
| **킨딕, 조지** Kindig, George | 일병 | 제4보병사단 | 상이 군인 | 인디애나 주 브룩Brook |
| **킹, 윌리엄** King, William M. | 대위 | 제741전차대대 | 클락슨Clarkson 기술대학 학생활동 책임자 | 뉴욕 주 포츠담Potsdam |
| **태브, 로버트 2세** Tabb, Robert P., Jr. | 대위 | 제237전투공병대대 | 육군 대령 | |
| **탤리, 벤저민** Talley, Benjamin B. | 대령 | 제5군단 사령부 | 육군 준장으로 전역, 건축회사 부사장 | 뉴욕 주 뉴욕New York |
| **터커, 윌리엄** Tucker, William H. | 일병 | 제82공수사단 | 변호사 | 매사추세츠 주 애솔Athol |

| 성명 | 당시 계급 | 당시 소속부대 | 현 직업 | 현 거주지 |
|---|---|---|---|---|
| **테이트, 존 2세** Tait, John H., Jr. | 의무 하사 | 해안경비대 보병상륙주정 349 | 솔트 리버 밸리Salt River Valley 사용자 연합 직원 | 애리조나 주 템피Tempe |
| **테일러, 맥스웰** Taylor, Maxwell D. | 소장 | 제101공수 사단장 | 육군참모총장으로 전역, 멕시칸 라이트 앤드 파워Mexican Light & Power 전기회사 회장 | |
| **테일러, 베릴** Taylor, Beryl F. | 의무 이병 | 전차상륙주정 338 | 해군 운전 강사 | |
| **테일러, 아이라** Taylor, Ira D. | 기술병장 | 제4보병사단 | 육군 대위 | |
| **테일러, 애프턴** Taylor, H. Afton | 소위 | 제1공병특수여단 | 홀마크Hallmark 카드회사 사원 | 미주리 주 인디펜던스independence |
| **테일러, 에드워드** Taylor, Edward G. | 해군 소위 | 전차상륙함 331 | 해안경비대 소령 | |
| **테일러, 윌리엄** Taylor, William R. | 해군 소위 | 해군 연락장교 | 건축재료 소매상 | 버지니아 주 사우스 힐South Hill |
| **테일러, 찰스** Taylor, Charles A. | 해군 소위 | 전차상륙주정 상륙부대 | 스탠퍼드Stanford 대학교 운동부 차장 | 캘리포니아 주 팔로 알토Palo Alto |
| **텔린다, 벤저민** Telinda, Benjamin E. | 하사 | 제1보병사단 | 시카고 그레이트 웨스턴 Chicago Great Western 철도 기관차 화부 | 미네소타 주 세인트폴St. Paul |
| **토머슨, 조엘** Thomason, Joel F. | 중령 | 제4보병사단 | 육군 대령 | |
| **톨러데이, 잭** Tallerday, Jack | 중위 | 제82공수사단 | 육군 중령 | |
| **톰슨, 멜빈** Thompson, Melvin | 이병 | 제5공병특수여단 | 정비공 | 뉴저지 주 야드빌Yardville |
| **톰슨, 에그버트 2세** Thompson, Egbert W., Jr. | 중위 | 제4보병사단 | 농무부 카운티 감독관 | 버지니아 주 베드퍼드Bedford |
| **톰슨, 폴** Thompson, Paul W. | 대령 | 제6공병특수여단 | 육군 준장으로 전역, 『리더스다이제스트』 국제판 관리자 | 뉴욕 주 플레전트빌Pleasantville |
| **투미넬로, 빈센트** Tuminello, Vincent J. | 상병 | 제1보병사단 | 벽돌공 | 뉴욕 주 롱아일랜드 매서피쿼Massapequa |
| **트래슨, 로버트** Trathen, Robert D. | 대위 | 제87화학박격포 대대 | 육군 중령으로 전역, 육군 화학병과 계획 및 훈련 담당 차장 | 알래스카 주 포트 맥클레란 Fort McClellan |
| **트러스티, 루이스** Trusty, Lewis | 하사 | 제8공군 | 공군 상사 | |
| **트레고닝, 윌리엄** Tregoning, William H. | 해안경비대 중위 | 제4상륙단 | 페어뱅크스 모스Fairbanks Morse 사 고객부 사원 | 조지아 주 이스트포인트East Point |
| **트리볼레, 허비** Tribolet, Hervey A. | 대령 | 제4보병사단 | 육군 대령으로 전역 | |
| **파, 바토우 2세** Farr, H. Bartow, Jr. | 중위 | 구축함 헌든 | 아이비엠IBM 사 변호사 | 뉴욕 주 뉴욕New York |
| **파머, 웨인** Palmer, Wayne E. | 하사 | 제1보병사단 | 송장 및 평가부서 사원 | 위스콘신 주 오슈코시Oshkosh |
| **파에즈, 로버트** Paez, Robert O. | 1등 나팔수 | 전함 네바다 | 원자력위원회 필름 편집자 | 마셜 제도 에니위톡 환초 Eniwetok Atoll |
| **파울러, 롤린** Fowler, Rollin B. | 공군 소위 | 제435병력수송 비행전대 | 공군 상사 | |
| **파월, 조지프** Powell, Joseph C. | 준위 | 제4보병사단 | 육군 준위 | |
| **파이크, 맬빈** Pike, Malvin R. | 기술병장 | 제4보병사단 | 에쏘Esso 석유회사 용접공 | 루이지애나 주 베이커Baker |
| **파이퍼, 로버트** Piper, Robert M. | 대위 | 제82공수사단 | 육군 중령 | |
| **파커, 도널드** Parker, Donald E. | 하사 | 제1보병사단 | 농부 | 일리노이 주 스틸웰Stillwell |
| **파티요, 루이스** Patillo, Lewis C. | 중령 | 제5군단 | 토목 기사 | 알래스카 주 하트젤Hartselle |

| 성명 | 당시 계급 | 당시 소속부대 | 현 직업 | 현 거주지 |
|---|---|---|---|---|
| **패닝, 아서** Fanning, Arthur E. | 해안경비대 대위 | 보병상륙정 319호 | 보험업 | 펜실베이니아 주 필라델피아Philadelphia |
| **패치, 로이드** Patch, Lloyd E. | 대위 | 제101공수사단 | 육군 중령 | |
| **패트릭, 글렌** Patrick, Glenn | 5등 기술병 | 제4보병사단 | 불도저 기사 | 오하이오 주 스톡포트Stockport |
| **팬토, 제임스** Fanto, James A. | 1등 무선병 | 제6해변대대 | 해군 선임무선병 | |
| **퍼거슨, 버넌** Ferguson, Vernon V. | 중위 | 제452폭격비행전대 | 직업 미상 | |
| **퍼거슨, 찰스** Ferguson, Charles A. | 일병 | 제6공병특수여단 | 웨스턴western 전기회사 가격 전문가 | 뉴욕 주 뉴욕New York |
| **퍼넬, 윌리엄** Purnell, William C. | 중령 | 제29보병사단 | 장군으로 전역, 철도회사 부사장 | 메릴랜드 주 볼티모어Baltimore |
| **퍼비스, 클레이** Purvis, Clay S. | 중사 | 제29보병사단 | 버지니아Virginia 대학교 동창회 매점 관리인 | 버지니아 주 샬롯스빌Charlottesville |
| **퍼트넘, 라일** Putnam, Lyle B. | 대위 | 제82공수사단 | 외과 의사 겸 일반의 | 캔자스 주 위치토Wichita |
| **펀더버크, 아서** Funderburke, Arthur | 하사 | 제20공병대대 | 코카콜라Coca-Cola 음료회사 판매원 | 조지아 주 메이컨Macon |
| **페로, 새뮤얼 조지프** Ferro, Samuel Jospeh | 일병 | 제299공병대대 | 기계공 | 뉴욕 주 빙엄턴Binghamton |
| **페리, 에드윈** Perry, Edwin R. | 대위 | 제299공병대대 | 육군 중령 | |
| **페리, 존** Perry, John J. | 병장 | 제5레인저대대 | 육군 중사 | |
| **페이지, 에드먼드** Paige, Edmund M. | 상병 | 제1보병사단 | 수출업자 | 뉴저지 주 뉴로셸New Rochelle |
| **페인, 윈드루** Payne, Windrew C. | 중위 | 제90보병사단 | 농무부 카운티 감독관 | 텍사스 주 샌오거스틴San Augustine |
| **페인터, 프랜시스** Fainter, Francis F. | 대령 | 제6기갑전투단 | 뉴욕 주식거래소 대표 | 웨스트버지니아 주 찰스턴Charleston |
| **페티, 윌리엄** Petty, William L. | 병장 | 제2레인저대대 | 소년 캠프 감독 | 뉴욕 주 카멜Carmel |
| **펜스, 제임스** Pence, James L. | 대위 | 제1보병사단 | 제약사 감독관 | 인디애나 주 엘크하트Elkhart |
| **포기, 새뮤얼** Forgy, Samuel W. | 중령 | 제1공병특수여단 | 카라벨라Carabela 무역회사 사장 | 뉴욕 주 롱아일랜드Long Island |
| **포츠, 에이머스 2세** Potts, Amos P., Jr. | 중위 | 제2레인저대대 | 재료공학자 | 오하이오 주 러브랜드Loveland |
| **포크, 윌리** Faulk, Willie, T. | 중사 | 제409폭격비행전대 | 공군 상사 | |
| **폭스, 잭** Fox, Jack S. | 하사 | 제4보병사단 | 육군 대위 | |
| **폰 하임버그, 허먼** Von Heimburg, Herman E. | 대위 | 제11상륙군 | 해군 소장, 예비역훈련사령부 | |
| **폴래닌, 조지프** Polanin, Joseph J. | 상병 | 제834공병항공대대 | 제과제빵 배급자 | 펜실베이니아 주 디킨슨 시티Dickinson City |
| **폴리니악, 존** Polyniak, John | 병장 | 제29보병사단 | 회계사 | 메릴랜드 주 볼티모어Baltimore |
| **폴조스, 스탠리** Polezoes, Stanley | 소위 | 제1공중사단 | 공군 소령 | |
| **폼페이, 로미오** Pompei, Romeo T. | 기술병장 | 제87화학박격포대대 | 건축가 | 펜실베이니아 주 필라델피아Philadelphia |
| **풀치넬라, 빈센트** Pulcinella, Vincent J. | 기술병장 | 제1보병사단 | 육군 상사 | |
| **프라이스, 하워드** Price, Howard P. | 중위 | 제1보병사단 | 주방위군 중사 | |

| 성명 | 당시 계급 | 당시 소속부대 | 현 직업 | 현 거주지 |
|---|---|---|---|---|
| **프랑코, 로버트** Franco, Robert | 대위 | 제82공수사단 | 외과 의사 | 워싱턴 주 리칠랜드Richland |
| **프랜시스, 잭** Francis, Jack L. | 상병 | 제82공수사단 | 기와장이 | 캘리포니아 주 새크라멘토Sacramento |
| **프랫, 로버트** Pratt, Robert H. | 중령 | 제5군단 사령부 | 제조업체 사장 | 위스콘신 주 밀워키Milwaukee |
| **프레스턴, 앨버트 2세** Preston, Albert G., Jr. | 대위 | 제1보병사단 | 세금 상담원 | 코네티컷 주 그리니치Greenwich |
| **프레슬리, 월터** Presley, Walter G. | 일병 | 제101공수사단 | 가전제품 수리 사업 | 텍사스 주 오데사Odessa |
| **프레이, 레오** Frey, Leo | 기술병 | 전차상륙함 16 | 해안경비대 준위 | |
| **프렌치, 제럴드** French, Gerald M. | 중위 | 제450폭격비행전대 | 공군 대위 | |
| **프로먼, 하워드** Frohman, Howard J. | 하사 | 제401폭격비행전대 | 공군 대위 | |
| **프로보스트, 윌리엄 2세** Provost, William B., Jr. | 해군 중위 | 전차상륙함 492 | 학군단 해군 중령 | 오하이오 주 옥스퍼드Oxford |
| **프루잇, 랜스퍼드** Pruitt, Lanceford B. | 해군 소령 | 전차상륙주정 19 | 해군 중령으로 전역 | 캘리포니아 주 샌프란시스코 San Francisco |
| **프리드먼, 윌리엄** Friedman, William | 대위 | 제1보병사단 | 육군 중령 | |
| **프리스비, 랄프** Frisby, Ralph E. | 소위 | 제29보병사단 | 채소가게 운영 | 오클라호마 주 오크멀지Okmulgee |
| **프리스치, 윌리엄 2세** Frische, William C. Jr. | 하사 | 제4보병사단 | 깁슨 아트Gibson Art 사 설계사 | 오하이오 주 신시내티Cincinnati |
| **프리즈먼, 메이너드** Priesman, Maynard J. | 기술병장 | 제2레인저대대 | 어업 | 오하이오 주 오크하버Oak Harbor |
| **플라워즈, 멜빈** Flowers, Melvin L. | 소위 | 제441병력수송비행전대 | 공군 대위 | |
| **플래내건, 래리** Flanagan, Larry | 이병 | 제4보병사단 | 판매원 | 펜실베이니아 주 필라델피아Philadelphia |
| **플로라, 존 2세** Flora, John L., Jr. | 대위 | 제29보병사단 | 부동산 감정평가사 | 버지니아 주 로어노크Roanoke |
| **플루드, 워런** Plude, Warren M. | 하사 | 제1보병사단 | 육군 병장 | |
| **플린, 버나드** Flynn, Bernard J. | 소위 | 제1보병사단 | 제너럴 밀스General Mills 사 포장 총괄 감독 | 미네소타 주 미니애폴리스Minneapolis |
| **피니건, 윌리엄** Finnigan, William E. | 이병 | 제4보병사단 | 육군사관학교 인사처 직원 | 뉴욕 주 웨스트포인트West Point |
| **피시, 링컨** Fish, Lincoln D. | 대위 | 제1보병사단 | 종이회사 사장 | 매사추세츠 주 우스터Worcester |
| **피어슨, 벤** Pearson, Ben F. | 소령 | 제82공수사단 | 페인트 회사 부사장 | 조지아 주 서배너Savannah |
| **피츠시먼스, 로버트** Fitzsimmons, Robert G. | 중위 | 제2레인저대대 | 경위 | 뉴욕 주 나이아가라폴스 Niagara Falls |
| **피키아리니, 일보** Picchiarini, Ilvo | 1등 기술병 | 전차상륙함 374 | 철강회사 사원 | 펜실베이니아 주 벨버넌Belle Vernon |
| **피터슨, 시어도어** Peterson, Theodore L. | 중위 | 제82공수사단 | 직업 미상 | 미시건 주 버밍햄Birmingham |
| **필립스, 아치** Phillips, Archie C. | 하사 | 제101공수사단 | 꽃 재배 | 플로리다 주 젠슨 비치Jensen Beach |
| **필립스, 윌리엄** Phillips, William J. | 이병 | 제29보병사단 | 전기회사 배차원 | 메릴랜드 주 하이어츠빌Hyattsville |

| 성명 | 당시 계급 | 당시 소속부대 | 현 직업 | 현 거주지 |
|---|---|---|---|---|
| **하스, 윌리엄 2세** Hass, William R., Jr. | 공군 소위 | 제441병력수송 비행전대 | 공군 대위 | |
| **하우드, 조너선 2세** Harwood, Jonathan H., Jr. | 대위 | 제2레인저대대 | 사망 | |
| **하우스, 프랜시스** House, Francis J. E. | 일병 | 제90보병사단 | 호머 러플린Homer Laughlin 도자기회사 도공 | 오하이오 주 리버풀Liverpool |
| **하커, 조지** Harker, George S. | 중위 | 제5공병특수여단 | 심리학자 | 켄터키 주 포트 녹스Fort Knox |
| **하켄, 델버트** Harken, Delbert C. | 3등 엔진병 | 전차상륙함 134 | 우체국장 대리 | 아이오와 주 액클리Ackley |
| **하플러, 웬델** Hoppler, Wendell L. | 3등 갑판병 | 전차상륙함 515 | 뉴욕N.Y. 생명보험 대리점 교육 담당원 | 일리노이 주 포레스트 파크Forest Park |
| **한, 윌리엄** Hahn, William I. | 1등 수병 | 허스키 지원선 수병 | 석탄 광산 운영 | 펜실베이니아 주 윌크스-배러Wilkes-Barre |
| **해리슨, 찰스** Harrison, Charles B. | 일병 | 제1공병특수여단 | 보험업 | 펜실베이니아 주 랜스다운Lansdowne |
| **해리슨, 토머스** Harrison, Thomas C. | 대위 | 제4보병사단 | 헨리 크리스탈Henry I. Christal 사 판매 책임자 | 뉴욕 주 차파콰Chappaqua |
| **해링턴, 제임스** Harriongton, James C. | 중위 | 제355전투비행 전대 | 공군 소령 | |
| **해머, 시어도어 2세** Hammer, Theodore S., Jr. | 하사 | 제82공수사단 | 비 에프 굿리치B. F. Goodrich 사 작업 감독 | 알래스카 주 터스컬루사Tuscaloosa |
| **해브너, 존** Havener, John K. | 중위 | 제344폭격비행 전대 | 인터내셔널 하베스터 International Harvester 사 장비 관리원 | 일리노이 주 스털링Sterling |
| **해치, 제임스** Hatch, James J. | 대위 | 제101공수사단 | 육군 대령 | |
| **해켓, 조지 2세** Hackett, George R. Jr. | 3등 통신병 | 전차상륙주정 17 | 해군 2등 병참병 | |
| **핸슨, 하워드** Hanson, Howard K. | 이병 | 제90보병사단 | 우체국장 겸 농부 | 노스다코타 주 아거스빌Argusville |
| **햄린 2세, 폴** Hamlin, Paul A. | 이병 | 제299공병대대 | 아이비엠IBM 사 개선 분석관 | 뉴욕 주 베스털Vestal |
| **허긴스, 스펜서** Huggins, Spencer J. | 일병 | 제90보병사단 | 육군 상사 | |
| **허먼, 르로이** Hermann, LeRoy W. | 일병 | 제1보병사단 | 소포 배달원 | 오하이오 주 애크런Akron |
| **헌, 얼스턴** Hern, Earlston E. | 일병 | 제146공병대대 | 애치슨, 토피카 앤드 산타페 Atchison, Topeka & Santa Fe 철도회사 전신수 | 오클라호마 주 메드퍼드Medford |
| **헌터, 로버트** Hunter, Robert F. | 소령 | 제5공병특수여단 | 토목공학 기술자 | 오클라오마 주 털사Tulsa |
| **헤넌, 로버트** Hennon, Robert M. | 대위(군목) | 제82공수사단 | 이벤젤리컬 칠드런스 홈Evangelical Children's Home 교회 목사 | 미시시피 주 브렌트우드Brentwood |
| **헤론, 베릴** Herron, Beryl A. | 일병 | 제4보병사단 | 농부 | 아이오와 주 쿤 래피즈Coon Rapids |
| **헤이니, 어니스트** Haynie, Ernest W. | 병장 | 제29보병사단 | 수상 엔진 가게 판매원 | 버지니아 주 워소Warsaw |
| **헤이킬러, 프랭크** Heikkila, Frank E. | 중령 | 제6공병특수여단 | 웨스팅하우스 Westinghouse 전기회사 고객관리 담당원 | 펜실베이니아 주 피츠버그Pittsburgh |
| **헤일, 바틀리** Hale, Bartley E. | 소위 | 제82공수사단 | 조지아Georgia 대학교 학생 | |
| **헤일리, 제임스** Haley, James W. | 대위 | 제4보병사단 | 육군 대령 | |
| **헨리, 클리퍼드** Henley, Clifford M. | 대위 | 제4보병사단 | 도로 공사 도급업체 | 사우스캐롤라이나 주 섬머빌Summerville |

| 성명 | 당시 계급 | 당시 소속부대 | 현 직업 | 현 거주지 |
|---|---|---|---|---|
| **헬라히, 레이먼드** Herlihy, Raymond M. | 병장 | 제5레인저대대 | 프렌티스홀Prentice-Hall 출판사 세금 담당원 | 뉴욕 주 브롱크스Bronx |
| **호그, 클라이드** Hogue, Clyde E. | 상병 | 제743전차대대 | 우체부 | 아이오와 주 다이아고날Diagonal |
| **호지슨, 존** Hodgson, John C. | 병장 | 제5레인저대대 | 우체국 직원 | 메릴랜드 주 실버스프링스Silver Springs |
| **호프만, 아서** Hoffmann, Arthur F. | 대위 | 제1보병사단 | 조경업 | 코네티컷 주 심스베리Simsbury |
| **호프만, 조지** Hoffmann, George D. | 소령 | 구축함 코리 | 해군 대령 | |
| **홀, 존 레슬리 2세** Hall, John Leslie, Jr. | 해군 소장 | 오마하 해변 상륙 선단장 | 해군 소장으로 전역 | |
| **홀, 찰스** Hall, Charles G. | 중사 | 제4보병사단 | 공군 준위 | |
| **홀랜드, 해리슨** Holland, Harrison H. | 중위 | 제29보병사단 | 육군 권총사격팀 코치 | |
| **홀먼, 존 2세** Holman, John N. Jr. | 1등 수병 | 구축함 홉슨 | 보이스카우트 임원 | 미시시피 주 메이컨Macon |
| **화이트, 모리스** White, Maurice C. | 병장 | 제101공수사단 | 육군 준위 | |
| **화이트, 존** White, John F. | 소위 | 제29보병사단 | 재향군인회 보철기능사 | 버지니아 주 로어노크Roanoke |
| **후퍼, 조지프** Hooper, Joseph O. | 일병 | 제1보병사단 | 육군 화학 병과 소방관 | |
| **후퍼, 클래런스** Hupfer, Clarence G. | 중령 | 제746전차대대 | 육군 대령으로 전역 | |
| **휴브너, 클래런스** Huebner, Clarence R. | 소장 | 제1보병사단장 | 육군 중장으로 전역, 뉴욕 시 민방위 국장 | 뉴욕 주 뉴욕New York |
| **휴스, 멜빈** Hughes, Melvin T. | 일병 | 제1보병사단 | 애덤스 앤드 머로우Adams & Morrow 사 판매원 | 인디애나 주 파토카Patoka |
| **히프너, 머빈** Heefner, Mervin C. | 일병 | 제29보병사단 | 직업 미상 | |
| **힉스, 조지프** Hicks, Joseph A. | 대위 | 제531공병해안연대 | 커먼웰스Commonwealth 비료회사 이사장 | 켄터키 주 러셀빌Russellville |
| **힉스, 허버트 2세** Hicks, Herbert C., Jr. | 중령 | 제1보병사단 | 육군 대령 | |
| **힐, 조엘** Hill, Joel G. | 4등 기술병 | 제102기병수색대대 | 제재소 운영 | 펜실베이니아 주 룩아웃Lookout |

## 영국군*

| 성명 | 당시 계급 | 당시 소속부대 | 현 직업 |
|---|---|---|---|
| **가드너, 도널드** Gardner, Donald H. | 병장 | 제47코만도대대 | 공무원 |
| **가드너, 토머스** Gardner, Thomas H. | 소령 | 제3보병사단 | 가죽 생산업체 이사 |
| **거닝, 휴** Gunning, Hugh | 대위 | 제3보병사단 | 데일리뉴스Daily News 사 뉴스 공급 관리자 |
| **걸링, 도널드** Girling, Donald B. | 소령 | 제50보병사단 | 직업 미상 |
| **게일, 존** Gale, John T. J. | 이병 | 제3보병사단 | 우체국 직원 |
| **고프** Gough, J. G. | 소령 | 제3보병사단 | 낙농업 |
| **그런디, 어니스트** Grundy, Ernest | 대위 | 제50보병사단 | 의사 |
| **그레이, 윌리엄** Gray, William J. | 이병 | 제6공수사단 | 직업 미상 |
| **그위넷, 존** Gwinnett, John | 대위(군목) | 제6공수사단 | 런던탑Tower of London 목사 |
| **글루, 조지** Glew, George W. | 포병 이병 | 제3보병사단 | 사원 |
| **기브스, 레슬리** Gibbs, Leslie R. | 병장 | 제50보병사단 | 철물 생산업체 작업반장 |
| **노스우드, 로널드** Northwood, Ronald J. | 해군 일병 | 전함 스킬라 | 미용사 |
| **노턴, 제럴드 아이버** Norton, Gerald Ivor D. | 대위 | 제3보병사단 | 회사 총무부장 |
| **노필드, 해리** Norfield, Harry T. | 상병 | 제3보병사단 | 해군성 문서 배달원 |
| **뉴턴, 레지널드** Newton, Reginald V. | 이병 | 제6공수사단 | 회사 대표 이사 |
| **니센, 데릭** Nissen, Derek A. | 중위 | 제3보병사단 | 공장 주임 |
| **닐슨, 헨리** Neilsen, Henry R. | 대위 | 제6공수사단 | 니트 제조자 |
| **던, 아서** Dunn, Arthur H. | 소령 | 제50보병사단 | 전역 |
| **데 레이시, 제임스 퍼시벌** de Lacy, James Percival | 병장 | 제8아일랜드대대 (제3캐나다 보병사단에 배속) | 여행사 사원 |
| **데브러, 로이** Devereux, Roy P. | 이병 | 제6공수사단 | 여행사 지점장 |
| **데일, 레지널드** Dale, Reginald G. | 상병 | 제3보병사단 | 자영업 |
| **도위, 로버트** Dowie, Robert A. | 선임 화부 | 소해함 던바 | 터빈엔진 조작원 |
| **디큰** Deaken, B. | 이병 | 제6공수사단 | 구두 수선공 |
| **라일랜드, 리처드** Ryland, Richard A. | 해군 예비군 대위 | 제7상륙평저선 전대 | 굴 양식업 및 저술 |
| **라파엘리, 시릴** Raphaelli, Cyril | 상병 | 제3보병사단 | 육군에서 복무 중 |
| **러벌, 데니스** Lovell, Denis | 해병 이병 | 제4코만도대대 | 기술자 |
| **로버트슨** Robertson, D. J. | 중위 | 제27기갑여단 | 변호사 사무소 관리 직원 |
| **로이드, 데즈먼드** Lloyd, Desmond C. | 해군 대위 | 노르웨이 구축함 스베너 | 회사 대표 이사 |
| **롤스, 존** Rolles, John R. | 상병 | 제3보병사단 | 거룻배 사공 |
| **루터, 윌리엄** Rutter, William I. | 이병 | 제6공수사단 | 가금家禽 사육자 |
| **루튼, 월터** Ruthen, Walter S. | 이병 | 제3보병사단 | 우체부 |

* 옮긴이) 영국군의 계급 명칭은 미군보다 훨씬 복잡하다. 영국 육군은 이병Private, 일병Lance Corporal, 상병Corporal, 병장Sergeant, 하사Staff Sergeant로 이어진다. 이병은 병과와 소속 부대별로 달리 부른다. 예를 들어 공병은 Sapper, 포병은 Gunner, 기병과 기병에 뿌리를 둔 기갑병은 Trooper, 통신병과는 Signaller 등으로 부른다. 또 역사가 오랜 부대에서는 전통을 살려 해당 부대의 특성이 묻어나는 Kingsman, Rifleman, Guardsman 등으로 부른다. 일병의 보편적인 명칭은 Lance Corporal이지만 이 또한 병과 특성에 따라 차이가 있는데, 예를 들어 포병 일병은 Lance Bombardier로 부른다. 공군의 경우 대위는 Flight Lieutenant, 중령은 Wing Commander처럼 육군보다는 오히려 해군의 영향(해군 대위는 Lieutenant, 해군 중령은 Commander임)을 받은 흔적을 볼 수 있다. 이런 특성을 번역에 반영했다.

| 성명 | 당시 계급 | 당시 소속부대 | 현 직업 |
|---|---|---|---|
| **리, 노턴**Lee, Norton | 해군 예비군 대위 | 550 강습주정 전대 | 화가 겸 실내 장식가 |
| **리, 아서**Lee, Arthur W. | 해군 일병 | 전차상륙주정 564 | 지방정부 공무원 |
| **리치, 제프리**Leach, Geoffrey, J. | 이병 | 제50보병사단 | 실험실 조수 |
| **링랜드, 존**Ringland, John | 이병 | 제8기갑여단 | 우편 및 전보 공무원 |
| **마치, 데즈먼드**March, Desmond C. | 중위 | 제3보병사단 | 회사 대표 이사 |
| **마컴, 루이스**Markham, Lewis S. | 전신실 통신 이병 | 전차상륙함 301 | 해운회사원 |
| **매더스, 조지**Mathers, George H. | 상병 | 공병 | 사원 |
| **매디슨, 고드프리**Maddison, Godfrey | 이병 | 제6공수사단 | 광부 |
| **매스터스, 피터**Masters, Peter F. | 해병 일병 | 제10코만도대대 | 미국 워싱턴 D.C. WTOP 텔레비전방송국 미술감독 |
| **맥고완, 앨프레드**McGowan, Alfred | 일병 | 제6공수사단 | 제분소 포장 담당 |
| **머피, 존**Murphy, John | 공군 일병 | 공군 기구사령부 | 우체국 직원 |
| **메이, 존 매캘런**May, John McCallon | 병장 | 제6공수사단 | 육군에서 복무 중 |
| **메이슨, 존**Mason, John T. | 이병 | 제4코만도대대 | 교사 |
| **모건, 빈센트**Morgan, Vincent H. | 이병 | 제50보병사단 | 우체국 직원 |
| **모리스, 어니스트**Morris, Ernest | 상병 | 제50보병사단 | 직업 미상 |
| **모리시, 제임스**Morrisey, James F. | 이병 | 제6공수사단 | 항만 노동자 |
| **모워, 앨런**Mower, Alan C. | 이병 | 제6공수사단 | 연구소 보안 담당자 |
| **몽고메리, 버나드 로** Montgomery, Sir Bernard Law | 대장 | 원수 | 전역 |
| **무어, 윌리엄**Moore, William J.D. | 이병 | 제3보병사단 | 간호사 |
| **미니스, 제임스**Minnis, James C. | 해군 예비군 중위 | 전차상륙주정 665 | 교사 |
| **미어즈, 프레더릭**Mears, Frederick G. | 해병 상병 | 제3코만도대대 | 계산기 제조 공장 사원 |
| **미첼, 존**Mitchell, John D. | 상병 | 공군 제54 해변 풍선 장애물 부대 | 회사 대표 이사 |
| **밀린**Millin, W. | 백파이프 연주병 | 제1특수여단 | 간호사 |
| **배글리, 앤서니**Bagley, Anthony F. | 해군 소위 | 해군 | 은행원 |
| **배튼, 레이먼드**Batten, Raymond W. | 이병 | 제6공수사단 | 간호사 |
| **백스터, 허버트**Baxter, Hubert V. | 이병 | 제3보병사단 | 인쇄공 |
| **베이넌, 존**Beynon, John R. | 해군 중위 | 해군 예비군 | 수입업자 |
| **베이커, 알프레드**Baker, Alfred G. | 이병 | 해군 | 화학회사 근무 |
| **벡, 시드니**Beck, Sidney J. T. | 중위 | 제50보병사단 | 공무원 |
| **볼드, 피터**Bald, Peter W. | 이병 | 파이오니어 전투공병대대 | 선임 정비사 |
| **볼리, 에릭**Bowley, Eric F. J. | 이병 | 제50보병사단 | 비행기 구성품 검사관 |
| **브라이얼리, 데니스**Brierley, Denys S. C. | 공군 대위 | 공군 | 섬유 제작자 |
| **브레이쇼, 월터**Brayshaw, Walter | 이병 | 제50보병사단 | 공장 노동자 |
| **브룩스, 존**Brookes, John S. | 이병 | 제50보병사단 | 공장 노동자 |
| **블랙먼, 아서 존** Blackman, Arthur John | 선임 화부 | 해군 | 선거船渠 기술자 |
| **비드미드, 윌리엄** Bidmead, William H. | 이병 | 제4코만도대대 | 벽돌공 |
| **비커스, 프랜시스**Vickers, Francis W. | 이병 | 제50보병사단 | 직업 미상 |
| **빅넬, 시드니**Bicknell, Sidney R. | 전신병 | 해군 | 광고 문구 편집인 |
| **샤, 레너드**Sharr, Leonard G. | 하사 | 제6공수사단 | 섬유 대리점 동업 |
| **설리번, 버나드**Sullivan, Bernard J. | 해군 예비군 대위 | 제553강습전대 | 은행원 |
| **소여, 데이비드**Sawyer, David J. | 이병 | 제79기갑사단 | 발전소 반장 |
| **스미스, 로버트**Smith, Robert A. | 통신 이병 | 제3보병사단 | 철도 경비원 |
| **스미스, 크리스토퍼** Smith, Christopher N. | 이병 | 제27기갑여단 | 가스 위원회 지역 대표 |
| **스완, 로버트**Swan, Robert M. | 일병 | 제50보병사단 | 은행원 |
| **스카프, 노먼**Scarfe, Norman | 중위 | 제3보병사단 | 레스터Leicester 대학교 역사 강사 |

| 성명 | 당시 계급 | 당시 소속부대 | 현 직업 |
|---|---|---|---|
| **스콧, 프레더릭**Scott, Frederick | 이병 | 제3보병사단 | 성직자 |
| **스쿠트**Scoot, J. E. | 해병 이병 | 제48코만도대대 | 공장 부서 관리자 |
| **스태너드, 어니스트**Stannard, Ernest W. | 운전병/조작병 | 제50보병사단 | 보수-유지 기술자 |
| **스터넬, 조지**Stunnell, George C. | 이병 | 제50보병사단 | 직업 미상 |
| **스토크스, 앨버트**Stokes, Albert J. | 이병 | 제3보병사단 | 해충 구제업자 |
| **스튜어튜, 스탠리**Stewart, Stanley | 이병 | 제4코만도대대 | 직업 미상 |
| **스티븐스, 조지**Stevens, Geroge A. | 상병 | 제3보병사단 | 어부 |
| **스티븐슨, 더글러스**Stevenson, Douglas A. | 암호병 | 보병상륙주정 100 | 생선장수 |
| **스펜스, 배질**Spence, Basil | 대위 | 제3보병사단 | 코번트리 대성당 건축가 |
| **슬랩, 존**Slapp, John A. | 상병 | 제3보병사단 | 선임 사원 |
| **슬레이드, 존**Slade, John H. | 공병 이병 | 제50보병사단 | 철도 직원 |
| **시어드, 에드가**Sheard, Edgar T. | 이병 | 제6공수사단 | 육군 병장 |
| **심, 존**Sim, John A. | 대위 | 제6공수사단 | 영국군에서 복무 중 |
| **아비스, 세실**Avis, Cecil | 이병 | 파이오니어 전투공병대대 | 정원사 |
| **알드워스, 마이클**Aldworth, Michael | 중위 | 제48코만도대대 | 광고업 |
| **알렌, 로널드**Allen, Ronald H. D. | 포병 이병 | 제3보병사단 | 계산원 |
| **애시오버, 클로드**Ashover, Claude G. | 키잡이 | 해군 | 전기공 |
| **애시워스, 에드워드**Ashworth, Edward P. | 이병 | 해군 | 합금 주물사 |
| **에드슨, 찰스**Edgson, Charles L. | 대위 | 공병 | 교사 |
| **에머리, 윌리엄**Emery, William H. | 이병 | 제50보병사단 | 밴 트럭 운전사 |
| **에멧, 프레더릭**Emmett, Frederick W. | 포병 일병 | 제50보병사단 | 화학업 종사 |
| **엘리스**Ellis, F. | 이병 | 제50보병사단 | 직업 미상 |
| **옐런드, 찰스**Yelland, Charles H. | 병장 | 제50보병사단 | 주물 기술자 |
| **오너, 조지**Honour, George B. | 해군 예비군 대위 | 소형잠수함 X23 | 슈웹스Schweppes 사 지역 판매 책임자 |
| **오트웨이, 테렌스**Otway, Terence | 중령 | 제6공수사단 | 「켐슬리Kemsley」 신문 이사 |
| **올리버, 아서**Oliver, Arthur E. | 일병 | 제4코만도대대 | 광부 |
| **와이트먼, 레슬리**Wightman, Leslie | 이병 | 제3보병사단 | 선임 영사 기사 |
| **워드, 패트릭**Ward, Patrick A. | 해군 예비군 대위 | 제115소해전대 | 직업 미상 |
| **워드, 퍼시**Ward, Percy | 중대선임부사관 | 제50보병사단 | 전화 기술자 |
| **워버튼, 제프리**Warburton, Geoffrey A. | 통신 이병 | 제8기갑여단 | 경리 사원 |
| **웨버, 데니스**Webber, Dennis J. | 중위 | 제9해변단 | 은행원 |
| **웨버, 존**Webber, John | 전신병 | 200 전차상륙주정 전대 | 안경사 |
| **웨버, 존**Webber, John J. | 대위 | 제6공수사단 | 회계사 |
| **웨스턴, 로널드**Weston, Ronald | 일병 | 제50보병사단 | 육군 선임 사무원 |
| **웨스트, 레너드**West, Leonard C. | 준위 | 제3보병사단 | 해군성 군목실 |
| **위긴스, 존**Wiggins, John R. | 해군 예비군 대위 | 전차상륙함 423 | 교장 |
| **위더, 러셀**Wither, Russell J. | 병장 | 제41코만도대대 | 경리 직원 |
| **윈드럼, 앤서니**Windrum, Anthony W. | 소령 | 제6공수사단 | 외교관 근무 후 퇴직 |
| **윈터, 존**Winter, John E. | 1등 화부 | 해군 연합작전처 | 출판인 |
| **윌슨, 고든**Wilson, Gordon C. | 소위 | 제47코만도대대 | 광고회사 사원 |
| **윌슨, 찰스**Wilson, Charles S. | 이병 | 제50보병사단 | 지하철 직원 |
| **잉그램, 로널드**Ingram, Ronald A. | 포병 이병 | 제3보병사단 | 화가 겸 장식가 |
| **잔켈, 허버트**Jankel, Herbert | 대위 | 제20해변개척반 | 차량 정비소 소유 |
| **제닝스, 헨리**Jennings, Henry | 공병 이병 | 공병 | 하청업 |
| **제임스, 레너드**James, Leonard K. | 상병 | 제3보병사단 | 광고업 |
| **존, 프레더릭**John, Frederick R. | 이병 | 제6코만도대대 | 회계사무소 선임 보조원 |

| 성명 | 당시 계급 | 당시 소속부대 | 현 직업 |
|---|---|---|---|
| **존스, 에드워드**Jones, Edward | 소령 | 제3보병사단 | 그리스-라틴학 전문가 |
| **존스, 피터**Jones, Peter H. | 해병 병장 | 잠수부 | 건축 도급업자 |
| **존슨, 프랭크**Johnson, Frank C. | 포병 일병 | 제50보병사단 | 목재 기계 운전수 |
| **체셔, 잭**Cheshire, Jack | 병장 | 제6해변단 | 인쇄공 |
| **치즈먼, 아서**Cheesman, Arthur B. | 해군 중위 | 해군 예비군 화력지원 상륙주정 254 | 채석장 관리인 |
| **카스**Cass, E.E.E. | 준장 | 제3보병사단 | 준장으로 전역 |
| **카울리, 어니스트**Cowley, Ernest J. | 1등 화부 | 전차상륙주정 7045 | 보수 기술자 |
| **캐도건, 로이**Cadogan, Roy | 이병 | 제27기갑여단 | 조사관 |
| **커트랙, 에드워드**Cutlack, Edward B. | 해군 예비군 소령 | 제9소해전대 | 이스트 미들랜드East Midland 가스위원회 수석 강사 |
| **컬럼, 퍼시**Cullum, Percy E. | 부사관 | 기동무선부대 | 국세청 직원 |
| **케이펀, 시드니**Capon, Sidney F. | 이병 | 제6공수사단 | 건축 청부업자 |
| **켄들, 허버트**Kendall, Hubert O. | 상병 | 제6공수사단 | 해운 화물 대리인 |
| **코킬, 윌리엄**Corkill, William A. | 통신 이병 | 전차상륙주정 전대 O | 회계사무소 선임 사무원 |
| **콕스, 노먼**Cox, Norman V. | 해군 예비군 대위 | 제4전대 | 공무원 |
| **콕스, 레너드**Cox, Leonard H. | 상병 | 제6공수사단 | 판화가 |
| **콜, 토머스**Cole, Thomas A. W. | 포병 이병 | 제50보병사단 | 기계 검사원 |
| **콜리, 제임스**Colley, James S. F. | 상병 | 제4코만도대대 | 직업 미상 |
| **콜린스, 찰스**Collins, Charles L. | 상병 | 제6공수사단 | 경찰관(경사) |
| **콜린슨, 조지프**Collinson, Joseph A. | 일병 | 제3보병사단 | 공학 제도사 |
| **쿠퍼, 존**Cooper, John B. | 이병 | 전차상륙주정 597 | 직업 미상 |
| **쿡시, 프랭크**Cooksey, Frank | 상병 | 제9해변단 | 항공기 조립자 |
| **클라우드슬레이-톰슨, 존** Cloudsley-Thompson, John L. | 대위 | 제7기갑사단 | 런던London 대학교 동물학 강사 |
| **킴버, 도널드**Kimber, Donald E. | 해병 이병 | 제609전대 중형상륙주정 | 기계공 |
| **킹, 고든**King, Gordon W. | 중위 | 제6공수사단 | 페인트 회사 대표 |
| **테이트, 해롤드**Tait, Harold G. | 일병 | 제6공수사단 | 채소가게 관리인 |
| **테일러, 존**Taylor, John B. | 대위 | 제4팀 소속 해병 잠수부 | 담배가게 주인 |
| **테펀든, 에드워드**Tappenden, Edward | 상병 | 제6공수사단 | 사원 |
| **토드, 리처드**Todd, Richard | 중위 | 제6공수사단 | 영화배우 |
| **토머스, 윌리엄**Thomas, William J. | 상병 | 제50보병사단 | 디젤엔진 운전수 |
| **톰린슨, 퍼시**Tomlinson, Percey | 선임 무선병 | 공군 기동통신부대 | 미장이 |
| **톰슨, 로저**Thomson, Roger W. D. | 해군 중령 | 소해정 시드머스 | 제조 공장 근무 |
| **파울러, 윌리엄**Fowler, William R. | 해군 대위 | 호위함 할스테드 | 광고 판매 |
| **파월, 콜린**Powell, Colin E. | 이병 | 제6공수사단 | 철강회사 영업부 근무 |
| **파지터, 조지**Pargeter, George S. | 상병 | 해병 | 생산 조정 사원 |
| **파커, 윌리엄**Parker, William | 공병 이병 | 제50보병사단 | 버스 운전사 |
| **패리스, 시드니**Paris, Sydney F. | 해군 상병 | 구축함 멜브레이크 | 경찰관 |
| **퍼버, 레이먼드**Purver, Raymond | 공병 이병 | 제50보병사단 | 창고 감독 |
| **퍼비스, 조지프**Purvis, Joseph | 이병 | 제5보병사단 | 노동자 |
| **페스킷, 스탠리**Peskett, Stanley V. | 중령 | 제1해병기갑지원 연대 | 해병대에서 복무 중 |
| **포드, 레슬리**Ford, Leslie W. | 해병 2등 통신병 | 제1특수여단 | 직업 미상 |
| **포터, 월터**Porter, Walter S. | 일병 | 제53 파이오니어 전투공병대대 | 화가 겸 장식가 |
| **포트먼, 스탠리**Fortman, Stanley | 운전병/정비병 | 제6공수사단 | 조판공 |

| 성명 | 당시 계급 | 당시 소속부대 | 현 직업 |
|---|---|---|---|
| **폭스, 고프리**Fox, Geoffrey R. | 해군 상병 | 제48상륙주정전대 | 경찰관 |
| **폭스, 휴버트**Fox, Hubert C. | 해군 소령 | 해군 강습단 | 낙농업 |
| **플러드, 버나드**Flood, Bernard A. | 공병 이병 | 제3보병사단 | 우체국장 |
| **플런더, 대니얼**Flunder, Daniel J. | 대위 | 제48코만도대대 | 던롭Dunlop 타이어 주식회사 지점장 |
| **피치, 시드니**Peachey, Sidney | 해군 중사 | 전함 워스파이트 | 기사 |
| **핀치, 해럴드**Finch, Harold | 이병 | 제50보병사단 | 경찰관 |
| **필립스, 판데일**Phillips, Sir Farndale | 중령 | 제47코만도대대장 | 소장, 영국무역협회장 |
| **하그리브스, 에드워드**Hargreaves, Edward R. | 소령 | 제3보병사단 | 지역 보건소 부소장 |
| **하디**Hardie, I. | 중령 | 제50보병사단 | 육군에서 복무 중 |
| **하비, 아돌푸스**Harvey, Adolphus J. | 임시 대령 | 해병기갑지원단 | 농원 경영 |
| **하인즈, 윌리엄**Hynes, William | 병장 | 제50보병사단 | 육군에서 복무 중 |
| **한네손, 한네스**Hanneson, Hannes | 대위 | 영국 육군 의무단 전차상륙함 21 | 내과 전문의 |
| **해리스, 해리**Harris, Harry | 해군 일병 | 기뢰부설함 어드벤처 | 광부 |
| **해리슨, 로저**Harrison, Roger H. | 해군 예비군 대위 | 제4 전차상륙주정 | 은행 조사원 |
| **해먼드, 윌리엄**Hammond, William | 상병 | 제79기갑사단 | 육군 대대주임원사 |
| **허틀리, 존**Hutley, John C. | 병장 | 글라이더조종연대 | 구내식당 관리인 |
| **험버스톤, 헨리**Humberstone, Henry F. | 이병 | 제6공수사단 | 의류공장 사원 |
| **헤이든**Hayden, A. C. | 이병 | 제3보병사단 | 노동자 |
| **호턴, 해리**Horton, Harry | 이병 | 제3코만도대대 | 영국군 상병 |
| **홀리스, 스탠리**Hollis, Stanley E. V. | 중대선임부사관 | 제50보병사단 | 모래뿜기 기능공 |
| **화이트, 닐스**White, Niels W. | 소위 | 제50보병사단 | 모피 중개상 |

## 캐나다군

| 성명 | 당시 계급 | 당시 소속부대 | 현 직업 |
|---|---|---|---|
| **가디너, 조지**Gardiner, Geroge J. | 병장 | 제3보병사단 | 육군 상병 |
| **개먼, 클린턴**Gammon, Clinton C. L. | 대위 | 제3보병사단 | 제지업자 |
| **고어스, 레이먼드**Goeres, Raymond J. | 공군 대위 | 영국공군 제101비행전대 | 공군 대위 |
| **군나르손 군나르**Gunnarson, Gunnar H. | 이병 | 제3보병사단 | 농업 |
| **그레이엄, 로버트**Graham, Robert J. | 공병 이병 | 제3보병사단 | 사무실 감독관 |
| **그리핀, 피터**Griffin, Peter | 대위 | 영국군 제6공수사단 소속 캐나다 제1공수대대 | 직업 미상 |
| **길런, 제임스**Gillan, James D. M. | 대위 | 제3보병사단 | 육군에서 복무 중 |
| **네윈, 해리**Newin, Harry J. | 공군 중사 | 제625비행대대 | 공군에서 복무 중 |
| **더턴, 엘던**Dutton, Eldon R. | 통신 이병 | 제3보병사단 | 육군 병장 |
| **던, 클리퍼드**Dunn, Clifford E. | 이병 | 제3보병사단 | 낙농업 |
| **데이비스, 프랜시스**Davies, Francis J. | 포병 일병 | 제3보병사단 | 육군 하사 |
| **듀이, 클라랜스**Dewey, Clarence J. | 상병 | 제1전술공군 공군헌병 | 공군 소방관 |
| **라벨, 플래시드**Labelle, Placide | 대위 | 제3보병사단 | 공보부 근무 |
| **랑엘, 루이스**Langell, Louis | 이병 | 제3보병사단 | 육군에서 복무 중 |
| **랭, 고든**Laing, Gordon K. | 이병 | 제3보병사단 | 산업 도장사 |
| **러피, 조지**Ruffee, George E. M. | 중위 | 제3보병사단 | 육군에서 복무 중 |
| **레이치, 잭**Raich, Jack | 상병 | 제3보병사단 | 육군 병장 |
| **레힐, 세실**Rehill, Cecil | 중위 | 제3보병사단 | 육군에서 복무 중 |
| **로게, 로버트**Rogge, Robert E. | 이병 | 제3보병사단 | 미 공군 하사 |

| 성명 | 당시 계급 | 당시 소속부대 | 현 직업 |
|---|---|---|---|
| **록하트, 로이드**Lockhart, Lloyd J. | 해군 상병 | 구축함 서스캐처원 | 공군 소방관 |
| **르루, 롤랑**Leroux, Roland A. | 병장 | 제3보병사단 | 세관 공무원 |
| **르블랑, 조지프**LeBlanc, Joseph E. H. | 대위 | 제3보병사단 | 육군 소령 |
| **리긴스, 퍼서벌**Liggins, Percival | 이병 | 영국군 제6공수사단 예하 캐나다 제1공수대대 | 낙하산 구조사 |
| **리틀, 에드워드**Little, Edward T. | 일병 | 영국군 제6공수사단 예하 캐나다 제1공수대대 | 육군에서 복무 중 |
| **린드, 잭**Lind, Jack B. | 대위 | 제3보병사단 | 육군에서 복무 중 |
| **린치, 로렌스**Lynch, C. Lawrence | 중위 | 제3보병사단 | 은행원 |
| **마지, 모리스**Magee, Morris H. | 병장 | 제3보병사단 | 심전계心電計 기사 |
| **마티외, 폴**Mathieu, Paul | 중령 | 제3보병사단 | 국방부 차관 |
| **매닝, 로버트**Manning, Robert F. | 해군 상사 | 기뢰전대 | 수력발전소 유지보수 책임자 |
| **매컴버, 존**McCumber, John M. | 상병 | 제2기갑여단 | 육군에서 복무 중 |
| **매켄지, 도널드**MacKenzie, Donald L. | 이병 | 제3보병사단 | 공군에서 복무 중 |
| **맥기치, 윌리엄**McGechie, William | 공군 중위 | 제298비행대대 | 광산자원부 재산평가관 |
| **맥나미, 고든**McNamee, Gordon A. | 공군 중위 | 제405비행대대 | 공군 대위 |
| **맥도널드, 제임스**McDonald, James W. | 상병 | 제3보병사단 | 미국-캐나다 국경 이민국 관리 |
| **맥두걸, 콜린**McDougall, Colin C. | 대위 | 제3보병사단 | 육군 공보실장 |
| **맥래, 존**MacRae, John | 중위 | 제3보병사단 | 국회의원 |
| **맥머레이, 로버트**McMurray, Robert M. | 일병 | 제3보병사단 | 보험보증인 |
| **맥클린, 리처드**MacLean, Richard O. | 병장 | 영국군 제6공수사단 예하 캐나다 제1공수대대 | 석유 및 가스 대리점 |
| **맥클린, 찰스**McLean, Charles W. | 소령 | 제3보병사단 | 섬유 판매 부장 |
| **맥키, 로버트**McKee, Robert | 공군 중위 | 제296비행대대 | 공군 소령 |
| **맥타비쉬, 프랭크**McTavish, Frank A. | 소령 | 제3보병사단 | 육군 소령 |
| **맥패터, 로더릭**McPhatter, Roderick H. | 선임 암호병 | 소해함 카라컷 | 공군 대위 |
| **맥피트, 윌리엄**McFeat, William P. | 포병 이병 | 제3보병사단 | 캐나다 고용청 특별취업알선담당관 |
| **맨딘, 조지프**Mandin, Joseph A. | 이병 | 제3보병사단 | 공군 일병 |
| **머치, 휴이트**Murch, Hewitt J. | 통신 이병 | 제3보병사단 | 농부 |
| **모셔, 앨버트**Mosher, Albert B. | 이병 | 제3보병사단 | 공군 지상방호교관 |
| **모팻, 존**Moffatt, John L. | 공군 중위 | 제575비행대대 | 교사 |
| **미첼, 제임스**Mitchell, James F. | 비행대대장 | 제83비행대대 | 공군에서 복무 중 |
| **밀러, 이안**Millar, Ian A. | 소령 | 제3보병사단 | 육군 소령 |
| **백코스티, 존**Backosti, John | 선임 화부 | 무장상선순양함 프린스 헨리 | 공군 항공의무후송 담당관 |
| **베일리스, 길버트**Bayliss, Gilbert | 공군 중위 | 영국 공군 | 공군 중위 |
| **벨룩스, 진**Velux, Gene | 공병 이병 | 제3보병사단 | 육군 상병 |
| **분, 아서**Boon, Arthur | 포병 이병 | 제3보병사단 | 캐나다국영철도 직원 |
| **브레브너, 콜린**Brebner, Dr. Colin N. | 대위 | 영국군 제6공수사단 소속 캐나다 제1공수대대 | 외과 의사 |
| **블랙케이더**Blackader, K. G. | 준장 | 제3보병사단 | 회계사 |
| **블레이크, 존**Blake, John J. | 승무원 | 무장상선순양함 프린스 헨리 | 공군 지상 기술자 |
| **비들러, 더글러스**Vidler, Douglas R. | 이병 | 제3보병사단 | 필름 검사원 |
| **샤프마이어, 존**Schaupmeyer, John E. | 공병 이병 | 제3보병사단 | 농부 |
| **샴포우, 로버트**Champoux, Robert A. | 상병 | 제3보병사단 | 육군에서 복무 중 |
| **셰링턴, 호레이스**Cherrington, Horace D. | 병장 | 제570전대 | 기사 |
| **소머빌, 조지프**Somerville, Joseph | 이병 | 제3보병사단 | 종이회사 직원 |

| 성명 | 당시 계급 | 당시 소속부대 | 현 직업 |
|---|---|---|---|
| **손더스, 프레더릭**Saunders, Frederick T. | 일병 | 제3보병사단 | 발전소 선임감독관 |
| **쇼크로스, 로널드**Shawcross, Ronald G. | 대위 | 제3보병사단 | 봉투 회사 부장 |
| **스미스, 스탠리**Smith, Stanley A. E. | 공군 사관후보생 | 제2공군훈련단 | 공군 상병 |
| **스콧, 찰스**Scott, Charles J. | 중위 | 전차상륙함 926 | 편집자 |
| **스탠리, 로버트**Stanley, Robert W. | 이병 | 영국군 제6공수사단 예하 캐나다 제1공수대대 | 금속 노동자 |
| **스토다트, 잭**Stothart, Jack G. | 대위 | 제3보병사단 | 농업 연구 |
| **스튜어트, 앵거스**Stewart, Angus A. | 이병 | 제3보병사단 | 농부 |
| **아버클, 로버트**Arbuckle, Robert | 포병 이병 | 제19야전연대 | 캐나다국영철도 선로공 |
| **액스퍼드, 더글러스**Axford, Douglas S. | 병장 | 제3보병사단 | 육군 준위 |
| **앤더슨, 제임스**Anderson, James | 소령 | 제3보병사단 | 뉴브런즈윅New Brunswick 주 사회복지부 장관 |
| **에반스, 시릴**Evans, Cyril | 이병 | 제3보병사단 | 전기공 |
| **엘드리지, 빅터**Eldridge, Victor | 준위 | 제415캐나다공군 전대 | 공군에서 복무 중 |
| **엘머스, 윌리엄**Elmes, William J. | 일병 | 제2군 | 육군에서 복무 중 |
| **오리건, 로버트**O'Regan, Robert B. | 포병 이병 | 제3보병사단 | 육군 공보업무 담당 |
| **오스본, 대니얼**Osborne, Daniel N. | 대위 | 제3보병사단 | 육군 소령 |
| **옴스테드, 얼**Olmsted, Earl A. | 대위 | 제3보병사단 | 육군 중령 |
| **와이드노저, 에드윈**Widenoja, Edwin T. | 공군 중위 | 제433비행대대 | 펄프 및 제지 검사원 |
| **워버튼, 제임스**Warburton, James A. | 중위 | 제3보병사단 | 기술자 |
| **워시번, 아서**Washburn, Arthur S. | 상병 | 제3보병사단 | 공무원 |
| **웨버, 존**Webber, John L. | 병장 | 제85비행대대 | 항공기관사 |
| **윌킨스, 도널드**Wilkins, Donald | 소령 | 영국군 제6공수사단 예하 캐나다 제1공수대대 | 투자 중개인 |
| **잭, 시어도어**Zack, Theodore | 이병 | 제3보병사단 | 농부 |
| **존스턴, 알렉산드**Johnston, Alexand | 공병 이병 | 제3보병사단 | 캐나다군 병기단 |
| **존스턴, 존**Johnston, John R. | 통신 이병 | 제3보병사단 | 공군 전신 기능공 |
| **존스톤**Johnstone, T. | 병장 | 제2기갑여단 | 육군 교관 |
| **진즈, 어니스트**Jeans, Ernest A. | 상병 | 영국군 제6공수사단 예하 캐나다 제1공수대대 | 교사 |
| **찰크래프트, 윌리엄**Chalcraft, William R. | 공군 대위 | 제419비행전대 | 공군 중위 |
| **처칠, 헨리**Churchill, Henry L. | 이병 | 영국군 제6공수사단 소속 캐나다 제1공수대대 | 직업 미상 |
| **커크로프트, 고든**Cockroft, Gordon | 선임 암호병 | 초계함 린지 | 육군 병기병과 상병 |
| **콕스, 케네스**Cox, Kenneth W. | 이병 | 제14이동병원 | 공군 병장 |
| **쿠튀르, 조지**Couture, George J. | 이병 | 제3보병사단 | 육군 모병부사관 |
| **크레신, 엘리스**Cresine, Ellis R. | 포병 이병 | 제3보병사단 | 공군 헌병 |
| **토드, 퍼시**Todd, Percy A. S. | 준장 | 제3보병사단 포병여단장 | 철도 총괄관리자 |
| **톰슨, 로버트**Thompson, Robert J. | 포병 이병 | 제3보병사단 | 공군 소방관 |
| **톰슨, 토머스**Thomson, Thomas A. | 공군 소위 | 제425비행대대 | 공군 중사 |
| **파울러, 도널드**Fowler, Donald M. | 이병 | 제3보병사단 | 가격 책정 책임자 |
| **패럴**Farrell, J. A. | 이병 | 제3보병사단 | 방송인 겸 작가 |
| **패터슨, 윌리엄**Paterson, William | 이병 | 영국 제6공수사단 | 고등학교 교사 |
| **포브스, 로버트**Forbes, Robert B. | 소령 | 제3보병사단 | 구매 책임자 |
| **포스, 존**Forth, John W. | 소령 | 제3보병사단 선임군목보 | 대령, 육군 군종병과장 |
| **풀러, 클레이턴**Fuller, Clayton | 소령 | 영국군 제6공수사단 예하 캐나다 제1공수대대 | 온타리오 주 골트Galt 소재 캐나다황동회사 근무 |
| **프레이저, 조지**Fraser, Geroge C. | 상병 | 제3보병사단 | 사원 |

| 성명 | 당시 계급 | 당시 소속부대 | 현 직업 |
|---|---|---|---|
| **피어스, 데스먼드**Piers, Desmond W. | 해군 소령 | 구축함 알곤킨 | 해군 준장 |
| **피어슨, 클리퍼드**Pearson, Clifford A. | 일병 | 제3보병사단 | 육군 병장 |
| **피츠패트릭, 칼**Fitzpatrick, Carl L. | 해군 이병 | 소해정 블레어모어 | 육군 대위 |
| **해밀턴, 존**Hamilton, John H. | 일병 | 제3보병사단 | 채소 도매회사 구매 담당 |
| **허틱, 월터**Hurtck, Walter J. | 공군 중위 | 제524비행전대 | 공군 병장 |
| **헤인즈, 찰스**Haines, Charles W. R. | 이병 | 제3보병사단 | 공군 헌병 |
| **홀, 존**Hall, John H. | 공군 중위 | 제51폭격비행대대 | 공군 소령 |
| **화이트, 윌리엄**White, William B. | 이병 | 영국군 제6공수사단 예하 캐나다 제1공수대대 | 육군 병장 |
| **히키**Hickey, R. M. | 대위(군목) | 제3보병사단 | 목사 |
| **힐록, 프랭크**Hillock, Frank W. | 공군 중령 | 제143비행단 | 공군 중령 |
| **힐본, 리처드**Hilborn, Richard | 중위 | 영국군 제6공수사단 예하 캐나다 제1공수대대 | 온타리오 주 프레스턴 소재 프레스턴Preston 가구회사 사원 |

## 프랑스군

| 성명 | 당시 계급 | 당시 소속부대 | 현 직업 |
|---|---|---|---|
| **키퍼, 필립**Kieffer, Philippe | 해군 중령 | 영국 제4코만도대대에 배속된 프랑스 코만도대대장 | 파리 소재 나토 근무 |

## 레지스탕스

| 성명 | 활동지역 | 임무 |
|---|---|---|
| **레미, 조르주 장**Rémy, George Jean | 파리 | 무선 통신 |
| **르슈발리에, 아멜리**Lechevalier, Amélie | 캉 | 연합군 조종사 탈출 |
| **마리옹, 장**Marion, Jean | 그랑캉 | 오마하 지구장 |
| **메르카데르, 기욤**Mercader, Guillaume | 바이외 | 해안 지구장 |
| **오주, 알베르**Auge, Albert | 캉 | 프랑스 철도 |
| **질, 레오나르**Gill, Léonard | 캉, 노르망디 | 군사정보 책임자 |
| **질, 루이즈 '자닌' 부와타르** Gille, Louise 'Janine' Boitard | 캉 | 연합군 조종사 탈출 |
| **피카르, 로제**Picard, Roger | 남부 프랑스 | 정보 수집 |

## 독일군

| 성명 | 당시 계급 | 당시 소속부대 | 현 직업 |
|---|---|---|---|
| **가우제, 알프레트**Gause, Alfred | 소장 | 1944년 3월까지 B집단군 참모장 | 주독 미 육군 전사 편찬부 |
| **고트베르크, 빌헬름 폰**Gottberg, Wilhelm von | 대위 | 제21기갑사단 22연대 | 자동차 대리점장 |
| **담스키, 알로이시우스**Damski, Aloysius | 이병 | 제716사단 | 직업 미상 |
| **뒤링, 에른스트**Düring, Ernst | 대위 | 제352사단 | 사업가 |
| **라이헤르트, 요제프**Reichert, Josef | 소장 | 제711사단장 | 중장으로 전역 |
| **랑, 헬무트**Lang, Hellmuth | 대위 | 롬멜의 전속부관 | 창고 관리자 |
| **루게, 프리드리히**Ruge, Friedrich | 해군 중장 | 롬멜의 해군 보좌관 | 연방 해군 검열관 |

| 성명 | 당시 계급 | 당시 소속부대 | 현 직업 |
|---|---|---|---|
| **리히터, 빌헬름**Richter, Wilhelm | 소장 | 제716사단장 | 중장으로 전역 |
| **마이어, 헬무트**Meyer, Hellmuth | 중령 | 제15군 정보장교 | 연방 육군 |
| **마이어-데트링, 빌헬름** Meyer-Detring, Wilhelm | 준장 | 서부전선 정보처장 | 나토 정보처장 |
| **바를리몬트, 발터**Warlimont, Walter | 대장 | 독일 국방군 작전참모차장 | 대장으로 전역 |
| **뷔르크너, 레오폴트**Bürkner, Leopold | 해군 중장 | 독일 국방군 의전장 | 항공사 인사 이사 |
| **뷘쉬, 안톤**Wuensch, Anton | 상병 | 제6낙하산연대 | 직업 미상 |
| **블루멘트리트, 귄터**Blumentritt, Günther | 소장 | 서부전선 참모장 | 중장으로 전역 |
| **셴크 추 슈바인스베르크** Schenck Zu Schweinsberg | 소령(한스 남작) | 제21기갑사단 | 개인 소득으로 생활 |
| **슈람, 빌헬름 폰** Schramm, Wilhelm von | 소령 | 공식 전쟁 보고서 작성관 | 작가 |
| **슈타우브바서, 안톤**Staubwasser, Anton | 중령 | B집단군 정보처장 | 연방 육군 |
| **슈텐첼, 빌리**Stenzenl, Willy | 일병 | 제6낙하산연대 | 판매원 |
| **슈퇴베, 발터**Stöbe, Walter | 교수(박사) | 서부전선 독일공군 수석 기상 예보관 | 교사 |
| **슈파이델, 한스**Speidel, Hans | 소장(박사) | B집단군 참모장 | 연방 육군 중장, 나토 사령관 |
| **오펠른-브로니코우스키, 헤르만 폰** Oppeln-Bronikowski, Hermann von | 대령 | 제21기갑사단 22연대 | 대장으로 전역, 부동산 사무장 |
| **옴젠, 발터**Ohmsen, Walter | 대위 | 마르쿠 포대장 | 항만 관제관 |
| **자울, 카를**Saul, Carl | 중위(박사) | 제709보병사단 | 고등학교 교사 |
| **잘무트, 한스 폰** Salmuth, Hans von | 대장 | 제15군 사령관 | 대장으로 전역 |
| **치머만, 보도**Zimmermann, Bodo | 중장 | 서부전선 작전참모 | 중장으로 전역, 출판사 운영 |
| **크란케, 테오로드**Krancke, Theodor | 해군 대장 | 서부전선 해군사령관 | 최근까지 노동자로 일하다가 은퇴해 연금으로 생활 |
| **키스토우키, 베르너 폰** Kistowski, Werne von | 대령 | 제3군 고사포군단 1고사포연대 | 형광등 판매원 |
| **펨젤, 막스**Pemsel, Max | 소장 | 제7군 참모장 | 독일 연방 육군 중장 |
| **포이흐팅어, 에드가**Feuchtinger, Edgar | 중장 | 제21기갑사단장 | 독일 산업협회 기술 자문 |
| **포크트, 빌헬름**Voigt, Wilhelm | 이병 | 무선감청단 | 독일 프랑크푸르트 소재 팬 아메리칸 에어웨이Pan American Airways 사 홍보부 사원 |
| **푸트카머, 카를-예스코 폰** Puttkamer, Karl-Jesko Von | 해군 대장 | 히틀러의 해군 부관 | 수출회사 인사 이사 |
| **프라이베르크, 레오데가르트** Freyberg, Leodegard | 대령 | B집단군 인사참모 | 독일군 연맹 임원 |
| **프릴러, 요제프**Priller, Josef | 대령 | 제26전투비행단장 | 맥주 제조업체 운영 |
| **플루스카트, 베르너**Pluskat, Werner | 소령 | 제352사단 | 기술자 |
| **하인, 프리드리히**Hayn, Friedrich | 소령 | 제84군단 정보장교 | 작가 |
| **할더, 프란츠**Halder, Franz | 상급대장 | 1942년 9월까지 독일 육군 총참모장 | 주독 미 육군 전사 편찬부 |
| **해거, 요제프**Häger, Josef | 일병 | 제716사단 | 기계공 |
| **헤르메스, 발터**Hermes, Walter | 이병 | 제21기갑사단 192연대 | 우체부 |
| **호프너, 한스 브리그**Hoffner, Hans, Brig | 소장 | 서부전선 프랑스 지역 철도수송감 | 연방 육군 |
| **호프만, 루돌프**Hofmann, Rudolf | 소장 | 제15군 참모장 | 전역 후 주독 미 육군 전사 편찬부 자문 |
| **호프만, 하인리히**Hoffmann, Heinrich | 해군 소령 | 제5어뢰정대 | 연방 해군 |
| **후메리히, 빌헬름**Hummerich, Wilhelm | 대위 | 제709사단 | 나토 독일지원단 부단장 |
| **힐데브란트, 오토**Hildebrand, Otto | 중위 | 제21기갑사단 | 직업 미상 |

## 감사의 말

이 책을 쓰는 데 바탕이 된 주 자료는 연합군과 독일군으로 디데이에 참전했던 사람들, 프랑스 레지스탕스 대원, 그리고 프랑스 민간인들에게서 얻었다. 면담자 수는 모두 1천 명이 넘는다. 이들은 모두 자유로운 분위기 속에서 사심 없이 자신의 경험을 들려주었으며, 이런 과정에서 전혀 불편해하지 않았다. 면담자가 작성한 설문지는 열성적으로 추가 정보를 제공한 여러 참전자의 정보와 대조 검토하여 검증했다. 이들은 내가 보낸 편지와 설문에 답을 했으며, 물에 젖은 흔적이 있는 전투 지도, 너덜너덜해진 일기장, 사후검토 보고서, 상황일지, 전문철電文綴, 근무 명령서, 사상자 명단, 개인적인 편지와 사진 같은 다양한 기록들을 제공했으며, 시간을 내 면담에 응했다. 이분들의 도움이 없었다면 이 책은 나올 수 없었을 것이다. 바로 앞의 '참전자 명단'이 이렇게 도움을 준 참전자와 프랑스 레지스탕스 대원의 성명을 적은 기록이다. 내가 아는 한 디데이에 참여한 사람을 기록한 명단으로는 이것이 유일하다.

지난 3년 동안 가장 심혈을 기울인 것은 디데이에 참전한 생존자를 찾는 것이었다. 전체 생존자 중 7백여 분이 면담에 응했다. 이분들은 미국, 캐나다, 영국, 프랑스, 독일에 계신다. 면담자 중 383분의 경험담을 본문에 넣었다. 같은 이야기가 반복되는 경우가 많아 모든 분의 경험을 책에 넣을 수는 없었다. 그러나 이 책은 디데이에 참여했던 분들이 제공한 정보를 토대로 연합군과 독일군 사후검토 보고서, 상황일지, 공식 역사를 더해 구성한 것이다. 이 밖에 유럽 전구 군사 기록장교였던 새뮤얼 마셜* 준장이 전쟁

---

* 옮긴이) Samuel Lyman Atwood Marshall(1900년 7월 18일~1977년 12월 17일): 제2차 세계대전과 6·25전쟁에 참전한 미 육군 군사 기록장교이다. 30여 권의 전쟁사 책을 남겼는데, 그중 *Pork*

기간 동안과 전후에 수행한 전투 면담과 같은 공식 기록의 도움도 받았다.

우선 이 책을 만들 수 있도록 거의 모든 비용을 댄 『리더스 다이제스트Readers' Digest』 발행인 드 위트 월리스De Witt Wallace에게 감사의 인사를 전한다.

미 국방부, 최근까지 미 육군 참모총장이었던 맥스웰 테일러 대장, 미 육군 공보국장인 스토크H. P. Storke 소장, 미 육군 발간실Army' Magazine and Book branch의 체스넛G. Chesnutt 대령, 존 체스보로John Cheseboro 중령, 오언C. J. Owen 중령, 미 해군 발간실Navy's Magazine and Book branch의 허버트 짐펠Herbert Gimpel 중령, 미 공군 공보실Air Force's Information Division의 맥W. M. Mack 대위, 국방부의 마사 홀러Martha Holler, 그리고 유럽을 포함한 여러 곳에서 매번 나를 도와준 모든 공보관에게 경의를 표한다. 이분들은 내가 참전용사를 찾아 면담하는 것을 도와주었을 뿐 아니라, 필요한 모든 곳과 사전에 교섭하여 면담을 주선하고 비밀문서를 볼 수 있는 허가를 얻어 주었으며, 상세한 지도를 제공한 것은 물론 여행하는 데 필요한 각종 조치를 해주었다.

최근까지 전사연구실 수석 역사학자로 활동한 켄트 로버츠 그린필드Kent Roberts Greenfield 박사와 동료인 윌리엄 하이츠William F. Heitz 소령, 이스라엘 와이스Israel Wice 씨, 데트마 핀Detmar Finke 씨, 찰스 폰 루티쇼Charles von Luttichau 씨가 친절하게 도와주고 협조해 준 데 감사한다. 이들은 공식 역사와 기록물을 볼 수 있도록 허락해 주었으며 끊임없는 조언을 아끼지 않았다. 특히 루티쇼 씨는 거의 여덟 달 동안 개인 시간을 아낌없이 투자해 가면서 독일어로 된 문서와 독일군 중요 상황일지를 영어로 옮겨 주었다.

이 책을 쓸 수 있도록 도와준 분들 가운데 특히 다음 분들이 고맙다. 푸앵트 뒤 오크에서의 레인저 부대의 활약을 재구성하는 데는 빌 페티 병장의 공이 컸다. 제1보병사단의 마이클 커츠 상병, 제29보병사단의 에드워드 기어링 소위와 노먼 코타 소장 덕에 오마하 해변을 생생하게 묘사할 수 있

---

*Chop Hill: The American Fighting Man in Action*은 동명의 영화로도 만들어졌다.

었다. 제4보병사단의 거든 존슨 대령은 강습부대 제1파가 어떠한 장비를 가져갔는지 상세하게 기억했다. 유진 캐피 대령과 해리 브라운 병장은 유타 해변의 시어도어 루스벨트 준장을 묘사하는 데 도움을 주었다. 디데이에 미 제4보병사단장이던 레이먼드 바턴 소장은 조언을 아끼지 않았을 뿐만 아니라 가지고 있던 지도와 공식 문서를 빌려 주었다. 소드 해변을 강습한 영국군 제8여단을 이끈 카스 준장은 영국군 사상자 수를 조사하는 데 노력을 아끼지 않았으며 수첩에 적은 상세한 기록과 문서를 제공해 주었다. 시어도어 루스벨트 준장의 부인은 친절했으며 사려 깊은 제안과 비평을 아끼지 않았다. 『타임Time』과 『라이프Life』 기자를 역임했으며 디데이 당일 제82공정사단과 함께 뛰어 내린 유일한 종군기자인 윌리엄 월턴William Walton은 상자를 샅샅이 뒤져 오래된 공책을 찾아내 이틀을 꼬박 써 가며 강습 당시의 분위기를 설명했다. 제48코만도대대의 대니얼 플런더 대위와 마이클 알드워스 중위는 주노 해변의 활약상을 그리는 데 도움을 주었다. 윌리엄 밀린은 디데이에 연주했던 곡목을 기억하느라 많은 애를 썼다.

맥스웰 테일러 대장은 살인적인 일정에도 특별히 시간을 내서 제101공정사단이 어떻게 강습했는지를 차례차례 설명했으며, 나중에는 원고를 주의 깊게 끝까지 읽고 정확성을 높이는 데 도움을 주었다. 정말 감사한다. 오버로드 계획을 최초로 세운 프레더릭 모건 중장과 노르망디로 뛰어내린 제82공정사단을 지휘한 제임스 개빈 중장은 의도치 않게 틀린 곳을 찾아냈으며 세 번이나 바뀐 원고를 읽어 주었다.

미 제1군을 지휘한 오마르 브래들리 대장, 드와이트 아이젠하워 대장의 참모장이던 월터 스미스 중장, 영국군 제1군단을 지휘한 크로커Crocker 중장, 영국군 제6공정사단을 지휘한 리처드 게일 중장에게도 큰 빚을 졌다. 이들은 모든 질문에 친절하게 답을 주고 면담을 해주었으며 전시 지도와 문서를 기꺼이 제공했다.

관대하게 협조해 준 서독 정부와 많은 참전 군인을 찾아 주고 약속까지 잡아 준 여러 독일 단체에도 감사한다.

독일 측에서 수많은 도움을 받았는데, 특히 전 독일 육군 총참모장 프란츠 할더 상급대장, 롬멜의 부관이던 헬무트 랑 대위, 룬트슈테트 원수의 참모장이던 귄터 블루멘트리트 소장, 롬멜의 참모장이던 한스 슈파이델 중장, 롬멜의 부인 루시-마리아와 아들 만프레트, 제7군 참모장이던 막스 펨젤 중장, 제15군 사령관이던 한스 폰 잘무트 대장, 제21기갑사단의 헤르만 폰 오펠른-브로니코우스키 대장, 독일공군 제26전투비행단의 요제프 프릴러 대령, 제15군의 헬무트 마이어 중령, 제352사단의 베르너 플루스카트 소령이 큰 도움을 줬다. 이들뿐만 아니라 다른 많은 독일인도 나에게 면담 시간을 내주었으며, 디데이에 벌어진 전투의 다양한 국면을 재구성할 수 있도록 아낌없이 시간을 할애해 주었다.

디데이 참전자들에게서 수집한 정보에 더해 저명한 역사가들과 저자들이 쓴 책도 많이 참고했다. 디데이 공식 역사서 *Cross-Channel Attack*의 저자 고든 해리슨Gordon A. Harrison과 미 육군이 발간한 *The Supreme Command*의 저자 포리스트 포그Forest Pogue 박사에게 사의를 표한다. 이 둘은 집필 방향을 정하고 여러 논란을 해결하는 데 도움을 주었다. 특히 이 두 사람이 쓴 책은 침공으로 이어진 여러 정치적·군사적 사건들을 큰 틀에서 이해하는 데, 그리고 침공 자체의 모습을 상세히 그리는 데 더할 나위 없이 귀중했다. 다른 책 중에서 도움을 많이 받은 것은 새뮤얼 모리슨Samuel E. Morison의 *The Invasion of France and Germany*, 찰스 테일러Charles H. Taylor의 *Omaha Beachhead*, 루펜탈R. G. Ruppenthal의 *Utah to Cherbourg*, 레너드 라포트Leonard Rapport와 아서 노우드 2세Arthur Norwood, Jr.의 *Rendevous with Destiny*, 미 육군 예비역 준장 마셜Marshall의 *Men Against Fire*, 스테이시Stacey 대령의 *The Canadian Army:* 1939-1945이다. 참고한 책은 참고도서로 책 뒤에 붙였다.

참전자들을 찾고 자료를 모으며 마지막 면담을 하는 동안 미국, 캐나다, 영국, 프랑스, 독일에 있는 『리더스 다이제스트』 지국에 근무하는 유능한 자료 조사원들의 도움을 받았다. 뉴욕 지국 편집장 거트루드 애런델Gertrude Arundel의 편집부 직원인 프랜시스 워드Frances Ward와 샐리 로버츠Sally Roberts는 산더미처럼 쌓인 문서, 설문지, 서신을 솜씨 좋게 헤치며 자료를 정리하고 모든 과정을 시간에 맞춰 주었다. 런던에서는 많은 면담 일정을 포함해 뉴욕과 비슷한 업무를 조앤 아이잭스Joan Isaacs가 처리했다. 캐나다 『리더스 다이제스트』의 셰인 맥케이Shane McKay와 낸시 베일 배션트Nancy Vail Bashant는 캐나다 국방부의 도움을 받아 수십여 명의 캐나다 참전자를 찾아 면담했다. 유럽에서 면담을 하는 것이 가장 어려웠다. 다양한 조언을 해준 『리더스 다이제스트』 독일판 편집자 막스 슈라이버Max C. Schreiber에게 감사 인사를 꼭 전하고 싶다. 파리에 있는 『리더스 다이제스트』 유럽 편집국의 부 편집자 조르주 레바이George Révay, 존 파니차John D. Panitza, 이본 푸르카드Yvonne Fourcade 또한 이 일을 성사시키고 자료를 조사하는 일을 정말 멋지게 해주었으며 끝도 없을 것 같은 면담을 진행했다. 특별한 감사를 전한다. 『리더스 다이제스트』의 호바트 루이스Hobart Lewis는 처음부터 이 일이 성공하리라 믿으면서 기나긴 집필 기간 동안 나를 지지해 주었다. 진심으로 감사한다.

이 밖에도 이 책을 쓰는 데 정말로 많은 분에게 감사의 빚을 졌다. 다 언급할 수는 없어 그중 일부만 이름을 올린다. 제리 콘Jerry Korn은 사려 깊은 비판과 편집에 노력을 아끼지 않았다. 돈 래슨Don Lassen은 제82공정사단과 관련한 많은 편지를 제공했다. 딕터폰Dictaphone 사의 돈 브라이스Don Brice는 구술용 녹음기를 제공했고, 데이비드 커David Kerr는 면담을 도왔다. 미 육군 기관지 『아미 타임스Army Times』의 존 버든John Virden 대령, 「베드퍼드 데모크랫Bedford Democrat」의 케네스 크라우치Kenneth Crouch, 팬 아메리카 에어웨이Pan American Airways의 데이브 파슨스Dave Parsons, 아이비엠IBM의 테드 로Ted Rowe, 제너럴 다이내믹스General Dynamics 사의 팻 설리번Pat Sullivan은 자신들의 조직을 활용해 디데이 생존자를 찾는 데 도움을 주었다. 수잔 글리브스Suzanne Gleaves, 시어도어 화이트Theodore H. White, 피터 슈웨드Peter Schwed, 필리스 잭슨Phyllis Jackson은 원고를 수정할 때마다 꼼꼼히 읽고 틀린 곳을 찾아 주었다. 릴리안 랭Lillian Lang은 비서로 나를 도왔고, 앤 라이트Anne Wright는 자료를 모으고 찾기 쉽게 목록을 만들었으며 편지까지 모두 도맡아 처리했다. 특히 타자 작업에 공이 크다. 무엇보다도 나의 사랑하는 아내 캐스린Kathryn은 조사한 자료와 원고를 일일이 맞춰 보면서 최종 원고가 나오도록 도왔다. 글 쓰는 내내 인내심을 가지고 도와준 아내가 없었다면 이 책은 나오기 어려웠을 것이다.

## *The Longest Day*의 유산

*The Longest Day*는 출간 이후 미국에서만 3천500만 부 이상이 팔린 것으로 추정되며, 네덜란드어, 노르웨이어, 덴마크어, 독일어, 라트비아어, 스웨덴어, 슬로바키아어, 아프리칸스어, 에스토니아어, 에스파냐어, 이탈리아어, 인도네시아어, 일본어, 중국어, 체코어, 타이어, 터키어, 포르투갈어, 폴란드어, 프랑스어, 핀란드어, 헝가리어, 히브리어(가나다 순)로 번역되었다. 1994년 디데이 50주년을 맞아 사이먼 앤드 슈스터Simon & Schuster 사가 재출간했으며, 디데이 70주년을 맞이한 2014년 5월 1일 배런스Barron's 사는 원저에 사진, 지도, 당시 보고서 등을 대폭 보강한 소장판을 출간했다. *The Longest Day*는 디데이를 다룬 수많은 책 중에서 맨 먼저 언급되면서 꼭 읽어야 할 고전으로 추천된다.

책이 나오고 2년 뒤, 영화제작자 대릴 자눅Darryl Zanuck은 이 책을 영화로 만들 생각으로 17만 5천 달러를 주고 판권을 사들였다. 저자 라이언, 프랑스 작가 로맹 가리Romain Gary, 제2차 세계대전을 주제로 작품 활동을 한 미국 작가 제임스 존스James Jones 등이 대본을 썼다. 영국군과 프랑스군 장면은 켄 아나킨Ken Annakin, 미군 장면은 앤드루 마턴Andrew Marton, 독일군 장면은 베른하르트 비키Bernhard Wicki, 공정부대 강하 장면은 거드 오스왈드Gerd Oswald가 각각 연출을 맡아 1961년 8월부터 열 달 동안 촬영했다.

이 영화는 몇 가지 큰 특징이 있다. 첫째, 디데이 주요 인물들이 영화 제작을 조언했다. 둘째, 영어권 영화 중 예외적이게도 프랑스인은 프랑스어로, 독일인은 독일어로 말하고 이를 자막으로 처리해 다큐멘터리적인 사실성을 높였다. 이 방식은 1970년 제작된 영화 「도라! 도라! 도라!Tora! Tora! Tora!」 등에 영향을 주었다. 셋째, 베누빌 다리(페가수스 다리), 생트-메르-에글리즈, 푸앵트 뒤 오크처럼 실제 전투가 벌어졌던 곳에서 많이 촬영되었다. 참고로 상륙 장면은 프랑스 코르시카Corsica 섬과 일-드-레Ile de Ré 섬에서 촬영되었다. 이 영화는 1998년에 제작된 영화 「라이언 일병 구하기Saving Private Ryan」, 2001년에 제작된 텔레비전 드라마 「밴드 오브 브라더스Band of Brothers」처럼 디데이를 소재로 하는 작품에 영향을 끼쳤다.

헨리 폰다Henry Fonda, 존 웨인John Wayne, 로버트 미첨Robert Mitchum, 리처드 버턴Richard Burton, 폴 앵카Paul Anka 같은 당대 유명 배우는 물론 007 시리즈에서 제임스 본드 역할을 맡기 이전이었지만 숀 코너리Sean Connery 등을 포함해 무려 42명이나 되는 배우가 출연했고 엑스트라는 2만 3천 명이 동원되었다. 흑백 영화로는 가장 많은 제작비가 투입된 영화이기도 한데, 이 기록은 1993년에 「쉰들러 리스트Schindler's List」가 제작되고서야 깨졌다.

1962년 9월 25일 프랑스를 시작으로 10월 4일 미국, 10월 23일 영국 등 20개국 이상에서 개봉되었다. 우리나라에서는 1965년에 「지상 최대의 작전」이라는 제목으로 개봉되었는데, 이는 일본에서 개봉된 제목을 그대로 쓴 것이다.

1963년 아카데미 영화상에서 작품상, 감독상, 촬영상(흑백영화), 편집상, 특수효과상 등 5개 부문에 후보로 올라 그중 촬영상과 특수효과상을 수상했다. 참고로 「아라비아의 로렌스Lawrence of Arabia」가 그해 작품상, 감독상을 포함해 7개 부문을 수상했다.

## 참고문헌


Babington-Smith, Constance. *Air Spy*. New York: Harper & Bros., 1957.

Baldwin, Hanson W. *Great Mistakes of the War*. New York: Harper & Bros., 1950.

Baumgartner, Lt. John W.; DePoto, 1st Sgt. Al; Fraccio, Sgt. William; Fuller, Cpl. Sammy. *The 16th Infantry, 1798-1946*. Privately printed.

Bird, Will R. *No Retreating Footsteps*. Nova Scotia: Kentville Publishing Co.

Blond, Georges. *Le Débarquement, 6 Juin 1944*. Paris: Arthème Fayard, 1951.

Bradley, Gen. Omar N. *A Soldier's Story*. New York: Henry Holt, 1951.

Bredin, Lt. Col. A. E. C. *Three Assault Landings*. London: Gale & Polden, 1946.

British First and Sixth Airborne Divisions, the Official Account of. *By Air to Battle*. London: His Majesty's Stationery Office, 1945.

Brown, John Mason. *Many a Watchful Night*. New York: Whittlesey House, 1944.

Butcher, Capt. Harry C. *My Three Years with Eisenhower*. New York: Simon and Schuster, 1946.

Canadian Department of National Defence. *Canada's Battle in Normandy*. Ottawa: King's Printer, 1946.

Chaplin, W. W. *The Fifty-Two Days*. Indianapolis and New York: Bobbs-Merrill, 1944.

Churchill, Winston S. *The Second World War* (Vols. I-VI). Boston: Houghton Mifflin, 1948-1953.

Clay, Maj. Ewart W. *The Path of the 50th*. London: Gale & Polden, 1950.

Colvin, Ian. *Master Spy*. New York: McGraw-Hill, 1951.

Cooper, John P., Jr.. *The History of the 110th Field Artillery*. Baltimore: War Records Division, Maryland Historical Society, 1953.

Crankshaw, Edward. *Gestapo*. New York: Viking Press, 1956.

Danckwerts, P. V. *King Red and Co*. Royal Armoured Corps Journal, Vol. 1, July 1946.

Dawson, W. Forrest. *Sage of the All American* (82nd Airborne Div.). Privately printed.

Dempsey, Lt. Gen. M. C. *Operations of the 2nd Army in Europe*. London: War Office, 1957.

Edwards, Commander Kenneth, R. N.. *Operation Neptune*. London: The Albatross Ltd, 1947.

Eisenhower, Dwight D. *Crusade in Europe*. New York: Doubleday, 1948.

First Infantry Division, with introduction by Hanson Baldwin: H. R. Knickerbocker, Jack Thompson, Jack Belden, Don Whitehead, A. J. Liebling, Mark Watson, Cy Peterman, Iris Carpenter, Col. R. Ernest Dupuy, Drew Middleton and former officers. *Danger Forward*. Atlanta: Albert Love Enterprise, 1947.

First U.S. Army Report of Operations, 20 October 1943 to August 1944. *Field Artillery Journal*.

Fleming, Peter. *Operation Sea Lion*. New York: Simon and Schuster, 1947.

457 AAA AW Battalion. *From Texas to Teismach*. Nancy, France: Imprimerie A. Humblot, 1945.

Fuller, Maj. Gen. J. F. C. *The Second World War*. New York: Duell, Sloan and Pearce, 1949.

Gale, Lt. Gen. Sir Richard. *With the 6th Airborne Division in Normandy*. London: Sampson, Lowe, Marston & Co., Ltd., 1948.

Gavin, Lt. Gen. James M. *Airborne Warfare*. Washington, D.C.: Infantry Journal Press, 1947.

Glider Pilot Regimental Association. *The Eagle* (Vol. 2). London, 1954.

Goerlitz, Walter. *The German General Staff* (Introduction by Walter Millis). New York: Frederick A. Praeger, 1953.

Guderian, Gen. Heinz. *Panzer Leader*. New York: E. P. Dutton, 1952.

Gunning, Hugh. *Borders in Battle*. Barwick-on-Tweed, England: Martin and Co., 1948.

Hansen, Harold A.; Herndon, John G.; Langsdorf, William B. *Fighting for Freedom*. Philadelphia: John C. Winston, 1947.

Harrison, Gordon A. *Cross-Channel Attack*. Washington, D.C.: Office of the Chief of Military History, Department of the Army, 1951.

Hart, B. H. Liddell. *The German Generals Talk*. New York: William Morrow, 1948.

Hart, B. H. Liddell (ed.). *The Rommel Papers*. New York: Harcourt. Brace, 1953.

Hayn, Friedrich. *Die Invasion*. Heidelberg: Kurt Vowinckel Verlag, 1954.

Herval, René. *Bataille de Normandie*. Paris: Editions de Notre-Dame.

Hickey, Rev. R. M. *The Scarlet Dawn*. Campbellton, N. B.: Tribune Publishers, Ltd., 1949.

Hollister, Paul, and Strunsky, Robert (ed.). *D-Day Through Victory in Europe*. New York: Columbia Broadcasting System, 1945.

Holman, Gordon. *Stand By to Beach!* London: Hodder & Stoughton, 1944.

Jackson, Lt. Col. G. S. *Operations of Eighth Corps*. London: St. Clements Press, 1948.

Johnson, Franklyn A. *One More Hill*. New York: Funk & Wagnalls, 1949.

Karig, Commander Walter, USNR. *Battle Report*. New York: Farrar & Rinehart, 1946.

Lemonnier-Gruhier, François. *La Brèche de Sainte-Marie-du-Mont*. Paris: Editions Spes.

Life (editors of). *Life's Picture History of World War II*.

Lockhart, Robert Bruce. *Comes the Reckoning*. London: Putnam, 1950.

Lockhart, Robert Bruce. *The Marines Were There*. London: Putnam, 1950.

Lowman, Maj. F. H. *Dropping into Normandy*. Oxfordshire and Bucks Light Inftantry *Journal*, January 1951.

Madden, Capt. J. R. *Ex Coelis*. Candadian Army *Journal*, Vol. XI, No. 1.

Marshall, S. L. A. *Men Against Fire*. New York: William Morrow, 1947.

McDougall, Murdoch C.. *Swiftly They Struck*. London: Odhams Press, 1954.

Millar, Ian A. L. *The Story of the Royal Canadian Corps*. Privately printed.

Monks, Noel. *Eye-Witness*. London: Frederick Muller, 1955.

Montgomery, Field Marshal Sir Bernard. *The Memoirs of Field Marshal Montgomery*. Cleveland and New York: World Publishing Company, 1958.

Morgan, Lt. Gen. Sir Frederick. *Overture to Overload*. London: Hodder & Stoughton, 1950.

Morison, Samuel Eliot. *The Invasion of France and Germany*. Boston: Little, Brown, 1957.

Moorehead, Alan. *Eclipse*. New York: Coward-McCann, 1945.

Munro, Ross. *Gauntlet to Overload*. Tronto: The Macmillan Company of Canada, 1945.

Nightingale, Lt. Col. P. R. *A History of the East Yorkshire Regiment*. Privately

printed.
Norman, Albert. *Operation Overload.* Harrisburg, Pa.: The Military Service Publishing Co., 1952.
North, John. *North-West Europe 1944-5.* London: His Majesty's Stationery Office, 1953.
Otway, Col. Terence. *The Second World War*, 1939-1945 - *Airborne Forces.* London: War Office, 1946.
Parachute Field Ambulance (members of 224). *Red Devils.* Privately printed.
Pawle, Gerald. *The Secret War.* New York: William Sloan, 1957.
Pogue, Forrest C. *The Supreme Command.* Washington, D.C.: Office of the Chief of Military History, Department of the Army, 1946.
Pyle, Ernie. *Brave Men.* New York: Henry Holt, 1944.
Rapport, Leonard, and Northwood, Arthur, Jr. *Rendezvous with Destiny.* Washington, D.C.: Washington Infantry Journal Press, 1948.
Ridgway, Matthew B. *Soldier: The Memoirs of Matthew B. Ridgway.* New York: Harper & Bros., 1956.
Roberts, Derek Mills. *Clash by Night.* London: Kimber, 1956.
Royal Armoured Corps *Journal*, Vol. IV., *Anti-invasion.* London: Gale & Polden, 1950.
Ruppenthal, R. G. *Utah to Cherbourg.* Washington, D.C.: Office of the Chief of Military History, Department of the Army, 1946.
Salmond, J. B. *The History of the 51st Highland Division, 1939-1945.* Edinburg and London: William Blackwood & Sons, Ltd., 1953.
Saunders, Hilary St. Geroge. *The Green Beret.* London: Michael Joseph, 1949.
Saunders, Hilary St. Geroge. *The Red Beret.* London: Micahel Joseph, 1950.
Semain, Bryan. *Commando Men.* London: Stevens & Sons, 1948.
Shulman, Milton. *Defeat in the West.* London: Secker and Warburg, 1947.
Smith, Gen. Walter Bedell (with Steward Beach). *Eisenhower's Six Great Decisions.* New York: Longmans, Green, 1956.
Special Troops of the 4th Infantry Division. *4th Infantry Division.* Baton Rouge, La: Army & Navy Publishing Co., 1946.
Speidel, Lt. Gen. Dr. Hans. *Invasion 1944.* Chicago: Henry Regnery, 1950.
Stacey, Col. C. P. *The Canadian Army: 1939-1945.* Ottawa: Kings Printers, 1948.
Stanford, Alfred. *Force Mulberry.* New York: William Morrow, 1951.

*Story of the 79th Armoured Division, The.* Hamburg. Privately printed.

Synge, Capt. W.A.T. *The Story of the Green Howards.* London. Privately printed.

Taylor, Charles H. *Omaha Beachhead.* Washington, D.C.: Office of the Chief of Military History, Department of the Army, 1946.

Von Schweppenburg, Gen. Baron Leo Geyr. "Invasion without Laurels" in *An Cosantoir*, Vol. IX, No. 12, and Vol. X, No. 1. Dublin, 1949-50.

Waldron, Tom, and Gleeson, James. *The Frogmen.* London: Evans Bros., 1950.

Weller, George. *The Story of the Paratroops.* New York: Random House, 1958.

Wertenbaker, Charles Christian. *Invasion!* New York: D. Appleton-Century, 1944.

Wilmot, Chester, *The Struggle for Europe.* New York: Harper & Bros., 1952.

Young, Brig. Gen. Desmond. *Rommel the Desert Fox.* New York: Harper & Bros., 1950.

### 독일군 기록과 노획 문서

Blumentritt, Lt. Gen. Gunther. *OB West and the Normandy Campaign, 6 June-24 July 1944*, MS. B-284; *A Study in Command*, Vols. I, II, III, MS. B-344.

Dihm, Lt. Gen. Friedrich. *Rommel and the Atlantic Wall* (December 1943-July 1944), MSS. B-259, B-352, B-353.

Feuchtinger, Lt. Gen. Edgar. *21st Panzer Division in Combat Against American Troops in France and Germany*, MS. A-871.

Guderian, Gen. Heinz. *Panzer Tactics in Normandy.*

Hauser, Gen. Paul. *Seventh Army in Normandy.*

Jodl, Gen. Alfred. *Invasion and Normandy Campaign*, MS. A-913.

Keitel, Field Marshal Wilhelm, and Jodl, Gen. Alfred. *Answer to Questions on Normandy. The Invasion*, MS. A-915.

Pemsel, Lt. Gen. Max. *Seventh Army* (June 1942-5 June 1944), MS. B-234; *Seventh Army* (June 6-29 July 1944), MS. B-763.

Remer, Maj. Gen. Otto. *The 20 July '44 Plot Against Hitler; The Battle of the 716 Division in Normandy.* (6 June-23 June 1944), MS. B-621.

Roge, Commander. *Part Played by the French Forces of the Interior During the Occupation of France, Before and After D-Day*, MS. B-035.

Rommel, Field Marshal Erwin. Captured documents-private papers, photographs and 40 letters to Mrs. Lucia Maria Rommel and Son, Manfred (translated by Charles von Luttichau).

Ruge, Adm. Friedrich. *Rommel and the Atlantic Wall* (December 1943-July 1944), MSS. A-982, B-282.

Scheidt, Wilhelm. *Hitler's Conduct of the War*, MS. ML-864.

Schramm, Major Percy E. *The West* (1 April 1944-16 December 1944), MS. B-034; *Notes on the Execution of War Diaries*, MS. A-860

Speidel, Lt. Gen. Dr. Hans. *The Battle in Normandy: Rommel, His Generalship, His Ideas and His End*, MS. C-017; *A Study in Command*, Vols. I, II, III, MS. B-718.

Staubwasser, Lt. Col. Anton. *The Tactical Situation of the Enemy During the Normandy Battle*, MS. B-782; *Army Group B - Intelligence Estimate*, MS. B-675.

Von Buttlar, Maj. Gen. Horst. *A Study in Command*, Vols. I, II, III, MS. B-672.

Von Criegern, Friedrich. *84th Corps* (1917 January-June 1944), MS. B-784.

Von der Heydte, Lt. Col. Baron Friedrich. *A German Parachute Regiment in Normandy*, MS. B-839.

Von Gersdorff, Maj. Gen. *A Critique of the Defense Against the Invasion*, MS. A-895. *German Defense in the Invasion*, MS. B-122.

Von Rundstedt, Field Marshal Gerd. *A Study in Command*, Vols. I, II, III, MS. B-633

Von Salmuth, Gen. Hans. *15th Army Operations in the Normandy*, MS. B-746.

Von Schlieben, Lt. Col. Karl Wilhelm. *The German 709th Infantry Division During the Fighting in Normandy*, MS. B-845.

Von Schweppenburg, Gen. Baron Leo Geyr. *Panzer Group West* (Mid 1943-5 July 1944), MS. B-258.

War Diaries: Army Group B (Rommel's headquarters); OB West(Rundstedt's headquarters); Seventh Army (and Telephone Log); Fifteenth Army. All translated by Charles von Luttichau.

Warlimont, Gen. Walter. *From the Invasion to the Siegfried Line*.

Ziegelman, Lt. Col. *History of the 352 Infantry Division*, MS. B-432.

Zimmermann, Lt. Gen. Bodo. *A Study in Command*, Vols. I, II, III, MS. B-308.

# 찾아보기

**[ㄹ]**

**[ㅁ]**

**[ㅂ]**

**[ㅅ]**

**[ㅇ]**

**[ㅈ]**

**[ㅊ]**



**[ㅋ]**

**[ㅌ]**



**[ㅍ]**

**[ㅎ]**

**B**



**C**



**F**



**M**



**P**



**V**

# 디데이

**1944년 6월 6일, 세상에서 가장 긴 하루**

1판 1쇄 펴낸날 2014년 11월 7일

**지은이** | 코넬리어스 라이언
**옮긴이** | 최필영

**펴낸이** | 김시연

**펴낸곳** | (주)일조각
**등록** | 1953년 9월 3일 제300-1953-1호(구 : 제1-298호)
**주소** | 110-062 서울시 종로구 경희궁길 39
**전화** | 734-3545 / 733-8811(편집부)
733-5430 / 733-5431(영업부)
**팩스** | 735-9994(편집부) / 738-5857(영업부)
**이메일** | ilchokak@hanmail.net
**홈페이지** | www.ilchokak.co.kr

ISBN 978-89-337-0685-5 03390
값 28,000원

* 옮긴이와 협의하여 인지를 생략합니다.

* 이 도서의 국립중앙도서관 출판예정도서목록(CIP)은
서지정보유통지원시스템 홈페이지(http://seoji.nl.go.kr)와
국가자료공동목록시스템(http://www.nl.go.kr/kolisnet)에서
이용하실 수 있습니다. (CIP제어번호 : CIP2014030721)